utb 13

AF721321

Eine Arbeitsgemeinschaft der Verlage

Brill | Schöningh – Fink · Paderborn
Brill | Vandenhoeck & Ruprecht · Göttingen – Böhlau · Wien · Köln
Verlag Barbara Budrich · Opladen · Toronto
facultas · Wien
Haupt Verlag · Bern
Verlag Julius Klinkhardt · Bad Heilbrunn
Mohr Siebeck · Tübingen
Narr Francke Attempto Verlag – expert verlag · Tübingen
Psychiatrie Verlag · Köln
Ernst Reinhardt Verlag · München
transcript Verlag · Bielefeld
Verlag Eugen Ulmer · Stuttgart
UVK Verlag · München
Waxmann · Münster · New York
wbv Publikation · Bielefeld
Wochenschau Verlag · Frankfurt am Main

Gotthold Gäbel
Helga Pfannkuche

Anatomie und Physiologie der Haustiere

16., vollständig überarbeitete und erweiterte Auflage

329 Abbildungen
38 Tabellen

Verlag Eugen Ulmer • Stuttgart

Prof. Dr. Gotthold Gäbel, geb. 1955 in Wuppertal, Studium der Veterinärmedizin in Hannover, 1983 Promotion in Hannover, 1989 Habilitation für das Fachgebiet Physiologie an der Tierärztlichen Hochschule Hannover. Danach Oberassistent am Veterinärphysiologischen Institut der FU Berlin. Seit 1993 Professor für Veterinärphysiologie am Veterinär-Physiologischen Institut der Universität Leipzig.
Hauptarbeitsgebiete: Diarrhoe, akute und chronische Pansenazidose, Regulation des intrazellulären pH-Werts, Wirkung von Entzündungsmediatoren auf epitheliale und neuronale Vorgänge im Magen-Darm-Trakt. 2021 emeritiert.

Prof. Dr. Helga Pfannkuche, geb. 1970 in Köln, Studium der Veterinärmedizin in Hannover, 1999 Promotion in Hannover, seit 1999 wissenschaftliche Mitarbeiterin im Veterinär Physiologischen Institut der Universität Leipzig, 2004 Habilitation für das Fachgebiet Physiologie an der Universität Leipzig, 2023 Ernennung zur außerplanmäßigen Professorin an der Universität Leipzig.
Hauptarbeitsgebiete: Enterisches Nervensystem, Regulation gastrointestinaler Motilität durch nervale Mechanismen, Kontrolle der gastrointestinalen Barriere unter physiologischen und pathophysiologischen Bedingungen, epitheliale Zell- und Gewebekulturmodelle.

Bibliografische Information der Deutschen Nationalbibliothek
Die Deutsche Nationalbibliothek verzeichnet diese Publikation in der Deutschen Nationalbibliografie; detaillierte bibliografische Daten sind im Internet über http://dnb.d-nb.de abrufbar.

Das Werk einschließlich aller seiner Teile ist urheberrechtlich geschützt. Jede Verwertung außerhalb der engen Grenzen des Urheberrechtsgesetzes ist ohne Zustimmung des Verlages unzulässig und strafbar. Das gilt insbesondere für Vervielfältigungen, Übersetzungen, Mikroverfilmungen und die Einspeicherung und Verarbeitung in elektronischen Systemen.

© 1971 / 2024 Eugen Ulmer KG
E-Mail: info@ulmer.de
Internet: www.ulmer.de
Lektorat: Sabine Mann, Dr. Andrea Schürg
Herstellung: Birgit Heyny
Illustration / Zeichnungen: Helmuth Flubacher / flubacher.de
Umschlagbild: Helmuth Flubacher / flubacher.de
Umschlaggestaltung: siegel konzeption | gestaltung, Stuttgart
Satz: Bernd Burkart; www.form-und-produktion.de
Druck und Bindung: Pustet, Regensburg
Printed in Germany

utb-Band-Nr. 13
utb-ISBN 978-3-8252-6151-1
utb-E-ISBN 978-3-8385-6151-6

https://doi.org/10.36198/9783838561516

Inhalt

Vorwort zur 16. Auflage 14

1 Zelle

1.1 Aufbau der Zelle 15
1.1.1 Allgemeines 15
1.1.2 Zellmembran und Zellverbindungen 16
1.1.3 Zellorganellen 17
1.1.4 Zellkern 19

1.2 Zellteilung 19
1.2.1 Mitose 20
1.2.2 Meiose 21
1.2.3 Pathophysiologische Aspekte 22

1.3 Zelltod 23

1.4 Chemische Bestandteile der Zelle 23
1.4.1 Atomare Zusammensetzung 23
1.4.2 Mineralstoffe 24
1.4.3 Organische Moleküle 25

1.5 Proteinsynthese 32
1.5.1 Genetischer Kode 32
1.5.2 Transkription 32
1.5.3 Translation 33

1.6 Wege des Zellstoffwechsels . . . 34
1.6.1 Enzyme und Koenzyme 34
1.6.2 ATP und Energieübertragung 34
1.6.3 Abbau der Glukose 35
1.6.4 Ab- und Umbau der Lipide 37
1.6.5 Zitratzyklus und Atmungskette . . . 38
1.6.6 Ketose und Glukosemangel 38
1.6.7 Abbau von Proteinen, Aminosäuren und Harnstoffzyklus 39

1.7 Stoffaufnahme über die Zellmembran 40
1.7.1 Grundlagen des Stoff- und Flüssigkeitstransportes 40
1.7.2 Spezifische Transportsysteme in der Zellmembran 42
1.7.3 Membranpotenziale 44

1.8 Regulation von Zellfunktionen durch Botenstoffe 45
1.8.1 Rezeptoren für Botenstoffe 45
1.8.2 Wasserlösliche Botenstoffe 47
1.8.3 Fettlösliche Botenstoffe 47

2 Gewebe

2.1 Definitionen 48

2.2 Entwicklung der Gewebe 48

2.3 Gewebearten, Gewebshäute . . . 50
2.3.1 Gewebearten 50
2.3.2 Gewebshäute 50

2.4 Epithelgewebe 51
2.4.1 Oberflächenepithel 51
2.4.2 Drüsenepithel 54
2.4.3 Myo- und Pigmentepithel 56
2.4.4 Sinnesepithel 57

2.5 Binde- und Stützgewebe 57
2.5.1 Zellen des Bindegewebes 57
2.5.2 Interzellularsubstanz des Binde- und Stützgewebes 59
2.5.3 Formen des Bindegewebes 60
2.5.4 Formen des Stützgewebes 63

2.6 Muskelgewebe 68
2.6.1 Arten von Muskelgewebe 68
2.6.2 Skelettmuskulatur: Aufbau 70
2.6.3 Skelettmuskulatur: Erregungsübertragung und Kontraktion 72
2.6.4 Skelettmuskulatur: Kraftentwicklung 73
2.6.5 Skelettmuskulatur: Energiegewinnung 74
2.6.6 Skelettmuskulatur: Störungen der Erregungsübertragung und der Kontraktion 74
2.6.7 Skelettmuskulatur nach der Schlachtung............... 75
2.6.8 Skelettmuskulatur: Arten 75
2.6.9 Glatte Muskulatur: Struktur und Vorkommen 76
2.6.10 Glatte Muskulatur: Erregung und Kontraktion 76

3 Skelettsystem und Zähne

3.1 Allgemeiner Aufbau des Skeletts 78

3.2 Verbindungen der Knochen.... 78

3.3 Skelett der Vordergliedmaße 82
3.3.1 Knochen der Vordergliedmaße ... 82
3.3.2 Gelenke der Vordergliedmaße 84
3.3.3 Formen der Fußung 84

3.4 Skelett der Beckengliedmaße............ 85
3.4.1 Knochen der Beckengliedmaße ... 85
3.4.2 Gelenke der Beckengliedmaße ... 89

3.5 Knochen des Rumpfes 89
3.5.1 Wirbelsäule 89
3.5.2 Rippen und Brustbein 92

3.6 Knochen des Kopfes.......... 94
3.6.1 Allgemeines.................. 94
3.6.2 Hirnschädel.................. 94
3.6.3 Gesichtsschädel 96

3.7 Besonderheiten des Geflügelskeletts 99
3.7.1 Besonderheiten des Knochenaufbaus 99
3.7.2 Besonderheiten der Knochen des Stammes und der Gliedmaßen ...100

3.8 Zähne und Schnabel..........101
3.8.1 Feinbau des Zahnes 102
3.8.2 Zahnformen 102
3.8.3 Zahnwechsel 103
3.8.4 Zahnarten und Zahnformeln 103
3.8.5 Altersbestimmung beim Pferd 105
3.8.6 Altersbestimmung beim Rind 107
3.8.7 Altersbestimmung bei Ziege und Schaf....................107
3.8.8 Zahnfehler und Stellungsanomalien............108
3.8.9 Schnabel 108

4 Skelettmuskelsystem

4.1 Allgemeines 110

4.2 Muskeln des Kopfes 112
4.2.1 Kaumuskeln 112
4.2.2 Gesichtsmuskeln 112

4.3 Muskeln des Stammes 112
4.3.1 Lange Hals- und Rückenmuskeln . . 112
4.3.2 Lange Zungenbeinmuskeln 113
4.3.3 Atmungsmuskeln 113
4.3.4 Bauchmuskeln 115

4.4 Muskeln der Vordergliedmaße 117
4.4.1 Schultergürtelmuskulatur 117
4.4.2 Eigenmuskeln der Vordergliedmaße 119

4.5 Muskeln der Beckengliedmaße 121
4.5.1 Beckengürtelmuskulatur 122
4.5.2 Eigenmuskulatur der Beckengliedmaße 122

4.6 Muskulatur des Geflügels 124
4.6.1 Muskulatur von Kopf und Stamm 124
4.6.2 Muskulatur der Gliedmaßen 125

4.7 Statik des Bewegungsapparates 126
4.7.1 Wirbelsäule 126
4.7.2 Vordergliedmaße 126
4.7.3 Beckengliedmaße 127

5 Blut

5.1 Allgemeines 129

5.2 Menge und Zusammensetzung 129

5.3 Bestandteile des Plasmas 129

5.4 Blutzellen 131
5.4.1 Erythrozyten 131
5.4.2 Leukozyten 134

5.5 Blutstillung 135
5.5.1 Thrombozyten und Phasen der Blutstillung 135
5.5.2 Primäre Hämostase 136
5.5.3 Sekundäre Hämostase, Blutgerinnung 136
5.5.4 Störungen der Blutstillung 137

6 Infektionsabwehr

6.1 Unspezifische Abwehr 139
6.1.1 Unspezifische humorale Abwehr . . 140
6.1.2 Unspezifische zelluläre Abwehr . . . 141

6.2 Spezifische Abwehr 141
6.2.1 Antigene, Funktion von B- und T-Lymphozyten 141
6.2.2 Impfung und Allergie 143

6.3 Lymphatische Organe 144
6.3.1 Primäre lymphatische Organe 144
6.3.2 Sekundäre lymphatische Organe . . 145
6.3.3 Lymphatische Organe der Vögel . . 149

7 Herz

7.1 **Anatomie des Herzens** 150
7.1.1 Lage und Aufbau 150
7.1.2 Blutgefäße und Klappenmechanismus 151
7.1.3 Herzmuskelzellen. 152

7.2 **Koordinierung des Herzschlages**. 152
7.2.1 Erregungsbildung und Erregungsleitung 152
7.2.2 Regulation der Herztätigkeit 154

7.3 **Herzmechanik und Energetik** . . 155
7.3.1 Kontraktion und Klappenfunktion 155
7.3.2 Herzarbeit und Energiegewinnung 157

8 Kreislaufsysteme und Gefäße

8.1 **Kreislaufsysteme** 159
8.1.1 Großer und kleiner Kreislauf 160
8.1.2 Pfortaderkreislauf 160
8.1.3 Fetaler Kreislauf. 160
8.1.4 Besonderheiten des Geflügelkreislaufs 162

8.2 **Gefäße** 162
8.2.1 Aufbau der Gefäßwand 162
8.2.2 Arterien 163
8.2.3 Kapillaren: Aufbau und Funktion. . 165
8.2.4 Ödem. 166
8.2.5 Venen: Aufbau und Funktion 167
8.2.6 Lymphgefäßsystem 168

8.3 **Regulation der Durchblutung** 169
8.3.1 Strömungsgesetze 169
8.3.2 Zentrale, nervale Regulation 170
8.3.3 Zentrale, hormonelle Regulation über Renin/Angiotensin. 171
8.3.4 Lokale Regulation 172
8.3.5 Kreislaufschock 173

9 Atmungsapparat

9.1 **Zuleitende Atemwege** 175
9.1.1 Anatomie 175
9.1.2 Funktion 179

9.2 **Thorax und Lunge** 180
9.2.1 Anatomie von Thorax und Lunge. . 180
9.2.2 Atemmechanik 183

9.3 **Austausch der Atemgase** 184
9.3.1 Zusammensetzung der Gasgemische 184
9.3.2 Austausch und Transport von Sauerstoff und Kohlendioxid 186
9.3.3 Schädigungen des Hämoglobins . . 188

9.4 **Regulation der Atmung** 188
9.4.1 Sauerstoffversorgung des Organismus 188
9.4.2 Regelkreise 188
9.4.3 Hecheln 190

9.5 **Besonderheiten der Geflügelatmung** 190

10 Verdauungsapparat

10.1 Allgemeines . . . 194

10.2 Mundhöhle, Schlundkopf und Speiseröhre . . . 195
10.2.1 Aufbau . . . 195
10.2.2 Nahrungsaufnahme, Zerkleinerung . . . 196
10.2.3 Abschlucken der Nahrung . . . 197

10.3 Speicheldrüsen und Speichelsekretion . . . 198
10.3.1 Aufbau der Speicheldrüsen . . . 198
10.3.2 Speichelsekretion . . . 198

10.4 Generelle Aufgaben und Aufbau des Magen-Darm-Traktes . . 200

10.5 Einhöhliger Magen . . . 201
10.5.1 Lage und Aufbau . . . 201
10.5.2 Funktionen . . . 202
10.5.3 Regulation der Magenfunktionen . 204
10.5.4 Magengeschwüre . . . 206

10.6 Mehrhöhliger Magen . . . 206
10.6.1 Lage und Aufbau . . . 206
10.6.2 Mikrobielle Besiedlung . . . 211
10.6.3 Kohlenhydratverdauung . . . 212
10.6.4 Proteinverdauung . . . 215
10.6.5 Fettabbau . . . 217
10.6.6 Resorption von Natrium und Magnesium . . . 217
10.6.7 Motorik . . . 217

10.7 Mittel- und Enddarm . . . 219
10.7.1 Abschnitte . . . 219
10.7.2 Aufbau der Darmwand . . . 221
10.7.3 Motorik von Mittel- und Enddarm . . . 223

10.8 Dünndarm . . . 226

10.9 Anhangsdrüsen des Dünndarms . . . 227
10.9.1 Bauchspeicheldrüse . . . 227
10.9.2 Leber . . . 228

10.10 Verdauung im Dünndarm . . . 234
10.10.1 Kohlenhydratverdauung . . . 234
10.10.2 Proteinverdauung . . . 236
10.10.3 Fettverdauung . . . 236
10.10.4 Resorption von Wasser, Mengen- und Spurenelementen . . . 238

10.11 Dickdarm . . . 242
10.11.1 Anteile und Aufbau . . . 242
10.11.2 Verdauung im Dickdarm . . . 244

10.12 After und Kotabsatz . . . 245

10.13 Besonderheiten der Geflügelverdauung . . . 245
10.13.1 Schnabel und Kropf . . . 246
10.13.2 Magen . . . 247
10.13.3 Dünndarm . . . 247
10.13.4 Blinddärme, Rektum und Kloake . . 248

11 Energiehaushalt

11.1 Gesetzmäßigkeiten . . . 249
11.1.1 Energieumwandlung im Organismus . . . 249
11.1.2 Physikalischer und physiologischer Brennwert . . . 249

11.2 Umsatzgrößen . . . 250
11.2.1 Grundumsatz . . . 250
11.2.2 Erhaltungsumsatz . . . 251
11.2.3 Leistungsumsatz . . . 251

11.3 Bestimmung des Energieumsatzes . . . 252

12 Wärmehaushalt

12.1 Strategien 253

12.2 Körpertemperatur 253

12.3 Wärmeproduktion und innerer Wärmefluss 253

12.4 Temperaturregulation 256

12.4.1 Zentrale Mechanismen 256
12.4.2 Lokale Mechanismen 258
12.4.3 Hypothermie, Hyperthermie und Fieber 258

13 Harnorgane

13.1 Niere 260

13.1.1 Lage und Aufbau 260
13.1.2 Harnbildung 263

13.2 Ableitende Harnwege 270

13.2.1 Nierenbecken und Harnleiter 270
13.2.2 Harnblase und Harnröhre 271

13.3 Harnorgane und Exkretion des Geflügels 272

13.3.1 Prozesse im Nephron 272
13.3.2 Prozesse in Darm und Kloake 274

14 Säure-Basen-Haushalt

14.1 pH-Wert 275

14.2 Pufferung und pK_S-Wert 275

14.3 Anfall von Protonen im Organismus 276

14.4 Regulationssysteme 276

14.4.1 Puffersysteme im Körper 277
14.4.2 Regulation der CO_2-Abgabe über die Atmung 278
14.4.3 Regulation über die Nieren 278

14.5 Störungen des Säure-Basen-Haushalts 279

15 Geschlechtsorgane

15.1 Männliche Geschlechtsorgane . 281

15.1.1 Aufbau und Funktionen 281
15.1.2 Sperma. 289
15.1.3 Hormonelle Kontrolle der männlichen Geschlechtsorgane . . . 289
15.1.4 Sterilitätsursachen beim männlichen Tier 290

15.2 Weibliche Geschlechtsorgane . . 291

15.2.1 Lage und Aufbau 291
15.2.2 Funktionen der Eierstöcke 295
15.2.3 Hormonelle Kontrolle der weiblichen Geschlechtsorgane 298
15.2.4 Zyklus und Brunst 301
15.2.5 Befruchtung und Trächtigkeit 303
15.2.6 Geburt 309

15.3 Geschlechtsorgane des Geflügels und Eibildung 312
15.3.1 Männliche Geschlechtsorgane 312
15.3.2 Weibliche Geschlechtsorgane und Eibildung 313

16 Milchdrüse

16.1 Lage und Bau 317
16.1.1 Allgemein 317
16.1.2 Rindereuter 317
16.1.3 Veränderungen des Euters während der Laktation 318
16.1.4 Milchdrüsenanlagen 319

16.2 Physiologie der Milchdrüse 320
16.2.1 Entwicklung 320
16.2.2 Entleerung der Milchdrüse 320

16.3 Kuhmilch 321
16.3.1 Zusammensetzung und Menge . . . 321
16.3.2 Kuhmilch als Nahrungsmittel 323
16.3.3 Zellgehalt in der Milch/Leitfähigkeit 324
16.3.4 Kolostralmilch 324

16.4 Milch anderer Tierarten 325

17 Äußere Haut und Anhangsgebilde der Haut

17.1 Äußere Haut 327

17.2 Hautdrüsen 328

17.3 Haare 328

17.4 Besondere Hautgebilde 330

17.5 Spezifische haarlose Hautorgane 330
17.5.1 Zehenendorgan 330
17.5.2 Horn der Wiederkäuer 334
17.5.3 Horngebilde beim Geflügel 334

17.6 Federn 334
17.6.1 Federarten 334
17.6.2 Aufbau der Feder 335

18 Nervensystem

18.1 Grundprinzipien der nervalen Informationsvermittlung 336

18.2 Aufbau des Nervengewebes . . . 336

18.3 Erregung von Nervenzellen 337
18.3.1 Ruhemembranpotenzial 338
18.3.2 Aktionspotenzial 338
18.3.3 Weiterleitung des Aktionspotenzials 338
18.3.4 Störungen der Erregungsbildung und Weiterleitung/Lokalanästhesie 339

18.4 Signalübertragung an Synapsen 340

18.5 Aufbau des Nervensystems 341
18.5.1 Zentrales Nervensystem 341
18.5.2 Peripheres Nervensystem 346

18.6 Funktion des gesamten Nervensystems . . . 348
18.6.1 Motorisches Nervensystem . . . 349
18.6.2 Sensorisches Nervensystem . . . 351
18.6.3 Vegetatives Nervensystem . . . 351

19 Sinnesorgane

19.1 Allgemeine Prinzipien . . . 355

19.2 Hautsinne . . . 356

19.3 Sehen . . . 357
19.3.1 Aufbau des Auges . . . 357
19.3.2 Physiologie des Sehens . . . 360

19.4 Gehör und Gleichgewichtssinn . . . 362
19.4.1 Aufbau des Ohres . . . 362
19.4.2 Physiologie des Hörsinns . . . 365
19.4.3 Dreh- und Gleichgewichtssinn . . . 367

19.5 Geschmackssinn . . . 369
19.5.1 Geschmackssensoren . . . 369
19.5.2 Geschmacksqualitäten . . . 369
19.5.3 Biologische Bedeutung des Geschmackssinns . . . 370

19.6 Geruchssinn . . . 370
19.6.1 Geruchssensoren . . . 370
19.6.2 Bedeutung des Geruchssinns . . . 371

19.7 Nozizeption und Schmerz . . . 371
19.7.1 Nozizeptoren . . . 371
19.7.2 Schmerzverarbeitung . . . 372
19.7.3 Schmerzbewertung . . . 373
19.7.4 Juckreiz . . . 373

20 Endokrines System

20.1 Grundprinzipien der hormonalen Informationsübermittlung . . . 374

20.2 Hypothalamus-Hypophysen-System . . . 374
20.2.1 Hypophysenhinterlappen . . . 377
20.2.2 Hypophysenvorderlappen . . . 377
20.2.3 Hypophysenmittellappen . . . 378
20.2.4 Rückkopplung im Hypothalamus-Hypophysen-System . . . 378

20.3 Zirbeldrüse . . . 378

20.4 Schilddrüse . . . 379
20.4.1 Aufbau und Hormonsynthese . . . 379
20.4.2 Freisetzung und Bedeutung der Schilddrüsenhormone . . . 379

20.5 Epithelkörperchen und C-Zellen der Schilddrüse . . . 380
20.5.1 Lage und Aufbau . . . 380
20.5.2 Regulation des Kalziumhaushaltes . . . 380

20.6 Inselapparat der Bauchspeicheldrüse . . . 382
20.6.1 Zellarten . . . 382
20.6.2 Regulation der Glukosekonzentration im Blut . . . 382

20.7 Nebennieren . . . 383
20.7.1 Lage und Aufbau . . . 383
20.7.2 Hormone der Nebennierenrinde . . . 383
20.7.3 Hormone des Nebennierenmarks . . . 384

20.8 Geschlechtshormone . . . 384
20.8.1 Männliche Geschlechtshormone . . . 384
20.8.2 Weibliche Geschlechtshormone . . . 385

20.9 Gewebshormone 385

20.10 Mediatorstoffe 386

20.11 Pheromone 386

21 Bezeichnungen, SI-Einheiten, Umrechnungen

21.1 Messgrößen und Maßeinheiten 387

21.2 Lagebezeichnungen 389

21.3 Häufig verwendete Buchstaben des griechischen Alphabets . . . 389

21.4 Häufige Abkürzungen im Text und in den Abbildungen 390

21.5 Erläuterungen anatomischer und physiologischer Begriffe . . 392

Quellenverzeichnis 399

Stichwortverzeichnis 401

Anmerkung zur Schreibweise der weiblichen und männlichen Form:
Ausschließlich aufgrund der deutlich besseren Lesbarkeit wird in diesem Werk auf die jeweilige Doppelnennung oder Anpassung der Schreibweise bestimmter Bezeichnungen verzichtet. So stehen die Namen der Vertreter verschiedener Fachbereiche (wie Ernährungswissenschaftler, Oecotrophologen, Ernährungsberater, Mediziner) selbstverständlich für alle Frauen und Männer, die diese Berufe ausüben oder vertreten.

Vorwort zur 16. Auflage

Liebe Leserin, lieber Leser,

Klaus Loeffler hatte schon bei der ersten Auflage dieses Buches die Idee, die beiden eng verwandten Fächer Anatomie und Physiologie übergreifend, knapp und verständlich darzustellen. Diesem Konzept ist er über mehrere Auflagen hinweg treu geblieben. Klaus Loeffler verstarb am 4. Mai 2010 in seinem 82. Lebensjahr.
Schon bei den vorangegangenen Überarbeitungen hatten wir immer im Blick, das Grundkonzept von Klaus Loeffler beizubehalten, aber auch das Buch um neue Aspekte zu ergänzen und dem aktuellen Wissensstand anzupassen.
Umfangreiche Neuerungen unterscheiden nun die 16. Auflage wiederum von den vorangegangenen Auflagen: Zahlreiche pathophysiologische Prozesse bzw. die physiologischen Hintergründe von Erkrankungen werden verstärkt erläutert. Dadurch hat das Buch etwas an Umfang dazu gewonnen, das bewährte Konzept wurde jedoch beibehalten: gute Lesbarkeit, knappe Sprache, einsichtige Illustrationen und eine – zumindest aus unserer Sicht – verkraftbare Stofffülle.
Bei der Neugestaltung der Abbildungen hat Herr Helmuth Flubacher wiederum hohe Kreativität und Einfühlungsvermögen bewiesen. Dafür einen ganz besonderen Dank! Dank gilt auch den Mitarbeitern des Ulmer Verlags, insbesondere Frau Sabine Mann, die die Neuauflage initiiert haben, und auch Herrn Bernd Burkart, der beim Satz und Layout viele Ungenauigkeiten ausgebügelt hat. Frau Dori Bernigau haben wir für die zahlreichen Tipps zur Darstellung der Anatomie zu danken.

Gotthold Gäbel und Helga Pfannkuche
Leipzig, im Dezember 2023

Vorbemerkung zu den Schreibweisen

Im laufenden Text sind ursprünglich griechische und lateinische Begriffe eingedeutscht worden (z. B. „Kortex“ anstatt „Cortex“). Um die korrekte Nomenklatur zu verdeutlichen, ist teilweise die lateinische bzw. griechische Schreibweise hinter der deutschen Bezeichnung angegeben (z. B. „Hirnrinde [Cortex]“). Unter ▶ Kapitel 21.5 finden sich Erläuterungen anatomischer und physiologischer Begriffe. Die anatomischen Lagebezeichnungen sind in ▶ Kapitel 21.2 aufgeführt.

1 Zelle

Die kleinste lebende Einheit lebender Organismen ist die Zelle. In ihr sind nahezu alle Fähigkeiten des Organismus beheimatet. Sie erbringt die Stoffwechselleistungen, sie kann wachsen und sich vermehren.

Form und Struktur der Zellen sind vielgestaltig und letztendlich Ausdruck ihrer Funktion. So sind beispielsweise die dem Darminhalt zugewandten Epithelzellen im Verdauungssystem für die Aufnahme von Nahrungsstoffen verantwortlich. Muskelzellen besitzen Strukturen in ihrem Inneren, die sich zusammenziehen können und daher die Bewegungen des Organismus bedingen. Nervenzellen übertragen Informationen, um die Funktionen verschiedener Organe abstimmen zu können.

Die Zellen in der Natur gliedern sich in eukaryotische und prokaryotische Zellen. Eukaryotische Zellen besitzen einen Zellkern, d. h. ihre genetische Information, die DNA, ist von einer Membran umschlossen. Eine gewisse Ausnahme hiervon bilden die kernlosen roten Blutkörperchen (▶ Kap. 5.4) und die Blutplättchen.

Eukaryotische Zellen können sich im Organismus zu **Geweben** (▶ Kap. 2) zusammenschließen, d. h. einem Zellverband mit spezifischer Funktion. Verschiedene Gewebe können zudem **Organe** bilden. Zu den prokaryotischen Zellen zählen die **Bakterien.** Sie besitzen keinen Zellkern, d. h. ihre DNA liegt frei im Zellinneren, sie sind zudem wesentlich einfacher aufgebaut und bilden keine Gewebe bzw. Organe.

Im Folgenden werden nur eukaryotische Zellen beschrieben.

1.1 Aufbau der Zelle

1.1.1 Allgemeines

Eukaryotische Zellen haben eine extreme Bandbreite in ihrer **Größe**. Es gibt Zellen mit geringem Durchmesser, aber mit einer Länge bis zu mehr als einem Meter, z. B. Nervenzellen, deren Zellkörper und -kerne im Rückenmark liegen und deren Fortsätze mit einem Durchmesser von weniger als 20 μm sich bis zur Gliedmaßenspitze hin erstrecken. Auch die Skelettmuskelzellen in den langen Muskeln der Gliedmaßen können bei einem Durchmesser von weniger als 200 μm eine Länge von mehr als einem Meter erreichen. Die meisten Zellen im Wirbeltierorganismus sind allerdings nur einige Mikrometer groß.

Aufgrund der Spezialisierung der verschiedenen Zellarten ist es nicht möglich, eine typische eukaryotische Zelle darzustellen. Unabhängig von ihrer Spezialisierung bestehen aber alle Zellen aus den Funktionseinheiten **Zellmembran, Zellplasma (= Zytoplasma)** und **Zellkern.**

Das Zytoplasma umfasst alle Regionen des Zellinneren ohne den Zellkern. Das Zytoplasma enthält zwei Anteile: die Zellorganellen und die Flüssigkeit um die **Zellorganellen,** die als **Zytosol** bezeichnet wird (▶ Abb. 1-1). Zellorganellen sind von Membranen umschlossene Zellbestandteile. Jede Zellorganelle erfüllt ihre eigene Funktion. Der Begriff **„intrazelluläre Flüssigkeit“** bezeichnet sämtliche Flüssigkeit in der Zelle, also Zytosol plus die Flüssigkeit in den Zellorganellen plus die im Zellkern.

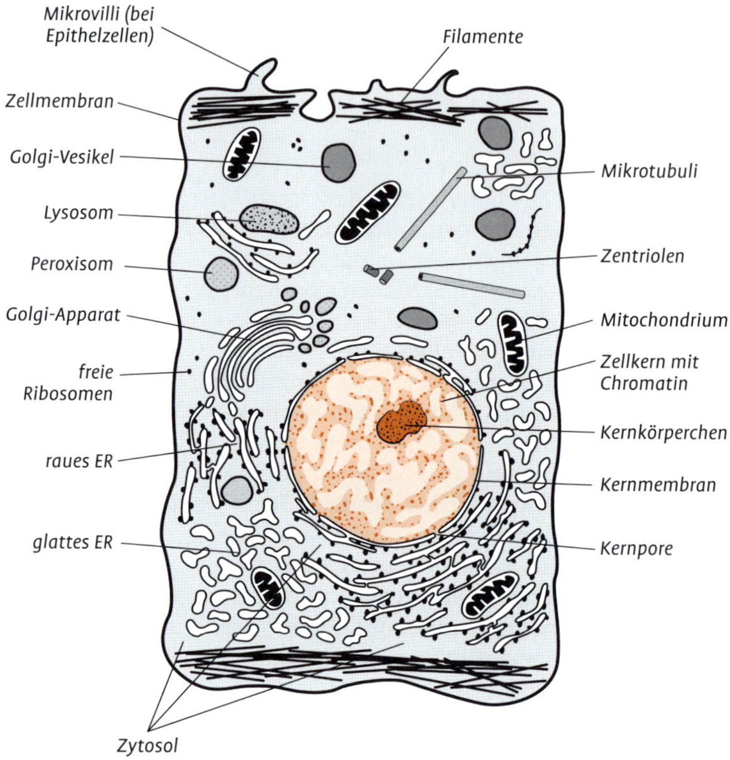

Abb. 1-1 Schema einer tierischen Zelle (nach Breves et al. 2022). **ER:** endoplasmatisches Retikulum.

1.1.2 Zellmembran und Zellverbindungen

Mithilfe der Zellmembran ist es der Zelle möglich, die Zusammensetzung des Zytosols konstant zu halten. Sie umgibt die Zelle, ist etwa 10 nm dick und zeigt eine doppelte Schichtung (▶ Abb. 1-2). Ihre Schichtung entsteht durch eine doppelte Lage von **Phospholipidmolekülen.** Diese besitzen einen **hydrophilen** (wasserliebenden) Pol, der zur inneren bzw. äußeren Membranoberfläche gewandt ist, und einen hydrophoben (wasserabweisenden) Pol, der zum Membraninneren gerichtet ist. Mit der Phospholipidschicht sind **Proteinmoleküle** verbunden. Diese Verbindung ist unterschiedlich eng (▶ Abb. 1-2). So sind **periphere Proteine** nur locker mit der Membran verbunden, **integrale Proteine** sind dagegen fest in die Membran eingelagert. Periphere Proteine (und auch Kohlenhydrate) wirken z. B. als Antigene und vermitteln so die Immunantwort (▶ Kap. 6.2). Integrale Proteinmoleküle, die beide Lipidschichten durchdringen, können als **„Kanäle"** bzw. „Transporter" für wasserlösliche Substanzen wirken (▶ Abb. 1-2, 1-26, 1-27). Der Transport von Molekülen über die Zellmembran ist genauer in ▶ Kapitel 1.7.2 beschrieben.

Zellen nehmen durch **Zellverbindungen** innerhalb des Gewebeverbandes Kontakt zueinander auf. So können beispielsweise die Zellmembranen benachbarter Zellen nahe der Oberfläche zu **Schlussleisten** verschmelzen. Diese umschließen die Zellen gürtelförmig und formen einen besonders festen und dichten Zusammenschluss. Diese Zellverbindungen werden daher auch als **tight junctions** bezeichnet. Tight junctions finden sich insbesondere bei Epithelzellen. Epithelzellen haben unter anderem die Aufgabe, die Oberflächen von Haut, Darm und Drüsen abzuschirmen (▶ Kap. 2.4).

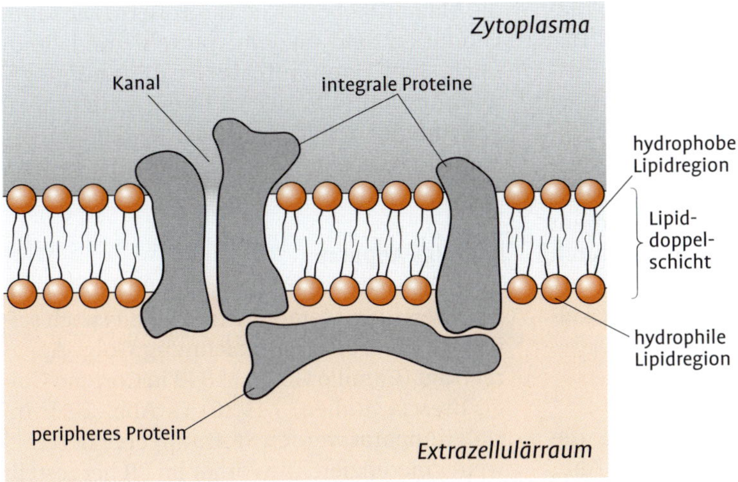

Abb. 1-2
Aufbau der Zellmembran. Periphere Proteine sind außen an der Zellmembran angelagert. Integrale Proteine durchziehen die Zellmembran und können so z. B. Kanäle bilden, die für Ionen wie Na^+, K^+ und Cl^- durchlässig sind.

Bei Epithelzellen sind zwischen den Zellen nicht nur tight junctions, sondern außerdem punktförmige Haftstrukturen, **Desmosomen,** ausgebildet, die eine feste mechanische Verbindung der Zellen gewährleisten. Der Interzellularspalt wird dort mit dünnen fadenförmigen Zellstrukturen, Filamenten, überbrückt. An diesen Haftstrukturen setzen im Zellinneren Tonofilamente an, die die Zelle stabilisieren.
Punktförmige Zellkontakte mit Verengung des Interzellularspaltes sind **gap junctions** (Nexus). Diese stellen röhrenförmige Kanäle zwischen den Zellen dar. Die Kanäle der gap junctions ermöglichen eine elektrische Kopplung der Zellen und auch einen raschen Austausch von Ionen und niedermolekularen Substanzen von Zelle zu Zelle.

1.1.3 Zellorganellen

■ Endoplasmatisches Retikulum

In fast allen tierischen Zellen findet man ein Membransystem aus Doppellamellen, das endoplasmatische Retikulum (ER; ▶ Abb. 1-1, 1-3). Das ER hat die Gestalt eines Gitterwerkes aus hohlen, gefensterten Platten, die über Querverbindungen zusammenhängen. Das Innere des ER steht über die Kernmembran in direkter Verbindung mit dem Zellkern. Das ER ist daher auch immer in der Nähe des Zellkerns aufzufinden (▶ Abb. 1-1, 1-3). Unterschieden werden das raue und das **glatte endoplasmatische Retikulum.** Die Oberfläche des rauen ER ist mit kleinen Granula besetzt, die reich an Ribonukleinsäure (RNA) sind und als **Ribosomen** bezeichnet werden (▶ Abb.1-3; zu RNA ▶ unten: Nukleinsäuren). Das raue ER ist unmittelbar an der Produktion von Eiweißen

Abb. 1-3
Schematische Darstellung des rauen endoplasmatischen Retikulums (nach Mutschler et al. 2007).

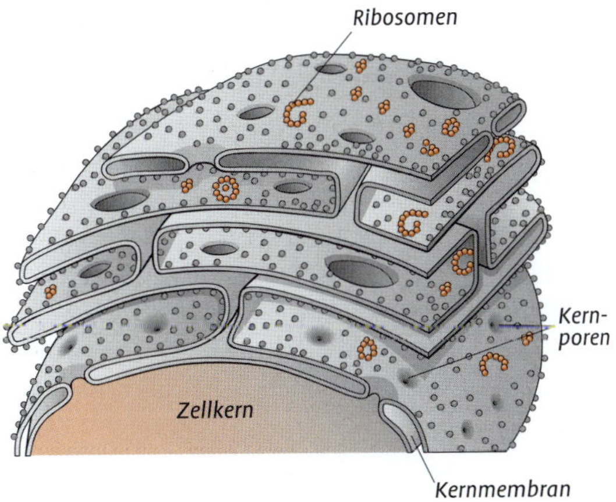

(Proteinen) beteiligt (▶ Kap. 1.5). Man findet es daher besonders reichlich in Drüsenepithelien, die **proteinreiches Sekret** absondern. Das glatte ER besteht aus schlauchförmigen Fortsätzen ohne Ribosomen. Diese Art des ER ist vor allem in Zellen mit intensivem Stoffwechsel anzutreffen. Bei den quergestreiften Muskelzellen wird das glatte ER auch als sarkoplasmatisches Retikulum bezeichnet. Es dient hier als Kalziumspeicher und erfüllt durch kontrollierte Kalziumfreigabe entscheidende Funktionen bei der Kontraktion der Muskelzelle (▶ Kap. 2.6.3).

Ribosomen

Ribosomen sind kleine kugelige Gebilde, die **Ribonukleinsäure (RNA)** enthalten (▶ Abb. 1-1). Sie sind an der Eiweißsynthese beteiligt (▶ Kap. 1.5). Ribosomen lagern sich in großer Zahl dem rauen endoplasmatischen Retikulum an (▶ Abb. 1-3). In vielen Zellen kommen aber auch isolierte Ribosomen vor, die nicht mit dem endoplasmatischen Retikulum verbunden sind.

Mitochondrien

Mitochondrien sind runde bis längsovale Gebilde, die von einer doppelten Lage von Membranen umschlossen werden (▶ Abb. 1-4). Die Membranen gleichen in ihrem Aufbau der Zellmembran (▶ Kap. 1.1.2). Von der inneren Membranlage falten sich vielgestaltige Lamellen, Schläuche oder Leisten ab, die das Innere der Zellorganelle vielfach untergliedern und die Membranoberfläche vergrößern. Die Mitochondrien sind enzym-, protein- und lipidreich. Ihre Hauptaufgabe ist die **Energiegewinnung** mithilfe der in ihnen enthaltenen Enzyme des Zitratzyklus, der oxidativen Dekarboxylierung und der Atmungskette (▶ Kap. 1.6.5).

Abb. 1-4
Aufbau eines Mitochondriums (nach Liebich 2010).

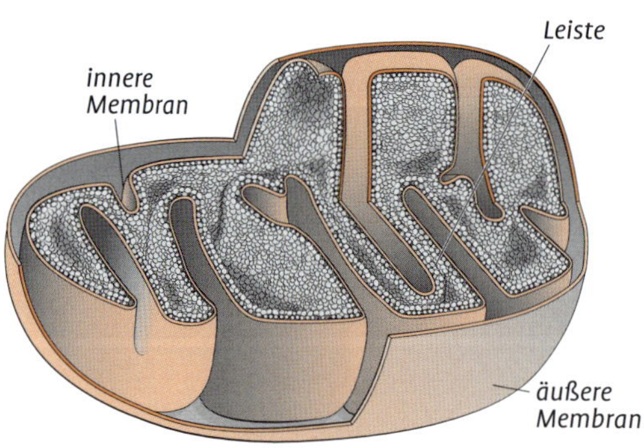

Golgi-Apparat

In vielen sekretierenden Zellen findet sich ein Netzwerk von Membranstapeln, das nach seinem Entdecker die Bezeichnung Golgi-Apparat trägt (Camillo Golgi, *1843 in Corteno Golgi, Brescia, Italien, † 1926) (▶ Abb. 1-1). Im Golgi-Apparat werden Stoffe angereichert und weiter modifiziert, die vorher im ER hergestellt worden sind. Vom ER zum Golgi-Apparat werden die Stoffe in membranumschlossenen **Vesikeln** transportiert. Ist die Anreicherung bzw. Umwandlung der Stoffe abgeschlossen, werden diese vom Golgi-Apparat wieder in Vesikel verbracht und dann in Richtung Zellmembran befördert. Hier werden die Stoffe dann durch **Exozytose** (▶ Abb. 1-29) ausgeschieden. Diese Abgabe von Stoffen mithilfe von Vesikeln stellt einen Grundprozess der Sekretion in Drüsen dar (▶ Kap. 2.4.2).

Lysosomen und Peroxisomen

Lysosomen sind kleine, runde Organellen (▶ Abb. 1-1). Sie werden von einer Membran umschlossen und enthalten zahlreiche **Enzyme** (▶ Kap. 1.6.1). Mit ihrer Enzymausstattung sind die Lysosomen in der Lage, zelleigene oder endozytotisch aufgenommene Substanzen abzubauen (Endozytose: ▶ Abb. 1-29). Der lysosomale Abbau hat große Bedeutung im Zellstoffwechsel und bei der Infektionsabwehr. Eine mögliche Selbstauflösung (Autolyse) der Zelle wird dadurch verhindert, dass die Enzyme in den Lysosomen mithilfe von Membranen abgegrenzt werden. Nach dem Zelltod werden die lysosomalen Enzyme frei und tragen dann zur Autolyse der Zellen bei. Peroxisomen sind, wie die Lysosomen, membranumhüllte Zellvesikel. Sie enthalten Enzyme, die Aminosäuren, Fettsäuren und andere Substrate oxidieren können.

Filamente, Bewegungsorganellen und Zentriolen

Außer den membranumhüllten Zellorganellen enthält das Zytoplasma noch zahlreiche fadenförmige Strukturen, die aus langen Proteinketten aufgebaut sind. Diese Zellorganellen werden als Filamente bezeichnet. So bildet ein Netzwerk von **Proteinfilamenten** das **Zellskelett (Zytoskelett),** das für die Zellform und auch für die Zellbewegung verantwortlich ist. In **Muskelzellen** findet man die Filamente **Aktin** und **Myosin,** die miteinander sogenannte **Myofibrillen** bilden. Myofibrillen ermöglichen die Verkürzung der gesamten Zelle. **Tonofilamente** in Epithelzellen bilden Tonofibrillen und erhöhen die mechanische Festigkeit des Zellverbandes. **Neurofilamente** und die daraus gebildeten Neurofibrillen durchziehen Nervenzellen und dienen unter anderem dem Stofftransport.

Zilien und **Geißeln** sind besondere **Bewegungsorganellen** der Zellen. Geißeln kommen nur vereinzelt vor und dienen der Fortbewegung von Zellen außerhalb eines Gewebeverbandes, wie z. B. die Schwanzfäden der Spermien. Zilien (Flimmerhaare, Kinozilien) sind klein und bedecken als dichter Besatz eine Zelloberfläche. Sie transportieren durch koordinierten Wimpernschlag Partikel entlang der Organoberfläche (z. B. Schleimhaut der Atmungsorgane, Eileiter).

Die meisten Zellen besitzen zwei paarig gelagerte Zentralkörperchen, **Zentriolen.** Während der Zellteilung bilden die Zentriolen die Spindelfasern aus (▶ Kap. 1.2).

1.1.4 Zellkern

Der Zellkern (Nucleus) wird von der **Kernmembran** begrenzt. Er enthält das **Karyoplasma.** In der Regel hat eine Zelle nur einen Zellkern, Skelettmuskelzellen haben allerdings mehrere Zellkerne.

Die **Kernmembran** steht in unmittelbarer Verbindung zum ER. Sie ist eine Doppelmembran, weist jedoch Poren auf, die den Austausch zwischen Zellkern und Zytoplasma ermöglichen (▶ Abb. 1-1). Das Kerninnere enthält im **Karyoplasma** die genetische Information in Form der Desoxyribonukleinsäure (DNA) (▶ Kap. 1.5.1). Außerhalb der mitotischen Zellteilung (▶ Kap. 1.2.1), d. h. in der Ruhephase der Zellen, liegen die DNA-Moleküle als lange, dünne Fäden vor, die als **Chromatin** bezeichnet werden (▶ Abb. 1-1, 1-5). Die Chromatinfäden knäulen sich während der Mitose auf und bilden Chromatiden bzw. die **Chromosomen.** Fast alle Körperzellen besitzen einen doppelten **(diploiden)** Satz von Chromosomen. Die **Geschlechtszellen** (Spermien und Eizellen) haben im Gegensatz zu den restlichen Körperzellen nur einen einfachen Satz an Chromosomen, sie sind **haploid.** Als Werte für den diploiden Chromosomensatz werden für Pferde 64, für Rinder und Ziegen 60, für Schweine 38 und für Haushühner 78 Chromosomen angegeben. Außer dem Chromatin bzw. den Chromosomen finden sich im Karyoplasma ein oder mehrere Kernkörperchen (Nucleoli). Die Kernkörperchen haben die Aufgabe, Ribonukleinsäure zu bilden, die für die Proteinsynthese im Zytoplasma benötigt wird.

1.2 Zellteilung

Voraussetzung für die Entwicklung von Geweben und Organen ist die Teilung der befruchteten Eizelle. An die Zellteilung schließt sich in der Regel eine Spezialisierung der Zellen an, sie differenzieren sich.

Stammzellen sind **Körperzellen,** die sich noch nicht bzw. nicht vollständig spezialisiert haben, d. h., aus ihnen können potenziell alle Zellarten (z. B. Epithelzellen oder Bindegewebszellen) entstehen. Stammzellen sind in der Lage, ständig neue, organspezifische **Tochterzellen** zu erzeugen und sich dabei selbst zu erhalten. Wozu sich die Tochterzellen entwickeln, hängt im Wesentlichen von dem Milieu ab, in dem sie sich befinden. Die Zellen der ersten Teilungsstadien der befruchteten Eizelle sind totipotent, d. h., sie haben die Fähigkeit, sich zu allen anderen Zelltypen zu entwickeln. Diese Zellen werden als **embryonale Stammzellen** bezeichnet.

Auch im erwachsenen Organismus finden sich noch Stammzellen **(adulte Stammzellen).** Aus diesen Zellen werden auch im erwachsenen Tier ständig neue Zellen gebildet. Solche Zellen finden sich im Knochenmark, in der Leber, in der Haut und auch in den Krypten der epithelialen Auskleidung des Magen-Darm-Traktes. Die Entwicklungsmöglichkeiten der adulten Stammzellen sind jedoch begrenzt. So können sich aus den Stammzellen der Blutzellen im Knochenmark nur die verschiedenen Blutzellen entwickeln. Es ist allerdings möglich, Stammzellen zu reprogrammieren, d.h. „zurückzuverwandeln" in **pluripotente Stammzellen,** die in ihren Eigenschaften den embryonalen Stammzellen nahekommen.

Je stärker Zellen sich im Organismus differenzieren bzw. spezialisieren, desto geringer wird ihre Teilungsfähigkeit. Eine Teilung von (differenziertem) Gewebe ist aber notwendig, um Defekte und Schäden zu reparieren **(= Regeneration).** Die Zellen des Epithelgewebes sowie der Binde- und Stützgewebe haben eine sehr gute Regenerationsfähigkeit. Beim Skelettmuskelgewebe ist sie geringer und bei den hochspezialisierten Herzmuskel- und Nervengeweben ist sie nicht oder nur in geringem Maße gegeben. Daher kommt es bei Verletzungen oder Schädigungen dieser Gewebe nie zu einer vollständigen Heilung.

Die Zellteilung schließt die Kopie und Weitergabe der genetischen Information an die Tochterzellen ein. Hierbei unterscheidet man Mitose und Meiose. Bei der Mitose wird jede Tochterzelle wie die Mutterzelle mit einem doppelten Chromosomensatz ausgestattet, bei der Meiose erhält jede Tochterzelle nur den einfachen Chromosomensatz. Voraussetzung für beide Arten der Zellteilung ist die fehlerfreie und identische Verdopplung der DNA. Der genaue Ablauf der DNA-Replikation ist in ▸ Abbildung 1-14 dargestellt.

1.2.1 Mitose

In ihrem **Zellzyklus** durchschreitet die Zelle verschiedene Phasen. ① **Frühe Interphase** (die Nummerierung bezieht sich auf Abb. 1-5). Die Interphase ist die Phase höchster Stoffwechselaktivität. In der frühen Interphase wächst die Zelle zunächst. Das Erbmaterial liegt ungeordnet in langen, gewundenen Fäden vor (Chromatin). ② **Mittlere Interphase.** In der mittleren Interphase spiralisieren sich die Chromatinfäden. Die DNA verdoppelt sich (Replikation), zwei identische **Schwesterchromatiden** werden aufgebaut. Hieran schließt sich eine kurze Ruhephase an. ③ **Prophase.** Mit der Pro-

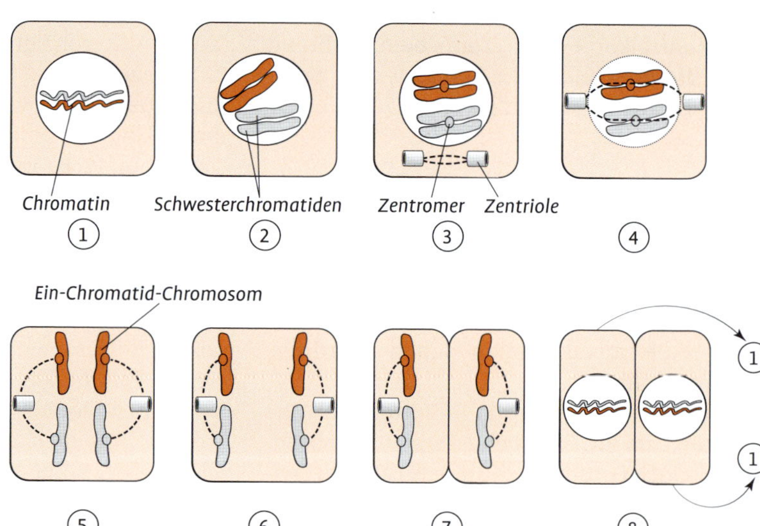

Abb. 1-5
Phasen der Mitose. Erläuterungen des Ablaufs der Mitose im Text.

phase beginnt die eigentliche Mitose. In der Prophase ordnet sich das Erbmaterial, Chromosomen werden sichtbar. Innerhalb eines Chromosoms sind die Schwesterchromatiden durch das **Zentromer** miteinander verbunden. Außerhalb des Zellkerns fangen die Zentriolen an, Spindelfasern auszubilden. Die Spindelfasern stellen später (▶ ⑤/⑥) die eigentlich treibenden Kräfte der Zellteilung dar. ④ **Metaphase.** In der Metaphase ordnen sich die Chromosomen in der Äquatorialebene an. Es werden noch mehr Spindelfasern ausgebildet, die Kernmembran beginnt sich aufzulösen. ⑤ **Anaphase.** Die Schwesterchromatiden eines Chromosoms werden getrennt. Je ein Schwesterchromatid wird zu den Polen der Zelle gezogen. ⑥ **Frühe Telophase.** Die Chromosomen befinden sich an den Polen der Zelle. Jedes Chromosom besteht nur noch aus einem Chromatid (= Ein-Chromatid-Chromosom). ⑦ **Späte Telophase.** Die Zelle schnürt sich ein und teilt sich. Es entstehen zwei Tochterzellen. ⑧ **Interphase.** Sie verläuft wie unter ① dargestellt.

1.2.2 Meiose

Die Meiose ist eine Sonderform der Mitose, die nur bei **Geschlechtszellen,** d. h. Spermien und Eizellen, stattfindet. Da sich bei der geschlechtlichen Vermehrung der Kern einer väterlichen Samenzelle und derjenige der mütterlichen Eizelle vereinigen, ist es erforderlich, vor der Befruchtung den diploiden Chromosomensatz zu reduzieren, d. h. Geschlechtszellen in Zellen mit haploidem Chromosomensatz umzugestalten. Man bezeichnet die Meiose deshalb auch als **Reduktionsteilung.** Erst wenn zwei haploide Kerne bei der Befruchtung verschmelzen, wird wieder ein diploider Chromosomensatz erreicht.

Kennzeichen der Meiose sind zwei aufeinander folgende Reifeteilungen. In der ersten Reifeteilung gleichen die Phasen der Meiose anfangs denen der Mitose. So wächst die Zelle in der frühen Interphase. In der mittleren Interphase verdoppelt sich die DNA. Aus der Interphase gehen die Zellen über in die ① **Prophase** (die Nummerierung bezieht sich auf Abb. 1-6). Auch die Prophase der Meiose gleicht derjenigen der Mitose (▶ Abb. 1-5). Chromosomen werden sichtbar. ② **Metaphase I.** In der Metaphase I ordnen sich die Chromosomen in der Äquatorialebene an. Die gleichartigen

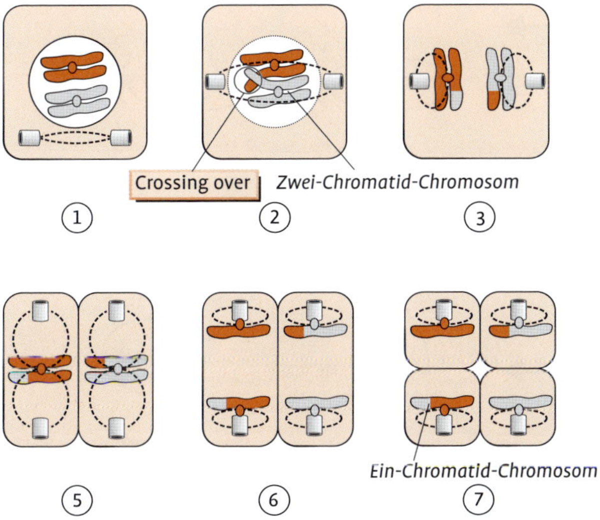

Abb. 1-6 Phasen der Meiose. Die Strukturen entsprechen denen in ▶ Abb. 1-5. Erläuterungen des Ablaufs der Meiose im Text.

Chromosomen des doppelten Chromosomensatzes legen sich eng aneinander und umschlingen sich (Chromosomenpaarung). An bestimmten Haftungspunkten werden Erbinformationen zwischen mütterlichem und väterlichem Chromosomensatz ausgetauscht **(Crossing over).** In der ▶ Abbildung 1-6 ist nur ein homologes Chromosomenpaar aus mütterlichem (weiß) und väterlichem (grau) Erbsatz gezeichnet. ③ **Anaphase I.** Im Unterschied zur Mitose trennen sich jetzt nicht die Chromatiden, sondern die Chromosomenpaare. ④ **Telophase I.** Die Chromosomen sind an den Polen lokalisiert (jedes Chromosom besteht jetzt aus zwei Chromatiden; Mitose dagegen: Ein-Chromatid-Chromosom). Die Zelle teilt sich, es entstehen zwei Tochterzellen.
An diese erste Reifeteilung schließt sich eine zweite Reifeteilung ähnlich der bei der Mitose an, d. h., es erfolgt eine Trennung der Chromatiden. ⑤ **Metaphase II.** Die Metaphase II leitet die zweite Reifeteilung ein. Die Chromosomen lagern sich in der Äquatorialebene der Zelle an. ⑥ **Anaphase II.** Jedes Chromosom wird in seine Chromatiden getrennt. ⑦ **Telophase II.** Die Zellen teilen sich. Aus der ursprünglichen Zelle sind jetzt vier unterschiedliche Tochterzellen mit je einem haploiden Chromosomensatz entstanden, bestehend aus Ein-Chromatid-Chromosomen. Je nach Art der Urgeschlechtszellen entwickeln sich aus den vier Zellen vier gleichwertige Spermien oder je eine Eizelle mit drei (unfruchtbaren) Polkörperchen (▶ Abb. 1-7). Die Polkörperchen sterben später ab.

1.2.3 Pathophysiologische Aspekte

Die Zellteilung in gesunden Geweben wird eng kontrolliert. So kommt es nur dann zur Einleitung einer Zellteilung, wenn die entsprechende Zelle eine ausreichende Größe hat und ihre Ernährungsbedingungen eine Teilung zulassen. Später kann die Mitose angehalten werden, um z. B. Schäden, die bei der Replikation der DNA aufgetreten sind, zu reparieren. Allerdings kann es bei der DNA-Replikation auch zu irreparablen Schäden im Genom kommen. Häufig sterben dann die beschädigten Tochterzellen ab; so erfährt der Organismus keinen Schaden. Allerdings gibt es Gene, bei denen eine **Mutation** zu erhöhter und unkontrollier-

Abb. 1-7
Entwicklung männlicher und weiblicher Geschlechtszellen nach der Meiose.

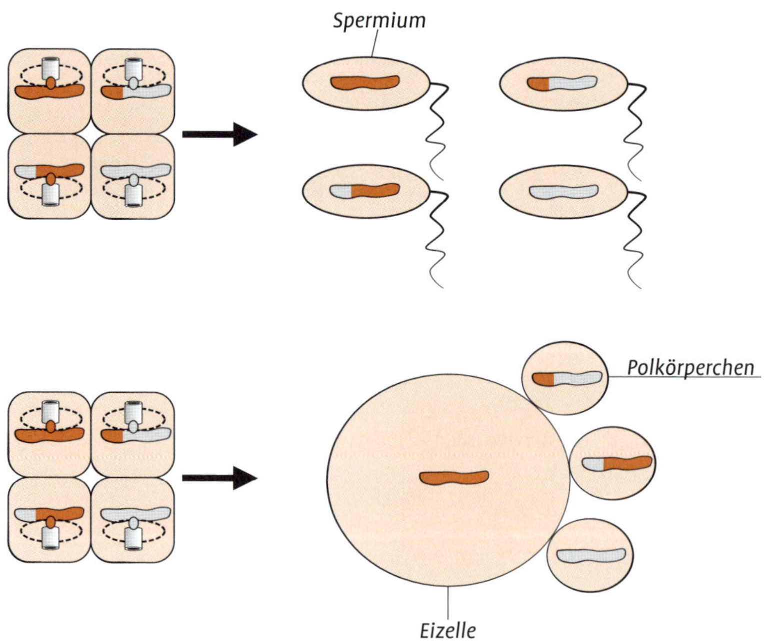

ter Zellteilung führen kann. Diese Gene kontrollieren normalerweise das Gleichgewicht zwischen Zellvermehrung und Zelltod. Wenn sich dieses Gleichgewicht stark in Richtung Zellvermehrung verschiebt, bzw. diese nicht mehr unterdrückt werden kann, kommt es zur unkontrollierten Proliferation, die schlimmstenfalls zur Ausbildung von bösartigen **Tumoren** führt.
Auch bei **viralen Infektionen** (z. B. mit dem Parvovirosevirus beim Hund) spielt die Teilungsaktivität von Zellen eine Rolle. Parvoviren vermehren sich in schnell teilenden Zellpopulationen. Dazu gehört z. B. das Darmepithel. Für ihre Replikation benutzen sie die Ausstattung des Zellkerns der infizierten Zellen. Die Schädigung der Darmepithelzellen durch die Viren führt zu starken, zum Teil lebensbedrohlichen Durchfällen. Da bei jungen Hunden auch die Herzmuskelzellen noch Teilungsaktivitäten aufweisen, kann es bei an Parvovirose erkrankten Welpen auch zu irreversiblen Schädigungen der Herzmuskulatur kommen.

1.3 Zelltod

Der Zelltod ist durch den irreversiblen Ausfall der Lebensfunktionen der Zelle gekennzeichnet. Zelltod und Tod des gesamten Organismus finden nicht zeitgleich statt. Einerseits sterben viele Zellen bereits während der Lebenszeit des Organismus, andererseits leben viele Zellen nach dem Tod des Organismus noch mehrere Stunden fort.
Der **Tod** auf **zellulärer Ebene** kann auf zweierlei Weise verursacht werden:

1. Er kann durch schädigende Einwirkungen physikalischer oder chemischer Art oder durch Unterversorgung (z. B. mit Energie oder Sauerstoff) bedingt sein. Dieser Zelltod wird als **Nekrose** bezeichnet. So kann es z. B. beim Herzinfarkt zu einer Nekrose des unterversorgten Bereiches der Herzmuskulatur kommen.
2. Der Tod kann aber auch als **programmierter Zelltod** durch Aktivierung spezieller Gene ausgelöst werden. Diese Art des Zelltodes wird **Apoptose** genannt (von Apoptosis = griech. Abfallen der Blätter). Bei der Apoptose treten in den Zellen typische Veränderungen auf, die nicht jenen der Nekrose entsprechen. So bleiben die Zellorganellen noch relativ lange intakt, während der Zellkern fragmentiert wird. Der programmierte Zelltod hat wichtige Funktionen während des gesamten Lebens. In der Embryonal- und der Fetalzeit ermöglicht er wichtige Differenzierungsprozesse, unter anderem die Differenzierung der Knochen und Muskeln aus dem Mesenchymgewebe (embryonales Bindegewebe, ▶ Kap. 2.5.3). Dafür nicht benötigte Mesenchymzellen fallen der Apoptose anheim. Die Öffnung der Lidspalte um den Zeitraum der Geburt herum erfolgt durch Apoptose der Zellen zwischen den Augenlidern.

Typische Beispiele für Apoptose bieten zeitlebens die sogenannten **Mausergewebe** wie das Oberflächenepithel der Haut oder des Darms sowie das Blut. Diese Gewebe sind dadurch gekennzeichnet, dass ständig neue Zellen gebildet werden **(Proliferation)** und dementsprechend auch Zellen sterben müssen. Der Todeszeitpunkt dieser Zellen wird physiologisch dadurch bestimmt, dass die speziellen Gene durch zelleigene Substanzen (zum Teil aufgrund von Signalen anderer Zellen) aktiviert werden. Die Aktivierung kann aber auch durch Fremdsubstanzen (z. B. Viren) ausgelöst oder gehemmt werden, so dass daraus krankhafte (pathologische) Prozesse wie Krebs oder Autoimmunkrankheiten resultieren.

1.4 Chemische Bestandteile der Zelle

1.4.1 Atomare Zusammensetzung

Vier Elemente, nämlich **Wasserstoff, Sauerstoff, Kohlenstoff** und **Stickstoff,** bilden 99 % der atomaren Zusammensetzung des Körpers (▶ Tab. 1-1). Wasserstoff ist das zahlenmäßig häufigste Atom im Körper, das wiederum hauptsächlich in der Verbindung mit Sauerstoff als Wasser vorkommt. Die besondere Form, in der beim Wassermolekül zwei Wasserstoffatome mit einem Atom Sauerstoff verknüpft sind, führt dazu, dass das Wassermolekül polar (mit getrennten Ladungen versehen) ist und ein ideales Lösungsmittel darstellt. Auch die meisten chemischen Reaktionen im Organismus setzen voraus, dass die Reaktionspartner in Wasser gelöst sind.

1.4.2 Mineralstoffe

Im Körper liegen die meisten Mineralstoffe (und teilweise auch organische Substrate) nicht in ihrer atomaren Form, sondern als **Ionen** vor. Wegen ihrer Fähigkeit, elektrische Ladungen zu leiten, werden diese Ionen unter dem Begriff **Elektrolyte** zusammengefasst. Positiv geladene Ionen werden als Kationen bezeichnet, negative als **Anionen.** Entsprechend der Häufigkeit ihres Vorkommens wird bei Mineralstoffen bzw. Elektrolyten zwischen **Mengen- und Spurenelementen** unterschieden. Die Mengen- und die Spurenelemente haben unter anderem Bedeutung für folgende Funktionen:

- Regulierung des pH-Wertes der Körperflüssigkeiten (pH 7,4; d. h. schwach alkalisch), Pufferfunktion gegen Übersäuerung (Azidose)
- Regulierung der Osmolarität in der Extra- und Intrazellulärflüssigkeit (zu Osmolarität: ▶ Kap. 1.7.1)
- Vehikel für Transport organischer Substrate mithilfe von Transportproteinen
- Einlagerung in Gewebe (Knochen, Zähne, Knorpel) mit mechanischer Funktion
- Ladungsträger; dadurch spannungsabhängige Erregungsübertragung von Nerv zu Nerv und vom Nerv zur Muskulatur
- Bestandteil von Enzymen, Hormonen sowie des Blut- und des Muskelfarbstoffes
- Mitwirkung bei der Blutgerinnung
- Mitwirkung bei der Abwehr

Sieben **Mengenelemente** finden sich sowohl gelöst in der extrazellulären und intrazellulären Flüssigkeit als auch in gebundener Form (▶ Tab. 1-1). Natrium und Chlorid sind mengenmäßig die bedeutendsten Elektrolyte im Extrazellulärraum. Größere Mengen von Kalzium und Phosphor sind gebunden im Knochen zu finden.

Tab. 1-1
Essenzielle Elemente im Körper und ihr relativer Anteil an allen Elementen des Körpers (Zahlen aus Vander et al. 1994)

Element	Symbol
Hauptelemente (99 %)	
Wasserstoff	H (63 %)
Sauerstoff	O (26 %)
Kohlenstoff	C (9 %)
Stickstoff	N (1 %)
Mineralstoffe / Mengenelemente (0,99 %)	
Kalzium	Ca
Phosphor	P
Kalium	K
Schwefel	S
Natrium	Na
Chlor	Cl
Magnesium	Mg
Mineralstoffe / Spurenelemente (0,01 %)	
Eisen	Fe
Iod	I
Kupfer	Cu
Zink	Zn
Mangan	Mn
Kobalt	Co
Chrom	Cr
Selen	Se
Molybdän	Mo
Fluor	F
Zinn	Sn
Silizium	Si
Vanadium	V

Die 13 **Spurenelemente** repräsentieren zwar nur etwa 0,01 % aller Atome im Körper (▶ Tab. 1-1), sie sind aber trotzdem für zahlreiche Zellfunktionen unverzichtbar. So spielt z. B. Eisen eine wesentliche Rolle beim Sauerstofftransport im Blut (▶ Kap. 9.3). Jod ist unabdingbar für die Synthese der Schilddrüsenhormone (▶ Kap. 20.4). Die Spurenelemente Selen, Kupfer und Zink spielen eine besondere Rolle bei der Aufrechterhaltung der Abwehrmechanismen (▶ Kap. 6).
Der **Bedarf** an Elektrolyten bzw. Mineralstoffen muss durch die Nahrung gedeckt werden (Futterbestandteile, Leckstein, Mineralstoffzumischung, Zufütterung von Spurenelementen in Mangelgebieten usw.). Allerdings kann auch eine Überdosierung schädliche Folgen haben (z. B. Fluorose, Jodismus, Kochsalzvergiftung).

1.4.3 Organische Moleküle

Kohlenstoffhaltige Moleküle werden (in der Natur) überwiegend in lebenden Organismen aufgefunden, sie werden daher als organische Moleküle bezeichnet. Die Besonderheit des Kohlenstoffatoms ist seine Fähigkeit, vier Bindungen mit anderen Atomen einzugehen, wobei oft Verknüpfungen mit anderen Kohlenstoffatomen zu finden sind. Da Kohlenstoffatome aber ebenso mit Wasserstoff-, Sauerstoff-, Stickstoff- und Schwefelatomen in Verbindung treten können, kann auf diese Weise eine große Anzahl von Molekülen mit relativ wenigen chemischen Elementen formiert werden. Einige der organischen Moleküle sind sehr groß und bestehen aus mehr als 1000 Atomen. Solche Makromoleküle können wiederum miteinander in Kontakt treten und werden dann als **Polymere** bezeichnet.
Die meisten organischen Moleküle im Körper können den vier Gruppen **Kohlenhydrate, Fette (Lipide), Eiweiße (Proteine)** und **Nukleinsäuren** zugeteilt werden (▶ Tab. 1-2).

■ Kohlenhydrate

Obwohl Kohlenhydrate nur etwa 1 % der Körpermasse ausmachen, spielen sie eine große Rolle als Energielieferant. Kohlenhydrate bestehen aus Kohlenstoff, Wasserstoff und Sauerstoff. Das Verhältnis zwischen den drei Atomen kann bei einfachen Zuckern mit der Formel $C_n(H_2O)_n$ ausgedrückt werden, wobei n immer eine ganze Zahl ist. Sauerstoff und Wasserstoff sind innerhalb eines Kohlenhydratmoleküls häufig miteinander verbunden und bilden **Hydroxyl (= OH)-Gruppen** (▶ Abb. 1-8). Durch die polaren OH-Gruppen sind Kohlenhydrate gut wasserlöslich.
Zahlreiche Kohlenhydrate haben einen süßen Geschmack. Unter ihnen sind die meisten Substanzen zu finden, die unter dem Begriff **Zucker** zusammengefasst werden. Die einfachsten Zuckermoleküle sind **Monosacchari-**

Tab. 1-2
Organische Moleküle im Körper (nach Vander et al. 1994)

Substratklasse	Anteil an Körpermasse (%)	Hauptelemente	Unterklassen	Untereinheiten
Kohlenhydrate	1	C, H, O	Monosaccharide Polysaccharide	 Monosaccharide
Lipide	15	C, H	Triazylglyzerine Phospholipide Steroide	3 Fettsäuren + Glyzerin 2 Fettsäuren + Glyzerin + Phosphat + N-haltige Moleküle
Proteine	17	C, H, O, N	Peptide	Aminosäuren
Nukleinsäuren	2	C, H, O, N	DNA } RNA }	Nukleotide mit Phosphat, Desoxyribose (DNA) bzw. Ribose (RNA) und Basen

Abb. 1-8
Glukose und Galaktose in der Ringschreibweise. Der Unterschied zwischen den beiden Zuckern besteht in der Ausrichtung der markierten Hydroxylgruppe.

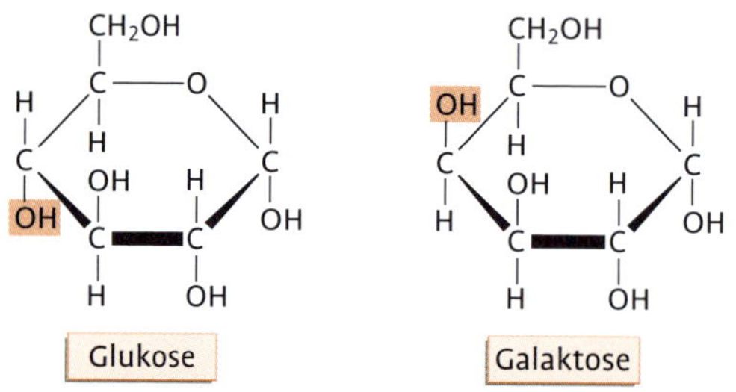

de (= Einfachzucker). Die meisten Monosaccharide bestehen aus fünf oder sechs Kohlenstoffatomen und werden dementsprechend **Pentosen** ($C_5H_{10}O_5$) oder **Hexosen** ($C_6H_{12}O_6$) genannt. **Glukose** (Traubenzucker) und **Fruktose** (Fruchtzucker) sind die quantitativ wichtigsten Hexosen im Körper und in der Nahrung. **Galaktose** ist Bestandteil des Milchzuckers. ▶ Abbildung 1-8 zeigt Glukose und Galaktose in der Ringschreibweise, die eine Vorstellung von dem dreidimensionalen Aussehen der Monosaccharide gibt. Monosaccharide können zwei Formen einnehmen, die mit „α" und „β" bezeichnet werden. Bei der α-Form befindet sich die Hydroxylgruppe am C1-Atom, d. h. am ersten C-Atom des Moleküls, unterhalb der Ringebene, bei der β-Form steht sie oberhalb.

In der **Nahrung** sind Kohlenhydratmoleküle meistens nicht als Monosaccharide, sondern in Verbindungen enthalten. Kohlenhydrate, die aus zwei Monosacchariden bestehen, werden als **Disaccharide** bezeichnet. Das Disaccharid **Maltose** besteht aus zwei Glukosemolekülen. **Saccharose** (Rohrzucker bzw. Rübenzucker) ist eine Verbindung aus Glukose und Fruktose (▶ Abb. 1-9). In dem Disaccharid **Laktose** (Milchzucker) sind Galaktose und Glukose verknüpft.

Wenn viele Monosaccharide verbunden sind, werden die Moleküle als Polysaccharide bezeichnet. Häufig vorkommende Polysaccharide sind Stärke, Zellulose und Glykogen. Alle diese Polysaccharide sind aus mehreren tausend Glukosemolekülen in unterschiedlicher Verbindung aufgebaut. Glykogen dient in Muskulatur und Leber der Energiespeicherung. Stärke ist in Kartoffeln, Getreide und Reis zu finden. Zellulose ist ein unverzweigtes Polysaccharid [$(C_6H_{10}O_5)_n$], das aus bis zu zehntausend Glukosemolekülen (d. h. $n > 1000$ in voriger Formel) besteht, die über eine (1-4)-β-glykosidische Bindung verbunden sind. Die Zahlen (1-4) bezeichnen die verknüpften C-Atome, β die Ausrichtung der Bindung infolge der Ausrichtung der Hydroxylgruppe (▶ Abb. 1-10). Infolge der (1-4)-β-glykosidischen Bindung liegt das Molekül als fadenförmiges Kettenmolekül vor, das in sich gefaltet und durch

Abb. 1-9
Saccharose ist ein Disaccharid, bestehend aus Glukose und Fruktose (nach Vander et al. 1994).

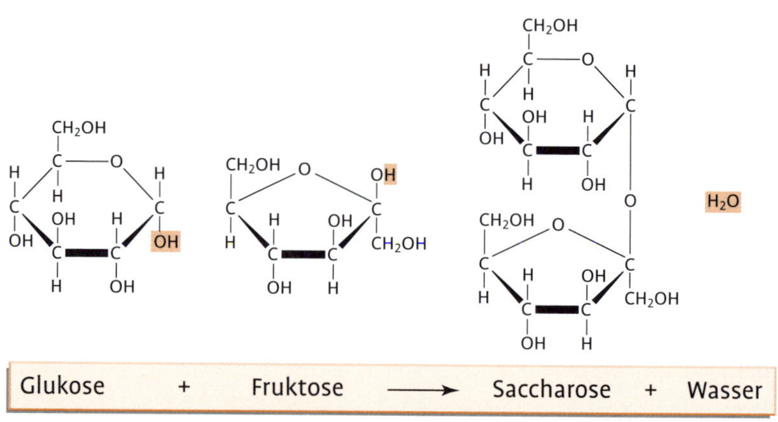

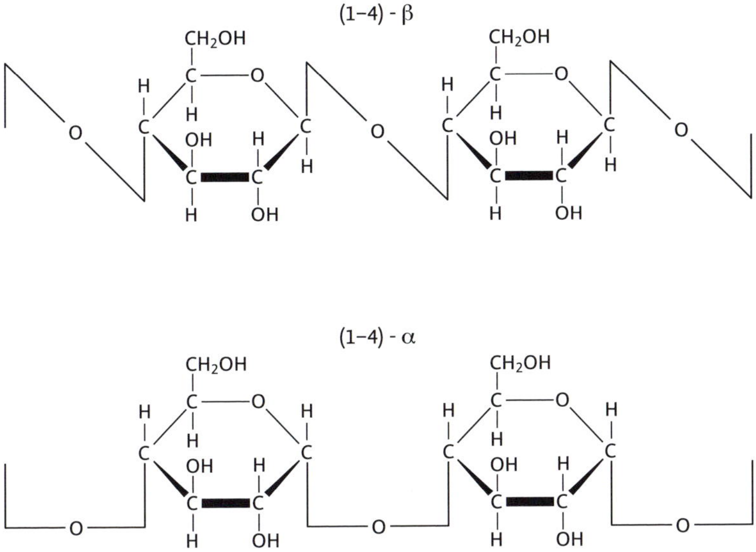

Abb. 1-10
Verbindung von Glukosemolekülen in der (1-4)-β-Form, wie sie in der Zellulose vorkommt, und in der (1-4)-α-Form, die in Stärke zu finden ist.

Wasserstoffbrückenbindungen stabilisiert ist. Zellulose hat daher große Bedeutung als pflanzliche Gerüstsubstanz. Die Glukosemoleküle in Stärke und Glykogen sind dagegen (1-4)- bzw. (1-6)-α-glykosidisch verknüpft.

Fette und fettähnliche Stoffe

Das in der Leber gespeicherte Glykogen kann die Energieversorgung des Körpers für etwa einen Tag aufrechterhalten. **Fette (Lipide)** können im Unterhautfettgewebe und in den Eingeweiden in sehr großer Menge gespeichert werden (▶ Tab. 1-3) und daher über einen größeren Zeitraum als Energielieferant (aber auch als Isolationsschicht) dienen. Bestimmte Fette sind am Aufbau von Zellorganellen, insbesondere von Membranen, beteiligt.

Hinsichtlich ihrer Struktur stellen Fette keine derart homogene Gruppe dar wie Kohlenhydrate. Sie sind vielmehr durch ihre physikalischen Eigenschaften charakterisiert. So sind sie leichter als Wasser und nicht wasserlöslich. Fette machen etwa 40 % der organischen Masse im Körper aus (etwa 15 % der Körpermasse) und können in vier Unterklassen eingeteilt werden: Fettsäuren, Triazylglyzerine, Phospholipide und Steroide.

Fettsäuren bestehen aus einer Kette von C-Atomen mit einer **Carboxylgruppe (COOH)** am Ende. Da Fettsäuren im Körper meist aus Vorläuferverbindungen zusammengesetzt werden, die zwei Kohlenstoffatome besitzen, haben sehr viele Fettsäuren eine gerade Anzahl von Kohlenstoffatomen. Fettsäuren mit 16 bzw. 18 Kohlenstoffatomen sind beispielsweise die Palmitinsäure ($C_{15}H_{31}COOH$; ▶ Abb. 1-11) bzw. die Stearinsäure ($C_{17}H_{35}COOH$). Sind alle Bindungen innerhalb der Kohlenstoffatome Einzelbindungen, so bezeichnet man die Fettsäure als **gesättigt** (wie z. B. die Stearin- und Palmitinsäure). Bei einigen Fettsäuren sind

Tab. 1-3
Protein- und Fettgehalt in den Schlachtkörpern verschiedener Nutztiere (nach Ouhayoun und Lebas 1987)

Tierart	Schlachtkörpermasse (kg)	Protein (%)	Fett (%)
Kalb	150–200	14–20	8–10
Jungbulle	200–300	15–21	12–19
Schwein	70–80	12–16	30–38
Lamm	5–10	11–16	20–25
Hähnchen	1,3–1,5	12–18	9–10
Kaninchen	1,0–1,3	19–25	3–6

Abb. 1-11
Oben: Zur Bildung eines Triazylglyzerins verbinden sich Glyzerin und drei Fettsäuren an der grau markierten Bindungsstelle. Eine der Fettsäuren ist Palmitinsäure (eine gesättigte Fettsäure).
Unten: Ölsäure als Beispiel für eine (einfach) ungesättigte Fettsäure. Die ungesättigte Bindung ist oval umrundet (nach Bartels und Bartels 2004).

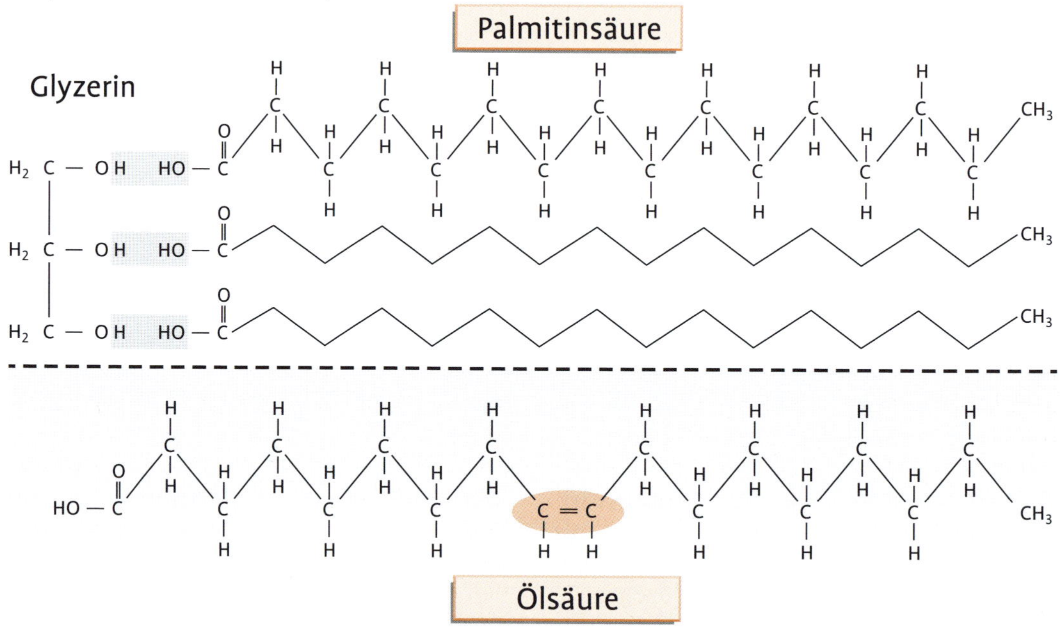

einzelne Kohlenstoffatome doppelt miteinander verbunden. Diese Fettsäuren werden als **ungesättigte** Fettsäuren bezeichnet. Zu den ungesättigten Fettsäuren gehören z. B. Ölsäure ($C_{17}H_{33}COOH$; ▶ Abb. 1-11) und Linolsäure ($C_{17}H_{31}COOH$). Weitere wichtige ungesättigte Fettsäuren sind Linolensäure und Arachidonsäure. Sie werden unter anderem zur Synthese der Prostaglandine (▶ Kap. 20.10) sowie von Phosphatiden der Membranen benötigt.
Tierische Fette haben in der Regel eine hohe Anzahl an gesättigten Fettsäuren, wohingegen pflanzliche Fette mehr ungesättigte Fettsäuren enthalten. Je mehr Doppelbindungen vorhanden sind, d. h. je höher der Anteil ungesättigter Fettsäuren ist, desto niedriger ist der **Schmelzpunkt** des Fettes (▶ Tab. 1-4). Fette, die nur aus gesättigten Fettsäuren bestehen, sind bei Zimmertemperatur fest. Die Doppelbindungen der ungesättigten Fettsäuren werden leicht von Oxidationsmitteln angegriffen und binden leicht Halogene (= Jod, Fluor, Brom, Chlor).

Die **Jodzahl** der Fette dient als Maß für die in einem Fett enthaltene Menge ungesättigter Fettsäuren. Sie gibt an, wieviel Gramm Jod von 100 Gramm eines Fettes gebunden werden. An jede Doppelbindung lagern sich zwei Atome Jod an.
Für die physiologische Funktion der ungesättigten Fettsäuren ist nicht nur die Zahl der Doppelbindungen wichtig, sondern auch ihre

Tab. 1-4
Schmelzpunkte einiger Fette

Fettart	Schmelzpunkt (°C)
Hammeltalg	44–51
Rindertalg	42–49
Schweineschmalz	36–46
Hühnerschmalz	33–40
Gänseschmalz	26–35

Lokalisation in der Kohlenstoffkette. Bei ω-3-ungesättigten Fettsäuren beginnen die Doppelbindungen bereits am dritten Kohlenstoffatom, gezählt vom Methylende ($-CH_3$) des Moleküls aus, bei ω-6-ungesättigten Fettsäuren erst am sechsten Kohlenstoffatom. Hoch ungesättigte ω-3-Fettsäuren mit 20 bzw. 22 Kohlenstoffatomen sind vor allem im Fett von Kaltwasserfischen, aber auch zu etwa 5 % im Fleisch wild lebender Tiere vorhanden. Sie haben wichtige Funktionen bei der Gehirnentwicklung. Aus ihnen gebildete Stoffwechselprodukte (Prostaglandine, Leukotriene) wirken prophylaktisch gegen Thrombose, Arteriosklerose und Entzündungen. Der Säugetierorganismus ist nicht in der Lage, ω-6- in ω-3-Fettsäuren umzuwandeln.

Fettsäuren werden in den Fettdepots des Körpers in Form von Triazylglyzerinen gespeichert. Letztere werden im allgemeinen Sprachgebrauch als Fette bezeichnet. Triazylglyzerine bestehen aus Glyzerin, einem Kohlenhydrat mit drei C-Atomen, und drei Fettsäuren, die mit dem Glyzerin verbunden sind (▸ Abb. 1-11).

Phospholipide besitzen eine ähnliche Struktur wie Triazylglyzerine, allerdings ist die dritte Hydroxylgruppe des Glyzerins mit Phosphat verbunden. Durch die Phosphatbindung haben diese Moleküle einen Doppelcharakter. Sie haben eine hydrophile Seite im Bereich der Phosphatgruppe und eine hydrophobe Seite im Bereich der Fettsäuren. Infolgedessen ordnen sich Phospholipide an Wassergrenzflächen gerichtet an und spielen eine wesentliche Rolle beim Aufbau von **Zellmembranen.**

Steroide sind durch ringförmige Anordnung der Kohlenwasserstoffe gekennzeichnet. Zu den Steroiden gehören **Cholesterin** sowie die aus dem Cholesterin abgeleiteten **Geschlechtshormone** (Testosteron, Östrogene) und auch die **Hormone der Nebennierenrinde** (Kortisol und Aldosteron).

■ Proteine

Proteine bilden etwa 50 % des organischen Materials im Körper (etwa 17 % der Körpermasse). Sie sind die eigentlichen Träger der Körperfunktionen und finden sich daher in allen Zellen und Geweben.

Proteine bestehen aus Kohlenstoff, Wasserstoff, Sauerstoff, Stickstoff und kleineren Anteilen anderer Elemente, insbesondere Schwefel. Sie sind Makromoleküle, die oft aus mehreren tausend Atomen aufgebaut sind. Die kleinsten Untereinheiten der Proteine sind Aminosäuren. Deshalb können Proteine auch als Polymere von Aminosäuren bezeichnet werden. Jede Aminosäure (außer Prolin) hat eine Amino ($= NH_2$)- und eine Carboxyl ($=$ COOH)-Gruppe, die miteinander, wie in ▸ Abbildung 1-12 oben gezeigt, verknüpft sind. An die dritte Bindung des endständigen C-Atoms ist Wasserstoff gebunden. Die vierte Bindung des C-Atoms ist mit einem variablen Rest, der **Seitenkette,** verknüpft. Durch die Seitenkette unterscheiden sich die Aminosäuren in Struktur und Funktion. Bei den Aminosäuren der Säugetiere finden sich 20 unterschiedliche Seitenketten, so dass auch 20 unterschiedliche Aminosäuren identifiziert werden können. Diese sind: Alanin, Arginin, Asparagin, Aspartat, Glutamat, Glutamin, Glyzin, Histidin, Isoleuzin, Leuzin, Lysin, Methionin, Phenylalanin, Prolin, Serin, Threonin, Tryptophan, Tyrosin, Valin und Zystein. Glyzin ist die einfachste Aminosäure; die Seitenkette ist ein einfaches H-Atom. Zystein und Methionin sind die beiden Aminosäuren, deren Seitenkette Schwefel enthält. Die Seitenkette von Tyrosin enthält einen Ring aus sechs Kohlenstoffatomen. Lysin hat am Ende der Seitenkette eine zweite Aminogruppe.

Lebensnotwendige Aminosäuren, die nicht im Stoffwechsel der tierischen Zelle aus Kohlenstoffskeletten und Ammoniak synthetisiert werden können, werden als **essenzielle Aminosäuren** bezeichnet und müssen dem Körper in ausreichender Menge mit der Nahrung zugeführt werden. Beim Schwein gelten Lysin, Methionin, Zystein, Threonin und Tryptophan als essenzielle Aminosäuren.

Verbinden sich einzelne Aminosäuren miteinander, so bezeichnet man dieses Molekül als **Peptid.** Eine Peptidbindung entsteht, indem die Carboxylgruppe der einen Aminosäure sich mit der Aminogruppe der anderen Aminosäure verknüpft. Infolgedessen weist ein Peptid sowohl eine freie Amino- als auch eine freie Carboxylgruppe auf (▸ Abb. 1-12). Werden

Abb. 1-12
Oben: Glutaminsäure; durch R wird der „Rest", d. h. die Seitenkette der Aminosäure, abgekürzt.
Unten: Verbindung zweier Aminosäuren zu einem Dipeptid (nach Vander et al. 1994).

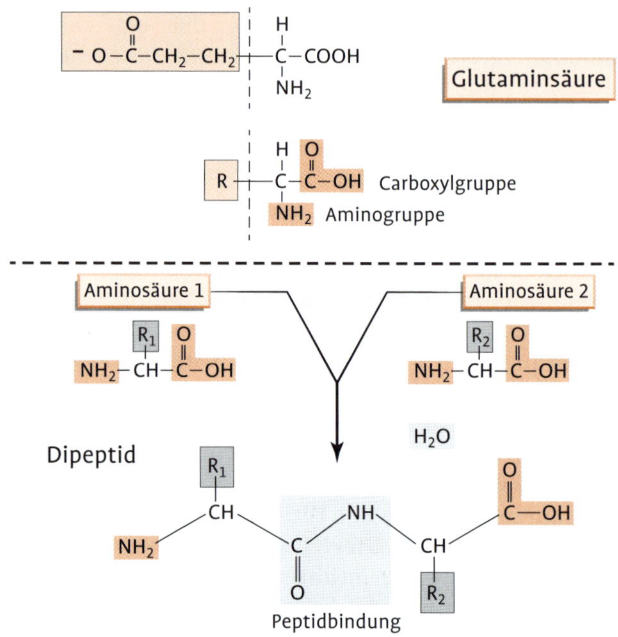

zwei, einige bzw. viele Aminosäuren über eine derartige Peptidbindung miteinander verknüpft, werden die Moleküle als **Dipeptid, Oligo-** bzw. **Polypeptid** bezeichnet. Polypeptide bilden die Grundlage von **Proteinen.** Die Reihenfolge der Aminosäuren im Peptid bestimmt dabei die **Primärstruktur** eines Proteins. Diese ist bei Proteinen, d. h. langen Polypeptiden, zusätzlich noch gefaltet bzw. spiralig gewunden. Die Falt- bzw. Spiralform wird durch Wasserstoffbrücken und Verbindungen zwischen Schwefelatomen (Disulfitverbindungen) stabilisiert, es entsteht so die **Sekundär-** und **Tertiärstruktur** des Proteins. Durch Zusammenlagerung mehrerer gleicher oder verschiedener Proteinmoleküle kann sich auch eine **Quartärstruktur** ausbilden. Infolge der Kombination verschiedener Aminosäuren in Peptiden und der Ausbildung der Strukturen ergeben sich artspezifische Proteine. Allerdings sind auch innerhalb einer Spezies Unterschiede in den Proteinen vorhanden und bestimmen damit unter anderem die Ausprägung einer Rasse bzw. eines Individuums.

Nukleinsäuren

Nukleinsäuren machen nur einen geringen Teil der Körpermasse aus. Sie sind aber entscheidend für die Speicherung, Expression und Übertragung von genetischer Information (▶ Kap. 1.5.1). In den Nukleinsäuren finden sich sämtliche Informationen über die Proteinstruktur und damit den Aufbau von Zellen und Geweben.

Es gibt zwei Klassen von Nukleinsäuren: die **Desoxyribonukleinsäure (DNA)** und die **Ribonukleinsäure (RNA). DNA-Moleküle** speichern die genetische Information in ihren Untereinheiten, wohingegen **RNA-Moleküle** an der Entzifferung und der Übertragung dieser Information in funktionsfähige Polypeptide und Proteine beteiligt sind. Beide Arten von Nukleinsäuren sind Polymere, die aus sich wiederholenden Untereinheiten bestehen.

Die Untereinheiten von DNA und RNA, die **Nukleotide,** haben drei Anteile: eine Phosphatgruppe, einen Zucker und eine Base, die aus einem Ring von Kohlenstoff- und Stickstoffatomen besteht. Die Nukleotide in der DNA enthalten die Pentose Desoxyribose als Zucker, daher auch der Name Desoxyribonukleinsäure. Die in der DNA vorkommenden Basen sind **Adenin (A), Thymin (T), Cytosin (C)** und **Guanin (G).** Über die Phosphatgruppe des einen Nukleotids besteht eine Verbindung zu dem Zucker des benachbarten Nukleotids, so dass eine Kette gebildet wird, aus der auf einer Seite die Basen herausragen (▸ Abb. 1-13).

Ein **DNA-Molekül** besteht aus zwei Nukleotidsträngen, die in einer Helixform umeinandergewunden sind. In dieser **Helix** bilden die Zucker-Phosphat-Stränge die beiden äußeren Stricke, während die Sprossen durch die Basen geformt werden (▸ Abb. 1-13). Infolge der Innenrichtung der Basen können die zwei Ketten durch Hydrogenbindungen zwischen den Basen miteinander verbunden werden. Hierbei sind aber aufgrund der Anziehungskräfte zwischen den Basen nur die Kombinationen AT oder TA und GC oder CG möglich. Die Reihenfolge der gebildeten Basenpaare ist allerdings variabel, d. h., gleiche Paare können mehrfach hintereinander vorkommen.

Die Struktur der **RNA-Moleküle** unterscheidet sich nur geringfügig von derjenigen der DNA. So besteht RNA aus einer einzelnen (nicht aus einer doppelten) Kette von Nukleotiden. Zudem bildet in der RNA Ribose den Zuckeranteil. Weiterhin ist die Base Thymin durch die Base Urazil (U) ersetzt, die ein Basenpaar mit Adenin (AU) bilden kann.

Die **Neubildung der DNA** bei der Zellteilung geschieht durch Lösung der Stränge (▸ Abb. 1-14). Zunächst werden die beiden DNA-Stränge, die die Helix bilden, voneinander getrennt. Hierdurch werden die Basen der beiden Ketten frei. Entsprechend der spezifischen Basenpaarung lagern sich anschließend wie bei einem Reißverschluss neue Nukleotide an, die enzymatisch zu einem neuen DNA-Strang verbunden werden (▸ Abb. 1-14). Diese identische Verdopplung der DNA wird **Replikation** bzw. **Reduplikation** genannt.

Abb. 1-13
Teil einer DNA-Doppelhelix mit Darstellung der Basenpaarung und der Anordnung der Desoxyribose bzw. der verknüpfenden Phosphatgruppen (nach Mutschler et al. 2007).

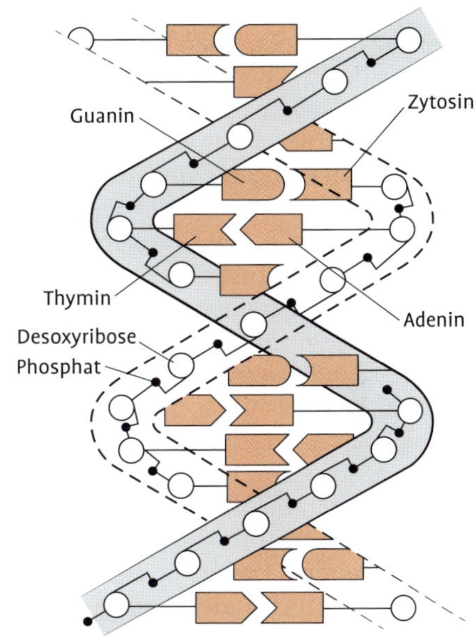

Abb. 1-14
Verdoppelung der DNA nach dem Reißverschlussprinzip (nach Mutschler et al. 2007).

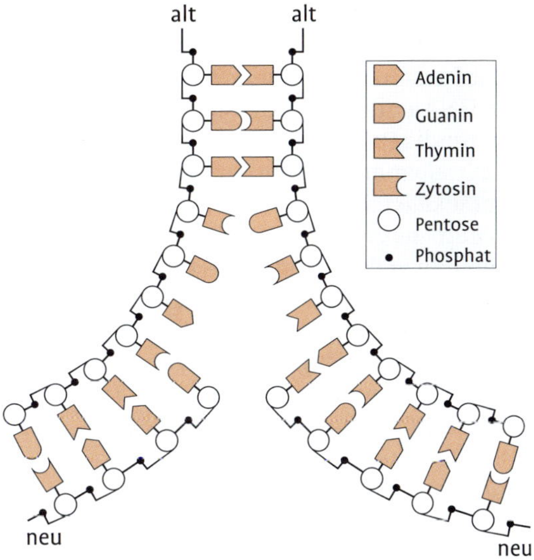

1.5 Proteinsynthese

1.5.1 Genetischer Kode

In der **DNA** sind die Informationen gespeichert, die benötigt werden, um im Organismus funktionsfähige Eiweiße herstellen zu können. Die Verankerung des genetischen Kodes in DNA ist universell, gilt also für alle Lebewesen. Die Eigenart dieses genetischen Kodes bestimmt die besondere Struktur der Eiweiße, da durch den Kode die **Reihenfolge** der **Aminosäuren** vorgegeben wird.

Die Kodierung für die Aminosäurenreihenfolge wird durch die Reihenfolge der Basen vorgegeben. Vier Basen können jedoch (logischerweise) nicht allein für die 20 im Körper vorkommenden Aminosäuren kodieren. Tatsächlich ist es so, dass drei Basen **(Tripletts)** zur Kodierung einer Aminosäure benötigt werden. Aus der Vorgabe über Tripletts ergeben sich $4 \cdot 4 \cdot 4 = 64$ unterschiedliche Kombinationen. Bei 20 Aminosäuren sind dies zusätzliche 44 Möglichkeiten. Daher kodieren unterschiedliche Tripletts für identische Aminosäuren. So werden z. B. die Tripletts GGA, GGU, GGG und GGC alle in die Aminosäure Glyzin umgesetzt. Drei der 64 Tripletts kodieren nicht für eine Aminosäure. Sie werden als Stopp- und Start-Kodon in der DNA benutzt und haben die gleiche Funktion wie ein Punkt am Ende eines Satzes, d. h., diese Tripletts zeigen an, dass das Ende der genetischen Botschaft erreicht ist bzw. eine neue beginnt.

Die DNA enthält zwar sämtliche Informationen für die Proteinsynthese, nimmt aber nicht unmittelbar an dem Zusammenbau der Proteinmoleküle teil. So sind die DNA-Moleküle im Zellkern zu groß, als dass sie durch die Kernmembran in das Zytoplasma, dem Ort der Proteinsynthese, wandern könnten.

Die Umwandlung der genetischen Information in ein funktionsfähiges Protein, die **Genexpression**, besteht aus den Prozessen der **Transkription** und **Translation.**

1.5.2 Transkription

Die **Übertragung der DNA-Information** in Richtung Proteinsynthese, die Transkription, ist Aufgabe der **Messenger-RNA (mRNA).** Sie ist klein genug, um die Kernmembran zu überwinden. So hat die genetische Information folgende Flussrichtung: DNA → mRNA → Protein (▶ Abb. 1-15).

Zunächst wird die genetische Information von der DNA an die RNA weitergegeben. Hierzu öffnet sich die DNA-Helix, so dass die beiden Ketten freiliegen. Die Basen der Nukleotidstränge können sich nun mit frei vorhandenen Basen paaren. Entsprechend der oben erörterten Paarungsmöglichkeiten wird die Nukleotidsequenz der DNA in eine Nukleotidsequenz auf der RNA umgeschrieben, z. B. TAC in AUG usw. Die Nukleotidsequenz in der DNA dient so als Vorlage, um die Nukleotidsequenz in der mRNA vorzugeben. Obwohl theoretisch beide Nukleotidstränge der DNA in mRNA-Molekü-

Abb. 1-15
Umschreibung (Transkription) der genetischen Information von der DNA in die mRNA und Übersetzung (Translation) der Information in ein fertiges Protein mithilfe der mRNA (nach Vander et al. 1994). Viele der synthetisierten Proteine haben Enzymfunktion.

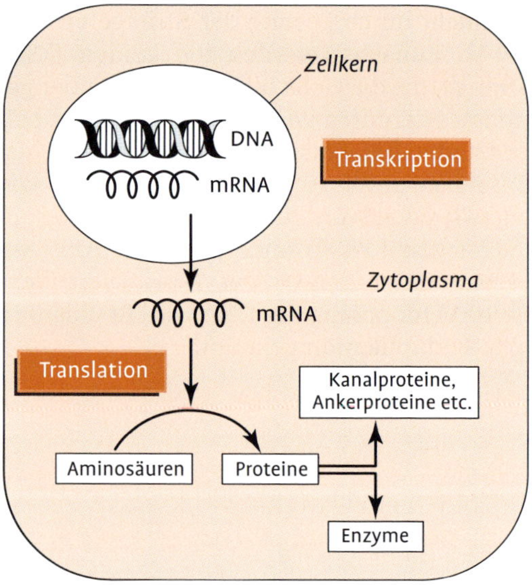

le umgeschrieben werden könnten, erfolgt dieses nur bei jeweils einem. Am Anfang nur eines Stranges ist eine spezifische Nukleotidsequenz vorhanden, die die Umschreibung auslöst, der sogenannte Promotor. An die Transkription schließt sich die Translation an.

1.5.3 Translation

Als Translation bezeichnet man den Prozess der Proteinsynthese, wenn die mRNA vom Nukleus in das Zytoplasma wandert, um dort die spezifische **Zusammensetzung der Aminosäuren** für die Herstellung eines Proteins zu kodieren. Nach dem Durchtritt durch die Kernmembran bindet sich die mRNA an ein **Ribosom** im Zytoplasma (▶ Abb. 1-1). Ein Ribosom enthält sämtliche Enzyme und Substrate, die für die Umwandlung des mRNA-Kodes in ein Protein notwendig sind. Die Umschreibung des Basentripletts, des Kodons, in eine funktionsfähige Aminosäure wird mithilfe der **Transfer-RNA (tRNA)** durchgeführt. Transfer-RNA-Moleküle haben Kleeblattstruktur mit drei Schleifen (▶ Abb. 1-16). Wie mRNA wird auch die Transfer-RNA im Kern an spezifischen tRNA-Genen kodiert.

Die Schlüsselrolle der tRNA bei der Proteinsynthese ist in ihrer Doppelfunktion begründet. Wie in ▶ Abbildung 1-16 dargestellt, kann sie sich auf einer Seite mit einer spezifischen Aminosäure kombinieren. Auf der anderen Seite besitzt sie ein eigenes Triplett, ein „Anti-Kodon“, das sich mit dem entsprechenden Kodon der mRNA verbinden kann.

Nachdem mithilfe der tRNA das mRNA-Kodon in eine Aminosäure umgeschrieben worden ist, müssen die einzelnen Aminosäuren aneinandergekoppelt werden, um ein Peptid bzw. ein Protein herzustellen. Hierzu wird die Aminosäure von der tRNA abgetrennt und mithilfe mehrerer ribosomaler Enzyme zu einer Polypeptidreihe zusammengesetzt. Dies wiederholt sich, bis ein Stopp-Kodon erscheint und die Vollständigkeit des Peptids bzw. Proteins signalisiert. Nach der Synthese des Proteins bleibt die mRNA erhalten und wird erneut für die Synthese einer Proteinkopie herangezogen. Auch die tRNA wird mehrfach verwendet. Auf diese Weise entsteht ein Multiplikationseffekt.

Abb. 1-16
Entstehung einer Polypeptidkette mithilfe der tRNA (nach Vander et al. 1994). Serin (ser) und Alanin (ala) werden über die tRNA am mRNA-Strang abgelesen und an die Polypeptidkette gereiht. Valin (val) ist die nächst folgende Aminosäure.

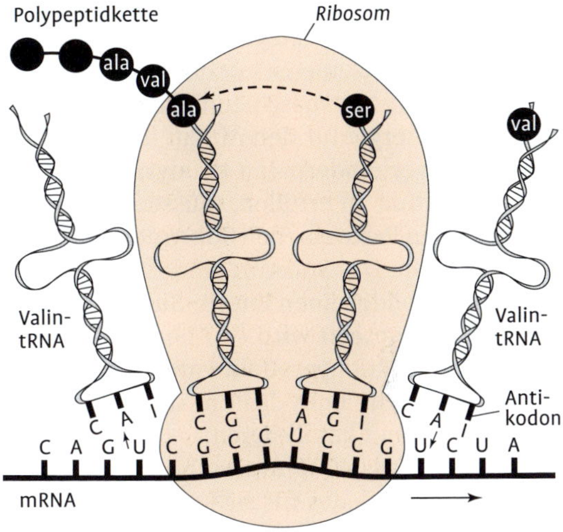

Ob überhaupt eine Umschreibung erfolgt, hängt wesentlich von einer weiteren Gruppe von Proteinen ab, die als **Transkriptionsfaktoren** zusammengefasst werden. Diese können an spezifische Regionen der DNA binden und über eine Aktivierung der Promotoren die Umschreibung in Gang setzen. Hormone und andere Überträgerstoffe wirken aktivierend oder hemmend auf die Transkriptionsfaktoren und veranlassen bzw. unterbinden so die Synthese von bestimmten Proteinen.

Die Translation von mRNA bis hin zum fertigen Protein spielt auch bei **Virusinfektionen** eine Rolle. Hier wird die oben beschriebene Ausstattung der infizierten Zellen genutzt, um virale Proteine herzustellen. Dies ermöglicht den Viren, im Laufe ihrer Replikation Hüllproteine von der Wirtszelle herstellen zu lassen. Zu den behüllten Viren zählen zum Beispiel Coronaviren und Tollwutviren. Da viele Zellen durch ein Übermaß an fremden viralen Proteinen geschädigt werden, erfolgt die Synthese der **Hüllproteine** oft erst zeitlich versetzt nach Replikation des viralen Genoms.

1.6 Wege des Zellstoffwechsels

1.6.1 Enzyme und Koenzyme

Zahlreiche Proteine bzw. Peptide, die auf die im ▶ Kapitel 1.5 beschriebene Weise synthetisiert werden, sind Enzyme und Koenzyme. Aufgabe der Enzyme ist es, chemische Reaktionen im Körper zu beschleunigen und die Aktivierungsenergie für den Ablauf dieser Reaktionen zu vermindern (zu katalysieren). Um diese Funktion zu erfüllen, müssen die Enzyme mit ihren Partnern, den Substraten, in Kontakt kommen. Das Substrat bindet sich an das Enzym und bildet einen **Enzym-Substrat-Komplex,** der umgesetzt wird (▶ Abb. 1-17).
Nachdem Reaktionsprodukte und Enzym freigesetzt wurden, kann das Enzym die gleiche Reaktion erneut katalysieren.
Es gibt mehr als 4000 unterschiedliche Enzyme, von denen jedes für sich eine spezifische Reaktion beschleunigt. Enzyme werden in der Regel über ihr Substrat bezeichnet, indem an den Substratnamen die Endung **„ase"** angehängt wird. So werden Enzyme, die Proteine umbauen, Proteinasen genannt. Enzyme, die Fette abbauen, sind Lipasen.
Einige Enzyme benötigen für die Entfaltung ihrer Wirkung noch Koenzyme. Koenzyme werden oft aus einer spezifischen Klasse von Nährstoffen, den Vitaminen, synthetisiert. So entstehen z. B. die Koenzyme **Nikotinamid-Adenin-Dinukleotid (NAD^+)** und **Flavin-Adenin-Dinukleotid (FAD)** aus den Vitaminen Nikotinsäure (Niazin) und Riboflavin (= Vitamin B_2). NAD^+ und FAD spielen eine Schlüsselrolle im Energiestoffwechsel, indem sie in ihrer reduzierten Form ($NADH/H^+$ und $FADH_2$) Wasserstoff von einem Substrat auf das andere übertragen (▶ Kap. 1.6.5).
Die Wirkung vieler Enzyme kann durch Stoffe gehemmt werden, die eine ähnliche Struktur haben wie das Substrat selbst. Sie bilden mit dem Enzym zwar einen Komplex, reagieren aber nicht. Diese Art der Hemmung wird **kompetitive Hemmung** genannt. Eine kompetitive Hemmung findet sich z. B. zwischen Vitamin K und Kumarin, einem Bestandteil von Rattengiften und bestimmten Gräsern und Kleearten (zu Auswirkungen: ▶ Kap. 5.5.4).

Abb. 1-17
Umsetzung eines Substrates in zwei Produkte mithilfe eines Enzyms. Über die Bindung des Substrates an das Enzym wird die Reaktion beschleunigt und die Aktivierungsenergie vermindert. Nach der Umsetzung steht das Enzym für die Spaltung weiterer Substrate zur Verfügung.

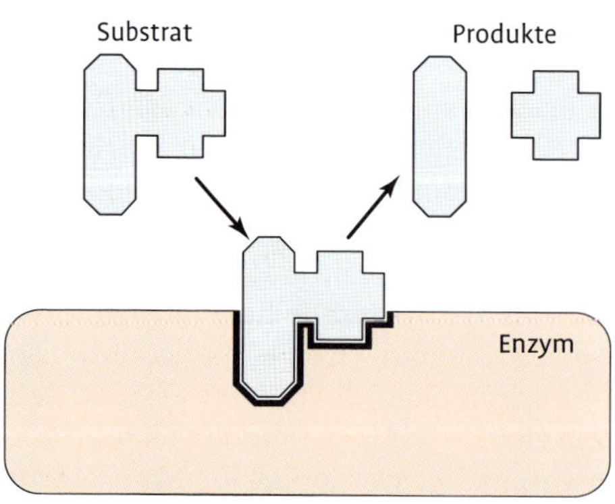

1.6.2 ATP und Energieübertragung

Die Zellen und die Gewebe können nur am Leben erhalten werden, wenn ihnen Energie zugeführt wird. In allen Zellen wird die Energie, die beim Abbau von Kohlenhydraten, Fetten und Proteinen entsteht, mithilfe des Nukleotids **Adenosintriphosphat (ATP)** zwischengespeichert bzw. übertragen. ATP besteht aus der Base **Adenin,** einer **Ribose** und drei **Phosphatmolekülen**: Ade-Ribose-P_i-P_i-P_i.
Die im ATP gespeicherte Energie kann freigesetzt werden, indem eine Phosphatgruppe des ATP abgetrennt wird und **Adenosindiphosphat (ADP)** entsteht: Ade-Ribose-P_i-P_i-P_i + H_2O → Ade-Ribose-P_i-P_i + P_i + 7 kcal/mol. Die Energie, die aus der ATP-Hydrolyse gewonnen wird, kann für viele energieverbrauchende Prozesse in den Zellen verwendet werden, so für:

- die Entstehung von Kraft und Muskelbewegung (▶ Kap. 2.6.5)
- den aktiven Transport von Substraten über Membranen (▶ Kap. 1.7)

- die Neusynthese von organischen Molekülen

In Form von ATP ist aber nur wenig Energie im Organismus gespeichert. Vielmehr besteht seine Hauptfunktion darin, Energie zu übertragen. Energiespeicher sind vor allem Kohlenhydrate und Fette. Wenn ATP aus Kohlenhydraten und Fetten gewonnen wird, stehen allerdings nur 20 bis 30 % der chemischen Energie dieser Energiespeicher für die oben genannten Prozesse zur Verfügung, d. h., 70 bis 80 % der Substratenergie werden als Wärme freigesetzt (▶ Abb. 1-18).

Abb. 1-18
Energiefluss beim Abbau energiereicher Substrate und Energieübertragung mithilfe von Adenosintriphosphat (ATP). **P_i**: Phosphat.

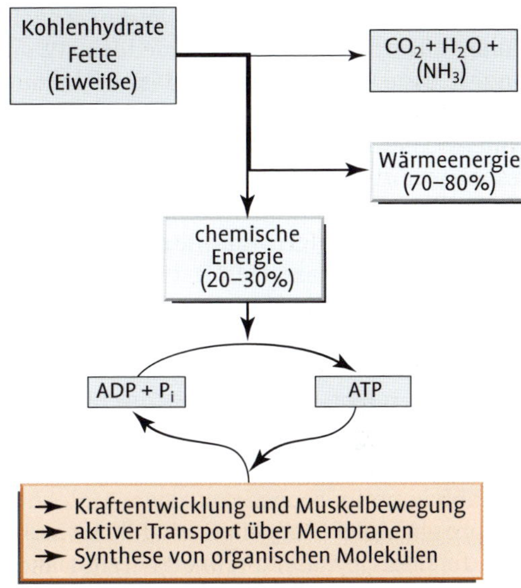

1.6.3 Abbau der Glukose

Der Abbau der Glukose kann unter Beteiligung von Sauerstoff, d. h. **aerob**, aber auch ohne Beteiligung von Sauerstoff, d. h. **anaerob**, ablaufen. Unabhängig von der Verfügbarkeit von Sauerstoff steht zu Beginn des Glukoseabbaus immer die sogenannte **Glykolyse.** In die Glykolyse eingeschleust wird die Glukose durch eine ATP-abhängige Phosphorylierung zu Glukose-6-Phosphat (▶ Abb. 1-19). Im Zuge der wei-

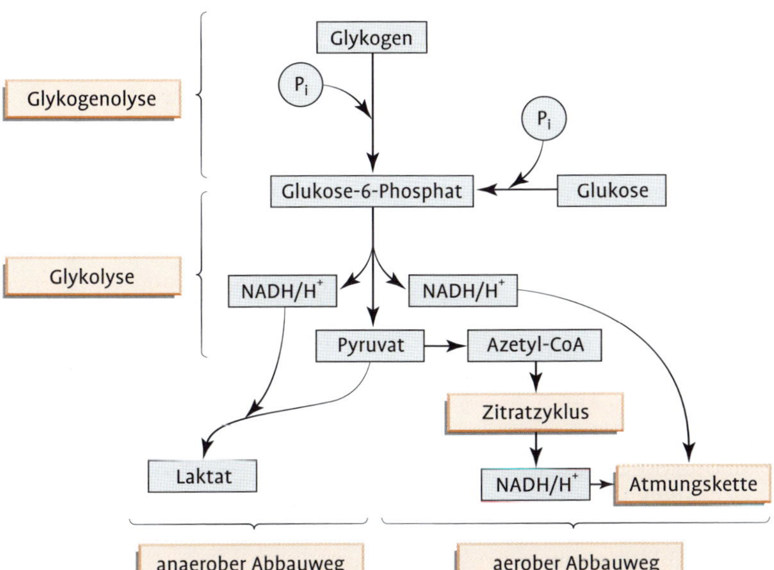

Abb. 1-19
Abbau der Glukose unter aeroben und anaeroben Bedingungen. Beim Abbau unter anaeroben Bedingungen werden die in der Glykolyse entstehenden, reduzierten Koenzyme ($NADH/H^+$) zur Bildung von Laktat verwendet. Beim aeroben Abbau werden die Koenzyme in die Atmungskette eingeschleust. In der Leber und im Muskel kann Glukose-6-Phosphat auch aus der Speicherform der Glukose, dem Glykogen, gebildet werden. **P_i**: Phosphat. Die Orte des ATP-Gewinns sind in ▶ Abb. 1-20 gezeigt.

teren Glykolyse werden aus einem Molekül Glukose zwei Moleküle **Brenztraubensäure (Pyruvat)**, eine Verbindung mit drei Kohlenstoffatomen. Neben Pyruvat entstehen in der Glykolyse auch reduzierte Koenzyme (NADH/H^+). Ab der Stufe des Pyruvats werden je nach Sauerstoffverfügbarkeit unterschiedliche Wege eingeschlagen. Dies bedingt, dass nicht nur Pyruvat, sondern auch die reduzierten Koenzyme in verschiedene Stoffwechselwege eingespeist werden.

Steht kein Sauerstoff zur Verfügung, wird Pyruvat durch NADH/H^+ mithilfe des Enzyms Laktatdehydrogenase (LDH) reduziert, was einerseits wieder neues NAD^+ liefert und andererseits zu dem Reduktionsprodukt **Milchsäure (Laktat)** führt. Für den gesamten Glukoseabbau auf anaerobem Wege gilt folgende Summenformel: Glukose + 2ADP + $2P_i$ → 2Laktat + 2ATP + $2H_2O$. Der **anaerobe Glukoseabbau** ergibt so zwar nur zwei Moleküle ATP pro ein Molekül abgebauter Glukose, stellt aber die Energie äußerst schnell bereit. Daher hat der anaerobe Glukoseabbau vor allem Bedeutung bei intensiver Muskelarbeit, wenn in kurzer Zeit sehr viel Kraft entwickelt werden muss. Die durch die Milchsäure induzierte Ansäuerung der Muskulatur spielt eine wesentliche Rolle bei der Fleischreifung nach der Schlachtung (▸ Kap. 2.6.7).

Beim **aeroben Glukoseabbau** sind drei Stoffwechselwege in Reihe geschaltet: **Glykolyse, Zitratzyklus** und **Atmungskette** (▸ Abb. 1-19, 1-20). Bei der Glykolyse entsteht auch unter diesen Bedingungen zunächst Pyruvat. Anders als beim anaeroben Abbau wird aber Pyruvat anschließend weiter zu **Azetyl-KoenzymA (= Azetyl-CoA = aktivierte Essigsäure)** umgebaut, das in den Zitratzyklus eingeschleust wird. Im Zitratzyklus entstehen CO_2 (das letztendlich über die Lunge abgeatmet wird) und reduzierte Koenzyme (NADH/H^+ und $FADH_2$), die in die Atmungskette übergehen (▸ Abb. 1-20). Insgesamt können beim aeroben Glukoseabbau aus einem Molekül Glukose 38 Moleküle ATP über Glykolyse, Zitratzyklus und Atmungskette entstehen (eingerechnet des anfänglichen ATP-Verbrauchs für die Bildung von Glukose-6-Phosphat). So kann unter aeroben Bedingungen wesentlich mehr Energie gewonnen werden als unter anaeroben Verhältnissen. Die Energiegewinnung auf aerobem Wege ist der Regelfall im Organismus.

Glukose liegt im Organismus nur zu geringen Teilen frei vor, der größte Teil ist im Körper in der Form von **Glykogen** gespeichert, wobei Muskulatur und Leber die wichtigsten Glykogenspeicher sind (▸ auch Tab. 11-1). Wird Energie bzw. Glukose benötigt, wird Glykogen abgebaut (▸ Abb. 1-19). Allerdings kann die im Muskel aus Glykogen gewonnene Glukose nur vor Ort zur Muskelkontraktion genutzt werden. Die in der Leber gewonnene Glukose kann dagegen aus der Leberzelle austreten und steht über den Blutweg anderen Organen zur Verfügung.

Abb. 1-20
Überblick über die beteiligten Stoffwechselwege beim aeroben Energiegewinn aus Fettsäuren und Kohlenhydraten. Auch in der Glykolyse entstehen Koenzym-2H-Moleküle, die in die Atmungskette eingespeist werden (▸ Abb. 1-19). Dieser Weg der Koenzyme ist zur besseren Übersichtlichkeit weggelassen.
P_i: Phosphat.

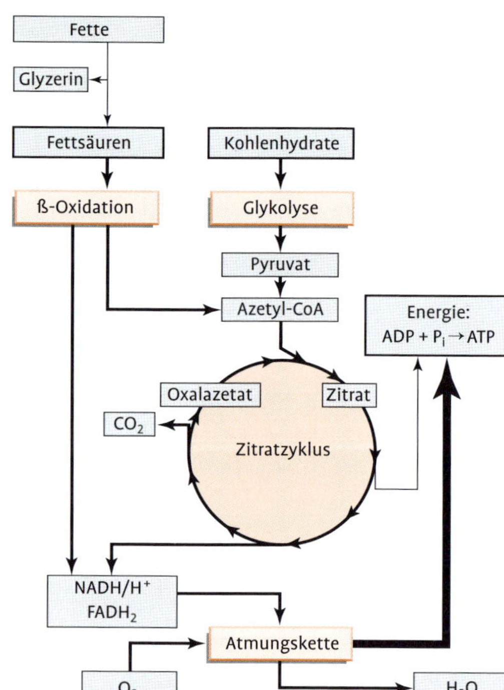

1.6.4 Ab- und Umbau der Lipide

Wie in ▶ Kapitel 11 beschrieben, ist der Hauptteil der Körperenergie in Form von **Triazylglyzerinen** im Körperfett gespeichert. Das meiste Fett befindet sich in den **Adipozyten**, den Zellen, die das Fettgewebe bilden (▶ Kap. 2.5.3). Am Anfang des Fettabbaus steht die sogenannte **Lipolyse**, bei der die Spaltung der Triazylglyzerine in Glyzerin und Fettsäuren erfolgt (▶ Abb. 1-20). Die Fettsäuren werden anschließend in der **β-Oxidation** abgebaut. Um die einzelne Fettsäure in die β-Oxidation einzuschleusen, wird sie aktiviert (▶ Abb. 1-21). Dies geschieht dadurch, dass sie in eine CoA-Verbindung umgewandelt wird. Hierzu ist ein Mol ATP pro Mol Fettsäure notwendig. Dieser Energieaufwand ist aber zu vernachlässigen gegenüber dem nachfolgenden Energiegewinn beim Abbau der Fettsäure. Am Ende der β-Oxidation wird **Azetyl-CoA** freigesetzt. Durch die Freisetzung des Azetyl-CoA ist die ursprüngliche Fettsäure um zwei C-Atome verkürzt. Die verkürzte Fettsäure kann dann wieder in die β-Oxidation eingespeist werden. So ergibt eine C_{18}-Fettsäure neun Moleküle Azetyl-CoA (▶ Abb. 1-21). Azetyl-CoA liefert weitere Energie, indem es in den Zitratzyklus eingeschleust wird und die im ▶ Kapitel 1.6.5 beschriebenen Reaktionen ablaufen.

Bei den oxidativen Schritten in der β-Oxidation erfolgt die Übertragung von Wasserstoff auf Koenzyme, es entstehen $FADH_2$ und NADH/H^+. Die reduzierten Koenzyme fließen in die Atmungskette ein und liefern so zusätzliche Energie, wie in ▶ Abbildung 1-20 dargestellt. Durch die Notwendigkeit, Azetyl-CoA und die reduzierten Koenzyme weiter zu verstoffwechseln, sind für den Ablauf der β-Oxidation ein funktionierender Zitratzyklus und eine funktionierende Atmungskette unabdingbar. Dies bedeutet, dass Fettsäuren nur in Anwesenheit von Sauerstoff abgebaut werden können. Ein schneller anaerober Energiegewinn ist damit kurzfristig nur aus Glukose bzw. aus bereits vorhandenem ATP möglich, d. h. nicht aus dem Abbau von Fettsäuren.

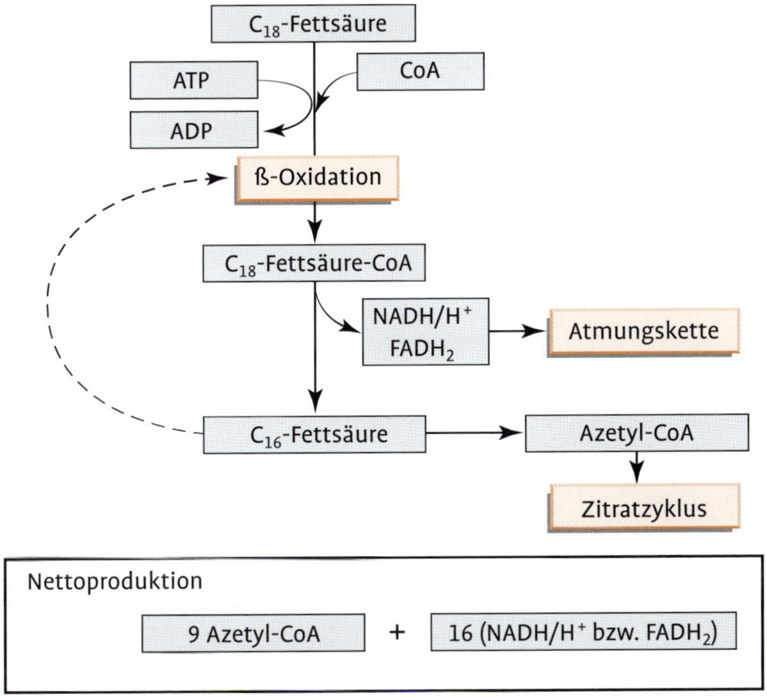

Abb. 1-21
Oxidativer Fettsäureabbau im Mitochondrium.

1.6.5 Zitratzyklus und Atmungskette

Der Zitratzyklus, auch **Trikarbonsäurezyklus** bzw. **Krebszyklus** genannt (Sir Hans Adolf Krebs; 1900–1981; Mediziner und Biochemiker), ist das zentrale Bindeglied zwischen dem aeroben Abbau von Kohlenhydraten, Fetten und Proteinen und der biologischen Oxidation in der Atmungskette (▶ Abb. 1-20). Wie oben dargestellt, entsteht in der Glykolyse bzw. in der β-Oxidation die aktivierte Essigsäure, Azetyl-CoA. Diese wird in den Zitratzyklus eingeschleust, hier an Oxalazetat, eine Verbindung mit vier Kohlenstoffatomen, gebunden und über mehrere Schritte umgewandelt. Durch die Dekarboxylierungsschritte im Zitratzyklus wird CO_2 freigesetzt. CO_2 wird in der Folge ins Blut abgegeben und anschließend ausgeatmet. Im Zitratzyklus wird Wasserstoff frei, der an Koenzyme wie z. B. NAD^+ und FAD gebunden wird. Durch die Notwendigkeit, die reduzierten Koenzyme weiter zu verstoffwechseln, läuft der Zitratzyklus nur in enger Verbindung mit der **Atmungskette** ab. Wie der Zitratzyklus ist daher auch die Atmungskette in den **Mitochondrien** lokalisiert. Bei ihren Reaktionsschritten wird aus den reduzierten Koenzymen NADH/H^+ bzw. $FADH_2$ Energie gewonnen (▶ Abb. 1-20), indem in einer modifizierten Knallgasreaktion der an die Koenzyme gebundene **Wasserstoff** mit **Sauerstoff** reagiert und dabei **ATP** gebildet wird. Die Kopplung von Atmungskette und Phosphorylierung wird auch als **oxidative Phosphorylierung** bezeichnet.

1.6.6 Ketose und Glukosemangel

In bestimmten Stoffwechselsituationen entsteht ein Mangel an Glukose. Eine derartige Entgleisung des Stoffwechsels findet sich z. B. bei hochleistenden Milchkühen in der Spitze der Laktation. Gleiches kennzeichnet auch den Zustand nach längerem Nahrungsentzug und den **Diabetes mellitus** (▶ Kap. 20.6.2). Um den Glukosebedarf des Körpers zu decken, wird dann Oxalazetat aus dem Zitratzyklus (▶ Abb. 1-20) für die Neusynthese von Kohlenhydraten „zweckentfremdet". Es steht somit nur begrenzt dem Zitratzyklus zur Verfügung (▶ Abb. 1-22).

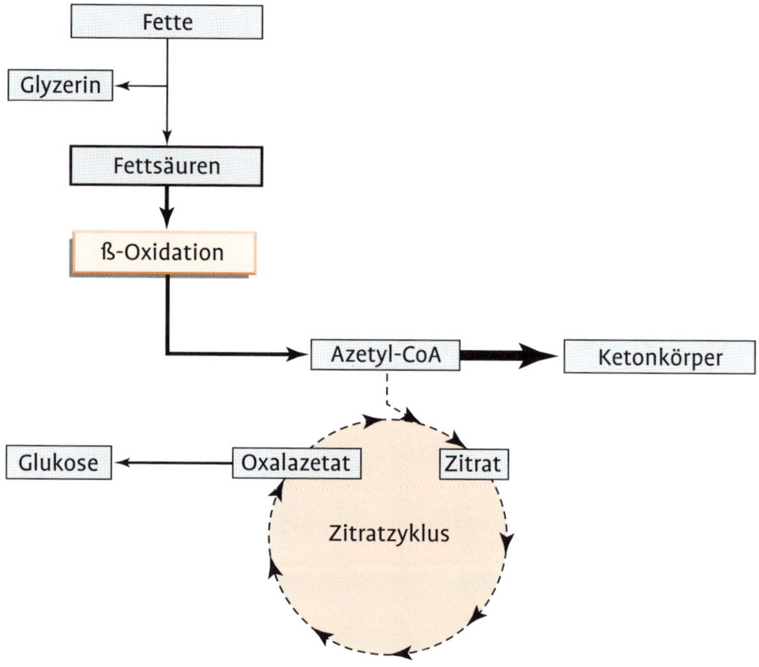

Abb. 1-22
Veränderungen im Stoffwechsel bei Glukosemangel und nachfolgender Ketose.

Die in der β-Oxidation entstehenden Azetyl-CoA-Moleküle können in der Folge nicht mehr in den Zitratzyklus eingespeist werden. Das sich jetzt anreichernde Azetyl-CoA wird zu den **Ketonkörpern** Azetoazetat, β-Hydroxybutyrat (eigentlich kein Ketonkörper, wird aber dazu gerechnet) und Azeton umgebaut, welche sich im Blut anreichern. Die Folgen des Glukosemangels werden daher auch unter den Begriffen **„Ketose“** bzw. „Azetonämie“ zusammengefasst. Die Ketose ist aber nur das äußere Anzeichen; der zugrunde liegende Glukosemangel ist das eigentliche Problem. Um den Glukosemangel und die Stoffwechselentgleisung zu erkennen, kann die Bildung und Ausscheidung von Ketonkörpern in Milch und Urin über Schnelltests mithilfe von Teststreifen (Sticks) erfasst werden. Genauere Analytik liefert die Erfassung der Konzentration von **β-Hydroxybutyrat** im Blut. So wird anhand der Konzentration von β-Hydroxybutyrat im Blut unterschieden zwischen klinischer und subklinischer Ketose. Allerdings werden für diese Unterscheidung unterschiedliche Schwellenwerte im Bereich von 2 mmol/l angegeben werden. Hierbei ist zu beachten, dass auch unter physiologischen Bedingungen eine Freisetzung von β-Hydroxybutyrat stattfindet. So stellt der Abbau von Butyrat im Pansenepithel eine physiologische Quelle von β-Hydroxybutyrat dar (▶ Kap. 10.6.3).

Abb. 1-23
Bildung und Ausscheidung von Harnstoff. Pflanzenfresser besitzen zahlreiche Mikroorganismen in den Vormägen (Wiederkäuer) bzw. im Dickdarm (Pferd u. a.). Diese haben die Fähigkeit, Harnstoff in ihren Stoffwechsel einzuschleusen, so dass der in der Leber gebildete Harnstoff wieder verwertet wird. Fleischfresser scheiden Harnstoff vor allem über die Nieren aus.

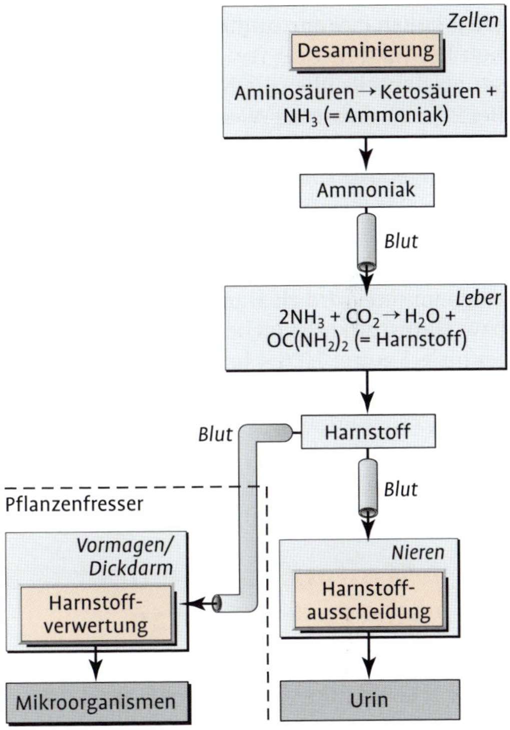

1.6.7 Abbau von Proteinen, Aminosäuren und Harnstoffzyklus

Proteine sind die hauptsächlichen Funktionsträger im Organismus. Sie können somit auch nur unter Funktionsverlust abgebaut werden. Ein größeres Ausmaß von Proteinabbau findet sich daher in der Regel nur im Hungerstoffwechsel bzw. bei **Energiemangelzuständen** (Kühe in Hochlaktation). Allerdings werden auch bei überschüssiger Zufuhr von Nahrungsproteinen (Fleischfresser, Proteinzufuhr über Bedarf bei Milchkühen) verstärkt Proteine dem Abbau zugeführt und zum Energiegewinn herangezogen.

Zu Anfang des Proteinabbaus werden Proteine durch spezifische Proteinasen in ihre Einzelteile, die Aminosäuren, gespalten. Die Aminosäuren können über drei Wege weiterverarbeitet werden: **Dekarboxylierung,** Transaminierung und Desaminierung. Bei der Dekarboxylierung spalten spezifische Enzyme CO_2 ab. Die verbleibenden stickstoffhaltigen Verbindungen werden als Amine bezeichnet. Amine haben eine Bedeutung als Überträgerstoffe und wirken auch bei Erkrankungsprozessen mit. So entsteht z. B. aus der Aminosäure Histidin das Histamin, das als Allergieauslöser eine Rolle spielt. Bei der **Transaminierung** werden Aminogruppen von einer Aminosäure auf ein an-

deres Kohlenstoffgerüst übertragen. Bei der **Desaminierung** wird die Aminogruppe den Aminosäuren entzogen, es entstehen **Ammoniak (NH_3)** und Ketosäuren.
Ammoniak wirkt schädigend auf die Zellen, da es dem Zitratzyklus ein Zwischenprodukt, das Ketoglutarat, entzieht. Um NH_3 zu entgiften, wird es in der Leber in **Harnstoff** umgewandelt (▶ Abb. 1-23). Bei Fleischfressern mit einer hohen Proteinzufuhr und damit einer hohen Produktionsrate von Harnstoff wird dieser großenteils über die Niere ausgeschieden. Bei Pflanzenfressern (Wiederkäuer und Pferd), die evolutionär an eine stickstoffarme Ernährung angepasst sind, wird Harnstoff im Körper durch einen spezifischen Mechanismus zurückgehalten und dem Verdauungstrakt (Wiederkäuer: Vormägen) zugeführt. Der Rückhaltemechanismus wird als **Harnstoffrezirkulierung** bzw. **Harnstoffkreislauf** bezeichnet und ist weiter im ▶ Kapitel 10.6.4 beschrieben. Beim Geflügel wird der Stickstoff nicht in Form von Harnstoff, sondern als Harnsäure mit dem Harn ausgeschieden (▶ Kap. 13.3).

1.7 Stoffaufnahme über die Zellmembran

1.7.1 Grundlagen des Stoff- und Flüssigkeitstransportes

Wie im ▶ Kapitel 1.1.2 beschrieben, ist der Zellinhalt von der umgebenden Extrazellulärflüssigkeit durch eine dünne Lage von Phospholipiden mit eingelagerten Proteinen, der Plasma- oder Zellmembran, getrennt. Gleichfalls gibt es innerhalb der Zelle durch Membranen abgeschlossene Bezirke, wie z. B. das endoplasmatische Retikulum, Lysosomen und den Golgi-Apparat. Die **Phospholipide** wirken als Barriere und verhindern den Ein- und Ausstrom von hydrophilen Substanzen. Trotz dieser Barriere können Substanzen die Zellmembran permeieren. Die zugrunde liegenden Mechanismen können in passive Mechanismen, aktive und sekundär aktive Mechanismen unterteilt werden. Bei einer passiven Permeation über die Zellmembran folgen die permeierenden Teilchen einem Konzentrationsgradienten, d. h., sie diffundieren über die Membran. Lipophile Substanzen können mittels einer (einfachen) **Diffusion** direkt die Membran überqueren. Hydrophile Substanzen brauchen meist Proteine, die ihnen den Übertritt ermöglichen, in diesem Fall spricht man von **„erleichterter Diffusion“.** Die proteinvermittelte Molekülwanderung über die Membran kann aber nicht nur passiv ohne direkten Verbrauch von ATP, sondern auch aktiv und/oder sekundär aktiv unter direkter bzw. indirekter Zufuhr von ATP erfolgen. Diese Transportmechanismen sind genauer im ▶ Kapitel 1.7.2 beschrieben, hier soll zunächst auf die Grundlagen der Diffusion genauer eingegangen werden.
Als **Diffusion** bezeichnet man die Wanderung von Molekülen oder Ionen von Orten der höheren zu Orten der niedrigeren Konzentration, d. h. entlang eines **Konzentrationsgradienten.** Ursache hierfür ist, dass jedes Molekül eine gewisse Eigenenergie hat und sich in ständiger Bewegung befindet, der Brown-Molekularbewegung (Robert Brown; 1773–1858; schottischer Botaniker). Eine Diffusion erfolgt so lange, bis die Konzentration zwischen den beiden Bereichen ausgeglichen ist (▶ Abb. 1-24). Die Schnelligkeit der Teilchenbewegung hängt von der Größe, den chemischen Eigenschaften des Teilchens und der einwirkenden Temperatur ab. Je kleiner das Teilchen ist und je höher die Temperatur ist, desto schneller erfolgt die Bewegung. So wandert Harnstoff gut über die Membran, bei größeren Molekülen wie Glukose ist die diffusible Wanderung wesentlich langsamer. Die Diffusion von Ionen über eine Membran kann aber nicht nur durch unterschiedliche Konzentration angetrieben werden, sondern auch durch das Spannungsgefälle an der Membran. So sind Zellmembranen in der Regel im Zellinneren negativ geladen (▶ Abb. 1-30). Diese negative Innenseite zieht Kationen wie z. B. Na^+ vom Zelläußeren in das Zellinnere. Allerdings kann Natrium die Membran nur überwinden, wenn in dieser die entsprechenden Transportproteine vorhanden sind (▶ Kap. 1.7.2).
Eine Sonderform der Diffusion ist die **Osmose.** Als Osmose bezeichnet man die Nettodif-

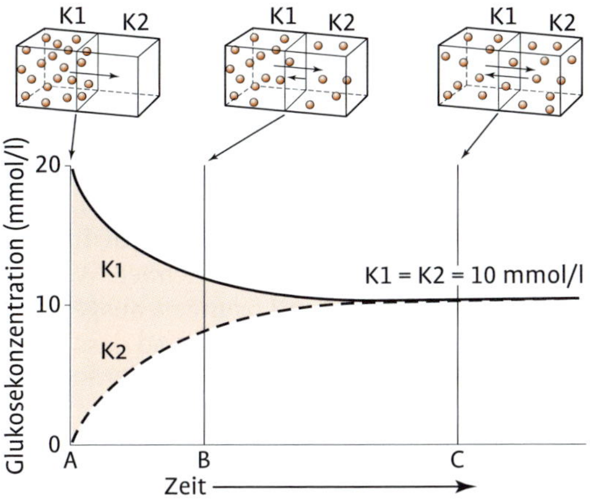

Abb. 1-24
Diffusion von Glukose zwischen zwei gleich großen Kompartimenten (K) (nach Vander et al. 1994). Zwischen den Kompartimenten befindet sich eine Membran, die für Glukose durchlässig ist. Zum Zeitpunkt A beträgt die Glukosekonzentration in Kompartiment K1 20 mmol/l, während Kompartiment K2 frei von Glukose ist. Zum Zeitpunkt B sind einige Glukosemoleküle von K1 nach K2 diffundiert. Zum Zeitpunkt C sind so viele Glukosemoleküle von K1 nach K2 gewandert, dass die Konzentration ausgeglichen ist. Die Graphik unten verdeutlicht die zeitabhängigen Veränderungen der Glukosekonzentrationen in K1 und K2.

fusion von Lösungsmitteln wie Wasser von dem Bereich höherer Wasserkonzentration zum Bereich niedrigerer Wasserkonzentration. Dies erscheint zunächst unlogisch, da es Unterschiede in der Wasserkonzentration nicht geben kann. Es ist allerdings zu bedenken, dass in Lösungen die gelösten Teilchen die Stelle der Wassermoleküle einnehmen, die Konzentration des Wassers also vermindert wird. Dies ist vereinfacht in ▶ Abbildung 1-25 dargelegt. Die in der Abbildung schematisierte Membran, die die beiden Gefäße trennt, ist nur für Wasser und nicht für die Teilchen durchlässig. Kommen über die Membran die Lösungen in

Abb. 1-25
Osmotische Bewegung von Wasser über eine Membran, die zwar für Wasser, aber nicht für die gelösten Teilchen durchlässig ist.
A: Im linken Schenkel des Rohres befinden sich keine gelösten Teilchen. Dies bedingt, dass sich im linken Schenkel auch mehr Wasser befindet. Das Wasser hat das Bestreben, die unterschiedlichen Konzentrationen auszugleichen; es diffundiert durch die Membran vom linken zum rechten Schenkel.
B: Am Ende des osmotischen Wasserausgleiches ist im rechten Schenkel mehr Wasser vorhanden. Der Wasserdruck in der rechten Säule ist somit größer.
C: Übt man Druck auf die Wassersäule im rechten Schenkel aus, können wieder die Anfangsbedingungen hergestellt werden. Der Druck, der dazu notwendig ist, wird als osmotischer Druck bezeichnet.

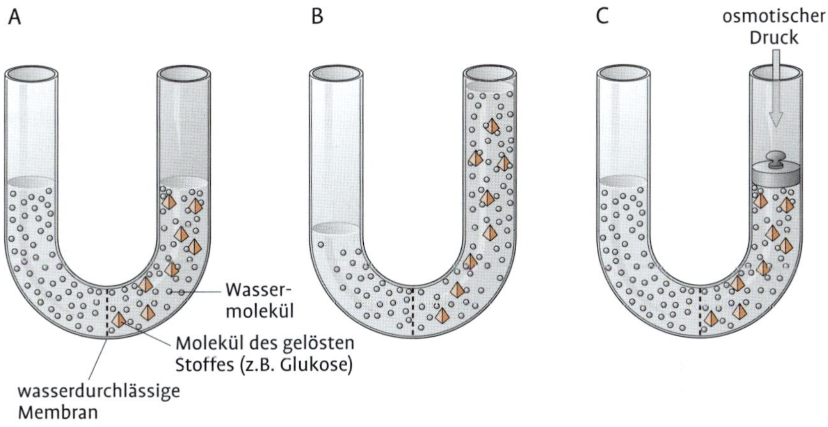

den beiden Schenkeln in Kontakt, versucht das Wasser, die unterschiedlichen Konzentrationen auszugleichen. Somit wandert Wasser in den Bereich der höheren Teilchenkonzentration, d. h. der niedrigeren Wasserkonzentration, also vom linken in den rechten Schenkel des Rohres. Infolge der Wasserbewegung baut sich in der rechten Wassersäule ein Druck auf. Der so entstehende Druck wird als **osmotischer Druck** bezeichnet.

Die Konzentration der gelösten Teilchen, die die Wasserbewegung auslöst, wird als **Osmolarität** (Einheit: osm/l) angegeben. So hat 1 mol/l Glukose eine Osmolarität von 1 osm/l. Die extrazelluläre Flüssigkeit (Blutplasma, Wasser zwischen den Zellen u. a.) der meisten Säugetiere besteht vor allem aus einer Elektrolytlösung mit NaCl als mengenbestimmendem Anteil. Die Summe aller frei beweglichen Kationen beträgt etwa 145 mmol/l und die aller Anionen ebenfalls etwa 145 mmol/l (▶ Tab. 1-5; Anm.: nicht alle der aufgeführten Ionen sind frei beweglich). Dies bedeutet, dass Blut und andere Extrazellulärflüssigkeiten eine Osmolarität von 280 bis 290 mosm/l besitzen. Im Organismus werden die Teilchenkonzentrationen der Flüssigkeiten in der Regel so eingestellt, dass Unterschiede in der Osmolarität vermieden werden, d. h., es wird auf **Isoosmolarität** der Körperflüssigkeiten geachtet. Ein wichtiges Organ zur Einstellung der Osmolarität der Körperflüssigkeiten ist die Niere. Man bezeichnet Lösungen, die eine höhere Osmolarität, d. h. mehr als 280 mosm/l aufweisen, als **hyperosmolar.** Werden Zellen (außerhalb des Körpers) in diese Lösungen gebracht, diffundiert (bei Undurchlässigkeit der Membran für die gelösten Teilchen) Wasser aus diesen Zellen heraus, die Zellen schrumpfen. Lösungen, die eine geringere Osmolarität haben, werden als **hypoosmolar** bezeichnet. Werden Zellen hypoosmolaren Lösungen ausgesetzt, diffundiert Wasser in die Zellen, so dass diese letztendlich platzen.

1.7.2 Spezifische Transportsysteme in der Zellmembran

Sollen diffusible Bewegungen über Membranen erfolgen, so muss die Membran für das Substrat durchlässig, d. h. permeabel, sein. Für hydrophile Stoffe kann diese **Permeabilität** im einfachsten Fall über **Kanalproteine** hergestellt werden. Kanalproteine bilden ein Loch oder einen Kanal in der Membran, das diese zumeist für Ionen wie z. B. Natrium permeabel macht (▶ Abb. 1-26). Damit größere, hydrophile Moleküle über eine Zellmembran wandern, sind spezifische **Transportproteine (Carrier)** nötig. Bei dieser Art des Transportes bindet sich zunächst das zu transportierende Molekül an den Carrier. Anschließend verändert das Protein seine Struktur, schleust dadurch das Substrat durch Mem-

Tab. 1-5
Mittlere Konzentrationen von Ionen im Extra- und Intrazellulärraum (Zahlen aus Breves et al. 2022)

Ion	Extrazelluläre Konzentration (mmol/l)	Intrazelluläre Konzentration (mmol/l)	Verhältnis extrazellulär : intrazellulär
Kationen			
Natrium	142	10	14 : 1
Kalium	5	155	1 : 39
Andere Kationen	5	10	
Anionen			
Chlorid	103	4	26 : 1
Organische und andere Anionen	36	111	

Abb. 1-26
Diffusion von Natrium von extra- nach intrazellulär über einen Kanal, der von Kanalproteinen gebildet wird. Der Diffusionsprozess wird vom Konzentrationsgradienten getrieben.

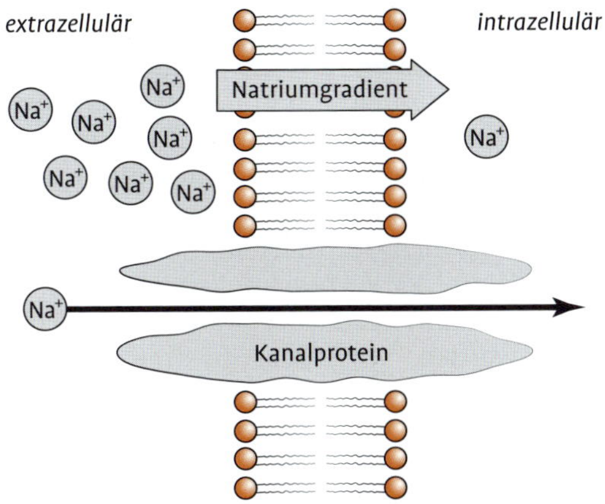

Abb. 1-27
Sekundär aktiver Kotransport von Glukose über die Membran. Ausgenutzt wird der Natriumgradient von extra- nach intrazellulär. Dies ermöglicht einen Glukosetransport gegen einen Konzentrationsgradienten. **Gl:** Glukosemolekül.

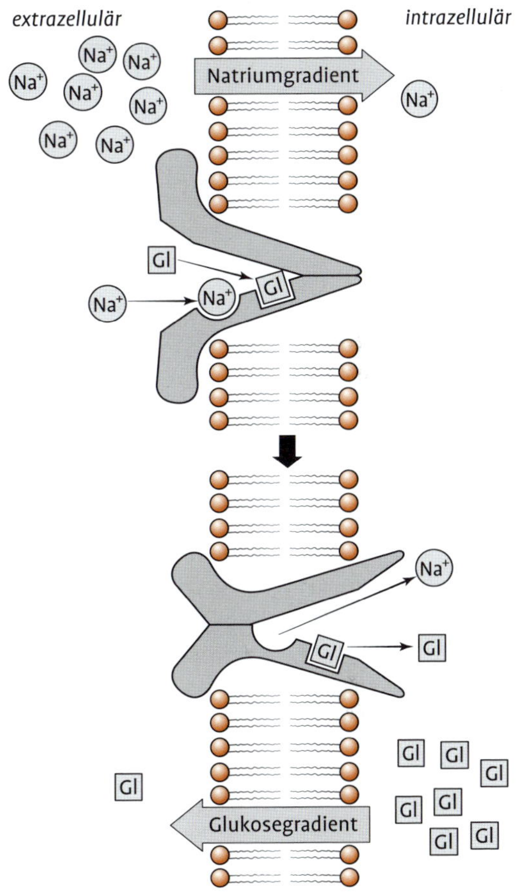

bran und entlässt es in das Zytosol oder (bei auswärts arbeitenden Carriern) in die Extrazellulärflüssigkeit (▶ Abb. 1-27). Über einfache Formen derartiger Carrier werden z. B. bestimmte Aminosäuren und Fruktose mittels erleichterter Diffusion über Zellmembranen bewegt. Wie beim Transport über Kanalproteine kann bei diesen einfachen Carriern der gerichtete Transport des Moleküls nur erfolgen, wenn ein Konzentrationsunterschied besteht. Ein Transport gegen einen Konzentrationsunterschied wird durch **aktive** Carrier ermöglicht (▶ Abb. 1-28). Diese kann man weiter in primär und sekundär aktive Carrier einteilen. Das wichtigste primär aktive Transportprotein ist die **Natrium/Kalium-ATPase.** Über die Natrium/Kalium-ATPase wird Natrium vom Zellinneren zum Zelläußeren (gegen einen Konzentrationsgradienten) transportiert (▶ Abb. 1-28) Parallel zum Natriumtransport aus der Zelle wird Kalium (ebenfalls gegen einen Konzentrationsgradienten) vom Zelläußeren ins Zellinnere befördert. Diese Transporte von Natrium und Kalium gegen ihre Konzentrationsgradienten können deshalb erfolgen, weil die Natrium/Kalium-ATPase in der Lage ist, Energie aus der Spaltung von ATP zu gewinnen. Durch die Aktivität der Natrium/Kalium-ATPase ist das Innere fast aller Körperzellen arm an Natrium, während die Extrazellulärflüssigkeit eine hohe Natriumkonzentration aufweist. Infolge des Kaliumtransportes ins Zellinnere ist das Zytosol der Zellen kaliumreich und die Extrazellulärflüssigkeit kaliumarm (▶ Tab. 1-5). Der Kaliumgradient ist wesentlich für die Entstehung des Membranpotenzials (▶ Kap. 1.7.3). Der durch die Natrium/Kalium-ATPase erzeugte Natriumgradient ist Voraussetzung dafür, dass **sekundär aktive Transporter** mit Natrium als Substrat angetrieben werden.

Abb. 1-28
Aktiver Transport von Natrium von intra- nach extrazellulär mithilfe der Natrium/Kalium-ATPase.
①: Intrazelluläre Bindung von Natriumionen
②: Energetisierung des Transportproteins durch Übertragung einer Phosphatgruppe (Pi) aus ATP
③: Ausschleusung der Natriumionen nach extrazellulär
④: Abspaltung der Phosphatgruppe
Die gleichzeitig ablaufende Einschleusung von Kalium ist nicht dargestellt.

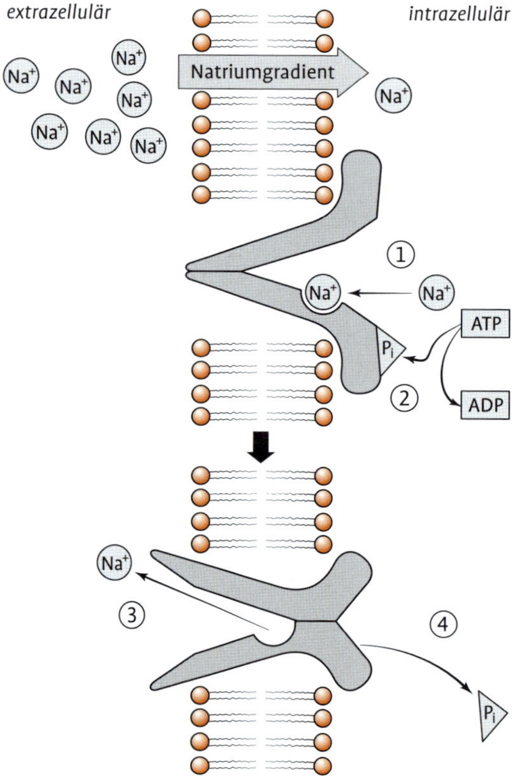

Sekundär aktive Transportproteine transportieren zwei oder auch mehr Substrate gleichzeitig, man bezeichnet sie daher auch als **Kotransporter.** Bei kotransportierten Substraten muss nur für eines der Moleküle ein Konzentrationsgradient (und/oder elektrischer Gradient) bestehen, um beide (oder mehr) Substrate über die Membran wandern lassen zu können. Oft wird der Natriumgradient ausgenutzt, um weitere Substrate über die Membran mitzunehmen. So wird z. B. der Transport von Glukose über die Zellmembran dadurch ermöglicht, dass Natrium aufgrund seines Konzentrationsgradienten nach intrazellulär wandern will. Mithilfe des Transportproteins wird auch die Glukose mitgenommen (▶ Abb. 1-27). Der Natriumgradient kann aber auch genutzt werden, um Substrate aus der Zelle zu entfernen. So gibt es in vielen Zellen einen Natrium/Protonen-Austauscher, der Natrium in die Zelle aufnimmt und im Gegenzug Protonen aus der Zelle ausschleust. Natrium/Glukose-Kotransporter und Natrium/Protonen-Austauscher spielen eine besondere Rolle in den Nephronen der Niere und sind genauer im ▶ Kapitel 13.1.2 beschrieben.
Sollen große Moleküle durch die Membran bewegt werden, wird das Substrat von der Zellmembran umschlossen. Die Zellmembran schnürt sich ab und wandert ins Innere. Dieser als **Endozytose** bezeichnete Vorgang ist in ▶ Abbildung 1-29 veranschaulicht. Es können auf diese Weise auch Substrate aus der Zelle ausgeschleust werden, man spricht dann von einer **Exozytose.**

1.7.3 Membranpotenziale

Durch die Aktivität der Natrium/Kalium-ATPase liegt im Zellinneren eine hohe Konzentration an **Kalium** vor (▶ Tab. 1-5). Das intrazellulär angehäufte Kalium diffundiert über einen **Kanal** nach außen, transferiert damit positive Ladungen nach extrazellulär und er-

Abb. 1-29
Endo- und Exozytose über die Zellmembran (nach Vander et al. 1994).

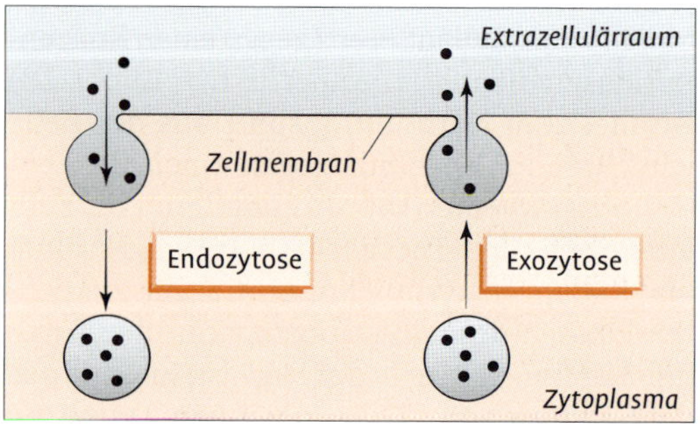

zeugt in der Folge eine Spannungsdifferenz an der Zellmembran. Die Zellinnenseite ist gegenüber der Außenseite negativ polarisiert (▶ Abb. 1-30). Man bezeichnet dieses Potenzial auch als **Ruhemembranpotenzial.**

Da die Innenseite der Membran negativ polarisiert ist, werden Kationen wie beispielsweise Natrium vom Extrazellulärraum in den Intrazellulärraum gezogen. So ist die Spannungsdifferenz zusätzlich zur Konzentrationsdifferenz (▶ Tab. 1-5) Triebkraft für viele sekundär aktive Transporte, an denen Natrium beteiligt ist, z.B. für den Kotransport mit Glukose (▶ Abb. 1-27).

Bei Erregung von Muskel- oder Nervenzellen kommt es zu starken, aber nur wenige Millisekunden anhaltenden Änderungen des Membranpotenzials, was als **Aktionspotenzial** bezeichnet wird. So kann sich das Potenzial einer Nervenzelle innerhalb einer Millisekunde um bis zu 120 mV ändern. Ursache hierfür ist zumeist eine schnelle Öffnung von **Natriumkanälen,** die einen Einstrom von **Natriumionen** von extra- nach intrazellulär zur Folge hat (▶ Abb. 1-31). Über Natrium werden positive Ladungen in das zuvor negativ polarisierte Zellinnere getragen. Die Zellinnenseite ist daher während des Aktionspotenzials im Vergleich zur Außenseite positiv polarisiert. Entstehung und Weiterleitung von Aktionspotenzialen sind genauer im ▶ Kapitel 18.3 beschrieben.

1.8 Regulation von Zellfunktionen durch Botenstoffe

1.8.1 Rezeptoren für Botenstoffe

Um die Zellfunktionen innerhalb eines Organs und auch innerhalb des Körpers zu koordinieren, müssen Organe und Zellen untereinander kommunizieren. Dies geschieht einerseits über die im ▶ Kapitel 18 dargestellten Nervensysteme, andererseits über Botenstoffe. Solche Botenstoffe können **Hormone** sein (▶ Kap. 20.1), die von einer Drüse ans Blut abgegeben

Abb. 1-30
Entstehung des Membranpotenzials durch die Diffusion von Kalium über die Membran. Treibende Kraft für die Kaliumdiffusion ist der Konzentrationsgradient für Kalium, der wiederum durch die Natrium/Kalium-ATPase aufrechterhalten wird.

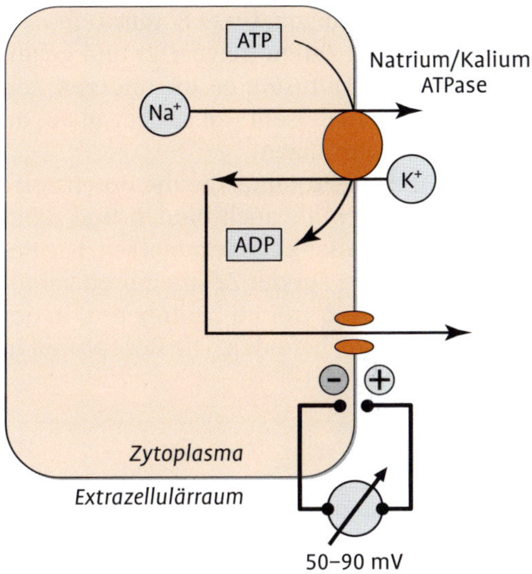

Abb. 1-31
Entstehung eines Aktionspotenzials an erregbaren Zellen (Nerv, Muskel) infolge eines Reizes bzw. einer Erregung.

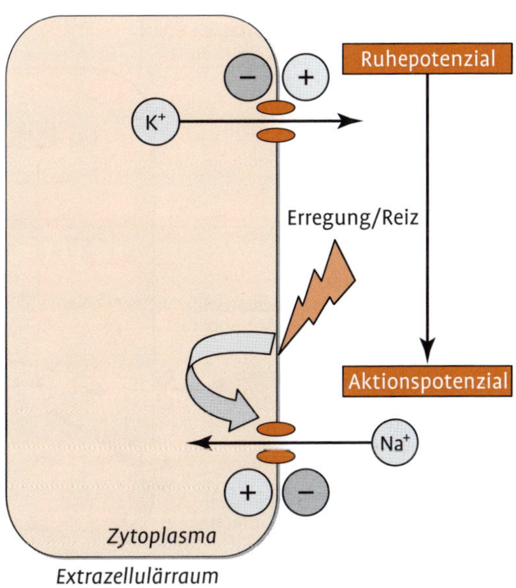

werden. Durch die Nutzung des Blutweges kann eine Kommunikation über weite Strecken erfolgen. Botenstoffe können aber auch **Neurotransmitter** sein, die Befehle von Nervenzellen auf die Zielorgane bzw. Zielzellen übertragen. Auch ist es möglich, dass sich die Zellen innerhalb eines Organs über Botenstoffe unmittelbar verständigen. Diese Botenstoffe werden von einigen Zellen freigesetzt und gelangen dann über Diffusion an die anderen Zellen im Organ. In diesem Fall spricht man von **parakrinen Substanzen.**

Rezeptoren sind Proteine, die die Botenstoffe sowohl erkennen als auch binden und dann eine Reaktion in der Zelle veranlassen. Die Rezeptoren können auf der Zellmembran verankert sein oder sich frei im Zellinneren, in der Regel im Zytosol, befinden. Die Rezeptoren in der Zellmembran binden meist **wasserlösliche (hydrophile) Botenstoffe,** die aufgrund ihrer Hydrophilität die Zellmembran nicht durchdringen können. Die Rezeptoren im Zytosol binden **fettlösliche (lipophile) Botenstoffe,** die gut membrangängig sind und damit in das Zellinnere eindringen können.

Zu beachten ist, dass natürlich nur diejenigen Zellen auf die Botenstoffe reagieren können, die Rezeptoren für diese haben. Auf diese Weise ist gewährleistet, dass nur solche Zellen miteinander kommunizieren, die auch gemeinsame Aufgaben erfüllen. So wirken beispielsweise die Geschlechtshormone vorrangig an den Geschlechtsorganen und z. B. nicht am Auge, da hier eben keine Rezeptoren für diese vorhanden sind.

Abb. 1-32
Wirkungsvermittlung von Botenstoffen. Wasserlösliche (hydrophile) Botenstoffe können die Zellmembran nicht durchdringen und binden an Rezeptoren in der Zellmembran. Wenn diese gebunden sind, können direkt Proteine in der Membran, meist Ionenkanäle oder andere Transportproteine, beeinflusst werden oder es werden sogenannte zweite Botenstoffe wie z. B. zyklisches Adenosinmonophosphat oder Kalzium freigesetzt. Die zweiten Botenstoffe können dann wiederum Membranproteine oder intrazelluläre Proteine, zumeist Enzyme, aktivieren oder deaktivieren. Fettlösliche (lipophile) Botenstoffe können über die Zellmembran wandern und binden dann an intrazellulär liegende Rezeptoren. Nach der intrazellulären Bildung des Botenstoff-Rezeptor-Komplexes wandert dieser in den Zellkern und löst die Umschreibung der Informationen von der DNA aus, d. h., es wird die Synthese neuer Proteine in Gang gesetzt. Es werden somit die Prozesse, die in den → Abbildungen 1-15 und 1-16 dargestellt sind, ausgelöst.

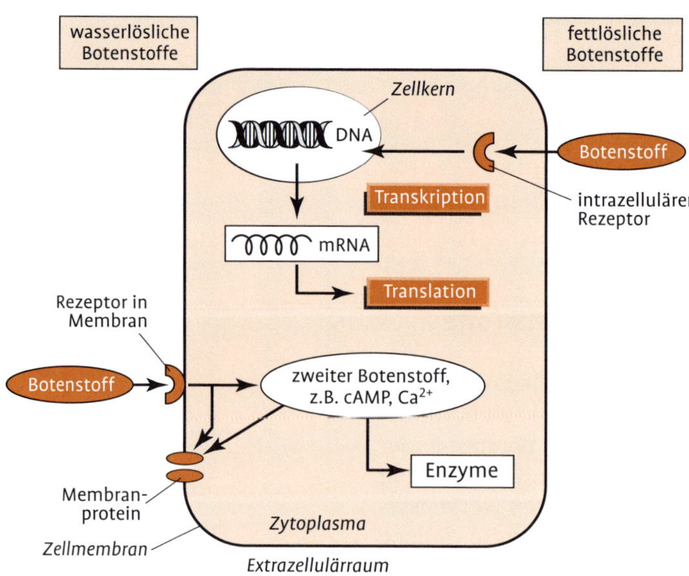

1.8.2 Wasserlösliche Botenstoffe

Wasserlösliche Botenstoffe sind Hormone mit **Peptidstruktur** (z. B. Insulin, ADH; ▶ Kap. 20.1) und Moleküle mit **Aminstruktur** (Schilddrüsenhormone, Adrenalin, Noradrenalin) und die Ammoniumverbindung **Azetylcholin.** Wenn diese Botenstoffe sich an ihren Rezeptor in der Membran binden, können direkt Membranproteine aktiviert oder deaktiviert werden. Somit tritt die Wirkung fast unmittelbar nach Freisetzung des Botenstoffs ein. So öffnet z. B. im Skelettmuskel Azetylcholin nach seiner Bindung an den Rezeptor in der Membran der Muskelzelle Natriumkanäle und löst dadurch ein Aktionspotenzial aus, was letztlich zur Kontraktion des Muskels führt (▶ Kap. 2.6.3). Es können aber auch durch die Verbindung des Botenstoffes **(= erster Botenstoff)** mit seinem Rezeptor im Zellinneren zweite Botenstoffe freigesetzt werden, die wiederum zahlreiche weitere Reaktionen vermitteln (▶ Abb. 1-32). Der z**weite Botenstoff** übersetzt somit die Information des ersten im Zellinneren und verstärkt diese. Solche zweiten Botenstoffe sind z. B. zyklisches Adenosinmonophosphat (cAMP) und auch Kalziumionen.

Auch wenn noch ein zweiter Botenstoff dazwischengeschaltet ist, tritt die Wirkung des ersten Botenstoffes meist innerhalb weniger Minuten ein, da ja vorhandene Proteine nur aktiviert oder deaktiviert werden müssen.

1.8.3 Fettlösliche Botenstoffe

Fettlösliche Botenstoffe sind z. B. **Steroidhormone,** wie die Hormone der Nebennierenrinde, der Plazenta und auch der Schilddrüse. Aufgrund ihrer Fettlöslichkeit können sie die Membran durchdringen und ins Zytosol wandern. Dort binden sie an einen entsprechenden Rezeptor (▶ Abb. 1-32). Nach der Bindung wandert der **Rezeptor-Hormon-Komplex** zum Zellkern und kann dort eine Aktivierung (aber auch Desaktivierung) der Transkription bestimmter Gene auslösen, d. h. die im ▶ Kapitel 1.5 dargestellten Prozesse initiieren. So führt z. B. das in der Nebennierenrinde gebildete Aldosteron zur Neusynthese und zum Einbau von Natriumkanälen in der Niere und auch im Dickdarm, wodurch Natrium im Körper konserviert wird.

Dadurch, dass die DNA erst transkribiert bzw. translatiert werden muss, ist die Wirkungsweise fettlöslicher Hormone sehr verzögert, d. h. der volle Wirkungseitritt ist erst Stunden bzw. Tage nach Hormonfreisetzung festzustellen.

2 Gewebe

2.1 Definitionen

Als Gewebe wird ein **Verband aus gleichartig differenzierten Zellen** mit gleicher Funktion samt der von ihnen gebildeten Bausubstanz zwischen den Zellen, der **Interzellularsubstanz**, bezeichnet. So bilden beispielsweise zahlreiche miteinander verbundene Epithelzellen das Epithelgewebe, das in unterschiedlicher Form Oberflächen abdeckt. Bindegewebszellen und die von ihnen produzierte kittende Interzellularsubstanz sorgen als Bindegewebe für den Zusammenhalt der anderen Gewebe.
Organe sind aus mehreren Geweben zusammengesetzt (z. B. Lunge, Darm, Niere usw.). In den Organen erfüllt jedes Gewebe seine spezifische Teilfunktion. Die Gesamtfunktion des Organs ergibt sich aus den Teilfunktionen seiner Gewebe. Im Magen deckt z. B. ein besonderes Schutzgewebe, ein einschichtiges Zylinderepithel, die Oberfläche ab. Epitheliales Drüsengewebe sekretiert Enzyme, Salzsäure oder Schleimsubstanzen ins Lumen des Magens. Muskelgewebe bewirkt die Magenbewegungen und Bindegewebe verbindet die verschiedenen Anteile bzw. bildet die Grundlage der Magenschleimhaut.
Als **Hohlorgane** werden Magen, Darm, Gebärmutter und Harnblase bezeichnet. Die Wand aller Hohlorgane weist grundsätzlich den gleichen Bau auf. Sie besteht (von innen nach außen) aus Schleimhaut, Muskelhaut und einer dünnen Außenhaut **(Serosa).**
Mehrere Organe, die funktionell zusammenwirken, können unter den Begriffen **System** oder **Apparat** zusammengefasst werden, z. B. Nervensystem, Verdauungsapparat, Harnapparat.

2.2 Entwicklung der Gewebe

Wenn die Eizelle befruchtet wird, d. h., wenn ein Spermium in die Eizelle eindringt, so verschmelzen die Zellkerne von Eizelle und Spermium (▶ Kap. 15.2.5) und die befruchtete Eizelle macht mehrere Teilungen durch (▶ Abb. 2-1). Dadurch entsteht ein Zellhaufen, der ein maulbeerartiges Aussehen zeigt **(Morula).** Aus den zentralen Zellen der Morula entwickelt sich die Embryonalanlage **(Embryoblast).** Die äußere Zellschicht, der Trophoblast, dient in Verbindung mit dem mütterlichen Teil der Gebärmutter der Ernährung des Embryos. Innerhalb von drei bis fünf Tagen nach der Befruchtung rücken durch Flüssigkeitseinstrom Embryoblast und **Trophoblast** auseinander (▶ Abb. 2-1). So entsteht die **Keimblase (Blastozyste),** die in ihrem Inneren die Keimblasen- bzw. Blastozystenhöhle enthält (▶ Abb. 2-1). Die Zellen der Keimblase durchlaufen anschließend eine Differenzierung und die Keimblasenhöhle verschwindet. Damit ist die **Gastrula** entstanden. Die äußere Zellschicht der Gastrula bildet das **Ektoderm** (äußeres Keimblatt), die innere das **Entoderm** (inneres Keimblatt). Das **Mesoderm** (mittleres Keimblatt) entsteht durch Abfaltung einzelner Zellgruppen zwischen Ektoderm und Entoderm.

In der weiteren Entwicklung des Embryos bilden sich: aus dem **Ektoderm:**

- das gesamte Nervensystem, Zellen der Sinnesorgane und Teile des Auges
- die Oberhaut, das Epithel der Hautdrüsen, Haare, Federn und andere Anhangsorgane der Haut
- das Epithel der kutanen Schleimhaut der Mundhöhle, des Afters und des Scheidenvorhofs
- das Nebennierenmark

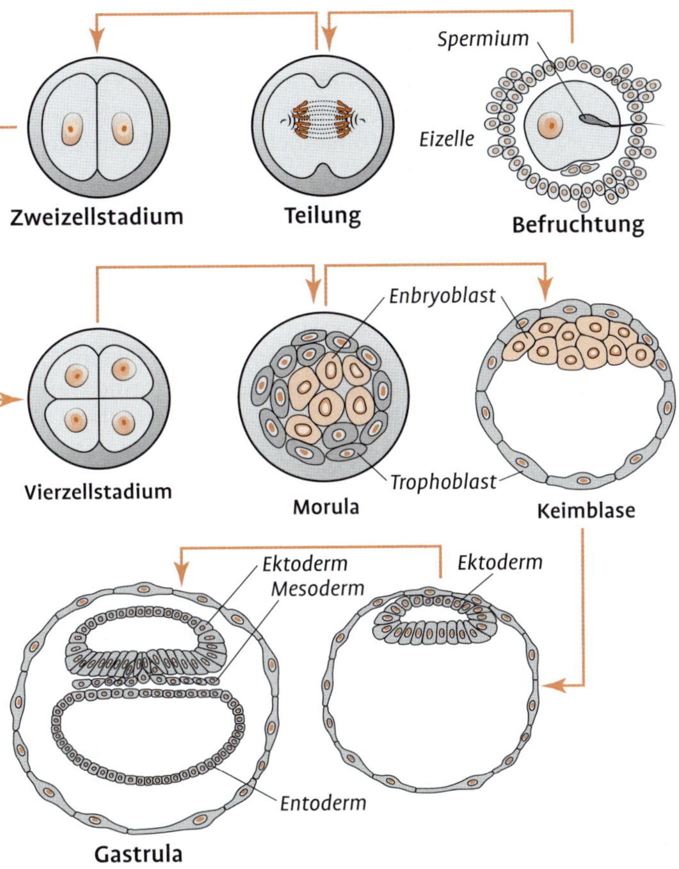

Abb. 2-1
Entwicklung von Ekto-, Meso- und Entoderm aus der befruchteten Eizelle (nach Mutschler et al. 2007).

aus dem **Entoderm:**

- das Epithel der Speiseröhren-, Magen- und Darmschleimhaut und die Anhangsdrüsen des Darms
- das Epithel der Atmungsorgane
- das Epithel der Schilddrüse und des Thymus
- das Epithel des Mittelohrs, der Blase, eines Teiles der Harnröhre und ein nur in der Embyonalentwicklung vorhandenes Stützskelett, die Chorda dorsalis

aus dem **Mesoderm:**

- das Nierenepithel, das Epithel des Brust- und Bauchfells, des Herzbeutels und der Keimdrüsen
- die gesamte Skelettmuskulatur
- die glatte Muskulatur
- die Herzmuskulatur
- Knochenmark, Lymphgewebe, Blutgefäße, Milz
- das Binde- und Stützgewebe, Dentin, der Zahnzement

2.3 Gewebearten, Gewebshäute

2.3.1 Gewebearten

Entsprechend der Funktion und der Struktur wird unterschieden zwischen:

- Epithelgewebe
- Binde- und Stützgewebe
- Muskelgewebe
- Nervengewebe und
- (Blut)

Epithelgewebe bedeckt innere und äußere Oberflächen des Körpers und vermittelt oder verhindert so die Kommunikation bzw. den Austausch zwischen verschiedenen Körperkompartimenten und dem Körper und der Umwelt.
Binde- und Stützgewebe verbindet die anderen Gewebearten und gibt diesen Halt und dem gesamten Organ bzw. Organismus Struktur. Muskelgewebe ist in der Lage, sich zusammenzuziehen. Es dient auf diese Weise der Bewegung oder der aktiven Verkleinerung oder Erweiterung von Hohlorganen.
Nervengewebe dient der Reizaufnahme, der Erregungsleitung und -übertragung, der Informationsspeicherung und -verarbeitung sowie der Steuerung und Regelung der Organfunktionen.
Ob **Blut** als Gewebe (mit flüssiger Interzellularsubstanz) oder sogar als Organ bezeichnet werden kann, wird widersprüchlich diskutiert.
Auf Epithelgewebe, Binde- und Stützgewebe sowie Muskelgewebe wird in diesem Kapitel eingegangen. Zu Nervengewebe ▶ Kapitel 18.2.
Zusammensetzung und Funktion des Blutes sind im ▶ Kapitel 5 beschrieben.

2.3.2 Gewebshäute

Im Organismus findet man Gewebe, die sich flächig ausdehnen und daher zusammenfassend als Gewebshäute bezeichnet werden. Je nach Anzahl der beteiligten Gewebearten unterscheidet man zwischen **einfachen** (nur eine Gewebeart) und **zusammengesetzten Gewebshäuten** (mehrere Gewebearten).

■ Einfache Gewebshäute

- Einfache **Epithelgewebshäute** treten z. B. als Oberflächenepithel der äußeren Haut (Epidermis) und der Schleimhäute (Lamina epithelialis mucosae) und als innere Auskleidung (Endothel) der Gefäße und des Herzens auf.
- Einfache **Bindegewebshäute** bilden als Faszien Umhüllungen von Muskeln oder Körperpartien oder als Aponeurosen breite Sehnen von Muskeln aus. Sie können auch die Grundlage von Organ- und Gelenkkapseln und auch der Knochenhaut bilden. Als dreidimensionales Geflecht formen einfache Bindegewebshäute die Grundlage der Lederhaut der äußeren Haut. Als Adventitia werden lockere Bindegewebshäute bezeichnet, die Organe oder Blutgefäße mit ihrer Umgebung verschieblich verbinden.
- Einfache **Muskelgewebshäute** umhüllen als Tunica muscularis Hohlorgane wie Magen, Darm und Gebärmutter und sind Grundlage von gezielten Zusammenziehungen und Erschlaffungen der Hohlorgane

■ Zusammengesetzte Gewebshäute

Je nach Funktion und Zusammensetzung werden verschiedene Formen unterschieden:

- **Seröse Häute**, kurz **Serosa** genannt, sind z. B. das Bauchfell (Peritoneum), das Brustfell (Pleura) und der Herzbeutel (Epikard). Eine Serosa besteht aus einer Oberflächenepithelschicht, die von einschichtigem Plattenepithel gebildet wird (▶ Abb. 2-3), und einer unterliegenden straffen Bindegewebshaut (Propria). Unter der Serosa kann als lockere Verschiebeschicht eine Subserosa folgen.
- Eine **Schleimhaut**, kurz **Mukosa** genannt, weist prinzipiell den Bau wie eine Serosa auf (Oberflächenepithelschicht mit Propria und Submukosa). Man unterscheidet die kutane Schleimhaut und die Drüsenschleimhaut.
- **Kutane Schleimhäute** kleiden z. B. Mundhöhle, Speiseröhre und Vormägen der Wiederkäuer aus. Bei dieser Schleimhaut wird die Oberflächenepithelschicht von mehrschichtigem Plattenepithel gebildet (▶ Abb. 2-7). Die Propria ist drüsenfrei, es können jedoch Drüsen in die Submukosa eingelagert sein.

- Bei der **Drüsenschleimhaut** wird die Oberflächenepithelschicht in der Regel aus kubischen oder zylindrischen Zellen in einer Schicht oder in mehreren Reihen gebildet (▶ Abb. 2-5), und die Propria enthält mehr oder weniger zahlreiche Drüsen, die der Organfunktion dienen. In das Oberflächenepithel und zwischen die Drüsenzellen können schleimbildende Zellen eingelagert sein. Letztere werden aufgrund ihrer Form als **Becherzellen** bezeichnet (▶ Abb. 2-5).
- Die **äußere Haut (Cutis)** ist ähnlich aufgebaut wie die kutanen Schleimhäute in Mundhöhle und Speiseröhre (▶ Abb. 2-7). Das mehrschichtige Plattenepithel bildet die Oberhaut (Epidermis). Darunter folgt eine straffe Bindegewebshaut, die Lederhaut (Korium oder Dermis). Von der kutanen Schleimhaut unterscheidet sich die Haut durch den Gehalt von Haaren und Hautdrüsen.

2.4 Epithelgewebe

Epithelzellen sind eng aneinandergelagert und nur durch eine dünne Schicht Interzellularsubstanz verbunden. Durch **tight junctions** und **Desmosomen** ist in vielen Fällen der Zusammenhalt des Epithelzellverbandes gefestigt (▶ Kap. 1.1.2). Die Epithelzellen sitzen meist auf einer durchlaufenden **Basalmembran**, die ihrerseits aus langkettigen, eng vernetzten Proteinen besteht.
Epithelgewebe können sich aus allen drei Keimblättern entwickeln. Sie bedecken als Deck- oder Oberflächenepithel innere und äußere Oberflächen des Körpers. Als Drüsenepithelien sind sie zur Abgabe von Stoffgemischen (Sekreten) befähigt. Als stark spezialisiertes Neuroepithel bzw. Sinnesepithel dienen sie der Aufnahme von Sinnesreizen. Myoepithelien vermitteln die Kontraktion vor allem von Drüsenendstücken. Pigmentepithelien färben mithilfe ihrer Pigmente Epithelbereiche dunkel.

2.4.1 Oberflächenepithel

Das Oberflächenepithel bedeckt sowohl außen als auch innen alle Körperoberflächen. Es schützt diese Oberflächen vor mechanischen, chemischen und thermischen Einflüssen sowie vor Mikroorganismen und Austrocknung. Aufbau und Struktur dieser Epithelien variieren stark und sind wesentlich davon abhängig, welche Aufgaben sie erfüllen sollen. So ist z. B. im Darm und in den Körperhöhlen (Bauch- und Brustfell) das Oberflächenepithel zur **Aufnahme von Stoffen = Resorption** befähigt. Darüber hinaus kann es der **Ausscheidung = Sekretion** (Nierentubuli), dem Gasaustausch (Lungenalveolen) sowie der Motorik durch Flimmerhaare (Luftwege, Eileiter) dienen. Die zur Resorption bzw. Sekretion fähigen Zellen besitzen meist feinste Ausstülpungen der Zellmembran (Mikrovilli, Bürstensäume). Dadurch wird ihre Oberfläche bis auf das 30-fache vergrößert. Die äußere Haut dagegen soll den Schutz und die Abschirmung des Organismus gewährleisten und ist dementsprechend mit verschiedenen Barrieren ausgestattet.
Je nach den funktionellen Anforderungen besitzen Oberflächenepithelien eine unterschiedliche Anzahl von Schichten und werden dementsprechend eingeteilt in **einschichtiges Epithel** und **mehrschichtiges Epithel.** Eine Sonderform ist das **mehrreihige Epithel.** Hier berührt jede Zelle die Basalmembran, aber nicht alle Zellen reichen bis zur Oberfläche. Hinsichtlich der Zellform wird unterschieden zwischen:

- Plattenepithel
- isoprismatischem Epithel = kubischem Epithel (Zellbreite = Zellhöhe, also Würfelform)
- hochprismatischem Epithel = Zylinderepithel (Zellhöhe > Zellbreite)

Unter Berücksichtigung von Zellform und Schichtenanzahl finden sich im Organismus die in ▶ Abbildung 2-2 zusammengefassten Arten von Oberflächenepithel. Das **einschichtige Plattenepithel** besteht aus einer Schicht platter Zellen mit geraden oder unregelmäßigen Zellgrenzen (▶ Abb. 2-3). Einschichtiges Plattenepithel bildet die innere Auskleidung der Körperhöhlen (Bauchfell, Brustfell, Herzbeu-

Abb. 2-2
Einteilung der Oberflächenepithelien (nach Mutschler et al. 2007).

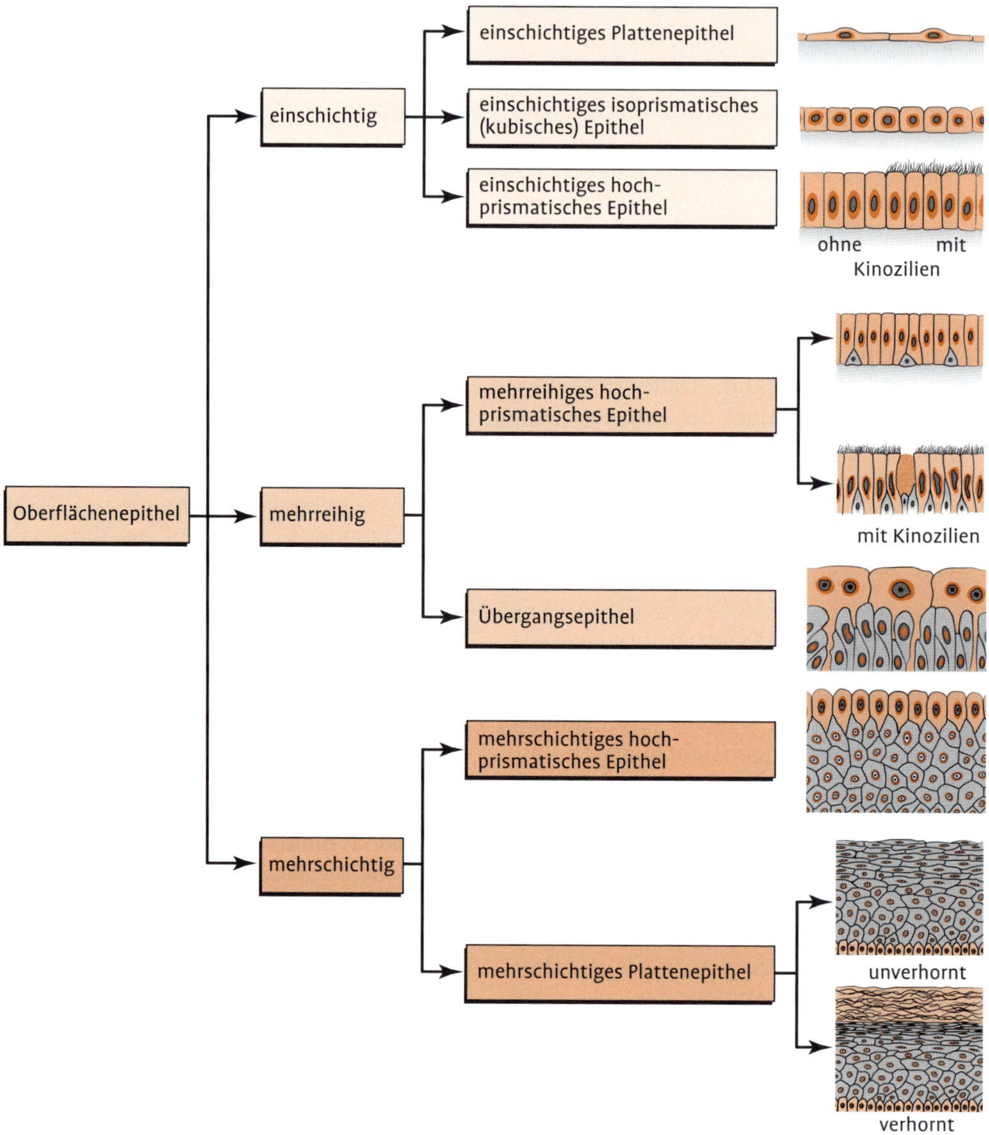

tel), der Gefäße (Endothel) und des Herzens, die Auskleidung der Lungenalveolen sowie die innere Deckschicht der Hornhaut des Auges und das Pigmentepithel der Netzhaut. Die mechanische Beanspruchung des einschichtigen Plattenepithels ist meist gering; Hauptaufgabe ist das Abdecken der Bindegewebsschicht, um glatte Oberflächen zu erhalten. Es ermöglicht einen leichten Stoffaustausch, mancherorts können Blutzellen zwischen seinen Zellgrenzen hindurchtreten.

Das **einschichtige isoprismatische Epithel** kommt in Drüsenausführungsgängen sowie im Tubulussystem der Nieren vor (▶ Abb. 2-4).

Abb. 2-3
Einschichtiges Plattenepithel. Das Epithel ist über eine Basalmembran mit dem unterliegenden Bindegewebe verbunden (nach Liebich 2010).

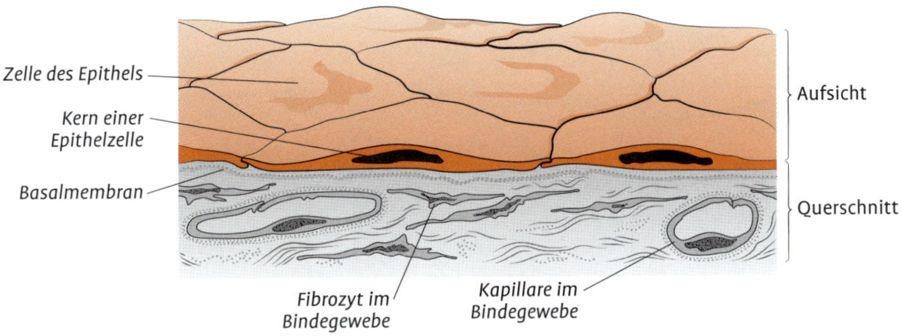

Das **einschichtige hochprismatische Epithel (= Zylinderepithel)** kleidet den Verdauungskanal von der Kardiadrüsenzone bis zum Rektum aus. Außerdem findet es sich im Eileiter und in der Gebärmutter und in einzelnen Drüsenausführungsgängen. Die Oberfläche von Zylinderepithel kann durch einen Bürstensaum (Mikrovilli) vergrößert sein (z. B. Darmepithel) oder bewegliche Zilien (Kinozilien) tragen (z. B. im Eileiter, Nebenhodenkanal). Im Eileiter und im Nebenhodenkanal schlagen die Kinozilien wie Getreideähren in eine Richtung und bewirken so einen gerichteten Strom der Flüssigkeit in den Kanälen.
Beim **mehrreihigen hochprismatischen Zylinderepithel** (z. B. in Atemwegen) sitzt jede Zelle auf der Basalmembran, aber nicht jede Zelle erreicht die Oberfläche (▶ Abb. 2-5). Das mehrreihige Zylinderepithel der Atemwege besitzt Kinozilien, mit deren Flimmerschlag eingeatmete Partikel mundwärts und damit nach außen transportiert werden. In den Epithelverbund können auch schleimproduzierende Becherzellen eingebunden sein (▶ Abb. 2-5).
Das **Übergangsepithel** ist **mehrreihig** und kleidet die harnableitenden Wege aus. Selbst bei starker Dehnung kann es diese vollkommen abdecken. Dazu tragen vor allem große Deckzellen bei. Entsprechend des Dehnungszustandes sind die Zellen des Übergangsepithels höher oder abgeplattet (▶ Abb. 2-6).
Mehrschichtiges iso- oder **hochprismatisches Epithel** kommt selten vor. Man findet es z. B. als Wandauskleidung in größeren Drüsenausführungsgängen.

Abb. 2-4
Einschichtiges isoprismatisches Epithel mit unterliegendem Bindegewebe (nach Liebich 2010).

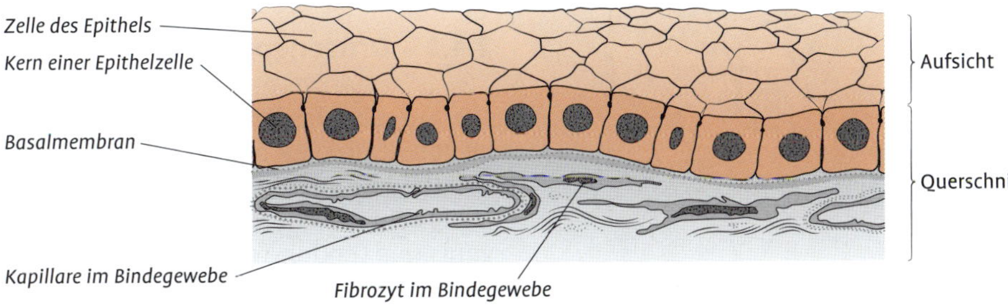

Abb. 2-5
Mehrreihiges hochprismatisches Epithel wie es z. B. die Atemwege auskleidet. In den Epithelverbund sind schleimabsondernde Becherzellen eingelagert. Deren Sekret wird nach außen abgegeben und trägt zum Schutz der Oberfläche bei. Das gesamte Gewebe wird als Schleimhaut bezeichnet (nach Liebich 2010).

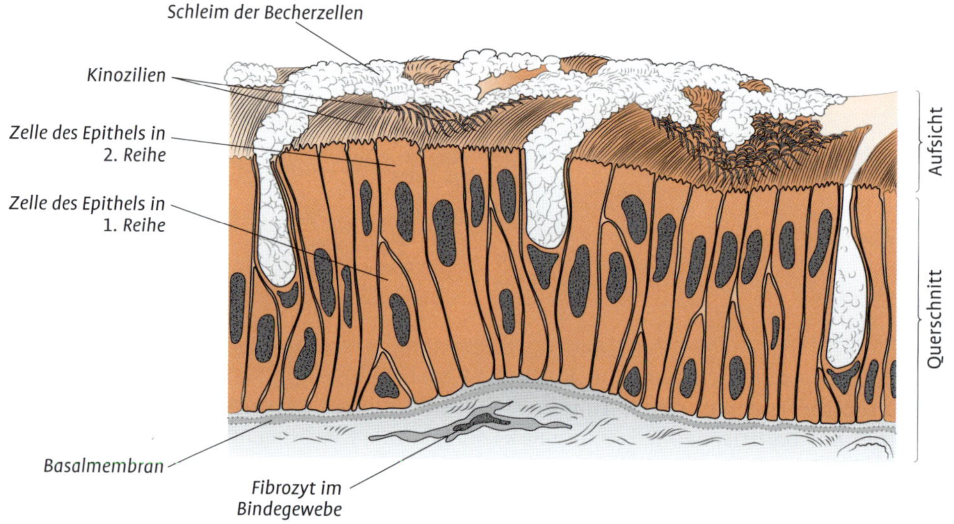

Mehrschichtiges Plattenepithel kann von einer Hornschicht bedeckt (verhornt) oder frei von dieser sein (unverhornt). Es bedeckt Oberflächen, die stark beansprucht werden. Die Schichtenfolge eines unverhornten mehrschichtigen Plattenepithels (z. B. in Mundhöhle und Speiseröhre) ist in ▸ Abbildung 2-7 dargestellt. In der Basalzellschicht (Stratum basale) erfolgt die Erneuerung des Epithels. Die Zellen der Stachelzellschicht (Stratum spinosum) enthalten zahlreiche Tonofibrillen. Sie stehen durch Desmosomen in Verbindung, wodurch die Plastizität des Gewebeverbandes gewährleistet wird. Bei verhorntem mehrschichtigem Plattenepithel liegt noch eine Hornschicht (Stratum corneum) auf, so dass eine feste Barriere gebildet wird. Ein solches Epithel findet sich z. B. in der äußeren Haut bzw. in der Auskleidung der Vormägen der Wiederkäuer (▸ Abb. 10-15).

Abb. 2-6
Übergangsepithel in ungedehntem und gedehntem Zustand (nach Petry und Amon 1966).

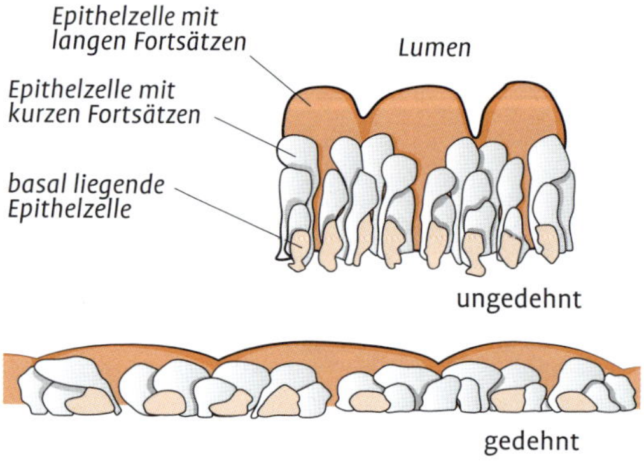

2.4.2 Drüsenepithel

Die Aufgabe des Drüsenepithels ist die Abgabe von Stoffen an die freie Oberfläche bzw. in Hohlorgane (exokrine Drüsen) oder an Blut, Lymphe und andere Transportmedien des Organismus (endokrine Drüsen).

Abb. 2-7
Mehrschichtiges unverhorntes Plattenepithel wie es z. B. Mundhöhle und Speiseröhre auskleidet (nach Liebich 2010).

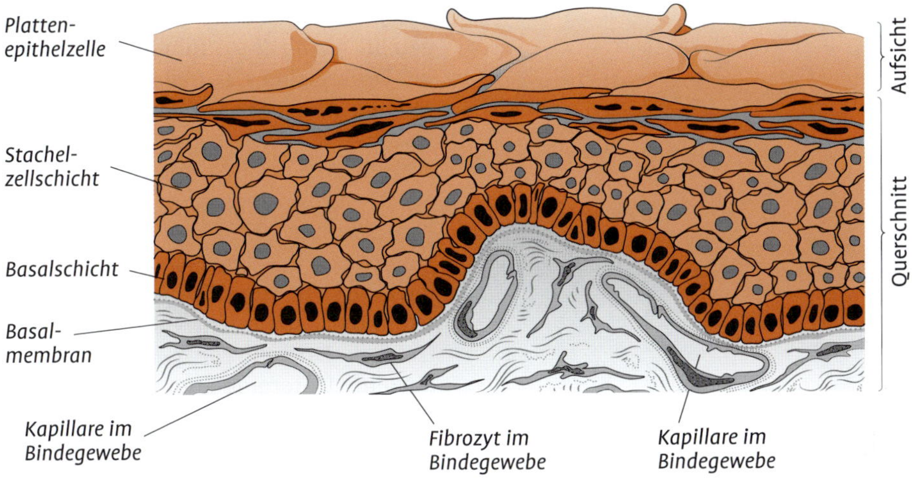

Endokrine Drüsen

Endokrine Drüsen werden von Alveolen oder Drüsenzellhaufen gebildet, deren Zellen besonders eng von Blutkapillaren umschlossen werden. Ihre Sekrete werden Hormone genannt. Die Funktion der verschiedenen endokrinen Drüsen ist im ▶ Kapitel 20 beschrieben.

Exokrine Drüsen

Exokrine Drüsenzellen sind polar differenziert, d. h., die Struktur der zum Blut hin ausgerichteten sogenannten basolateralen Seite unterscheidet sich von der Struktur der zur Körperoberfläche bzw. zum Ausführungsgang der Drüse ausgerichteten apikalen Seite. Die basolateralen Abschnitte der Zelle sammeln das Rohmaterial für die Sekretbildung. Im apikalen Abschnitt formen sich die Sekretvorstufen innerhalb des endoplasmatischen Retikulums. Das reife Sekret entsteht in den Vakuolen des Golgi-Apparats. Sie wandern dann zur apikalen Zellmembran, so dass das Sekret über Exozytose ausgeschieden werden kann.

Exokrine Drüsen können unterschieden werden entsprechend:

- ihrer Sekretionsweise
- der Beschaffenheit ihres Sekretes
- ihres Aufbaus

Nach Art der **Sekretionsweise** kann man zwischen merokriner, apokriner und holokriner Sekretion unterscheiden. Bei der **merokrinen** Sekretion wird das Sekret zumeist im Golgi-Apparat in Bläschen verpackt und zur Zellmembran transportiert, wo diese exozytotisch nach außen abgegeben werden (▶ Abb. 2-8). Dabei tritt nur ein sehr geringer Verlust von Zellsubstanz ein. Diese Form der Sekretion findet man z. B. in Speicheldrüsen. Die Form der **apokrinen** Sekretion findet man z. B. bei den Duftdrüsen der Tiere und bei der Fettsekretion in der Milchdrüse. Kuppenartig in die Drüsenlichtung vorspringende Zellteile, die das Sekret enthalten, werden abgeschnürt (▶ Abb. 2-8). Sie müssen anschließend wieder ersetzt werden. Talgdrüsen der Haut sekretieren **holokrin.** Im Golgi-Apparat treten feine Granula auf, die größer werden und zusammenfließen. Die Drüsenzelle füllt sich mit Sekret und wird komplett aus dem Zellverband gelöst und muss somit gesamt wieder ersetzt werden.

Hinsichtlich der **Sekretbeschaffenheit** wird zwischen serösen, mukösen und seromukösen Drüsen unterschieden. **Seröse** Drüsen bilden ein wässriges, eiweißreiches Sekret. **Muköse** Drüsen sekretieren ein stark schleimhaltiges, zähflüssiges Sekret. **Seromuköse** Drüsen be-

Abb. 2-8
Sekretionsformen (nach Liebich 2010).

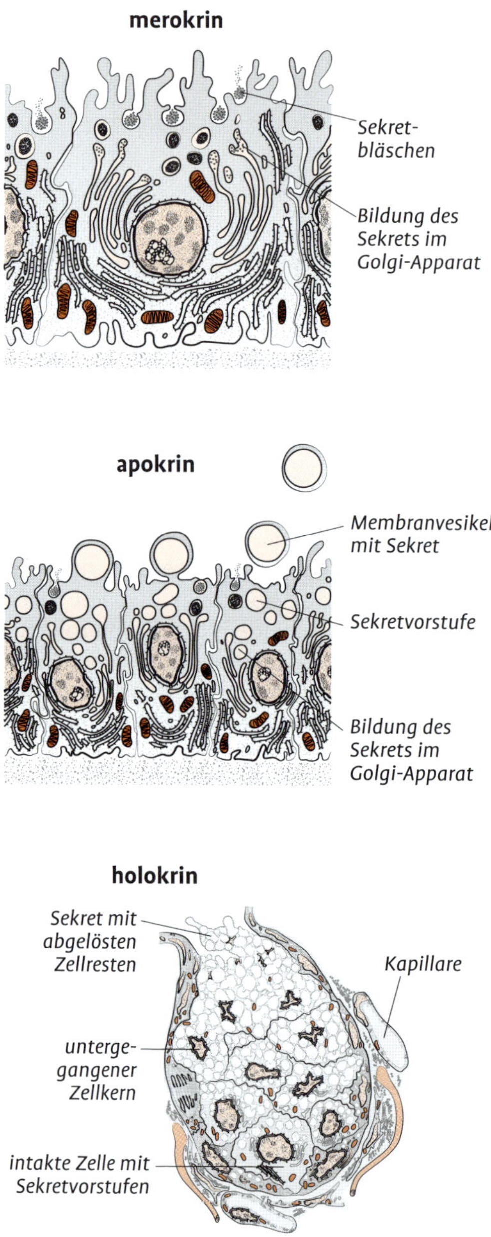

sitzen sowohl seröse als auch muköse Drüsenanteile und bilden somit ein gemischtes Sekret.

Nach ihrem **Aufbau** werden exokrine Drüsen in tubulöse, alveoläre und azinöse Drüsen eingeteilt (▶ Abb. 2-9). **Tubulöse (schlauchförmige)** Drüsen sind z. B. Drüsen im Uterus und im Magen. **Alveoläre** Drüsen befinden sich beispielsweise in den Talgdrüsen der Haut. Beide Drüsenarten besitzen ein Drüsenendstück und einen Ausführungsgang. **Azinöse** Drüsen haben Bläschen (Acini) mit einem sehr kleinen Hohlraum (z. B. Bauchspeicheldrüse). Bei vielen Drüsen finden sich allerdings Mischformen (tubulös-alveolär bzw. tubulös-azinös).

Größere Drüsen, wie z. B. die Leber, weisen einzelne Untereinheiten in Form der **Drüsenläppchen** auf. Diese werden von Bindegewebe umschlossen und zu einem Organ zusammengefasst. Das Drüsenepithel wird als **Parenchym**, das Bindegewebe als **Interstitium** bezeichnet. Umschlossen werden derartige Drüsen von einer bindegewebigen Kapsel, von der Bindegewebszüge in das Interstitium ziehen. Die Blutgefäße und Nerven verlaufen im Interstitium.

2.4.3 Myo- und Pigmentepithel

Myoepithelzellen sind modifizierte Epithelzellen, die ähnlich wie die Zellen der glatten Muskulatur Fibrillen enthalten, die sich zusammenziehen können. Myoepithel findet sich an Drüsenendstücken der Schweiß- und Speicheldrüsen sowie der Milchdrüsen. Durch ihre Fähigkeit zur Kontraktion unterstützen sie die Sekretabgabe aus den Drüsenendstücken.

Pigmentepithelzellen enthalten zahlreiche Pigmentgranula mit Melanin. Durch die dunkle Färbung des Melanins wird auch der entsprechende Epithelbereich dunkel gefärbt. Die meisten Pigmentepithelzellen bilden allerdings ihr Pigment nicht selbst, sondern erhalten es von besonderen Zellen in ihrer Umgebung, den **Melanozyten.** Pigmentepithel findet sich in der Netzhaut des Auges und in pigmentierter Haut.

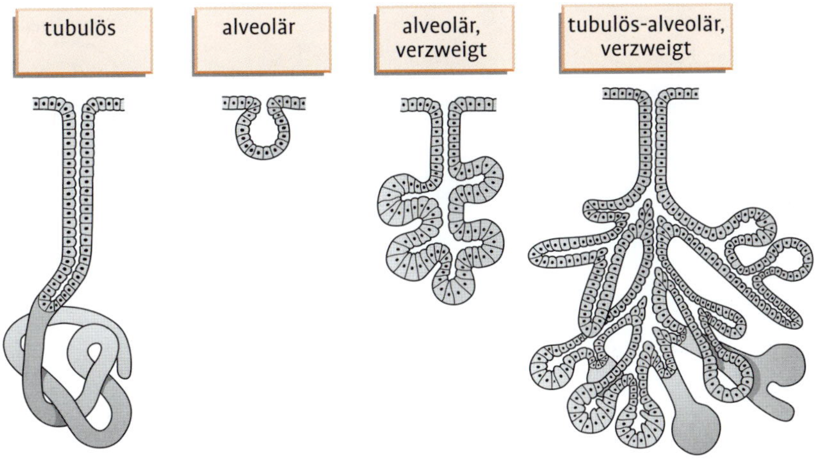

Abb. 2-9 Drüsenformen (nach Liebich 2010).

2.4.4 Sinnesepithel

Das Sinnesepithel (z. B. Riechepithel, Hörzellen, Haarzellen des Gleichgewichtsorgans, Epithel der Geschmacksknospen) kann Reize aufnehmen und an die Nervenendigungen weitervermitteln. Aufbau und Funktion der verschiedenen Sinnesepithelien sind im ▶ Kapitel 19 beschrieben.

2.5 Binde- und Stützgewebe

Binde- und Stützgewebe sind durch eine ausgeprägte **Interzellularsubstanz** gekennzeichnet. Bindegewebe vereinigt die einzelnen Bestandteile des Organismus. Knorpel- und Knochengewebe stützen als Stützgewebe den Gesamtorganismus und geben ihm seine Form. Bindegewebe kann neben den rein mechanischen Funktionen auch Aufgaben der Ernährung umliegender Gewebe und der Abwehr übernehmen.

2.5.1 Zellen des Bindegewebes

Fixe Bindegewebszellen

Die bestimmenden Zellen des Bindegewebes sind Fibrozyten. **Fibrozyten** sind dünne, spindelförmig erscheinende Zellen mit membranartigen Fortsätzen (▶ Abb. 2-11/2). Die Zellen liegen meist netzförmig vereinigt in der Grundsubstanz und stabilisieren so das Bindegewebe. Fibrozyten sind allerdings inaktiv, d. h. unbeweglich und nicht zur Synthese von Interzellularsubstanz in der Lage. Die Interzellularsubstanz wird von den Vorläufern der Fibrozyten, den **Fibroblasten,** hergestellt (▶ Abb. 2-10, 2-11/1), die auch beweglich sind. Nach der Reifung gehen sie in Fibrozyten über. Müssen allerdings Schäden im Gewebe durch Narben, d. h. durch Neubildung von Bindegewebe, überbrückt werden, können Fibrozyten sich teilen und so neue Fibroblasten entstehen lassen. Neben diesen Zellen entwickeln sich im Bindegewebe auch Fett-, Knorpel- und Knochenzellen, die in den entsprechenden Abschnitten beschrieben werden.

Mobile Zellen des Bindegewebes

Neben den Fibroblasten bzw. Fibrozyten kommen – vor allem im lockeren Bindegewebe – noch freie, mobile Zellen vor (▶ Abb. 2-11/5 bis 10), die großenteils aus dem Blut stammen (▶ Kap. 5.4.2). **Gewebsmakrophagen (Histio-**

Abb. 2-10
Darstellung eines Fibroblasten und die sich aus diesem entwickelnden anderen Formen von Bindegewebszellen (nach Welsch 2006).

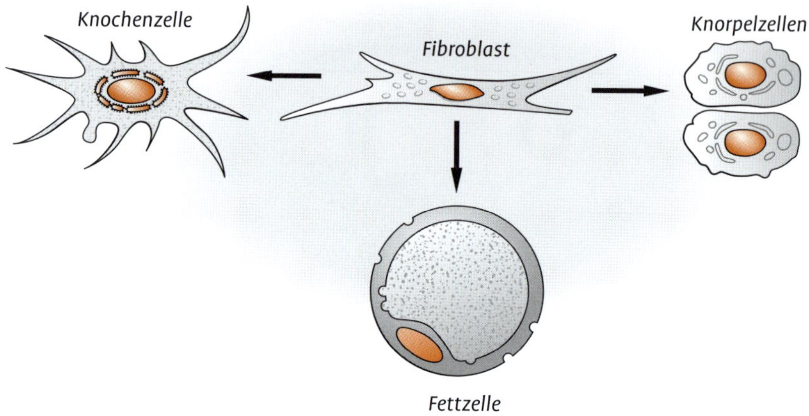

zyten)** sind aus dem Blut eingewanderte Monozyten, die im Bindewebe weiter differenzieren und hier Partikel (Bakterien, Gewebeteile usw.) aufnehmen (phagozytieren) und speichern können. Sie bleiben Zeit ihres Lebens, d. h. bis zu mehreren Jahren, im Bindegewebe. **Lymphozyten** sind kleine runde Zellen mit schmalem Plasmasaum und rundem Kern. Auch sie stammen ursprünglich aus dem Blutstrom bzw. den lymphatischen Organen. Lymphozyten sind die Träger der spezifischen Abwehr (▶ Kap. 6.2). **Plasmazellen** sind mittelgroße, rundliche oder polygonale Zellen, deren rundlicher Kern exzentrisch liegt. Sie

Abb. 2-11
Schema des lockeren Bindegewebes (aus Krstić 1988).

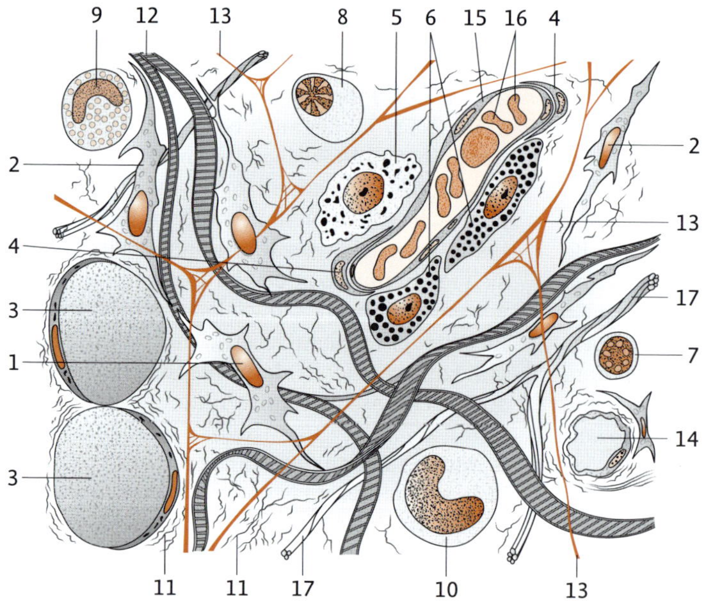

Gebundene, ortsständige Zellen:
1 Fibroblasten
2 Fibrozyt
3 Fettzelle
4 Perizyt

Freie Zellen:
5 Gewebsmakrophage (Histiozyt)
6 Mastzellen
7 Lymphozyt
8 Plasmazelle
9 eosinophiler Granulozyt
10 Monozyt

Fasern:
11 retikuläre Fasern
12 kollagene Fasern
13 elastische Fasern

Versorgende Strukturen:
14 Lymphgefäß
15 Blutkapillare
16 rote Blutkörperchen
17 Nervenfasern

entwickeln sich aus B-Lymphozyten (▶ Kap. 6.2.1). **Neutrophile Granulozyten** sind kleine granulierte Zellen, die ebenfalls aus dem Blut stammen und durch die Kapillarwände in das Bindegewebe einwandern. Die Granulozyten können sich amöboid bewegen und phagozytieren (▶ Kap. 5.4.2). **Gewebsmastzellen** sind runde bis vielgestaltige Zellen mit körnchenförmigen Einlagerungen (Granula) im Zellleib. Die Granula enthalten **Heparin** und **Histamin.** Heparin verhindert die Blutgerinnung, Histamin wird bei allergischen Vorgängen freigesetzt und erweitert unter anderem die Blutgefäße. **Melanozyten** sind Pigmentzellen. Das Pigment (Melanin) liegt im Zellleib und ist ein Eiweißabkömmling von gelber bis braunschwarzer Farbe.

2.5.2 Interzellularsubstanz des Binde- und Stützgewebes

Die Interzellularsubstanz sowohl von Bindeals auch von Stützgewebe besteht aus ungeformter Interzellularsubstanz (= homogene Grundsubstanz, hauptsächlich Proteoglykane) und der geformten Interzellularsubstanz (hauptsächlich Fasern).

■ Ungeformte Interzellularsubstanz

Die homogene Grundsubstanz bzw. ungeformte Interzellularsubstanz bildet in den einzelnen Binde- und Stützgeweben Sole oder Gele unterschiedlicher Konsistenz. Sie ist z. B. relativ flüssig im Bindegewebe, fester und plastisch im Knorpel oder durch Kalkeinlagerung gehärtet im Knochen. **Proteoglykane** sind die Hauptbestandteile der homogenen Grundsubstanz. Es sind große Moleküle, die aus Proteinen und **Glykosaminoglykanen (GAG)** zusammengesetzt sind. Die Proteine stellen das lange, fädige Grundgerüst dieses Moleküls dar, an das sich seitlich die GAG anlagern. Die GAG, zu denen u. a. die Hyaluronsäure gehört, sind hochpolymere Kohlenhydratgerüste, die aus sich (meist) wiederholenden Disaccharideinheiten bestehen. In den Disaccharideinheiten sind viele freie negative Ladungen vorhanden. Die GAG wirken so als Polyanionen und können große Mengen Wasser binden. Dadurch tragen sie wesentlich zur Gestaltung des Milieus der Interzellularsubstanz bei. Ein GAG-Polymer kann durch Wassereinlagerung ein Volumen einnehmen, das 1 000- bis 10 000-fach größer ist als das seiner Disaccharideinheiten. Dadurch können GAG selbst bei geringer Konzentration ein funktionsfähiges visköses Gel bilden. Auf diese Weise wirkt z. B. die Hyaluronsäure als biologisches Schmiermittel in Gelenken. Wichtige GAG außer der Hyaluronsäure sind Chondroitin-, Keratan- und Dermatansulfat sowie Heparin.

■ Geformte Interzellularsubstanz

Die Fasern der geformten Interzellularsubstanz können kollagener, elastischer oder retikulärer Natur sein.

Kollagene Fasern setzen sich aus Bündeln unverzweigter Fibrillen zusammen. Die Kollagenfibrillen sind wenig biegungsfest, aber sehr zugfest. Bei maximalem Zug dehnen sie sich nur um etwa 5 % ihrer Länge. Sie werden daher überall dort im Organismus verwendet, wo Zugfestigkeit benötigt wird (Sehnen, Faszien, Knorpel, Knochen).

Elastische Fasern sind um 100 bis 150 % ihrer Länge dehnbar und haben eine gelbe Eigenfärbung („gelbe Bauchhaut“ als Umhüllung der Bauchmuskulatur). Im Gegensatz zu den kollagenen Fasern sind die elastischen Fasern reich verzweigt und bilden Netze. Elastische Fasern kommen im Interstitium der Lunge, in Organkapseln, in Gefäßwänden, in elastischen Bändern (besonders Nackenband) und im elastischen Knorpel vor.

Kollagene Faserbündel und elastische Fasern stehen häufig in enger räumlicher Beziehung zueinander (▶ Abb. 2-12). Einerseits ziehen die elastischen Fasern die Raumgitter des kollagenen Netzwerkes nach Zugbeanspruchung in die Ausgangslage zurück, andererseits umspinnen Kollagenfasern die elastischen Fasern und verhindern deren Überdehnung, indem sie dem Zug kräftigen Widerstand entgegensetzen.

Retikuläre Fasern (Gitterfasern) sind feine Fasern, die einzelne Zellen oder Zellgruppen netzartig umspinnen (▶ Abb. 2-13).

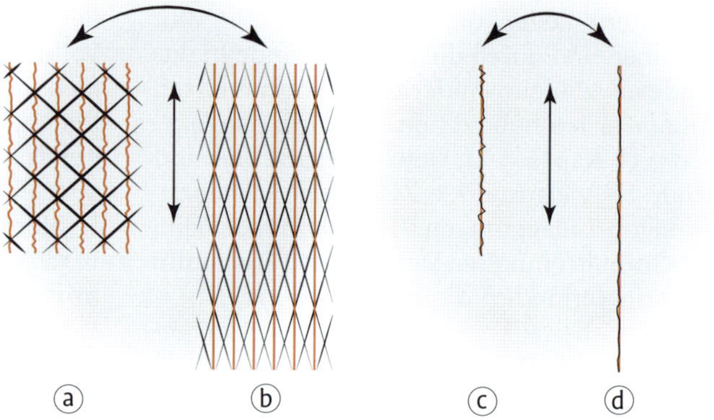

Abb. 2-12
Zusammenwirken kollagener Fasern (schwarze Linien) und elastischer Fasern (orange Linien) in der Grundsubstanz.
a Gitter der kollagenen Fasern entspannt.
b Gitter der kollagenen Fasern unter Zugbeanspruchung. Die elastischen Fasern werden angespannt und führen das Gitter beim Nachlassen der Zugspannung in die Ausgangsstellung zurück.
c Kollagene und elastische Faser in Ruhe.
d Zugbeanspruchung. Die kollagene Faser bewahrt die elastische Faser vor Überdehnung, indem sie nach Verstreichen ihrer „Lockung" unnachgiebig wird.

2.5.3 Formen des Bindegewebes

Hinsichtlich der **Zellarten** und der Ausprägung der **Interzellularsubstanz** wird folgendermaßen unterschieden:

a) Grundsubstanzreiches (embryonales) Bindegewebe
   - Mesenchymgewebe
   - Gallertgewebe
b) Faserreiches Bindegewebe
   - Lockeres Bindegewebe
   - Straffes Bindegewebe
c) Retikuläres Bindegewebe
   - Lympho- und hämoretikuläres Bindegewebe
   - Fettgewebe

Grundsubstanzreiches (embryonales) Bindegewebe

Mesenchymgewebe ist ein grundsubstanzreiches Bindegewebe. In der Entwicklung des Embryos entsteht es aus Epithelzellen im Mesoderm. Einzelne dieser Epithelzellen wandern aus, entsenden zarte Fortsätze und bilden mithilfe der Fortsätze ein dreidimensionales Netzwerk.

Das **Gallertgewebe** ähnelt dem Mesenchym weitgehend, enthält aber bereits Zellen, die kollagene Fasern bilden. Gallertgewebe findet sich in der Nabelschnur.

Faserreiches Bindegewebe

Bei dem faserreichen Bindegewebe wird zwischen lockerem und straffem Bindegewebe unterschieden.

Lockeres Bindegewebe ist als Verbindungs-, Füll- und Verschiebegewebe, als Gerüst zwischen den Organen sowie als Grundlage der äußeren Haut und der Schleimhaut im Organismus weit verbreitet. Es verbindet die Einzelteile und ermöglicht ihr Gleiten gegeneinander **(Verschiebeschicht).** Neben dieser mechanischen Funktion besitzt es aber auch Stoffwechselfunktionen. Es bildet **Transportstraßen** zu den Zellen und dient als **Wasserspeicher**

Abb. 2-13
Schema des retikulären Bindegewebes (aus Junqueira und Carneiro 1986). Die retikulären Fasern, die mit den Retikulumzellen ein Netzwerk bilden, liegen extrazellulär.

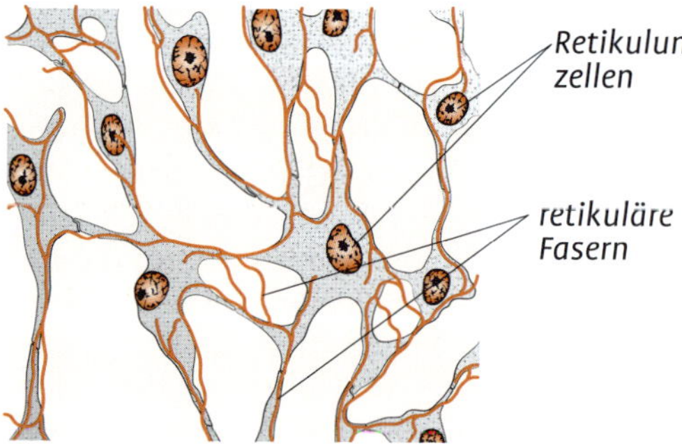

und **Ionendepot.** Große Bedeutung hat das lockere Bindegewebe bei der Regeneration der Stützgewebe und bei der Reparation von Defekten (Narbenbildung). Neben den Fibroblasten und Fibrozyten finden sich im lockeren Bindegewebe auch zahlreiche **mobile Zellen** (▶ Abb. 2-11), die vor allem Abwehrfunktionen haben. Die ungeformte Interzellularsubstanz des lockeren Bindegewebes ist reich an Hyaluronsäure und Dermatansulfat. Die geformte Interzellularsubstanz besteht vorwiegend aus kollagenen Faserbündeln, aber auch elastische und retikuläre Fasern finden sich in allerdings geringem Maße. Dichte und Verlauf der verschiedenen Fasern richten sich nach der jeweiligen Funktion.

Beim **straffen Bindegewebe** kann man je nach Faserart und -ausrichtung zwischen straffem, ungeformten (geflechtartigen) Bindegewebe und straffem, geformten (parallelfasrigen) Bindegewebe unterscheiden.

Straffes ungeformtes (geflechtartiges) Bindegewebe kommt unter anderem vor als Grundlage der Lederhaut der äußeren Haut, in der Propria der Schleimhäute als Bestandteil von Organkapseln, in der Fibrosa der Knochenhaut der Gelenkkapseln und des Herzbeutels. Weiterhin findet es sich in Form von Faszien und Aponeurosen.

Je einseitiger die mechanische Beanspruchung des straffen Bindegewebes ist, desto regelmäßiger ist sein Feinbau. Bei den Fasern überwiegen die kollagenen Fasern, die wesentlich dichter gelagert sind als im lockeren Bindegewebe. Elastische Fasern führen gedehntes Gewebe in seine Ausgangslage zurück. Die Zellen sind nach Art und Form die gleichen wie im lockeren Bindegewebe, jedoch seltener anzutreffen.

Straffes geformtes (parallelfaseriges) Bindegewebe bildet die Grundlage der Sehnen und Bänder. Hier sind die Fasern sehr dicht gelagert und parallel ausgerichtet. Dazwischen liegen die Fibrozyten als Sehnenzellen. Die Fasern werden bündelweise durch lockeres Bindegewebe (Endotendineum) zusammengefasst. Diese Züge lockeren Bindegewebes stehen mit dem Bindegewebe in Verbindung, das die Sehne umkleidet (Peritendineum).

Sehnen dienen als Verbindungen der Muskeln mit den Knochen. Sie ermöglichen es den Muskeln, ihre Kraft auf entfernt gelegene Knochen einwirken zu lassen (z. B. Sehnen zu den Zehenknochen). Die Sehnenfasern gehen in die kollagenen Faserbündel, die Sharpey-Fasern, der Knochenhaut über und werden über diese fest im Knochengewebe verankert (William Sharpey; *1802 in London, †1880; Anatom).

Bänder verbinden die Knochenenden an den Gelenken und geben ihnen die Führung. Sie gehen ebenfalls in die Knochenhaut und das Knochengewebe über und sind ähnlich gebaut wie die Sehnen.

Elastisches Bindegewebe ist eine spezifische Form des straffen geformten Bindegewebes. Die Fasermasse besteht vorwiegend aus elastischen Fasern, die parallel laufen, aber durch Ausläufer netzartig miteinander verbunden sind. Dazwischen liegt ein Gitterwerk aus kollagenen Fasern und Gitterfasern, die die elastischen Fasern umranken. Sie bieten Schutz vor Überdehnung. Elastisches Bindegewebe findet man überall dort, wo Bindegewebsplatten starker Dehnung ausgesetzt sind, so im Nackenrückenband und in der gelben Bauchhaut, der Umhüllung der Bauchmuskulatur.

Retikuläres Bindegewebe

Retikuläres Bindegewebe ähnelt von allen Bindegewebsarten im ausgewachsenen Organismus dem Mesenchym am meisten. Die Retikulumzellen bilden ein schwammartiges Netz, in dessen Hohlräumen Flüssigkeit und Zellen gelagert sind (▶ Abb. 2-13). Die Zellausläufer werden durch Gitterfasern gestützt. **Hämoretikuläres Bindegewebe** bildet unter anderem das Grundgerüst des roten Knochenmarks. **Lymphoretikuläres Bindegewebe** ist Grundlage der lymphatischen Organe Milz und Lymphknoten. Zwischen den Zellen und Fasern ist reichlich Gewebsflüssigkeit vorhanden, in der sich freie Zellen befinden, die aus Blut- und Lymphe stammen. **Fettgewebe** entsteht aus spezialisierten Retikulumzellen der Unterhaut und anderer Körperstellen (z. B. Fettkapsel der Nieren). **Fettzellen (Adipozyten)** können sich aber auch aus Fibroblasten entwickeln (▶ Abb. 2-10).

Unter **Fett** versteht man meist das **weiße Fett.** Das weiße Fett wird in den Zellen in kleinen Tropfen abgelagert, die zusammenfließen, bis schließlich der ganze Zellleib von Fett erfüllt

Abb. 2-14
Weiße Fettzellen innerhalb lockeren Bindegewebes. Der Kern der Fettzellen ist durch den eingelagerten Fetttropfen an den Rand gedrängt (nach Liebich 2010).

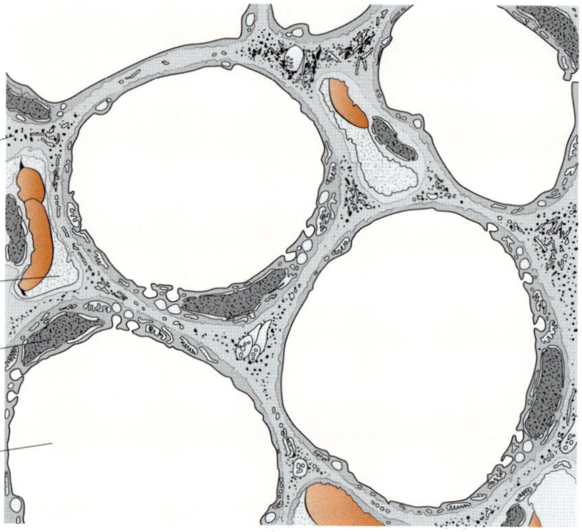

ist (▶ Abb. 2-10, 2-11/3, 2-14). Der Kern wird platt und an die Zellwand gedrückt (Siegelringform). Die Zelle rundet sich ab. Die Fettzellen werden von feinen Gitterfasern umsponnen, die in kollagene Faserbündel übergehen. Diese und die elastischen Fasern nehmen die mechanischen Kräfte auf, die auf das Fettpolster einwirken. Jede Fettzelle kann so wie ein Druckkissen wirken.

Anzutreffen ist weißes Fettgewebe besonders häufig in der Unterhaut, der Nierengegend (Polsterung), im Nacken (Kammfett bei Hengst und Bulle), in der Augenhöhle (Polster), am Herzen (besonders in der Kranzfurche) und als Fettmark in der Markhöhle der Knochen.

Man unterscheidet beim weißen Fett zwischen **Depot-** und **Baufett,** das als Energiespeicher, Platzhalter, Schutz vor Kälte oder Polster dient, und dem **Organfett,** das ein Strukturbestandteil der Zellen ist und hier einen Energiespeicher darstellt. Daneben ist das Fettgewebe auch noch eine wichtige Hormondrüse.

Fett besteht hauptsächlich aus Triazylglyzerinen (▶ Kap. 1.4.3), wobei die **Lipogenese,** d. h. die Bildung von Fett, je nach Tierart unterschiedliche Vorläufer hat. So nutzen Wiederkäuer und Pferde für die Lipogenese vorwiegend Azetat (das aus der mikrobiellen Fermentation in den Vormägen bzw. im Dickdarm stammt), während Schweine, Vögel und Menschen vor allem die überschüssige Glukose für die Lipogenese verwenden. Auch die Leber ist zur Lipogenese in der Lage, wobei überschüssige Fettsäuren ebenfalls im Fettgewebe gespeichert werden. Das **Fettsäuremuster** des weißen Fettgewebes hängt somit von der Tierart und der Lokalisation im Körper, aber auch von dem Fettsäuremuster des Futterfettes ab. Fette mit einem hohen Gehalt an ungesättigten Fettsäuren sind vom Organismus besser verwertbar und bekömmlicher als Fette mit vielen langkettigen, gesättigten Fettsäuren. So wünschenswert für die menschliche Ernährung ein hoher Anteil an mehrfach ungesättigten Fettsäuren im Fett ist, so negativ wirkt sich dies allerdings auf die Verarbeitungsqualität des Fettgewebes aus. Ungesättigte Fettsäuren machen das Fett weicher und vermindern die Schnittfestigkeit des Specks (▶ Tab. 1-4). Außerdem neigt Fett mit ungesättigten Fettsäuren eher zum Ranzigwerden.

Bei der **Mast** bildet sich das Fett zuerst in der Unterhaut, dann intermuskulär und in der Bauchhöhle (Bauchfell, großes Netz und Gekröse). Schließlich tritt intramuskuläre Verfettung als Marmorierung der Muskeln auf. Die **Marmorierung** ist ein wichtiges Kriterium der Fleischqualität, weil besonders das intramuskuläre Fett das Fleischaroma und die Zartheit positiv beeinflusst.

Wichtig für die Beurteilung der Fleischqualität ist das sogenannte **Fleisch-Fett-Verhältnis.** Beim Rind lässt sich der **Körperfettgehalt** (▶ Tab. 1-3) durch die Bestimmung der Dicke des Unterhautfettgewebes an der Kruppe feststellen (z. B. durch Ultraschallmessung). Die **Rückenfettdicke** kann außerdem zur Bewertung der Körperkondition bei Kühen zum Zeitpunkt der Kalbung sowie im Verlauf der Laktation herangezogen werden. Infolge der stetig steigenden Milchmenge und des damit verbundenen erhöhten Energieverlustes nimmt zu Beginn der Laktation der Fettgehalt des Körpers ab. Er sollte aber gegen Ende der Laktationszeit bis zur Geburt wieder ansteigen als Zeichen dafür, dass die Reserven des Muttertieres für die nächste Laktation und Trächtigkeit wieder aufgefüllt sind, damit eine hohe Milchleistung bei stabiler Gesundheit und ungestörter Fruchtbarkeit gewährleistet ist.

Fettzellen bilden nicht nur Fett, sie sind auch **Hormondrüsen.** Sie bilden u. a. das Peptidhormon **Leptin,** das in das Blut abgegeben wird. Hauptwirkort des Leptins ist der Hypothalamus im Gehirn. Dort wird die Synthese und Sekretion eines Neurotransmitters, des Neuropeptids Y (NPY) gehemmt. NPY stimuliert die Nahrungsaufnahme. Durch die Hemmung der Synthese und Sekretion von NPY wirkt Leptin als Hemmstoff der Futteraufnahme.

Neben den häufigen Fettzellen mit weißem Fett gibt es an speziellen Lokalisationen (Hals- und Schulterblattbereich) Fettzellen, deren Fett viel braune Farbstoffe enthält und daher gelb bis braun gefärbt ist. Dieses **braune Fettgewebe** dient, besonders bei jungen Tieren und Winterschläfern, der raschen Wärmeentwicklung (zitterfreie Thermogenese; ▶ Kap. 12.4.1).

2.5.4 Formen des Stützgewebes

Knorpelgewebe

Knorpelgewebe ist besonders druckelastisch. Man findet es daher überall dort, wo mechanische Kräfte elastisch aufgefangen und Weichteile elastisch gestützt werden müssen, z. B. an Gelenkenden, in Zwischenwirbelscheiben, Luftröhre, Ohrknorpel, Nasenscheidewand. Für die biomechanischen Eigenschaften des Knorpelgewebes sind neben den Fasern vor allem die Proteoglykane und das hohe Wasserbindungsvermögen der Glykosaminoglykane in den Proteoglykanen wichtig (▶ Kap. 2.5.2). Das gilt besonders für den hyalinen Knorpel. Knorpelgewebe enthält nur in Ausnahmefällen Blutgefäße.

Die **Knorpelzellen (Chondrozyten)** sind große, rundliche bis kürbiskernförmige Zellen. Die Vorläufer der Chondrozyten, die Chondroblasten, bilden zunächst die Knorpelgrundsubstanz, bestehend aus kollagenen Fasern und Glykosaminoglykanen. Die Chondroblasten geben diese Grundsubstanz nach außen ab und mauern sich so ein. Als Folge dieser Einmauerung liegen dann die Chondrozyten in einer Knorpelzellhöhle (**Chondron;** ▶ Abb. 2-15).

Nach der Art der gebildeten Fasern und ihrem Verhältnis zur homogenen Grundsubstanz

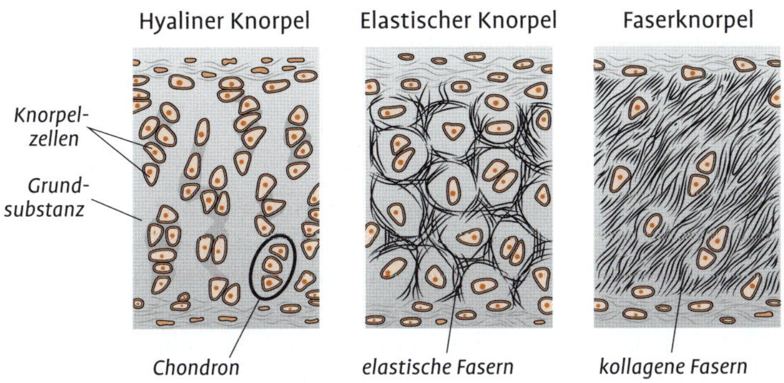

Abb. 2-15 Schematische Darstellung verschiedener Knorpelarten (nach Mutschler et al. 2007).

unterscheidet man hyalinen Knorpel, Faserknorpel und elastischen Knorpel (▶ Abb. 2-15). In der Grundsubstanz des **hyalinen Knorpels** werden die kollagenen Fasern von größeren Mengen von Chondroitinsulfat überdeckt. Diese Art des Knorpels findet man z. B. als Gelenkknorpel, als Luftröhrenspangen, als Rippenknorpel und in der Nasenscheidewand. Vor der Verknöcherung bestehen viele Teile des Skelettsystems aus hyalinem Knorpel. Der Faserknorpel enthält sehr viele Kollagenfasern und nur wenige Zellen (▶ Abb. 2-15). Die Faserbündel laufen in der jeweiligen Richtung der hauptsächlichen Beanspruchung. **Faserknorpel** findet man im Hufknorpel, im Anulus fibrosus der Zwischenwirbelscheiben, in Menisken und im Übergang von Sehnen in Knochen. Im **elastischen Knorpel** befindet sich ein dichtes Netzwerk elastischer Fasern (▶ Abb. 2-15). Diese Art des Knorpels findet man im Kehldeckel und im Ohrknorpel.

Knochengewebe

Knochen ist nach dem Zahnschmelz die festeste Substanz des Körpers. Er verdankt diese Festigkeit der Mineralisation seiner Interzellularsubstanz. Die Bindegewebszellen des Knochens haben unterschiedliche Reifegrade. So entwickeln sich aus Vorläuferzellen die **Osteoblasten,** die zahlreiche aufbauende Funktionen haben. Sie bilden Kollagenfasern, produzieren Glykosaminoglykane und sind an der Mineralisation des Knochengewebes beteiligt. So scheiden sie zunächst die mineralstofffreie Grundsubstanz, das **Osteoid,** aus und umhüllen sich dadurch. In dieses Osteoid werden zunehmend Mineralstoffe, vor allem Kalzium und Phosphor, eingelagert, das Osteoid wird zu fester, verkalkter Knochensubstanz, dem **Ossein.** Im Zuge dieser Mineralisation des Knochens wandeln sich auch die Osteoblasten in **reife Knochenzellen (Osteozyten)** um. Die Umwandlung von Osteoblasten in Osteozyten dauert etwa drei Tage. Der Aufbau des Knochens ist nicht starr. Es findet ein ständiger Umbau statt. Die knochenaufbauenden **Osteoblasten** stehen dabei im Gleichgewicht mit knochenabbauenden **Osteoklasten.** Die **Interzellularsubstanz** des Knochens enthält **kollagene Fasern,** Glykosaminoglykane und zahlreiche **Mineralstoffe.** Die kollagenen Fasern sind parallel angeordnet, was der Substanz eine Lamellenstruktur verleiht. In der Kompakta und Kortikalis (Knochenaufbau: ▶ unten) ordnen sich die Lamellen, d. h. die kollagenen Fasern, in charakteristischer Weise an (▶ Abb. 2-16). In der Mitte der Kompakta findet man Speziallamellen oder Havers-Lamellen, die sich konzentrisch um ein zentrales Gefäß, den Havers-Kanal, anordnen (Clopton Havers; *1657 in Stambourne, †1702; Mediziner). Die Einheit von Gefäß und konzentrischen Lamellen wird **Osteon** genannt (▶ Abb. 2-16). Versorgt werden die **Havers-Kanäle** durch größere Gefäße, die zwischen den einzelnen Osteonen verlaufen und Volkmann-Kanäle genannt werden (▶ Abb. 2-16). Die **Mineralstoffe** der Interzellularsubstanz sind vor allem Kalzium, Phosphor und zu geringerem Anteil auch Magnesium. Diese Mineralstoffe bilden überwiegend sogenannte **Hydroxylapatitkristalle.**

Einzelne Komponenten des Hydroxylapatits sind austauschbar, d. h. Kalzium und Phosphat können aus dem Verbund wieder herausgelöst werden. Dadurch wird das Skelettsystem zu einem wichtigen **Mineralstoffreservoir** des Organismus. 99 % des Körperkalziums sind im Skelett gebunden, das sind beim Pferd (500 kg) 9 bis 10 kg Ca, beim Rind (400 kg) 6 bis 8 kg Ca und beim Hund (20 kg) etwa 400 g. Davon ist aber nur etwa 1 % rasch mobilisierbar.

Eine Mineralstoffmobilisierung aus den Knochen spielt auch beim Geflügel eine wichtige Rolle. Insbesondere der medulläre Knochen (▶ Kap. 3.7.1) hat hierbei als Mineralstoffreservoir eine große Bedeutung. Zu Beginn der Legeperiode nimmt die Skelettmasse durch Bildung des medullären Knochens um ca. 20 % zu. Im Verlauf der Legetätigkeit erfolgt dann der ständige Ab- und Aufbau des medullären Knochens.

Knochentypen und Elemente des Knochens

Bei den **Knochentypen** unterteilt man in kurze bzw. **platte Knochen** (zahlreiche Schädelknochen) und lange **Röhrenknochen** (z. B. Oberschenkelbein). An den Röhrenknochen kann man den **Schaft (Diaphyse)** und zwei

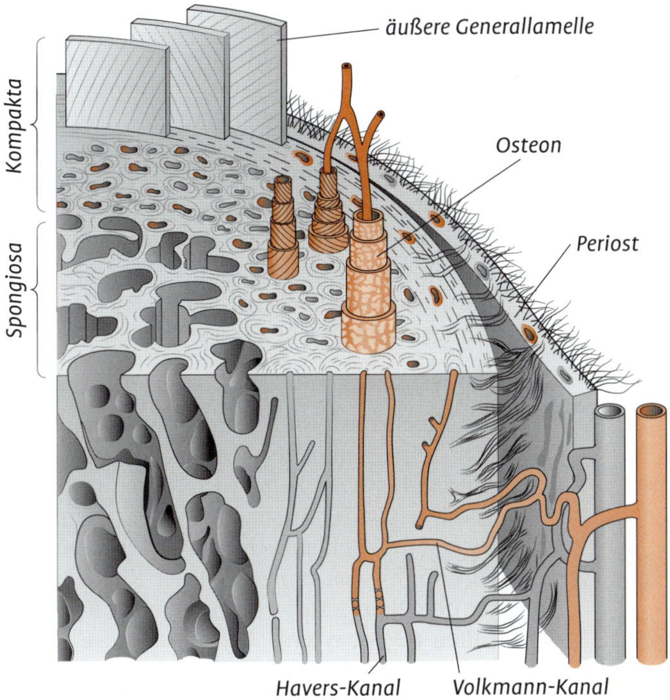

Abb. 2-16
Aufbau eines Röhrenknochens (nach Mutschler et al. 2007).

Endstücke (Epiphysen) unterscheiden. Am Schädel der Säugetiere kommen Knochen vor, die luftgefüllte (pneumatisierte) Innenräume haben (Nasennebenhöhlen der Säuger). Diese stehen mit den Atmungsorganen in Verbindung. Durch die Pneumatisierung wird das Gewicht der Tiere vermindert. Viele pneumatisierte Knochen finden sich auch beim Vogel. Die dadurch erreichte Gewichtsreduktion ist wesentlich für die Flugfähigkeit.

Bei den **Elementen** des Knochens unterscheidet man Knochenhaut (Periost), Knochensubstanz und Knochenmark.

Das **Periost** liegt außen auf dem Knochen. Es besteht hauptsächlich aus straffem Bindegewebe. Kollagene Faserbündel, Sharpey-Fasern und Blutgefäße dringen vom Periost ausgehend in den Knochen ein und schaffen eine innige Verbindung zwischen Periost und Knochen. Unter dem Periost befindet sich die **Knochensubstanz,** die aus äußerer Rinde und innerer Spongiosa besteht. Ist die **Rinde** besonders dick, wie im Bereich des Schaftes der Röhrenknochen, wird sie als **Kompakta** bezeichnet. Die dünnere Rinde, die die Spongiosa der Knochenenden bzw. insgesamt die Spongiosa der kurzen und platten Knochen bedeckt, wird **Kortikalis** genannt.

Die unterhalb der Rinde liegende **Spongiosa** ist wesentlich lockerer aufgebaut. Diese lockere Struktur der Spongiosa zeigt an den **Epiphysen** der Röhrenknochen zudem eine besondere Ausrichtung. So bildet sie innerhalb der Epiphysen ein Geflecht mit parallellaufenden Bälkchen aus. Die Ausrichtung der Bälkchen wird dabei durch die Zug- und Druckbelastung des Knochens bestimmt, so dass die Bewegungen und die davon ausgehenden Kräfte optimal ab- bzw. aufgefangen werden. Durch die Bälkchenstruktur wird gleichzeitig maximale Belastbarkeit bei minimalem Materialaufwand und geringem Gewicht gewährleistet. ▸ Abbildung 2-17 zeigt vereinfacht die bogenförmige Anordnung der Bälkchen in der Epiphyse des Oberschenkelbeins.

Im Inneren der **Diaphyse** der **Röhrenknochen** befindet sich **Knochenmark.** Dieses besteht aus retikulärem Gewebe, in das Stammzellen für

Abb. 2-17
Anordnung der Bälkchen in der Spongiosa des Oberschenkelbeins eines Röhrenknochens, entsprechend der Zug- und Druckbelastung des Knochens (nach Nickel et al. 1992).

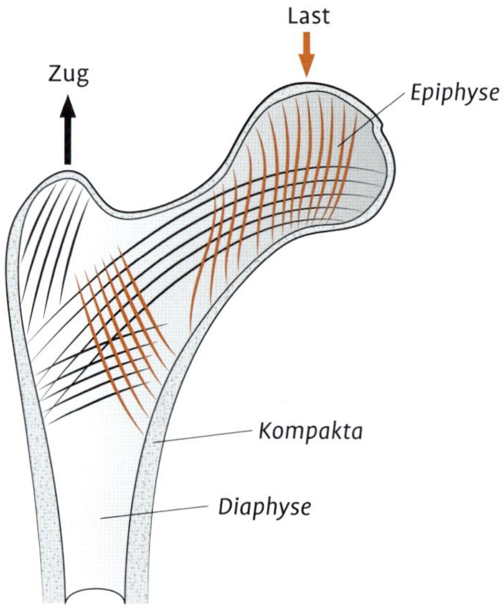

die Blutkörperchen und die von ihnen gebildeten Tochterzellen eingelagert sind. Besonders bei jungen Tieren ist das Knochenmark somit ein wichtiger Ort der Blutbildung. Es ist stark durchblutet und wird „rotes Knochenmark" genannt. Im Alter bildet sich das Knochenmark in den Markhöhlen großenteils zu gelblichem „Fettmark" um. Verliert ein Tier sehr viel und über längere Zeit Blut, kann sich das Fettmark teilweise wieder in rotes Knochenmark zurückverwandeln. Bei sehr alten und stark abgemagerten Tieren wird das Fett resorbiert, so dass das „Gallertmark" entsteht. Auch die Hohlräume der Spongiosa sind mit rotem Knochenmark ausgefüllt, das aber im Gegensatz zu dem in der Markhöhle zeitlebens die Fähigkeit zur Blutbildung behält. Auf diese Weise sind beim erwachsenen Tier vor allem die platten Knochen an der Blutbildung beteiligt.

Knochenbildung und -wachstum

Das Knochenwachstum wird durch zahlreiche Faktoren beeinflusst. Dazu gehören unter anderem endogene Faktoren wie die genetische Veranlagung und mehrere Hormone sowie exogene Faktoren wie die Ernährung und bei der Bewegung entstehende biomechanische Kräfte. Parallel zum Knochenwachstum geht aber stets ein Knochenabbau und -umbau vor sich.

Je nach Vorläuferzellen können bei der Knochenbildung (Osteogenese) die direkte (desmale) und die indirekte (chondrale) Osteogenese unterschieden werden.

Die **direkte (desmale) Osteogenese** führt zum Bindegewebsknochen. So entstehen aus embryonalen Mesenchymzellen die Knochenbildner, **Osteoblasten** genannt. Diese Zellen bilden das weiche **Osteoid,** die noch unmineralisierte Knochengrundsubstanz. In dem Osteoid reichert sich mit der Zeit Hydroxylapatit an. Hierdurch erhält der Knochen seine Festigkeit und wird stabil. Schließlich sind die Osteoblasten vollständig von mineralisierter Knochenmatrix umgeben und werden dann zu **Knochenzellen (Osteozyten).** Auf diese Weise entstehen z. B. einige Kopfknochen.

Im Gegensatz zur direkten Osteogenese wird bei der **indirekten (chondralen) Osteogenese** ein schon vorher angelegtes, aber knorpelig gebildetes Skelettstück über längere Zeit durch Knochengewebe ersetzt. Bei der chondralen Osteogenese muss zwischen einer perichondralen und einer enchondralen Osteogenese unterschieden werden. Eine **perichondrale Osteogenese** findet sich im Schaft der Röhrenknochen. Hierbei bilden die Osteoblasten eine homogene Grundsubstanz und Fibrillen, die dann von Hydroxylapatitkristallen umschlossen werden. Es entsteht die noch nicht vollkommen mineralisierte „unreife" Knochensubstanz, das Osteoid. Beim Fortschreiten des Knochenwachstums werden die Osteoblasten in das Knochengewebe eingeschlossen. Sie wandeln sich dabei in Osteozyten um.

Eine **enchondrale Osteogenese** findet während des Längenwachstums des Tieres in den **Epiphysenfugen** der **Röhrenknochen** statt (▶ Abb. 2-18). So bilden sich in der Wachstumsperiode in den Epiphysen der Röhrenknochen eigene Verknöcherungszentren. Diese sind durch eine **knorpelige Epiphysenfugenscheibe** von der Diaphyse getrennt. Die knorpelige Epiphy-

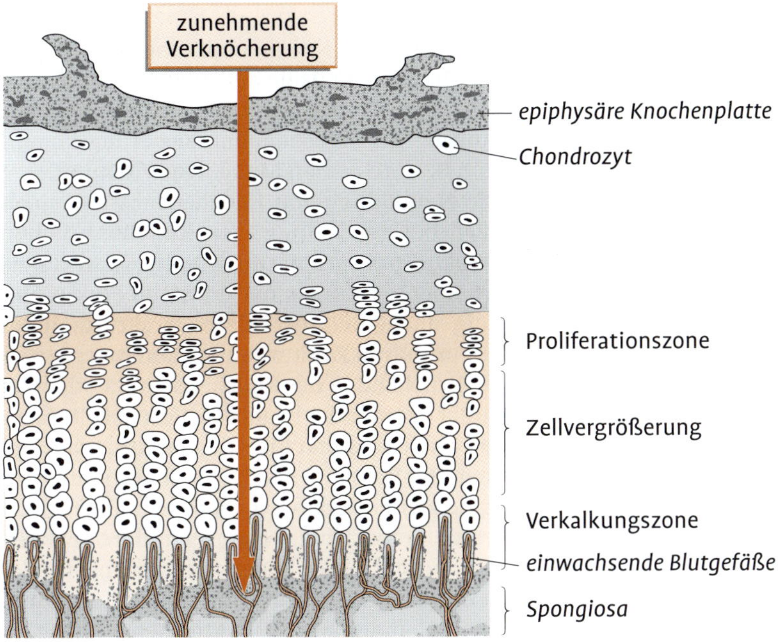

Abb. 2-18
Epiphysenfuge mit den Zellschichten der enchondralen Osteogenese (nach Klose-Violette 1983).

senscheibe ist Ausgangspunkt der enchondralen Osteogenese. Dabei wird Knorpel aufgebaut und nachfolgend wieder abgebaut und durch Knochensubstanz ersetzt. Zunächst kommt es zu einer Vermehrung der Knorpelzellen im Epiphysenknorpel (Proliferationszone in ▶ Abb. 2-18). Darauf folgt eine Vergrößerung der Zellen. Anschließend gehen die Knorpelzellen zumindest teilweise zugrunde; die von den Zellen hergestellte Grundsubstanz verbleibt aber und wird mineralisiert (Verkalkungszone in ▶ Abb. 2-18). In diese mineralisierte Grundmasse wachsen Blutgefäße und knorpelabbauende Zellen (Chondroklasten) ein. Durch den Knorpelabbau entstehen Hohlräume (Eröffnungszone), in die über die Blutgefäße Osteoblasten einwandern und Osteoid absondern, das später mineralisiert wird. Es bildet sich so die primäre Spongiosa.
Da während des Längenwachstums des Tieres die enchondrale Osteogenese in den Röhrenknochen unterschiedlich lang dauert und so die Epiphysenfugen der verschiedenen Knochen sich zu unterschiedlichen Zeiten schließen, kann ihr Vorhandensein oder Fehlen zur Altersbestimmung verwendet werden (Schlachtkörper oder Röntgenuntersuchung).

Folgende Zeitpunkte des **Endes der Verknöcherung** können als Anhaltspunkte dienen:

Hund	etwa 2 Jahre
Schwein	etwa 2 ½ Jahre
Rind, Schaf und Ziege	etwa 4 ½ Jahre
Pferd	etwa 5 Jahre
Mensch	etwa 20 Jahre
Huhn	etwa 6 Monate

Mit Ablauf dieser Zeit ist gewöhnlich auch der Zahnwechsel beendet. Das Individuum ist ausgewachsen. Das Wachstum des Geflügels ist im Vergleich zum Säuger deutlich früher abgeschlossen. So erfolgen beim Haushuhn die Beendigung des Wachstums und damit das Ende der Verknöcherung innerhalb des ersten halben Lebensjahres. Die Verknöcherung im Bereich des Brustbeinfortsatzes sowie die Verknöcherung der Sehnen der Gliedmaßenmuskulatur (▶ Kap. 4.6.2) können zur Altersbestimmung herangezogen werden.

Knochenumbau

Auch nach Abschluss des Wachstums finden im Knochengewebe ständige Umbauvorgänge statt. Daran sind **knochenabbauende Osteoklasten** und **knochenbildende Osteoblasten** beteiligt. In der Regel halten sich dabei Ab- und Anbauvorgänge im Gleichgewicht; im Alter kann jedoch der Abbau überwiegen. Die Regulation des Knochenumbaus erfolgt vor allem durch die Hormone **Kalzitonin**, das die Osteoklastentätigkeit hemmt und die Knochenzubildung fördert, und **Parathormon**, das die Osteoklastentätigkeit erhöht. Außerdem wird **Vitamin D_3** (Cholekalziferol) benötigt, das in der Leber zu 25-Hydroxycholekalziferol (Kalzidiol) und anschließend in den Nieren zu **1,25-Dihydroxycholekalziferol (1,25-$(OH)_2$- D_3, Kalzitriol)**, der eigentlich wirksamen Form, umgewandelt werden muss. Die wirksame Form kann daher als Hormon bezeichnet werden. 1,25-Dihydroxycholekalziferol erhöht die Kalziumresorption aus dem Darm, verringert die Kalziumausscheidung durch die Nieren und fördert somit den Knochenanbau (▶ Kap. 20.5.2). Auch Östrogene und Androgene wirken auf den Knochenumbau ein.

Der ständige Umbau der Knochensubstanz und der Grad der Mineralisierung können gestört sein. Bei einem Abbau der Knochenmasse ohne gleichzeitigen Wiederaufbau kommt es zur sogenannten **Osteoporose.** Die Knochen sind anfälliger für Brüche, die Mineralisierung der verbleibenden Knochensubstanz ist aber nicht gestört.

Störungen der Knochenmineralisierung werden als **Osteomalazie** bei erwachsenen Tieren oder **Rachitis** bei Jungtieren bezeichnet. Zur Störung der Knochenmineralisierung kommt es z. B. durch einen Mangel an Vitamin D.

Die Neubildung von Knochensubstanz spielt auch bei der Heilung von **Knochenbrüchen** (Frakturen) eine wichtige Rolle. Man unterscheidet zwischen einer primären Frakturheilung und einer sekundären Frakturheilung. Zur **primären Frakturheilung** kommt es, wenn die Bruchenden des Knochens direkt oder fast direkt aneinander liegen. In diesem Fall wachsen Osteone direkt über den Frakturspalt hinweg. Bei Brüchen, bei denen ein größerer Abstand zwischen den Knochenenden überbrückt werden muss, findet eine **sekundäre Frakturheilung** statt. Hier bildet sich zunächst Bindegewebe, welches dann im Folgenden durch Knorpel und später durch Knochensubstanz ersetzt wird. Die neu gebildeten Gewebe befinden sich hierbei nicht nur direkt im Frakturspalt, sondern bilden auch eine Manschette im Bereich der Bruchenden.

2.6 Muskelgewebe

2.6.1 Arten von Muskelgewebe

Muskelgewebe dient der Bewegung. Dies ist möglich, weil es in seinem Zellinneren sogenannte **Myofibrillen** besitzt, die die Zelle aktiv

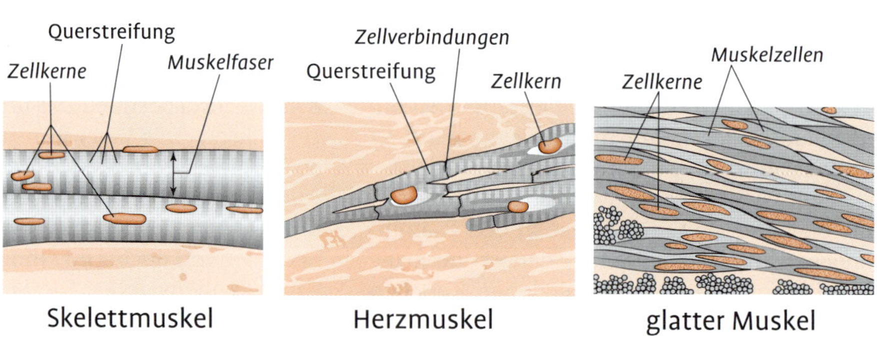

Abb. 2-19 Muskelzelltypen im Längsschnitt (nach Widmaier et al. 2011).

verkleinern können. Entsprechend der Anordnung der Myofibrillen und auch anderer Kriterien wird zwischen drei Arten von Muskelgeweben unterschieden: **Skelettmuskulatur, Herzmuskulatur, glatte Muskulatur** (▶ Abb. 2-19). Die wesentlichen Übereinstimmungen und Unterschiede sind in ▶ Tabelle 2-1 zusammengefasst. Durch die regelmäßig parallele Anordnung der Fibrillen ergibt sich bei Herzmuskulatur und Skelettmuskulatur im mikroskopischen Bild eine **Querstreifung** (▶ Abb. 2-19, 2-20), weshalb diese beiden Muskelarten auch als **quergestreifte Muskulatur** zusammengefasst werden. Folge der parallelen Anordnung ist die eindimensionale Kontraktionsrichtung der Zellen. In der glatten Muskulatur sind die Myofibrillen gekreuzt angeordnet, diese Zellen können sich daher in mehreren Dimensionen zusammenziehen. Die Unterschiede beschränken sich aber nicht nur auf die Gewebe selbst, sondern umfassen auch deren Innervation. So wird die Skelettmuskulatur durch das motorische Nervensystem gesteuert (▶ Kap. 18.6.1) und ist damit dem Willen unterworfen. Herzmuskulatur und glatte Muskulatur werden durch das vegetative Nervensystem innerviert, das unabhängig vom Willen arbeitet (▶ Kap. 18.6.3).

Im Folgenden wird zunächst auf Skelettmuskulatur und glatte Muskulatur eingegangen. Aufbau und Funktion der Herzmuskulatur sind im ▶ Kapitel 7 beschrieben.

Tab. 2-1
Vergleich der Anatomie und Physiologie von Skelettmuskelzellen, Herzmuskelzellen und glatten Muskelzellen

	Skelettmuskelzellen	**Herzmuskelzellen**	**Glatte Muskelzellen**
Vorkommen	Skelettmuskelsystem	Vorkammer und Kammer des Herzmuskels	Wand von Hohlorganen (Darm, Gebärmutter, Blase usw.), Gefäßwände, Auge, Drüsen
Zellgröße, -form	groß, lang	kurz, verzweigt	klein, geringer Durchmesser
Querstreifung (geordnete Ausrichtung von Aktin und Myosin)	vorhanden	vorhanden	fehlt
Zellkern(e)/Zelle	mehrere	1–2	1
Sarkolemm	durchgehend vorhanden	vorhanden, aber Zellkontakte möglich	keines vorhanden, Zellmembran mit Gitterfasern
Zellkontakte (gap junctions)	nein	ja	ja
Innervation	willkürlich, motorisches Nervensystem	unwillkürlich, vegetatives Nervensystem	unwillkürlich, vegetatives Nervensystem
Motorische Endplatte	ja	nein	nein
Ausbreitung der Erregung zwischen Muskelzellen	nicht möglich	über Zellkontakte	über Zellkontakte
Automatie (Schrittmacherzellen)	nein	ja	ja
Hormonelle Beeinflussung der Erregung und Kontraktion	nein	ja	ja

Abb. 2-20
Aufbau des Skelettmuskels und Anordnung der dicken und dünnen Filamente einer Myofibrille (nach Wennemuth 2012 und Vander et al. 1994).

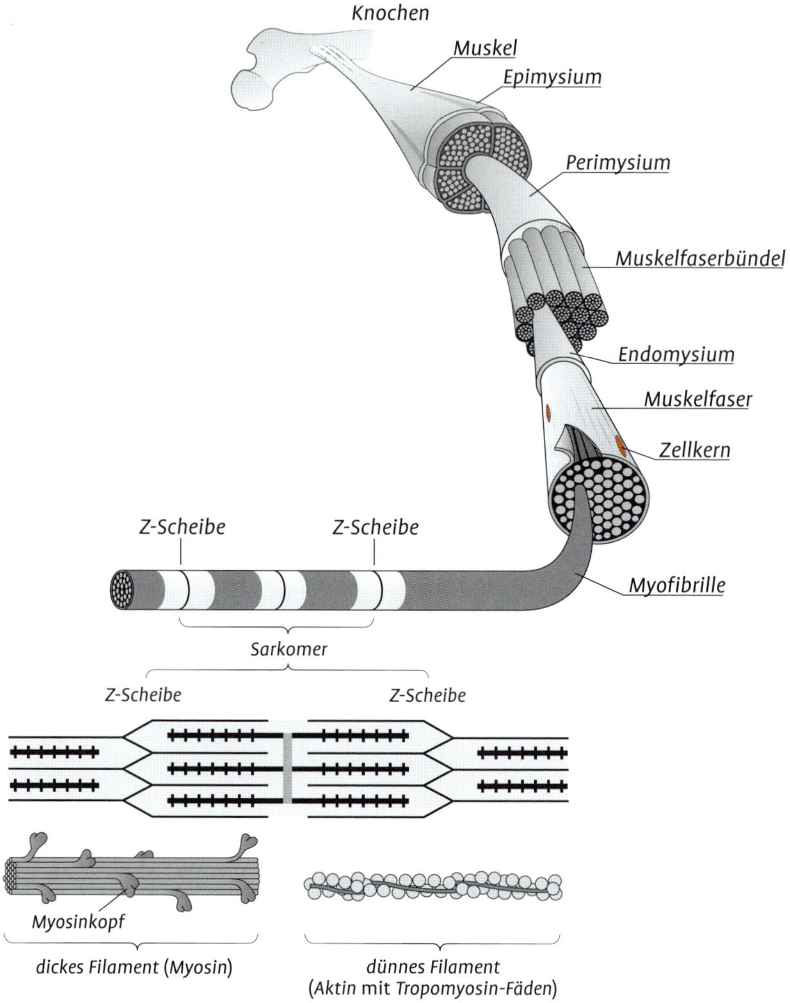

2.6.2 Skelettmuskulatur: Aufbau

Die Skelettmuskulatur besteht aus **Skelettmuskelzellen (-fasern).** Im Muskel sind die Muskelfasern durch Bindegewebe verbunden und bilden so Funktionseinheiten. Die Muskelfasern haben eine Länge von mehreren Zentimetern, teilweise von über einem Meter (lange Muskeln der Hintergliedmaße), und einen Durchmesser von 40 bis 60 μm. Die Zellmembran der Muskelzellen wird als **Sarkolemm** bezeichnet. Über das Sarkolemm erfolgt auch die Verbindung mit den Sehnenfasern.

Die kontraktilen Elemente, die **Myofibrillen,** sind aus verschiedenen Untereinheiten zusammengesetzt. Jede Myofibrille besteht aus **dicken** und **dünnen Filamenten,** die in regelmäßiger Weise angeordnet sind und parallel liegen (▶ Abb. 2-20). Eine Einheit dieses sich wiederholenden Musters wird **Sarkomer** genannt. Die dicken Filamente bestehen aus dem Protein **Myosin.** Die dünnen Filamente bestehen aus dem Protein **Aktin** und dem Kontrollprotein **Troponin,** das mit **Tropomyosin** in Verbindung steht. Die dicken Filamente liegen parallel in der Mitte der Sarkomere. Zwischen die dicken Filamente ragen die dünnen Filamente, die an einem Netzwerk von Proteinen, den **Z-Scheiben**, verankert sind (▶ Abb. 2-20). Zwei aufeinander folgende Z-Scheiben definieren somit die Länge eines Sarkomers. Der Spalt zwischen dicken und dünnen Filamenten wird durch Fortsätze, den **Querbrücken**, überspannt, die den dicken Filamenten entspringen. An den Enden der Fortsätze befindet sich der Myosinkopf, der beim Kontraktionsprozess Kontakt mit dem Protein Aktin aufnimmt.

Besonders bei ausdauernd tätigen Muskeln finden sich im Zellinneren zahlreiche **Mitochondrien** (▶ Abb. 2-21). Die Mitochondrien haben eine wichtige Funktion als **ATP-Lieferant** im Rahmen der aeroben Energiegewinnung durch Verbrennung von Glukose und Fettsäuren (▶ Kap. 2.6.5). Das endoplasmatische Retikulum hat in den Skelettmuskelzellen eine besondere Funktion: Es umgibt als **sarkoplasmatisches Retikulum** die Myofibrillen (▶ Abb. 2-21). Die regelmäßige Anordnung der Myofibrillen spiegelt sich dabei in der Struktur des sarkoplasmatischen Retikulums wider, welches parallel zu den Myofibrillen und in engem Kontakt mit diesen verläuft. Das sarkoplasmatische Retikulum ist essenziell für die Muskeltätigkeit, es speichert während der Muskelerschlaffung Ca^{2+}-Ionen und setzt diese zur Kontraktion wieder frei (▶ Abb. 2-22).

Das Zytoplasma der Muskelzellen wird **Sarkoplasma** genannt. Das Sarkoplasma der Skelettmuskelzellen enthält einen Farbstoff, das **Myoglobin,** der wie der Blutfarbstoff Sauerstoff binden kann und als Sauerstoffspeicher dient. Weiterhin befinden sich in den Muskelzellen Fetttropfen und Glykogenablagerungen als Reservestoffe für die Energiegewinnung. In jeder Skelettmuskelzelle liegen peripher unter dem Sarkolemm zahlreiche Kerne. Der Kernreichtum der Skelettmuskelzellen ist nicht primär gegeben. So entwickeln sich die Skelettmuskelzellen aus einkernigen Myoblasten. Durch Verschmelzung der Myoblasten bilden sich lange Zellen mit vielen Kernen.

Mehrere Myoblasten bleiben als sogenannte Satellitenzellen zwischen den Skelettmuskelzellen zeitlebens erhalten. Sie können abge-

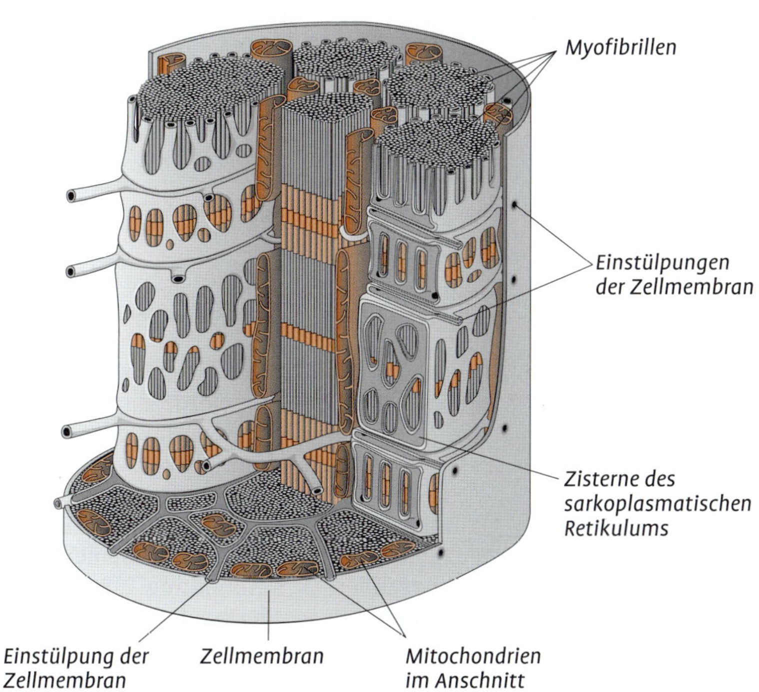

Abb. 2-21
Feinstruktur einer Skelettmuskelfaser mit Myofibrillen und sarkoplasmatischem Retikulum (nach Mutschler et al. 2007).

storbene Muskelzellen ersetzen und sind Ausgangspunkte der Muskelregeneration nach Verletzungen. Gelingt es den Muskelzellen jedoch nicht, den Defekt zu schließen, kommt es zur bindegewebigen Narbenbildung.

2.6.3 Skelettmuskulatur: Erregungsübertragung und Kontraktion

Wenn der Muskel kontrahiert, findet keine Längenänderung von Aktin oder Myosin statt. Vielmehr gleitet Aktin an Myosin vorbei, wodurch die Z-Scheiben aufeinander zu bewegt werden.
Die Kontraktion wird dadurch ausgelöst, dass an der motorischen Endplatte die Erregung vom Nerv auf den Muskel übertragen wird. Die **motorische Endplatte** ist eine kolbige Erweiterung der Nervenendigung in unmittelbarer Nähe der Muskelzellmembran. Zunächst wird ein **Aktionspotenzial** (▶ Kap. 18.3.2) auf der Nervenfaser in Richtung Endplatte geleitet (① in ▶ Abb. 2-22). ②: Erreicht dieses Aktionspotenzial die motorische Endplatte, erfolgt hier ein Einstrom von **Kalzium** in das Innere der Nervenzelle. Der Einstrom von Kalzium bewirkt, dass der Überträgerstoff **Azetylcholin** freigesetzt wird. Azetylcholin ist in kleinen Bläschen, **Vesikeln,** in der Endplatte gespeichert. Das freigesetzte Azetylcholin bindet sich an eine spezifische Bindungsstelle auf der Muskelzellmembran, den **Rezeptor.** In der Folge werden an dem Sarkolemm Prozesse ausgelöst, die den Vorgängen am Nerv gleichen (▶ Kap. 18.3.2), d. h., es entsteht ein Aktionspotenzial. ③: Das Aktionspotenzial wird an dem Sarkolemm weitergeleitet. ④: Das Aktionspotenzial trifft in den Einstülpungen des Sakrolemms schließlich auf die Kontaktstelle zum **sarkoplasmatischen Retikulum** (SR). ⑤: Das eintreffende Aktionspotenzial führt über die Kontaktstelle in der Membran des SR zur **Öffnung** von **Kalziumkanälen.** Im SR ist Kalzium gespeichert, das über die Kanäle ins Zytoplasma strömt. ⑥: Im Zytoplasma bindet sich Kalzium an **Troponin.** Wenn Kalzium an das Troponin gebunden ist, wird durch eine Kontraktion des **Tropomyosins** die Bindungsstelle des Aktins für den Myosinkopf freigelegt. Der Myosinkopf bindet sich an Aktin, an dem Myosinkopf wird **ATP** in ADP gespalten. Die entstehende Energie wird genutzt, den Myosinkopf umzuknicken. Durch das Umknicken des Myosinkopfes wird Aktin an dem Myosin vorbeigeschoben (▶ Abb. 2-23).
Dieses Andocken und Umknicken von Myosin geschieht viele Male hintereinander, wodurch Aktin am Myosin vorbeigeführt wird. Dieser „Tauziehmechanismus“ wird als **Filamentgleiten** bezeichnet. In ▶ Abbildung 2-23 ist das Filamentgleiten veranschaulicht. Damit der Muskel erschlafft, muss sich das Myosin vom Aktin lösen. Hierzu muss zunächst das freigesetzte Azetylcholin abgebaut werden. Der Ab-

Abb. 2-22
Übertragung des Reizes vom Nerven auf die Skelettmuskelzelle, Auslösung der Kontraktion und Erschlaffung. Der Ablauf der Vorgänge ist im Text dargelegt. **ACh:** Azetylcholin.

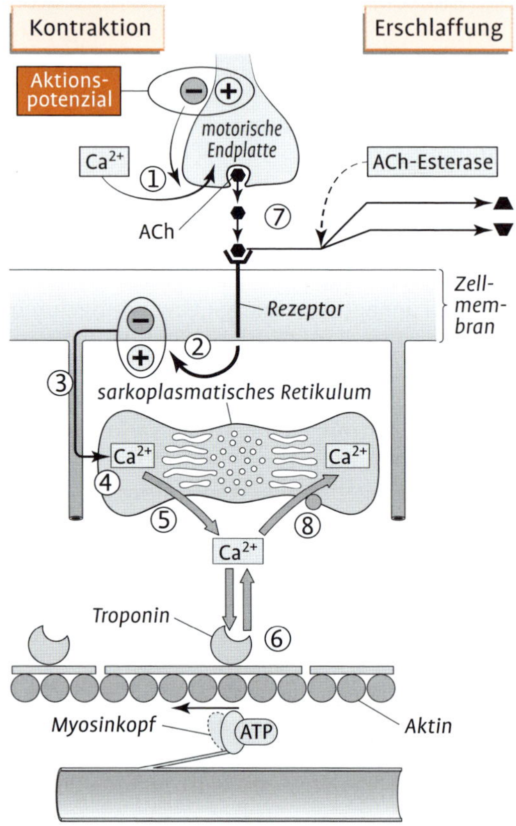

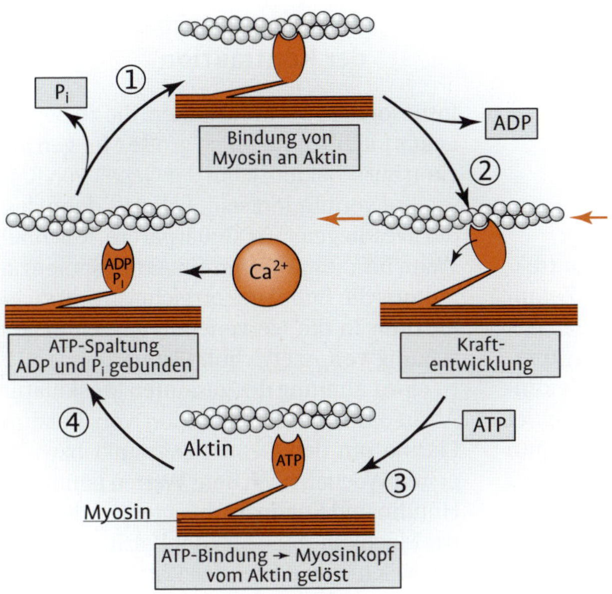

Abb. 2-23
Filamentgleiten zwischen Aktin und Myosin im Skelett- und Herzmuskel (nach Speckmann et al. 2008).
①: Der Zyklus beginnt mit der Bindung des Myosinkopfes an die Bindungsstelle des Aktins.
②: Bewegung des Myosinkopfes und Vorbeigleiten des Aktins am Myosin; gleichzeitig Abspalten von ADP.
③: Bindung von ATP an Myosin; dadurch Lösung des Myosins von Aktin.
④: Durch Spaltung des ATP erfolgt eine Energetisierung des Myosinkopfes, dieser wird unter Spannung versetzt; ein neuer Zyklus kann beginnen.
P_i: Phosphat

bau des Azetylcholins wird durch eine Azetylcholinesterase beschleunigt (⑦ in Abb. 2-22). Weiterhin muss Kalzium von seiner Bindungsstelle am Troponin entfernt werden. Dies geschieht dadurch, dass Kalzium über einen primär aktiven Transport unter ATP-Verbrauch wieder in das sarkoplasmatische Retikulum zurückbefördert wird (⑧ in Abb. 2-22). ATP ist so nicht nur für die eigentliche Muskelkontraktion (d. h. für das Filamentgleiten), sondern auch für das Zurückpumpen von Kalzium in das sarkoplasmatische Retikulum notwendig. Wenn die Kalziumkonzentration im Zytosol der Zelle sinkt, wird auch der Tauziehmechanismus unterbrochen.

2.6.4 Skelettmuskulatur: Kraftentwicklung

Im Muskel werden meist mehrere Muskelfasern über eine Nervenfaser gleichzeitig erregt. Die Nervenfaser und die von ihr abgehenden motorischen Endplatten bzw. innervierten Muskelfasern werden als **motorische Einheit** zusammengefasst. In Muskeln mit sehr feiner Steuerung, wie z. B. die Augenmuskulatur, innerviert eine Nervenfaser etwa fünf bis zehn Muskelfasern. In größeren Skelettmuskeln mit gröberer Steuerung wie z. B. Rücken- oder Wadenmuskulatur werden 100 bis 1000 Muskelfasern von einer Nervenfaser innerviert.

Damit die motorischen Zentren im Gehirn den jeweiligen Muskel gezielt ansprechen können, benötigen sie eine Information über die Länge des Muskels. Die Länge des Muskels wird über **Muskelspindeln** erfasst, die in die Muskelfasern eingelagert sind (▶ Abb. 18-11). Geben diese Muskelspindeln dem Gehirn die Information, dass der Muskel sich nicht verkürzt (obwohl er dies tun sollte), werden immer mehr motorische Einheiten aktiviert, bis die Kraft so groß ist, dass es zu einer Verkürzung des Muskels kommt. So wird durch das konsekutive Zuschalten von motorischen Einheiten die Kraft in dem Muskel dosiert erhöht, bis der Körperteil bewegt wird.

Eine **Arbeitshypertrophie** mit Zunahme des Muskelzellvolumens tritt bei häufiger, kräftiger Arbeit durch die Vermehrung des Sarkoplasmas und der Myofibrillen auf. Die Zahl der Muskelzellen vermehrt sich in der Regel nicht.

Eine **Inaktivitätsatrophie** mit Abnahme des Muskelzellvolumens tritt ein, wenn ein Muskel nicht mehr arbeitet, weil der Nerv geschädigt ist oder weil z. B. infolge eines Knochenbruchs die Gliedmaße nicht bewegt werden kann.

2.6.5 Skelettmuskulatur: Energiegewinnung

Wie oben erörtert, wird für die Muskelkontraktion **ATP** benötigt. Das ATP, das frei im Zellinneren vorhanden ist, kann allerdings den Bedarf des kontrahierenden Muskels nur kurzfristig decken und muss schon wenige Sekunden nach Beginn der Kontraktion neu gebildet werden. Für wenige weitere Sekunden kann im Muskel ATP aus **Kreatinphosphat (KP)** (re-)generiert werden: KP + ADP → ATP + K. Für länger anhaltende Kontraktionen muss eine Neubildung von ATP aus den im ▶ Kapitel 1.6 beschriebenen Quellen erfolgen (anaerober/aerober Glukoseabbau, Zitratzyklus, Atmungskette und β-Oxidation). Für die aeroben Stoffwechselwege ist eine ausreichende Zufuhr von Sauerstoff über das Blut notwendig.
Die Fähigkeit, Sauerstoff zuzuführen, kann durch Bewegungstraining gesteigert werden. Dabei erhöhen sich der Hämoglobingehalt des Blutes sowie die Kapillardichte um die Muskelzellen. Außerdem steigt der Grad der Sauerstoffausnutzung in den Zellen.
Wie bei den generellen Stoffwechselprozessen beträgt der **Wirkungsgrad des Muskels** etwa 20 bis 30 %, d. h., von der dem Muskel zugeführten Energie werden nur maximal etwa 30 % in Arbeit umgewandelt, die restlichen 70 % werden als Wärme in die Umgebung abgegeben und durch das Blut abgeleitet (▶ Abb. 1-18).
Wenn der Muskel sich über längere Zeit kontrahiert, lassen Spannung und Kraft im Muskel nach, was als **Muskelermüdung** bezeichnet wird. Eine Verarmung an ATP ist allerdings nur in geringem Maße für diese Ermüdung verantwortlich. Der wesentliche Grund für die Muskelermüdung ist die Produktion von Milchsäure im Rahmen des anaeroben Glukoseabbaus. Die dadurch erfolgte Übersäuerung führt zu einer schlechteren Bindung des Myosinkopfes an Aktin.

2.6.6 Skelettmuskulatur: Störungen der Erregungsübertragung und der Kontraktion

Insbesondere bei Milchkühen, die zu Beginn der Laktation über die Milch große Mengen an **Kalzium** ausscheiden, kann der Gehalt von Kalzium im Blut vermindert sein. Folge ist dann das Bild des **„Festliegens“ (= Gebärparese, Milchfieber).** Wenn bei diesen Tieren ein Aktionspotenzial die motorische Endplatte erreicht, strömt zu wenig Kalzium in die Nervenendigung ein. Die Freisetzung von Azetylcholin ist vermindert. Folge ist eine Lähmung der gesamten Muskulatur. Ein Absinken der Konzentration von Kalzium im Plasma um den Geburtszeitpunkt bzw. in den ersten Wochen nach dem Werfen kann auch bei Hündin und Kätzin beobachtet werden. Wie bei der Milchkuh spielt hier der Kalziumverlust über die Milch sowie (bei der Kätzin) die Mineralisation der Feten eine Rolle. Allerdings äußert sich bei diesen Spezies die Hypokalzämie durch Krämpfe und in Folge der Krämpfe durch eine vermehrte Wärmebildung in der Muskulatur. Dieses zum Rind unterschiedliche Erscheinungsbild der Hypokalzämie, welches als **Eklampsie** bezeichnet wird, liegt in einer erhöhten Erregbarkeit der motorischen Nervenzellen (▶ Kap. 18.3.4) und folglich auch einer erhöhten Stimulation der Muskulatur.
Bei der Erkrankung **„Botulismus“** verhindert das Toxin des Bakteriums *Clostridium botulinum* die Freisetzung von Azetylcholin an der motorischen Endplatte. Infolgedessen kann sich die Muskulatur nicht mehr kontrahieren. Da dies auch in der Atemmuskulatur auftritt, erfolgt der Tod durch Atemlähmung. Die Bakterien können von Tieren beim Weidegang aufgenommen werden. Botulinumtoxine können aber auch bei Verderb entsprechend kontaminierter Lebensmittel entstehen.
Beim **Tetanus (Wundstarrkrampf)** hemmt das Toxin des Bakteriums *Clostridium tetani* ebenfalls die Freisetzung von Überträgerstoffen. Dies erfolgt aber hauptsächlich in Rückenmark und Gehirn, und zwar in Arealen, die die Funktion motorischer Nerven drosseln. Durch den Ausfall der drosselnden Wirkung kommt es zu einer Übererregung der Muskulatur und demzufolge zu Krampfanfällen.

Phosphorsäureester bzw. **Organophosphate** sind in verschiedenen, großenteils nicht mehr zugelassenen **Insektiziden** (Dichlorvos, Parathion = E 605) enthalten. Sie können bei Überdosierung als Hemmstoffe der Azetylcholinesterase im Organismus der Säugetiere wirken. Folge des verminderten Abbaus von Azetylcholin ist eine übermäßige Wirkung des Überträgerstoffes, d. h. eine Übererregung bzw. Krampfentstehung in der Muskulatur. Auch Fehlfunktionen im vegetativen Nervensystem werden ausgelöst, da hier Azetylcholin ebenfalls als Überträgerstoff fungiert. Wegen dieser Nebenwirkungen wurden alternative Mittel zur Insekten- und Parasitenbekämpfung bei Tieren entwickelt.
Unter bestimmten Weidebedingungen kann es bei Rindern zu einer gestörten Aufnahme von **Magnesium** über das Gras kommen. Magnesium ist Gegenspieler des Kalziums bei der Übertragung an der Nervenendigung, d. h., in Anwesenheit von genügend Magnesium wird der Kalziumeinstrom gedämpft. Bei Magnesiummangel strömt zu viel Kalzium in die Nervenendigung ein und es wird übermäßig Azetylcholin freigesetzt. Als Folge entsteht in der Muskulatur ein Krampfzustand, der als Weidetetanie bezeichnet wird.

2.6.7 Skelettmuskulatur nach der Schlachtung

Auch nach dem Tod des Tieres kommen die Vorgänge in der Muskulatur nicht sofort zum Erliegen. Vielmehr werden durch das intrazellulär vorhandene Kalzium Aktin-Myosin-Interaktionen und somit eine Grundspannung der Muskulatur aufrechterhalten. Hierzu wird ATP benötigt. Durch die fehlende Blutzirkulation kann allerdings Energie nicht mehr auf aerobem Wege gewonnen werden, sondern nur auf dem Weg der **anaeroben Glykolyse.** Diese postmortale anaerobe Glykolyse führt zu stärkerer Milchsäurebildung und damit zu einem **sauren Milieu** im Muskel. Dieses saure Milieu ist ein wichtiger Bestandteil des **Reifungsprozesses,** der die Fleischqualität entscheidend mitbestimmt. Durch die Absenkung des pH-Wertes werden gewebeeigene Enzyme **(Kathepsine)** aktiviert, die die Muskelproteine ansatzweise verdauen und dadurch das Aroma des Fleisches verbessern. Außerdem können sich Bakterien im sauren Milieu weniger rasch vermehren, die **Haltbarkeit** des Fleisches wird also verbessert. Auch das Kollagen des intramuskulären Bindegewebes wird durch die Übersäuerung gelöst, das Fleisch wird zarter und leichter verdaulich.
Wenn die Muskulatur vor der Schlachtung des Tieres keine ausreichenden Glykogenvorräte hatte (z. B. infolge starker Muskelbeanspruchung beim Transport), können nur geringe Mengen Milchsäure gebildet werden und der pH-Abfall ist unzureichend. Das Fleisch ist dann trocken, fest und dunkel (DFD-Fleisch: dry, firm, dark). Beim Fleisch derjenigen Schweinerassen, die auf hohen Fleischansatz gezüchtet worden sind, beobachtet man dagegen oft eine überstürzte Milchsäurebildung, so dass der pH-Wert bereits 45 Minuten nach der Schlachtung unter 5,8 liegt (normaler pH45: 6,2–6,8). Dieses übersäuerte Fleisch hat ein zu geringes Wasserbindungsvermögen und ist hell, weich und feucht (PSE-Fleisch: pale, soft, exsudative). Die verstärkte Häufigkeit von PSE-Fleisch bei bestimmten Zuchtlinien beruht auf einer genetischen Disposition. Folge dieses genetischen Defekts ist, dass im kontrahierenden Skelettmuskel zu viel Kalzium aus dem SR (▶ Abb. 2-22) ausgeschüttet wird. Die überstürzte Kalziumausschüttung führt zu einer verstärkten Kontraktur, damit zu einer erhöhten Wärmebildung **(maligne Hyperthermie)** und einer verstärkten Freisetzung von Milchsäure infolge des erhöhten anaeroben Verbrauchs von Glukose für die Energiegewinnung. Da Träger dieses Defektgens mithilfe molekulargenetischer Methoden erkannt werden können, ist es möglich, eine gezielte und effiziente Selektion bereits bei Jungtieren zu betreiben.

2.6.8 Skelettmuskulatur: Arten

Skelettmuskelfasern unterscheiden sich untereinander in ihren mechanischen und metabolischen Eigenschaften.
Die Muskelzellen der langsamen S-Fasern (S = slow) enthalten viele Mitochondrien, wo-

durch der aerobe Energiegewinn begünstigt wird (Abbau der Glukose; ▶ Kap. 1.6.3). Unterstützend sind die entsprechenden Muskeln gut kapillarisiert und die Muskelzellen sind reich an Sarkoplasma und Myoglobin. Wegen des höheren Myoglobingehaltes sehen die S-Fasern dunkler aus und werden auch als **rote Muskelfasern** bezeichnet. Die aerobe Energiegewinnung ist weniger schnell als die anaerobe, die Muskelfasern kontrahieren daher zwar nur langsam und mit wenig Kraft, sind aber zu Ausdauerleistungen gut in der Lage.
Schnelle FF-Muskelfasern (FF = fast fatigable) besitzen zwar wenig Mitochondrien, aber viele Enzyme für den anaeroben Glukoseabbau. Dies ermöglicht einen schnellen ATP-Gewinn und damit eine rasche, kräftige Kontraktion. Infolge der schnellen, aber ineffektiveren Energiegewinnung (▶ Kap. 1.6.3) ermüden die schnellen Fasern aber rascher als die langsamen. Die schnell kontrahierenden Muskelfasern sind fibrillenreich, aber arm an Sarkoplasma und Myoglobin, was zu einer hellen Färbung führt. Sie werden deshalb auch **weiße Muskelfasern** genannt.
Innerhalb eines Muskels kommen sowohl rote als auch weiße Muskelfasern vor. Die Häufigkeit eines Zelltyps bestimmt dessen hauptsächliche Funktion und gibt dem Muskel im Ganzen eine intensivere Rot- oder Weißfärbung (z. B. weiße Brustmuskulatur und rote Oberschenkelmuskulatur des Huhns, rote Brustmuskulatur der Taube; insgesamt dunklere Muskulatur des Rindes im Vergleich zum Schwein).

2.6.9 Glatte Muskulatur: Struktur und Vorkommen

Glatte Muskulatur findet man in der Wand von **Hohlorganen,** so in der Muskelhaut des Magens und des Darms, der Gallenblase, der Harn- und Geschlechtsorgane sowie der Luftwege. Auch die Blutgefäße, die Drüsenausführungsgänge, Haut, Milz und Auge (Einstellung der Pupillenweite) enthalten glatte Muskulatur (▶ Tab. 2-1). Glatte Muskelzellen sind meist spindelförmig mit einer Länge von 15 bis 200 μm, in Ausnahmefällen bis zu 500 μm (z. B. trächtige Gebärmutter). Der Durchmesser der glatten Muskelzellen beträgt 4 bis 7 μm. Der längliche **Kern** liegt meist in der Mitte der Zelle. In jeder glatten Muskelzelle ist nur ein Kern vorhanden. Das Zytoplasma gliedert sich in das kolloidale Sarkoplasma und die Myofilamente.
Die Myofilamente sind nicht zu Myofibrillen zusammengelagert und nicht streng geordnet. Dadurch fehlt die Querstreifung. Aber auch bei der glatten Muskulatur gibt es dünne **Aktin-** und dicke **Myosinfilamente.** Die Kontraktion wird daher wie bei der quergestreiften Muskulatur durch das tauziehartige Vorbeigleiten der beiden Filamente bewirkt.
Im Verband liegen die glatten Muskelzellen parallel in Gruppen zusammen (▶ Abb. 2-19). Benachbarte Zellen können durch **gap junctions** miteinander in engen Kontakt treten. Es entsteht dadurch ein inniger Kontakt der Zellmembranen und infolgedessen ein Gewebeverband. Die glatten Muskelzellen sind von einer Basalmembran mit Gitterfasern umgeben, die an den freien Enden der Muskelfasern in kollagene Fibrillen übergehen und zum Teil auch elastische Sehnen bilden. Das Ende der glatten Muskelzellen ist oft pinselartig verästelt. Durch die Verbindung mit elastischen Fasernetzen entstehen energiesparende elastisch-muskulöse Systeme.

2.6.10 Glatte Muskulatur: Erregung und Kontraktion

Zur Auslösung von elektrischen Signalen sind spezielle **Schrittmacherzellen** in der glatten Muskulatur verteilt. Diese Schrittmacherzellen verändern in regelmäßigen Abständen ihr Membranpotenzial, sie generieren sogenannte slow waves (▶ Abb. 10-31, 10-32). Die Höhe der **slow waves** kann durch mechanische Einflüsse (Dehnung) verändert werden, was zur Kontraktion führt. Schrittmacherzellen finden sich vor allem in der glatten Muskulatur des Darms.
Neben elektrischen Signalen können auch verschiedene **Überträgerstoffe** den Kontraktionszustand des glatten Muskels verändern. Im Skelettmuskel löst ausschließlich Azetylcholin

eine Kontraktion aus. In der glatten Muskulatur finden sich außer **Azetylcholin** dagegen zahlreiche Überträgerstoffe, so z. B. Noradrenalin, vasoaktives intestinales Peptid (VIP), **Stickstoffmonoxid** (NO) bzw. lokale Mediatoren (Histamin, Serotonin), die sowohl kontrahierend als auch erschlaffend wirken können. Viele Arzneistoffe ahmen die Wirkung dieser Überträgerstoffe nach und können so zur gezielten Beeinflussung des Kontraktionszustandes der Hohlorgane, der Gefäße, der Drüsen und auch der Pupillenweite eingesetzt werden. Die körpereigenen Überträgerstoffe können aus dem vegetativen Nervensystem stammen, als Hormon und auch als lokaler Mediator ausgeschüttet worden sein. Im Magen-Darm-Trakt ist das **enterische Nervensystem** eine wesentliche Quelle der Überträgerstoffe (▶ Kap. 10.7.3). Die kontrahierend wirkenden Überträgerstoffe veranlassen an der Membran der glatten Muskelzelle eine Öffnung von Kalziumkanälen.

Die durch **Kalzium** ausgelöste Kontraktion des glatten Muskels beruht ähnlich wie beim Skelettmuskel auf einer Interaktion zwischen Myosin und Aktin. Die Ankopplung des Myosins an Aktin läuft in der glatten Muskulatur aber deutlich langsamer ab als im Skelettmuskel. Dies bedingt eine wesentlich ökonomischere Kraftentwicklung. So benötigt der glatte Muskel bei gleicher Spannungsentwicklung etwa 200- bis 500-fach weniger Energie als der Skelettmuskel. Durch die Zellkontakte (gap junctions) kann das elektrische Signal und damit auch die Kontraktion von einer auf die andere Muskelzelle übergeleitet werden. Die Kontraktionsauslösung ist daher nicht wie beim Skelettmuskel auf die jeweils innervierte Muskelfaser begrenzt, sondern breitet sich über den gesamten Gewebeverband aus.

Das Zusammenspiel der verschiedenen Erregungsebenen ist am Beispiel der glatten Muskulatur des Darms genauer im ▶ Kapitel 10.7.3 dargestellt.

3 Skelettsystem und Zähne

3.1 Allgemeiner Aufbau des Skeletts

Das Skelett als Stütze des Körpers bestimmt dessen Größe und Form (▶ Abb. 3-1 bis 3-4). Innere Organe (z. B. Gehirn, Herz, Lungen) werden vor mechanischen Beeinträchtigungen geschützt. Die Längsverbindung der einzelnen Knochensysteme wird durch die Wirbelsäule gewährleistet. Durch die Knochensysteme werden die großen Körperhöhlen Schädel-, Brust-, Bauch- und Beckenhöhle gebildet bzw. mitgestaltet. Die Knochen (als **passiver Bewegungsapparat**) bieten den Muskeln (als **aktiver Bewegungsapparat**) mit den Sehnen und Bändern Ansatzpunkte. Die Gliedmaßen sind mit dem Rumpf über den Schulter- bzw. den Beckengürtel verbunden.

3.2 Verbindungen der Knochen

Spaltfreie Verbindungen der Knochen werden Hafte oder Nähte genannt. Ist ein Gelenkspalt vorhanden, so spricht man von einem **(echten) Gelenk.**

Hafte (**Fugen,** Synarthrosen) weisen eine Verbindung durch Binde- oder Stützgewebe bzw. durch Muskulatur auf. **Bandhafte** sind bindegewebige Verbindungen der Knochen, z. B. die Verbindung beider Unterkieferhälften der Haussäugetiere. **Knorpelhafte** sind knorpelige Verbindungen der Knochen, z. B. die Zwischenwirbelscheiben. **Knochenhafte** sind knöcherne Verbindungen der Knochen. Sie gehen meist im Alter aus der Bandhaft oder der Knorpelhaft hervor. **Muskelhafte** sind Verbindungen der Ske-

Abb. 3-1
Skelettsystem des Pferdes, Übersicht (nach Ellenberger und Baum 1943).

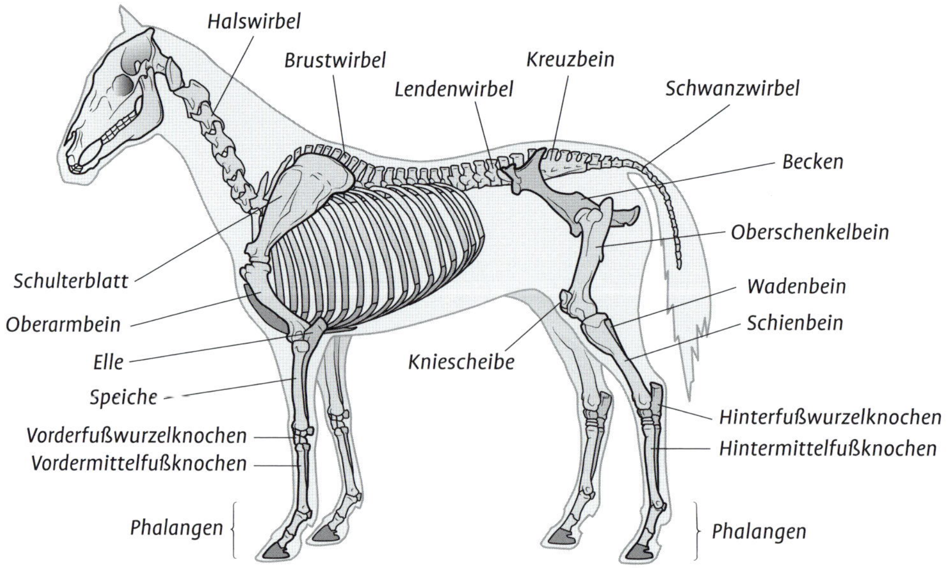

Abb. 3-2
Skelettsystem des Rindes, Übersicht (nach Ellenberger und Baum 1943).

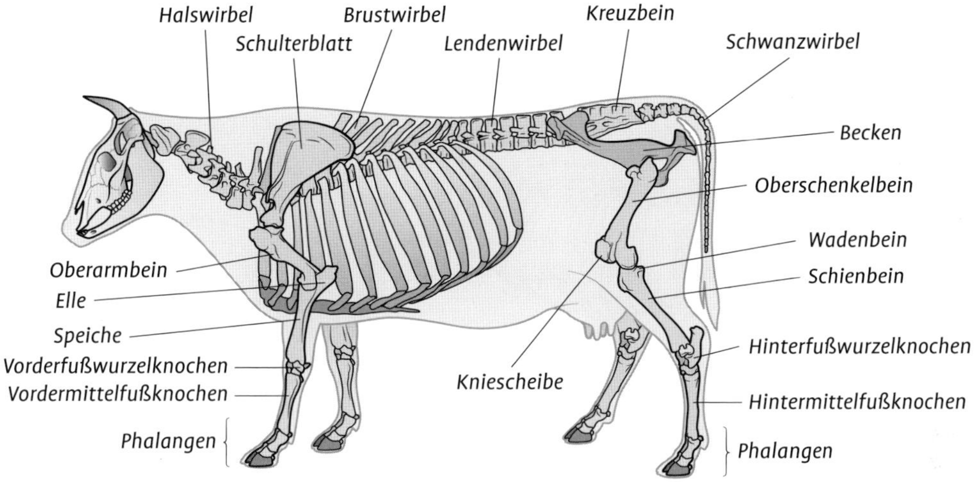

lettteile durch Muskeln, z. B. die Verbindung der Schulterblätter mit dem Rumpf. **Knochennähte** stellen eine besondere Form der Knochenverbindungen dar und finden sich vor allem bei den Schädelknochen. Zwischen den Nahträndern befindet sich während des Wachstums ein feiner bindegewebiger Saum, der später verschwindet. In den Nähten erfolgt während der Jugend das Wachstum der Kopfknochen. In der frühen Jugend bleiben zwischen den sich bildenden Knochen bindegewebige Bezirke erhalten, die als **Fontanellen** bezeichnet werden. Diese bilden sich mit zunehmendem Alter zurück. Bleibende Fontanellen bei zwergwüchsigen Hunden verringern die Schutzfunktion des Schädels und sind als Defekte zu beurteilen.

Abb. 3-3
Skelettsystem des Schweins, Übersicht (nach Nickel et al. 1992).

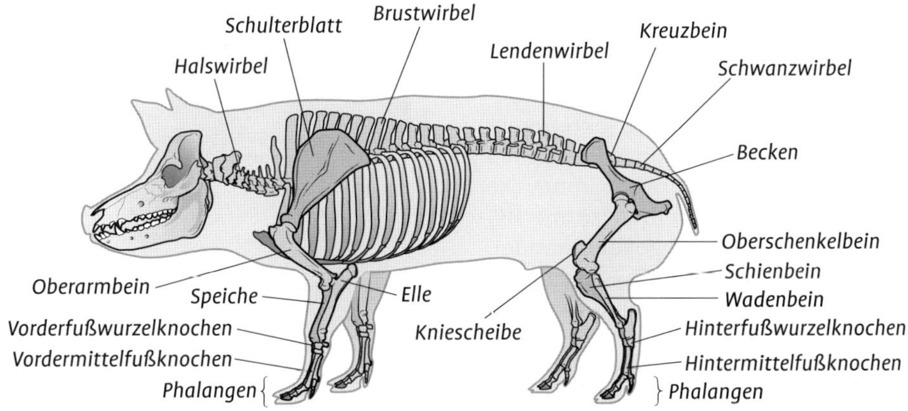

Abb. 3-4
Skelettsystem des Hundes, Übersicht (nach Nickel et al. 1992).

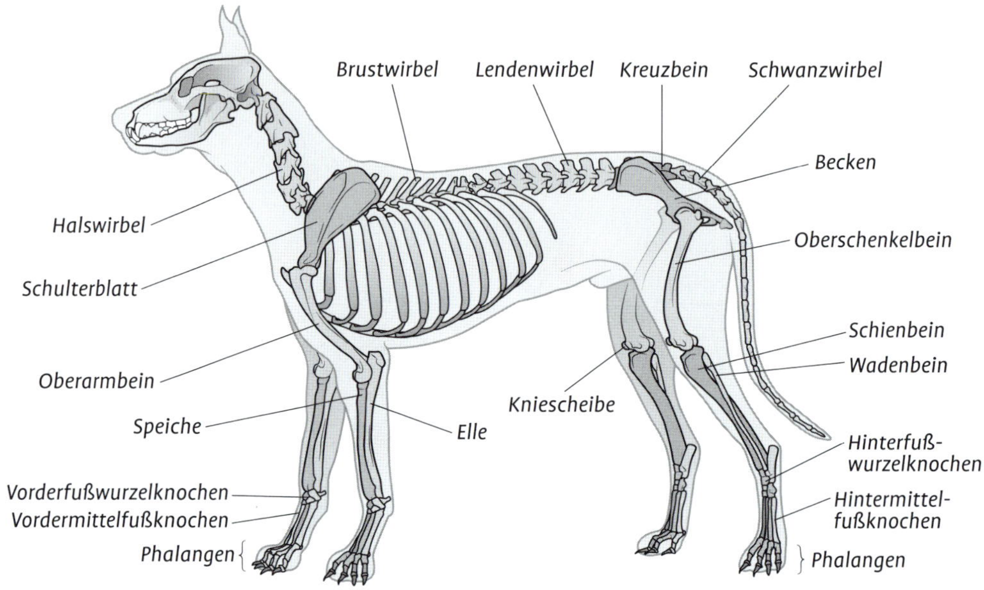

Gelenke (Diarthrosen) sind Verbindungen zweier oder mehrerer Knochenenden mit Knorpelüberzug und dazwischen gelegenem Spalt. Der generelle **Aufbau** eines Gelenks ist aus ▶ Abbildung 3-5 zu ersehen. Die **Knochenenden** sind von hyalinem Knorpel, dem Gelenkknorpel, überzogen. Die **Gelenkkapsel** wird außen von der **Fibrosa** (Membrana fibrosa) gebildet. Diese besteht aus straffem Bindegewebe und gibt der Gelenkkapsel Halt. Die innere Auskleidung der Gelenkkapsel, die **Synovialis** (Membrana synovialis), enthält zahlreiche Blutgefäße und Nerven. Sie ist von Deckzellen bedeckt, die die **Synovia,** die Gelenkschmiere, in die **Gelenkhöhle** sekretieren. Ihre Viskosität (= Zähflüssigkeit) wird durch ihren Gehalt an Hyaluronsäure bestimmt. Die Synovia gewährleistet die reibungsarme Bewegung der Gelenkenden gegeneinander, außerdem sorgt sie durch Adhäsionskräfte zwischen den Gelenkenden für eine Verringerung der mechanischen Kräfte auf die Gelenkenden bei schnelleren Gangarten. Neben ihren biomechanischen Aufgaben ernährt die Synovia auch den Gelenkknorpel. Der **Gelenk-**

Abb. 3-5
Schema eines echten Gelenks (nach Junqueira und Carneiro 1986).

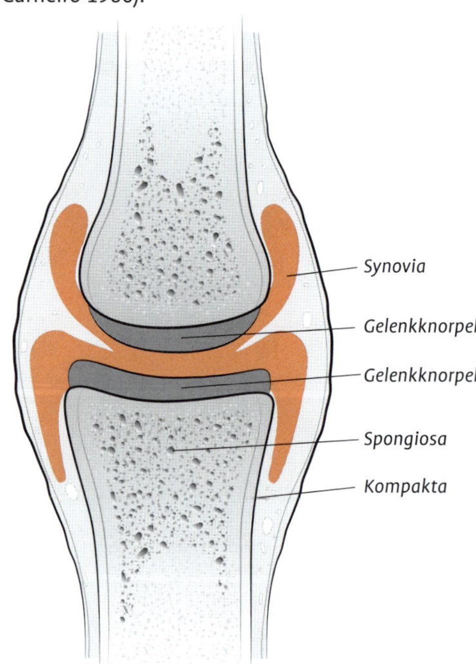

Abb. 3-6
Verschiedene Formen einfacher Gelenke (nach König und Liebich 2012).

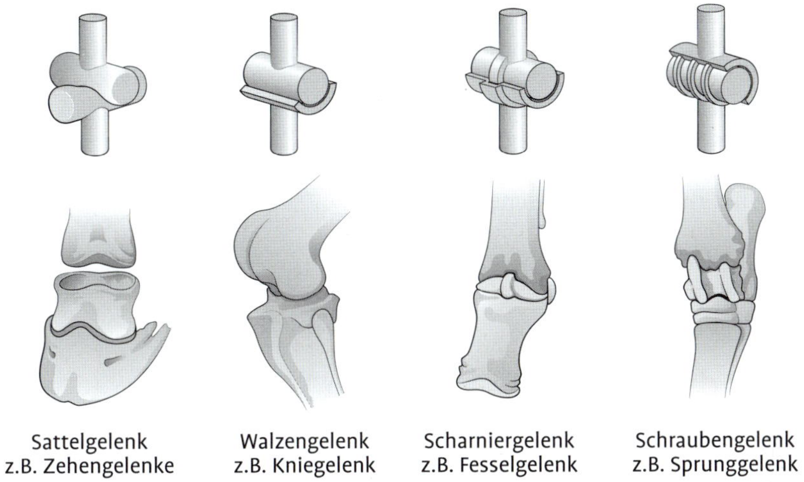

knorpel wird nicht von versorgenden Blutgefäßen durchzogen. Daher muss der Nährstoff- und Atemgastransport über Diffusion ausschließlich aus der Synovia heraus erfolgen. Für eine ausreichende Diffusion ist eine mechanische Beanspruchung des Gelenks wichtig. Durch Bewegungen kommt es zu Kompressionen und Dehnungen des Gelenkknorpels, was Flüssigkeit aus dem Knorpel herausdrückt oder in diesen hineinzieht. Bei zu geringer Beanspruchung der Gelenke, wie z. B. bei permanenter Boxenhaltung ohne ausreichende Bewegungsmöglichkeiten, kann es somit zu Knorpelschäden infolge mangelhafter Versorgung kommen. Eine zu hohe oder einseitige mechanische Belastung führt aber ebenso zu Knorpelschäden, da durch eine ständige Kompression des Knorpels (ebenso wie bei der Unterbelastung) die Ernährung der Chondrozyten eingeschränkt ist.

Gelenkgallen (Vorwölbungen der Gelenkkapsel) entstehen, wenn zu viel Synovia gebildet wurde, z. B. bei Gelenkentzündungen. Die Gelenkkapsel kann sich aber nur dort vorwölben, wo sie nicht von Bändern oder Sehnen eingeengt wird. Gallen treten daher an ganz charakteristischen Stellen auf. Sie können auch an Sehnenscheiden gebildet werden.

Gelenkbänder sind teilweise in der Gelenkkapsel, teilweise außerhalb gelegen. Sie dienen der Kapselverstärkung und der Führung der Gelenkenden. Hemmbänder engen die Beweglichkeit ein.

Wenn nur zwei Knochen verbunden sind, spricht man von einem **einfachen Gelenk.** In ▸ Abbildung 3-6 sind verschiedene Formen einfacher Gelenke dargestellt. Sind drei oder mehrere

Abb. 3-7
Inkongruentes Gelenk zwischen Oberschenkelbein und Schienbein. Die Menisken stellen die Kongruenz her.

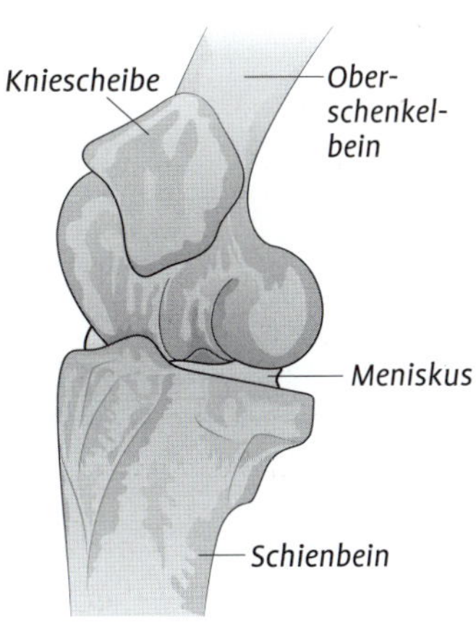

Knochen miteinander verbunden, wird dies als **zusammengesetztes Gelenk** bezeichnet.
Im Allgemeinen steht der Erhöhung einer Gelenkseite, dem **Gelenkkopf**, eine in der Form angepasste Gelenkvertiefung, die **Gelenkpfanne**, der anderen Seite gegenüber.
Inkongruente Gelenke sind Gelenke, bei denen Gelenkerhöhung und Gelenkvertiefung nicht ineinanderpassen (Kniegelenk, Kiefergelenk). Der Ausgleich wird durch Knorpelscheiben **(Menisken)** geschaffen (▶ Abb. 3-7). Die Menisken bestehen aus Faserknorpel.

3.3 Skelett der Vordergliedmaße

3.3.1 Knochen der Vordergliedmaße

■ Schultergürtel

Der Schultergürtel verbindet die Vordergliedmaßen mit dem Rumpf. Der vollständige Schultergürtel besteht aus den drei Knochen Rabenschnabelbein, Schlüsselbein und Schulterblatt.

Abb. 3-8
Linkes Schulterblatt (Scapula) (nach Ellenberger und Baum 1943). Ansicht von lateral.
a Halsrand; **b** Wirbelrand; **c** Achselrand; **d** Nackenwinkel; **e** Rückenwinkel; **f** Gelenkwinkel; **g** Schulterblattknorpel;
1 Schulterblatteinschnitt; **2** Schulterblattbeule mit Rabenschnabelfortsatz; **3** Schulterblattgräte;
4 Grätenbeule; **5** Gräteneck (Acromion, Rind).

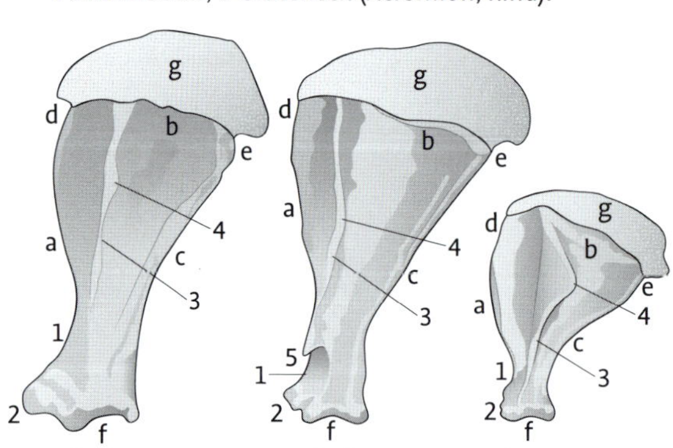

Abb. 3-9
Linkes Oberarmbein (Humerus) (nach Ellenberger und Baum 1943).
Ansicht von kraniolateral.
a Gelenkkopf; **b** Körper; **c** Gelenkrolle.
1 großer Höcker; **2** kleiner Höcker; **3** Zwischenhöckerfurche; **3'** Zwischenhöcker (Pferd); **4** Streckknorren;
5 Beugeknorren.

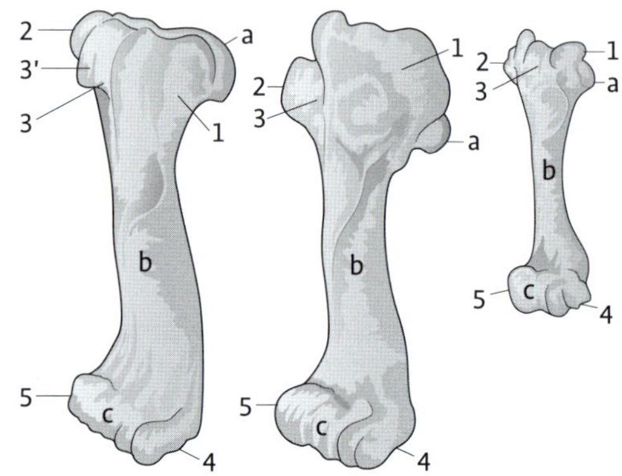

Abb. 3-10
Linker Unterarmknochen (nach Ellenberger und Baum 1943).
Ansicht von lateral.
A Speiche (Radius); **B** Elle (Ulna);
1 Speichenbeule; **2** mediale Fläche der Speiche;
3 Griffelfortsatz der Speiche; **4** Ellbogenhöcker;
5 Ellbogenfortsatz; **6** Gelenkrolleneinschnitt;
7 Griffelfortsatz der Elle.

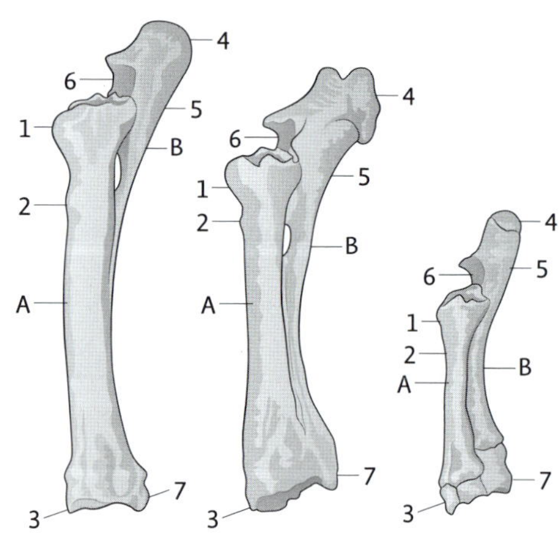

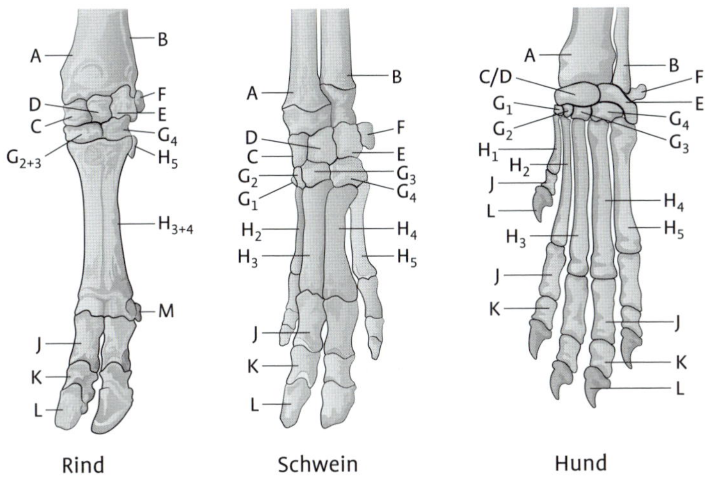

Abb. 3-11
Skelett der Gliedmaßenspitze, linke Vordergliedmaße (nach Ellenberger und Baum 1943). Ansicht von dorsal.
A Speiche (Radius); **B** Elle (Ulna); **C** bis **G** Vorderfußwurzelknochen; **H_2** bis **H_5** Vordermittelfußknochen (insgesamt als Metakarpus bezeichnet); **J** Grundphalanx/Fesselbein (Schwein, Rind); **K** Mittelphalanx/Kronbein (Schwein, Rind); **L** Endphalanx/Klauenbein (Schwein, Rind)/Krallenbein (Hund); **M** Gleichbein.

Der Aufbau des **Schulterblattes (Scapula)** ist in ▶ Abbildung 3-8 dargestellt. Auf der Lateralfläche ragt die **Schulterblattgräte** deutlich hervor. In der Nähe des Gelenks bildet bei Fleischfressern und Rind die Schulterblattgräte das **Gräteneck (Acromion).** Dieses hat insofern Bedeutung, als es den darunter laufenden Nerv, den Nervus suprascapularis, schützt. Pferd und Schwein fehlt das Acromion.
Das Rabenschnabelbein fehlt den meisten Säugetieren. Das Schlüsselbein besitzen von unseren Haussäugetieren nur noch Hund und Katze als Überbleibsel in Form einer Einlagerung in den Armkopfmuskel (M. brachiocephalicus).

Gliedmaßensäule und Gliedmaßenspitze

Die Gliedmaßensäule besteht aus dem **Oberarmbein (Humerus)** (▶ Abb. 3-9) und dem Unterarm mit den Unterarmknochen **Speiche (Radius)** und **Elle (Ulna)** (▶ Abb. 3-10). Die Gliedmaßenspitze setzt sich zusammen aus den **Vorderfußwurzelknochen (Karpalknochen)** (▶ Abb. 3-11/C-G), den **Vordermittelfußknochen** (Metakarpus; ▶ Abb. 3-11/H_2–H_5, 3-12) und den **Vorderzehenknochen** (▶ Abb. 3-11/J–M, 3-13, 3-14). Letztere bestehen aus drei Gliedern **(Phalangen),** Grund-, Mittel- und Endphalanx (die Mittelphalanx fehlt im 1. Strahl des Hundes). Diese werden auch als **Fesselbein, Kronbein** und **Hufbein** (Pferd) bzw. **Klauenbein** (Wiederkäuer, Schwein)/**Krallenbein** (Hund) bezeichnet.
Sesambeine werden diejenigen Knochen genannt, die sich in oder unter Sehnen bilden, wo diese über Knochenvorsprünge gleiten müssen. Dazu zählen die proximalen (= rumpf-

Abb. 3-12
Vordermittelfußknochen des Pferdes, Palmaransicht (nach Nickel et al. 1992).

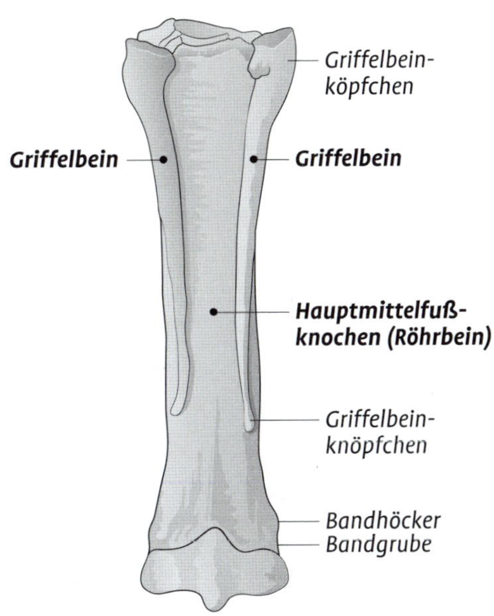

Abb. 3-13
Zehenknochen des Pferdes (nach Ellenberger und Baum 1943).

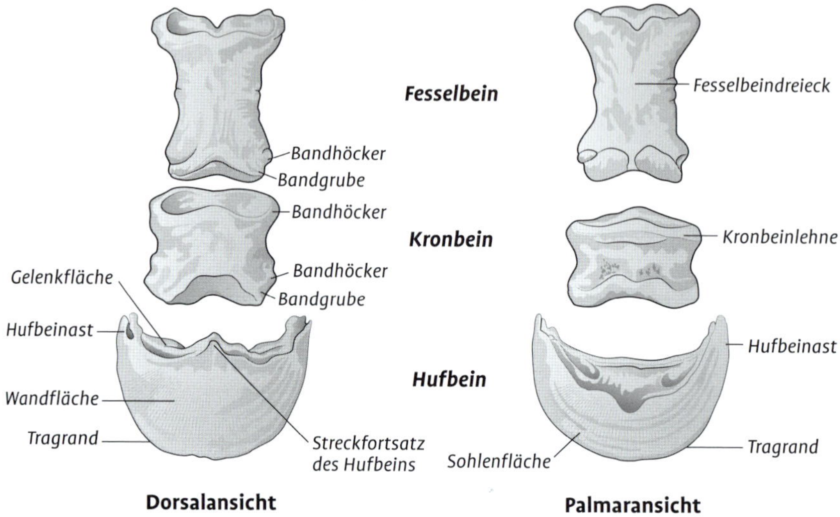

wärts gerichteten) Sesambeine (zwei an jeder Zehe) am Zehengrundgelenk (Fesselgelenk) und das distale (= rumpfabgewandte) Sesambein am Zehenendgelenk (Pferd: Hufgelenk). Beim **Pferd** werden die proximalen Sesambeine auch als **Gleichbeine** und das distale Sesambein als **Strahlbein** bezeichnet (▶ Abb. 17-4). Brüche der Gleichbeine zählen zu den häufigen Brüchen beim Pferd. Sie können sowohl an den Vorder- als auch an den Hintergliedmaßen auftreten.

Abb. 3-14
Zehenspitze des Pferdes (nach Ellenberger und Baum 1943). Ansicht von lateral.

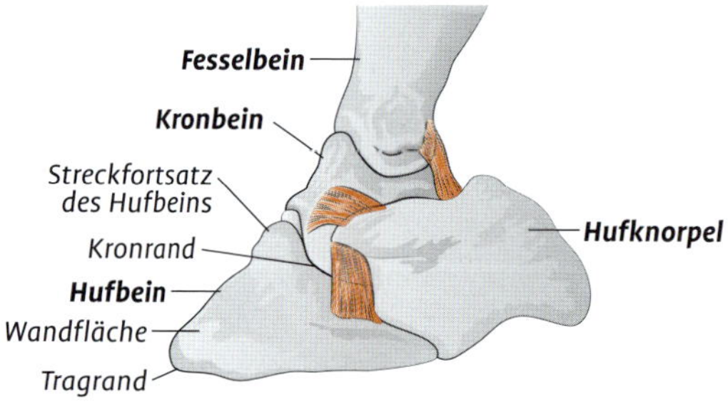

3.3.2 Gelenke der Vordergliedmaße

Das **Schultergelenk** stellt ein Kugelgelenk ohne Gelenkbänder dar. Das **Ellbogengelenk** funktioniert zwischen der Gelenkrolle des Oberarmbeins und dem Gelenkrolleneinschnitt der Elle bzw. dem proximalen Ende der Speiche. Das **Vorderfußwurzelgelenk (Karpalgelenk)** stellt ein zusammengesetztes Gelenk dar mit dem Unterarm-Vorderfußwurzelgelenk, dem Zwischenreihengelenk und dem Vorderfußwurzel-Mittelfußgelenk. Die **Zehengelenke** umfassen das Zehengrundgelenk (Fesselgelenk), das Zehenmittelgelenk (Krongelenk) und das Zehenendgelenk (Huf-, Klauen- bzw. Krallengelenk).

3.3.3 Formen der Fußung

Man unterscheidet verschiedene Formen der Fußung:

- plantigrade Fußung, Sohlengänger, z. B. Mensch und Bär
- digitigrade Fußung, Zehengänger, z. B. Fleischfresser
- unguligrade Fußung, Zehenspitzengänger, z. B. Huf- und Klauentiere

Parallel zur Ausrichtung der Gliedmaße kommt es zur Rückbildung der ursprünglich fünf Strahlen. Entsprechend teilt man nach dem Verlauf der Gliedmaßenachse in Beziehung zu den Zehen ein in:

- Paarzeher: Die Gliedmaßenachse verläuft zwischen zwei gleichlangen Zehen hindurch (Rind, Schwein).
- Katze, Hund: Gliedmaßenachse ebenfalls zwischen dritter und vierter Zehe.
- Unpaarzeher: Die Gliedmaßenachse läuft durch eine Zehe (Pferd).
- Atypische Ausbildung: Die längste Zehe liegt außerhalb der Gliedmaßenachse (Fuß des Menschen).

3.4 Skelett der Beckengliedmaße

3.4.1 Knochen der Beckengliedmaße

■ Beckengürtel

Das **Becken (Pelvis)** setzt sich aus den beiden **Hüftbeinen** zusammen. Funktionell bildet es mit dem zur Wirbelsäule gehörenden **Kreuzbein** eine Einheit, die unter anderem die Hintergliedmaßen mit dem Rumpf verbindet und bei weiblichen Tieren den „knöchernen Geburtsweg“ bildet („weicher Geburtsweg“: Gebärmutter, Scheide, Vorhof, Scham). Kreuzbein und Hüftbeine sind bei den Wiederkäuern, beim Schwein und beim Pferd durch das breite Beckenband verbunden (▶ Abb. 3-15). Sein kaudaler (= schwanzwärts gerichteter) Rand ist beim Rind gut erkennbar. Beim Schwein und beim Pferd ist er durch Muskeln verdeckt. Die Hüftbeine sind in der **Beckenfuge (Beckensymphyse)** vereinigt. Jedes Hüftbein besteht aus **Darmbein** (▶ Abb. 3-16/A, 3-17), **Schambein** (▶ Abb. 3-16/B, 3-17) und **Sitzbein** (▶ Abb. 3-16/C, 3-17). Die Körper dieser Knochen vereinigen sich in der Gelenkpfanne **(Acetabulum)** für das **Hüftgelenk** (▶ Abb. 3-16/g, 3-17). Die Form der Knochen des Beckengürtels, ihre tierartlichen Unterschiede und eventuelle individuelle Veränderungen (z. B. Verformung infolge Rachitis oder nach Frakturen) sind für den Geburtsablauf wichtig.

Der **Beckeneingang** männlicher Tiere ist im Querschnitt meist birnenförmig, derjenige weiblicher Tiere apfelförmig (▶ Abb. 3-18). Der **Beckenausgang** wird ventral (= bauchwärts) vom Sitzbeinausschnitt, seitlich von

Abb. 3-15
Becken des Rindes mit breitem Beckenband (nach Nickel, et al. 1992). Ansicht von links.

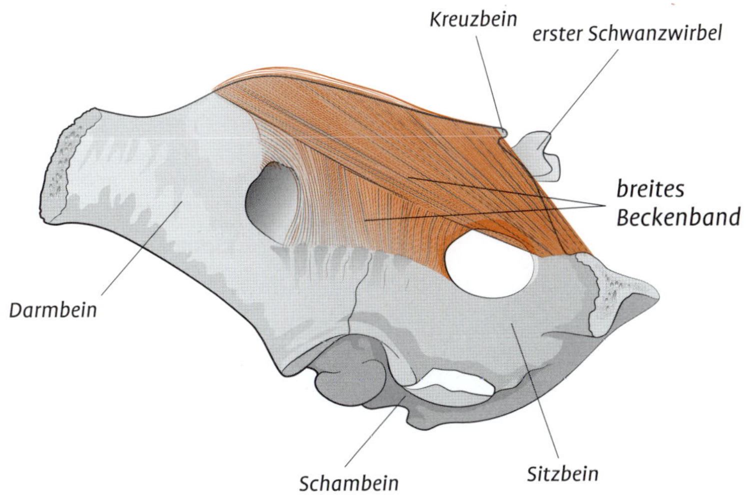

Abb. 3-16
Beckenknochen (nach Ellenberger und Baum 1943). Ansicht von links und leicht dorsal.
A Darmbein; **B** Schambein; **C** Sitzbein.
a Darmbeinsäule; **b** Darmbeinflügel; **g** Hüftgelenkspfanne (Acetabulum).
1 Hüfthöcker; **2** Kreuzhöcker; **3** Sitzbeinhöcker;
4 Pfannenkamm; **5** verstopftes Loch (For. obturatum).

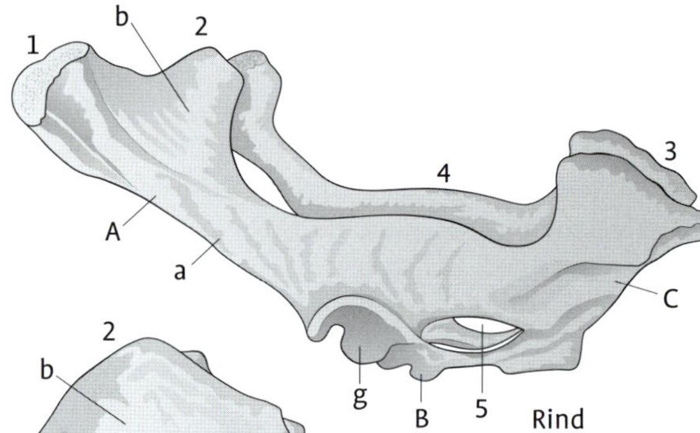

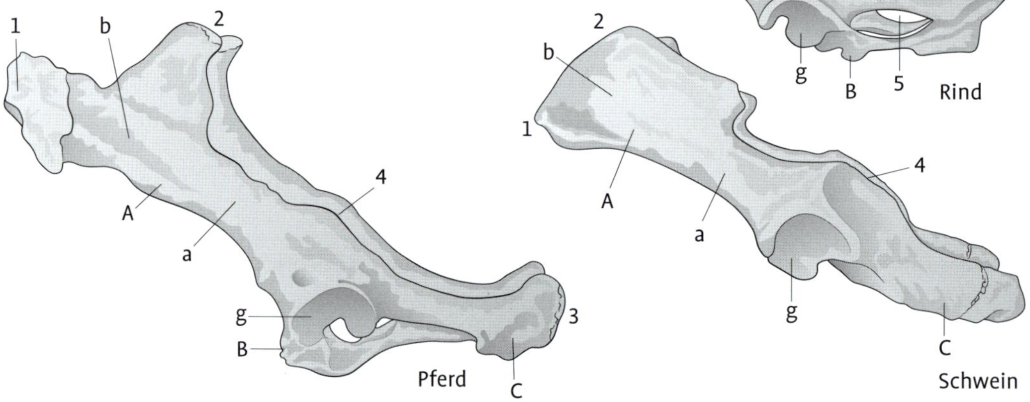

Abb. 3-17
Becken eines Rindes (nach Nickel et al. 1992). Ansicht von ventral.

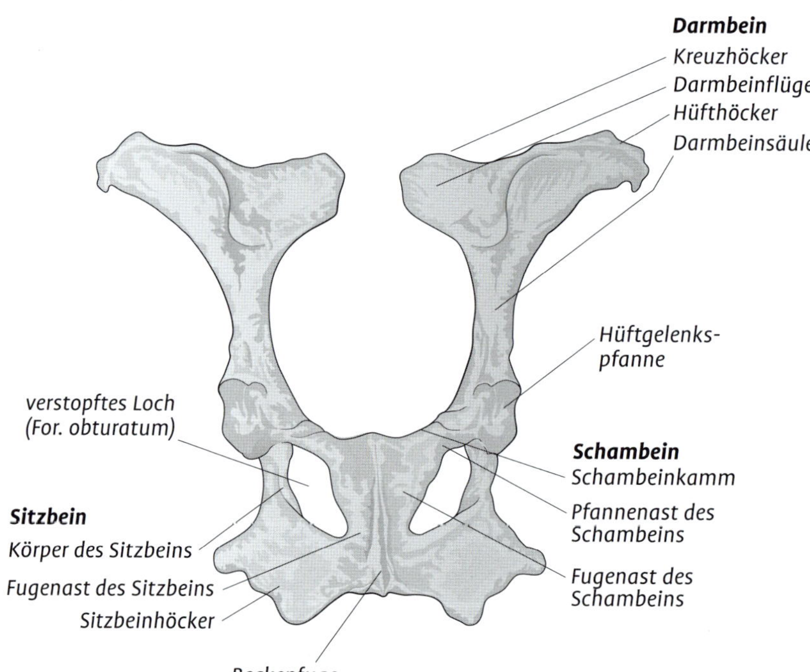

Abb. 3-18
Becken einer Stute und eines Hengstes (nach Nickel et al. 1992). Ansicht von dorsal.

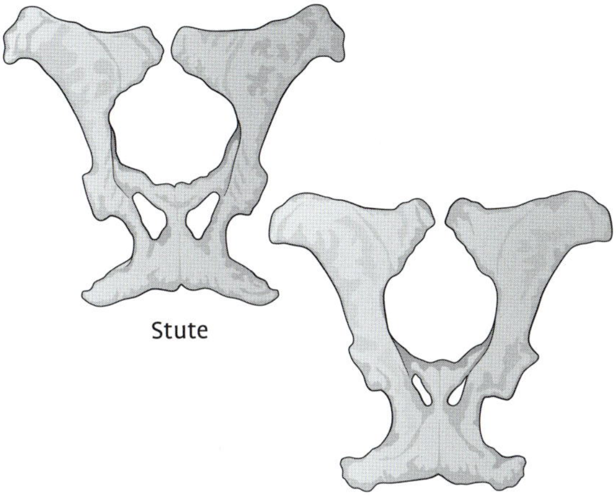

Abb. 3-19
Beckenmaße (nach Nickel et al. 1992).
1 Pektenvertikale
2 mittlerer Querdurchmesser des Beckeneingangs
3 mittlerer Querdurchmesser des Beckenausgangs

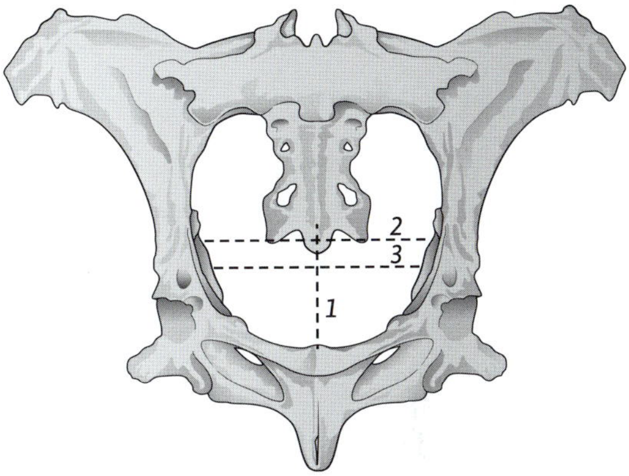

den breiten Beckenbändern und dorsal (= zum Rücken hin) von der Wirbelsäule umschlossen. Der **Beckenboden** wird beim Tier vom Schambein und vom Sitzbein gebildet. Das **Beckendach** setzt sich aus Kreuzbein und den medialen (= zur Körpermitte gerichteten) Abschnitten der Darmbeinflügel zusammen.

■ Beckenmaße

Die Beckenmaße für die Beckenbeurteilung sind in ▶ Abbildung 3-19 dargestellt.
Der **Höhendurchmesser** des **Beckens (Pektenvertikale)** ist die Senkrechte vom Schambeinkamm zur Wirbelsäule und gibt Auskunft über die Weite in dorsoventraler Richtung. Bei Pferd, Rind und Schwein liegt diese Verbindungslinie allerdings zwischen Kreuzbein und Beckenboden, also zwischen zwei Knochen. Eine Erweiterung des Beckenraums ist daher nur schwer möglich. Für den Geburtsablauf ist es günstiger, wenn die Pektenvertikale auf Schwanzwirbel trifft, da dann der Beckenraum erweiterungsfähig ist. So trifft bei den kleinen Wiederkäuern und den Fleischfressern die Pektenvertikale auf Schwanzwirbel, und zwar bei den kleinen Wiederkäuern deshalb, weil die Darmbeinsäulen sehr lang sind, bei den Fleischfressern, weil das Kreuzbein besonders kurz ist. Bei diesen Tieren kann sich der Beckenraum während der Geburt nach dorsal weiten.
Der **mittlere Querdurchmesser** des **Beckeneingangs** ist die Verbindungslinie zweier in halber Länge der Darmbeinsäulen gelegener rauer Knochenvorsprünge; er gibt Auskunft über die größte Breite des Beckeneingangs.
Der **mittlere Querdurchmesser** des **Beckenausgangs** stellt die Verbindungslinie zwischen den beiden Pfannenkämmen dar. Er bestimmt die Weite des Geburtswegs im mittleren Abschnitt.
Das Becken des Pferdes mit seinem geraden Beckenboden sowie den niedrigen Pfannenkämmen und Sitzbeinhöckern ist für den Ablauf der Geburt günstig. Beim Rind ungünstig für die Geburt sind einerseits die Aushöhlung des Beckenbodens, die zu einer S-förmigen Führungslinie im Geburtsverlauf führt, andererseits aber auch die hohen Pfannenkämme des Beckens (▶ Abb. 3-16/4).

■ Gliedmaßensäule und Gliedmaßenspitze

Das **Oberschenkelbein** (Os femoris) ist der mächtigste Knochen des Körpers (▶ Abb. 3-20). Es wird oft fälschlich als Femur bezeichnet. Femur ist jedoch der gesamte Oberschenkel und nicht nur der Knochen. **Schienbein** (Tibia) und **Wadenbein** (Fibula) bilden die **Unter-**

Abb. 3-20
Oberschenkelbein, Os femoris, links (nach Ellenberger und Baum 1943).
Ansicht von kraniolateral.
1 Gelenkkopf; **2** Hals; **3** großer Umdreher; **4** dritter Umdreher (Pferd); **5** lateraler Gelenkknorren; **6** lateraler Rollhöcker; **7** medialer Rollhöcker; **8** Kniescheibenrolle.

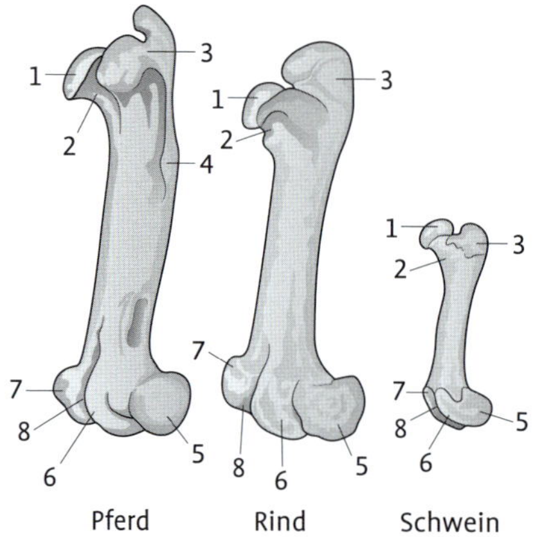

Abb. 3-21
Unterschenkelknochen (nach Ellenberger und Baum 1943). Ansicht von dorsolateral.
A Schienbein (Tibia); **B** Wadenbein (Fibula); **B'** Knöchelbein (Rind). **1** Lateraler Gelenkknorren; **2** Zwischenknorrenfortsatz; **3** Schienbeinhöcker; **4** Schienbeingräte; **5** Gelenkschraube; **6** medialer Knöchel; **7** Wadenbeinköpfchen; **8** lateraler Knöchel.

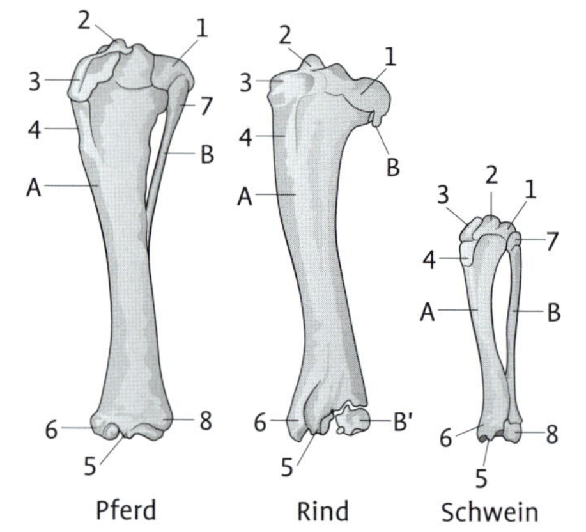

schenkelknochen (▶ Abb. 3-21/A und B). Bei den Fleischfressern und beim Schwein ist das Wadenbein vollständig erhalten, bei Wiederkäuern und beim Pferd ist das Wadenbein zurückgebildet und mit dem Schienbein verbunden (▶ Abb. 3-21/B).

Die **Hinterfußwurzelknochen** gehören schon zur Gliedmaßenspitze. Sie bestehen aus einer proximalen Reihe mit **Rollbein** und **Fersenbein,** einer mittleren und einer distalen Reihe (▶ Abb. 3-22). Die **Hintermittelfußknochen** sind ähnlich ausgebildet wie die Vordermittel-

Abb. 3-22
Hinterfußwurzelknochen des Rindes, links, Ansicht von schräg lateral (nach Nickel et al. 1992).

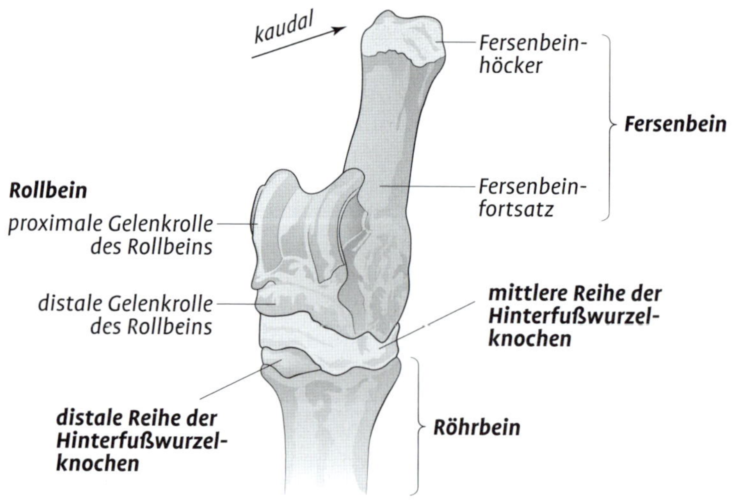

fußknochen. Auch das **Skelett der Hinterzehen** entspricht dem der Vordergliedmaße.

3.4.2 Gelenke der Beckengliedmaße

Die Verbindung zwischen Kreuzbein und Darmbein, das **Kreuzdarmbeingelenk,** ist straff und ohne Beweglichkeit. Beim **Hüftgelenk** bildet beidseits das Becken das Widerlager für den Oberschenkelknochen, der mit seinem Kopf in die Pfanne eingepasst ist. Der Kopf des Oberschenkels wird durch ein Band in der Pfanne gehalten. Bei einer Inkongruenz zwischen Oberschenkelkopf und Beckenpfanne kann es zu Schädigungen im Hüftgelenk kommen. Solch eine Inkongruenz tritt bei der sogenannten Hüftgelenksdysplasie auf. Die Hüftgelenksdysplasie kann bei verschiedenen Tierarten beobachtet werden. Einige großwüchsige Hunderassen zeigen eine genetische Prädisposition dafür.

Im **Kniegelenk** stoßen Os femoris und Tibia aufeinander. Außerdem ist die **Kniescheibe (Patella)** in die Gelenkkapsel eingelagert. Auf diese Weise bilden sich zwei Gelenke: das Kniekehlgelenk und das Kniescheibengelenk.

Da beim **Kniekehlgelenk** die Gelenkkörper von Os femoris und Tibia nicht vollständig aufeinanderpassen (inkongruentes Gelenk), sind von lateral (= seitwärts) und medial je ein keilförmiger Meniskus aus Faserknorpel eingeschoben. Die Gelenkführung wird durch Seitenbänder und im Gelenk gelegene gekreuzte Bänder gewährleistet. Ein Riss der (vorderen Kreuzbänder) tritt vor allem bei Hunden auf. Ein Hinweis auf eine solche Ruptur bekommt der Tierarzt dadurch, dass bei der Untersuchung des Kniegelenks Os femoris und Tibia nach vorne gegeneinander verschoben werden können (sogenanntes Schubladenphänomen).

Im **Kniescheibengelenk** gleitet die **Kniescheibe** in einer von zwei Kämmen flankierten Furche des Oberschenkelknochens. Die Kniescheibe ist ein eiförmiges bis ovales Sesambein des **vierköpfigen Kniegelenksstreckers (M. quadriceps femoris).** Sie ist in die Ansatzsehne des M. quadriceps femoris eingelagert. Diese Sehne setzt sich unterhalb der Patella in das Kniescheibenband (Ligamentum patellae) fort, das direkt unterhalb des Kniegelenks am Schienbein ansetzt. Auf diese Weise verlängert die Kniescheibe den Hebelarm des M. quadriceps femoris.

Das **Kniescheibenband** ist bei Pferden und Rindern dreigeteilt. Man unterscheidet ein mediales, mittleres und laterales Kniescheibenband. Diese Dreiteilung ermöglicht eine Entlastung der Muskulatur beim stehenden Tier. So kann beim Pferd die Kniescheibe durch eine Schlaufe, die von dem mittleren und dem medialen Kniescheibenband gebildet wird, auf der Nase des medialen Rollkammes des Oberschenkelbeins festgehalten werden. Dadurch wird die ganze Hintergliedmaße in Streckstellung fixiert (▶ Kap. 4.7.3). Deshalb ist es den Pferden möglich zu stehen, ohne die Muskeln der Hintergliedmaße erheblich beanspruchen zu müssen. Beim Pferd und beim Rind kann die Kniescheibe auf dem medialen Rollkamm aber auch in krankhafter Weise festgehalten werden. Dann kann die Gliedmaße nicht gebeugt werden. Bei wiederholtem Auftreten muss das mittlere Kniescheibenband vom Tierarzt durchtrennt werden.

Das **Hinterfußwurzelgelenk (Sprunggelenk)** besteht aus mehreren Anteilen, wobei insbesondere das Gelenk zwischen Tibiaende und Rollbein die Beweglichkeit ermöglicht.

Die **Zehengelenke** entsprechen denen der Vordergliedmaße.

3.5 Knochen des Rumpfes

3.5.1 Wirbelsäule

Die **Wirbel (Vertebrae)** vereinigen sich zur Wirbelsäule (Columna vertebralis). Allen Wirbeln gemeinsam ist ein grundsätzliches Bauprinzip (▶ Abb. 3-23). Auf dem kräftigen **Wirbelkörper** sitzt dorsal der **Wirbelbogen.** Die kraniale (= kopfwärts gerichtete) Endfläche des Wirbelkörpers ist mehr oder weniger konvex. Die kaudale Endfläche dagegen ist konkav. Wirbelkörper und Wirbelbogen bilden das **Wirbelloch.** Die Summe der Wirbellöcher stellt den **Wirbelkanal** dar, in dem das Rückenmark mit seinen Häuten gelegen ist. Das **Zwischenwir-**

Abb. 3-23
Schematischer Bau eines Wirbels (nach Nickel et al. 1992).

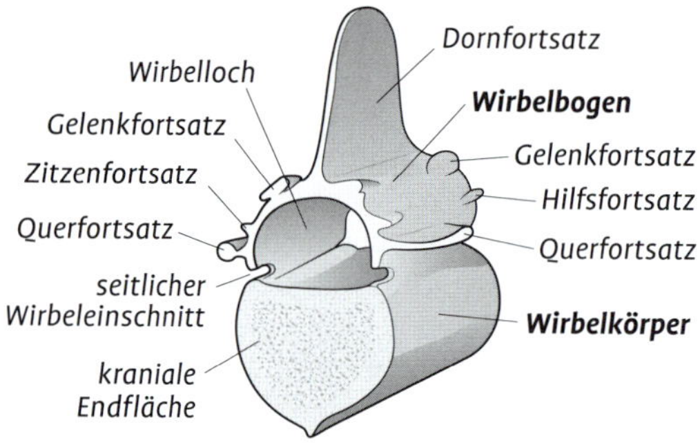

belloch, durch das die Rückenmarksnerven austreten, entsteht seitlich zwischen zwei Wirbeln durch einen kranialen und kaudalen Einschnitt am Wirbelbogen. Am Wirbelbogen befinden sich Fortsätze, und zwar ein unpaarer, medianer (= in der Mittellinie gelegener) **Dornfortsatz** sowie auf jeder Seite ein **Querfortsatz** und nach kranial und kaudal je ein Paar **Gelenkfortsätze.**

Zwischen den Wirbelkörpern befinden sich, außer zwischen erstem und zweitem Halswirbel, die faserknorpeligen **Zwischenwirbelscheiben (Bandscheiben),** die im Zentrum einen Gallertkern, den **Nucleus pulposus,** besitzen. Insbesondere bei Hunden kann es zu Bandscheibenvorfällen kommen. Bei Bandscheibenvorfällen werden die im Rückenmarkskanal verlaufenden Nerven durch verschobene Anteile der Bandscheiben komprimiert, was zu Schmerzen und motorischen Ausfällen führen kann. Eine besondere Neigung zu Bandscheibenvorfällen haben die sogenannten chondrodystrophen (= im Knorpelwachstum gestörte) Hunderassen, wie Dackel oder Pekinesen. Bei diesen Rassen wurde das Längenwachstum der Gliedmaßen züchterisch beeinflusst. Parallel dazu weisen diese Rassen auch häufig schon in jungem Lebensalter Degenerationen und Verkalkungen im Nucleus pulposus auf, die Bandscheibenvorfälle begünstigen.

Durch kurze Bänder werden benachbarte Wirbel verbunden. Eine Verknüpfung der gesamten Anteile der Wirbelsäule wird durch **drei lange Bänder** gewährleistet. Das eine, das **Nackenrückenband,** erstreckt sich zwischen Hinterhauptsbein (▶ Abb. 3-31/A) und Kreuzbein entlang der Dornfortsätze (▶ Abb. 3-24). Als Anteile werden Nacken- und Rückenband unterschieden. Durch die elastischen Anteile des Nackenbandes wird die Halsmuskulatur bei der Aufnahme des Gewichts des Kopfes unterstützt, ohne dass das aktive Senken des Kopfes beeinträchtigt wird. Von den zwei weiteren Längsbändern verläuft das eine ventral im Wirbelkanal auf der Dorsalseite der Wir-

Abb. 3-24
Nackenrückenband des Pferdes (nach Nickel et al. 1992). Ansicht von links.

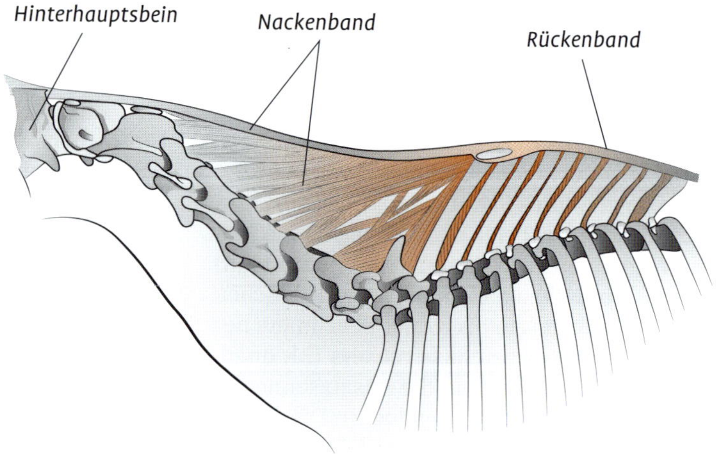

Tab. 3-1
Anzahl der Wirbel verschiedener Tierarten im Vergleich zum Menschen (Zahlen aus König und Liebich 2012)

	Rind	Schwein	Pferd	Fleischfresser	Mensch
Halswirbel	7	7	7	7	7
Brustwirbel	13	13–16	18	12–14	12
Lendenwirbel	6	5–7	5–7	(6) 7	5
Kreuzwirbel	5	4	5	3	5
Schwanzwirbel	18–20	20–23	15–21	20–23	(4–5) Steißbein

belkörper, das andere ventral entlang den Wirbelkörpern. Beide Längsbänder sind mit den Faserringen der Zwischenwirbelscheiben verbunden.
Bei Haussäugetieren ist die Gesamtzahl der Wirbel tierartlich und zum Teil auch individuell sehr verschieden. Sie verteilen sich auf **Hals-, Brust-, Lenden-, Kreuz-** und **Schwanzwirbel.** Außer den Kreuzwirbeln sind alle Wirbel gegeneinander beweglich. Die Anzahl der verschiedenen Wirbel ist in ▶ Tabelle 3-1 zusammengefasst.

Halswirbel

Bei allen Säugetieren sind sieben Halswirbel ausgebildet. Beim Geflügel ist eine größere Zahl vorhanden.
Der **erste Halswirbel (Kopfträger,** Atlas) besitzt keinen Wirbelkörper, sondern einen dorsalen und ventralen Bogen (▶ Abb. 3-25). Seitlich finden sich die Atlasflügel, die einerseits eine Gelenkfläche für die Gelenkknorren des Hinterhauptsbeins (▶ Abb. 3-31/1) und andererseits eine Gelenkfläche für den Zahn des Drehers bilden.
Der Körper des **zweiten Halswirbels (Dreher,** Epistropheus, Axis) ist besonders lang (▶ Abb. 3-25). Sein Dornfortsatz ist bei den Haustieren kammartig verbreitert (beim Menschen nur ein Dorn). Der Querfortsatz ist nur schwach ausgebildet. Vorn befindet sich der Zahn des Drehers mit einer Gelenkfläche für die Verbindung mit dem Atlas.
Dritter bis sechster Halswirbel sind einander ziemlich ähnlich (▶ Abb. 3-1 bis 3-4). Sie besitzen niedrige Dornfortsätze, die kleine Erhebungen darstellen. Die Gelenkflächen der Gelenkfortsätze sind mehr oder weniger horizontal gestellt. Sie ermöglichen vor allem Seitwärtsbewegungen der Wirbel.
Der **siebte Halswirbel** besitzt Gelenkflächen für das erste Rippenpaar und zeichnet sich durch einen höheren Dornfortsatz aus.

Brustwirbel

Die Zahl der Brustwirbel weist tierartliche und individuelle Schwankungen auf (▶ Tab. 3-1).

Abb. 3-25
Erster Halswirbel (Kopfträger, Atlas) und zweiter Halswirbel (Dreher, Axis) des Hundes (nach Singh 2011).

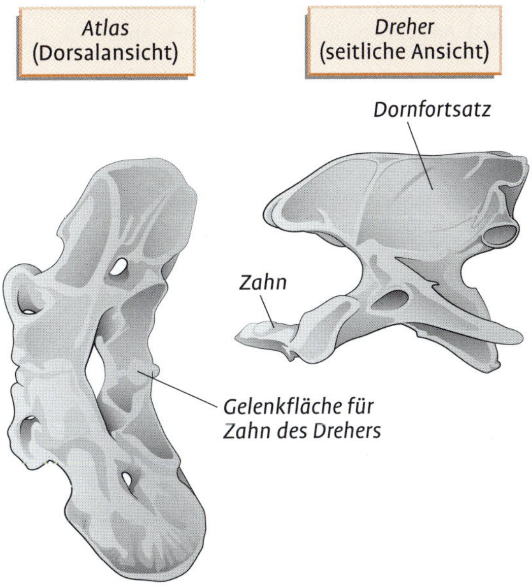

Die **Dornfortsätze** der Brustwirbel sind sehr hoch und bilden beim Pferd und den Wiederkäuern den **Widerrist.** Beim Fleischfresser wird der Widerrist von den Schulterblättern gebildet, die die Dornfortsätze der Brustwirbel überragen. Die Dornfortsätze der Brustwirbel sind zunächst nach kaudal geneigt bis zu einem Wirbel, dessen Dornfortsatz senkrecht steht (diaphragmatischer Wirbel, 16. Brustwirbel beim Pferd, 13. Brustwirbel beim Schwein), und neigen sich dann nach kranial (▶ Abb. 3-1 bis 3-4).
Die **Gelenkfortsätze** der Brustwirbel haben tangential ausgerichtete Gelenkflächen, die Rotationsbewegungen zulassen (▶ Abb. 3-26). Die Querfortsätze sind klein und tragen eine Gelenkfläche für das Rippenhöckerchen. Am Körper ist kranial und kaudal noch je eine Gelenkfläche für die Verbindung mit dem Rippenköpfchen ausgebildet.

■ Lendenwirbel

Wie bei den Brustwirbeln sind auch bei der Anzahl der Lendenwirbel tierartliche und individuelle Schwankungen zu vermerken (▶ Tab. 3-1).

Abb. 3-26
Brustwirbel des Schweins (nach Ellenberger und Baum 1943). Ansicht von links. Siehe auch ▶ Abb. 3-29.

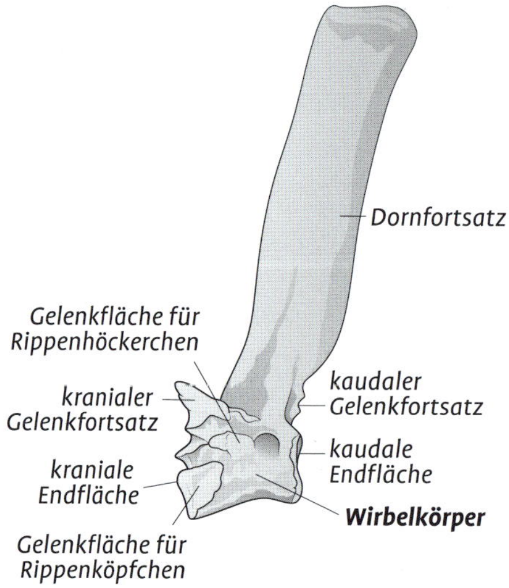

Abb. 3-27
Lendenwirbel des Pferdes (nach Nickel et al. 1992). Ansicht von kranial.

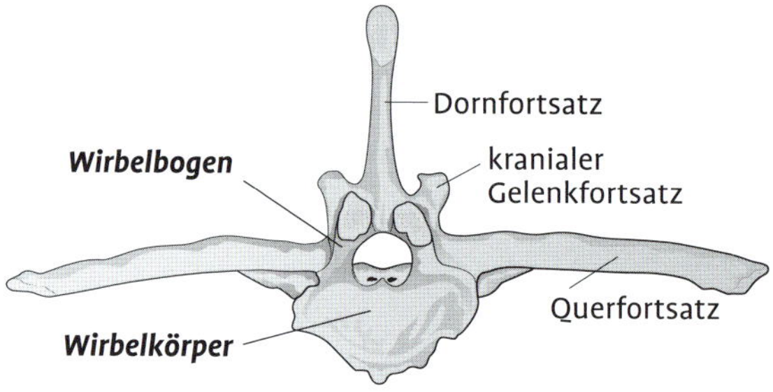

Die Dornfortsätze sind kranial geneigt bzw. bei Wiederkäuern senkrecht gestellt. Die Querfortsätze sind sehr ausgeprägt (▶ Abb. 3-27). Sie helfen, die Körperwand abzustützen. Die Gelenkfortsätze sind vertikal gerichtet und ermöglichen besonders dorsoventrale Bewegungen der Wirbelsäule. Bei alten Tieren verwachsen die Lendenwirbel häufig, was die dorsoventrale Bewegung erschwert.
Beim Pferd sind Gelenke zwischen den Querfortsätzen der kaudalen Lendenwirbel ausgebildet. Bei dieser Tierart ist aber die Versteifung der Lendenwirbelsäule im Alter besonders häufig.

■ Kreuzwirbel

Die Kreuzwirbel verwachsen zum Kreuzbein (Os sacrum; ▶ Abb. 3-28). Kranial liegt die breite Basis, kaudal ist es zur Spitze verjüngt. Der kranioventrale Rand des ersten Kreuzwirbels ist erhaben und wird als **Promontorium** bezeichnet.

■ Schwanzwirbel

Im proximalen Teil sind Wirbelbogen und -fortsätze noch ausgebildet. Nach distal verschwinden zunächst die Fortsätze, schließlich auch der Wirbelbogen.

3.5.2 Rippen und Brustbein

Die Zahl der Rippenpaare entspricht derjenigen der Brustwirbel. Die gleichzählige Rippe steht immer vor dem jeweiligen Wirbel, die

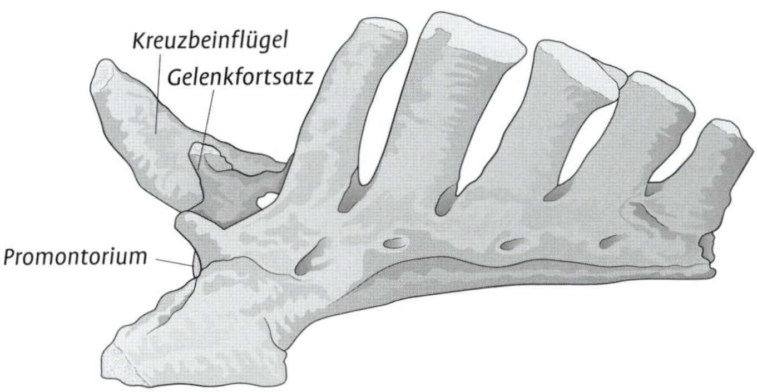

Abb. 3-28
Kreuzbein des Pferdes.
Ansicht von links.

erste Rippe also vor dem ersten Brustwirbel. Proximal an der Rippe befindet sich das **Rippenköpfchen** (▶ Abb. 3-29) mit je einer kranialen und kaudalen Gelenkfläche. Der (Rippen-)hals trennt das Rippenköpfchen vom **Rippenhöckerchen,** das eine Gelenkfläche zur Verbindung mit dem Querfortsatz des Brustwirbels besitzt.

Abb. 3-29
Rippe ohne Rippenknorpel (nach Koch und Berg 1992).
1 Rippenköpfchen; **2** Hals; **3** Rippenhöckerchen;
4 Körper.
Die Rippen des Rindes sind besonders breit und dadurch leicht von denen des Pferdes zu unterscheiden.

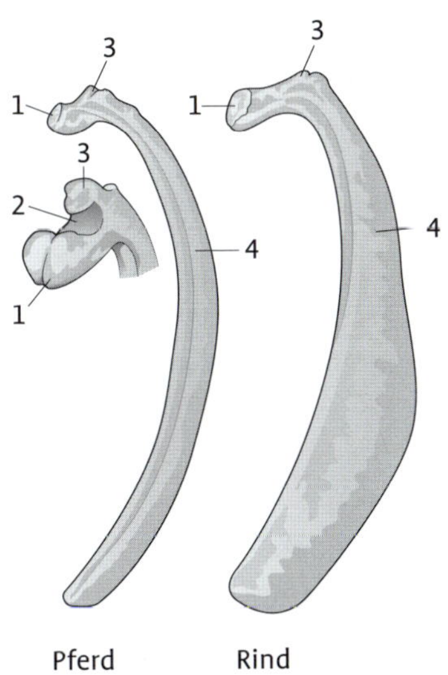

Die kranial gelegenen **Tragerippen** oder **sternalen Rippen** sind durch Gelenke mit dem **Brustbein** (Sternum) verbunden. Ihre Bewegungsmöglichkeit ist eingeengt, und sie dienen vor allem als Stütze der Brustwand.
Die weiter kaudal gelegenen **asternalen Rippen** finden nur indirekt an das Brustbein Anschluss, indem sich ihre Knorpel zum **Rippenbogen** zusammenlegen. Sie haben einen viel größeren Bewegungsspielraum und dienen der Erweiterung des Brustkorbs bei der Atmung. Rippenköpfchen und -höckerchen sind so gestellt, dass sich bei der Kontraktion der äußeren Zwischenrippenmuskeln der Brustkorb erweitert. Bei Hund, Katze und Mensch bilden die letzten Rippen sogenannte Fleischrippen, die ohne Kontakt zu anderen Rippen oder zum Brustbein enden. Die sternalen Rippen werden auch als **wahre Rippen** bezeichnet, die asternalen und die Fleischrippen als **falsche Rippen.** Das Verhältnis der wahren zu den falschen Rippen beträgt beim Pferd 8 : 10, beim Wiederkäuer 8 : 5, beim Schwein 7 : 8 und beim Fleischfresser 9 : 4.
Das **Brustbein** wird unterteilt in Habichtsknorpel, Brustbeinkörper und Schwertfortsatz. Der Brustbeinkörper ist aus vier bis sechs Brustbeinstücken zusammengesetzt. Der Habichtsknorpel ragt vom Brustbeinkörper aus weit nach kranial und ist an der Halsbasis tastbar. Außerdem ragt er auch vom Brustbeinkörper aus nach kaudal und stützt die Bauchwand. Der Querschnitt des Brustbeins ist beim Pferd dreieckig, bei Mensch, Schwein, Wiederkäuer horizontal rechteckig, beim Hund quadratisch und bei der Katze rund. Beim Menschen hat das Brustbein

die Form eines Römerschwerts, daher auch die Bezeichnung **Manubrium** (Schwertgriff).

3.6 Knochen des Kopfes

3.6.1 Allgemeines

Am Kopfskelett unterscheidet man den **Hirnschädel** (Cranium) und den **Gesichtsschädel** (Facies; ▶ Abb. 3-30). Die teilweise paarigen Knochen des Gesichtsschädels bilden die Grundlage des Gesichts mit Augen- und Nasenhöhlen und der Mundhöhle. Der Hirnschädel mit seinen teilweise platten Knochen bildet hauptsächlich die knöcherne Umhüllung des Gehirns. Die einzelnen Schädelknochen sind durch Nähte zum **Oberschädel** verknüpft, welcher über das Kiefergelenk mit dem **Unterkiefer** verbunden ist.

Der Hirnschädel hat beim Menschen einen viel größeren Umfang als der Gesichtsschädel, bei den Haustieren ist es umgekehrt. Zur Futteraufnahme und -zerkleinerung ist der Gesichtsschädel kräftig entwickelt und bietet der starken Kaumuskulatur Ansatz. Nur bei der Katze und bei kurzschnauzigen Hunden (unter anderem Boxer, Rehpinscher, Chihuahua) ist der Hirnschädel größer als der Gesichtsschädel. Außerdem liegt bei unseren Haustieren der Gesichtsschädel vor dem Hirnschädel, während er beim Menschen darunter liegt.

Die Kopfknochen sind platte Knochen, an denen eine äußere und innere Kompakta unterschieden wird. Zwischen beiden befindet sich Spongiosa mit rotem Knochenmark, die Diploë. Mit zunehmendem Alter dringt Nasenschleimhaut in die Diploë einzelner Kopfknochen vor und pneumatisiert diese. So entstehen die Nasennebenhöhlen (▶ Abb. 3-34, 3-35).

3.6.2 Hirnschädel

Hinterhauptsbein und das **Keilbein** sind unpaare Knochen (▶ Abb. 3-31/A und B). Das **Scheitelbein** liegt als paariger Knochen auf beiden Seiten der Mittellinie am Schädelhöhlendach (▶ Abb. 3-31/C). Das **Zwischenscheitelbein** wird paarig angelegt, verschmilzt aber bald zu einem Knochen in der Mittellinie (▶ Abb. 3-31/D). Das **Stirnbein** bildet mit dem Stirnteil als paariger Knochen die Stirn (▶ Abb. 3-31/E). Mit dem Schläfen- und dem Augenhöhlenteil begrenzt es die Seitenflächen der Schädelhöhle. Seitlich am Stirnteil entwickelt sich bei horntragenden Wiederkäuern der **Hornfortsatz** als knöcherne Grundlage des Horns (▶ Abb. 3-31/6). Das Stirnbein umschließt beim Pferd eine, bei Rind und Schwein drei **Stirnhöhlen.** Die aborale (= vom Mund entfernte/wegliegende) Stirnhöhle des Rindes und horntragender kleiner Wiederkäuer setzt sich bis in den Hornfortsatz hinein fort. Das

Abb. 3-30
Unterschiedlicher Anteil von Gesichts- und Hirnschädel am Kopfskelett beim Menschen und beim Pferd (nach Nusshag 1968).

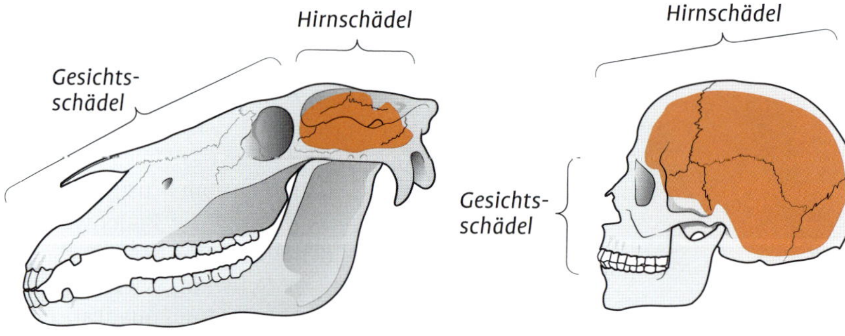

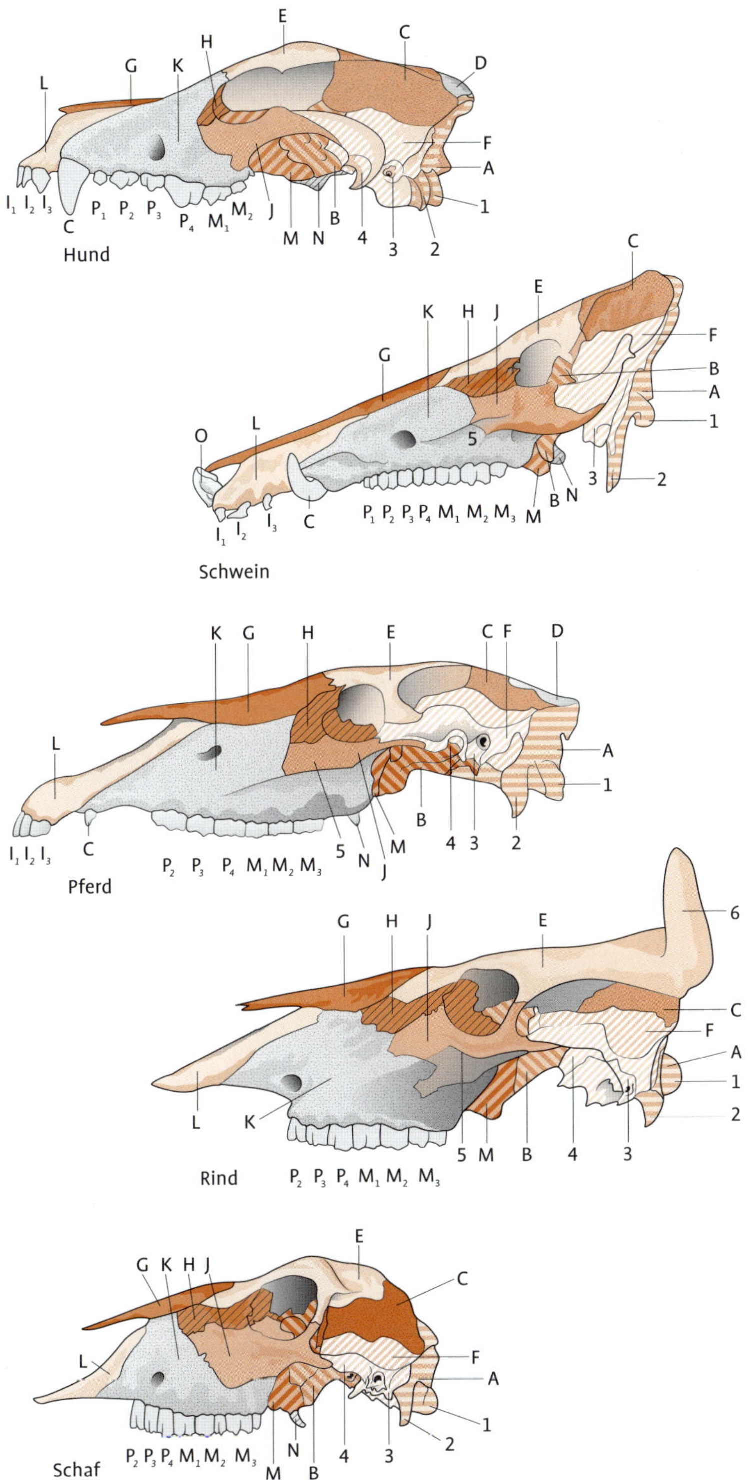

Abb. 3-31
Kopfknochen
(nach Nickel et al. 1992):

- **A** Hinterhauptsbein
- **B** Keilbein
- **C** Scheitelbein
- **D** Zwischenscheitelbein
- **E** Stirnbein
- **F** Schläfenbein
- **G** Nasenbein
- **H** Tränenbein
- **J** Jochbein
- **K** Oberkieferbein
- **L** Zwischenkieferbein
- **M** Gaumenbein
- **N** Flügelbein
- **O** Rüsselbein (Schwein)
- **1** Gelenkknorren und
- **2** Drosselfortsatz des Hinterhauptsbeins
- **3** Felsenbeinpyramide
- **4** Gelenkfläche für Kiefergelenk
- **5** Angesichtsleiste
- **6** Hornfortsatz (Rind)

Bezeichnung der Zähne

- **I** Schneidezähne = Dentes incisivi
- **C** Haken- oder Eckzähne = Dentes canini
- **P** Vordere Backenzähne = Dentes praemolares
- **M** Hintere Backenzähne = Dentes molares

Weiteres zu Zähnen:
▶ Kapitel 3.8.4 Zahnarten und Zahnformeln.

Siebbein ist unpaar und besteht aus Außenwand, Scheidewand, Siebplatte und dem Siebbeinlabyrinth mit den Siebbeinmuscheln. Die Siebplatte trennt die Schädelhöhle von der Nasenhöhle. Zahlreiche Löcher ermöglichen den Durchtritt der Nervenfasern vom Riechkolben in die Riechschleimhaut des Siebbeinlabyrinths. Dorsale und mittlere **Nasenmuschel** werden von den Siebbeinmuscheln gestützt (▶ Abb. 9-3). Nur die ventrale Nasenmuschel (▶ Abb. 9-3) hat einen eigenen Knochen als Grundlage. Zwischen den drei Nasenmuscheln liegen die **Nasengänge.**

Das **Schläfenbein** (▶ Abb. 3-31/F) begrenzt die Schädelhöhle seitlich und unten. Es ist paarig und setzt sich aus der **Schläfenbeinschuppe** und der **Felsenbeinpyramide** zusammen. Die Schläfenbeinschuppe begrenzt seitlich die Schädelhöhle und bildet zusammen mit dem Schläfenfortsatz des Jochbeins den Jochbogen. Die Felsenbeinpyramide hat zwei Anteile: **Felsenteil** und **Paukenteil.** Der Felsenteil umschließt das Innenohr. Durch Öffnungen treten Nerven (N. vestibulocochlearis, N. facialis) in den Felsenteil ein. Der Paukenteil enthält den Raum für das Mittelohr und bildet die geräumige **Paukenhöhle** und den knöchernen Gehörgang.

3.6.3 Gesichtsschädel

Das **Nasenbein** ist vor dem Stirnbein gelegen und bedeckt als platter, paariger Knochen die Nasenhöhle. Beide Nasenbeine sind median verbunden (▶ Abb. 3-31/G). Das **Tränenbein** liegt als paariger Knochen im nasalen Augenwinkel (▶ Abb. 3-31/H). Das **Jochbein** besteht aus dem Körper und dem Schläfenfortsatz (▶ Abb. 3-31/J). Der Schläfenfortsatz bildet mit dem Jochfortsatz des Schläfenbeins den Jochbogen. Auch das Jochbein ist paarig.

Das **Oberkieferbein** (Maxilla) ist der größte Knochen des Schädels (▶ Abb. 3-31/K). Er ist paarig, formt in wesentlichen Teilen das Gesicht und begrenzt die Mund- und die Nasenhöhle. Aus dem Körper des Oberkieferbeins gehen der Alveolenfortsatz, der die Zahnfächer trägt, sowie der Gaumenfortsatz, der an der Bildung des harten Gaumens beteiligt ist, hervor. Die Gaumenfortsätze der Oberkieferbeine müssen in der Embryonalentwicklung in der Medianen (= durch die Mitte des Körpers verlaufende Ebene) zusammentreffen. Bei Hemmungsmissbildungen entsteht eine Gaumenspalte (Wolfsrachen). Jungtiere mit Wolfsrachen können nicht saugen, weil die Luft von der Nasenhöhle durch die Spalte in die Mundhöhle strömen kann und sie daher nicht den für das Saugen erforderlichen Unterdruck in der Mundhöhle erzeugen können. Im Oberkieferbein befindet sich (außer beim Fleischfresser) die geräumige **Kieferhöhle.** Beim Rind liegt in dem Gaumenfortsatz auch noch ein Teil der Gaumenhöhle. Am Körper des Oberkieferbeins ist außen die **Angesichtsleiste** (Crista facialis) beim Pferd und Rind besonders deutlich zu sehen (▶ Abb. 3-31/5).

Abb. 3-32
Kopfknochen des Rindes, Basalansicht (nach Nickel et al. 1992).
Bezeichnungen wie in ▶ Abb. 3-31; dazu:
P Pflugscharbein
7 Hinterhauptloch

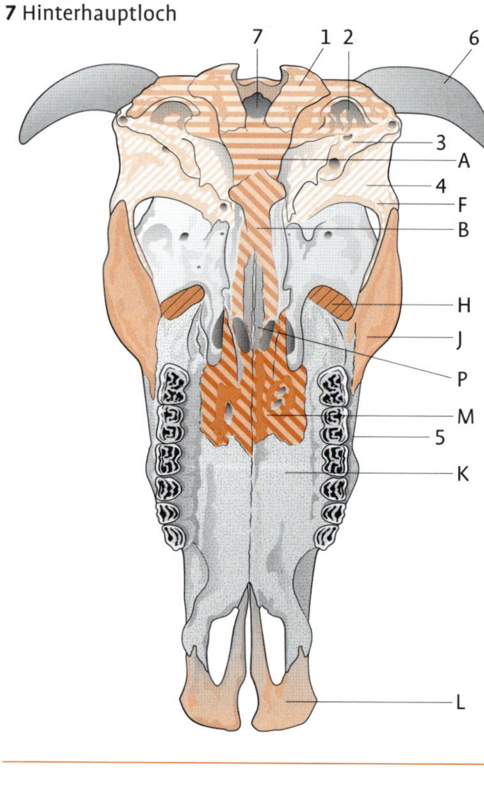

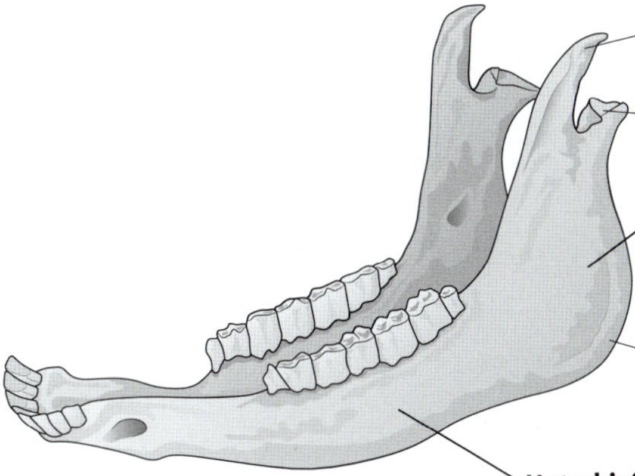

Abb. 3-33
Unterkiefer des Rindes (nach Nickel et al. 1992).

Das **Zwischenkieferbein** ist unpaar und liegt im Schneidezahnbereich des Oberkiefers (▶ Abb. 3-31/L). Es bildet die Zahnfächer für die oberen Schneidezähne (außer Wiederkäuer). Beim Menschen vereinigt es sich schon vor der Geburt mit dem Oberkieferbein. Beim Tier ist es noch längere Zeit nach der Geburt als eigener Knochen zu erkennen. Bei einer embryonalen Entwicklungsstörung kann es zur Spaltbildung zwischen Zwischenkiefer- und Oberkieferbein kommen. Als Folge davon bildet sich im vorderen Bereich des Gesichtsschädels die Hasenscharte, im Gaumenbereich der Wolfsrachen aus.

Das **Rüsselbein** kommt beim Schwein vor (▶ Abb. 3-31/O). Bei diesem ist es über dem Zwischenkieferbein im Rüssel gelegen und stützt diesen. Gelegentlich kann auch bei älteren Rindern ein Rüsselbein im Flotzmaul vorkommen.

Das **Gaumenbein** schließt sich den Gaumenfortsätzen der beiden Oberkieferbeine aboral an (▶ Abb. 3-31/M). Es hat eine Horizontalplatte, die ein Teil des harten Gaumens ist, und eine Sagittalplatte, die den Nasen-Rachen-Raum seitlich begrenzt (sagittal: von vorn nach hinten laufend).

Das **Flügelbein** liegt als platter Knochen zwischen Keilbein und Sagittalplatte des Gaumenbeins (▶ Abb. 3-31/N). Das **Pflugscharbein** ist unpaar (▶ Abb. 3-32/P). Seine Flügel legen sich von unten der Bodenplatte des Siebbeins an. Der Aufbau des **Unterkiefers (Mandibula)** ist aus ▶ Abbildung 3-33 zu ersehen. Er wird von zwei Knochen gebildet. Diese sind in der Mittellinie verwachsen. Diese Verwachsung wird als Symphyse bezeichnet. Die **Symphyse** wird zunächst durch Knorpel gebildet und verknöchert beim Schwein und Pferd nach dem ersten Lebensjahr, bei den Wiederkäuern und Fleischfressern oft gar nicht.

An jedem Unterkieferknochen sind der Körper, der die Zähne trägt, und der Unterkieferast zu unterscheiden. Im Körper liegt der **Unterkieferkanal,** in dem ein sensibler Ast des Nervus trigeminus liegt, der die Zähne sowie die Haut am Kinn innerviert. Körper und Ast gehen im Unterkieferwinkel ineinander über. Am Unterkieferast befindet sich der Gelenkfortsatz für das Kiefergelenk und apikal von diesem der Muskelfortsatz für den Schläfenmuskel (M. temporalis). Lateral ist am Unterkieferast eine breite Ansatzfläche für den äußeren Kaumuskel (M. masseter) ausgebildet.

Das **Zungenbein** befindet sich im Zungengrund und ist über den Aufhängeapparat und die Zungenhörner mit der Schädelbasis verbunden (▶ Abb. 9-4).

Lokalisationen und Benennungen der **Nasennebenhöhlen** sind aus den ▶ Abbildungen 3-34 und 3-35 zu ersehen. Der Schädel der Haustiere weist einen beträchtlichen Umfang auf und gewährt so den Kauwerkzeugen und der Kaumuskulatur Raum bzw. Ansatz. Die gut ausgeprägte Kaumuskulatur zusammen mit den Schädelknochen führt somit zu einem ho-

Abb. 3.34
Nasennebenhöhlen des Pferdes (nach Nickel und Wilkens 1958):
1 aborale Kieferhöhle
2 orale Kieferhöhle
3 ventrale Muschelhöhle
4 Gaumenhöhle
5 Keilbeinhöhle
6 Stirnhöhle
7 dorsale Muschelhöhle

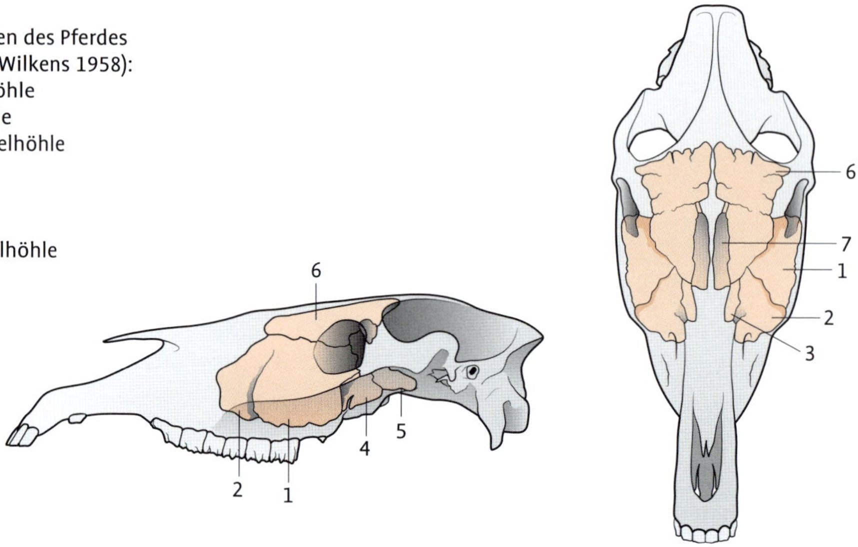

hen Gewicht des Gesamtschädels. Das Gesamtgewicht wird allerdings durch die **Pneumatisierung** einiger Schädelknochen begrenzt. Hierbei dringt von der Nasenhöhle ausgehend Nasenschleimhaut zwischen die Lamellen der Knochen ein, so dass mit Luft gefüllte Räume entstehen.

Bei Pferd, Rind und Schwein dehnen sich die Nasennebenhöhlen mit zunehmendem Alter stark aus. Beim Pferd stehen alle Nasennebenhöhlen einer Seite über einen einzigen Gang mit der Nasenhöhle in Verbindung. Bei den Wiederkäuern wird auch der Hornfortsatz des Stirnbeins von einer Stirnhöhle pneumatisiert. Dieses ist beim Enthornen erwachsener Tiere bzw. bei Hornfrakturen zu berücksichtigen. Bei

Abb. 3-35
Nasennebenhöhlen des Rindes (nach Wilkens 1958):
1 Kieferhöhle
2 Gaumenhöhle
3 Keilbeinhöhle
4 dorsale Muschelhöhle
5 ventrale Muschelhöhle
6 orale, laterale Stirnhöhle
7 orale, mediale Stirnhöhle
8 aborale Stirnhöhle
9 Paraorbitalhöhlen

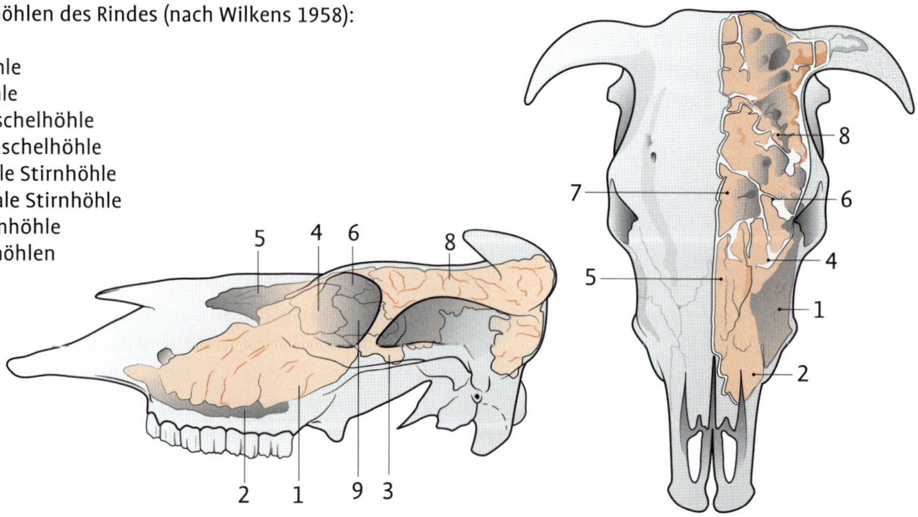

alten Schweinen stellt die aborale Stirnhöhle einen beträchtlichen Hohlraum zwischen der äußeren Schädelplatte und der Schädelhöhle her.

3.7 Besonderheiten des Geflügelskeletts

3.7.1 Besonderheiten des Knochenaufbaus

Das Geflügelskelett ist in seinem Aufbau in hohem Maß an die Fortbewegung in der Luft angepasst. So sind verschiedene Knochen (z. B. Oberarmbein, Rabenschnabelbein, Brustbein, Wirbel) hohl und mit Luft gefüllt, was zu einer deutlichen Gewichtsreduktion des Skeletts führt. Vogelknochen haben einen größeren Anteil an mineralischer Substanz (84 %) als die der Säugetiere (ca. 70 %). Dies macht die Knochen allerdings spröde.

In die hohlen Knochen erstrecken sich zum Teil die Luftsäcke (▶ Kap. 9.5). Weiterhin bildet sich in gut durchbluteten Röhrenknochen zu Beginn der Legeperiode bei weiblichen Vögeln der medulläre Knochen. Der medulläre Knochen besteht aus Knochenbälkchen, die in die hohle Markhöhle einwachsen. Er hat keinerlei statische Funktion, sondern dient als Kalziumreservoir. Dies ist notwendig, da die Hennen während der Legeperiode nicht genug Kalzium

Abb. 3-36
Skelettsystem des Huhns (nach König und Liebich 2001).

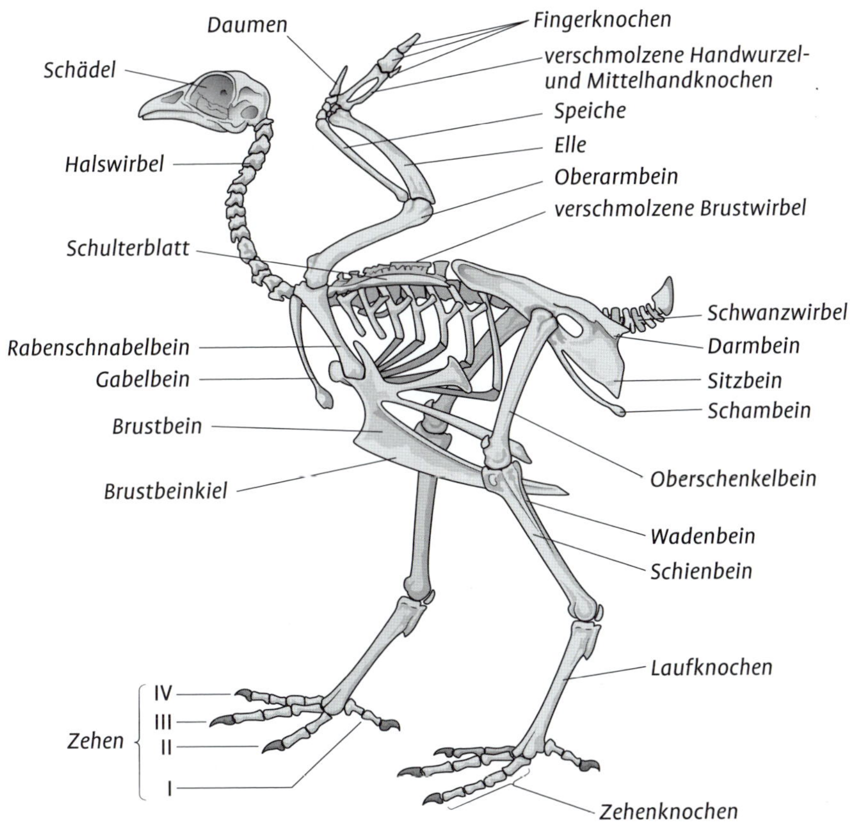

aus dem Darm resorbieren können, um ihren eigenen Bedarf und den für die Eischalenbildung zu decken. Der medulläre Knochen wird entsprechend dem Kalziumbedarf und der Kalziumverfügbarkeit während der gesamten Legeperiode auf- und abgebaut (▶ Kap. 2.5.4).

3.7.2 Besonderheiten der Knochen des Stammes und der Gliedmaßen

Die Wirbelsäule des Vogels besteht prinzipiell aus vergleichbaren Abschnitten wie die der Säugetiere (▶ Tab. 3-1). Vögel haben aber keine feste Zahl von 7 Wirbeln in der Halswirbelsäule. Huhn und Ente besitzen jeweils 14 Halswirbel, die Gans 17. Die Halswirbelsäule ist S-förmig gebogen (▶ Abb. 3-36) und deutlich beweglicher als beim Säugetier. Die Länge der Halswirbelsäule übersteigt bei vielen Vogelarten die Länge von Speiseröhre und Luftröhre. Die hohe Beweglichkeit, wie sie in der Halswirbelsäule vorherrscht, setzt sich in den folgenden Abschnitten der Wirbelsäule nicht fort. Hier sind zur Gewährleistung einer hohen Stabilität während des Flugs viele der Wirbel miteinander verschmolzen. Von den 7 Brustwirbeln des Huhnes sind nur der 1. und der 6. Wirbel frei beweglich, 2. bis 5. Wirbel sind miteinander verschmolzen. Der 7. Brustwirbel ist bereits mit dem folgenden verwachsenen Abschnitt der Wirbelsäule, dem Synsacrum, verbunden. Das Synsacrum wird gebildet aus dem letzten Brustwirbel, den Lendenwirbeln, den Kreuzwirbeln und den ersten Schwanzwirbeln. Die folgenden, nicht im Synsacrum enthaltenen Schwanzwirbel, sind wieder frei und beweglich. Die letzten 5 bis 6 Schwanzwirbel sind allerdings wieder miteinander verschmolzen.
Das Brustbein ist beim Vogel sehr gut ausgebildet. Es stellt eine große Ansatzfläche für die Flugmuskulatur zur Verfügung. Dies wird unterstützt durch den auffallend großen Brustbeinkiel (▶ Abb. 3-36).
Zu den Knochen des Schultergürtels gehören das Schulterblatt, das Rabenschnabelbein (bei Säugetieren nicht vorhanden) und das Schlüs-

Abb. 3-37
Becken des Haushuhns mit Anteilen der verwachsenen Wirbelsäule (nach König und Liebich 2001).

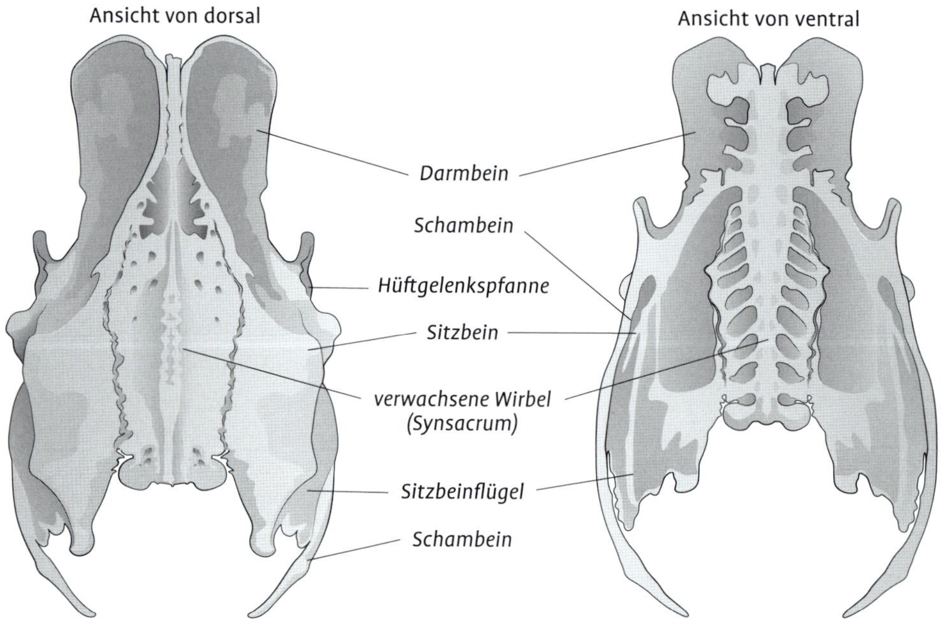

selbein (▶ Abb. 3-36). Das Rabenschnabelbein ist zwischen dem Brustbein auf der einen Seite und dem Schulterblatt, dem Schlüsselbein und Oberarmbein auf der anderen Seite positioniert. Es dient als Abstandhalter und verhindert, dass während des Fluges der Brustkorb zusammengedrückt wird. Ebenfalls als Abstandhalter dient das Gabelbein (bei Säugetieren nicht vorhanden). Es wird durch die Verbindung des rechten und linken Schlüsselbeins gebildet und ist zwischen den beiden Schultergelenken positioniert (▶ Abb. 4-19). Das Skelett des Flügels wird aus den folgenden Knochen gebildet: Oberarmbein, Elle und Speiche, Handwurzelknochen, Mittelhandknochen und Fingerknochen (▶ Abb. 3-36). Im Gegensatz zum Säugetier ist beim Geflügel die Elle stärker ausgebildet als die Speiche. Die Handwurzelknochen sind teilweise verschmolzen. Aus der proximalen Reihe der Handwurzelknochen gehen dadurch nur zwei Knochen hervor. Die distalen Handwurzelknochen und die Mittelhandknochen sind ebenfalls miteinander verwachsen und bilden eine Knochenspange, die aus einem dickeren und einem dünneren Ast besteht. Es sind drei Finger erkennbar, von denen nur einer zweigliedrig ist (Digitus major).

Der Beckengürtel wird aus dem Darmbein, dem Sitzbein und dem Schambein gebildet (▶ Abb. 3-37). Diese drei Knochen sind – wie beim Säugetier (▶ Kap. 3.4) – miteinander zum Becken verwachsen. Weiterhin besteht auch eine Verbindung mit dem Synsacrum. Das Becken ist nach ventral hin weit offen, was den Durchtritt der Eier erleichtert. Zu den Knochen der Beckengliedmaße rechnet man das Oberschenkelbein, das Schienbein, das Wadenbein, den Laufknochen und die Zehenknochen. Am Laufknochen ist bei männlichen Tieren die knöcherne Grundlage für den Sporn ausgebildet (▶ Abb. 3-38). Die Zehen bestehen aus einer unterschiedlichen Anzahl an Zehengliedern. Die Anzahl der Zehenglieder nimmt dabei von der ersten Zehe, die aus zwei Zehengliedern besteht, ausgehend jeweils um ein Glied zu, so dass die vierte Zehe 5 Zehenglieder aufweist.

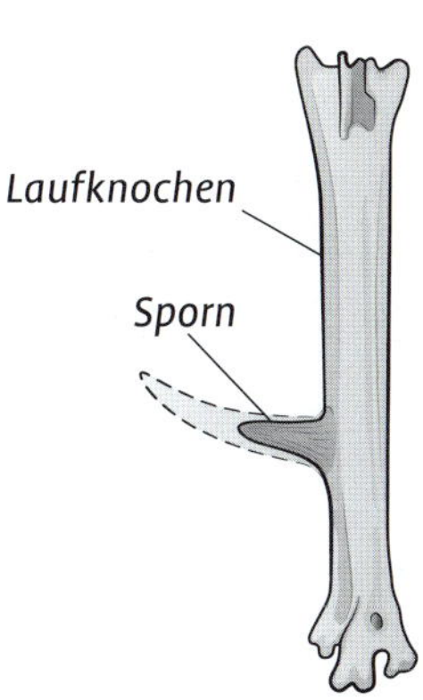

Abb. 3-38
Laufknochen des Hahns mit Sporn (nach Nickel et al. 2004). Ansicht von kaudal. Der Sporn besitzt eine knöcherne Grundlage, die von Lederhaut und verhornter Oberhaut (gestrichelte Linie) überzogen ist.

3.8 Zähne und Schnabel

Die Zähne **(Dentes)** bestehen aus drei Hartsubstanzen, dem **Zahnbein, Zahnschmelz** und **Zahnzement**, und den weichen Anteilen, **Pulpa** und **Wurzelhaut** (▶ Abb. 3-39).

Abb. 3-39
Bau eines Zahns, schematisch (nach Wennemuth 2012).

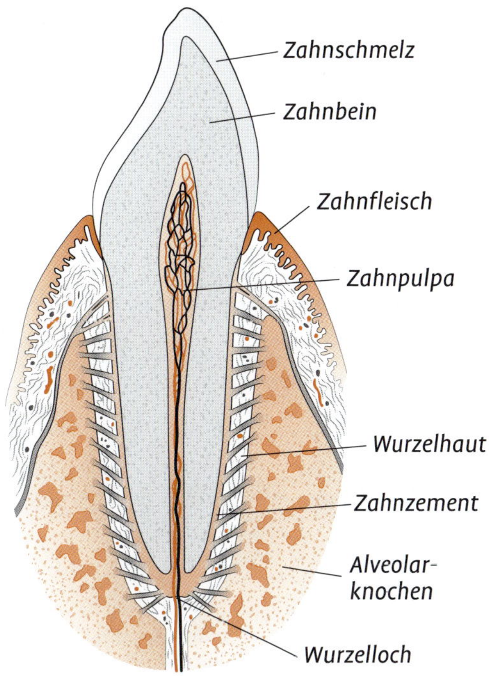

Außen am Zahn lassen sich ein distaler (freier) Teil, die **Zahnkrone**, und ein proximaler (im Kiefer befindlicher) Teil, die **Zahnwurzel**, unterscheiden. Krone und Wurzel können über einen Zahnhals voneinander abgesetzt sein. Als **Wurzelhaut** wird das Bindegewebe des Zahnhalteapparates bezeichnet. Die Bindegewebsfasern bestehen aus kollagenen Faserbündeln und überbrücken den Spalt zwischen dem Zahnzement der Zahnwurzel und der Wand des Zahnfachs **(Alveole)**. Dadurch erfolgt eine federnde Verbindung der Zahnwurzel mit den Alveolen im Ober- und Unterkiefer.

3.8.1 Feinbau des Zahnes

Das **Zahnbein (Dentin)** stellt stark modifiziertes Knochengewebe dar und wird von sogenannten Odontoblasten gebildet. Es enthält die Zahnhöhle (Pulpahöhle), in der die **Pulpa** liegt (▶ Abb. 3-39). Diese wird von Bindegewebe, Blutgefäßen und Nerven gebildet. Über das **Wurzelloch** an der Spitze der Zahnwurzel treten Nerven und Blutgefäße in die Zahnhöhle ein. **Zahnschmelz** (Email) ist die härteste Substanz des Körpers. Er wird von Enameloblasten gebildet, die von dem Mundhöhlenepithel abstammen.

Zahnzement stellt den Überzug jenes Zahnteils dar, der in der Alveole, dem Zahnfach, steckt. Bei schmelzfaltigen Zähnen (▶ Kap. 3.8.2) reicht der Zement bis an die Reibefläche und füllt auch die Kunden und Schmelzbecher aus. Der Zahnzement wird von den Zementoblasten gebildet und ist knochenartig.

3.8.2 Zahnformen

Der **Schmelz** ist entweder als Kappe über dem Zahnbein **(schmelzhöckrige Zähne)** oder als Umhüllung mit Einfaltungen **(schmelzfaltige Zähne)** ausgebildet. Die Charakteristika von schmelzhöckrigen und schmelzfaltigen Zähnen sind aus ▶ Abbildung 3-40 zu ersehen. Schmelzfaltige Zähne weisen seitliche Einfaltungen des Schmelzmantels und zum Teil Schmelzeinstülpungen von der Kaufläche her, sogenannte Schmelzbecher (Pferd: Kunden), auf. Die Seiten schmelzfaltiger Zähne sind von Zement überzogen. Die Schmelzbecher stülpen sich von der **Kaufläche** her in Richtung Wurzel vor und füllen sich mit Zement (▶ Abb. 3-40). So entsteht eine Kaufläche aus verschieden harten Substanzen, die sich beim Abreiben rau erhält. Erst wenn bei sehr alten Tieren die Schmelzbecher bzw. die Einfaltungen

Abb. 3-40
Zahnformen (nach Nickel et al. 1999).

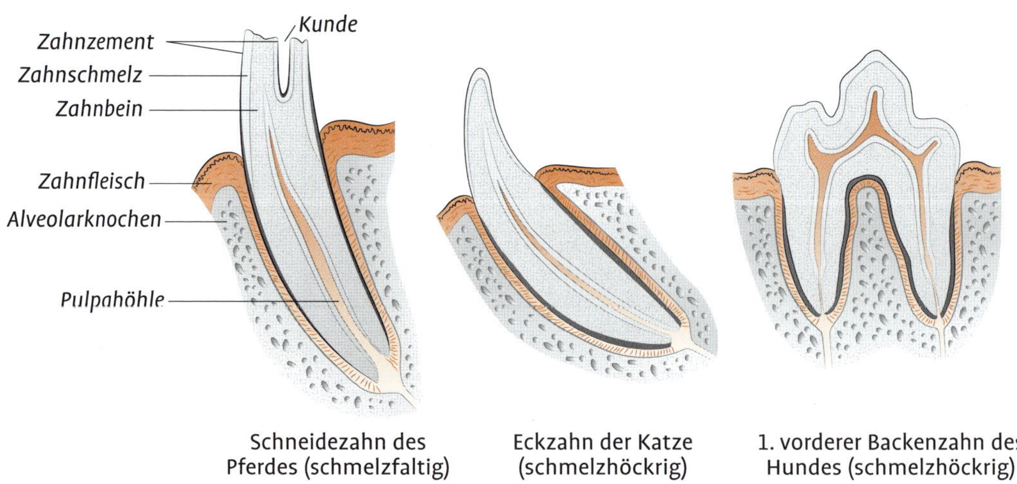

abgerieben sind, werden die Backenzahnoberflächen glatt.
Schmelzhöckrig sind die Zähne des Menschen, des Schweins und der Fleischfresser, die Hakenzähne der Wiederkäuer und des Pferdes sowie die Schneidezähne der Wiederkäuer. Schmelzfaltig sind die Backenzähne der Wiederkäuer und des Pferdes sowie die Schneidezähne des Pferdes.
Die Form der Zähne steht in engem Zusammenhang mit der Art der Nahrungsaufnahme und -zerkleinerung der Tiere. Fleischfresser zerkleinern mit den schmelzhöckrigen Zähnen die Nahrung schneidend-beißend, Allesfresser quetschend. Die breitere Kaufläche der schmelzfaltigen Zähne dient bei Pflanzenfressern der mahlenden Zerkleinerung.

3.8.3 Zahnwechsel

Bei den Haussäugetieren werden die Zähne wie beim Menschen gewechselt. Die **Milchzähne** (Dentes decidui) sind bereits bei der Geburt durch das Zahnfleisch durchgebrochen, oder sie brechen in den ersten Lebenstagen bis -monaten durch. Beim heranwachsenden Tier werden die Milchzähne durch **bleibende Zähne** (Dentes permanentes) ersetzt.
Dieser **Zahnwechsel** findet mit großer zeitlicher Regelmäßigkeit statt, so dass er zur Altersbestimmung herangezogen werden kann. Nicht alle Zähne werden als Milchzähne angelegt. Die hinteren Backenzähne (= Molaren = Dentes molares, ▶ Kap. 3.8.4) aller Haussäugetiere sowie der erste vordere Backenzahn (= 1. Prämolar) des Hundes und des Schweins haben keine Vorgänger im Milchzahngebiss. Beim Zahnwechsel wird die Milchzahnwurzel langsam resorbiert, während der bleibende Zahn heranwächst. Schließlich bleibt nur noch die kappenartige Krone des Milchzahns übrig, die sich vom Zahnfleisch löst. Während dieser Zeit können Schmerzen am Zahnfleisch auftreten, die Speichelfluss und vorübergehende Fressunlust verursachen können (sogenanntes Kappzahnalter; Pferd: 2 bis 4 Jahre, Rind: 2 bis 3 Jahre).

3.8.4 Zahnarten und Zahnformeln

Als Zahnarten werden unterschieden:
- Schneidezähne = Dentes incisivi (I)
- Haken- oder Eckzähne = Dentes canini (C)
- Vordere Backenzähne = Dentes praemolares (P)
- Hintere Backenzähne = Dentes molares (M)

Das ursprüngliche bleibende Gebiss der Säugetiere hatte die Formel:

3I	1C	4P	3M
3I	1C	4P	3M

Oberhalb des Formelstriches stehen die Symbole der Oberkieferzähne, unterhalb die der Unterkieferzähne. Eine Multiplikation mit zwei (für rechts und links) ergibt die Gesamtzahl der Zähne. Milchzähne werden mit einem ergänzten „d“ (Dentes decidui) symbolisiert. Die Zahnformeln der meisten Haussäugetiere (außer Schwein) zeigen gegenüber obiger Formel mehr oder weniger starke Reduktionen in der Anzahl der Zähne.
Bei den Schneidezähnen der **Pferde** unterscheidet man: Zangen (I1), Mittelzähne (I2), Eckzähne (I3). Die eigentlichen Eckzähne (C) werden beim Pferd **Hakenzähne** genannt. Diese sind aber nur bei männlichen Tieren regelmäßig und kräftig entwickelt (Hengstzahn). Bei weiblichen Tieren brechen sie kaum durch.

Mensch

Milchzähne	Bleibende Zähne
2Id 1Cd 2Md	2I 1C 2P 3M
2Id 1Cd 2Md	2I 1C 2P 3M

Pferd

Milchzähne	Bleibende Zähne
3Id 3Pd	3I 1C 3P 3M
3Id 3Pd	3I 1C 3P 3M

Die Schneidezähne der Pferde besitzen tiefe Schmelzbecher, die als Kunden bezeichnet werden. Der Querschnitt durch die bleibenden

Schneidezähne ist von der Kaufläche zur Wurzel erst queroval, dann rundlich, weiter unten dreieckig und schließlich längsoval. Die Tiefe der Kunden und die Form der Reibefläche werden zur **Altersbestimmung** herangezogen (▶ Kap. 3.8.5).
Weil beim **Wiederkäuer** der Hakenzahn (C) des Unterkiefers die Form der Schneidezähne angenommen hat und sich diesen anschließt, unterscheidet man bei den „Schneidezähnen" Zangen (I1), innere Mittelzähne (I2), äußere Mittelzähne (I3), Eckzähne (C). Die schaufelförmigen Schneidezähne sitzen auch bei gesunden Tieren lose in den Alveolen. Der Oberkiefer trägt keine Schneidezähne. Dort ist eine Kauplatte aus Zahnfleisch mit stark verhorntem Epithel ausgebildet.

Wiederkäuer

Milchzähne	Bleibende Zähne
Kauplatte 3Pd	Kauplatte 3P 3M
3Id 1Cd 3Pd	3I 1C 3P 3M

Beim **Schwein** sind die Hakenzähne (C), besonders beim männlichen Tier, zu Hauern ausgewachsen. Diese wachsen als wurzellose Zähne ständig weiter, sodass der Abrieb ersetzt wird. Die Schneidezähne des Schweins sind besonders im Unterkiefer stiftförmig gerade und können zum Schaben benutzt werden (▶ Abb. 3-41).

Abb. 3-41
Gebiss eines Schweins, Seitenansicht.

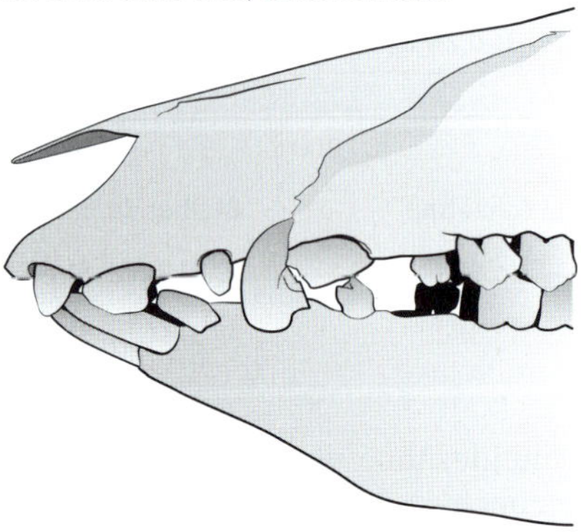

Schwein

Milchzähne	Bleibende Zähne
3Id 1Cd 3Pd	3I 1C 4P 3M
3Id 1Cd 3Pd	3I 1C 4P 3M

Die Eck- oder Hakenzähne (C) der **Fleischfresser** sind als sogenannte **Fangzähne** sehr kräftig und dolchartig (▶ Abb. 3-42 und 3-43). Besondere Bedeutung haben der P4 oben (bei der Katze P3) und der M1 unten als **Reißzähne**. Mit ihren kräftigen Schmelzhöckern können sie zum scherenartigen Abtrennen zäher Gewebsteile benutzt werden. Der erste Prämolar des Hundes wird nicht gewechselt.

Hund

Milchzähne	Bleibende Zähne
3Id 1Cd 3Pd	3I 1C 4P 2M
3Id 1Cd 3Pd	3I 1C 4P 3M

Katze

Milchzähne	Bleibende Zähne
3Id 1Cd 3Pd	3I 1C 3P 1M
3Id 1Cd 2Pd	3I 1C 2P 1M

Abb. 3-42
Milchgebiss eines ca. 3 Monate alten Hundes, ein Schneidezahn unten links ist bereits ausgefallen (nach Salomon et al. 2020).

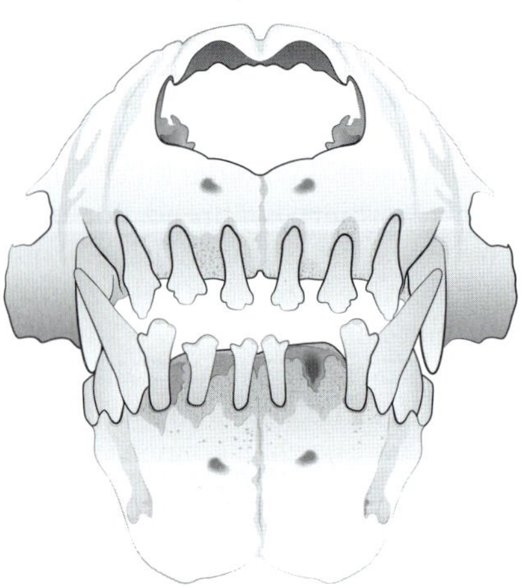

Abb. 3-43
Gebiss eines ca. 7 Monate alten Hundes mit den jetzt bleibenden Schneidezähnen (nach Salomon et al. 2020).

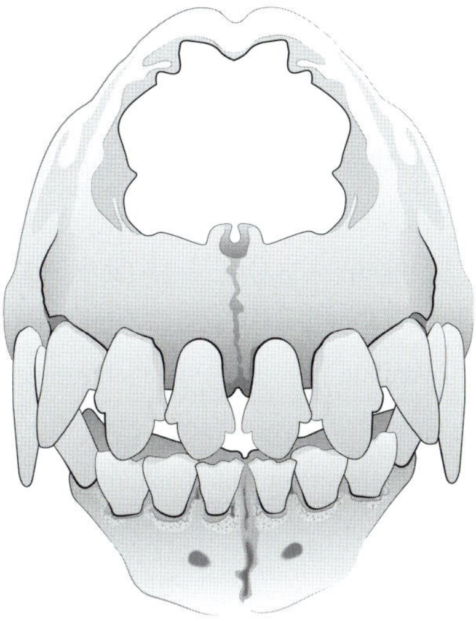

Abb. 3-44
Zangen und Mittelzähne eines 6 Monate alten Fohlens.

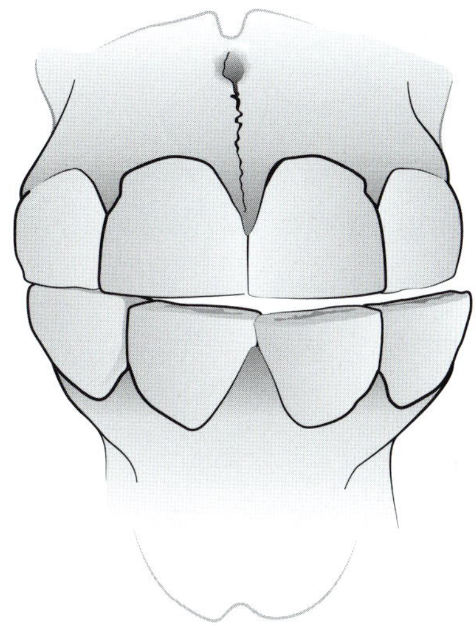

3.8.5 Altersbestimmung beim Pferd

▶ Abbildungen 3-44 bis 3-47

■ Durchbrechen

Bei der Geburt sind vorhanden bzw. in den ersten sechs Lebenstagen brechen durch:

Id1 Pd2–4
Id1 Pd2–4

Nach durchschnittlich 6 Wochen (3 bis 8 Wo) brechen durch:

Id2
Id2

Nach durchschnittlich 6 Monaten (5 bis 9 Mo) brechen durch:

Id3
Id3

Die Kunden in den Milchschneidezähnen sind nach 1 ½ bis 2 Jahren verschwunden.

Zahnwechsel

2 ½ Jahre (3 Jahre)	3 Jahre
Id1	Pd1–2
Id1	Pd1–2
3 ½ Jahre (4 Jahre)	**3 ½ Jahre**
Id2	Pd3
Id2	Pd3
4 ½ Jahre (5 Jahre)	
Id3	
Id3	

(Das Jahr in Klammern gibt den Zeitpunkt an, zu dem der bleibende Zahn in Reibung tritt).

Die Hakenzähne des Hengstes brechen im Alter von 3 Jahren durch. Dic Prämolaren werden im Alter von 2 bis 4 Jahren gewechselt (Kappzahnalter). Für die weitere Altersbestimmung wird der Abrieb der bleibenden Schneidezähne herangezogen. Damit verschwinden

Abb. 3-45
Schneidezähne eines 5 Jahre alten Pferdes.
Oben: Oberkiefer. **Unten:** Unterkiefer.

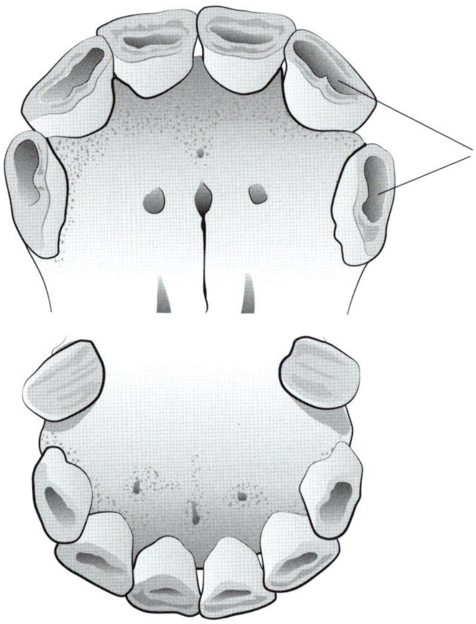

Abb. 3-46
Einbiss im oberen Eckzahn eines 10 Jahre alten männlichen Pferdes (Zangengebiss).

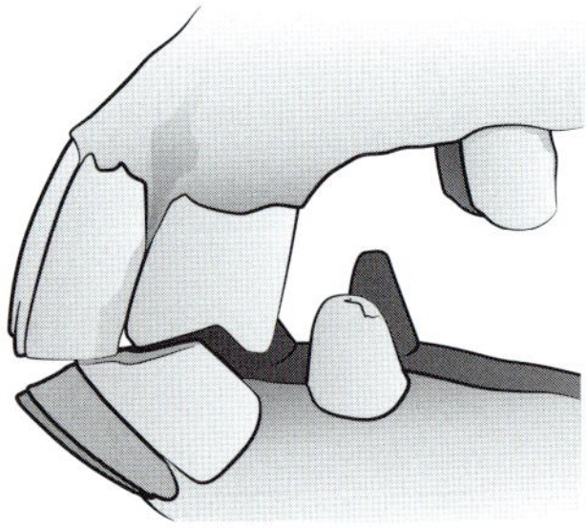

Abb. 3-47
Schneidezähne eines alten Pferdes (Winkelgebiss).

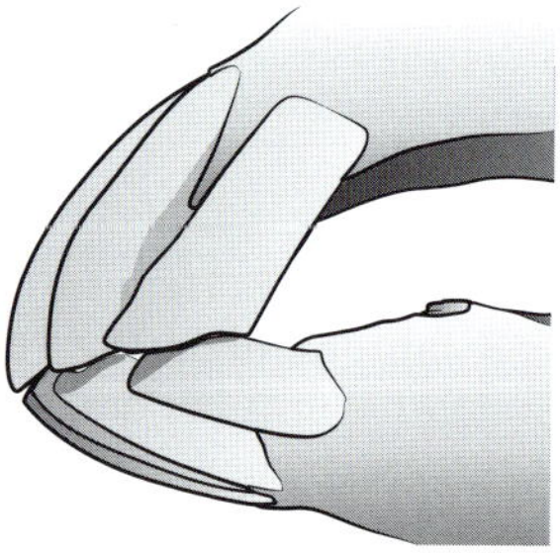

Abnutzung der Zähne

Verschwinden der Kunden	
Oben:	
Zangen	9 Jahre (3+6)
Mittelzähne	10 Jahre (4+6)
Eckzähne	11 Jahre (5+6)
Unten:	
Zangen	6 Jahre (3+3)
Mittelzähne	7 Jahre (4+3)
Eckzähne	8 Jahre (5+3)

Form der Reibeflächen	
Queroval	6 bis 12 Jahre
Rundlich	12 bis 17 Jahre
Dreieckig	18 bis 24 Jahre
Längsoval	24 bis 30 Jahre

die Kunden. Der Abrieb beträgt jährlich etwa 2 mm. Tiefe der Kunden: Schneidezähne unten 6 mm (also 3 Jahre in Reibung), oben 12 mm (also 6 Jahre bis zum Verschwinden der Kunde).
Mit 8 bis 9 Jahren bildet sich am oberen Eckzahn der sogenannte Einbiss (▶ Abb. 3-46).
Die Jahreszahlen können allerdings nur ungefähre Zeitspannen angeben. Je länger und flacher die Schneidezähne sind, desto älter ist das Pferd. Das Zangengebiss geht damit in ein Winkelgebiss über (▶ Abb. 3-46, 3-47).
Die Regeln der Zahnaltersbestimmung beim Pferd sind oft wegen starker Streuungen nur bedingt anwendbar. Insbesondere die Aussagekraft des Abriebs der Kunden gemessen am Verschwinden der Kunden und auch das Auftreten des Einbisses sind mit Vorsicht zu beurteilen.

Abb. 3-48
Schneidezähne eines etwa 1 ½ Jahre alten Rindes (Zangen im Wechsel).

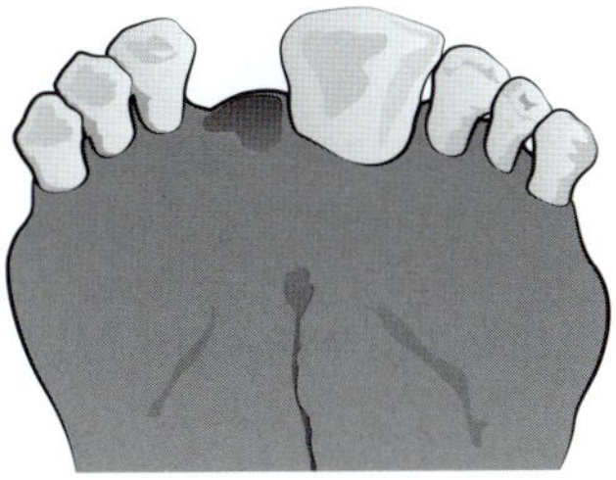

Abb. 3-49
Schneidezähne einer etwa 3 ½ Jahre alten Kuh (Eckzähne noch nicht gewechselt).

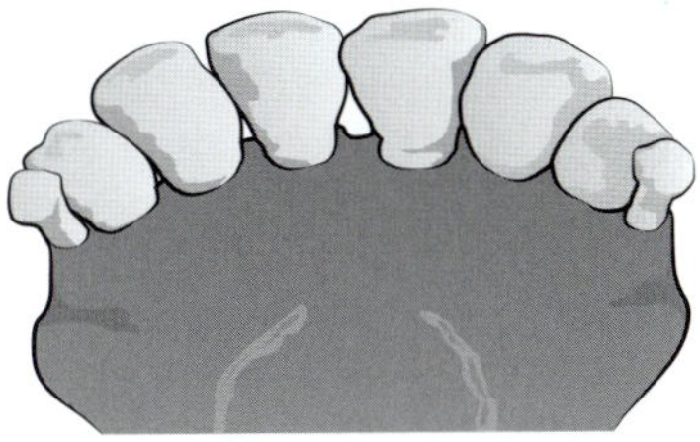

3.8.6 Altersbestimmung beim Rind

▶ Abbildungen 3-48 und 3-49
Bei der Geburt sind die Milchzähne vollzählig durchgebrochen oder sie brechen spätestens nach 2 bis 3 Wochen durch. Die Zangen und die inneren Mittelzähne sind auf jeden Fall vorhanden.

Durchbruch der Molaren

5 bis 6 Monate	15 bis 18 Monate	24 bis 28 Monate
M1	M2	M3
M1	M2	M3

Zahnwechsel

Zangen	1 ½ Jahre	(14 bis 25 Monate)
Innere Mittelzähne	2 ½ Jahre	(17 bis 33 Monate)
Äußere Mittelzähne	3 ½ Jahre	(22 bis 40 Monate)
Eckzähne	4 Jahre	(32 bis 42 Monate)
Prämolaren	2 bis 3 Jahre	(Kappzahnalter)

Frühreife Rassen wechseln die Zähne früher, spätreife später. Unter Berücksichtigung des Zahnwechsels und des Endes des Knochenwachstums sind Rind und Pferd also mit 4 bzw. 5 Jahren ausgewachsen. Eine Kuh hat in der Regel dann aber schon zwei- bis dreimal gekalbt.
Durch Abrieb entstehen an den Schneidezähnen **Reibeflächen,** die erst schmal sind und mit 7 bis 8 Jahren etwa die Hälfte, mit 9 bis 10 Jahren die gesamte Zangenfläche der Schneidezähne einnehmen.

3.8.7 Altersbestimmung bei Ziege und Schaf

Zahnwechsel

Zangen (I1)	1 bis 1 ½ Jahre
Innere Mittelzähne (I2)	1 ½ bis 2 Jahre
Äußere Mittelzähne (I3)	2 ¼ bis 3 Jahre
Eckzähne (C)	3 bis 3 ½ Jahre

Der Zahnwechsel, auch der Backenzähne, ist mit 4 Jahren beendet.

3.8.8 Zahnfehler und Stellungsanomalien

Karpfen-, **Hecht-** und **Koppergebiss** sind in den ▶ Abbildungen 3-50 bis 3-52 dargestellt.
Schief gestellte Schneidezähne bilden sich bei Erkrankungen der Backenzähne oder eines Kiefergelenks mit dadurch bedingtem einseitigem Kauen aus. Das **Scherengebiss** entwickelt sich bei nicht gleichmäßiger Abnutzung der Kauflächen der Backenzähne. Die Gratbildung (oben backenwärts, unten zungenseitig) ruft Verletzungen der Zunge und der Backenschleimhaut hervor.
Das **Treppengebiss** ist gekennzeichnet durch unterschiedliche Höhen der Kauflächen der Backenzähne.
Zahnfehler und mangelhafte Kautätigkeit zeigen sich beim Pferd im Auftreten von Haferkörnern im Kot oder auch durch sogenanntes Wickelkauen, bei dem eingespeicheltes und nur teilweise zerkleinertes Raufutter beim Fressen verloren geht. Beim Rind und Schwein sowie bei den kleinen Wiederkäuern spielen Zahnkrankheiten keine so große Rolle wie beim Pferd.

Abb. 3-50
A Physiologische Stellung der Schneidezähne
B Karpfengebiss
C Hechtgebiss

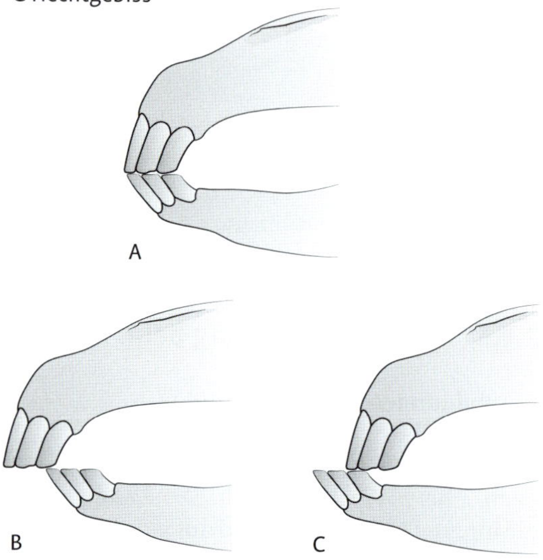

Abb. 3-51
Aufsetzen des Gebisses beim Koppen (nach Zeeb 1989).

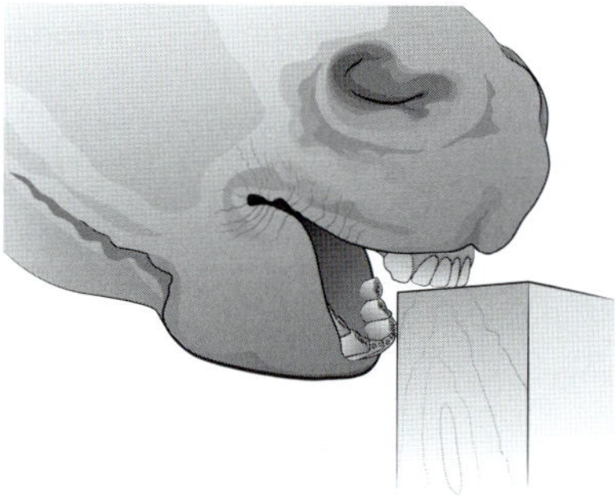

Abb. 3-52
Koppergebiss. Zangen (I1) und Mittelzähne (I2) vorn abgewetzt.

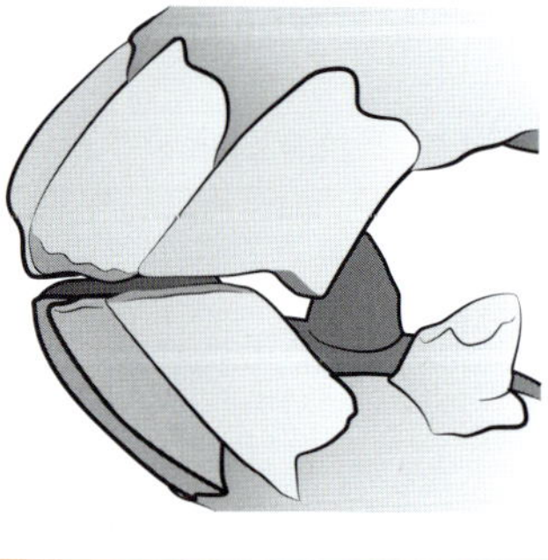

3.8.9 Schnabel

Der Schnabel ist ein vielfältiges Greifwerkzeug. Er hat nicht nur Bedeutung für die Nahrungsaufnahme (▶ Kapitel 10.13.1), sondern dient beispielweise auch dem Nestbau, der Gefiederpflege und der Verteidigung. Die knöcherne Grundlage für den Schnabel bilden Ober- und Unterkiefer (▶ Abb. 3-53). Beide sind von einer Hornscheide, welche kontinuierlich nachgebildet wird, umschlossen. Diese Hornscheide ist bei Gänsen und Enten noch von der Wachshaut überzogen. Beim Huhn bedeckt die Wachshaut nur die Basis des Oberschnabels. Die Innervation des Schnabels erfolgt durch den V. Gehirnnerv (N. trigeminus) (▶ Tab. 18-2). Sowohl Ober- als auch Unterschnabel sind bis in die Spitze hinein sensibel innerviert.

Abb. 3-53
Kopf eines Haushuhnes im Paramedianschnitt (nach Nickel et al. 2004).

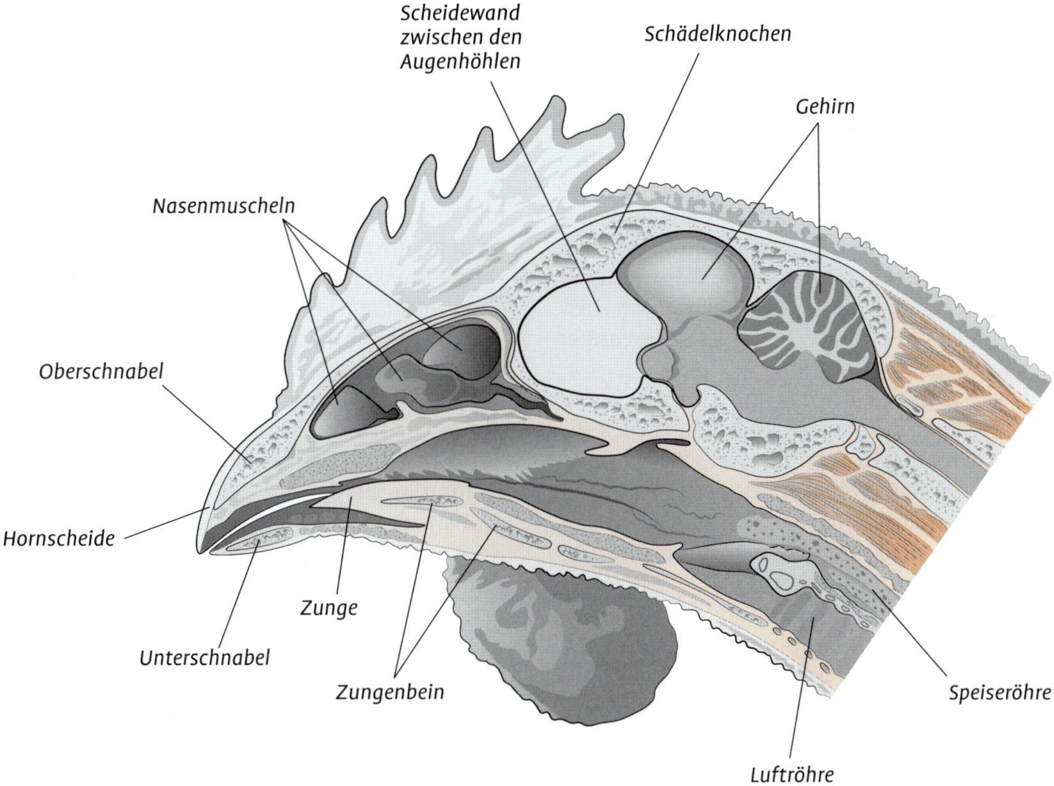

4 Skelettmuskelsystem

4.1 Allgemeines

Das Skelettmuskelsystem wird als **aktiver Bewegungsapparat** dem passiven Bewegungsapparat, der die Knochen und Gelenke umfasst, gegenübergestellt. Durch seine Kontraktionsfähigkeit ermöglicht das Muskelsystem geordnete, dem Willen unterworfene Bewegungen des Körpers.

Alle Muskeln des Körpers aufzuführen und zu beschreiben, würde den Rahmen dieses Buches sprengen. Es werden deshalb vor allem jene Muskeln und Muskelgruppen besprochen, die für die Beurteilung lebender und geschlachteter Tiere sowie für das Verständnis der Bewegungsabläufe wichtig sind.

Als **Ursprung (U)** eines Muskels wird im Allgemeinen dessen rumpfnaher Verbindungspunkt mit dem Skelettsystem bezeichnet. Die distale Verbindung nennt man **Ansatz (A).**

Die Wirkung eines Muskels kann nach der jeweiligen Stellung der Knochen zueinander unterschiedlich sein. So gibt es besonders an den Gliedmaßen Muskeln, die z. B. in der Hangbeinphase (Bewegungsphase) als **Beuger** wirken, in der Stützbeinphase (nach Fußung der Gliedmaße) dagegen als **Strecker** (▶ Kap. 5.4.2). Für die Beurteilung der Wirkung eines Muskels bzw. einer Muskelgruppe ist es daher wesentlich, sich klare Vorstellungen über Ursprung und Ansatz am Skelettsystem und über die Lage zu den einzelnen Gelenken zu verschaffen.

Da die Muskeln nur selten direkt an jenen Knochen ansetzen können, die sie bewegen sollen, laufen sie häufig in mehr oder weniger lange **Sehnen** aus. Solche Sehnen findet man besonders ausgeprägt an den Gliedmaßen. An ihrem Ursprung und an ihrem Ansatz gehen die kollagenen Fasern der Muskeln bzw. ihrer Sehnen in die Fibrosa der Knochenhaut über und werden mithilfe von **Sharpey-Fasern** im Knochen verankert. Breite Sehnen werden **Aponeurosen** genannt (z. B. die breiten Sehnen der Bauchmuskeln).

Verlaufen Sehnen über Knochenvorsprünge oder erhabene Gelenkteile, so bilden sich besondere Hilfseinrichtungen aus. Sesambeine sind spezielle Knochen in oder unter Sehnen (▶ Kap. 3.3.1). Schleimbeutel und Sehnenscheiden sind Einrichtungen, die den Sehnen ein reibungsarmes Gleiten ermöglichen (▶ Abb. 4-1). Bei dünnen Sehnen bilden sich Sehnenscheiden, die die Sehnen umhüllen, bei breiten Sehnen unterlagern Schleimbeutel die

Abb. 4-1
Schleimbeutel und Sehnenscheide in schematischer Darstellung (nach König und Liebich 2012).

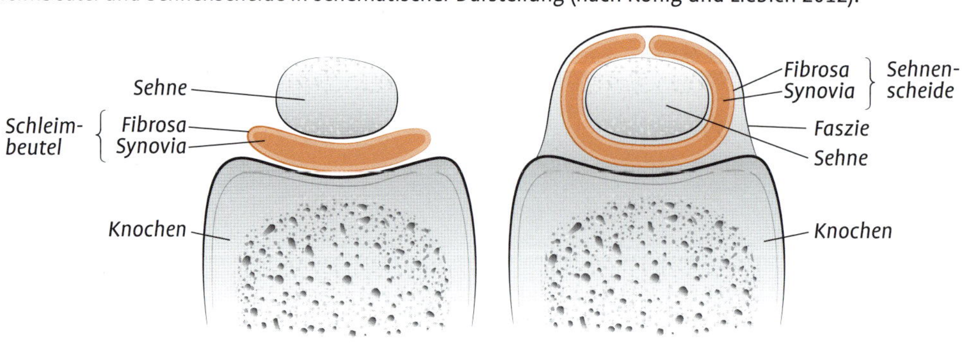

Sehnen. Sehnenscheiden und Schleimbeutel bestehen ähnlich wie die Gelenkkapseln aus einer straffen Fibrosa und einer Synovialis, die Synovia produziert und dadurch den Gleitprozess ermöglicht.

Die **Hubkraft** der Muskeln wird gesteigert durch in den Muskeln befindliche sehnige Einlagerungen, zwischen denen dann zahlreiche, aber kurze Muskelzellen verlaufen. Man nennt diese Anordnung **Fiederung.** Mehrfach gefiederte Muskeln können durch die große Zahl der Zellindividuen große Lasten heben. Wegen der Kürze der Zellen ist ihre Hubhöhe jedoch eingeschränkt. Muskeln mit parallelem Verlauf der langen Muskelzellen (einfach gefiederte Muskeln) haben zwar eine große Hubhöhe, jedoch ist ihre Hubkraft begrenzt. Häufig findet man Muskeln beider Arten in der Arbeit vereint, wobei der Muskel mit der Hubkraft die Bewegung einleitet, der Muskel mit der Hubhöhe diese vollendet (z. B. M. biceps (Hubkraft) und M. brachialis (Hubhöhe; ▶ Abb. 4-12, 4-13).

Muskelzellen sind mehrfach umhüllt (▶ Abb. 2-20). Unmittelbar werden die einzelnen Muskelzellen von ihrem **Sarkolemm** mit dem Gitterfasernetz umgeben. Zwischen den Muskelfasern befindet sich lockeres Bindegewebe in dünner Schicht mit vielen Kapillaren. Es wird **Endomysium** genannt. Gruppen von Muskelzellen werden von dem bindegewebigen **Perimysium** zu Primärbündeln vereinigt. Gruppen von Primärbündeln wiederum werden vom Bindegewebe des **Epimysium** zum Muskel zusammengefasst. Durch **Faszien** vereinigen sich die Muskeln schließlich zu Gruppen (▶ Abb. 4-2).

Das Fasziensystem der verschiedenen Muskeln lässt sich am Rumpf in zwei große Gruppen gliedern, und zwar in die **äußere** und **innere Rumpffaszie.** Die äußere Rumpffaszie kann wiederum in ein **oberflächliches** und **tiefes Blatt** unterteilt werden. Beide Faszien umhüllen die Körperhöhlen. Auf diese Weise werden die **Wände** von **Brust-** und **Bauchhöhle** gebildet von:

- der äußeren Haut
- der äußeren Rumpffaszie
- der Muskelschicht und den Knochen
- der inneren Rumpffaszie
- der serösen Auskleidung (Rippen- bzw. Bauchfell)

Abb. 4-2
Querschnitt durch den rechten Unterarm des Pferdes zur Darstellung des Faszienverlaufs (nach Koch und Berg 1992). Weitere Umhüllungen des Muskels: ▶ Abb. 2-20.

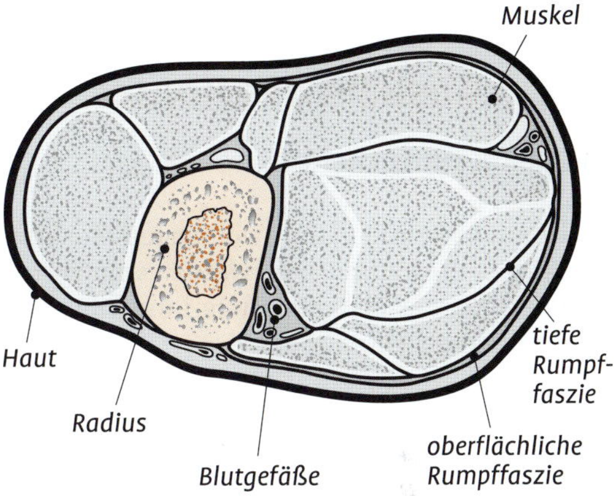

An Kopf, Hals, Schwanz und Gliedmaßen befindet sich nur die äußere Rumpffaszie mit ihren beiden Blättern, die innere Rumpffaszie fehlt.

In das **oberflächliche Blatt** der äußeren Rumpffaszie (oberflächliche Rumpffaszie) sind die Hautmuskeln eingelagert. Das **tiefe Blatt** der äußeren Rumpffaszie (tiefe Rumpffaszie) umhüllt die Muskeln und verbindet sie zu Gruppen. Das tiefe Blatt der äußeren Rumpffaszie besitzt beim Pferd und den Wiederkäuern im Bauchbereich viele elastische Fasern und erhält dadurch eine gelbe Färbung. Es wird daher auch **gelbe Bauchhaut** (Tunica flava abdominis) genannt.

Durch diese Fasziensysteme wird eine innige Verbindung der oberflächlichen Gewebe (Haut, Muskeln usw.) mit den tiefen Teilen (unter anderem Knochen, Muskeln) hergestellt, ohne dass die eingeschlossenen Muskeln in ihrer Eigenbewegung behindert werden.

Als **Hautmuskeln** werden oberflächlich gelegene Muskeln bezeichnet, die enge Beziehungen zum oberflächlichen Blatt der äußeren Rumpffaszie bzw. zur Haut haben. Durch ihre Kontraktion können sie einzelne Hautpartien sehr schnell verschieben und dadurch Insekten vertreiben und Wassertropfen oder Schmutzpartikel abschütteln. Am Kopf können von den

Hautmuskeln Bewegungen der Umgebung des Mundes und der Nase sowie Bewegungen der Augenlider und der Ohrmuscheln ausgeführt werden (mimische Muskulatur).

4.2 Muskeln des Kopfes

4.2.1 Kaumuskeln

Die Kaumuskeln sind die mächtigsten Muskeln am Kopf. Alle Kaumuskeln werden vom motorischen Ast des **N. trigeminus** innerviert (zu Gehirnnerven ▶ Kap. 18.5.2).

Äußerer Kaumuskel (M. masseter) ▶ Abbildung 4-6/1

- Ursprung (U): Jochbogen und Angesichtsleiste
- Ansatz (A): breit an der Lateralfläche des Unterkieferastes
- Funktion: Der Muskel presst den Unterkiefer gegen den Oberkiefer. Bei wechselseitiger Kontraktion werden Mahlbewegungen erzeugt. Er ist der kräftigste Muskel des Körpers.

Innerer Kaumuskel (M. pterygoideus)

- U: Gaumen-, Keil- und Flügelbein
- A: breit an der medialen Fläche des Unterkieferastes
- Funktion: Der innere Kaumuskel hat die gleiche Funktion wie der äußere Kaumuskel. Er hat allerdings eine geringere Hubkraft.

Schläfenmuskel (M. temporalis)

- U: breit in der Schläfengrube
- A: am Muskelfortsatz des Unterkieferastes
- Funktion: Der Schläfenmuskel unterstützt inneren und äußeren Kaumuskel.

4.2.2 Gesichtsmuskeln

Den Gesichtsmuskeln gehören Muskeln an, die eigentlich Hautmuskeln sind. Da sie starke Bewegungen der Gesichtshaut, der Lippen, der Augenlider und auch das Ohrenspiel bewirken, werden sie auch als mimische Muskulatur bezeichnet. Diese Muskeln werden vom VII. Gehirnnerv (N. facialis) innerviert.

4.3 Muskeln des Stammes

Am Stamm des Körpers (Hals, Rumpf, Schwanz) unterscheidet man spezielle Beweger des Kopfes, der Hals-, Brust- und Lendenwirbelsäule (hauptsächlich lange Hals- und Rückenmuskeln), die lange Zungenbeinmuskulatur, Atmungsmuskeln, Bauchmuskeln und Schwanzmuskeln. Die wichtigsten Muskeln werden im Folgenden beschrieben.

4.3.1 Lange Hals- und Rückenmuskeln

Die langen Hals- und Rückenmuskeln gehören zu den speziellen Bewegern der Wirbelsäule und erstrecken sich, dorsal der Wirbelsäule gelegen, vom Becken bis zum Hinterhaupt. Sie können die Wirbelsäule aufrichten, seitwärts biegen bzw. verdrehen.
Der wichtigste Muskel dieser Gruppe ist der **lange Rückenmuskel** (M. longissimus; ▶ Abb. 4-3). Er liegt seitlich von den Wirbelbögen und besitzt einen kraniokaudalen Verlauf. Nach den Wirbelsäulenabschnitten, denen er anliegt, unterscheidet man an ihm einen Rückenabschnitt (M. longissimus dorsi), einen Halsabschnitt (M. longissimus cervicis) und einen Kopfabschnitt (M. longissimus capitis et atlantis). Vor allem sein Rückenabschnitt stellt die Wirbelsäule fest, damit in der Bewegung der Schub der Hinterhand möglichst verlustlos auf den übrigen Körper übertragen werden kann. Er wirkt dabei, zusammen mit den benachbarten Muskelgruppen, als Gegenspieler zu den Bauchmuskeln (▶ Kap. 4.7). Beim Aufrichten der Tiere auf die Hinterhand, aber auch beim Ausschlagen mit den Hintergliedmaßen, wird die Streckwirkung dieses Muskels besonders deutlich. Kontrahiert er sich einseitig, so wird die Wirbelsäule nach dieser Seite gebogen.

Abb. 4-3
Muskeln des Stammes beim Pferd (nach König und Liebich 2012).

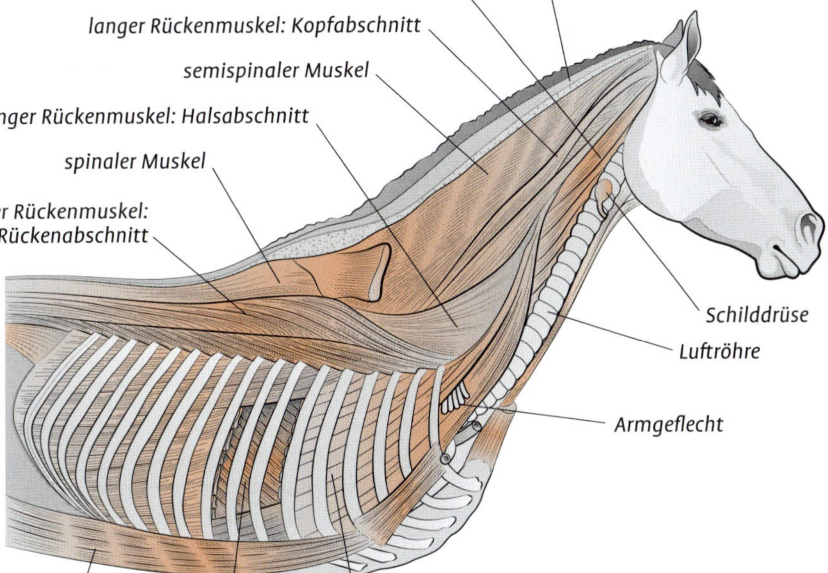

4.3.2 Lange Zungenbeinmuskeln

Diese ventral am Hals gelegene Muskelgruppe ist besonders bei der Schluckbewegung tätig. Schulter- und Brustzungenbeinmuskel (Mm. omo- und sternohyoideus) sind in der ▶ Abbildung 4-6/2 dargestellt.

4.3.3 Atmungsmuskeln

Diese Muskeln erweitern und verengen im Wechselspiel den Brustkorb bzw. die Brusthöhle und ermöglichen damit die Atmung. Wichtigste Muskeln dieser Gruppe sind die Zwischenrippenmuskeln und das Zwerchfell.
Die **äußeren Zwischenrippenmuskeln** (Mm. intercostales externi) zeigen einen kaudoventralen Verlauf (▶ Abb. 4-3). Ihre Funktion besteht in der Erweiterung des Brustkorbs, besonders im Bereich der falschen (Atmungs-) Rippen bei der Inspiration (▶ Kap. 9.2.2).
Die **inneren Zwischenrippenmuskeln** (Mm. intercostales interni) zeigen einen kranioventralen Verlauf (▶ Abb. 4-3). Ihre Kontraktion führt zu einer Exspirationsbewegung infolge Einengung des Brustkorbs. Sie sind somit Gegenspieler der äußeren Zwischenrippenmuskeln. Sie treten vor allem bei der verstärkten Ausatmung in Funktion.
Das **Zwerchfell (Diaphragma)** ist kuppelartig zwischen Bauch- und Brusthöhle ausgespannt und trennt diese Körperhöhlen. Die Kuppel zeigt nach kranial. Um einen zweischenkligen **Sehnenspiegel** gruppiert sich der muskulöse Anteil (▶ Abb. 4-4) mit dem Lenden-, Brustbein- und Rippenteil. Der Lendenteil entspringt in zwei Schenkeln unterhalb der Lendenwirbelsäule. Die zwei Schenkel strahlen in den Sehnenspiegel ein und sind besonders kräftig.

Abb. 4-4
Zwerchfell des Pferdes, Ansicht von kaudal (nach König und Liebich 2012).

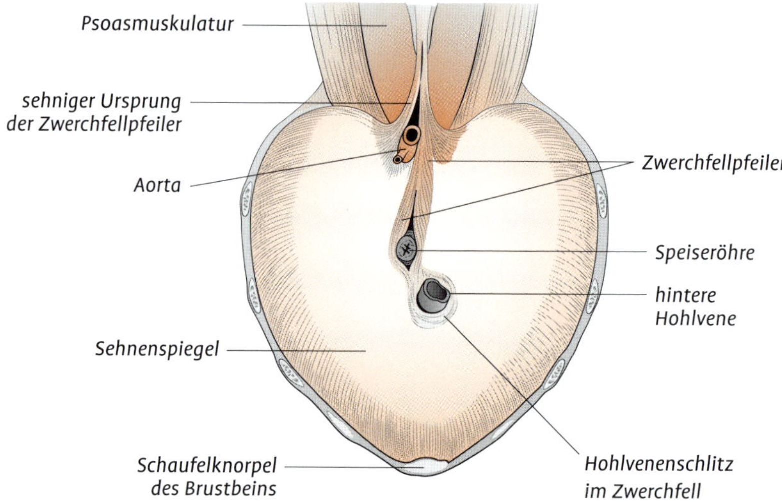

Sie werden **Zwerchfellpfeiler** genannt. Kranial ist das Zwerchfell vom Brustfell, kaudal vom Bauchfell bedeckt.
Da das Zwerchfell ständig bei der Atmung tätig ist, wird es gut durchblutet. Dieses Gewebe kann von Parasiten, besonders Trichinen und Finnen, befallen werden. Deshalb werden die Zwerchfellpfeiler des Schweins bei der Schlachtfleischuntersuchung stets auf Muskeltrichinen untersucht (Trichinenschau).
Das Zwerchfell besitzt drei Durchtrittsöffnungen: für die Körperschlagader (Aorta), für die Speiseröhre und für die hintere Hohlvene (▶ Abb. 4-4).

Abb. 4-5
Oberflächliche Muskulatur des Rindes und funktionelle Einteilung der Muskelgruppen (nach König und Liebich 2012). Die genauen Bezeichnungen der einzelnen Muskeln sind aus der ▶ Abb. 4-6 ersichtlich.

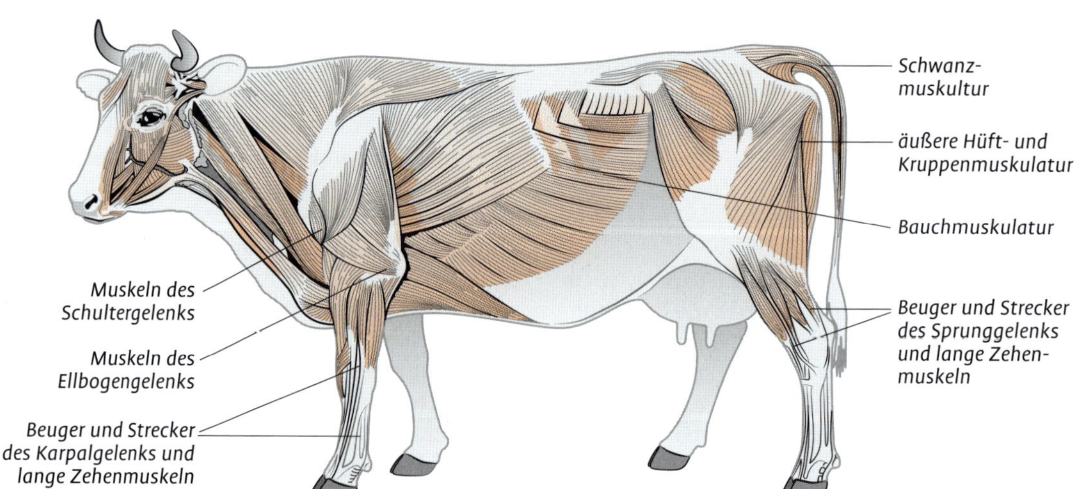

Bei der **Einatmung (Inspiration)** flacht sich die Zwerchfellkuppel durch Kontraktion ihrer muskulösen Anteile ab. Dies drängt die Baucheingeweide nach kaudal und vergrößert den Innenraum der Brusthöhle. Bei der **Ausatmung (Exspiration)** erschlafft das Zwerchfell und nimmt infolge der Retraktion der Lungen und des Drucks der Baucheingeweide wieder Kuppelform an.
Bei festgestelltem Brustkorb kann durch die Zwerchfellkontraktion in Verbindung mit der Kontraktion der Bauchmuskeln die Bauchhöhle eingeengt werden (Betätigung der Bauchpresse bei Geburt, Kot- und Harnabsatz).

Zwerchfell und Zwischenrippenmuskeln werden unabhängig voneinander durch den Zwerchfellnerv (N. phrenicus) bzw. die Interkostalnerven (Nn. intercostales) innerviert. So ist bei Rückenmarksschäden eine gewisse Sicherung gegen Atemlähmungen gegeben.

4.3.4 Bauchmuskeln

Vier Bauchmuskeln bilden die muskulöse Grundlage der Bauchwand (▸ Abb. 4-3, 4-5 bis 4-7). Sie verspannen die Wirbelbrücke gurtartig von ventral (▸ Kap. 4.7) und werden besonders bei **verstärkter Atmung** und bei der

Abb. 4-6
Oberflächliche Muskeln des Rindes (nach Nickel et al. 1992).
1 Äußerer Kaumuskel; **2** Schulter- und Brustzungenbeinmuskel; **3** Brustbeinunterkiefermuskel; **4** Armkopfmuskel; **5** Halsteil, **5'** Brustteil des Kapuzenmuskels; **6** breiter Rückenmuskel; **7** oberflächlicher Brustmuskel; **8** tiefer Brustmuskel; **9** ventraler sägeförmiger Muskel; **10** Deltamuskel; **11** dreiköpfiger Oberarmmuskel; **12** radialer Streckmuskel des Karpalgelenks; **13** gemeinsamer Zehenstrecker; **14** lateraler Zehenstrecker; **15** ulnarer Streckmuskel des Karpalgelenks; **16** radialer Beugemuskel des Karpalgelenks; **17** ulnarer Beugemuskel des Karpalgelenks; **18** Sehne des oberflächlichen Zehenbeugers; **19** Sehne des tiefen Zehenbeugers; **20** äußerer schräger Bauchmuskel; **20'** Bauchsehne des äußeren schrägen Bauchmuskels; **21** innerer schräger Bauchmuskel; **22** mittlerer Kruppenmuskel; **23** Spanner der Oberschenkelfaszie; **24** oberflächlicher Kruppenmuskel; **25** zweiköpfiger Oberschenkelmuskel; **26** halbsehniger Muskel; **27** lateraler Zehenstrecker; **28** langer Zehenstrecker; **29** tiefer Zehenbeuger, **29'** seine Sehne; **30** Sehne des oberflächlichen Zehenbeugers. **a** Drosselvene.

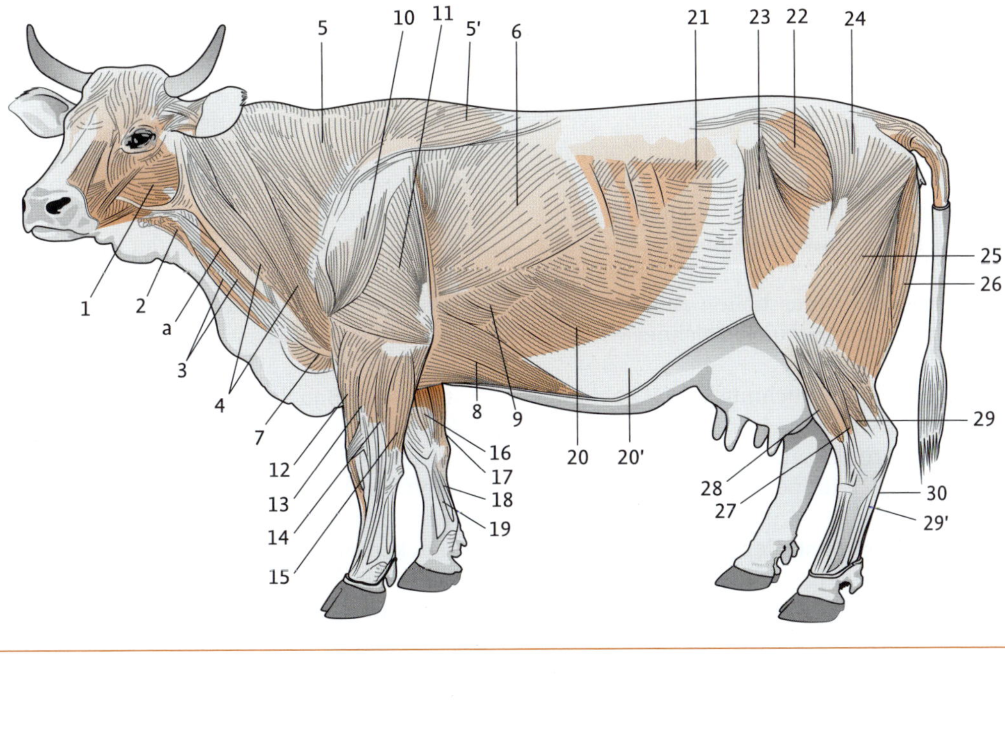

Abb. 4-7
Schematische Darstellung der Bauchmuskulatur des Pferdes (nach König und Liebich 2012).

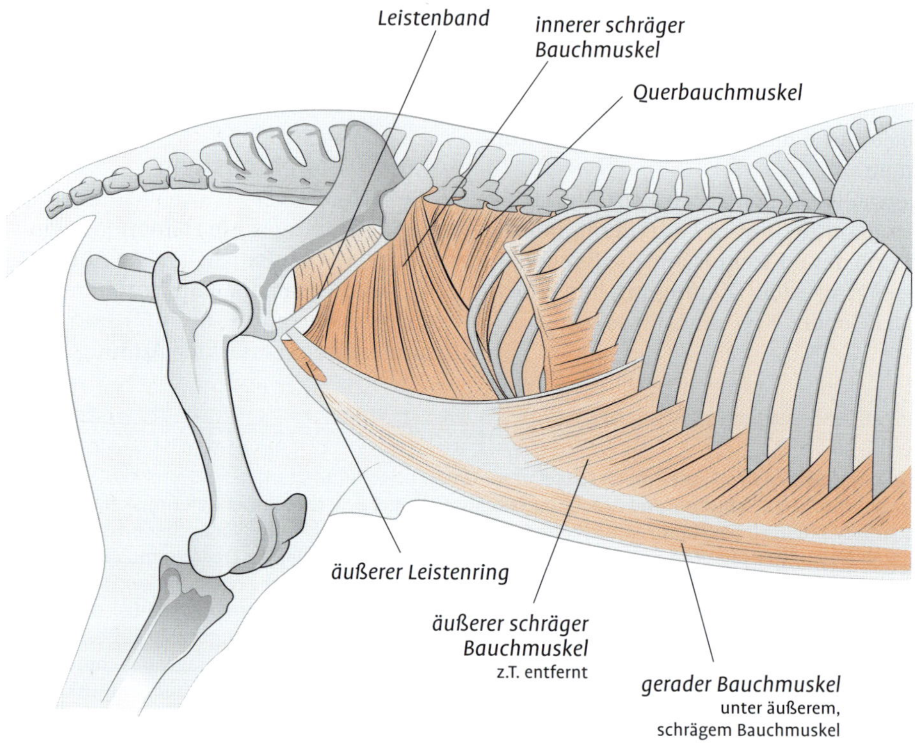

Bauchpresse betätigt. Bei der **Bauchpresse** wird durch die Bauchmuskulatur Druck auf die in der Bauchhöhle liegenden Eingeweide ausgeübt. Dies erleichtert z. B. den Kotabsatz und die Wehentätigkeit bei der Geburt.
In der Mitte der Bauchdecke laufen die Endsehnen der Bauchmuskulatur beider Seiten zusammen und bilden dort einen Sehnenstreifen, der wegen seines hellen Aussehens als **weiße Linie** (Linea alba) bezeichnet wird.

Äußerer schräger Bauchmuskel (M. obliquus ext. abdominis, ▸ Abb. 4-6/20, 4-7)

- U: mit mehreren Zacken an den Rippen (etwa ab 4. bis 5. Rippe) und aus der Lendenfaszie
- A: Nach kaudoventralem Verlauf strahlt der Muskel in zwei breite Endsehnen aus. Die Bauchsehne des Muskels der einen Seite vereinigt sich mit derjenigen des anderseitigen Muskels in der Linea alba. Die Beckensehne setzt an einer vor der Darmbeinsäule gelegenen Sehne, dem Leistenband, an.

Innerer schräger Bauchmuskel (M. obliquus int. abdominis, ▸ Abb. 4-6/21, 4-7)

- U: am Hüfthöcker und aus der Lendenfaszie
- A: nach kranioventralem Verlauf fleischig am Rippenbogen und mit breiter Endsehne in der Linea alba

Anteile der Bauchmuskeln bilden den sog. **Leistenkanal,** durch den der Scheidenhautfortsatz mit dem Hoden und Samenstrang austritt (▸ Abb. 4-7). Der Leistenkanal verläuft vom inneren zum äußeren Leistenring. Bauch- und die Beckensehne des äußeren schrägen Bauchmuskels bilden den **äußeren Leistenring.** Ein Teil der Beckensehne des äußeren schrägen Bauchmuskels zusammen mit dem (Hinterrand des) inneren schrägen Bauchmuskels sowie dem Querbauchmuskel bilden den **inneren Leistenring.** Bei einem unvollständigen Abstieg des Hodens findet sich dieser häufig im Bereich des Leistenrings. Auch können bei sogenannten **Leistenbrüchen** Dünndarmschlingen durch den Leistenring treten und abgeschnürt werden.

Gerader Bauchmuskel (M. rectus abdominis, ▶ Abb. 4-3, 4-7)
Er liegt als breiter Muskelgurt ventral neben der Medianlinie. Bei den großen Pflanzenfressern ist er etwa handbreit. Durch querziehende Sehnenstreifen wird der Muskel in seinem Verlauf mehrfach unterteilt. Hierdurch steigt seine Kontraktionskraft.

- U: an den Knorpeln der Tragerippen und am Brustbein
- A: am Schambeinkamm

Der gerade Bauchmuskel wird außen von den Bauchsehnen der beiden schrägen Bauchmuskeln, innen von der Endsehne des Querbauchmuskels umgeben. Beide Sehnenblätter zusammen bilden die sogenannte **Rektusscheide.**

Querbauchmuskel (M. transversus abdominis, ▶ Abb. 4-7)
Er ist der tiefste der Bauchmuskeln, verläuft dorsoventral und liegt direkt der inneren Rumpffaszie und dem Bauchfell an.
U: an den Querfortsätzen der Lendenwirbel und am Rippenbogen
A: mit breiter Endsehne in der Linea alba

4.4 Muskeln der Vordergliedmaße

Man unterscheidet zwischen der **Schultergürtelmuskulatur** und der Eigenmuskulatur der Vordergliedmaße. Die Schultergürtelmuskulatur hat neben ihrer Aufgabe des Vor- bzw. Zurückführens der Gesamtgliedmaße die wichtige Funktion, die Gliedmaße mit dem Rumpf zu verbinden. Da unseren Haussäugetieren das Schlüsselbein fehlt, sind die Vordergliedmaßen rein muskulös mit dem Rumpf verbunden (Synsarkose). Die Eigenmuskeln der Gliedmaßen führen Bewegungen der Gliedmaßenknochen aus. Die funktionelle Einteilung der einzelnen Muskelgruppen ist aus ▶ Abbildung 4.5 ersichtlich.

4.4.1 Schultergürtelmuskulatur

Die Schultergürtelmuskulatur kann man entsprechend der unterschiedlichen Funktionen der Muskelgruppen in **Gliedmaßenträger** und **Rumpfträger** einteilen (▶ Abb. 4-8). Die Gliedmaßenträger entspringen proximal am Rumpf und setzen distal an die Gliedmaße an. Sie tragen die Gliedmaße in der Hangbeinphase (Bewegungsphase). Die Rumpfträger entspringen distal am Rumpf und setzen proximal an der Gliedmaße an. Sie tragen den Rumpf in der Stützbeinphase. Außerdem haben beide Muskelgruppen Bedeutung beim Vor- bzw. Zurückführen der Gliedmaße. Die wichtigsten Muskeln des Schultergürtels werden im Folgenden aufgeführt.

Abb. 4-8
Rumpfträger (gestrichelt) und Gliedmaßenträger, (ausgezogen):
1 Ventraler sägeförmiger Muskel (M. serratus ventralis)
2 tiefer Brustmuskel (M. pectoralis profundus)
3 Kapuzenmuskel (M. trapezius)
4 Rautenmuskel (M. rhomboideus)
5 oberflächlicher Brustmuskel (M. pectoralis superficialis)

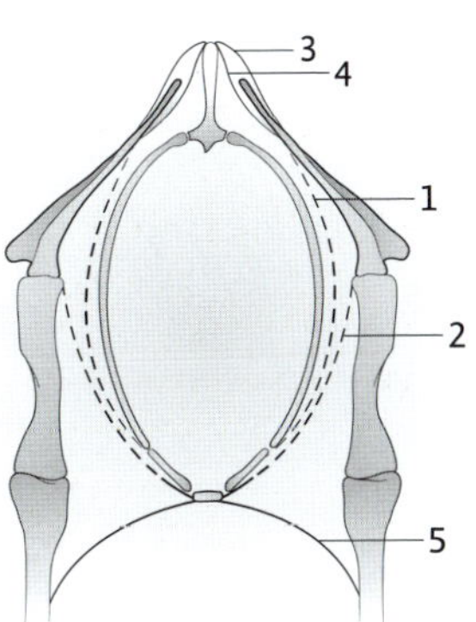

Gliedmaßenträger

Rautenmuskel (M. rhomboideus) ▶ Abbildungen 4-8/4, 4-9
- U: am Nackenrückenband vom 2. Halswirbel bis zum 6. bis 7. Brustwirbel
- A: medial an Schulterblattbasis und -knorpel

Man unterscheidet einen Hals- und einen Brustabschnitt, die entsprechend ihrer Lage zum Drehpunkt der Vordergliedmaße, der etwa in Höhe der Grätenbeule des Schulterblattes gelegen ist, unterschiedliche Funktionen besitzen.
- Funktion: Halsabschnitt: Rückwärtsführer der Gliedmaße; Brustabschnitt: Vorwärtsführer der Gliedmaße

Kapuzenmuskel (M. trapezius) ▶ Abbildungen 4-6/5, 4-8/3

Er bedeckt den Rautenmuskel.
- U: am Nackenrückenband im Halsbereich und im kranialen Brustabschnitt
- A: an der Schulterblattgräte

Man unterscheidet einen Hals- und Brustabschnitt.
- Funktion: Halsabschnitt: Vorwärtsführer der Gliedmaße; Brustabschnitt: Vorwärtsführer der Gliedmaße. Beide Abschnitte zusammen: Auswärtsführung der Gliedmaße.

Oberflächlicher Brustmuskel (M. pectoralis superficialis) ▶ Abbildungen 4-6/7, 4-8/5, 4-10
- U: ventral am Brustbein bis zur 6. Rippe (Fleischfresser bis 3. Rippe)
- A: distal am Oberarmbein und in der Unterarmfaszie
- Funktion: abhängig von der Gliedmaßenstellung: Vorwärtsführer, Rückwärtsführer, Heranführer

Breiter Rückenmuskel (M. latissimus dorsi) ▶ Abbildung 4-6/6
- U: als breiter Muskel mit breiter Ursprungsehne aus der Lenden-Rücken-Faszie
- A: proximal und medial am Oberarmbein
- Funktion: starker Rückwärtsführer der Vordergliedmaße. Gleichzeitig wird beim Ziehen schwerer Lasten ein Durchbiegen des Rückens nach oben verhindert.

Armkopfmuskel (M. brachiocephalicus) ▶ Abbildung 4-6/4
- U: mit tierartlichen Unterschieden aus Hinterhaupts- und Nackengegend
- A: nach Verlauf seitlich am Hals entlang und über das Schultergelenk hinweg seitlich am Oberarmbein
- Funktion: a) in der Hangbeinphase: Vorwärtsführer der Vordergliedmaße; b) in der

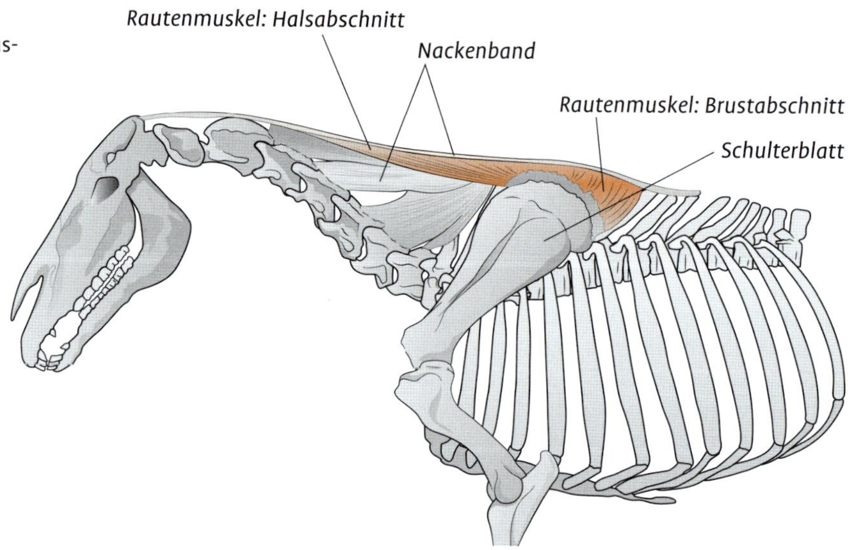

Abb. 4-9
Verlauf des Rautenmuskels beim Pferd (nach Wieland et al. 2015).

Abb. 4-10
Oberflächliche Brustmuskulatur des Pferdes, Ansicht von kranial (nach Wieland et al. 2015).

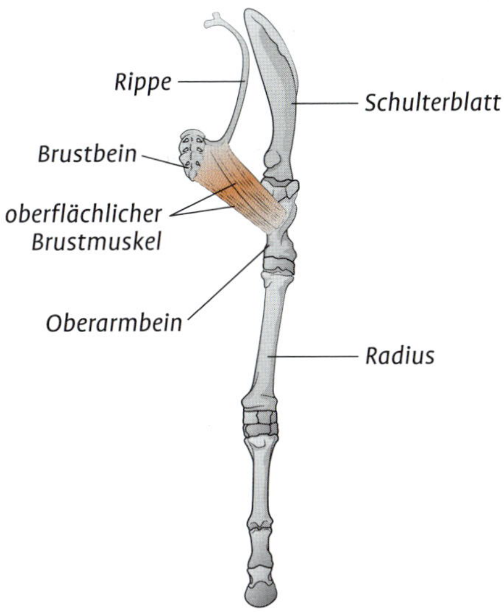

Stützbeinphase: Niederzieher des Kopfes; c) bei einseitiger Kontraktion werden Kopf und Hals seitwärts gezogen.

Rumpfträger

Die beiden wichtigsten Rumpfträger bilden zwei Gurte, in denen der Rumpf zwischen den Vordergliedmaßen getragen und nach dem Sprung federnd aufgefangen wird.

Ventraler sägeförmiger Muskel (M. serratus ventralis) ▶ Abbildungen 4-6/9, 4-8/1

- U: mit mehreren Zacken an den Querfortsätzen der Halswirbel und an den Rippen (bis zur 7. Rippe)
- A: medial und proximal am Schulterblatt
- Funktion: wichtigster Rumpfträger. In der Hangbeinphase mit Halsabschnitt Rückwärtsführer, mit Brustabschnitt Vorwärtsführer der Vordergliedmaße. In der Stützbeinphase Halsabschnitt Heber des Halses bzw. bei einseitiger Kontraktion Seitwärtszieher des Halses.

Tiefer Brustmuskel (M. pectoralis profundus) ▶ Abbildungen 4-6/8, 4-8/2

- U: am Brustbein
- A: proximal am Oberarmbein und (bei Schwein und Pferd) am Halsrand des Schulterblatts
- Funktion: Rumpfträger und Rückwärtsführer der Gliedmaße

4.4.2 Eigenmuskeln der Vordergliedmaße

Muskeln am Schulterblatt

Oberer Grätenmuskel (M. supraspinatus) ▶ Abbildung 4-11

- U: vordere Grätengrube des Schulterblatts
- A: am lateralen Muskelhöcker des Oberarmbeins
- Funktion: Strecker des Schultergelenk

Unterer Grätenmuskel (M. infraspinatus) ▶ Abbildung 4-11

- U: hintere Grätengrube des Schulterblatts
- A: am lateralen Muskelhöcker des Oberarmbeins
- Funktion: Strecker des Schultergelenks, bei eingeleiteter Beugung auch Beuger

Abb. 4-11
Schulterblattmuskulatur des Pferdes, Ansicht von lateral (nach Wieland et al. 2015).

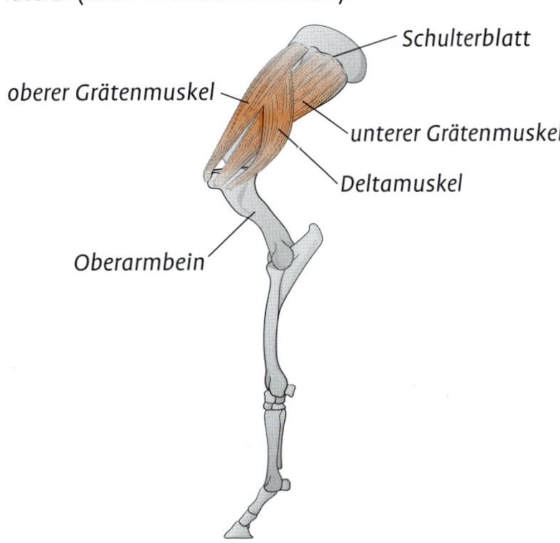

M. deltoideus (Deltamuskel) ▶ Abbildung 4-11
- U: Kaudalrand der Schulterblattgräte
- A: proximale Hälfte des Oberarmbeins
- Funktion: Beuger des Schultergelenks

Unterschultermuskel (M. subscapularis)
- U: Medialfläche des Schulterblatts
- A: medialer Muskelhöcker des Oberarmbeins
- Funktion: wie unterer Grätenmuskel

Die drei Muskeln wirken als **laterales** bzw. **mediales Seitenband** des **Schultergelenks,** das keine eigenen Bänder besitzt. Bei Quetschung des N. suprascapularis, der die beiden lateralen Muskeln innerviert, kommt es daher zum sogenannten Abblatten des Schultergelenks. Die Möglichkeit der Quetschung ist vor allem beim Pferd gegeben. Beim Rind ist der Nerv durch das nach lateral ragende Acromion geschützt (▶ Abb. 3-8/5).

Muskeln des Ellbogengelenks

Zweiköpfiger Oberarmmuskel (M. biceps brachii) ▶ Abbildung 4-12
- U: Schulterblattbeule
- A: proximal an Radius und Ulna
- Funktion: Strecker des Schulter- und des Ellbogengelenks in der Stützbeinphase, Beuger des Ellbogengelenks in der Hangbeinphase

Vom M. biceps zieht beim Pferd der Lacertus fibrosus als sehniger Strang mit den Streckern des Karpalgelenks zu den Vordermittelfußknochen (▶ Abb. 3-11, H_3 bis H_5).

Oberarmmuskel (M. brachialis) ▶ Abbildungen 4-13, 4-14
- U: kaudaler Rand des Humeruskopfes
- A: kranial am Radiuskopf
- Funktion: Beuger des Ellbogengelenks. Die beiden Muskeln ergänzen sich insofern, als der M. biceps mit starker Hubkraft die Beugung einleitet, der M. brachialis diese mit seiner großen Hubhöhe vollenden hilft.

Dreiköpfiger Oberarmmuskel (M. triceps brachii) ▶ Abbildungen 4-6/11, 4-14
- U: Kaudalrand des Schulterblatts und Humerus
- A: Ellbogenhöcker
- Funktion: Strecker des Ellbogengelenks (Stützbeinphase), Beuger des Schultergelenks (Hangbeinphase)

Abb. 4-12
Ellenbogengelenksmuskulatur des Pferdes, Ansicht von lateral (nach Wieland et al. 2015).

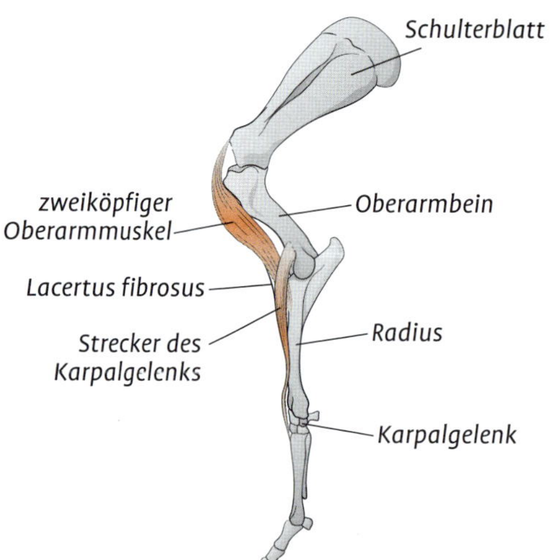

Abb. 4-13
Verlauf des Oberarmmuskels (M. brachialis) beim Pferd, Ansicht von medial (nach Wieland et al. 2015).

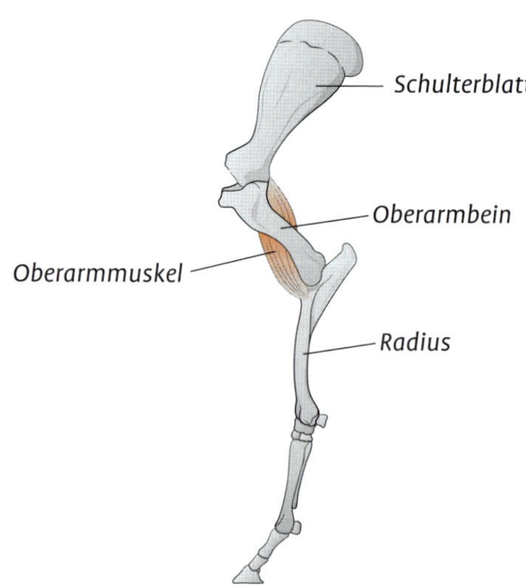

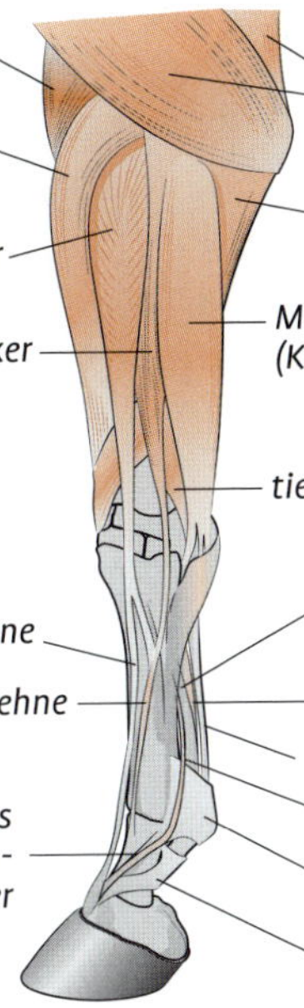

Abb. 4-14
Muskeln an Unterarm und Gliedmaßenspitze des Pferdes, Medialansicht (nach Nickel et al. 1992 und Salomon et al. 2020). Die Verhältnisse an der Gliedmaßenspitze sind genauer in → Abb. 17-4 dargestellt.

Die kaudale Kontur dieses Muskels setzt sich deutlich gegen die Brustwand ab. Der Muskel füllt das Dreieck zwischen Schulterblatt und Oberarmbein.

Muskeln am Unterarm

▶ Abbildungen 4-5, 4-6, 4-14

Kranial am Unterarm liegen die **Strecker des Karpalgelenks** und die **Strecker der Zehe(n).** Die Strecker des Karpalgelenks setzen proximal an den Mittelfußknochen an, die Strecker der Zehe(n) an Huf-, Klauen- oder Krallenbein. Kaudal am Unterarm liegen die **Beuger des Karpalgelenks** und die **Beuger der Zehe(n).** Die Sehne des **oberflächlichen Zehenbeugers** (M. flexor digitorum superficialis) teilt sich distal in zwei Schenkel und setzt proximal am Kronbein an. Daher wird er beim Pferd auch Kronbeinbeuger genannt. Die Sehne des **tiefen Zehenbeugers** (M. flexor digitorum profundus) tritt durch die beiden Schenkel des oberflächlichen Zehenbeugers hindurch und setzt am Hufbein an (Hufbeinbeuger).
Die oberflächliche und die tiefe Beugesehne werden im Bereich des Fesselgelenks und des Fesselbeins von einer **gemeinsamen Sehnenscheide** umschlossen. Dies ist insofern wichtig, da sie beim Pferd häufig erkrankt. Nach chronischer Reizung bleiben sogenannte Gallen (Umfangsvermehrungen im Gelenkbereich) zurück.
Zwischen dem Strahlbein und der tiefen Beugesehne ist der **Fußrollenschleimbeutel** (Bursa podotrochlearis) gelegen (▶ Abb. 17-4). Strahlbein, Fußrollenschleimbeutel und Gleitbereich der tiefen Beugesehne werden unter dem Begriff **„Fußrolle“** zusammengefasst. In diesem Gebiet treten bei Reitpferden, aber auch bei Rindern mit sogenannten „Stallklauen“ häufig degenerative Prozesse durch Überlastung auf.

4.5 Muskeln der Beckengliedmaße

Ebenso wie an der Vordergliedmaße unterscheidet man an der Beckengliedmaße zwischen der **Beckengürtelmuskulatur** und der **Eigenmuskulatur der Beckengliedmaße.** Die funktionelle Einteilung der einzelnen Muskelgruppen ist aus der ▶ Abbildung 4-5 ersichtlich.

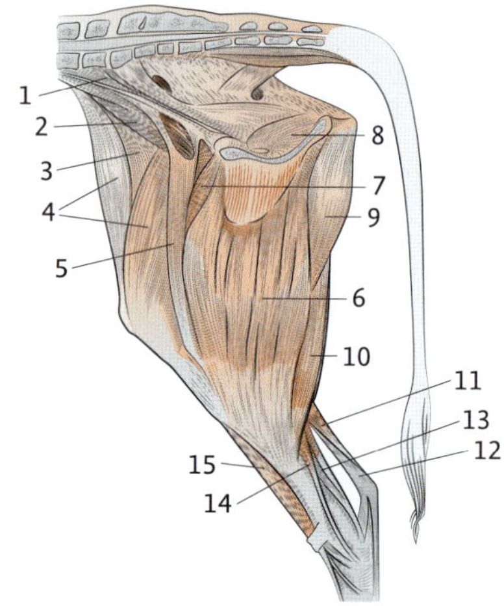

Abb. 4-15
Innere Lenden- und mediale Oberschenkelmuskulatur, Rind (nach Nickel et al. 1992). Ansicht von medial.
1 Kleiner Lendenmuskel (M. psoas minor); **2** Lenden-Darmbein-Muskel (M. iliopsoas); **3** Spanner der Schenkelfaszie (M. tensor fasciae latae); **4** gerader Oberschenkelmuskel (M. rectus femoris), Teil des vierköpfigen Kniegelenksstreckers (M. quadriceps femoris); **5** Schneidermuskel (M. sartorius); **6** schlanker Schenkelmuskel (M. gracilis); **7** Kammmuskel (M. pectineus); **8** äußerer Verstopfungsmuskel (M. obturatorius externus); **9** halbhäutiger Muskel (M. semimembranosus); **10** halbsehniger Muskel (M. semitendinosus); **11** Achillessehne; **12** oberflächliche Beugesehne; **13** und **14** lange Zehenbeuger (**13** M. tibialis caudalis und M. flexor hallucis longus, **14** M. flexor digitorum longus); **15** Wadenbeinmuskel (M. fibularis tertius).

4.5.1 Beckengürtelmuskulatur

Lenden-Darmbein-Muskel (M. iliopsoas) ▸ Abbildung 4-15/2

- U: an Körpern und Querfortsätzen der Lendenwirbel und der letzten Brustwirbel sowie am Darmbeinflügel
- A: proximal und medial am Oberschenkelknochen
- Funktion: Vorwärtsführer der Gliedmaße (Hangbeinphase), Versteifung der Wirbelsäule und Steilerstellen des Beckens (Stützbeinphase)

Der Lenden-Darmbein-Muskel ist der wichtigste Muskel des Beckengürtels.
Dieser Muskel gilt zusammen mit dem **kleinen Lendenmuskel** (M. psoas minor), der medial von ihm gelegen ist, als das beste Fleischstück (Filet).

4.5.2 Eigenmuskulatur der Beckengliedmaße

■ Äußere Hüft- und Kruppenmuskeln

Oberflächlicher Kruppenmuskel (M. glutaeus superficialis; ▸ Abb. 4-6/24), tiefer **Kruppenmuskel** (M. glutaeus profundus) und **mittlerer Kruppenmuskel** (M. glutaeus medius) liegen auf dem Darmbeinflügel und dem breiten Beckenband und setzen proximal am Oberschenkelbein an. Sie sind durch ihren Ansatz am großen Umdreher des Oberschenkelbeins im Wesentlichen Strecker des Hüftgelenks. Die äußere Hüft- und Kruppenmuskulatur ist zusammen mit der Lenden- und Oberschenkelmuskulatur beim sogenannten **Kreuzverschlag** (Lumbago, Feiertagskrankheit) des Pferdes hauptsächlich betroffen. Kreuzverschlag kann bei trainierten Pferden (häufig bei Kaltblütern) bei Belastung im Anschluss an Ruhetage auftreten. Es kommt hierbei zum massiven Untergang von Muskelzellen. Der Muskelfarbstoff Myoglobin tritt aus den Muskelzellen aus und kann im Harn nachgewiesen werden. Die entstehenden Elektrolytimbalanzen infolge der Freisetzung von Kalium aus den abgestorbenen Muskelzellen können zu schweren Schädigungen bis hin zum Herzversagen führen.

■ Hinterbackenmuskeln bzw. lange Sitzbeinmuskeln

Sie sind die bedeutendste Muskelgruppe der Beckengliedmaße.

Zweiköpfiger Oberschenkelmuskel (M. biceps femoris) ▸ Abbildung 4-6/25

- U: am Kreuzbein und am Sitzbeinhöcker
- A: 1. am Os femoris in Kniegelenksgegend, 2. am Schienbeinkopf, 3. am Fersenbeinhöcker

- Funktion: Strecker des Hüftgelenks; in der Stützbeinphase außerdem Strecker des Knie- und des Sprunggelenks; in der Hangbeinphase mit mittlerem Ansatz Beuger des Kniegelenks

Halbsehniger Muskel (M. semitendinosus) ▶ Abbildungen 4-6/26, 4-15/10, 4-16
- U: am Kreuzbein (Pferd, Schwein) und am Sitzbeinhöcker (alle Haustiere)
- A: am Schienbeinkopf und am Fersenbeinhöcker
- Funktion: in der Stützbeinphase Strecker des Hüft-, des Knie- sowie des Sprunggelenks; in der Hangbeinphase Beuger des Kniegelenks

Halbhäutiger Muskel (M. semimembranosus) ▶ Abbildungen 4-15/9, 4-16
- U: am Kreuzbein (nur Pferd) und am Sitzbeinhöcker (alle Tiere)
- A: Kniegelenksgegend
- Funktion: Strecker des Hüftgelenks; in der Stützbeinphase Strecker des Kniegelenks; in der Hangbeinphase Rückwärtsführer der Gliedmaße

Abb. 4-16
Verlauf des halbsehnigen und des halbhäutigen Muskels des Pferdes, Ansicht von lateral (nach Wieland et al. 2015).

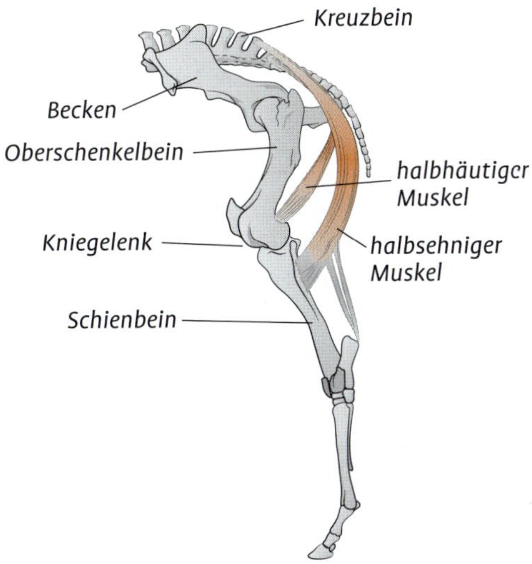

Vierköpfiger Kniegelenksstrecker (M. quadriceps femoris) ▶ Abbildung 4-15/4
Er liegt kranial am Oberschenkel.
- U: mit einem Kopf an der Darmbeinsäule, mit drei Köpfen am Oberschenkelbein
- A: am Schienbeinkopf
- Funktion: Hauptstrecker des Kniegelenks

Die **Kniescheibe (Patella)** ist als Sesambein in die Endsehne des M. quadriceps eingelagert. Diese Sehne wird deshalb auch als **Patellarsehne** bezeichnet. Von der Kniescheibe zum Tibiakopf ziehen bei den großen Haustieren (Pferd, Rind) drei gerade Kniescheibenbänder, bei den kleineren Haustieren nur eines.

Muskeln medial am Oberschenkel

Schlanker Schenkelmuskel oder **oberflächlicher Einwärtszieher des Schenkels** (M. gracilis) ▶ Abbildung 4-15/6
- U: Beckensymphyse
- A: medial in Kniegelenksgegend
- Funktion: Heranführer der Beckengliedmaße

Schneidermuskel (M. sartorius) ▶ Abbildung 4-15/5
- U: Hüfthöcker bzw. Darmbeinsäule
- A: Kniegelenk
- Funktion: Heranführer der Beckengliedmaße

Muskeln am Unterschenkel und an der Zehe

Am Unterschenkel liegen kranial die **Beuger des Sprunggelenks** und die **Strecker der Zehe**, kaudal die **Strecker des Sprunggelenks** und die **Beuger der Zehe.** Strecker und Beuger der Zehe verhalten sich ähnlich wie an der Vordergliedmaße.
Die Strecker des Sprunggelenks vereinigen ihre Endsehnen mit der des oberflächlichen Zehenbeugers sowie des zweiköpfigen Oberschenkelmuskels und des halbsehnigen Muskels zum **Fersensehnenstrang,** der als derber Sehnenstrang zum Fersenhöcker zieht. Als **Achillessehne** (▶ Abb. 4-15/11) wird ein Teil dieses Strangs, und zwar die Vereinigung der Endsehnen der beiden Wadenmuskeln (Mm. gastrocnemius und soleus ▶ Abb. 4-17), bezeichnet.

Abb. 4-17
Ursprung der Achillessehne beim Pferd, Ansicht von kaudal (nach Wieland et al. 2015).

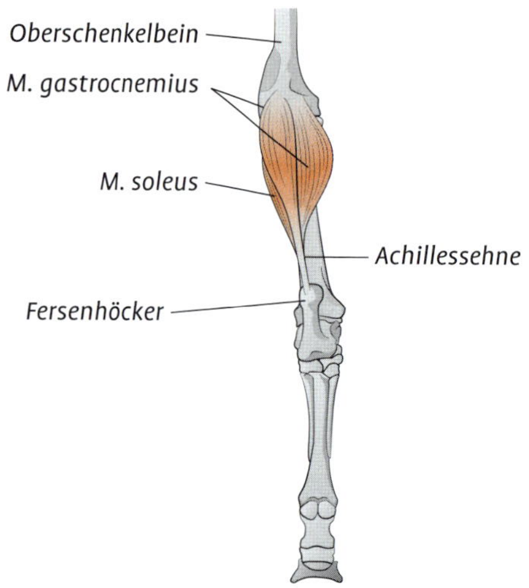

Unter der Sehne des oberflächlichen Zehenbeugers liegt am Fersenbeinhöcker ein Schleimbeutel, der beim Pferd erkranken kann (sogenannte Piephacke).
Beim Pferd ist einer der Beuger des Sprunggelenks, der M. fibularis tertius, sehnig umgebildet zum Tendo femorotarseus. Dieser spielt bei der Statik der Beckengliedmaße eine wichtige Rolle.
Die distale Beugesehnenscheide und die Fußrolle zeigen an der Beckengliedmaße die gleichen Verhältnisse wie an der Vordergliedmaße.

4.6 Muskulatur des Geflügels

Die Muskeln beim Vogel enthalten im Gegensatz zu denen des Säugetieres weniger Fett und Bindegewebe. Der grundsätzliche Aufbau der Muskulatur, die verschiedenen Muskelfasertypen und die molekularen Mechanismen der Kraftentwicklung sind aber vergleichbar.

4.6.1 Muskulatur von Kopf und Stamm

Am Kopf sind zahlreiche Muskeln zu finden, die genauso wie die entsprechende Muskulatur beim Säugetier einen engen Organbezug (z. B. Auge oder Ohr) haben. Die Kiefermuskulatur kann in vier funktionelle Gruppen unterteilt werden. Heber des Unterkiefers ziehen den Unterschnabel an den Oberschnabel heran, die Schließer des Schnabels ziehen Ober- und Unterschnabel aufeinander zu. Weiterhin existieren noch ein Heber des Oberschnabels und ein Niederzieher des Unterschnabels.
Bei der Halsmuskulatur wird unterschieden zwischen den postkranialen Halsmuskeln, die von dem kranialen Teil der Halswirbelsäule zum Kopf ziehen und den Kopf relativ zum Hals bewegen und der restlichen Halsmuskulatur, die den Hals im Verhältnis zum Rumpf bewegt.
Während der Halsmuskulatur beim Vogel eine große Rolle zukommt, ist die Rückenmuskulatur nur schwach ausgebildet. Die Wirbelsäule ist auf Grund des hohen Anteils verwachsener Wirbel (▶ Kap. 3.7.2) auch ohne eine starke Unterstützung durch Muskulatur ausreichend stabil. Sehr gut ausgeprägt ist dagegen die Brustmuskulatur (▶ Abb. 4-18, 4-19), die eine wichtige Rolle bei der Bewegung der Flügel spielt. Von besonderer Bedeutung sind hier der große Brustmuskel als Flügelniederzieher und der kleine Brustmuskel als Flügelheber (▶ Abb. 4-19). Beide haben ihre Ursprünge am Brustbein, Schlüsselbein und Rabenschnabelbein und ihren Ansatz am Oberarmbein. Die Faserzusammensetzung der Brustmuskulatur unterscheidet sich zwischen den einzelnen Geflügelspezies. So haben Hühner im Wesentlichen weiße Muskelfasern in ihrer Brustmuskulatur. Rote Fasern (▶ Kapitel 2.6.8) sind kaum notwendig, weil die Hühnervögel keine ausdauernden Flieger sind und auch in ihren natürlichen Lebensräumen nur kurze, aber kraftraubende Flüge unternehmen. Enten und Gänse, als gute und ausdauernde Flieger, weisen dagegen einen deutlichen Anteil roter Muskelfasern in ihrer Brustmuskulatur auf.

Abb. 4-18
Übersicht über die oberflächliche Muskulatur des Haushuhns (nach König und Liebich 2001).

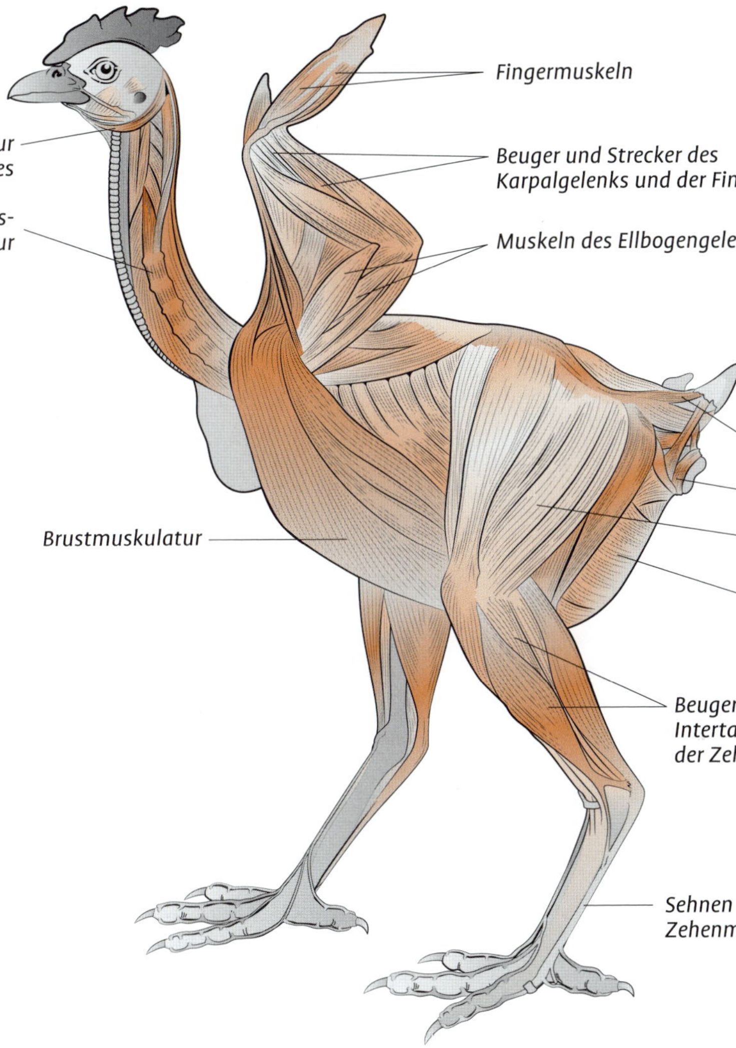

4.6.2 Muskulatur der Gliedmaßen

Im Gegensatz zur Flugmuskulatur ist die Schultergürtelmuskulatur nur schwach ausgebildet. Da beim Vogel die Knochen des Schultergürtels stabil miteinander verbunden sind, ist eine stark ausgebildete Schultergürtelmuskulatur zur Stabilisierung nicht notwendig. Die Eigenmuskeln des Flügels dienen vor allem der differenzierten Ausrichtung der Schwingen beim Flug. Generell sind die Strecker hier stärker ausgebildet als die Beuger.

Die Eigenmuskulatur der Beckengliedmaße hat weit proximal in der Nähe des Körperschwerpunkts gelegene Muskelbäuche (▶ Abb. 4-18). Die Sehnen, die an den Gliedmaßen entlanggeführt werden, sind lang und neigen zur Verknöcherung. Die Sehnen an den Gliedma-

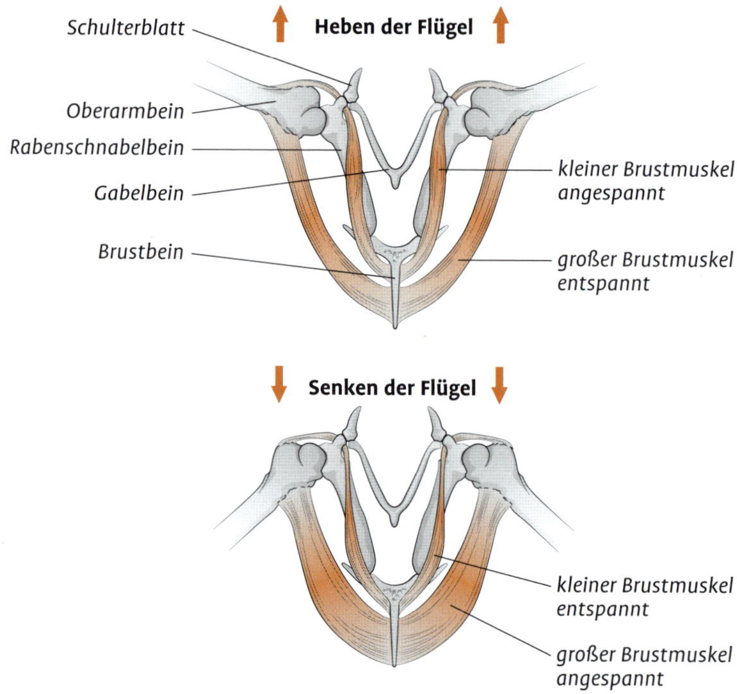

Abb. 4-19 Wichtige Anteile der Flugmuskulatur beim Vogel (nach König und Liebich 2001).

ßen verknöchern bereits mit ca. einem Lebensjahr. Im Gegensatz dazu erfolgt die Verknöcherung der Sehnen der Rückenmuskulatur erst mit ca. zwei Jahren. Die Verknöcherung der Sehnen kann zur Altersbestimmung beim Schlachtgeflügel genutzt werden.

4.7 Statik des Bewegungsapparates

4.7.1 Wirbelsäule

Die Wirbelsäule ist ähnlich wie ein Geigenbogen gespannt, wobei die Verspannung durch die Bauchmuskeln (vor allem durch den geraden Bauchmuskel, M. rectus abdominis) erfolgt (▶ Abb. 4-20). Bei Belastung der Wirbelsäule werden die Bauchmuskeln verstärkt angespannt. In Ruhe wird die Spannung in der Bogensehne vor allem durch die Kraft des langen Rückenmuskels (M. longissimus dorsi) aufrechterhalten.

4.7.2 Vordergliedmaße

Im Standbein wirkt der M. biceps brachii wie eine Klammer zwischen dem Schulter- und dem Ellbogengelenk (▶ Abb. 4-21). Wenn das Ellbogengelenk in Streckstellung fixiert ist, kann das Schultergelenk nicht gebeugt werden. Andererseits wirkt der Zug des M. biceps, bedingt durch die Körperlast, streckend auf das Ellbogengelenk.
Durch eine Abspaltung, den Lacertus fibrosus, wird beim Pferd die Streckwirkung des M. biceps brachii auch auf das Karpalgelenk übertragen (▶ Abb. 4-21). Dieses wird gleichzeitig noch durch den Zug der Unterstützungsbänder der oberflächlichen und der tiefen Beugesehne in Streckstellung gehalten. Der Zug in den Beugesehnen kommt durch die Belastung der Zehe zustande. Die Überstreckung des Kar-

Abb. 4-20
Verspannung der Wirbelsäule durch den geraden Bauchmuskel bei der Katze (nach Sljiper 1946).

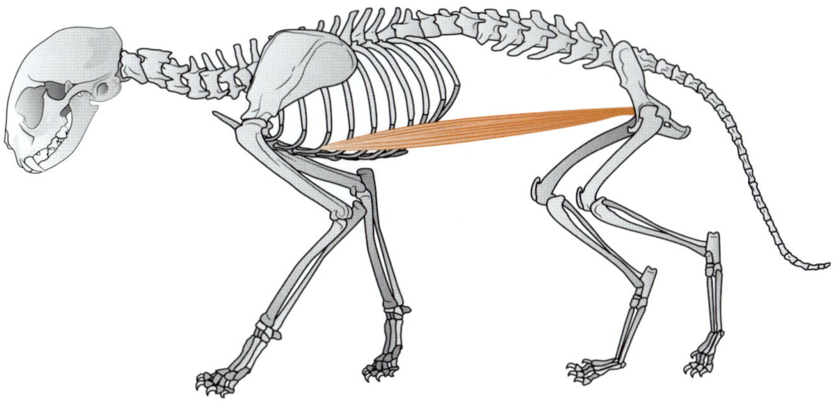

palgelenks wird durch kräftige Bänder verhindert. Die Vordergliedmaße kann also ohne wesentliche Muskelarbeit in Streckstellung gehalten werden.
Diese Verhältnisse treffen in erster Linie für das Pferd zu, da bei den anderen Tieren die Sehnen an den entsprechenden Muskeln nicht so ausgeprägt sind.

4.7.3 Beckengliedmaße

Durch einen Sehnenstrang (Tendo femorotarseus) kranial und die Achillessehne kaudal sind das Knie- und das Sprunggelenk bei Pferd und Rind derart gekoppelt, dass nur beide gemeinsam gebeugt oder gestreckt werden können (sogenannte „Spannsägenkonstruktion",

Abb. 4-21
Links: Für die Statik wichtige Muskeln bzw. Sehnen der Vordergliedmaße des Pferdes (nach König und Liebich 2012). Die Verhältnisse an der Gliedmaßenspitze sind genauer in → Abb. 17-4 dargestellt.

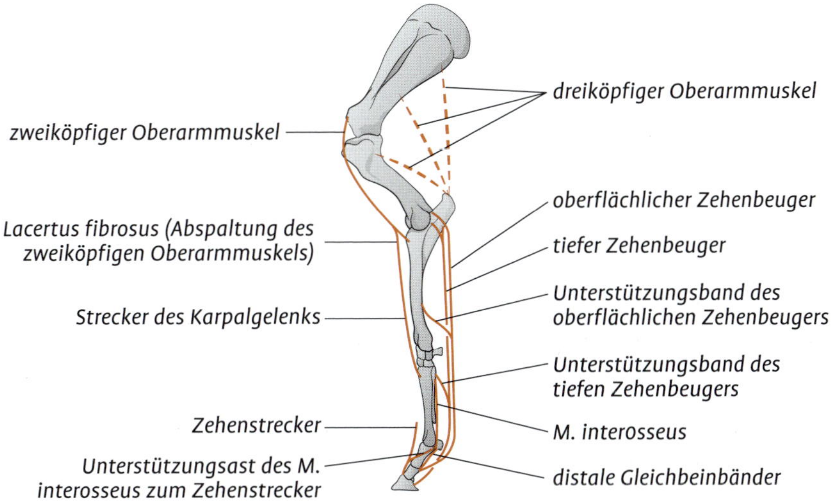

Abb. 4-22
Für die Statik wichtige Muskeln der Hintergliedmaße des Pferdes (nach König und Liebich 2012).

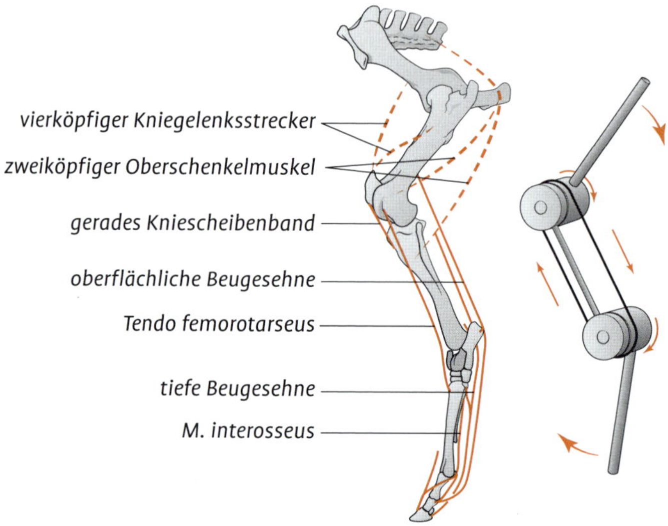

▸ Abb. 4-22). Wenn das Kniegelenk in Streckstellung fixiert ist, ist gleichzeitig das Sprunggelenk fixiert. Die Fixierung des Kniegelenks in Streckstellung kommt dadurch zustande, dass vom mittleren und medialen geraden Kniescheibenband zusammen mit der Kniescheibe eine Öse gebildet wird. Mit dieser Öse kann die Kniescheibe an dem sehr kräftig ausgebildeten medialen Rollkamm des Oberschenkelknochens festgehalten werden, so dass sie auch bei der Belastung der Gliedmaße dort fixiert ist. Die Zehe wird durch die Zehenbeuger fixiert und vor der Überstreckung bewahrt.

5 Blut

5.1 Allgemeines

Blut mit seinen gesamten Bestandteilen kann als Gewebe aufgefasst werden, dessen Interzellularsubstanz flüssig ist. Über das Kreislaufsystem und seinen zentralen „Motor“ Herz erreicht das Blut sämtliche Organe. So dient es vor allem als **Transportmittel**, wobei der Transport der **Atemgase** (Sauerstoff und Kohlendioxid) mengenmäßig an oberster Stelle steht. Aber das Blut befördert auch zahlreiche andere Substrate (▶ Tab. 5-1) und Zellen (▶ Abb. 5-1). Das Blut sorgt für **gleichmäßige Milieubedingungen** (Stoffkonzentration, pH-Wert, Temperatur usw.) im Bereich der Organe und Gewebe, da es sämtliche Räume des Körpers erreicht. Spezialisierte Zellen und Bestandteile des Blutes sind zudem an der **Immunabwehr** beteiligt, andere vermitteln die **Blutstillung.**
Damit das Blut eine konstante Zusammensetzung hat, werden die Konzentrationen der Blutinhaltsstoffe ständig kontrolliert und eingestellt. So werden die Konzentrationen von Sauerstoff und Kohlendioxid durch die Atemtätigkeit in einem engen Rahmen gehalten. Für die Elektrolyte und andere gelöste Substrate erfolgt die Einstellung konstanter Konzentrationen vor allem über Niere und Leber.

5.2 Menge und Zusammensetzung

Die gesamte Blutmenge beträgt bei Säugetieren etwa 7 bis 9 % der Körpermasse. In Leber und Milz (in Letzterer vor allem beim Pferd) werden Blutreserven festgehalten, die in Notfallsituationen oder bei starker Arbeit mobilisiert werden können. Beim Geflügel hat die Milz keine Blutspeicherfunktion und ist daher verhältnismäßig klein.

Blut besteht aus **Zellen** (den **Blutkörperchen**) und dem **Blutplasma** (= Blut ohne Zellen). Als Serum wird der Plasmateil bezeichnet, der von Fibrinogen und anderen Proteinen, die bei der Blutstillung (▶ Kap. 5.5) eine Rolle spielen, befreit ist.

5.3 Bestandteile des Plasmas

Plasma ist der flüssige Teil des Blutes, in dem die nicht-zellulären Blutbestandteile gelöst oder emulgiert sind. In ▶ Tabelle 5-1 sind die wesentlichen Bestandteile des Blutplasmas und deren hauptsächliche Funktionen dargestellt. Pro Liter enthält das Plasma etwa 0,9 l Wasser, 9 g Elektrolyte (davon 3,25 g Natrium und 3,60 g Chlorid), 70 g Proteine und 20 g andere organische Substrate.
Die meisten **Plasmaproteine** können entsprechend ihrer physikalischen und chemischen Eigenschaften in drei größere Gruppen eingeteilt werden: **Albumine** und **Globuline,** die überlappende Funktionen haben, und **Fibrinogen,** das in die Blutstillung eingebunden ist. Die Albumine repräsentieren mengenmäßig bei Weitem die größte dieser drei Gruppen. Sie werden in der Leber synthetisiert (▶ Kap. 10.9.2).
Außer den organischen Bestandteilen – Proteine, Nährsubstrate, Abbauprodukte – enthält das Plasma verschiedene **Elektrolyte.** Die Plasmaelektrolyte haben zwar ein geringes Gewicht, üben aber vielfältige Funktionen aus. Natrium und Chlorid sind mengenmäßig die bestimmenden Elektrolyte im Plasma und unter anderem entscheidend für die Aufrechterhaltung der Osmolarität im Plasma. Kommt es zu Störungen in der Osmolarität des Plasmas, sind Wasserverschiebungen zwischen Gewebe und Plasma die Folge (▶ Kap. 1.7.1).

Tab. 5-1
Plasmabestandteile (Angaben aus Vander et al. 1999; Kolb 1989 und Breves et al. 2022)

Bestandteil	Konzentration (mmol/l) bzw. Anteil am Plasma	Funktionen
Wasser	92 % des Plasmagewichts	Träger und Lösungsmittel der anderen Bestandteile
Elektrolyte	< 1 % des Plasmagewichts	
Natrium	139–143	osmotisch wirksam, halten Wasser im Extrazellulärraum, Puffer, Mitwirkung bei Erregungsübertragung, Blutgerinnung usw.
Kalium	4,3–6	
Kalzium	2–3	
Chlorid	96–110	
Hydrogenkarbonat	24	
Hydrogenphosphat	2	
Organische Anionen	7	
Spurenelemente		Kofaktoren vieler Prozesse
Proteine	7 % des Plasmagewichts	
Albumine Globuline		Pufferfunktionen, Bindung und Transport anderer Plasmabestandteile (Lipide, Vitamine usw.), Gerinnungsfaktoren, Enzyme und Enzymvorstufen, Antikörper, Hormone usw.
Fibrinogen		Blutgerinnung
Gase		
Sauerstoff		Stoffwechsel
Kohlendioxid		Abfallprodukt
Stickstoff		keine Funktion
Nährsubstrate	< 0,2 % des Plasmagewichts	
Glukose		
Aminosäuren		
Lipide		
Vitamine		
Abbauprodukte	< 0,1 % des Plasmagewichts	
Harnstoff		
Kreatinin		
Bilirubin		
Harnsäure		
Hormone		

Außer den Mengenelementen finden sich noch verschiedene Spurenelemente, die als Kofaktoren von Enzymen und Hormonen Bedeutung haben. Für die Bildung des roten Blutfarbstoffs spielt das **Eisen** eine wesentliche Rolle. Durch die **puffernden Bestandteile** im Plasma (vor allem Hydrogenkarbonat [HCO_3^-] und Hydrogenphosphat [HPO_4^{2-}]) wird der **pH-Wert** des Blutes im leicht alkalischen Bereich (7,3 bis 7,5) gehalten. Die Konzentrationen der **Vitamine** im Plasma sind weitgehend vom Angebot in der Nahrung und der Resorption im Darm abhängig. Fettlösliche Vitamine wie A, D, E und K werden im Plasma an Eiweiße gebunden, wohingegen die wasserlöslichen wie z. B. Vitamin C frei gelöst sind.

5.4 Blutzellen

In ▶ Abbildung 5-1 sind die Gruppen der Blutzellen **(Blutkörperchen)** dargestellt. Die Blutzellen werden vor allen Dingen im Knochenmark aus Stammzellen gebildet (▶ Kap. 2.5.4). Es gibt mehrere Arten von Blutzellen: Erythrozyten (rote Blutzellen), Leukozyten (weiße Blutzellen) und Thrombozyten (Blutplättchen). Die **Erythrozyten** repräsentieren mehr als 99 % der Blutzellen und sind hauptsächlich für den Transport der Atemgase Sauerstoff und Kohlendioxid verantwortlich. Die **Leukozyten** schützen gegen Infektionen und Fremdstoffe. Die **Thrombozyten** haben eine zentrale Bedeutung bei der Blutstillung.
Der **Hämatokritwert** gibt den Volumenanteil der Zellen an der Gesamtmenge des Blutes wieder, wobei aufgrund des großen Anteils der Erythrozyten der Hauptteil des Hämatokritwertes durch diese Zellart repräsentiert wird. Abnahmen in der Anzahl der roten Blutkörperchen (z. B. bei der Eisenmangelanämie der Ferkel) sind daher einfach durch die Bestimmung des Hämatokritwertes zu erfassen. In der ▶ Tabelle 5-2 sind Hämatokritwerte und deren Schwankungsbreiten für verschiedene Tierarten zusammengefasst.

Abb. 5-1
Zelluläre Bestandteile des Blutes und ihr mikroskopisches Bild.

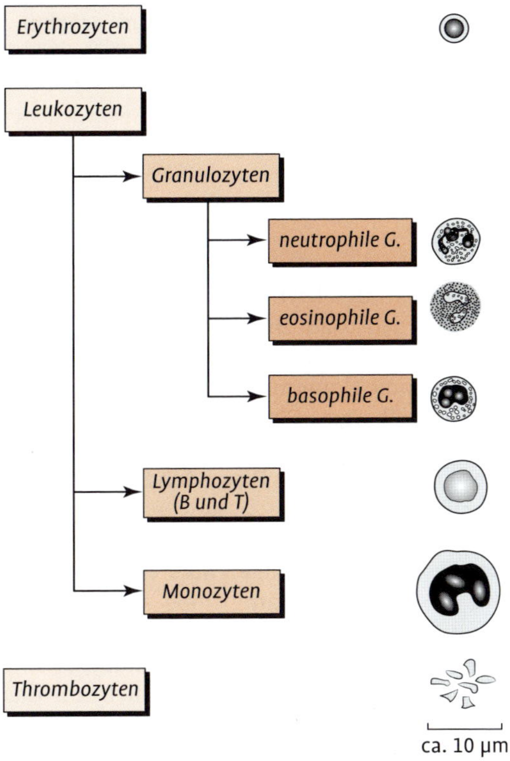

5.4.1 Erythrozyten

Funktion

Bei den meisten Tierarten sind die roten Blutkörperchen scheibenartig und in der Mitte eingedellt. Bei Säugetieren sind die Zellen kernlos. Ihre Form und ihr kleiner Durchmesser führen dazu, dass sie ein weites Verhältnis von Oberfläche zu Volumen haben, was aufgrund der größeren Austauschfläche für den Transport der Atemgase (▶ Kap. 9.3) von Vorteil ist. Die Erythrozyten des Geflügels sind größer als die der Säugetiere und kernhaltig.
Die Membran von Erythrozyten enthält spezifische Polysaccharide und Proteine, die je nach Individuum und Spezies unterschiedlich sind, so dass eine Unterscheidung von verschiedenen Blutgruppen möglich ist.

Tierart	Hämatokrit (l/l)
Rind	0,28–0,38
Pferd (ansteigend über Pony, Kalt-, Warm-, Vollblut)	0,30–0,50
Schwein	0,33–0,45
Schaf	0,30–0,38
Hund	0,40–0,55
Huhn	0,24–0,43

Tab. 5-2
Hämatokritwerte verschiedener Tierarten (Werte aus Moritz et al. 2013)

Das Innere der Erythrozyten enthält hauptsächlich den roten Blutfarbstoff **Hämoglobin (Hb)**, der in der Lage ist, **Sauerstoff** zu binden. Jedes Hämoglobinmolekül besteht aus vier Polypeptidketten (Globine) mit je einer eisenhaltigen Hämgruppe. Nur in zweiwertiger Form (Fe^{2+}) kann das **Eisen** den Sauerstoff reversibel binden.
Struktur und Sauerstoffbindungsvermögen des Hämoglobins hängen aber nicht nur von der eisenhaltigen Hämgruppe ab. Auch der Eiweißanteil beeinflusst die Anlagerung von Sauerstoff. So bildet der Embryo zunächst nur bestimmte Globine und daher auch nur das embryonale HbE (E = embryonal), das später durch das fetale HbF (F = fetal) ersetzt wird. Teils vor der Geburt, teils nach der Geburt steigt in den Erythrozyten der Gehalt an bleibendem HbA (A = adult). Embryonales und fetales Hämoglobin binden Sauerstoff besser als das adulte Hämoglobin. Auf diese Weise kann in der Plazenta der Sauerstoff von dem mütterlichen Kreislauf in den Kreislauf des Fetus übertreten. Der Atemgastransport über Hb ist genauer im ▶ Kapitel 9.3 beschrieben.

■ Regulation der Erythrozytenproduktion

Bei ausreichender Eisenversorgung ist die Menge an Erythrozyten sehr konstant. Die direkte Kontrolle der Erythrozytenproduktion **(Erythropoese)** erfolgt mithilfe des Hormons **Erythropoetin.** Dieses wird bei Abfall der Sauerstoffkonzentration im Plasma von der Niere freigesetzt. Es stimuliert im Knochenmark die Vermehrung von Erythrozyten. Die roten Blutkörperchen leben etwa 100 bis 120 Tage. Der Abbau überalterter Erythrozyten erfolgt vorwiegend in der Milz, aber auch im Knochenmark und in der Leber.
Für die Bildung des Hämoglobins und damit der Erythrozyten ist die ausreichende Verfügbarkeit von Eisen entscheidend (▶ Abb. 5-2). Im Dünndarm wird Nahrungseisen zunächst in die Zellen der Schleimhaut aufgenommen. Aus den Schleimhautzellen wird das Eisen in Richtung Blut ausgeschleust. Im Blut wird es von einem Protein, dem Transferrin, gebunden. Mehr als 70 % des an **Transferrin** gebundenen Eisens werden für die Synthese von Hämoglobin im Knochenmark verbraucht. Das nicht direkt für die Hämoglobinsynthese verwendete Eisen wird an die Eisendepots in **Leber,** Milz usw. weitergegeben, wo eine Speicherung in Form von **Ferritin** bzw. **Hämosiderin** erfolgt. Auch das beim Abbau der Erythrozyten freigesetzte Eisen wird hier gespeichert. Zum Teil dienen auch die Schleimhautzellen des Dünndarms als Eisenspeicher (▶ Abb. 10-44).
Auch wenn auf diese Weise Eisen sehr effektiv konserviert wird, können Eisenmangelzustände auftreten. So hat das neugeborene Ferkel nur für etwa 3 bis 4 Tage genügend Eisen in seinem Körper gespeichert. Zudem ist die Sauenmilch relativ eisenarm und kann daher nur einen geringen Teil des täglichen Bedarfs des Ferkels decken. Infolgedessen muss dem Ferkel zur Deckung des Bedarfs zusätzlich Eisen zugeführt werden. Ein diätetischer Eisenmangel, z. B. bei neugeborenen Ferkeln, führt zu einer verminderten Bildung von Hämoglobin, einer **Anämie.** Die Versorgung der Gewebe mit Sauerstoff ist dann gefährdet.
Hämolyse ist der Austritt von Hämoglobin aus den Erythrozyten ins Plasma, z. B. nach me-

Abb. 5-2
Eisenhaushalt (nach Vander et al. 1994). Die Dicke der Pfeile symbolisiert die Menge des bewegten Eisens. Die Resorption aus dem Darm gleicht die Verluste über Urin, Blutung etc. unter physiologischen Bedingungen aus. Die rezirkulierte Menge an Eisen ist allerdings etwa 20-fach höher als die resorbierte Menge.

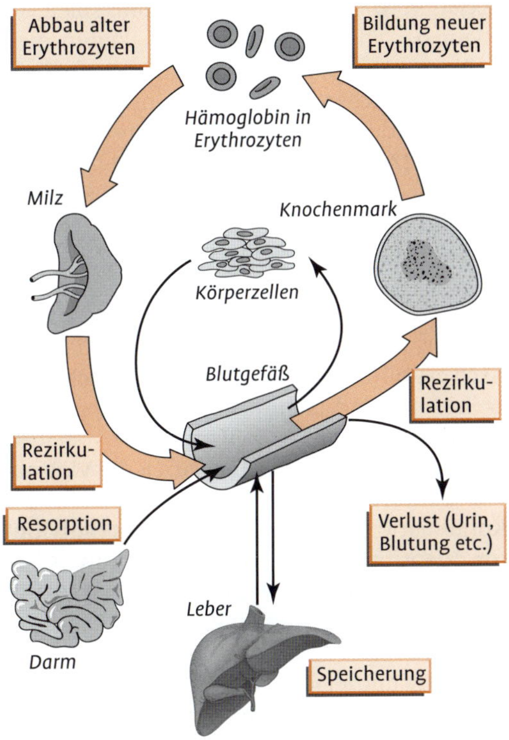

chanischer Beschädigung der Erythrozyten, nach Befall mit Parasiten (Piroplasmen, Babesien), durch virale Schädigungen (Pferd: equine infektiöse Anämie = EIA; Schwein: Infektion mit Mycoplasma suis) durch Übertritt von artfremdem Blut in die Blutbahn oder durch Giftstoffe (Bakterienhämolysine, Bienengift, Schlangengift, Saponine z. B. in Kohl). Nehmen Kälber bei mangelhaften Haltungsbedingungen (z. B. nach vorherigen Durstperioden) in kurzer Zeit sehr viel Wasser auf, wird das Plasma stark hypoton und Wasser dringt aufgrund der unterschiedlichen Osmolarität in die Erythrozyten ein. Diese schwellen an, platzen und setzen Hämoglobin frei. Folge der Hämolyse ist dann eine sogenannte **hämolytische Anämie** begleitet oft von einer **Hämoglobinurie** (Ausscheiden des Hämoglobins mit dem Urin).

■ Blutgruppenantigene

Die Blutgruppen werden durch Bestandteile der Erythrozytenmembran bestimmt, die antigene Eigenschaften haben (▶ Kap. 6.2.1). Die **Blutgruppenantigene** werden auch als **Agglutinogene** bezeichnet. Der Grund hierfür ist, dass Blutkörperchen agglutinieren (= sich zusammenballen), wenn sie mit den entsprechenden **Antikörpern** zusammengebracht werden. Als Folge der Agglutinierung tritt dann Hämolyse auf. Deshalb sind unterschiedliche Blutgruppen miteinander „unverträglich".

Beim **Menschen** haben vor allen Dingen das AB0-System und das Rhesussystem eine praktische Bedeutung. Im **AB0-System** wird zwischen den Blutgruppen A, B, AB und 0 unterschieden. Die häufigsten menschlichen Blutgruppen sind die Blutgruppen A und 0 (mit einem Anteil von jeweils etwa 40 % in Mitteleuropa). Die Besonderheit des humanen AB0-Systems liegt darin begründet, dass schon vor einem Erstkontakt Antikörper im fremden Blut vorliegen. Individuen mit der Blutgruppe A, d. h. dem Antigen A, haben Antikörper gegen das Antigen B; Personen der Blutgruppe B haben Antikörper gegen die Blutgruppe A. Kommt es zu einer Bluttransfusion mit dem Blut einer anderen Blutgruppe, können diese Antikörper an die Blutgruppenantigene binden. Darüber hinaus bewirken die Antigene in dem Empfänger eine Aktivierung des Abwehrsystems.

Beim **Rhesussystem** des Menschen wird zwischen rhesuspositiven und rhesusnegativen Individuen unterschieden. Erythrozyten rhesuspositiver Personen besitzen ein entsprechendes Antigen, rhesusnegativen Personen fehlt dieses. Allerdings besitzen rhesusnegative Personen keine vorgebildeten Antikörper. Eine Antikörperbildung tritt erst dann auf, wenn Blut rhesusnegativer Personen mit Blut rhesuspositiver Personen in Kontakt kommt. Werden rhesusnegative Mütter mit einem rhesuspositiven Kind schwanger, bildet die Mutter dann Antikörper, wenn bei der Geburt Erythrozyten und damit auch antigene Eigenschaften vom fetalen in den mütterlichen Kreislauf übertreten. Die Mutter entwickelt also bei dieser (ersten) Schwangerschaft eine Rhesusunverträglichkeit. Während einer folgenden Schwangerschaft können Antikörper der Mutter über die Plazenta in ein rhesuspositives Kind eindringen und dessen Erythrozyten schädigen.

Blutgruppensysteme der Tiere

Viele Haustiere haben Blutgruppensysteme von extremer Komplexität. Bei einigen wenigen dieser Systeme gibt es ähnlich dem menschlichen AB0-System schon vorgebildete Antikörper, so z. B. beim Blutgruppensystem der **Katze.** Die Katze hat nur ein (bekanntes) Blutgruppensystem, das AB-System. Mindestens ¾ der Katzenpopulation in Deutschland ist A-positiv. Bei **Transfusionen** von nur geringen Mengen Blut einer B-positiven Katze in ein A-positives Individuum kann es durch die natürlichen Antikörper zu schweren Komplikationen kommen. In der Regel werden bei den anderen Haustieren allerdings Antikörper erst nach Kontakt mit fremdem Blut gebildet, wie es beim menschlichen Rhesussystem der Fall ist. Daher verlaufen Bluttransfusionen bei diesen Tieren beim ersten Mal häufig ohne Probleme ab. Zudem sind die Blutgruppenantigene verschiedener Blutgruppensysteme unterschiedlich immunogen, rufen also eine unterschiedlich starke Antikörperbildung hervor. Blutgruppenantigene mit starker Immunogenität finden sich z. B. beim Hund. Beim Pferd haben die Blutgruppensysteme eine weitere klinische Bedeutung: Hier können über das Kolostrum Antikörper in das Neugeborene eindringen und eine Hämolyse auslösen (zu Kolostrum: ▶ Kap. 16.3.4). Der Grund hierfür liegt ähnlich wie beim Rhesussystem des Menschen darin, dass in diesen Fällen die Blutgruppen des Fohlens und der Stute unterschiedlich sind. Dass anders als beim Rhesussystem des Menschen die Probleme des Fohlens nicht schon in der Trächtigkeit, sondern erst nach der Geburt auftauchen, liegt in der Plazentation des Pferdes begründet, die keinen Antikörperübertritt von mütterlichen Antikörpern in das fetale Blut erlaubt (▶ Kap. 15.2.5). Beim Pferd sind zudem sieben Blutgruppensysteme mit mehr als 30 Untergruppen bekannt, so dass die Wahrscheinlichkeit für eine Blutgruppenunterschiedlichkeit von Fohlen und Stute recht groß ist. Kommt es also während des Geburtsvorganges zu Verletzungen und zum Kontakt zwischen mütterlichem und kindlichem Blut, so bildet die Stute Antikörper, die sie nachfolgend in das Kolostrum sekretiert. Dieser Pathomechanismus spielt vor allem bei wiederholten Trächtigkeiten eine Rolle. Die Hämolyse, die durch die Aufnahme der mütterlichen Antikörper beim Fohlen ausgelöst wird, führt zu einer starken Hämoglobinfreisetzung. In der Folge kann die Leber des Fohlens das freigesetzte Hämoglobin nicht ausreichend abbauen, es entsteht der sogenannte **Fohlenikterus** (zu Ikterus ▶ Kap. 10.9.2/ Leberinsuffizienz)
Neben der Bedeutung für die Bluttransfusion spielten die Blutgruppen auch eine diagnostische Rolle beim **Abstammungsnachweis.** Beim Rind sind mehr als 80 Blutgruppenfaktoren bekannt, die in 12 Blutgruppensystemen zusammengefasst werden. Durch die Vielzahl von Faktoren sind viele Möglichkeiten der Kombination gegeben, so dass jedes Individuum identifizierbar ist. Die Blutgruppen des Rindes geben daher wegen ihrer Komplexität eine erste Grundlage für einen Abstammungsnachweis. Allerdings ist es über eine DNA-Typisierung mittlerweile besser möglich, eine individuelle Identifizierung und Abstammungssicherung vorzunehmen.

5.4.2 Leukozyten

Weiße Blutkörperchen (Leukozyten) lassen sich unterscheiden in **Granulozyten (neutrophile, eosinophile, basophile)**, **Lymphozyten (B- und T-Lymphozyten)** und **Monozyten** (▶ Abb. 5-1). Leukozyten enthalten im Gegensatz zu Erythrozyten einen Kern.
Während Erythrozyten nur passiv mit dem Blutstrom mitgenommen werden, können Leukozyten zudem aktiv durch die Gefäßwände hindurchtreten. Hierbei werden sie durch bestimmte Substrate angelockt **(Chemotaxis).** Aus diesem Grund findet man Leukozyten nicht nur im Blut, sondern auch in anderen Geweben. Oft erhalten sie durch das um-

liegende Gewebe eine besondere Prägung (▶ Kap. 2.5.1). Eine weitere Besonderheit der Leukozyten ist, dass manche von ihnen an ihren Zielorten verschiedene Fremdstoffe, Bakterienbestandteile und abgebaute Zellbestandteile aufnehmen (= phagozytieren) und verdauen können. Durch diese Fähigkeit zur **Phagozytose** repräsentieren die Leukozyten einen wesentlichen Bestandteil der Infektionsabwehr (▶ Kap. 6).

Granulozyten

Den größten Anteil der Leukozyten nehmen Granulozyten ein. Entsprechend ihres Färbeverhaltens im mikroskopischen Präparat werden sie in eosinophile (rote), basophile (blaue) und neutrophile (farblich neutrale) Granulozyten eingeteilt.

Neutrophile Granulozyten machen mehr als ⅔ aller Granulozyten aus. Sie sind in der Lage, verschiedene Enzyme und schädigende Sauerstoffverbindungen freizusetzen, die Mikroorganismen abtöten können. Neutrophile Granulozyten stellen einen großen Anteil der eitrigen Flüssigkeit. Durch die Granulozyten wird abgestorbenes Gewebe im Entzündungsbereich phagozytiert und enzymatisch verdaut, was dann ebenfalls im Eiter enthalten ist.

Eosinophile Granulozyten repräsentieren etwa 2 bis 4 % der weißen Blutkörperchen. Eine Vermehrung (Eosinophilie) findet man bei Wurmerkrankungen, Allergien und Hauterkrankungen. Im Gegensatz zu den neutrophilen Granulozyten, die z. B. Bakterien nach Phagozytose derselben intrazellulär abtöten, bekämpfen eosinophile Granulozyten Parasiten dadurch, dass sie ihre Granula nach extrazellulär entleeren und so den viel größeren Parasiten angreifen können.

Basophile Granulozyten sind die an Zahl geringste Unterart der Leukozyten. Sie enthalten größere Mengen an Heparin, Serotonin und Histamin. Heparin ist ein gerinnungshemmender Stoff. Histamin spielt eine Rolle bei allergischen Reaktionen. Wenn Histamin freigesetzt wird, bewirkt es unter anderem eine Gefäßerweiterung, eine Rötung der Haut und eine Verengung der Bronchien.

Lymphozyten

Lymphozyten haben einen runden Kern und einen sehr schmalen Plasmasaum. Ihre amöboide Beweglichkeit ist geringer als die der Granulozyten. Im Zellplasma enthalten sie sehr feine Granula. Ein Teil der Lymphozyten bildet nach Aktivierung **Antikörper.** Dieses sind Abwehrstoffe gegen spezielle Krankheitserreger, die in der Immunabwehr eine wichtige Rolle spielen. Funktionell werden Lymphozyten in B- und T-Lymphozyten unterteilt.

Funktion, Bildung und Determinierung von B- und T-Lymphozyten sind genauer im ▶ Kapitel 6.2 beschrieben.

Monozyten

Monozyten sind sehr große Zellen von 14 bis 22 µm Durchmesser. Sie können Fremdmaterial aufnehmen und werden deshalb auch als **Makrophagen** bezeichnet. Insgesamt repräsentieren sie etwa 1 % der Leukozyten. Bei Entzündungsvorgängen ist ihre Zahl vermehrt. Chemotaktisch werden sie durch verschiedene chemische Stoffe, die beim Entzündungsgeschehen freigesetzt werden, sehr schnell an den Ort der Entzündung gelockt und haben dann als **Gewebsmakrophagen** eine hohe Phagozytosefähigkeit. Sie können abgestorbenes Zell- und Kernmaterial aufnehmen und mithilfe ihrer Enzyme sehr schnell verdauen. Die Monozyten sind relativ kurzlebig. Ihre Lebensdauer beträgt etwa 2 Tage.

5.5 Blutstillung

5.5.1 Thrombozyten und Phasen der Blutstillung

Gefäßschäden erfordern eine schnelle Abdeckung der betroffenen Stelle bzw. einen Verschluss der Gefäße. Zur Abdichtung der Verletzung vollzieht der Organismus verschiedene Schritte der Blutstillung (Hämostase). An der Blutstillung beteiligen sich die **Blutplättchen (Thrombozyten)**, die **Blutgefäße** und die Faktoren des **Blutgerinnungssystems.** Blutplättchen sind kleine, ovale bis spindelförmige Gebilde mit einer Größe von 2 bis 4 µm. Sie

enthalten viele gerinnungsaktive Substanzen und ballen sich leicht zusammen, wenn sie mit geschädigten Gewebebestandteilen in Kontakt treten.
Bei der Blutstillung unterscheidet man eine **primäre Hämostase** und eine **sekundäre Hämostase,** die **Blutgerinnung**. Bei der primären Hämostase wird ein Pfropf aus Blutplättchen gebildet, der die Verletzungsstelle vorläufig abdeckt. Die sekundäre Hämostase führt über eine Reaktionskaskade zur Bildung eines Fibrinnetzwerkes, welches den Pfropf stabilisiert.

5.5.2 Primäre Hämostase

Ausgelöst wird die primäre Hämostase durch eine größere Menge an Blutplättchen, die sich an die Verletzungsstelle anheften. Vermittelt wird die Anheftung durch ein Eiweißmolekül, den **von-Willebrand-Faktor (vWF).** Dieser „erkennt“ das bei der Verletzung freigelegte Kollagen und dockt hier und an den Thombozyten an. Die Anheftung der Blutplättchen über den vWF veranlasst, dass weitere im Blut zirkulierende Blutplättchen sich dem entstandenen Pfropf anlagern und so den Pfropf vergrößern. Wenn sich die Blutplättchen anlagern, setzen sie rasch **Serotonin** und andere Botenstoffe frei. Durch Serotonin kontrahieren sich die zuführenden Blutgefäße. Weniger Blut strömt in die Verletzungsstelle. Damit ist die primäre Hämostase abgeschlossen.
Zu diesem Zeitpunkt der Blutstillung ist der Pfropf aber nur locker vernetzt und kann daher sehr leicht weggeschwemmt werden. Bei der sekundären Hämostase, der Blutgerinnung, wird der Pfropf verfestigt, indem an der Verletzungsstelle ein Fasernetz aus Fibrin gebildet wird. Die sekundäre Hämostase beruht auf der Fähigkeit des Blutes zu gerinnen.

5.5.3 Sekundäre Hämostase, Blutgerinnung

Die Abfolge der sekundären Hämostase, der Blutgerinnung, ist vereinfacht in ▸ Abbildung 5-3 zusammengefasst. Der Kontakt der Plättchen mit der Verletzungsstelle bzw. auch der Kontakt von Blutinhaltsstoffen mit Geweben außerhalb des Gefäßes führt zu einer **Kaskade** von verschiedenen Reaktionen. Bei jedem Schritt dieser Kaskade wird ein inaktives Plasmaprotein (ein **Faktor**) in ein katalytisches Enzym umgewandelt, das wiederum das nächste Enzym bzw. den nächsten Faktor in dieser Kaskade aktiviert. Durch diese Abfolge von

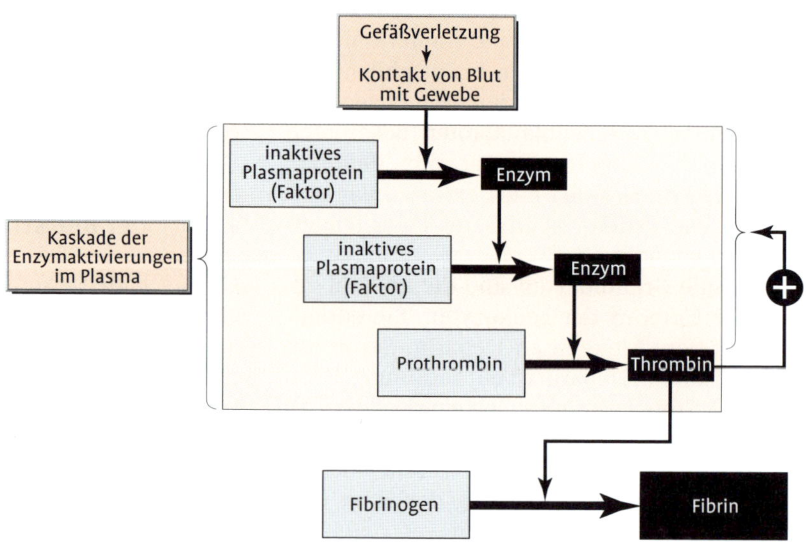

Abb. 5-3
Vereinfachtes Schema der Blutgerinnung. Es sind nur zwei Schritte der Kaskade bis zur Aktivierung von Thrombin eingezeichnet. Thrombin führt nicht nur zur Fibrinaktivierung, sondern hat auch einen selbstverstärkenden Effekt auf die Gerinnungskaskade.

Aktivierungen wird eine enorme Verstärkung der Reaktion hervorgerufen, da jedes aktivierte Enzym wieder eine Vielzahl von Enzymen aktivieren kann. Für die Aktivierung der Faktoren ist die Anwesenheit von **Kalzium** unabdingbar.

Beginnen kann die Kaskade auf zwei Wegen: einem **intrinsischen (= endogenen)** und/oder einem **extrinsischen (= exogenen) Weg** (▶ Abb. 5-4). Nach Verletzung von Gewebe tritt das Blut mit freigesetzten Proteinen in Kontakt und es wird der Faktor VII aktiviert (extrinsischer Weg). Allerdings können auch negativ geladene Oberflächen wie die von Kollagen über die Aktivierung des Faktors XII die Gerinnungskaskade im intrinsischen Weg anstoßen. So werden bei einer Gefäßverletzung die unter dem Gefäß liegenden Kollagenfasern des Bindegewebes freigelegt. Nach Anstoßen der verschiedenen Wege werden die Faktoren hintereinander von der inaktiven in die aktive Form überführt (▶ Abb. 5-4). Im Organismus ergänzen sich beide Wege, es erfolgt eine gegenseitige Aktivierung.

Abb. 5-4
Extrinsischer und intrinsischer Weg der Blutgerinnung. Die römischen Zahlen bezeichnen die Faktoren. Der extrinsische Weg beginnt mit der Aktivierung des Faktors VII, am Anfang des intrinsischen Wegs steht der Faktor XII. **Pl.:** Plättchen-Faktor.

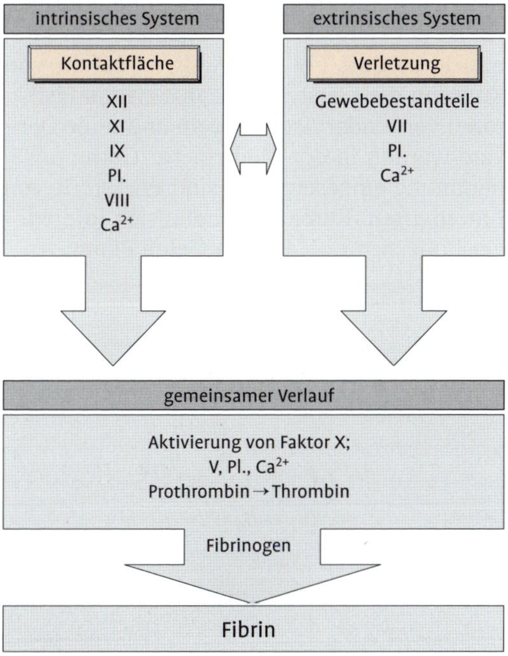

Sowohl extrinsischer als auch intrinsischer Weg münden gemeinsam in der Aktivierung des Faktors X, der zur Umwandlung von Prothrombin zu **Thrombin** führt. Thrombin katalysiert eine Reaktion, bei der aus dem Protein **Fibrinogen** mehrere kleine Peptidstücke abgespalten werden. Die Abspaltung der Peptidstücke verkürzt Fibrinogen nur unwesentlich, sorgt aber dafür, dass die überbleibenden Moleküle, das **Fibrin**, sich miteinander vernetzen können und ein dichtes Flechtwerk bilden. Wenn das Fibrinnetzwerk entstanden ist, werden Erythrozyten und andere Zellen in dem Netzwerk gefangen (▶ Abb. 5-5) und auf diese Weise wird ein dichter Pfropf gebildet, der die Verletzung fest verschließt. Die sekundäre Hämostase ist damit abgeschlossen.

Hat sich ein Fibrinpfropf gebildet und hat die Wundheilung begonnen, ist es notwendig, den Pfropf wieder aufzulösen und der physiologischen Blutversorgung den Weg zu bereiten. Zur Einleitung dieser Fibrinolyse befindet sich im Plasma das **Plasminogen**, eine Vorstufe des Enzyms **Plasmin.** Die Aktivatoren des Plasminogens werden aktiviert, sobald sich das Fibrinnetzwerk gebildet hat.

5.5.4 Störungen der Blutstillung

Störungen der Blutstillung können in jeder der oben beschriebenen Phasen auftreten. So kann es infolge von Infektionen (Parvovirose des Hundes) und auch immunvermittelt zu einer Abnahme der Thrombozytenzahl (Thrombozytopenie) kommen. Von verschiedenen Hunderassen ist ein erblicher Defekt beim vWF bekannt. Unterschieden werden der Typ 1 (geringgradiger Mangel und Blutungsneigung), Typ 2 (deutlicher Mangel und veränderter Faktor mit mittel- bis hochgradiger Blutungsneigung) und Typ 3 (mit komplettem Fehlen des Faktors im Blut, v. a. bei Deutsch Kurzhaar und Drahthaar).

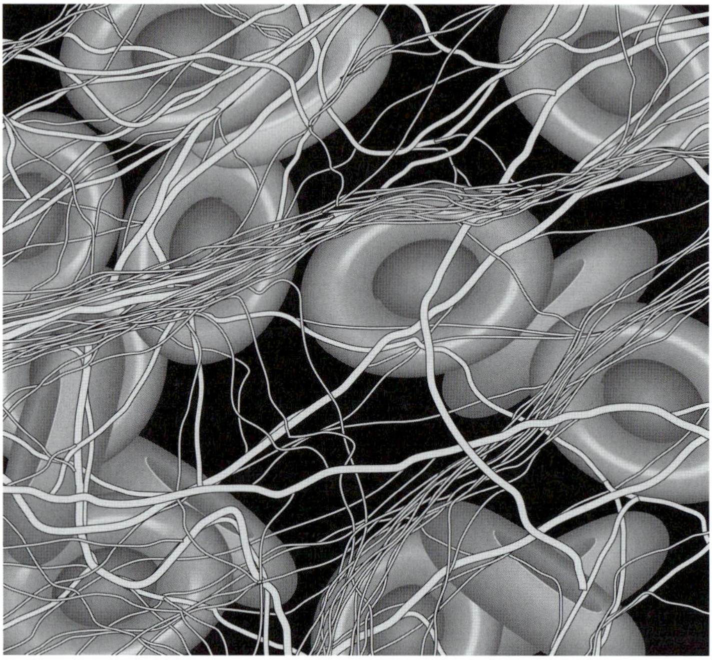

Abb. 5-5
Fibrinnetzwerk mit eingeschlossenen roten Blutkörperchen.

Bei Menschen und Hunden sind zudem (erblich bedingte) Mängel vor allem bei den Faktoren VIII und IX bekannt. Individuen mit Faktormangel haben eine starke Blutungsneigung (Bluterkrankheit = Hämophilie, entsprechend Hämophilie A bei Mangel an Faktor VIII und Hämophilie B bei Mangel an Faktor IX). Auch die **Leber** spielt eine indirekte, aber bedeutende Rolle bei der Blutgerinnung. Hier wird ein großer Teil der Gerinnungsfaktoren hergestellt. Tiere mit Leberschäden neigen daher zu verstärkten Blutungen. **Vitamin K** ist für die Produktion von Prothrombin und den anderen Faktoren in der Leber notwendig. **Kumarin** ist ein Hemmstoff der Synthese von Vitamin K, so dass bei übermäßiger Zufuhr von Kumarin die Herstellung von Gerinnungsfaktoren vermindert ist. Kumarin und seine Derivate werden in der Medizin zur Gerinnungshemmung eingesetzt und sind Wirkstoffe von Rattengiften. Kumarine finden sich in niedriger Konzentration auch in vielen Pflanzen.

6 Infektionsabwehr

Wird der Körper von krankmachenden Mikroorganismen wie Viren, Bakterien oder Pilzen befallen und vermögen diese sich anzusiedeln, so spricht man von einer **Infektion.** Die Abwehrmöglichkeiten des Organismus gegen Krankheitserreger sind vielfältig und sehr komplex. Daher kann hier nur eine skizzenhafte Übersicht vermittelt werden.

Die Abwehr des Körpers beinhaltet sowohl die schnell einsetzenden unspezifischen, angeborenen Abwehrmechanismen als auch die verzögert aktivierte antigenspezifische, erworbenen Immunität. Die Grenzen sind fließend. Verschiedene Zelltypen sind in alle Formen der Abwehr einbezogen (▶ Abb. 6-1).

6.1 Unspezifische Abwehr

Erstes Hindernis für Krankheitserreger stellen die **anatomischen Barrieren** wie die äußere Haut und die Schleimhäute mit ihrer Mikroflora und der chemischen Schutzschicht, aber auch straffe Bindegewebshäute wie Faszien und Organkapseln dar (▶ Abb. 6-1).

Krankheitserreger, die diese Barrieren durchdringen konnten, z. B. durch Wunden, versucht der Organismus zunächst mithilfe unspezifischer Abwehrmechanismen im Rahmen einer **Entzündung** zu vernichten.

Beim Entzündungsgeschehen erfolgt eine sehr schnelle Antwort auf eingedrungene Fremdstoffe. Diese werden mithilfe **humoraler** (= löslicher) **Faktoren** und auch mithilfe mehrere Arten von **Abwehrzellen** bekämpft.

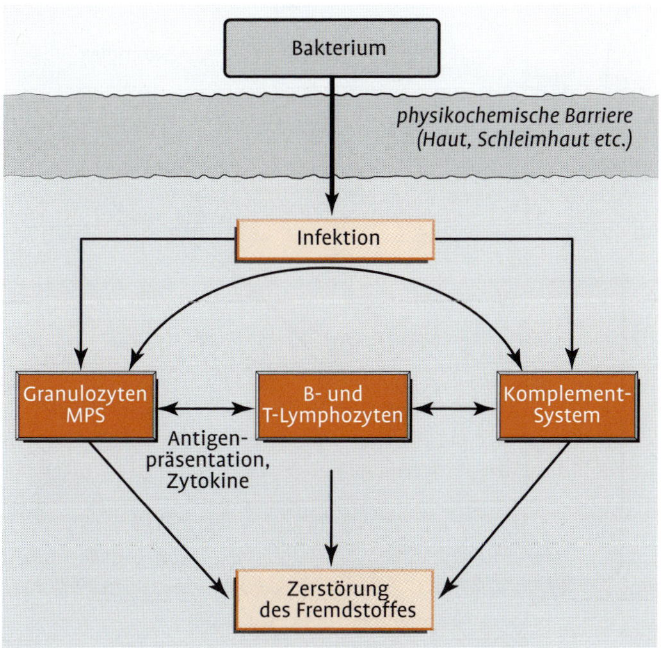

Abb. 6-1
Spezifische und unspezifische Abwehrmechanismen.
MPS: Mononukleäres Phagozytensystem.

6.1.1 Unspezifische humorale Abwehr

Eine besondere Rolle bei der unspezifischen humoralen Abwehr spielen das **Komplementsystem,** die Akute-Phase-Proteine und das Interferonsystem. Das Komplementsystem ist das wichtigste humorale System. Ähnlich dem Gerinnungssystem (▶ Abb. 5-3, 5-4) stellt es eine Kaskade dar, bei der inaktive Proteine bzw. Enzyme schnell nacheinander aktiviert werden. Die Aktivierung der Komplementkaskade führt letztendlich zur **Markierung** des Erregers (Opsonierung), zur **Chemotaxis** (= Anlocken von Zellen durch bestimmte Substrate) und zur Aktivierung von Leukozyten, die die **Phagozytose** (= Aufnahme) und **Lyse** (= Verdauung) der Fremdstoffe veranlassen.

Bei schweren Verletzungen und/oder bakteriellen Entzündungen kommt es zur massiven Aktivierung von Makrophagen und bestimmten Gewebszellen wie Fibroblasten, die **Zytokine** freisetzen. Zu den Zytokinen gehören die **Interferone,** die **Interleukine** und andere spezifisch wirkende Botenstoffe. Zytokine sind Polypeptide oder Glykoproteine, die von Rezeptoren auf den Zellen der Immunabwehr gebunden werden. Die Makrophagen sind auf diese Weise in der Lage, sowohl weitere Zellen der unspezifischen Immunabwehr als auch Zellen der spezifischen Immunabwehr zu aktivieren. Damit können diese beiden Systeme fließend ineinandergreifen und sich ergänzen. Durch die Zytokine, insbesondere durch Interleukine, wird zudem die **Akute-Phase-Reaktion** ausgelöst. Die Interleukine werden über die Blutbahn zur Leber transportiert. In der Leber werden auf diese Signale hin **Akute-Phase-Proteine** synthetisiert, die ihrerseits zahlreiche abwehrverstärkende Funktionen ausüben. Die Proteine opsonieren den Erreger, verstärken die Blutgerinnung im geschädigten Gebiet (Fibrinogen ist z. B. ein Akute-Phase-

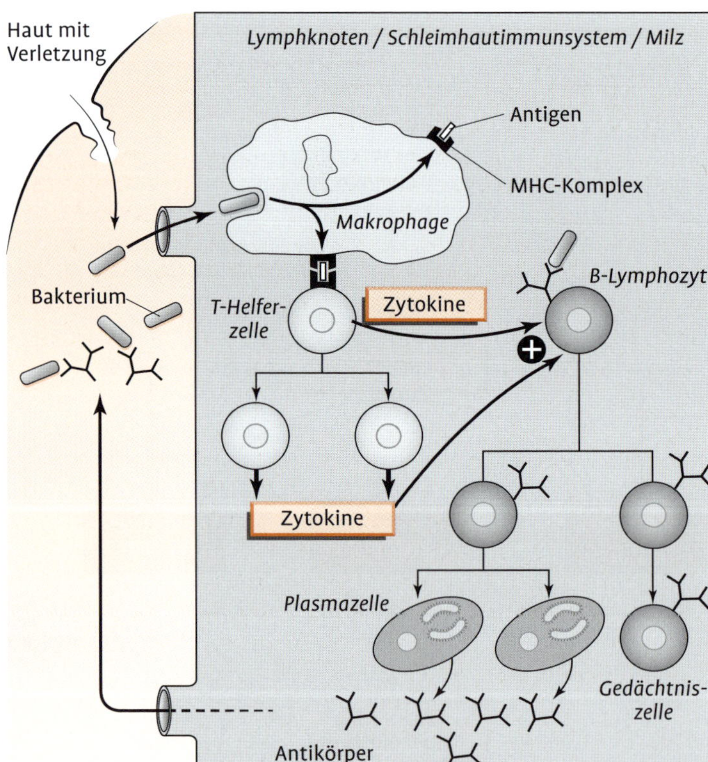

Abb. 6-2
Bildung von Antikörpern in den lymphatischen Organen (nach Vander et al. 1994).
Das Eindringen von Bakterien über eine Verletzungsstelle führt zunächst zu einer Reaktion von Makrophagen. Makrophagen wandeln Bakterienbestandteile in ein Antigen um und präsentieren dieses über einen MHC-Komplex den T-Helferzellen. Nachdem diese das Antigen erkannt haben, vermehren sie sich. Ebenfalls aktivieren die T-Helferzellen über Zytokine die B-Lymphozyten. Ein Teil der Zellen wandelt sich in Plasmazellen um und produziert Antikörper. Ein anderer Teil der aktivierten B-Lymphozyten wandelt sich zu Gedächtniszellen um. Die Gedächtniszellen können sofort reagieren, sobald das Antigen wieder auftritt. Über die sekretierten Antikörper können sich Phagozyten an das Bakterium anheften, es aufnehmen (phagozytieren) und verdauen (▶ Abb. 6-3).

Protein, zu Fibrinogen ▶ Kap. 5.5.3) und verhindern so ein Ausbreiten der Gewebsschädigung.
Die oben beschriebenen Wege sind vor allem bei bakteriellen Infektionen von Bedeutung. Bei viralen Infektionen bilden innerhalb weniger Stunden Leukozyten und andere Körperzellen (z. B. Fibroblasten) **Interferone.** Sie begrenzen die Virusvermehrung und aktivieren Makrophagen.
Eine weitere wesentliche Rolle der Zytokine ist die Auslösung von Fieber. Fieber als reaktive Erhöhung der Körperkerntemperatur verstärkt die Abwehrbereitschaft des Organismus und zeigt an, dass systemische Abwehrreaktionen ablaufen. Entstehung und Verlauf von Fieber ist genauer im ▶ Kapitel 12.4.3 beschrieben.

6.1.2 Unspezifische zelluläre Abwehr

Zur unspezifischen zellulären Abwehr gehören vor allen Dingen **Granulozyten** und die Zellen des **mononukleären Phagozytensystems.** Die Zellen des mononukleären Phagozytensystems (MPS) reifen im Knochenmark heran und finden sich als **Monozyten** im Blut. Vom Blut wandern sie ins Gewebe aus und differenzieren hier zu **Gewebsmakrophagen.** Sowohl die neutrophilen Granulozyten als auch die Zellen des mononukleären Phagozytensystems können fremde Partikel bzw. auch pathogene Substanzen aufnehmen und im Rahmen der Phagozytose zerstören.
Die Zellen der unspezifischen Abwehr sammeln sich bei Infektionen und entzündlichen Prozessen im betroffenen Gebiet. Dabei hilft ihnen eine vermehrte Anheftung an Gefäßendothelien in entzündeten Bereichen und ein nachfolgender Übertritt aus den Blutgefäßen ins Gewebe. Die Abwehrzellen erkennen dann Infektionserreger anhand sogenannter **PAMP** (pathogen-associated molecular pattern). Zu den PAMP zählen verschiedene Strukturen auf bakteriellen Oberflächen, aber auch virale RNA. Die Gegenstücke der PAMP aufseiten der Abwehrzellen sind die PRRs (pattern recognition receptors), die verschiedene PAMP binden können. Diese Bindung aktiviert die Zellen der unspezifischen Abwehr und führt u. a. zur Ausschüttung verschiedener **Zytokine** (▶ Kap. 6.1.1).
Wie erwähnt sind viele Zellen der unspezifischen Abwehr zur **Phagozytose** befähigt. Um Erreger phagozytieren zu können, muss dieser durch Komponenten der unspezifischen humoralen Abwehr opsoniert sein. Neben den phagozytotischen Fähigkeiten bei der unspezifischen Abwehr stellen die Makrophagen auch die Verbindung zum spezifischen Abwehrsystem dar, indem sie phagozytierte Antigene spalten und diese über MHC-Moleküle auf ihren Oberflächen den Zellen der spezifischen Abwehr präsentieren (▶ Kap. 6.2.1 und ▶ Abb. 6-2).
Als weitere Zellen des unspezifischen Abwehrsystems sind lymphoide Zellen zu nennen, die als **natürliche Killerzellen** (NK) bezeichnet werden und etwa 10 bis 15 % der Lymphozytenfraktion des Blutes ausmachen. NK sind in der Lage, infizierte Zellen zu erkennen und zu vernichten.

6.2 Spezifische Abwehr

Die spezifische **Immunität** ist ein erworbener, erreger- und antigenspezifischer Zustand der Erregerabwehr. Sie beruht auf zwei Mechanismen: der **zellulären Abwehr** (zellvermittelte Immunreaktionen), die vor allem von den T-**Lymphozyten** getragen wird, und der **humoralen Abwehr** (humorale Immunreaktionen), die von den **B-Lymphozyten** vermittelt wird. Beide Mechanismen sind über die T-Helfer- (und die T-Supressor-)Lymphozyten eng gekoppelt. Zudem erfolgt ein ständiger Abgleich mit den Systemen der unspezifischen Abwehr. Bei der Bildung und Funktionsausrichtung der Lymphozyten spielen die **lymphatischen Organe** eine besondere Rolle.

6.2.1 Antigene, Funktion von B- und T-Lymphozyten

■ Antigene, Antikörper

Die Träger der spezifischen Immunantwort sind die Lymphozyten. Eine spezifische Immunreaktion richtet sich immer gegen Antige-

ne. Der Begriff **Antigen** (**Anti**body **gen**erating) bezeichnet nicht ein definiertes Substrat, sondern bedeutet nur, dass durch das Substrat eine Immunantwort in Form einer Bildung von **Antikörpern** ausgelöst werden kann.
Viele Antigene haben Protein- oder Polysaccharidstruktur, wobei diese oft Bestandteil von Zellmembranen sind, die von Bakterien und auch Säugetierzellen stammen können. B-Lymphozyten können intakte Zellen erkennen, für T-Lymphozyten müssen die Antigene aber erst durch andere Zellen erkennbar gemacht werden. Intrazelluläre Antigene, unter anderem auch die körpereigenen, werden von den meisten Körperzellen erkennbar gemacht. Eine **Antigenpräsentation** von extrazellulären Antigenen wie z. B. von Bakterien kann aber nur durch Makrophagen (▶ Abb. 6-2) und durch B-Lymphozyten erfolgen. Ort der Antigenpräsentation der extrazellulären Antigene sind die sekundären lymphatischen Organe (▶ Kap. 6.3.2).
Auch sogenannte **dendritische Zellen** sind zur Antigenpräsentation in der Lage. Dendritische Zellen stammen von lymphoiden Zellen ab und sind im ganzen Körper, vor allem in Epithelien, zu finden. Die dendritischen Zellen in der Haut werden als **Langerhans-Zellen** bezeichnet (Paul Langerhans; *1847 in Berlin, †1888; Pathologe).
Für die Antigenpräsentation ist der **Haupt-Histokompatibilitätskomplex (major histocompatibility complex = MHC)** notwendig. MHC-Moleküle sind Proteine, die eine große Variabilität aufweisen und so verschiedene Antigene binden und präsentieren können. Die antigenpräsentierenden Zellen bauen zunächst die Antigene ab (Antigenprozessierung). MHC-Proteine binden dann Peptidfragmente von Antigenen und verankern diese an der Zelloberfläche. Werden so die Peptidfragmente präsentiert, können die Rezeptoren der T-Lymphozyten die Komplexe aus MHC-Protein und antigenem Peptid erkennen und sich an diese Komplexe binden (▶ Abb. 6-2).
Durch den Kontakt eines Lymphozyten mit dem entsprechenden (prozessierten) Antigen werden die Lymphozyten in den sekundären lymphatischen Organen (▶ Kap. 6.3.2) dazu angeregt, sich zu vermehren und **Antikörper** zu bilden. Dieser Prozess ist genauer in ▶ Abbildung 6-2 verdeutlicht. Über Antikörper können phagozytierende Leukozyten an die opsonierten, d. h. mit Antikörpern markierten, Antigene binden und die Fremdstoffe phagozytieren (▶ Abb. 6-3). Eine gewisse Zeit nach Kontakt mit dem Antigen sind ausreichend Antikörper gebildet, um das fremde Antigen erfolgreich abzuwehren. Bis diese spezifische Abwehr erfolgreich werden kann, stehen nur die oben beschriebenen unspezifischen Mechanismen zur Verfügung.
Das Immunsystem lernt während des gesamten Lebens und passt sich ständig der Umwelt an. Die Anpassung ist im gesunden Organismus so ausgerichtet, dass körpereigene Antigene nie angegriffen werden.

Abb. 6-3
Oben: Aufbau eines Antikörpers.
Unten: Bindung eines phagozytierenden Leukozyten über Antikörper an die Antigene eines Bakteriums (nach Vander et al. 1994).

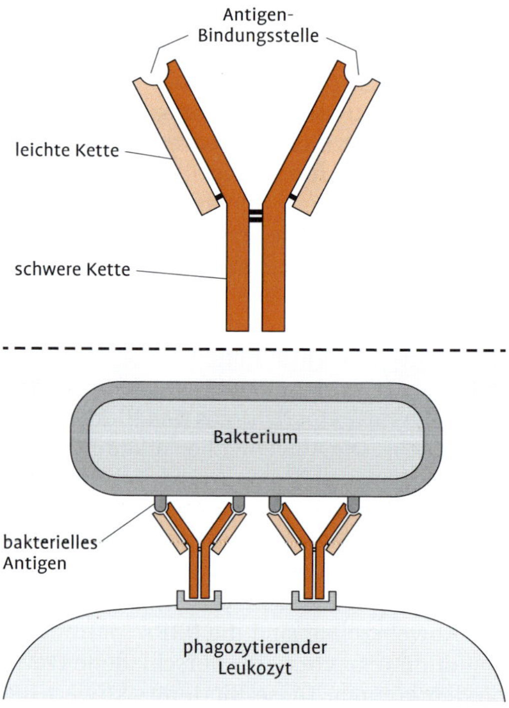

Lymphozyten

Es gibt zwei Lymphozytentypen, die B- und die T-Lymphozyten. Die **B-Lymphozyten** bilden die **Immunglobuline,** d. h. die Antikörper, die in das Blutplasma abgegeben werden (▶ Abb. 6-2). Dies wird aufgrund der löslichen Antikörper als **humorale Immunität** bezeichnet.

Weil dieser Lymphozytentyp bei Vögeln seine Immunkompetenz in der Bursa cloacalis (Fabricii), einem Lymphorgan im Enddarm, erlangt, werden die Zellen B-Lymphozyten genannt. Bei Säugetieren erhalten B-Lymphozyten die Immunkompetenz in den Lymphfollikeln des Darms (Peyer-Platten) oder im Knochenmark. Wenn B-Lymphozyten durch körperfremde Antigene aktiviert werden, können sie sich zu antikörperproduzierenden **Plasmazellen** oder zu **Gedächtniszellen** umwandeln.

Die **T-Lymphozyten** werden während ihrer Wanderung im Thymus von dessen Rinde in das Mark immunkompetent. Sie bilden membrangebundene, zellständige Antigenrezeptoren (T-Zell-Rezeptoren) aus. Es kann zwischen zytotoxischen T-Zellen und T-Helferzellen unterschieden werden.

Zytotoxische T-Zellen (= T-Killerzellen) töten organismusfremde Zellen sowie virusinfizierte oder entartete körpereigene Zellen (z. B. Krebszellen). Mithilfe ihrer Rezeptoren binden sie sich an die körperfremde, infizierte oder entartete Zelle, perforieren die Membran dieser Zelle und setzen zytotoxische (=zellschädigende) Substanzen frei, die über die Perforationsstelle in die angegriffene Zelle fließen und diese dadurch zur Auflösung bringen.

T-Helferzellen sind wichtige immunregulatorische Zellen. Sie bekämpfen zwar nicht direkt das Antigen, greifen aber stark fördernd in die Immunabwehr ein. So leisten sie Hilfe bei der Antikörperbildung durch B-Lymphozyten. Über verschiedene Zytokine stimulieren sie die anderen Zellen des Immunsystems wie z. B. die Makrophagen. In Abwesenheit dieser Zytokine ist das Immunsystem nahezu lahmgelegt. Deutlich wird dies bei der AIDS-Erkrankung des Menschen (acquired immunodeficiency syndrome), bei dem die T-Helferzellen durch den Virusbefall zerstört werden.

Sowohl von den B- als auch von den T-Lymphozyten gibt es langlebige **Gedächtniszellen (Memory cells).** Die Gedächtniszellen sind antigenspezifisch und leiten bei erneutem Antigenkontakt die klonale Zellvermehrung ein. Da sie meist die ganze Lebenszeit eines Individuums aktiv bleiben, bilden sie die Grundlage einer andauernden Immunität, aber auch des Impfens.

6.2.2 Impfung und Allergie

Durch Impfung wird der Organismus gegen bestimmte Krankheitserreger geschützt. Eine **aktive Immunität** wird durch die Gabe von abgeschwächten oder inaktivierten Erregern oder besonders immunogenen erregerspezifischen Teilen (Proteinen) erreicht, die einerseits den Organismus nicht schädigen, aber andererseits die Antikörperbildung und Bildung spezifischer T-Lymphozyten anregen. Neue **Impfstoffe** in der Humanmedizin bringen körpereigenen Zellen dazu, bestimmte Virusproteine herzustellen, die dann das Immunsystem aktivieren. So wird bei den sogenannten mRNA-Impfstoffen mRNA injiziert, die die Bildung antigen wirkender Virusproteine induziert (▶ Kap. 1.5.3). Die Körperzellen synthetisieren dann diese Proteine, die im Folgenden eine Immunreaktion auslösen. Funktionsfähige Viren entstehen dabei aber nicht. Unabhängig von der Art der Induktion benötigt die Bildung einer aktiven Immunität etwa 2 Wochen und hält – abhängig von der Art des Antigens – mehrere Monate bis viele Jahre an. Durch erneuten Erregerkontakt oder durch Wiederholungsimpfung kann aufgrund des **immunologischen Gedächtnisses** die Immunität verstärkt werden (Booster-Effekt). Dieses Andauern der Immunität beruht auf der Fähigkeit langlebiger T- und B-Gedächtniszellen, sich nach erneutem Antigenkontakt schnell zu vermehren.

Als **passive Immunität** bezeichnet man den Zustand nach Übertragung der Immunglobuline von einem Organismus mit aktiver Immunität auf einen anderen, noch ungeschützten Organismus, z. B. vom Muttertier mit der Kolostralmilch auf das Neugeborene. Sie ist sofort wirksam, hält aber nur wenige Wochen lang an, da die mütterlichen Antikörper abgebaut werden. Auch therapeutisch können Antikörper gegen Infektionserreger eingesetzt werden. So können Welpen mit Antiseren gegen das Staupevirus und das Parvovirosevirus des Hundes geschützt bzw. behandelt werden.

Die ererbte erreger- bzw. antigenspezifische Unempfindlichkeit bestimmter Tierarten, Rassen oder Linien gegen Krankheitserreger oder Toxine wird **Resistenz** genannt. Sie beruht darauf, dass der Erreger oder das Toxin in den Geweben des resistenten Organismus nicht haften oder seine pathogene Wirkung nicht entwickeln kann. So sind z. B. Rinder gegen das Virus der Schweinepest oder Pferde gegen Hundestaupe resistent. Durch Schwächung des Gesamtorganismus kann die Resistenz vermindert werden, durch züchterische Maßnahmen kann man sie zum Teil erhöhen.

Während sich die Immunität in der Regel ohne erkennbare klinische Symptome ausbildet, stellt die **Allergie** eine abnorme, überschießende Reaktion des Organismus gegen ein Fremdantigen **(Allergen)** dar. Sie ist eine lokale oder systemische, allgemeine Fehlreaktion des Immunsystems und kann tödlich verlaufen, z. B. als anaphylaktischer Schock (▶ Kap. 8.3.5). Eine zentrale Rolle spielen dabei Histamin, Heparin, Bradykinin und Serotonin, die in den Granula der Mastzellen enthalten sind. Unter ihrem Einfluss werden die Blutkapillaren erweitert und ihre Durchlässigkeit erhöht (Ödembildung, Quaddelbildung, zu Ödemen ▶ Kap. 8.2.4).

6.3 Lymphatische Organe

Wie alle Leukozyten zirkulieren auch die Lymphozyten im Blut. Allerdings befindet sich der größte Anteil der Lymphozyten nicht im Blut, sondern in einer Gruppe von Organen und Geweben, die als lymphatische Organe bezeichnet werden. Die lymphatischen Organe werden in zentrale bzw. primäre lymphatische Organe und periphere bzw. sekundäre lymphatische Organe unterteilt.

Primäre lymphatische Organe dienen der Entstehung, Entwicklung und Reifung von Immunzellen. Zu diesem Typ gehören das **Knochenmark** und der **Thymus.** Im **Knochenmark** entstehen alle Immunzellen und es findet hier die Entwicklung und Reifung der B-Zellen statt. Im **Thymus** reifen und entwickeln sich die T-Zellen. Vom Knochenmark und vom Thymus gelangen die Immunzellen in die Blut- und die Lymphbahnen und gelangen so in die sekundären lymphatischen Organe und Gewebe.

Zu den **sekundären lymphatischen Organen** gehören die **Lymphknoten,** die **Milz,** die **Mandeln** im Halsbereich und **Lymphfollikel** an Schleimhäuten. In diesen Organen werden die Immunzellen durch Antigenpräsentation aktiviert und damit die spezifischen Immunantworten induziert.

Von den lymphatischen Organen muss das Lymphgefäßsystem unterschieden werden. Dieses ist ein Netzwerk von Lymphgefäßen, das unter anderem auch der Drainage der Gewebe dient (▶ Kap. 8.2.6). Zwischen den verschiedenen lymphatischen Organen erfolgt die Kommunikation über das Herz-Kreislauf-System.

Mit Ausnahme des Knochenmarks, das schon oben dargestellt wurde, werden die lymphatischen Organe im Folgenden genauer beschrieben.

6.3.1 Primäre lymphatische Organe

Der **Thymus (Bries)** liegt bei jungen Tieren ventral vor dem Herz (Brustteil) und ventral am Hals (Halsteil). Der Halsteil ist besonders bei Kälbern und Ferkeln stark ausgeprägt und reicht bis zum Kehlkopf bzw. noch weiter nach kranial. Er liegt mit zwei Lappen der Luftröhre seitlich und von ventral an (▶ Abb. 6-4). Wenn die Tiere heranwachsen, wird der Thymus zurückgebildet. Einige Zeit nach der Geschlechtsreife sind von ihm fast nur noch verfettete Reste zu finden. Teile des Thymus bleiben aber bis ins hohe Alter funktionsfähig.

Im histologischen Schnitt erkennt man, dass das Thymusgewebe aus einem in Strängen angeordneten Zellnetz, dem **Retikulum,** besteht,

Abb. 6-4
Thymus des Kalbes (nach König und Liebich 2012).

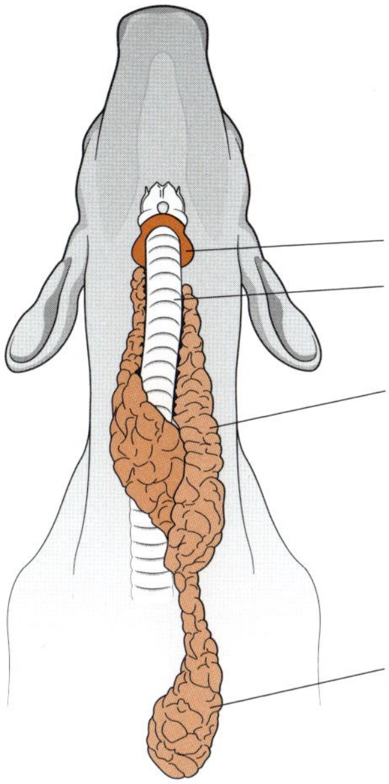

Abb. 6-5
Aufbau eines Lymphknotens (nach Bargmann 1977).

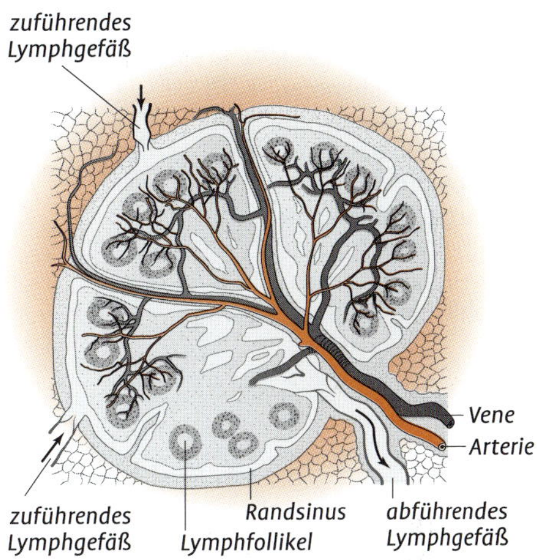

dessen Zwischenräume mit Lymphozyten angefüllt sind. Diese stammen aus dem **Knochenmark.** Nach ihrer Bildung im Knochenmark wandern die Lymphozyten zum Thymus und siedeln sich dort an. Hierbei erlangen sie ihre Immunkompetenz als T-Lymphozyten.
Vom Thymus aus werden die sekundären lymphatischen Organe besiedelt.

6.3.2 Sekundäre lymphatische Organe

■ Lymphknoten

In den Verlauf der Lymphgefäße sind an verschiedenen Stellen Lymphknoten als Filter eingeschaltet. Lymphknoten in der Peripherie des Organismus haben eine bestimmte Einzugsregion. Man bezeichnet sie daher auch als **regionäre** bzw. **Organlymphknoten.**
Der Aufbau eines Lymphknotens ist in ▶ Abbildung 6-5 dargestellt. Lymphknoten bestehen aus retikulärem Bindegewebe. Von der umgebenden bindegewebigen Kapsel ziehen kleine Balken, **Trabekel,** in die Tiefe und bilden ein Gerüst. Unter der Kapsel und entlang der Trabekel befinden sich Hohlräume **(Sinus),** in denen sich die Lymphe bewegen kann. Die zuführenden (afferenten) Lymphgefäße münden in den Randsinus, dieser geht in mehrere Intermediärsinus über, welche sich wieder zum Terminalsinus vereinigen, aus dem die abführenden (efferenten) Lymphgefäße hervorgehen.
Die Maschen des retikulären Gewebes sind dicht mit **Lymphozyten** angefüllt, welche sich zu **Lymphfollikeln** anhäufen können. In den Follikeln werden die Lymphozyten gespeichert. Dabei sind separate Gebiete für die B-Lymphozyten im Rindenbereich und T-Lymphozyten unterhalb des Rindenbereiches vorhanden.
Während ihres Weges durch die Lymphknoten wird die Lymphe von schädlichen Beimengungen befreit und es werden ihr Antikörper zugesetzt. Bakterien werden ebenso wie abgestorbene Leukozyten durch Phagozyten abgebaut.
Von den peripheren Lymphknoten fließt die Lymphe in Lymphgefäßen zu zentraler gelegenen Lymphknoten, um dort erneut gefiltert zu werden. Diese Lymphknoten erhalten Zuflüsse von mehreren peripheren Lymphknoten. Wenn ein peripherer Lymphknoten überfordert wird und in seiner Funktion zusammenbricht,

Abb. 6-6
Übersicht über die oberflächlichen Lymphknoten des Rindes und ihre Einzugsgebiete (nach Koch und Berg 1992).
1 Unterkieferlymphknoten
2 Ohrspeicheldrüsenlymphknoten
3 Rachenlymphknoten
4 Buglymphknoten
5 und 6 Achsellymphknoten
7 Kniefaltenlymphknoten
8 Kreuzbeinlymphknoten
9 Kniekehllymphknoten

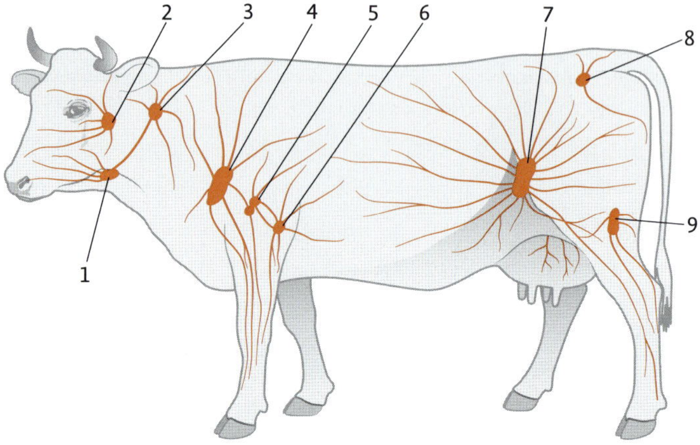

Abb. 6-7
Übersicht über die oberflächlichen Lymphknoten des Schweins und ihre Einzugsgebiete (nach Koch und Berg 1992). Bezeichnungen ▶ Abb. 6-6.

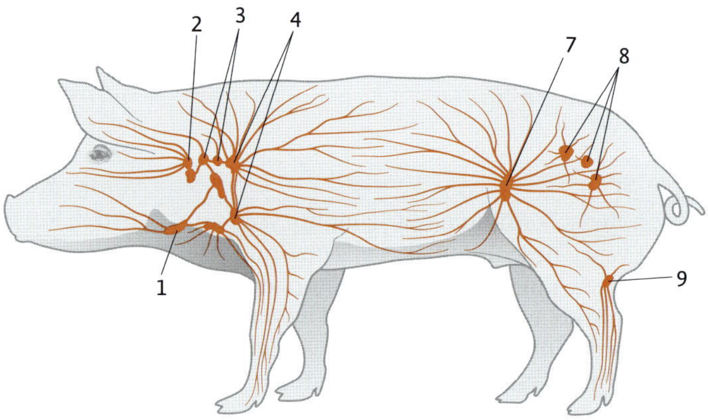

Abb. 6-8
Übersicht über die tiefen Lymphknoten des Schweins und ihre Einzugsgebiete (nach Koch und Berg 1992, verändert):
1 Unterkieferlymphknoten
2 Rachenlymphknoten
3 oberflächliche Halslymphknoten
4 tiefe Halslymphknoten
5 Achsellymphknoten
6 Mediastinallymphknoten
7 Nierenlymphknoten
8 Lendenlymphknoten
9 Darmbeinlymphknoten
10 äußere Leistenlymphknoten bzw. Gesäugelymphknoten

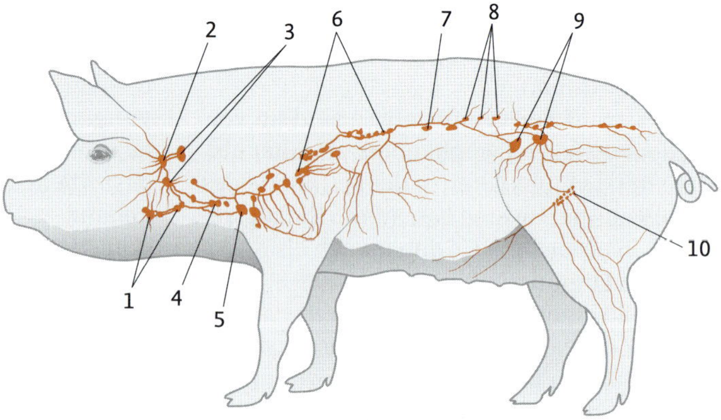

so wirkt der nächste, zentraler gelegene Lymphknoten als erneute Barriere. Lymphknoten, die wegen eines infektiösen Prozesses in ihrem Einzugsgebiet besonders beansprucht werden, machen sich durch Schwellung und Schmerzhaftigkeit kenntlich. Bei starken oder chronischen Infektionen können sie abszedieren (z. B. bei Druse, einer bakteriellen Infektion der Nasenhöhle junger Pferde).

In der Fleischuntersuchung auf dem Schlachthof spielen die Lymphknoten eine besondere Rolle, weil in der Peripherie verstreut vorkommende Krankheitserreger in den Lymphknoten angereichert werden, in diesen nachgewiesen werden können und zum Teil zu charakteristischen Veränderungen der Lymphknoten führen. Dass auch Staubteilchen und Ähnliches mit dem Lymphstrom abtransportiert werden, lässt sich besonders gut an den Lungenlymphknoten vor allem von Hunden und Menschen zeigen, die in staubhaltiger Stadtluft leben müssen. Die Lymphknoten zeigen durch Staubeinlagerungen eine dunkle Marmorierung.

Wichtige Lymphknoten und Lymphknotengruppen sind die Kehlgangslymphknoten, die Unterkieferlymphknoten, die Ohrspeicheldrüsenlymphknoten, die Buglymphknoten, die Kniefaltenlymphknoten, die Kniekehllymphknoten, die Euterlymphknoten, die Lymphknoten an der Lungenwurzel, die Lymphknoten des Darmgekröses (▶ Abb. 6-6 bis 6-8).

Mandeln und intestinale Lymphfollikel

Als Mandeln (**Tonsillen;** ▶ Abb. 10-3) werden lymphatische Organe bezeichnet, die in der Wand des Atmungs- und des Schlingrachens ausgebildet sind. Gegen die Umgebung sind sie durch eine Bindegewebskapsel abgegrenzt. Die Lymphozyten in den Mandeln durchwandern das Oberflächenepithel des Rachenbereiches und gelangen so in unmittelbare Nähe der Schleimhautoberfläche, wo sie in Kontakt mit Antigenen kommen können. Ähnlich wie in den Lymphknoten versammeln die Lymphozyten sich in den Mandeln zu **Lymphfollikeln.** Lymphfollikel finden sich auch in der Umgebung der kleineren Bronchien und in der Schleimhaut des Magen-Darm-Kanals. Sie bilden das **Schleimhautimmunsystem** und erfüllen wichtige Funktionen bei der Antigenerkennung und in der Immunabwehr. Bei Infektionen der Darmschleimhaut können sie an Umfang zunehmen. Die Lymphfollikel des Hüftdarms, der eine Schleuse zwischen dem bakterienarmen Dünndarm und dem bakterienreichen Dickdarm ist, sind besonders stark entwickelt. Sie werden als **Peyer-Platten** bezeichnet (Johann Conrad Peyer; *1653 in Schaffhausen, †1712; Arzt). Sie sind Bestandteile des **Darmimmunsystems (gut associated lymphoid tissue = GALT).** Dieses System in der Darmschleimhaut spielt eine wichtige Rolle, weil es in enger funktioneller Beziehung zum gesamten Immunsystem steht und mit diesem immunologische Informationen austauscht. Durch den engen Kontakt mit den aus dem Darminhalt resorbierten Substanzen hat das GALT vielfältige Berührung mit diversen Antigenen (Mikroorganismen, Futterbestandteile).

Milz

Lage und Aufbau: Die Milz (Lien, Splen) liegt in der Bauchhöhle auf der linken Seite, in der Regel innerhalb des Brustkorbes in der Nähe des Magens (▶ Abb. 10-45). Bei den Wiederkäuern ist sie mit dem dorsalen Pansensack verwachsen (▶ Abb. 10-12). Da sich die Milz im großen Netz entwickelt, ist sie mit diesem verbunden und liegt ihm an. Ihre **Form** ist tierartlich verschieden. Beim Rind ist sie langgestreckt oval, bei den kleinen Wiederkäuern gedrungen viereckig bis dreieckig, beim Schwein lang zungenförmig und im Querschnitt dreieckig. Beim Pferd gleicht die Milz einem kurzen Sensenblatt mit einem breiten dorsalen Ende.

Die Milz ist vom Bauchfell überzogen. Unter diesem besitzt sie eine kräftige **Kapsel,** die zahlreiche elastische Fasern und glatte Muskelzellen enthält. Von der Kapsel ziehen **Trabekel,** die ebenfalls glatte Muskelzellen und elastische Fasern besitzen, in die Tiefe des Organs. In den Trabekeln verlaufen die großen Blutgefäße. Zwischen den Trabekeln ist die **Milzpulpa** ausgebildet (▶ Abb. 6-9). Die Milzpulpa ist das eigentliche Funktionsgewebe der Milz. Unterschieden werden die blutreiche **rote Milzpulpa** zwischen den Endaufzweigungen der Gefäße und die **weiße Milzpulpa** zu Beginn des Eintritts der Gefäße.

Abb. 6-9
Aufbau der Milz (nach Mutschler et al. 2007).

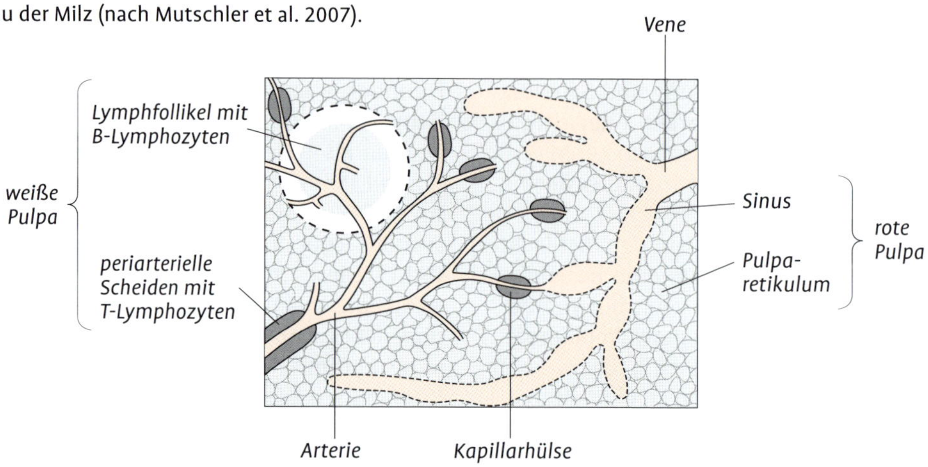

Die Milz hat enge Beziehungen zum Herz-Kreislauf-System. Die in die Milz eintretende Milzarterie (Arteria lienalis) teilt sich in zahlreiche Äste auf. Diese Äste werden von **lymphatischem Gewebe** umgeben, das die weiße Milzpulpa bildet (▶ Abb. 6-9). Die weiße Milzpulpa besteht hauptsächlich aus Lymphfollikeln, die B-Lymphozyten enthalten. Die Lymphfollikel werden auch als Malpighi-Körperchen bezeichnet (Marcello Malpighi; *1628 in Crevalcore, Italien; †1894; Anatom). Zur weißen Milzpulpa gehören auch Ummantelungen, die sich um die Arterien herum bilden, die periarteriellen Scheiden (PALS), die T-Lymphozyten enthalten. Nach dem Austritt aus der weißen Milzpulpa in die rote Milzpulpa verzweigen sich die Äste der Arteria lienalis pinselförmig. Die Kapillaren haben anfangs eine dicke Wand (Kapillarhülsen). Im weiteren Verlauf verfügen sie über Öffnungen, durch die die Blutkörperchen in die Maschen der roten Milzpulpa austreten können. Hier wird das Blut eingedickt (Hämokonzentration). Aus dem Pulparetikulum gelangt das Blut in **Venensinus,** die in die Milzvenen einmünden. Diese vereinigen sich zur Milzvene (Vena lienalis).
Die Sinus sind von der roten Pulpa durch feine Wände getrennt, die enge Poren mit Durchmessern zwischen 0,5 und 3 μm haben. Diese Poren können nur von Blutzellen passiert werden, die ihre volle Elastizität und Verformbarkeit besitzen. Überalterte oder geschädigte Zellen werden abgefangen und phagozytiert (Milz als „Grab" der roten Blutkörperchen).
Funktion: Als großes lymphatisches Organ nimmt die Milz eine zentrale Stellung bei der **T-Zell-Aktivierung** und bei der **Antikörperproduktion** durch B-Lymphozyten bzw. Plasmazellen ein. Die Milz ist zudem ein Teil des **mononukleären Phagozytensystems,** da die Retikulumzellen der Milz zur Phagozytose befähigt sind. Neben dieser Bedeutung als lymphatisches Organ (weiße Milzpulpa) hat die Milz noch andere Funktionen. So ist die rote Milzpulpa nicht nur **Grab,** sondern auch **Speicher** der roten Blutkörperchen. In der Milz wird erythrozytenreiches Blut in den Venensinus zurückgehalten und eingedickt. Die Speicherfunktion erfüllt die Milz besonders bei Tieren, die plötzliche Muskelleistungen erbringen können, unter den Haussäugetieren vor allem bei Pferd und Hund. Die Austreibung des Blutes aus der Milz erfolgt durch Kontraktion der Kapsel und der Trabekel, wozu diese durch die glatten Muskelzellen befähigt sind. Die Kontraktion der Milz wird durch Sauerstoffmangel in den Geweben, durch körperliche Arbeit, durch Blutverluste und Kälte sowie durch Erregungszustände ausgelöst. Besondere Bedeutung hat dabei die Aktivierung der Milz unter Belastung, wenn der Sympathikus verstärkt tätig ist (▶ Kap. 18.6.3). So kön-

nen Pferde bei körperlicher Belastung durch Entspeicherung der Milz die Hämoglobinkonzentration im Blut um bis zu 60 % gegenüber dem Ruhewert steigern.
Die Milz des Menschen, der Wiederkäuer und des Schweins kann in wesentlich geringerem Umfang Blut speichern als die Milz des Pferdes. Jedoch ist viel mehr lymphatisches Gewebe vorhanden (Abwehrtyp im Gegensatz zum Speichertyp).
Die Milz wirkt auch als **Speicherort** für **Eisen** aus den vernichteten roten Blutkörperchen (besonderer Eisenreichtum bei infektiöser Anämie der Pferde). Das Eisen wird bei Bedarf an die Leber und vor allem an das Knochenmark abgegeben (▸ Abb. 5-2).

6.3.3 Lymphatische Organe der Vögel

Vögel haben neben dem Thymus die **Bursa cloacalis** (Fabricii) als weiteres primäres Lymphatisches Organ (▸ Abb. 10-47). In der Wand der Bursa cloacalis findet in den ersten 3 Lebensmonaten die Prägung der aus dem Knochenmark eingewanderten Lymphozyten zu immunkompetenten B-Zellen statt.
Zu den sekundären lymphatischen Organen gehören beim Vogel die Milz, Lymphknoten (nur bei Ente und Gans), lymphatische Strukturen in der Wand des Magen-Darm-Trakts, in parenchymatösen Organen (z. B. Leber und Lunge) und in den Wänden der Lymphgefäße. Die Milz hat beim Huhn eine kugelige Form, bei Ente und Gans ist sie dreieckig. Außerdem werden das Knochenmark als Bildungsort der Lymphozyten und die Lymphherzen zu den sekundären lymphatischen Organen dazugerechnet. Bei den Lymphherzen handelt es sich um muskulöse, Klappen tragende Strukturen der Lymphgefäßwand. Sie liegen im kaudalen Bereich des Rumpfes und sind bei den meisten Vogelspezies nur embryonal zu finden. Bei Huhn, Ente und Gans sind die Lymphherzen aber auch im adulten Stadium erhalten. Bei männlichen Tieren sind sie an der Erektion des Penis beteiligt (▸ Kapitel 15.3), die durch den Einstrom von Lymphflüssigkeit in den Penis erfolgt.

7 Herz

Herz und Blutkreislauf haben die **Aufgabe**, das Blut im Organismus zirkulieren zu lassen. Das Blut muss mit den Resorptionsorten der Nahrungsstoffe (besonders Darm), den Depots (Leber, Fettgewebe, Knochen usw.) und der Stätte des Gasaustausches (Lunge) in Verbindung gebracht werden. Es soll aber auch möglichst an jede einzelne Körperzelle gelangen, um deren Gas- und Stoffwechsel zu gewährleisten. Darüber hinaus dient die Blutzirkulation dem Wärmetransport.

7.1 Anatomie des Herzens

7.1.1 Lage und Aufbau

Das Herz (Cor) ist ein starker Muskel mit Hohlräumen. Es liegt in der Höhe der 4. bis 6. Rippe. Hinter der 5. Rippe kann man ventral den Herzspitzenstoß fühlen. Das Herz der Haussäugetiere liegt mehr in der medianen Ebene als beim Menschen. Spitzenwärts grenzt das Herz an das Zwerchfell. Bei der Herzlage des Geflügels ist zu beachten, dass beim Vogel kein Zwerchfell vorhanden ist. Das Herz wird beim Geflügel von der Leber umschlossen.

Das Herz liegt im **Herzbeutel (Perikard)**, der aus einer straffen Bindegewebshaut (Fibrosa) besteht, die beiderseits von einer Serosa bedeckt wird: außen vom Brustfell und innen von der Herzbeutelserosa. Diese geht an der Herzbasis auf das Herz über und überzieht dieses als **Epikard.** Zwischen Herz und Herzbeutel ist auf diese Weise die **Herzbeutelhöhle** ausgebildet, die eine geringe Menge Perikardialflüssigkeit enthält. Die Herzbeutelhöhle ist nicht sehr geräumig, wenn bei Entzündungen des Perikards (z. B. durch Verletzungen des Herzbeutels bei Fremdkörpern in der Haube des Rindes, ▶ Kap. 10.6.1) vermehrt Perikardialflüssigkeit entsteht, kann das Herz in seiner Beweglichkeit eingeschränkt werden.

Die **Wand** des Herzens besteht aus dem **Epikard** als serösem Überzug, dem **Myokard** als eigentlichem Herzmuskel und dem **Endokard** als innerer Auskleidung (einschichtiges Plat-

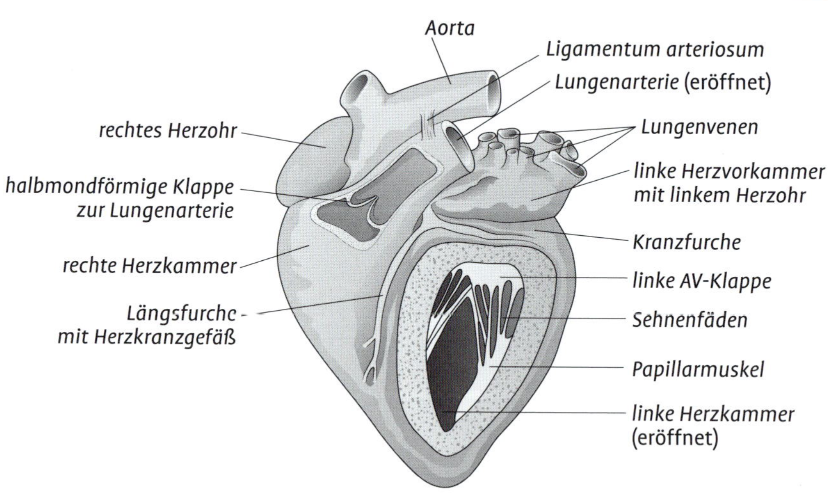

Abb. 7-1 Herz des Rindes, linke Seite (nach Ellenberger und Baum 1943). Zu Ligamentum arteriosum ▶ Kap. 8.1.3.

tenepithel, entsprechend dem Endothel der Blutgefäße).
Das Myokard der linken Kammer ist besonders kräftig, daher kann diese auch eine größere Druckleistung vollbringen als die rechte Kammer oder die Vorkammern. Die linke Kammer reicht außerdem weiter herzspitzenwärts als die rechte Kammer. Diese hat eine weniger starke Muskelwand. Die Wand der Vorkammern ist bedeutend dünner als die der Kammern.
Das Herz ist stumpf kegelförmig (▶ Abb. 7-1). Dorsal befindet sich die **Herzbasis**, ventral die **Herzspitze.** Auf der linken Seite liegen als Ausbuchtungen der Vorkammern die **Herzohren.** In Höhe der Grenze von den Vorkammern zu den Kammern liegt die **Kranzfurche,** von der jederseits eine Längsfurche abgeht. In den Furchen liegen die Blutgefäße (Herzkranzgefäße).
Der Hohlraum des Herzens ist unterteilt in eine **rechte** und eine **linke Vorkammer** (Atrium) sowie eine **rechte** und eine **linke Kammer** (Ventrikel). Vorkammern und Kammern werden durch die **Scheidewand** (Septum) der Vorkammer bzw. Kammer getrennt.
Zwischen den Vorkammern und den Kammern befinden sich derbe Ringe aus Bindegewebsfasern, die **Anuli fibrosi.** Diese Bindegewebsgrenze ist nur im Bereich der Vorkammer-Kammeröffnungen und des His-Bündels durchbrochen. Beim Rind befindet sich im Bindegewebe ein Herzknochen.

7.1.2 Blutgefäße und Klappenmechanismus

In die rechte Vorkammer münden die **hintere** und die **vordere Hohlvene,** Vena cava caudalis bzw. cranialis (▶ Abb. 7-2). Von hier aus gelangt das Blut durch die Vorkammer-Kammeröffnung in die rechte Kammer und durch die **Lungenarterie** in die Lunge. Nach der Aufnahme von Sauerstoff kommt das arterielle Blut durch die **Lungenvenen** in die linke Vorkammer, von dort durch die linke Vorkammer-Kammeröffnung in die linke Kammer und in die **Körperschlagader (Aorta).**
In die Vorkammer-Kammeröffnungen sind **Segelklappen** bzw. **Atrioventrikularklappen (AV-Klappen)** als Ventile eingefügt, und zwar die **zweizipfelige Klappe** (Valva bicuspidalis = Mitralis) in die linke und die **dreizipfelige Klappe** (Valva tricuspidalis) in die rechte Vor-

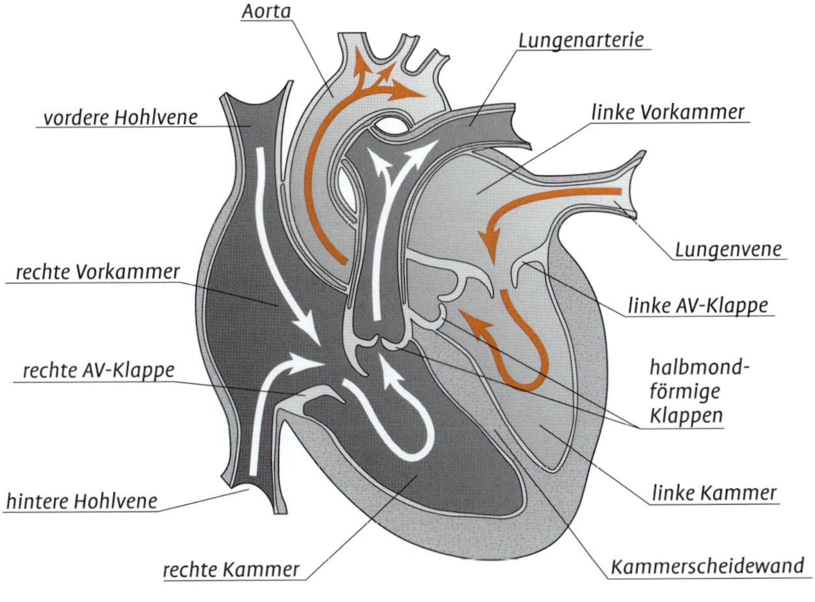

Abb. 7-2 Blutfluss durch Vorkammern, Kammern und durch die zu- bzw. abführenden Gefäße. **Orangener Pfeil:** arterialisiertes, mit Sauerstoff angereichertes Blut; **weißer Pfeil:** „verbrauchtes", mit CO_2 angereichertes Blut.

kammer-Kammeröffnung (▶ Abb. 7-2). Beim Geflügel sind allerdings sowohl die linken als auch die rechten Segelklappen zweizipflig. Die freien Enden der Segelklappen sind mit Sehnenfäden an Muskelhöckern der Kammern, den **Papillarmuskeln**, befestigt. Durch Kontraktion der Papillarmuskeln wird die druckinduzierte Öffnung der Klappen unterstützt und ein Zurückschlagen verhindert (▶ Kap. 7.3.1). Am Ursprung der großen Arterien, Aorta und Lungenarterie, befinden sich **halbmondförmige Klappen** (Valvulae semilunares), die wie Schwalbennester der Gefäßwand angefügt sind.

7.1.3 Herzmuskelzellen

Die Herzmuskelzellen sind wie die Skelettmuskelzellen quergestreift, d.h. die **Myofibrillen Aktin** und **Myosin** sind parallel angeordnet und in Abschnitte (Sarkomere) gegliedert (▶ Abb. 2-19, 2-20). Die Zellen des Herzmuskels sind jedoch viel kürzer und verzweigt. Ein bis zwei (beim Schwein: mehrere) Kerne liegen zentral. Um die Fibrillen befindet sich ein **sarkoplasmatisches Retikulum.** Das Sarkoplasma der Herzmuskelzellen enthält wie das der Skelettmuskelzellen viel **Myoglobin.**
Die Herzmuskelzellen sind im Gegensatz zu den Skelettmuskelzellen verzweigt und bilden über Zellverbindungen, sogenannte Glanzstreifen, ein Netzwerk (▶ Abb. 2-19). An den **Glanzstreifen** sind die Zellen über **gap junctions** stark verzahnt miteinander verbunden. Zusätzlich sind auch Desmosomen als Haftpunkte zur mechanischen Verfestigung ausgebildet. Die Myofibrillen enden kurz vor den Glanzstreifen.
Eine weitere Gemeinsamkeit der Herzmuskelzellen und der Skelettmuskelzellen ist ein **Sarkolemm** aus Basalmembran und Gitterfasernetz. Dieses fehlt jedoch im Bereich der Glanzstreifen. Somit können hier benachbarte Zellen direkt in Kontakt treten.

7.2 Koordinierung des Herzschlages

7.2.1 Erregungsbildung und Erregungsleitung

Damit der Herzmuskel sich zusammenzieht, muss – ähnlich wie an der Skelettmuskelzelle (▶ Abb. 2-22) – an der Zellmembran ein **Aktionspotenzial** entstehen. Hierzu besitzt das Herz ein eigenes Erregungsbildungszentrum aus umgewandelten Herzmuskelzellen, den **Sinusknoten.** Dieser **„Schrittmacher"** befindet sich an der Einmündungsstelle der vorderen Hohlvene in die rechte Vorkammer (▶ Abb. 7-3).
Der Sinusknoten ist in der Lage, selbstständig Aktionspotenziale zu erzeugen und bestimmt dadurch die Ruhefrequenz des Herzens. In ▶ Tabelle 7-1 sind die **Ruhefrequenzen** verschiedener Tierarten zusammengefasst.
Anders als bei der Skelettmuskelfaser bleibt das im Sinusknoten erzeugte Aktionspotenzial nicht auf die einzelne Zelle beschränkt, sondern kann sich über den gesamten (Herz-) Muskel ausbreiten. Die Weiterleitung der Erregung erfolgt einerseits über die **Glanzstreifen** (gap junctions) im Muskel selbst, andererseits über ein spezielles **Erregungsleitungs-**

Tab. 7-1
Herzschlagfrequenzen (Ruhewerte) verschiedener Tierarten (Werte aus Kolb 1989; Baumgartner und Wittek 2017)

Tierart	Frequenz (Schläge/min)
Rind (ausgewachsen)	60–80
Kalb	72–92
Pferd (Vollblüter, ausgewachsen)	28–40
Sau	80–100
Ferkel (altersabhängig)	120–200
Schaf (Jährling)	80–100
Hund (größenabhängig)	60–160
Huhn	200–400

Abb. 7-3
Erregungsbildungs- und -leitungssystem des Herzens und Erregungsausbreitung. Die umkreisten Bereiche werden nacheinander erregt.

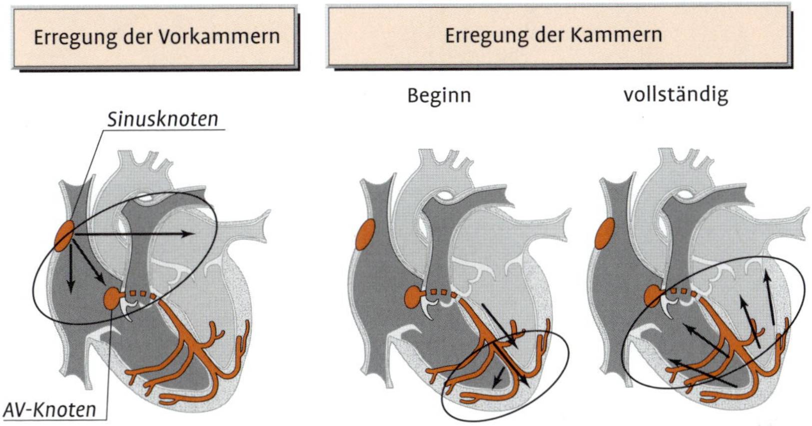

system (▶ Abb. 7-3). So breitet sich die Erregung, die vom Sinusknoten gebildet wurde, zunächst über die Muskeln der Vorkammern aus. Nachdem die Vorhöfe erregt sind, springt die Erregung auf den **Atrioventrikularknoten (AV-Knoten)** über und wird von diesem über das **His-Bündel** (Wilhelm His; *1863 in Basel, †1934; Internist) mit seinen zwei Schenkeln bis in die Herzspitze weitergeleitet. Vom His-Bündel zweigen Fasern in die Papillarmuskeln der Klappen ab. Im Herzmuskel breitet sich die Erregung über stark verzweigte **Purkinje-Fasern** aus (Jan Evangelista Purkinje; *1787 in Libochivice, Böhmen, †1869; Physiologe).
Die schnelle Überleitung vom AV-Knoten über die His-Bündel hat zur Folge, dass zunächst die Herzscheidewand, danach die Herzspitze und anschließend die anderen Kammerbereiche erregt werden und kontrahieren (▶ Abb. 7-3). Die frühe Kontraktion der Scheidewand stabilisiert das Herz in seinem Kontraktionsablauf.
Die über das Erregungsleitungssystem sich ausbreitende Erregung wird von den Herzmuskelzellen aufgenommen und löst nun ihrerseits in den Muskelzellen ein Aktionspotenzial aus (▶ Abb. 7-4). Die Depolarisation der Herzmuskelzelle wird anfänglich durch einen Natriumeinstrom getragen, der dann später infolge der Öffnung von Kalziumkanälen von einem Kalziumeinstrom abgelöst wird (▶ Abb. 7-4). Dadurch, dass diese Kalziumkanäle lange offenbleiben, entsteht eine sogenannte **Plateauphase**, d. h., die Herzmuskelzelle ist lange umpolarisiert. Diese Umpolarisierung ist z. B. beim Pferdeherzen in Ruhe 100- bis 200-fach länger als bei den Nervenzellen und Skelettmuskelzellen (vergleiche ▶ Abb. 7-4 und ▶ Abb. 18-3). Nachdem die Kalziumkanäle sich wieder geschlossen haben, öffnen sich Kaliumkanäle. Der dadurch mögliche Kaliumausstrom repolarisiert die Herzmuskelzelle wieder auf das Ruhepotenzial.
Der Kalziumeinstrom verlängert aber nicht nur die Umpolarisierung, sondern löst auch die **Kontraktion** der Herzmuskelzelle aus (▶ Abb. 7-5). So führt der Kalziumeinstrom von extrazellulär nach intrazellulär nachfolgend zu einer massiven Freisetzung von Kalzium aus dem sarkoplasmatischen Retikulum (sogenannter Triggereffekt). Vermittler zwischen Aktionspotenzial und Kontraktion ist somit wie am Skelettmuskel die Erhöhung der Konzentration von intrazellulärem **Kalzium,** die die in ▶ Abbildung 2-22 dargelegte Interaktion zwischen Aktin und Myosin zur Folge hat.
Da die Herzspitze über das Erregungsleitungssystem als erstes zur Kontraktion gebracht

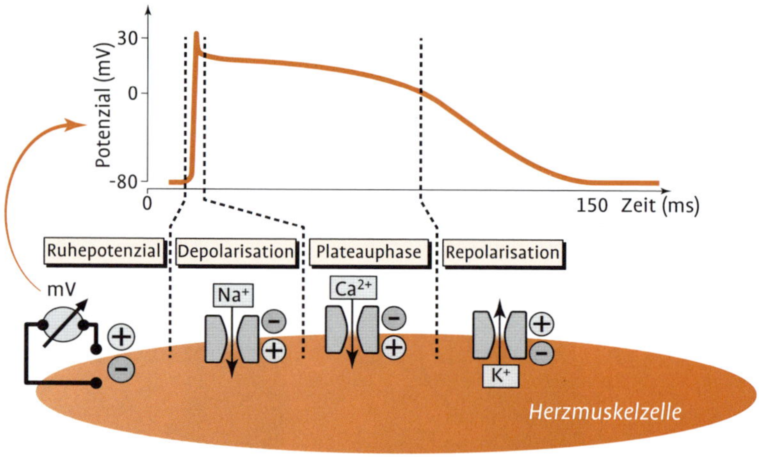

Abb. 7-4
Zeitlicher Ablauf des Aktionspotenzials an einer Herzmuskelzelle und die zugrunde liegenden Ionenverschiebungen.
mV: Millivolt

wird, werden die Herzkammern von unten nach oben (wie eine Zahnpastatube) ausgedrückt. Das Blut kann in die ableitenden Gefäße fließen. Die gerichtete Ausbreitung der Erregung über das Leitungssystem gewährleistet so auch eine koordinierte Kontraktion des Herzmuskels.
In ▶ Abbildung 7-5 ist der zeitliche Verlauf der Potenzialänderung in einer einzelnen Herzmuskelzelle mit ihrer Kraftentwicklung in Vergleich gesetzt. Die ▶ Abbildung 7-5 zeigt auch die beiden Parameter für eine Skelettmuskelzelle. Es ist zu erkennen, dass das Aktionspotenzial der Herzmuskelzelle (infolge des Kalziumeinstroms, siehe oben) wesentlich länger anhält als das der Skelettmuskelzelle. Dadurch wird dem Herzmuskel Zeit gegeben, noch während des Aktionspotenzials wieder zu erschlaffen. Dies hat zur Folge, dass ein neues Aktionspotenzial auf einen erschlafften Muskel trifft. Das Herz führt so nur einzelne, voneinander abgesetzte Kontraktionen durch, eine länger anhaltende Kontraktion – wie am Skelettmuskel üblich – wird verhindert. Nur dadurch ist es möglich, dass das Herz in regelmäßigen Abständen erschlafft und sich während der Erschlaffung (Diastole) mit Blut füllt (▶ Abb. 7-6).
Die am Herzen entstehenden Potenziale bleiben nicht auf das Herz beschränkt, sondern breiten sich über den gesamten Körper aus. Auf diese Weise können auch an der Körperoberfläche die Potenzialdifferenzen abgegriffen und in Form eines **Elektrokardiogramms (EKG)** aufgezeichnet werden.
Wie beschrieben wird die Repolarisation der Herzmuskelzellen wesentlich durch Kalium getragen. Dies hat zur Folge, dass Störungen der extrazellulären Kaliumkonzentration (▶ Kap. 13.1.2) auch die Herzaktion massiv beeinträchtigen, also **Arrhythmien** entstehen. Allerdings machen sich auch Störungen im Kalziumhaushalt (z. B. bei Gebärparese ▶ Kap. 2.6.6) in Arrhythmien am Herzen bemerkbar.

7.2.2 Regulation der Herztätigkeit

Die in ▶ Tabelle 7-1 aufgeführten Ruhefrequenzen werden vom Sinusknoten erzeugt. Das Herz ist somit autonom, d. h., es kann auch ohne Verbindung mit dem restlichen Nervensystem erregt werden und sich kontrahieren. Bei Belastung oder bei intensiver Ruhe muss allerdings die Herzschlagfrequenz gesteigert bzw. vermindert werden. Diese Steuerung erfolgt über Sympathikus und Parasympathikus des vegetativen Nervensystems (▶ Kap. 18.6.3). Der **Sympathikus** steigert die Herzschlagfrequenz und auch die Kontraktionskraft. Der **Parasympathikus** vermindert die Herzfrequenz. Eine Rhythmusstörung, die bei trainierten Pferden physiologischer Weise auftreten kann, ist der sogenannte **Atrioventrikular (AV)-Block.**

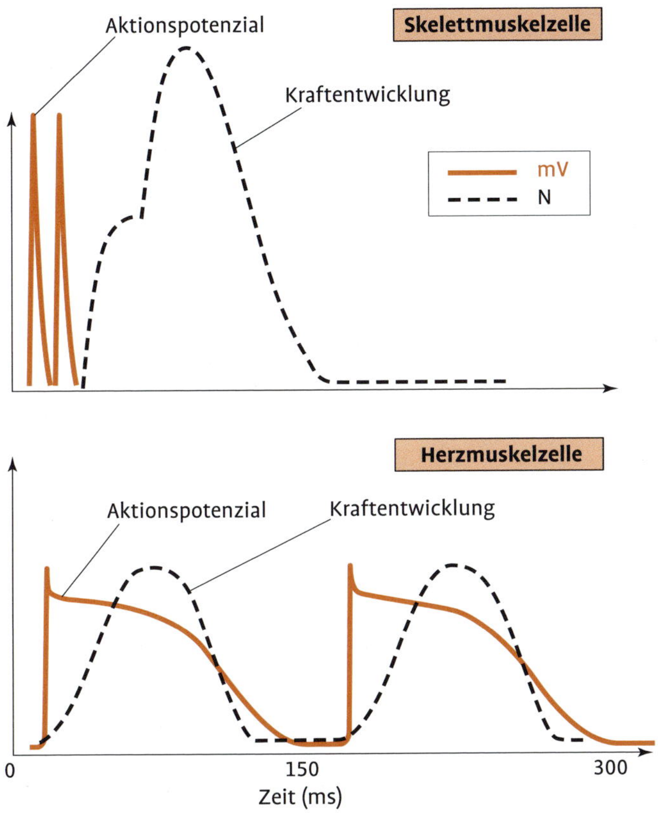

Abb. 7-5
Zeitlicher Verlauf von zwei Aktionspotenzialen und die daraus resultierende Kraftentwicklung einer Herzmuskelzelle im Vergleich zum Verlauf der Parameter an einer Skelettmuskelzelle.
mV: Millivolt
N: Newton

Hier sind die Erregung der Vorkammern und der Hauptkammern nicht komplett aufeinander abgestimmt. Dies liegt daran, dass bei einer durch den Parasympathikus gesteuerten sehr niedrigen Erregungsfrequenz im Sinusknoten, der AV-Knoten das Kammermyokard direkt erregt (ohne Impuls durch den Sinusknoten). Bei Belastung und somit höherer Impulsrate aus dem Sinusknoten verschwindet der AV-Block wieder.

7.3 Herzmechanik und Energetik

7.3.1 Kontraktion und Klappenfunktion

Die oben beschriebene Erhöhung der intrazellulären Kalziumkonzentration führt zu einer Kontraktion der Herzmuskelzellen und damit zu einer Verkleinerung der Herzkammern. Die Kontraktionsphase des Herzmuskels wird als **Systole** bezeichnet, die Erschlaffungsphase als **Diastole.**
Kontraktion und Erschlaffung des Herzens führen aber nicht automatisch zu einem gerichteten Blutfluss. Hierfür ist ein koordiniertes Zusammenspiel der Herzklappen notwendig. In ▶ Abbildung 7-6 sind die Änderungen in der Klappenstellung bei Diastole und Sys-

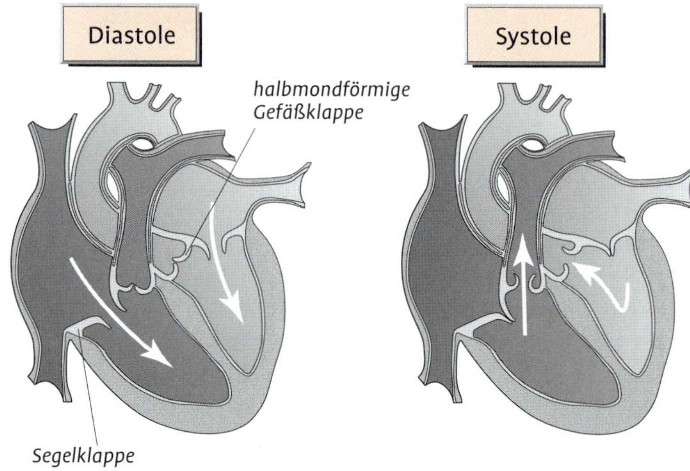

Abb. 7-6
Klappenöffnung und Blutstrom während Diastole und Systole der Herzkammer.

tole schematisch gezeigt. Für die Wirkung der Klappen auf den Blutstrom im Herzen ist deren Öffnungsrichtung entscheidend. Die **Atrioventrikularklappen (Segelklappen)** öffnen sich in Richtung Kammern. Die **halbmondförmigen Klappen** am Ausgang der Herzkammern öffnen sich in Richtung ableitendes Gefäß (Lungenarterie bzw. Aorta). Öffnen und Schließen der Klappen werden teilweise durch die Papillarmuskeln, vor allem aber durch Druckunterschiede bewirkt. So ist während der **Kammersystole** der Druck in den Kammern größer als in den Vorhöfen. Auf diese Weise kommt es zu einem Schließen der Atrioventrikularklappen. Damit wird ein Rückfließen des Blutes in die Vorhöfe verhindert. Der Druck in den Kammern ist aber auch größer als in den ableitenden Gefäßen. Durch den Druck von der Kammerseite her werden die halbmondförmigen Klappen geöffnet, das Blut strömt aus den Kammern in Lungenarterie bzw. Aorta. Während der Diastole der Herzkammern ist der Kammerdruck sehr niedrig. Infolge des niedrigen Kammerdrucks öffnen sich die Atrioventrikularklappen, das Blut kann aus den Vorhöfen in die Kammern einfließen. Ein Rückfließen des Blutes aus Lungenarterie bzw. Aorta in die Kammern wird durch das Schließen der halbmondförmigen Klappen verhindert. Der Klappenschluss wird dadurch bewirkt, dass der Druck in Lungenarterie und Aorta größer ist als in der erschlaffenden Herzkammer.

Bei der Kontraktion des Herzens und dem Öffnen bzw. Schließen der Klappen werden Töne erzeugt, die sich mit dem Phonendoskop abhören lassen. In der Regel können zwei **Herztöne** gehört werden. Der erste Herzton ist tief und dumpf, er entsteht beim Schluss der Segelklappen. Damit kennzeichnet der erste Herzton den Beginn der Systole. Der zweite Herzton, der anschließend erfolgt, ist kürzer und heller. Er entsteht durch das Schließen der halbmondförmigen Klappen am Anfang der Diastole.

Da ein geregelter Blutfluss durch das Herz in die großen Arterien von der Funktionalität der Herzklappen abhängt, führen sogenannte **Klappeninsuffizienzen** zu einer Verminderung der Herzleistung und auf Dauer zu einer Schädigung des Herzens. Eine häufige Herzerkrankung des Hundes ist die Insuffizienz der linken Segelklappe (Mitralinsuffizienz). Bei diesem Krankheitsbild schließt die Klappe nicht richtig und ein Teil des Blutes strömt während der Systole aus der linken Herzkammer in die Vorkammer zurück. Hierdurch sammelt sich vermehrt Blut in der linken Vorkammer, was zuerst zu einer Dehnung derselben und später zum „Ausleiern“ der Wand führt. Gleichzeitig ist der Ausstrom aus der linken Herzkammer in die Aorta vermindert. Dieser

Tab. 7-2
Herzminutenvolumen (Ruhewerte) verschiedener Tierarten (berechnet nach Werten aus Kolb 1989 und Breves et al. 2022).

Tierart	Körpermasse (kg)	Schlagfrequenz (Schläge/min)	Schlagvolumen (ml)	Herzminuten-volumen (ml/min)
Rind	500	50	700	35 000
Pferd (Vollblüter, ausgewachsen)	500	35	850	29 750
Schaf	50	75	55	4 125
Hund	30	80	30	2 400
Mensch	70	70	70	4 900

verminderte Ausstrom führt wiederum dazu, dass über den Sympathikus die Herztätigkeit angeregt wird, um die Versorgung des Organismus zu gewährleisten. Dies führt mit der Zeit zu einer ständigen Überbeanspruchung des Herzens und zu einer Schädigung der Herzmuskulatur. Wenn das Herz trotz ständiger Mehrarbeit irgendwann nicht mehr in der Lage ist, die Versorgung des Gesamtorganismus zu gewährleisten, spricht man von einer **Herzinsuffizienz.** Eine Herzinsuffizienz kann außer durch Fehlfunktionen der Herzklappen auch durch andere Schädigungen des Herzens hervorgerufen werden. Zeichen für eine Herzinsuffizienz sind z. B. eine verminderte Belastbarkeit und die Entstehung von Ödemen (▶ Kap. 8.2.4)

7.3.2 Herzarbeit und Energiegewinnung

Auf die oben beschriebene Weise fördert jeder Herzschlag eine gewisse Menge an Blut in den Körper **(Schlagvolumen; SV).** Die gesamte Auswurfleistung des Herzens ist durch das **Herzminutenvolumen (HMV)** gegeben **(HMV = SV · Schlagfrequenz).** Die Größenordnung des HMV ist aus ▶ Tabelle 7-2 abzulesen. Zu beachten ist, dass die in ▶ Tabelle 7-2 aufgeführten Werte Ruhewerte sind. Insbesondere beim Pferd sind sehr starke Steigerungen des Herzminutenvolumens unter Belastung zu vermerken. Während das Pferdeherz in Ruhe mit durchschnittlich 35 Schlägen pro Minute schlägt, kann die Frequenz unter Belastung bis auf 240 Schläge pro Minute ansteigen. Da auch das Schlagvolumen (allerdings geringfügig) zunimmt, kann das Pferdeherz unter Belastung bis zu 300 l/min durch den Körper pum-

Tab. 7-3
Herzminutenvolumen des Pferdes (Vollblüter, ausgewachsen) in Ruhe und unter maximaler Belastung (berechnet nach Werten aus Kolb 1989 und Breves et al. 2022).

	Schlagfrequenz (Schläge/min)	Schlagvolumen (ml)	Herzminuten-volumen (ml/min)
Ruhe	35	850	29 750
Belastung	240	1 200	288 000
Steigerungsfaktor Belastung/Ruhe	7	1,4	9,8

Tab. 7-4
Herzminutenvolumen eines Hundes (30 kg) in Ruhe und unter maximaler Belastung (nach Werten aus Breves et al. 2022).

	Schlagfrequenz (Schläge/min)	Schlagvolumen (ml)	Herzminutenvolumen (ml/min)
Ruhe	80	30	2400
Belastung	240	40	9600
Steigerungsfaktor Belastung/Ruhe	3	1,3	4

pen (▶ Tab. 7-3). Die relative Frequenzzunahme ist beim Pferdeherzen wesentlich größer als beim Hund, wodurch sich auch für das HMV ein entsprechend größerer Steigerungsfaktor ergibt (▶ Tab. 7-4).

Um eine so hohe Pumpleistung zu erbringen, muss eine große Menge **ATP** bereitgestellt werden. Durch seine breite Enzymausstattung kann das Herz zahlreiche Substrate wie Fettsäuren, Kohlenhydrate und Milchsäure zur aeroben ATP-Synthese heranziehen. Begrenzend für die Energiegewinnung wirkt daher in der Regel nicht die Substratzufuhr, sondern die Versorgung des Herzens mit Sauerstoff, um den oxidativen Abbau der Substrate zu gewährleisten. Das Herz wird von zwei Koronararterien mit Blut versorgt. Unter Belastung erweitern sich diese Arterien. Bei Ablagerungen in den Arterien, Verkalkung usw. kann es zu einer Minderversorgung mit Sauerstoff kommen, was zu morphologischen Schäden der Herzmuskulatur (Herzinfarkt) führen kann. Herzinfarkte treten vor allem beim Menschen auf, weniger bei Haus- und Wildtieren.

8 Kreislaufsysteme und Gefäße

Gefäße werden entsprechend ihrer Beziehung zum Herzen bezeichnet. Alle Blutgefäße, die zum Herzen hinführen, werden **Venen** genannt, alle Blutgefäße, die vom Herzen wegführen, **Arterien.** Dabei spielt es keine Rolle, ob sie sauerstoffarmes (venöses) oder sauerstoffreiches (arterielles) Blut führen. Also können auch Venen arterielles Blut führen und Arterien venöses. In den Gewebegebieten gehen aus den Arterien die **Kapillaren** hervor. Diese sind sehr dünnwandig und bilden dichte Netzwerke. Auf diese Weise gewährleisten sie den Gas- und Stoffaustausch zwischen Gewebe und Blut. Das Blut aus den Kapillaren wird über kleine Venen (Venolen) abtransportiert. Diese vereinigen sich im weiteren Verlauf zu großen Venen, die das Blut zum Herzen zurückfließen lassen. **Arteriovenöse Anastomosen** können Arterien und Venen kurzschließen. Sie stellen wirkungsvolle Regulierungseinrichtungen dar.

8.1 Kreislaufsysteme

Man unterscheidet den großen Kreislauf (Körperkreislauf), den kleinen Kreislauf (Lungenkreislauf) und den Pfortaderkreislauf. Im Fe-

Abb. 8-1
Blutkreislauf des Pferdes in schematischer Übersicht (nach König und Liebich 2012).
Grau = venöses Blut; orange = arterielles Blut.

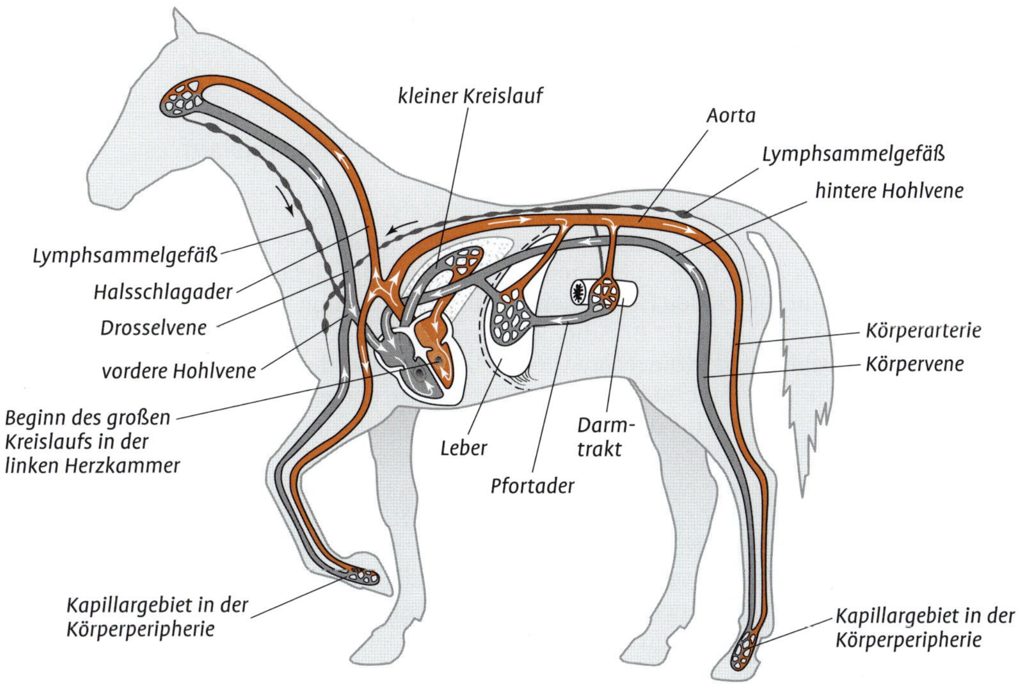

tus sind mehrere Besonderheiten des großen und kleinen Kreislaufs zu verzeichnen.

8.1.1 Großer und kleiner Kreislauf

Der große Kreislauf beginnt in der **Körperschlagader** (**Aorta**; ▶ Abb. 8-1), die aus der linken Kammer des Herzens entspringt (▶ Abb. 7-2). Ihr Anfangsabschnitt wird als **aufsteigende Aorta** bezeichnet. Diese geht über den Aortenbogen in die **absteigende Aorta** über. Im Aortenbogen zweigen die Stämme für die Arterien des Kopfes und der Vordergliedmaßen ab. Zum Kopf führt beiderseits der Luftröhre die **Halsschlagader** (Arteria carotis communis; ▶ Abb. 8-1). Nach ihrer Lage in der Brust- und in der Bauchhöhle nimmt man eine Unterteilung der Aorta in die **Brustaorta** (Aorta thoracica) und in die **Bauchaorta** (Aorta abdominalis) vor. Von der Aorta abdominalis zweigen unter anderem die Gefäße für die Verdauungsorgane, für die Nieren, für die Hintergliedmaßen sowie für den Schwanz ab. Auch die Gefäße für den Rumpf und die Geschlechtsorgane entspringen hier.
Das venöse Blut kehrt aus dem Rumpf, den Hintergliedmaßen, dem Schwanz sowie den Harn- und Geschlechtsorganen über die **hintere Hohlvene** (Vena cava caudalis; ▶ Abb. 8-1) und aus dem Rippen- und Wirbelbereich über die Azygosvene (Vena azygos) zum Herzen zurück. Die hintere Hohlvene verläuft in der Bauchhöhle parallel zur Aorta, tritt über den dorsalen Leberrand und verwächst mit der Zwerchfellseite der Leber und dem Zwerchfell. Hier nimmt sie die Lebervenen auf. Durch den **Hohlvenenschlitz** (▶ Abb. 4-4) tritt sie in die Brusthöhle ein. Sie mündet abschließend in die rechte Vorkammer des Herzens. Das Blut aus dem Kopf und den Vordergliedmaßen wird dem Herzen über die **vordere Hohlvene** (Vena cava cranialis; ▶ Abb. 8-1) zugeführt, die ebenfalls in die rechte Vorkammer mündet. Am Hals ist beiderseits in der sogenannten Drosselrinne eine große Vene, die **Drosselvene** (Vena jugularis; ▶ Abb. 8-1), gelegen. Diese Venen befördern die Hauptblutmenge vom Kopf zur vorderen Hohlvene. Sie werden häufig für Blutentnahmen und intravenöse Injektionen genutzt.

Der **kleine Kreislauf** beginnt mit der **Lungenarterie** (Truncus pulmonalis). Diese teilt sich an der Lungenwurzel in zwei große Äste für die beiden Lungenflügel. Ihre Äste folgen im Wesentlichen den Bronchien. Die Kapillaren umspinnen die Lungenalveolen. Das mit Sauerstoff angereicherte Blut wird über die **Lungenvenen** der linken Vorkammer zugeführt.

8.1.2 Pfortaderkreislauf

Die Pfortader (Vena portae; ▶ Abb. 8-1) ist eine Vene, die von den Verdauungsorganen und der Milz zur Leberpforte verläuft (daher die Bezeichnung Pfortader). Sie bringt das mit Nährstoffen angereicherte venöse Blut aus Magen, Darm, Bauchspeicheldrüse und Milz direkt zur Leber, ohne dass es vorher das Herz passiert und mit dem Blut aus anderen Körperteilen vermischt wird. Über die Pfortader werden Aminosäuren, Kohlenhydrate und kurzkettige Fettsäuren zur Leber transportiert, während die Hauptmenge der im Darm resorbierten Triazylglyzerine über die Lymphgefäße abgeführt wird. Die Lymphe mit den Triazylglyzerinen gelangt über den Ductus thoracicus ins venöse Blut (▶ Kap. 8.2.6).

8.1.3 Fetaler Kreislauf

Im Kreislauf des Fetus bestehen einige wesentliche Unterschiede gegenüber den Verhältnissen nach der Geburt (▶ Abb. 8-2). Diese sind dadurch bedingt, dass die Zufuhr des Sauerstoffes und der Nahrungsstoffe nicht über die Lungen bzw. den Magen-Darm-Kanal erfolgt, sondern, ebenso wie die Abgabe von CO_2 und Abbauprodukten des Stoffwechsels, über die Eihäute und die Gebärmutterschleimhaut im Bereich des Mutterkuchens (Plazenta; ▶ Kap. 15.2.5).
Fetaler und mütterlicher Kreislauf sind grundsätzlich getrennt. Das „verbrauchte", nährstoff- und sauerstoffarme Blut gelangt aus dem Fetus über die **Nabelarterien** in die Plazenta. In dem Kapillargebiet der Plazenta diffundieren Sauerstoff, Glukose und andere Nährsub-

Abb. 8-2
Fetaler Kreislauf des Fohlens (nach König und Liebich 2012).

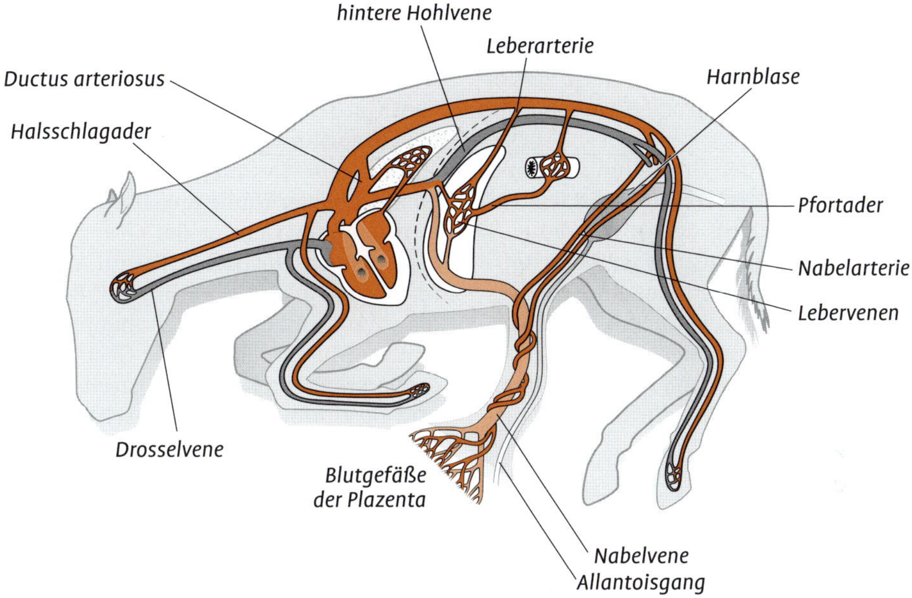

strate aus dem mütterlichen in das fetale Blut. Das jetzt nährstoff- und sauerstoffreiche Blut gelangt aus dem fetalen Teil der Plazenta über zwei **Nabelvenen** in den Fetus. Kurz nach dem Nabel vereinigen sich die beiden Nabelvenen zu einer einheitlichen Nabelvene. Zu geringem Teil strömt das Blut aus der Nabelvene in die Pfortader und versorgt so die Leber. Der größere Teil des Blutes aus der Nabelvene fließt über ein Kurzschlussgefäß, den Ductus venosus (Arantii) in die hintere Hohlvene. In der Hohlvene wird deren aus dem Körper stammendes, sauerstoffarmes Blut mit dem sauerstoffreichen Blut aus der Nabelvene bzw. dem Ductus venosus vermischt. Dieses Mischblut gelangt nun zur rechten Vorkammer und wird dort über das **Foramen ovale,** einem Loch in der Vorkammerscheidewand, direkt in die linke Vorkammer umgeleitet. Von hier aus gelangt das Blut in die linke Kammer. Von der linken Kammer aus wird dann über die Aorta der Körper des Fetus mit dem Mischblut versorgt. Das Blut aus den kranialen Körperbereichen gelangt über die vordere Hohlvene in die rechte Vorkammer. Aus strömungstechnischen Gründen fließt das Blut aber am Foramen ovale vorbei, gelangt also nicht in die linke Herzhälfte. Dieses Blut fließt von der rechten Vorkammer in die rechte Kammer, die dieses Blut über die Lungenarterie auswirft. Die Lunge des Fetus ist allerdings noch nicht entfaltet, so dass der Blutströmung zur Lunge ein großer Widerstand entgegengesetzt wird. Der Hauptteil des von der rechten Kammer ausgeworfenen Blutes strömt daher über ein Kurzschlussgefäß, den **Ductus arteriosus (Botalli)** zur Aorta. Nur ein kleiner Teil des in die rechte Vorkammer eingeflossenen Blutes fließt also durch die Lunge. Durch diese Verhältnisse bedingt fließt im Fetus nur von der Plazenta bis zur Leber reines sauerstoffreiches Blut.

In den ersten Stunden nach der Geburt ändern sich die Verhältnisse grundlegend. Die Nabelgefäße schließen sich durch spezielle Verschlussmechanismen. Durch die Trennung von der Plazenta steigt der CO_2-Gehalt des fetalen Blutes, so dass der erste Atemzug ausgelöst wird. Beim ersten Atemzug entfaltet sich die Lunge und der Strömungswiderstand im Lungengewebe sinkt ganz erheblich. Dadurch än-

dern sich die Druckverhältnisse in den Herzvorkammern und in den großen Schlagadern. Das Foramen ovale wird durch eine dünne Membran verschlossen. Der Ductus arteriosus (Botalli) verschließt sich durch Zusammenziehen seiner Zirkulärmuskulatur. Er ist zeitlebens als Band (Ligamentum arteriosum ▶ Abb. 7-1) zu erkennen.
Treten Störungen in der Umstellung auf und bleiben die Kurzschlussverbindungen wie Foramen ovale oder Ductus arteriosus (Botalli) offen, so leidet der Organismus an Sauerstoffmangel, weil ständig arterielles und venöses Blut gemischt werden. Bei offenem Ductus arteriosus (= Ductus arteriosus (Botalli) persistens) stellen sich außerdem Veränderungen der Lungenkapillaren ein, die den Gasaustausch behindern.

8.1.4 Besonderheiten des Geflügelkreislaufs

Der generelle Aufbau des Kreislaufsystems beim Geflügel entspricht weitgehend dem der Säugetiere. Als Besonderheit des aviären Gefäßsystems ist aber das **renale Pfortadersystem** aufzuführen. Das renale Pfortadersystem ermöglicht, dass das Blut aus dem Gastrointestinaltrakt direkt in die Niere und von dort aus ins Herz geleitet wird und nicht die Leber passiert. Die physiologische Bedeutung dieses Systems ist noch nicht endgültig geklärt. Es scheint die gleichmäßige Perfusion der Niere zu unterstützen und auch bei der Kontrolle des Salzhaushaltes eine Rolle zu spielen.
Eine weitere Besonderheit im Vogelkreislauf sind hohe **Blutdruckwerte,** insbesondere bei Puten. Diese haben mit Werten bis über 300 mmHg von allen bisher untersuchten Wirbeltieren die höchsten Blutdruckwerte. Puten sind daher für Rupturen der Aorta, innere Blutungen und Herzversagen sehr anfällig.

8.2 Gefäße

8.2.1 Aufbau der Gefäßwand

Prinzipiell werden drei Schichten der Gefäßwand unterschieden: Intima, Media und Adventitia. Die Intima (Tunica intima) kleidet das Gefäßlumen aus und besteht aus einschichtigem Plattenepithel (Endothel) mit subendothelialer Bindegewebsschicht. Bei Arterien befindet sich an der Grenze zur Media eine Schicht elastischer Fasern, die Membrana elastica interna (▶ Abb. 8-3, 8-4). Die Media (Tunica media) besteht hauptsächlich aus glatten Muskelzellen. Ihre Gestaltung ist für die verschiedenen Gefäßtypen charakteristisch und bestimmt deren Eigenschaften. Die Adventitia (Tunica adventitia) besteht aus Bindegewebe, dessen Fasern in Scherengittern angeordnet sind und das zur Peripherie hin immer lockerer wird. Die Adventitia verbindet

Abb. 8-3
Prinzipieller Aufbau der Wand eines Blutgefäßes (nach Faller 2016).

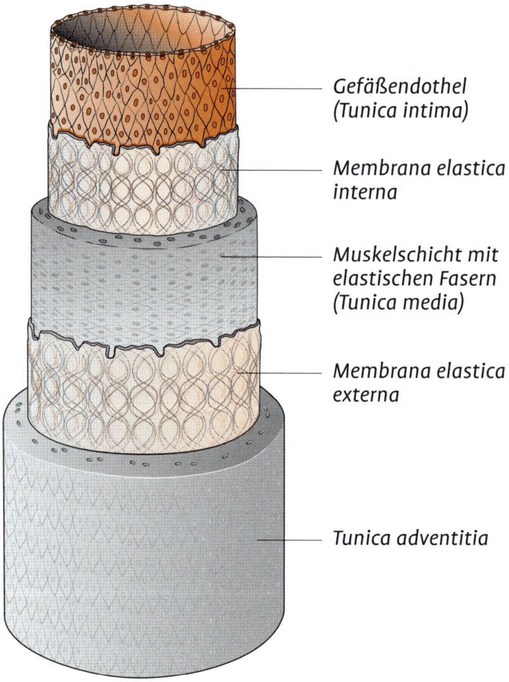

Abb. 8-4
Wandanteile verschiedener Gefäße im Kreislaufsystem.

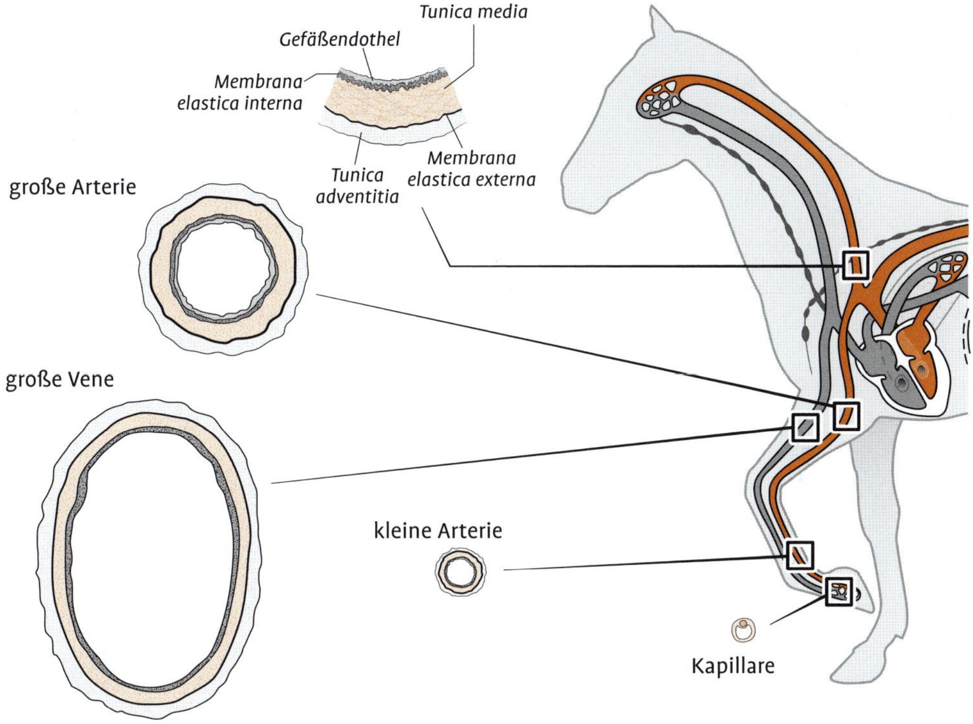

die Gefäße mit ihrer Umgebung und wirkt als Verschiebeschicht.

8.2.2 Arterien

Die herzfern in der Peripherie gelegenen Arterien enthalten in ihrer Media vorwiegend glatte Muskelzellen mit spiralig angeordnetem Verlauf. Sie werden als **Arterien vom muskulösen Typ** bezeichnet. Die starke Muskulatur befähigt diese Arterien, ihr Lumen zu verengen, wodurch die Blutversorgung ihres Gebietes reguliert werden kann (▶ Kap. 8.3). Bei den großen Arterien in Herznähe enthält die Media sehr viele elastische Fasern. Diese Gefäße nennt man deshalb Arterien vom elastischen Typ. Aufgrund der vielen elastischen Fasern haben sie ein gelbliches Aussehen. Die herznahen Arterien haben aufgrund ihrer Elastizität eine Bedeutung als Druckreservoir. In ▶ Abbildung 8-5 sind die Druckschwankungen im Herz und in den ableitenden Gefäßen dargestellt. Im Laufe von Systole und Diastole entstehen im Herzen sehr starke Druckunterschiede. So schwankt der Blutdruck in der linken Kammer zwischen 7 und 120 mmHg (bzw. 1 und 16 kPa; mmHg = Millimeter Quecksilbersäule; 1 mmHg = 0,133 kPa). Durch die Elastizität der **Aorta** werden diese Druckschwankungen aufgefangen und gemindert. Der Anfangsabschnitt der Aorta ist so elastisch, dass er das gesamte Blutvolumen aufnehmen kann, das während der Systole von der linken Kammer ausgeworfen wird. Während der Diastole des Herzens wird das in der Aorta gespeicherte Blut in die Peripherie weitergepresst (▶ Abb. 8-6). Die Speicher- und Entspeicherungsfunktion der Aorta wird auch als **Windkesselfunktion** bezeichnet und hat zur Folge, dass trotz des rhythmischen Auswurfes des Herzens eine **gleichmäßige Blutströmung** im Bereich der

Abb. 8-5
Verlauf von Blutdruck und mittlerer Geschwindigkeit des Blutstroms im Herz und in den verschiedenen Abschnitten des Gefäßsystems (nach Bartels und Bartels 2004). Die durch die Blutdruckschwankungen erzeugten Pulsationen in der Strömungsgeschwindigkeit sind nicht dargestellt.

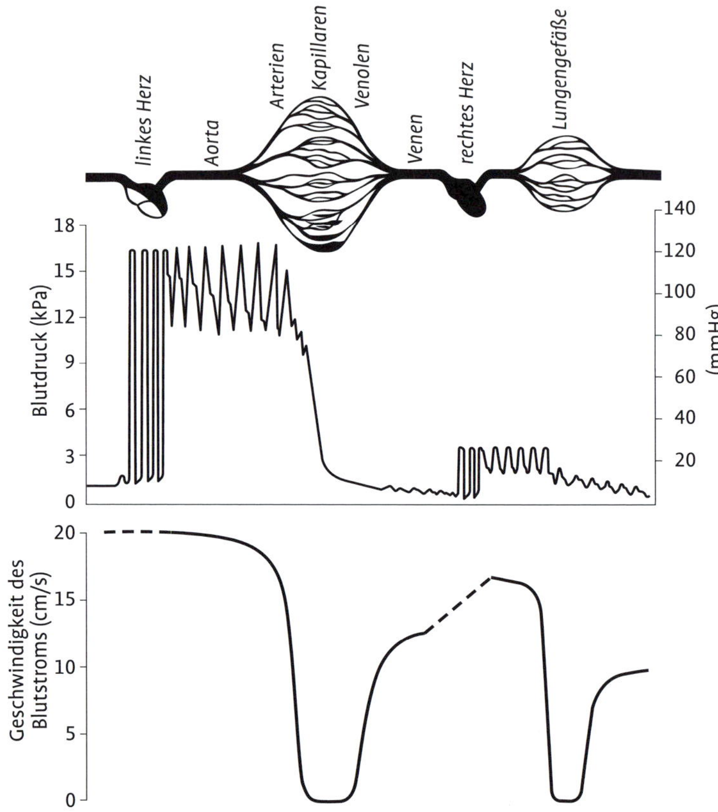

Organe und Gewebe erzeugt wird (▶ Abb. 8-5). Die Funktion der elastischen Arterien als Blut- und Druckspeicher hat gleichzeitig zur Folge, dass für die Herzarbeit weniger Energie aufgewendet werden muss. Wären Aorta und die nachfolgenden Gefäße starre Röhren, würden die starken Blutdruckschwankungen im Herz vollständig in die Peripherie weitergeleitet werden. Dies würde bedeuten, dass bei jedem Herzschlag die gesamte Blutsäule (und nicht nur das im Herz vorhandene Blut) vollständig beschleunigt bzw. abgebremst wird. Damit würde die Herzarbeit unermesslich steigen. Bei Verminderung der Elastizität der Arterien (z. B. bei Arteriosklerose) wird die Herzarbeit daher erschwert und das Herz zusätzlich belastet.

Die abwechselnde Speicherung bzw. Entspeicherung der Aorta breitet sich als Welle in die Peripherie aus und kann an den herzfernen Ar-

Abb. 8-6
Windkesselfunktion der Aorta (nach Mutschler et al. 2007). Sie ermöglicht eine Speicherung von Blut während der Systole bzw. eine Entspeicherung während der Diastole der linken Herzkammer.

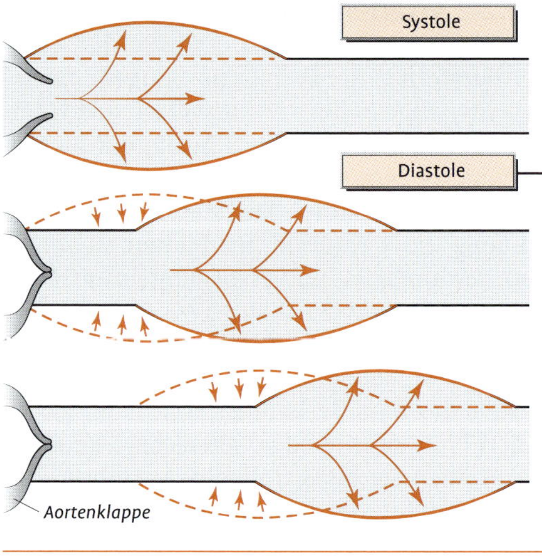

terien als **„Puls"** gefühlt werden. Beim Pferd kann man den Puls am besten am ventralen Rand des Unterkiefers vor dem Kieferwinkel fühlen, beim Rind etwas oberhalb dieser Stelle seitlich am Unterkiefer. Bei Kleintieren fühlt man den Puls am besten medial am Oberschenkel. Andere Orte zum Abgreifen des Pulses sind z. B. die Schwanzwurzel oder dicht unterhalb des Karpal- bzw. des Sprunggelenks.

8.2.3 Kapillaren: Aufbau und Funktion

Die Kapillaren (Haargefäße) sind sehr dünnwandige Blutgefäße (▶ Abb. 8-7). Sie bestehen aus einschichtigem, plattem **Endothel** und (meistens) einer darunter liegenden **Basalmembran.** Stellenweise werden die Kapillaren von Ausläufern spezieller Bindegewebszellen, den **Perizyten,** umfasst.

In den Kapillaren erfüllt sich der eigentliche Zweck des Kreislaufsystems, d. h. der Austausch von Stoffen zwischen Blut und Geweben. Die Dünnwandigkeit der Kapillaren (▶ Abb. 8-7) und die langsame Blutströmung im kapillären Strombett (▶ Abb. 8-5) sind wesentliche Voraussetzungen dafür, dass der Stoffaustausch zwischen Blut und Gewebe effektiv und mit der notwendigen Geschwindigkeit erfolgen kann. Zusätzlich wird der Prozess noch dadurch unterstützt, dass die Gewebe stark kapillarisiert sind und dadurch insgesamt eine große Austauschfläche zur Verfügung steht. So beträgt die gesamte Kapillaroberfläche bei einem 70 kg schweren Tier etwa 300 bis 600 m^2. Dies entspricht etwa der Fläche von ein bis zwei Tennisplätzen.

An dem Stoffaustausch sind drei physikalische Prozesse beteiligt: Diffusion, Filtration und Pinozytose.

Der Stoffaustausch über die **Diffusion** ist der quantitativ bedeutendste Mechanismus. Treibende Kraft für die Diffusion sind Konzentrationsunterschiede. So sind im Blut höhere Konzentrationen von Nähr- und Bausubstraten (z. B. Glukose und Aminosäuren) vorhanden als im Gewebe, so dass diese vom Blut ins Gewebe diffundieren. Die Endsubstrate des Stoffwechsels sind in den Geweben höher kon-

Abb. 8-7
Aufbau der Kapillarwand.

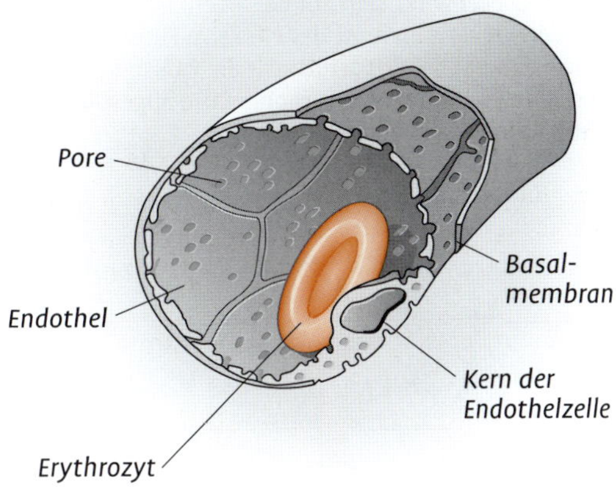

zentriert als in den Kapillaren und diffundieren deshalb in das kapilläre Blut. Bei den diffusiblen Austauschvorgängen nehmen wasserlösliche Stoffe (Glukose, NaCl, Aminosäuren) den parazellulären Weg durch das Kapillarendothel (▶ Abb. 8-7), wohingegen fettlösliche Stoffe (O_2, CO_2, Alkohol) durch die gesamte Endotheloberfläche wandern können.

Auch der Stoffaustausch mithilfe der **Filtration** trägt zur Versorgung der Gewebe und Entsorgung der anfallenden Meabolite bei. Im arteriellen Abschnitt der Kapillaren werden Wasser und darin gelöste niedermolekulare Substanzen durch die Poren des Endothels in Richtung Gewebe gepresst. Höhermolekulare Stoffe werden durch den endothelialen Filter zurückgehalten. Im venösen Teil der Kapillaren werden Flüssigkeit und Endsubstrate des Stoffwechsels zu großen Teilen wieder in das Kapillarblut zurücktransportiert. Für die unterschiedliche Richtung und Größe der Filtration ist der **„effektive Filtrationsdruck"** verantwortlich, der aus dem Zusammenspiel zwischen **Blutdruck** und **kolloidosmotischem Druck** (KOD) entsteht (▶ Abb. 8-8). Der Blutdruck presst das Blut in Richtung Gewebe. Im Plasma sind aber Albumine und andere Proteine (▶ Tab. 5-1) gelöst. Die Kapillarwand ist für diese kaum durchlässig, sie werden im Kapillarblut zurückgehalten und sind osmotisch wirksam. Die ausgeübte wasseranziehende Kraft wird als kol-

Abb. 8-8
Effektiver Filtrationsdruck in der Kapillare. Die Dicke der orangefarbenen Pfeile stellt die Größe der einwirkenden Drücke dar. Die schwarzen Pfeile symbolisieren die Flüssigkeitsbewegungen infolge des effektiven Filtrationsdrucks. Dieser wirkt sich auf der arteriellen Seite als filtrierender Druck in Richtung Gewebe aus. Auf der venösen Seite der Kapillare ist der effektive Filtrationsdruck aufgrund des abgefallenen Blutdrucks negativ und wirkt daher reabsorptiv, d. h., er drückt die Flüssigkeit aus dem Gewebe in Richtung Kapillare. Ein Teil der filtrierten Flüssigkeit wird über die Lymphgefäße abgeführt (Lymphdrainage). Die Zahlen sind in mmHg angegeben.
KOD: kolloidosmotischer Druck.

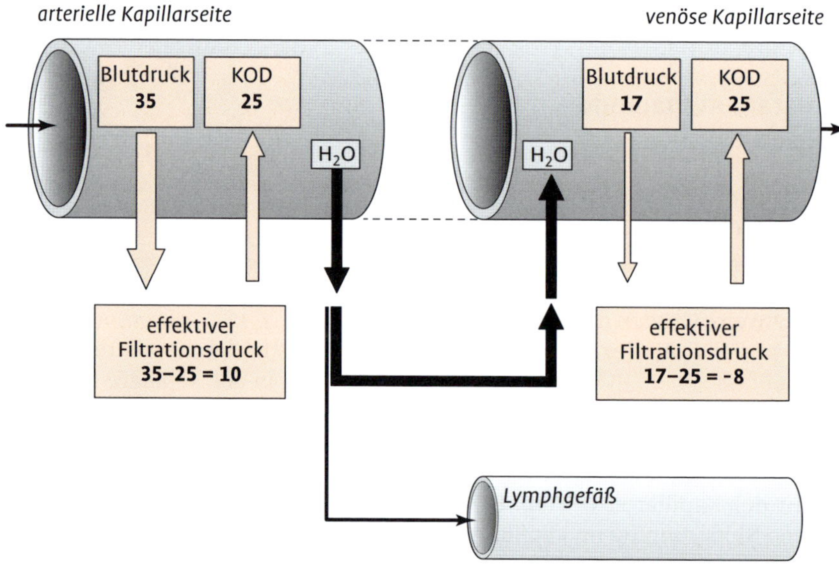

loidosmotischer Druck bezeichnet. Durch den KOD wird daher Flüssigkeit in die Kapillare gezogen, dieser wirkt also dem Blutdruck entgegen.
Auf der arteriellen Seite der Kapillare ist der Blutdruck größer als der KOD, so dass das Blutplasma aus dem Gefäß in Richtung Gewebe gepresst wird (▸ Abb. 8-8). Im venösen Teil der Kapillare kommt es aufgrund des Widerstandes entlang des Gefäßes zu einem Abfall des Blutdrucks, so dass in diesem Teil des Gefäßes der Blutdruck geringer ist als der KOD, der effektive Filtrationsdruck ist zum Kapillarblut hin gerichtet. Die Flüssigkeit im Gewebe und die darin gelösten Stoffe werden demnach im venösen Teil in das Gefäß zurückgezogen. Allerdings ist der in Richtung Gefäß wirkende effektive Filtrationsdruck auf der venösen Seite absolut kleiner als der auswärts gerichtete effektive Filtrationsdruck auf der arteriellen Seite. Dies bedeutet, dass ein Teil der ins Gewebe filtrierten Flüssigkeit nicht mehr resorbiert wird. Um dieses überschüssige Wasser und die darin gelösten Stoffe abzutransportieren, sind die meisten Gewebestrukturen mit einer **Lymphdrainage** versehen (▸ Kap. 8.2.6)
Pinozytose spielt beim Übertritt von Eiweißen über die Kapillarwand eine auswärts gerichtete gewisse Rolle. Die Eiweißmoleküle können aktiv durch Membranvesikel umschlossen werden und so das Endothel überqueren.

8.2.4 Ödem

Kommt es zu einer Störung in dem unter ▸ Kapitel 8.2.3 beschriebenen Gleichgewicht zwischen Filtration und Resorption, so sammelt sich Flüssigkeit im Gewebe an, es entsteht ein **Ödem.** Ödeme bilden sich somit immer dann, wenn eine der drei Komponenten (Blutdruck, kolloidosmotischer Druck, Lymph-

drainage) mit ihren Werten nicht im Normbereich liegt.
Eine Erhöhung des arteriellen Blutdruckes wird allerdings in der Regel durch die den Kapillaren vorgeschalteten Mechanismen kompensiert. Problematischer ist es, wenn der venöse Rücktransport nicht ausreichend ist und es so zu einem Rückstau ins Kapillargebiet kommt. So führt eine **Rechtsherzinsuffizienz** zu einem Rückstau in den Körperkreislauf (▶ Kap. 8.1) und damit zu Ödemen im Körper. Mit mehr Komplikationen verbunden ist aber eine **Linksherzinsuffizienz**, da der Rückstau dann den Lungenkreislauf betrifft und zu Ödemen in der Lunge führt, was die Atmung erheblich beeinträchtigt. Schon geringe Druckveränderungen (infolge des Rückstaus) haben dabei massive Auswirkung. So würde bei den in ▶ Abbildung 8-8 dargestellten Werten ein Anstieg des Blutdrucks auf der venösen Kapillarseite von 17 auf 21 (mmHg) den effektiven Filtrationsdruck von –8 auf –4 (21–25) halbieren und damit auch die Wasserreabsorption auf die Hälfte absinken lassen.
Auch ein Absinken des kolloidosmotischen Druckes kann drastische Auswirkungen haben. Ödeme treten so z. B. auf, wenn (aufgrund von Proteinmangel) die Eiweißkonzentration und damit der kolloidosmotische Druck im Blut abgenommen haben. Ein Proteinmangel kann nicht nur aufgrund einer verminderten diätetischen Zufuhr von Proteinen entstehen, sondern ist auch oft Folge von Erkrankungen der Leber, dem Synthesezentrum der Proteine (Leberinsuffizienz ▶ Kap. 10.9.2).
Unter physiologischen Bedingungen können allerdings die Lymphgefäße überschüssige Flüssigkeit abführen. Eine Verlegung der Lymphgefäße hat demnach drastische Auswirkungen. Man spricht in diesem Fall dann von einem **Lymphödem.** Verlegungen von Lymphgefäßen können auftreten bei raumgreifenden Tumoren, bei Entzündungen der Lymphgefäße, aber auch bei zu eng ansitzenden Verbänden und Anbindestricken.
Eine weitere Möglichkeit, wie Ödeme entstehen können, ist eine krankhaft erhöhte Durchlässigkeit der Kapillarwand. Viele Erreger (z. B. klassische Schweinepest, *Escherichia-Coli*-Toxine) haben eine erhöhte Kapillarpermeabilität zur Folge, aber auch allergische Reaktionen können dies verursachen. Im Extremfall kann der durch den Wasseraustritt verursachte Flüssigkeitsverlust zu einem (anaphylaktischen) Schock beitragen (▶ Kap. 8.3.5).

8.2.5 Venen: Aufbau und Funktion

Aufgrund der Dünnwandigkeit und der Dehnbarkeit der venösen Gefäße ist der größte Teil des Blutes (etwa 75 %) im venösen System beheimatet. Die Venen werden daher auch als Blutspeicher bezeichnet.
Über die Venen muss das aus dem arteriellen System zufließende Blut zum Herzen zurücktransportiert werden. Im arteriellen System ist der vom Herzen erzeugte Blutdruck hoch genug, um einen ausreichend hohen Blutstrom zu erzeugen. Im nachfolgenden kapillären Strombett fällt der Blutdruck infolge der starken Aufzweigung der Gefäße extrem ab. Wie aus ▶ Abbildung 8-5 zu ersehen ist, beträgt der

Abb. 8-9
Wirkung der Muskelpumpe auf den Blutfluss in der Vene (nach Vander et al. 1994).

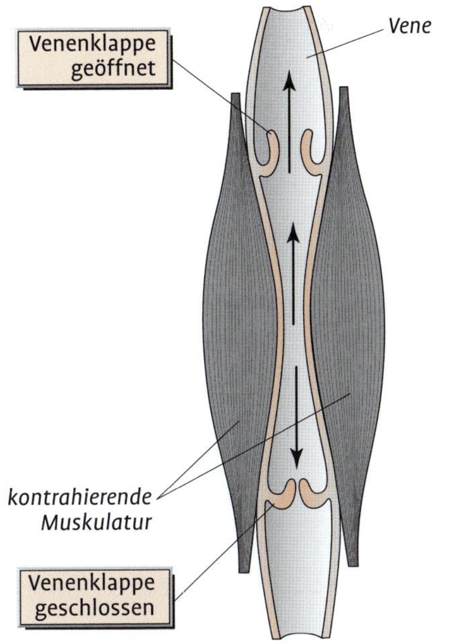

Blutdruck zu Beginn des venösen Abschnitts nur noch 5 bis 10 mmHg (= 0,7 bis 1,3 kPa), so dass die treibende Kraft für den Rücktransport des Blutes äußerst gering ist und durch die Hilfsmechanismen unterstützt werden muss. Solche **Hilfsmechanismen** sind die Venenklappen und die Muskel- und Arterienpumpe.
Grundlage aller Mechanismen zum Rücktransport des Blutes ist die Ausstattung der **Venen** mit **Klappen.** Die Venenklappen haben ihre Öffnungsrichtung in Richtung Herz und wirken wie Ventile, d. h., sie gestatten dem Blut zwar in Richtung Herz zu strömen, verhindern aber dessen Rückstrom in die Peripherie (▸ Abb. 8-9). So kann ein herzwärts gerichteter Bluttransport abschnittsweise, d. h. immer zwischen zwei Venenklappen erfolgen. Es reicht aus, dass nur auf einen Abschnitt zwischen den Venenklappen ein gewisser Druck ausgeübt wird.
Druck auf die Venen wird durch die **Muskelpumpe** ausgeübt. Viele Venen in der Peripherie sind in Muskulatur eingebettet, so dass jede Muskelkontraktion auch die Wand der Venen zusammendrückt und im Zusammenspiel mit den Venenklappen das Blut in Richtung Herz transportiert (▸ Abb. 8-9). Auch die **Pulswellen,** die über benachbarte Arterien laufen, komprimieren das Blut in den Venen und fördern so den Blutstrom (**Arterienpumpe).**

8.2.6 Lymphgefäßsystem

Parallel zum Venensystem besteht noch ein zweites Abflusssystem aus den Geweben, das Lymphgefäßsystem (▸ Abb. 8-10). Die Lymphe wird aus der Interzellularflüssigkeit gebildet (▸ Abb. 8-8). Sie ähnelt in Aussehen und Zusammensetzung dem Blutserum, ist aber ärmer an Eiweiß und Kohlenhydraten und reicher an Fett. Sie enthält außerdem Lymphozyten und vereinzelte Granulozyten.
Die **Lymphkapillaren** beginnen blind im Bindegewebe und bestehen aus dem Endothel, das von netzartig angeordneten Gitterfasern umhüllt und gestützt wird. Es ist keine Basalmembran vorhanden. Die Lymphkapillaren gehen über in die **Lymphgefäße,** welche glatte Muskelzellen in ihrer Wand enthalten und **Klappen** zur Regulierung des Lymphflusses besitzen.

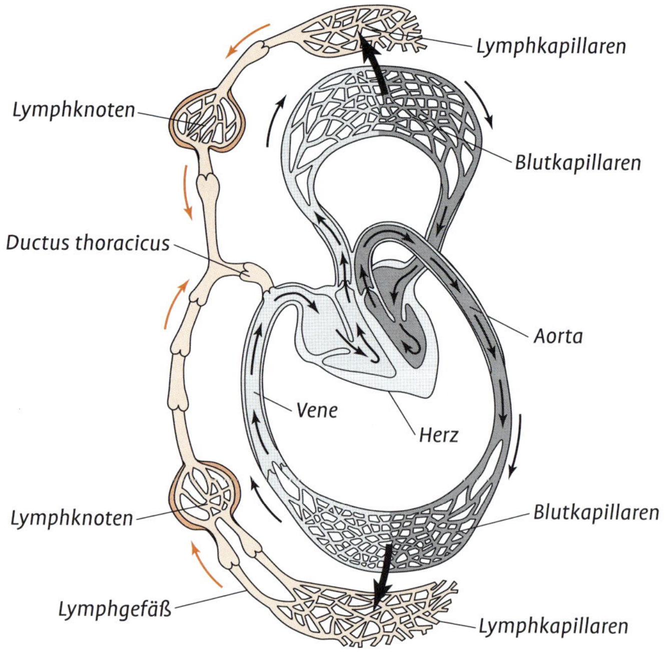

Abb. 8-10
Schema des Lymphgefäßsystems (nach Vander et al. 1994).

Durch die glatte Muskulatur können sich die Lymphgefäße rhythmisch kontrahieren. So wird die Lymphe herzwärts transportiert. Ähnlich wie bei den Venen wirken beim Transport der Lymphe aber auch Bewegungen der benachbarten Muskeln und die Pulsation benachbarter Arterien mit. An bestimmten Stellen sind in die ableitenden Lymphgefäße Lymphknoten zwischengeschaltet (▶ Abb. 8-10, 6-5 bis 6-8). Die Lymphgefäße enden schließlich im **Hauptlymphgang** (Ductus thoracicus). Dieser verläuft in der Brusthöhle parallel zur Aorta und mündet in die linke Drosselvene oder in die vordere Hohlvene kurz vor der rechten Herzvorkammer (▶ Abb. 8-1, 8-10). Der Hauptlymphgang wird auch **Milchbrustgang** genannt, weil die vom Darm kommende Lymphe nach der Nahrungsaufnahme durch Beimischung von Fett milchig aussieht. Die Lymphe von Kopf und Hals wird im paarigen **Halslymphgang** gesammelt. Die Lymphe der Vordergliedmaße wird den großen Lymphgefäßen oder Venen am Brusteingang zugeführt.

8.3 Regulation der Durchblutung

8.3.1 Strömungsgesetze

Das Herz-Kreislauf-System muss die Versorgung der Organe und den Abtransport der anfallenden Metabolite sicherstellen. Hierbei bestehen physikalisch determinierte Zusammenhänge zwischen Durchblutung, Blutdruck und Widerstand der Gefäße, die als Strömungsgesetze bezeichnet werden.

Ohm-Gesetz für Flüssigkeiten

Die Regelung des Blutdrucks und der Durchblutung erfolgt entsprechend dem Ohm-Gesetz für Flüssigkeiten (Georg Simon Ohm; *1789 in Erlangen; †1854; Physiker), das auch für den Kreislauf Gültigkeit hat:

- **(Blut-)Strommenge = (Blut-)Druckdifferenz : (Gefäß-)Widerstand** (Formel 1).

Richtung und Ausmaß der Strömung

Flüssigkeiten strömen stets von einem Ort höheren Drucks zu einem Ort niederen Drucks. Hierbei ist die Strömungsmenge pro Zeit abhängig von der Druckdifferenz. Im gesamten Kreislaufsystem entspricht die Blutstrommenge der Auswurfleistung des Herzens (= Herzminutenvolumen = HMV), so dass für die Abhängigkeit des Blutdrucks vom HMV und Widerstand das Ohm-Gesetz folgendermaßen vereinfacht werden kann:

- **Blutdruck = HMV · Gefäßwiderstand** (Formel 2).

Entsprechend dieser Gesetzmäßigkeit kann also der Blutdruck variiert werden, indem entweder das Herzminutenvolumen oder der Gefäßwiderstand verändert wird.

Einfluss des HMV und des Gefäßwiderstandes auf den Blutdruck

Das HMV kann sich beim Menschen maximal etwa um den Faktor 2,5 erhöhen, beim Pferd maximal etwa um das 9,8-fache (▶ Tab. 7-3), dementsprechend fallen nach Formel 2 auch die Veränderungen des Blutdrucks aus.
Der Gefäßwiderstand kann einen größeren Einfluss auf den Blutdruck ausüben als das HMV. Der Widerstand in einem Gefäßsystem wird bestimmt von der Viskosität der Flüssigkeit (des Blutes), der Länge des Gefäßsystems und dem Radius des Gefäßsystems. Beim Blutkreislauf sind Viskosität des Blutes und Länge des Gefäßsystems weitgehend konstant (= k), so dass der **Widerstand** (R) hauptsächlich vom **Radius** (r) abhängt, entsprechend folgender Beziehung:

- $\mathbf{R = k : r^4}$ (Formel 3).

So nimmt z. B. bei einer Abnahme des Radius von 1 auf 0,5 mm der Gefäßwiderstand um das 16-Fache zu. Entsprechend verändert sich nach dem Ohm-Gesetz der Blutdruck. Das Beispiel zeigt, dass die Regulation des Gefäßradius eine sehr effektive Möglichkeit ist, um Blutdruck und/oder Blutstrommenge zu beeinflussen. Der Gefäßwiderstand wird aber nicht an allen Gefäßen gleichmäßig verändert, sondern primär im Bereich der peripheren Arterien, die mit glatter Muskulatur ausgestattet sind (▶ Abb. 8-4).

Kirchhoff-Regeln für Flüssigkeiten

Im Gewebe sind zahlreiche Gefäße parallelgeschaltet. Entsprechend der Kirchhoff-Regeln (Gustav Robert Kirchhoff; *1824 in Königsberg, Preußen, †1887; Physiker) ergibt sich aus der Summe der Kehrwerte der einzelnen Gefäßwiderstände der Kehrwert des Gesamtwiderstandes:

- $1 : R_{gesamt} = 1 : R_{Gefäß\ 1} + 1 : R_{Gefäß\ 2} + \ldots 1 : R_{Gefäß\ n}$ (Formel 4).

Aus Formel 4 ist abzuleiten, dass bei vielen parallel laufenden Gefäßen, z. B. im kapillären Strombett, der Gesamtwiderstand stark abfällt. Damit werden bei konstant einfließender Blutmenge auch die Strömungsgeschwindigkeit des Blutes und der Blutdruck stark erniedrigt (▶ Abb. 8-5).

8.3.2 Zentrale, nervale Regulation

Entsprechend der Formel 1 (▶ Kap. 8.3.1) kann der Blutdruck über das HMV und/oder über den Gefäßwiderstand variiert werden. Bei den regulativen Eingriffen auf diese beiden „Stellglieder" unterscheidet man zwischen einer **zentralen Regulation,** die Blutdruck und Blutstrommenge im gesamten Kreislauf stabil hält, und einer **lokalen Regulation,** die die Durchblutung der einzelnen Organe gewährleistet.

Zentrale, nervale Regulationsmechanismen können innerhalb von Sekunden auf veränderte Anforderungen an den Kreislauf reagieren. In diesen **Regelkreis** sind folgende Strukturen eingebunden (▶ Abb. 8-11):

Messfühler (Pressorezeptoren) messen den aktuellen Blutdruck (Ist-Wert) in der Aorta (▶ Abb. 8-1, 8-11) und in den Halsschlagadern (▶ Abb. 8-1, 8-11). Über **zuleitende Nerven (Afferenzen)** wird der von den Pressorezeptoren gemessene Ist-Wert des Blutdrucks hingeleitet zum **Regelzentrum im verlängerten (Rücken-)Mark** (Medulla oblongata). In diesem Regelzentrum ist der Soll-Wert für den Blutdruck eingespeichert, d. h. der Wert, auf den der Blutdruck geregelt werden soll. Differieren Ist-Wert und Soll-Wert, werden vom Regelzentrum entsprechende Stellbefehle weitergeleitet. Die Weiterleitung erfolgt über **ableitende Nerven (Efferenzen),** die zum Sympathikus bzw. Parasympathikus gehören (▶ Kap. 18.6.3). Die **Stellglieder** erhalten die nervalen Befehle und stellen letztendlich den Blutdruck ein. Entsprechend der in Formel 2 dargestellten (▶ Kap. 8.3.1) Gesetzmäßigkeit sind hauptsächliche Stellglieder das **Herz,** dessen Herzminutenvolumen verändert wird, und die peripheren Arterien, deren Durchmesser verändert wird und die damit den Widerstand beeinflussen.

In ▶ Abbildung 8-11/unten ist schematisch die Antwort dieses Regelkreises auf einen Blutdruckabfall dargestellt. Erfassen die Pressorezeptoren in Aorta und/oder Halsschlagadern einen Abfall des Blutdrucks, beantwortet das Kreislaufzentrum dieses mit einer allgemeinen Aktivierung des **Sympathikus** und Deaktivierung des **Parasympathikus.** In der Folge werden Herzschlagfrequenz und Kontraktionskraft des Herzens erhöht, das Herzminutenvolumen steigt. Die Aktivierung des Sympathikus führt zudem zu einer Verengung (Vasokonstriktion) der peripheren Arterien, der Gefäßwiderstand steigt. Folge der Veränderungen an Herz und Gefäßen ist eine Steigerung sowohl der Blutstrommenge (= HMV) als auch des Blutdrucks.

Wie in anderen Organsystemen wirken Sympathikus und Parasympathikus durch die Freisetzung ihrer jeweiligen **Neurotransmittersubstanzen.** Welche Wirkung diese entfalten, ist wiederum von den lokalen Rezeptoren für **Noradrenalin** oder **Azetylcholin** bestimmt. Im Falle der Blutdruckregulation kann Noradrenalin an β_1-Rezeptoren am Herzen binden und sowohl die Herzfrequenz als auch die Schlagkraft heraufsetzen. Eine weitere Blutdrucksteigerung durch Noradrenalin kommt durch dessen Bindung an α_1-Rezeptoren in den Gefäßwänden mit nachfolgender Vasokonstriktion zustande. Azetylcholin ist auch im Kreislaufsystem zumindest zum Teil der Gegenspieler des Noradrenalins. Es hat zwar keine direkte Wirkung an den Gefäßen, erniedrigt aber durch seine Bindung an muskarinerge Rezeptoren vom Typ 2 (M_2) die Herzfrequenz (zu Rezeptoren des vegetativen Nervensystems ▶ Kap. 18.6.3).

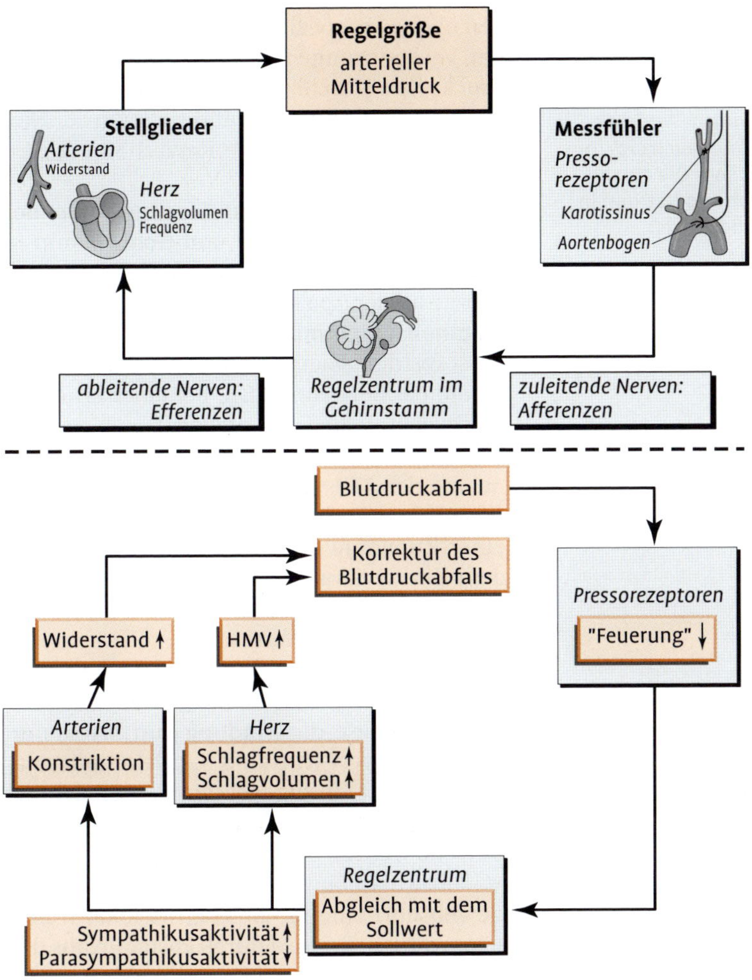

Abb. 8-11
Oben: An der kurzfristigen Blutdruckregulation beteiligte Strukturen.
Unten: Antwort der Strukturen auf einen Blutdruckabfall.

8.3.3 Zentrale, hormonelle Regulation über Renin/Angiotensin

Der oben (▶ Kap. 8.3.2) beschriebene nervale Regulationskreis ist sicherlich der bei der Blutdruckregulation am häufigsten genutzte. Die Regulation über den Renin/Angiotensin-Mechanismus setzt erst einige Minuten nach der Blutdruckänderung ein und entfaltet auch erst nach einer gewissen Zeit ihre volle Wirksamkeit.
Der Mechanismus ist schematisch in ▶ Abbildung 8-12 dargestellt. Er nimmt von Blutdruckänderungen in der Niere (bzw. Veränderungen im NaCl-Bestand des Körpers) seinen Ausgang. Fällt der Blutdruck bzw. der NaCl-Bestand des Körpers ab, so wird dies im juxtaglomerulären Apparat der Niere erfasst und aus diesem wird ein katalysierender Stoff, das **Renin** (Ren = Niere), ins Blut abgegeben. Im Blut trifft Renin auf **Angiotensinogen.** Angiotensinogen wird in der **Leber** hergestellt und kontinuierlich an das Blut abgegeben. Angiotensinogen selbst ist allerdings unwirksam und wird erst durch die Anwesenheit von Renin in die aktiven Stufen **Angiotensin I** bzw. **II** überführt. Zur Bildung von Angiotensin II ist auch ein **angiotensin converting enzyme (ACE)** notwendig, das an der Endotheloberfläche der Gefäße verankert ist.

Abb. 8-12
Regulation des Blutdrucks über Renin/Angiotensin. Die Kaskade wird durch einen Blutdruckabfall bzw. durch einen Mangel an NaCl ausgelöst. Angiotensin löst eine Vasokonstriktion aus, die den Blutdruck wieder erhöht. Über Angiotensin wird auch die Freisetzung von Aldosteron stimuliert. Die durch Aldosteron erhöhte Rückresorption von Natrium in der Niere begegnet dem NaCl-Mangel.
EZF: Extrazellulärflüssigkeit.

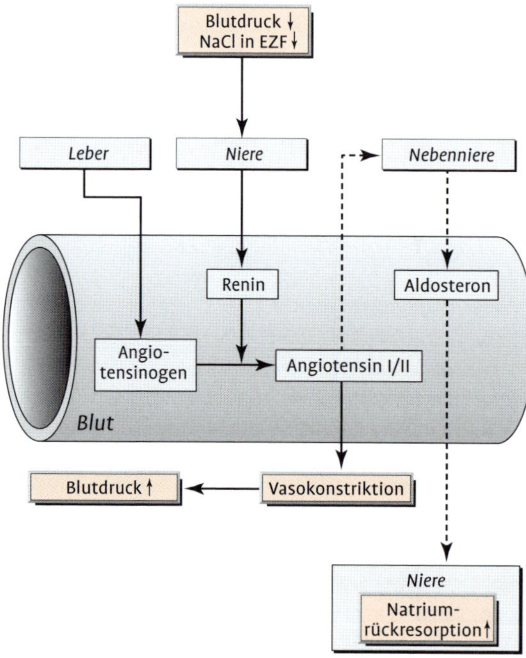

Angiotensin II bewirkt eine **Kontraktion** der Gefäßmuskulatur, so dass der Blutdruck ansteigt. Außerdem löst es auch die Ausschüttung von Aldosteron aus der Nebenniere aus (▶ Abb. 8-12). Dieses wiederum erhöht an der Niere die Rückresorption von Natrium (▶ Abb. 13-7).

8.3.4 Lokale Regulation

Die oben dargestellten Mechanismen sorgen primär dafür, dass der Blutdruck und die Blutstrommenge im gesamten Kreislauf stabil gehalten werden. Hierdurch wird aber nicht den unterschiedlichen Ansprüchen einzelner Organe begegnet. Niere und auch Gehirn verfügen über ganz spezifische Mechanismen, auch bei Veränderungen des systemischen Blutdrucks ihre Durchblutung konstant zu halten **(Autoregulation)**. Die Autoregulation der Nierendurchblutung ist in ▶ Kapitel 13.1.2 dargestellt.

Neben den spezifischen Mechanismen der Autoregulation in Niere und Gehirn kann in allen Organen und Geweben die Blutstrommenge an den speziellen Bedarf durch **lokale, metabolisch vermittelte Mechanismen** angepasst werden. Hier spielen Substrate eine Rolle, die bei Belastung, d. h. bei einer erhöhten Stoffwechselaktivität, anfallen. Durch den verstärkten Stoffwechsel kommt es zu einer Abnahme der ATP- und Sauerstoffkonzentration (verstärkter Verbrauch in der Atmungskette), einer Zunahme der CO_2-Konzentration (aus dem Zitratzyklus) und infolge der Umwandlung von CO_2 zu Kohlensäure auch zu einer Abnahme des **pH-Wertes.** Die stoffwechselinduzierten Veränderungen im Milieu der Gewebe führen dazu, dass in der glatten Muskulatur der Gefäße die Bindung von Myosin an Aktin erschwert wird und die Gefäßmuskulatur erschlafft. Infolgedessen weiten sich die Gefäße (▶ Abb. 8-13), und die Organe bzw. Gewebe werden besser durchblutet. Die lokale, substratabhängige Regulation wird durch Gewebshormone moduliert, die lokal freigesetzt werden. So wird durch Histamin aus den basophilen Granulozyten und durch Bradykinin des Schweißes eine Gefäßerweiterung induziert. Eine besondere Rolle spielt **Stickstoffmonoxid (NO)**, das vom Gefäßendothel freigesetzt wird und zu einer Erschlaffung der Gefäße führt; es wird daher auch als **„endothelium derived relaxing factor" (EDRF)** bezeichnet (▶ Abb. 8-13).

Die Substrat- und EDRF-vermittelte Erschlaffung der Gefäße führt aufgrund des verminderten Gefäßwiderstandes entsprechend den im ▶ Kapitel 8.3.1, Formel 2 dargestellten Gesetzmäßigkeiten aber auch zu einem starken Blutdruckabfall im gesamten Kreislaufsystem. Deshalb muss der lokal verursachte Blutdruckabfall durch eine zentrale Gegenregulation kompensiert werden. Dies geschieht mithilfe der in den ▶ Kapiteln 8.3.2 und 8.3.3 be-

Abb. 8-13
Lokale, metabolische Regulation der Gefäßweite. **EDRF:** endothelium derived relaxing factor = Stickstoffmonoxid (NO).

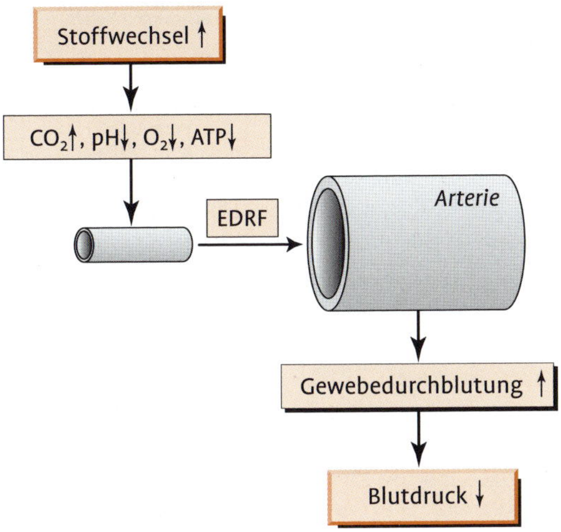

schriebenen Regelkreise durch eine zentrale Aktivierung blutdrucksteigernder Mechanismen.

8.3.5 Kreislaufschock

Als Schock wird der Zustand bezeichnet, bei dem es infolge eines generell zu stark abgefallenen Blutdrucks zu einer mangelhaften Durchblutung lebenswichtiger Organe kommt. Hierfür können verschiedene Ursachen Auslöser sein:

1. Beim **hypovolämischen Schock** ist das Blutvolumen des Körpers unter eine kritische Grenze gefallen. Dies kann nicht nur bei Blutverlusten auftreten, sondern auch bei zu hohen Flüssigkeitsverlusten über die Atmung (Hund unter Hitzebelastung), über den Darm (Durchfall) oder die Niere (Diurese). Allgemein wird ein Blutvolumenverlust von mehr als 25 % als kritisch angesehen.
2. Beim **septikämischen Schock** wird vor allem durch Bakterientoxine u. a. eine generelle Gefäßerweiterung ausgelöst.
3. Beim **anaphylaktischen Schock** werden durch aufgenommene bzw. zugeführte Allergene (Nahrungsbestandteile, Medikamente, Insektenstiche) rasch und in großer Menge gefäßaktive Substanzen (v. a. Histamin) freigesetzt, die die Gefäße erweitern und auch ihre Durchlässigkeit erhöhen.
4. Beim **neurogenen Schock** ist durch äußere Einflüsse (Unfall, Vergiftungen) das Regelzentrum so beeinträchtigt, dass die unter ▸ Kapitel 8.3.2 genannten Mechanismen nicht mehr regelgerecht funktionieren.
5. Beim **kardiogenen Schock** ist die Funktion des Herzens so stark beeinträchtigt, dass das Herzminutenvolumen nicht mehr für die Versorgung des Körpers ausreicht.

Bis auf den kardiogenen Schock liegt also ein wesentlicher Auslöser darin, dass die lokalen, in den Gefäßgebieten wirksamen gefäßerweiternden und damit blutdrucksenkenden Mechanismen so überhandnehmen bzw. generell im gesamten Organismus auftreten, dass der Blutdruckabfall nicht mehr durch die zentralen Mechanismen kompensiert werden kann. Dies ist im Folgenden am Beispiel des **hypovolämischen Schocks** erläutert.
Durch den Volumenverlust kommt es generell zu einer Minderdurchblutung der peripheren Gewebe (① in ▸ Abb. 8-14). Durch die Minderdurchblutung und nachfolgende mangelnde O_2 – Versorgung fallen ansäuernde Stoffwechselendprodukte (Milchsäure) im Gewebe an, der pH-Wert fällt ab, die Versorgung mit Energie (ATP) ist eingeschränkt (②). Durch den Anfall der Metaboliten bzw. durch die drastischen Milieuveränderungen im Gewebe werden die in ▸ Kapitel 8.3.4 beschriebenen lokalen gefäßerweiternden Mechanismen verstärkt und im gesamten Organismus ausgelöst, ein starker generalisierter Blutdruckabfall ist die Folge (③). In der Folge werden die in ▸ Kapitel 8.3.2 beschriebenen blutdrucksteigernden, zentralen Mechanismen angesprochen. Wenn diese Mechanismen (gerade noch) den Blutdruckabfall kompensieren können, spricht man vom **kompensierten Schock.** Problem ist aber, dass durch die lokalen Faktoren die zentralen, gefäßverengenden Einflüsse des Sympathikus auf die Gefäßgebiete unterbunden werden, die lokalen, gefäßerweiternden Einflüsse dominieren (④).

Abb. 8-14
Veränderungen im Kreislaufgeschehen bei der Entwicklung eines (hypovolämischen) Kreislaufschocks. Erläuterung der Abläufe im Text.

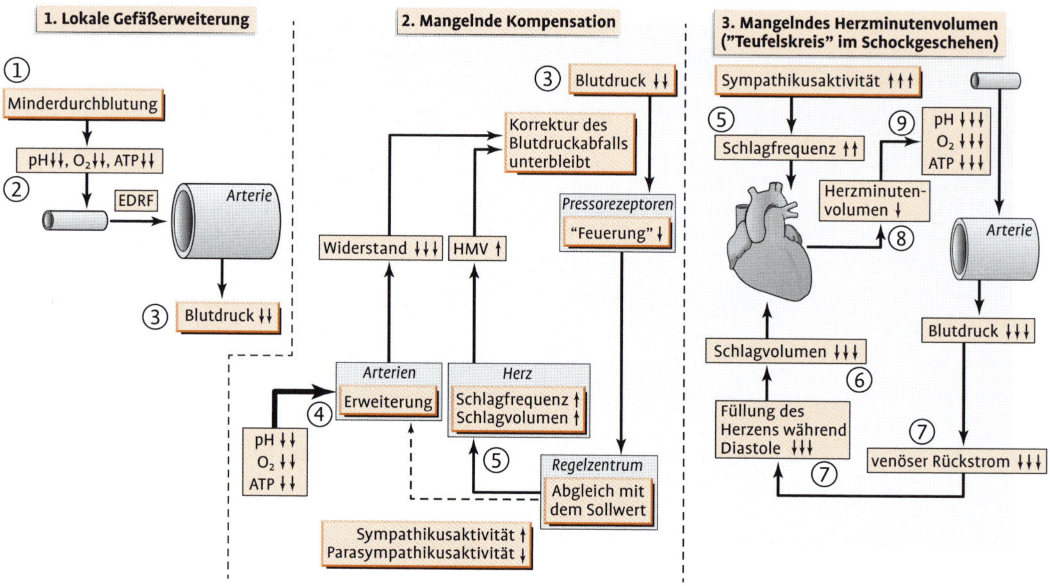

In der Folge kann der Blutdruckabfall nurmehr durch eine Verstärkung des Herzminutenvolumens kompensiert werden, was wiederum durch eine starke Steigerung der Herzschlagfrequenz erreicht werden soll (⑤). Dementsprechend ist auch die hohe Herzfrequenz des Tieres eines der Zeichen für den Schockzustand. Allerdings wird in dieser Phase aber die Erhöhung der Herzfrequenz durch eine Abnahme des Schlagvolumens in ihrer Wirkung auf das Herzminutenvolumen vermindert (⑥). Die Abnahme des Schlagvolumens ist wiederum Folge des verminderten venösen Rückstroms (⑦). Dadurch kann sich das Herz nicht mehr ausreichend in der Diastole füllen (⑦). Folge des abgenommenen Schlagvolumens ist, dass dann trotz der erhöhten Herzfrequenz das Herzminutenvolumen sinkt (⑧), wodurch wiederum die Versorgung der Gefäßgebiete weiter vermindert ist, was die auslösenden lokalen Faktoren weiter verstärkt (⑨). Es ist ein Teufelskreis entstanden, der zum sogenannten **dekompensierten Schock** geführt hat, aus dem das Tier nur noch durch äußere (tiermedizinische) Hilfe befreit werden kann.

9 Atmungsapparat

Unter Atmung **(Respiration)** versteht man die Aufnahme, den Transport und die Abgabe von gasförmigen Stoffen, besonders Sauerstoff und Kohlendioxid. Der Sauerstoff dient der Verbrennung der mit der Nahrung aufgenommenen Stoffe in der Atmungskette. Das Kohlendioxid fällt als Endprodukt des Stoffwechsels an, vor allem im Zitratzyklus (▶ Kap. 1.6.5).
An der Atmung sind vier hintereinandergeschaltete Vorgänge beteiligt:

1. Der Transport der Außenluft zu den Lungenalveolen und die Abgabe des „verbrauchten" Gases aus den Alveolen nach außen. Die beiden Vorgänge werden unter dem Begriff Ventilation zusammengefasst.
2. Diffusibler Austausch von O_2 und CO_2 zwischen dem Gasgemisch in den Alveolen und dem Blut.
3. Transport der Gase von der Lunge zu den Gewebekapillaren und zurück zur Lunge durch den Blutkreislauf.
4. Diffusibler Austausch von O_2 und CO_2 zwischen Blut und Gewebe.

Zu den Atmungsorganen gehören als zuleitende Atemwege die Nase, der Atmungsrachen, der Kehlkopf, die Luftröhre und Bronchien und als Ort des Gasaustausches die Lunge mit den Alveolen.

9.1 Zuleitende Atemwege

9.1.1 Anatomie

■ Nase

Die Nase (Nasus) bildet bei den Haussäugetieren einen sich undeutlich abhebenden Abschnitt des Gesichtsschädels. Sie wird dorsal von den Nasenbeinen, seitlich von den Oberkieferbeinen und ventral von den Gaumenfortsätzen der Oberkieferbeine begrenzt. Zur Schädelhöhle hin wird die Nasenhöhle durch die Siebplatte des Siebbeins verschlossen. Kaudal geht sie in den Atmungsrachen über.
Die mediane **Nasenscheidewand** aus hyalinem Knorpel trennt die Nasenhöhle in eine rechte und eine linke Nasenhöhle. Der Eingang der Nasenhöhlen wird von den **Nasenlöchern** gebildet, die knorpelig gestützt werden. Die Nasenspitze ist bei den Tierarten unterschiedlich gestaltet. Beim Rind bildet sie das sogenannte **Flotzmaul,** das von haarloser Haut bedeckt ist. Diese enthält zahlreiche Drüsen, welche das Flotzmaul feucht halten. Bei den kleinen Wiederkäuern und bei den Fleischfressern ist um die Nasenlöcher der unbehaarte **Nasenspiegel** ausgebildet. Das Schwein hat eine **Rüsselscheibe** mit kurzen Tasthaaren. Die **Nüstern** des Pferdes sind fein behaart. In der Umgebung der Nasenlöcher haben die Tiere besonders lange **Sinushaare** als Tasthaare. Beim Pferd befindet sich im lateralen Nasenlochwinkel die **Flügelfalte,** die das falsche Nasenloch abgrenzt, das in die sackförmige **Nasentrompete** führt (▶ Abb. 9-1). Bei den kleinen Wiederkäuern und bei den Fleischfressern greift die tiefe **Lippenfurche** (Philtrum) auch auf die Nase über (▶ Abb. 9-2).
Der Innenraum der Nasenhöhlen wird durch Siebbein- bzw. Nasenmuscheln vielfältig gegliedert (▶ Abb. 9-3). Die zahlreichen kleineren **Siebbeinmuscheln** vergrößern die Oberfläche der Riechgegend im Siebbeinlabyrinth erheblich. Sie tragen damit zur verstärkten Riechleistung bei. Der Atmungsteil der Nasenhöhlen wird durch die **dorsale** und die **ventrale Nasenmuschel** gegliedert in den dorsalen Nasengang oder **Riechgang** (zwischen Nasenhöhlendach und dorsaler Nasenmuschel), den mittleren Nasengang oder **Sinusgang** (zwischen dorsaler und ventraler Nasenmuschel), den ventralen Nasengang oder **Atmungsgang** (zwischen ventraler Nasenmuschel und Nasen-

Abb. 9-1
Naseneingang, Pferd.

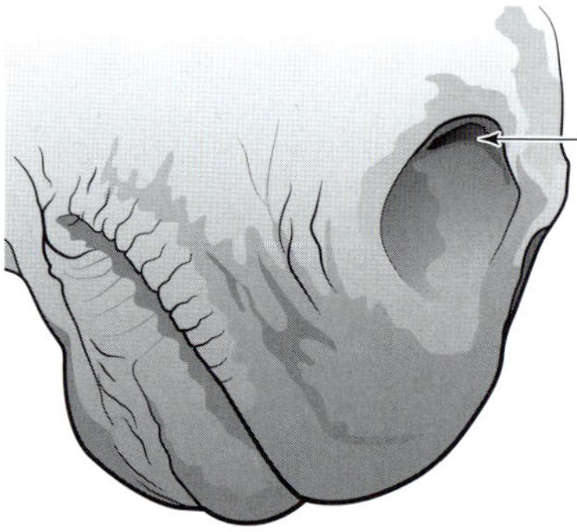

Abb. 9-2
Naseneingang, Schaf.

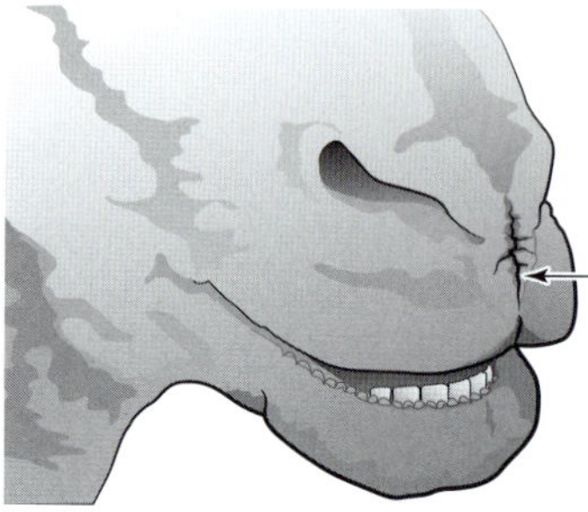

höhlenboden) und den **gemeinsamen Nasengang** (zwischen Nasenscheidewand und den Nasenmuscheln).
Der Riechgang führt zum Siebbeinlabyrinth des Nasenhintergrundes, der **Riechgegend**, welche von Riechschleimhaut bedeckt ist. Diese besitzt Sinneszellen, die auf Duftstoffe reagieren (▸ Kap. 19.6). Der Sinusgang steht in Verbindung mit den **Nasennebenhöhlen** (▸ Abb. 3-34, 3-35). Der Atmungsgang ist weit und führt die Atmungsluft in den Atmungsrachen. Die Nasenhöhle ist, abgesehen von der Riechgegend, von **Atmungsschleimhaut** mit mehrreihigem Flimmerepithel und **Becherzellen** sowie Schleimdrüsen bedeckt (▸ Abb. 2-5).

Rachen

Im Rachen (Pharynx) erfolgt eine Kreuzung des Luftweges (Atmungsrachen – Kehlkopf) mit dem Speiseweg (Schlingrachen – Speiseröhre; ▸ Abb. 9-3, 10-3). Der **Atmungsrachen** ist die dorsale Etage des Rachens. Von der ventralen Etage, dem **Schlingrachen,** ist er durch das **Gaumensegel** getrennt (▸ Abb. 9-3, 10-3). In der Seitenwand des Atmungsrachens ist jederseits eine Öffnung gelegen, die in die

Abb. 9-3
Medianschnitt durch den Kopf eines Schafes (nach Nickel et al. 1999). **Pfeil:** Weg der Einatmungsluft

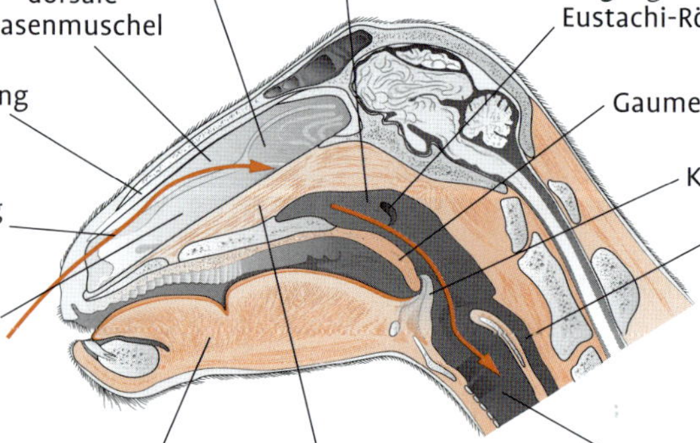

Eustachi-Röhre (Tuba auditiva) führt (▶ Abb. 9-3, 10-3) (Bartolomeo Eustachi; *etwa 1500 in Italien, †1574; Arzt und Anatom). Diese verbindet den Atmungsrachen mit dem Mittelohr und ermöglicht so den notwendigen Druckausgleich zwischen Mittelohr und Außenwelt. Bei den Equiden (z. B. Pferd und Esel) ist die Eustachi-Röhre nach ventral zum **Luftsack** ausgeweitet.

Kehlkopf

Der Kehlkopf (Larynx) stellt ein kästchenförmiges Hohlorgan dar, das durch den **Kehldeckel (Epiglottis)** verschlossen werden kann (▶ Abb. 9-4a/b, 9-5, 10-3). Der Kehlkopf dient dem Verschluss der Luftröhre während des Abschluckens von Futterbissen und Flüssigkeiten sowie der Lauterzeugung (Vokalisation). Er ist von Schleimhaut ausgekleidet, die an den mechanisch beanspruchten Stellen ein mehrschichtiges Plattenepithel, sonst aber mehrreihiges Flimmerepithel trägt.

Der Kehlkopf wird von den **fünf Kehlkopfknorpeln: 1. Ringknorpel, 2. Schildknorpel, 3. Kehldeckel-** oder **Schließknorpel** und **4./5. Stellknorpel** (1 bis 3 sind unpaar) gestützt, die in ▶ Abbildung 9-4a dargestellt sind. Die Knorpel sind durch Bänder untereinander verbunden. Eine besondere Bedeutung besitzen die **Stimmbänder** (▶ Abb. 9-5). Durch Verstel-

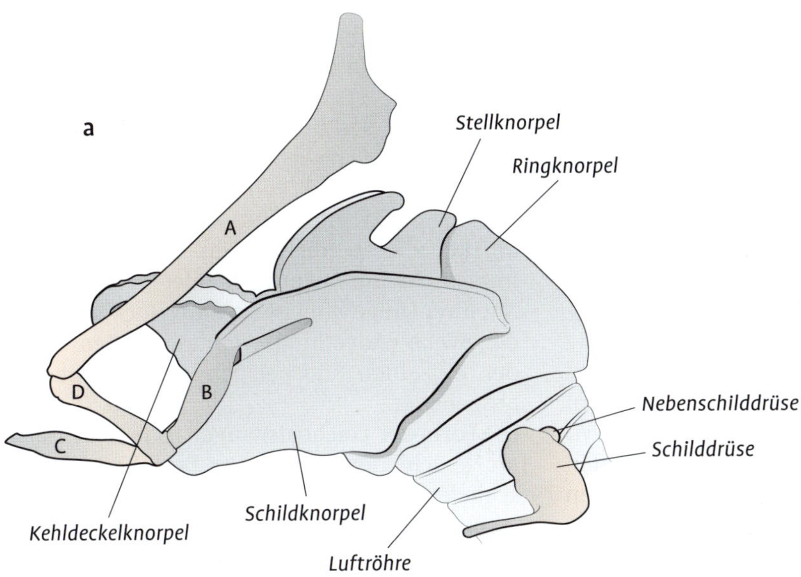

Abb. 9-4a
Kehlkopfknorpel mit Zungenbein des Pferdes (nach Budras und Röck, 2009):
A Aufhängeapparat des Zungenbeins (paarig)
B bis **D** Zungenbein
B Kehlkopfhorn (paarig)
C Zungenfortsatz
D Zungenhorn (paarig)

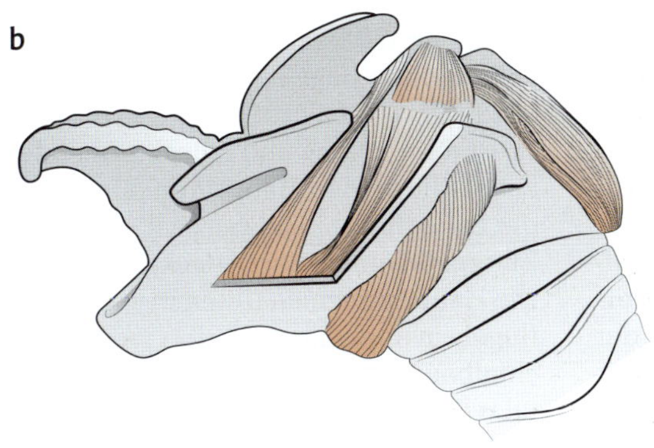

Abb. 9-4b
Muskuläre Verbindungen der Kehlkopfknorpel beim Pferd (nach König und Liebich 2012). Der linke Schildknorpel ist teilweise gefenstert.

Abb. 9-5
Horizontalschnitt durch den Kehlkopf, Pferd (nach Nickel et al. 1999).

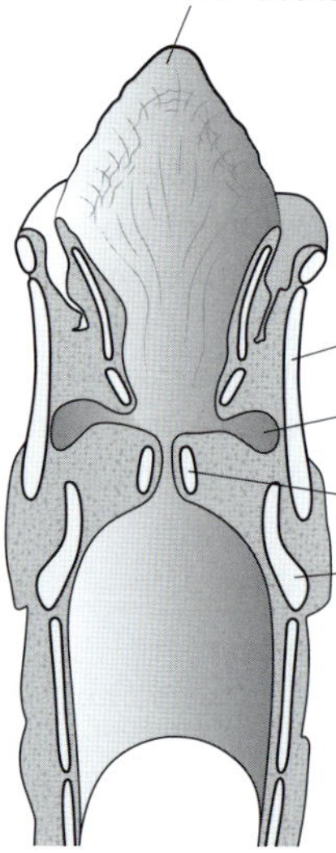

Abb. 9-6
Querschnitt durch die Luftröhre des Rindes (nach Nickel et al. 1999).

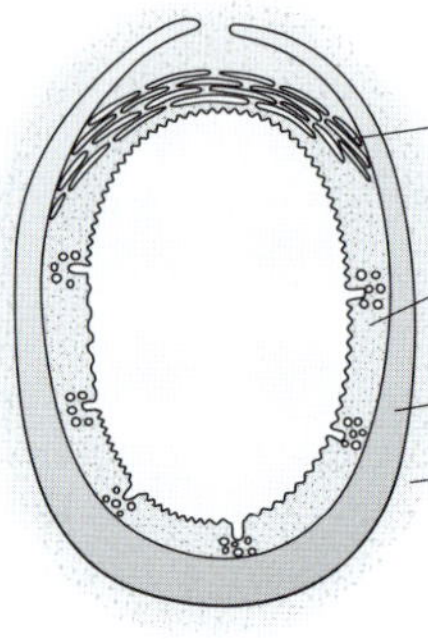

len der Stellknorpel mithilfe der Kehlkopfmuskulatur werden die mit ihnen verbundenen Stimmbänder gestrafft bzw. entspannt, wodurch bei strömender Luft eine Lautbildung möglich wird. Bei Pferd, Schwein und Hund ist das Kehlkopflumen vor den Stimmbändern zu den **seitlichen Kehlkopftaschen** erweitert. In der Atmungsstellung ragt der Kehldeckel in den Atmungsrachen hinein. Beim Abschlucken wird der Kehlkopf hinter den Zungenrand geduckt und so der Kehlkopf verschlossen (Kreuzung von Atmungs- und Speiseweg im Schlundkopf). Wenn dieser Mechanismus gestört ist, kann es zur Aspiration (Ansaugen) von Futterteilen in die Lunge kommen. Die Kehlkopfnerven sind Äste des X. Gehirnnervs (▶ Tab. 18-2). Die beiden kaudalen Nerven schlingen um die Aorta bzw. um die aus der Aorta entspringenden Gefäße. Sie kehren dann als rückläufige Nerven (Nn. recurrentes) zum Kehlkopf zurück. Bei Lähmung des Nervus recurrens einer Seite kommt es zum Ausfall der Stimmbandbewegungen dieser Seite, so dass das Stimmband bei der Inspiration nicht nach lateral gezogen wird, sondern in der Inspirationsluft flattert. Hierdurch entstehen Atembeschwerden und infolge der Turbulenzen der Einatemluft ein Geräusch (Kehlkopfpfeifen).

Luftröhre und Bronchien

Die Luftröhre (Trachea) schließt sich dem Kehlkopf an. Sie enthält zahlreiche **Knorpelspangen,** die dorsal offen sind und dort von einem Muskel überspannt werden. Sie ist mit **Atmungsschleimhaut** ausgekleidet (▶ Abb. 9-6). Mit ihrer Umgebung ist sie durch lockeres Bindegewebe (Adventitia) verbunden. Zwischen den einzelnen Knorpelspangen sind Bänder ausgebildet.

Die Form der Trachealspangen ist je nach Tierart verschieden. Außerdem bestehen Unterschiede zwischen der Form der Trachea beim lebenden und beim ausgeschlachteten Tier. Beim lebenden Tier haben die Trachealspangen mehr runde bis ovale Form, während sie nach dem Ausschlachten zusammenfallen (Zahl der Trachealringe: ▶ Tab. 9-1).

Die Trachea liegt am Hals in der Medianen unter der Halswirbelsäule, tritt durch den Brustkorbeingang und teilt sich über dem Herzen in die beiden **Hauptbronchien.** Ventral ist die Luftröhre im Halsbereich von den langen Zungenbeinmuskeln bedeckt.

Die Hauptbronchien treten in je einen Lungenflügel ein und teilen sich dort weiter auf **(Bronchialbaum).** Die Aufteilung setzt sich nach distal weiter fort, so dass aus Bronchien mehrere **terminale Bronchioli** und aus diesen **respira-**

Abb. 9-7
Aufteilung der Atemwege (nach Mutschler et al. 2007).

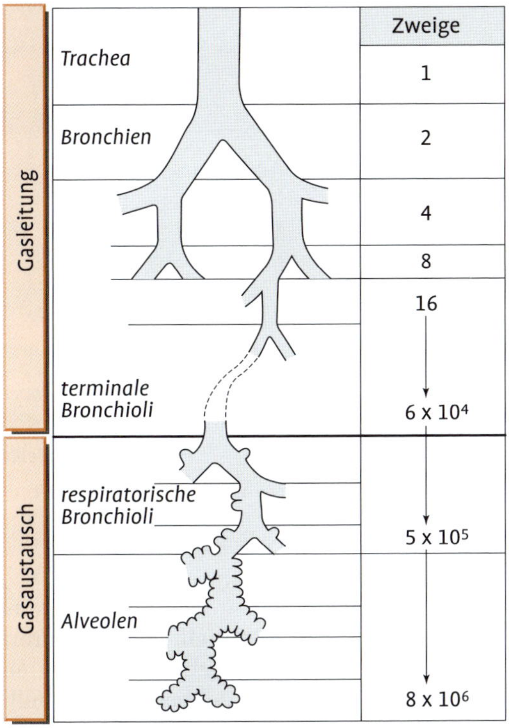

torische Bronchioli hervorgehen, die schließlich blind in den **Alveolen** enden (▸ Abb. 9-7). Die Wand der Bronchien besteht aus Schleimhaut mit mehrreihigem Epithel und Becherzellen, aus der Propria mit den Bronchialdrüsen, aus einer geschlossenen Muskelschicht und der Knorpelfaserhaut mit eingelagerter Knorpelschicht. Das Epithel ist als Flimmerepithel ausgestaltet und enthält **Zilien.** Im Zuge der nach distal weiter fortschreitenden Aufteilung der Bronchien in der Lunge werden die Knorpelstücke kleiner. Auch die Drüsen werden spärlicher, das Epithel wird einschichtig. Die **Terminalbronchioli** enthalten keine Knorpel und keine Drüsen mehr. Am Übergang der Terminalbronchioli in die **respiratorischen Bronchioli** wird das einschichtige Epithel flimmerlos. Die Muskelschicht besteht jetzt nur noch aus einer Lage glatter Muskelzellen. Ohne deutliche Grenze gehen die respiratorischen Bronchioli in die **Alveolengänge** mit den **Alveolen** über.

Tab. 9-1
Zahl der Trachealringe

Tierart	Anzahl
Rind	48–60
Pferd	48–60
Schwein	29–36
Hund	42–46
Katze	38–43

9.1.2 Funktion

Die Atemwege dienen nicht nur der **Zuleitung** der Frischluft und der **Ableitung** der „verbrauchten“ Luft, sondern erfüllen auch eine Reihe von Hilfsfunktionen für die Atmung. Dies sind vor allen Dingen die **Reinigung, Erwärmung** und **Befeuchtung** der eingeatmeten Luft. Die Reinigung der Luft erfolgt in der Regel durch ein Absetzen der eingeatmeten Partikel auf den Schleimhautoberflächen. Eine rhythmische Bewegung der Zilien der Schleimhaut sorgt dafür, dass die Partikel mundwärts befördert und anschließend abgeschluckt werden.

Entscheidend für die Leitungsfunktion der Atemwege ist, dass sie dem Gasstrom möglichst wenig **Widerstand** entgegensetzen. Dementsprechend ist eine Mundatmung immer mit weniger Atemarbeit verbunden als eine Nasenatmung. Die Möglichkeit der Verminderung der Atemarbeit durch Forcierung der Mundatmung steht allerdings nicht allen Tierarten zur Verfügung. So können Pferde nur durch die Nase atmen, da sie das lange Gaumensegel nicht heben können.

Für den Widerstand in den unteren Luftwegen gilt nach dem allgemeinen Gesetz für den Widerstand in Röhren (▸ Kap. 8.3.1, Formel 3), dass sich dieser mit der vierten Potenz des Röhrendurchmessers verändert. Daher hat selbst eine geringe Verengung der Atemwege eine extreme Erschwerung der Ein- und Ausatmung zur Folge. Die glatten Muskelzellen in der Wand der Atemwege dienen der Regulierung der Weite. Beim menschlichen und auch dem equinen **Asthma** (früher COB = chronisch obstruktive Bronchitis bzw. RAO = recurrent airway obstruction genannt) treten – in der Regel allergisch bedingte – Kontraktionen der Muskulatur auf, die die Atmung behindern. Infolge der erschwerten Atmung können die elastischen Fasern der Lunge überdehnen, wodurch sich die alveoläre Struktur auflösen kann, es entsteht ein **Emphysem.** Bei Pferden nennt man diese Folgen **Dämpfigkeit.** Die Atembeschwerden machen den regulären Einsatz des Tieres im Sport oder zur Arbeit unmöglich.

Abb. 9-8
Querschnitt durch den kaudal des Herzens liegenden Teil der Brusthöhle, schematisch (nach Ellenberger und Baum 1943). **Punktierte Linie:** Brustfell (Pleura).

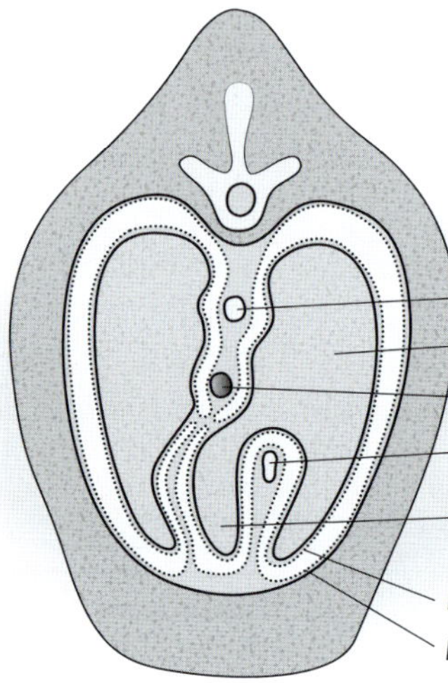

9.2 Thorax und Lunge

9.2.1 Anatomie von Thorax und Lunge

Brusthöhle und Brustfell

Vor der Besprechung der in der Brusthöhle gelegenen Lunge ist es notwendig, auf die räumlichen Verhältnisse der Brusthöhle und das Brustfell einzugehen (▶ Abb. 9-8).

Rippen, Brustwirbel und Brustbein bilden den **Brustkorb (Thorax).** Dieser wird durch das Zwerchfell unterteilt in die kranial vom Zwerchfell gelegene **Brusthöhle** und in den **intrathorakalen Teil der Bauchhöhle** kaudal vom Zwerchfell bis zu einer Ebene durch den Rippenbogen (intrathorakal: im Brustkorb gelegen).

Die Wand der Brusthöhle wird gebildet von der äußeren Haut, der äußeren Rumpffaszie, der Muskelschicht (M. serratus ventralis, Mm. pectorales usw.), den Rippen und den dazwischen gelegenen Atemmuskeln, der inneren Rumpffaszie und dem Rippenfell.

Die Brusthöhle ist mit dem **Brustfell (Pleura)** ausgekleidet. Dieses ist eine Serosa und bildet die beiden **Pleurahöhlen.** Linke und rechte Pleurahöhle haben keine Verbindung. In der **Embryonalentwicklung** werden die Pleurahöhlen durch das Einwachsen der Lungen vom Mediastinum her zu kapillären Spalten, die von wenig seröser Flüssigkeit (Pleuraflüssigkeit) ausgefüllt sind. Im **Mittelfell (Mediastinum)** berühren sich linke und rechte Pleura. Durch die Aneinanderlagerung der beiden Mittelfellabschnitte entsteht zwischen diesen der **Mittelfellspalt,** der bindegewebig ausgefüllt ist und die Blutgefäße und Organe enthält (Herz, Trachea, Speiseröhre, Aorta usw.). In die rechte Pleurahöhle tritt die hintere Hohlvene (V. cava caudalis) ein, die von ventral ihr eigenes **Gekröse** (= Brustfellfalte zur Verbindung von Organ mit Brustwand) auszieht und diese Pleurahöhle so in zwei Abteilungen gliedert. An der Lunge wird damit ein Anhangslappen zwischen dem Gekröse der hinteren Hohlvene und dem Mittelfell abgetrennt (▶ Abb. 9-8).

Beim Brustfell lassen sich folgende Schichten und Abschnitte unterscheiden: das **Wandblatt** (Pleura parietalis) mit Rippenfell, Zwerchfellteil und Mittelfellteil und das **Eingeweideblatt,** das auch als **Lungenfell** (Pleura pulmonalis) bezeichnet wird.

Lunge

Die Lunge (Pulmo) gliedert sich in die beiden Lungenflügel, die auch als rechte und linke Lunge bezeichnet werden. Die Lungen liegen in den Pleurahöhlen und füllen diese aus (▶ Abb. 9-9). Zwischen der Pleura pulmonalis, die die Lungen überzieht, und der Pleura parietalis, die die Thoraxinnenwand überzieht, befindet sich ein kleiner, mit Pleuraflüssigkeit gefüllter Spalt. Die Lungenflügel sind nur in einem relativ eng umgrenzten Bereich, der **Lungenwurzel,** mit dem Mittelfell verbunden. Hier treten die Hauptbronchien und die Blutgefäße in die Lungen ein bzw. aus ihnen aus.

Durch **Einschnitte** wird die Lunge der meisten Haussäugetiere in Lappen eingeteilt. Nur die Lunge des Pferdes ist kaum gelappt (▶ Abb. 9-10). Man unterscheidet den **Spitzenlappen,** den **Mittel-** oder **Herzlappen,** den **Zwerchfelllappen** und den **Anhangslappen,** der zwischen Mediastinum und Hohlvenengekröse gelegen ist (▶ Abb. 9-8, 9-10).

Die Lunge ist überzogen von einer **Bindegewebskapsel,** die mit dem außen anliegenden Lungenfell verwachsen ist. Von der Kapsel ziehen bindegewebige **Septen** in die Tiefe des Lungengewebes. Man spricht auch bei der Lunge von einem **Interstitium** und einem **Parenchym** (▶ Kap. 2.4.2). Im Interstitium bildet das Bindegewebe deutliche **Lungenläppchen.**

Sowohl die Kapsel als auch die Septen der Lunge enthalten neben kollagenen Faserbündeln elastische Fasern, die dazu beitragen, dass die Lunge sich zusammenzieht.

Eine gesunde Lunge fällt nach dem Öffnen der Brusthöhle zusammen und zeigt eine fein gefältelte Oberfläche. Lungengewebe, das beatmet wurde, schwimmt im Wasser, Lungenteile von Feten, die bereits in der Gebärmutter gestorben sind, gehen unter (Schwimmprobe).

Die **Lungenalveolen** sind mit einem einschichtigen Plattenepithel, dem Alveolarepithel, ausgekleidet, das aus den Pneumozyten Typ I besteht. Eingelagert sind Pneumozyten Typ II, die

Abb. 9-9
Lage des Atmungstraktes im Brustkorb des Pferdes (nach Riegel und Hakola 2002).

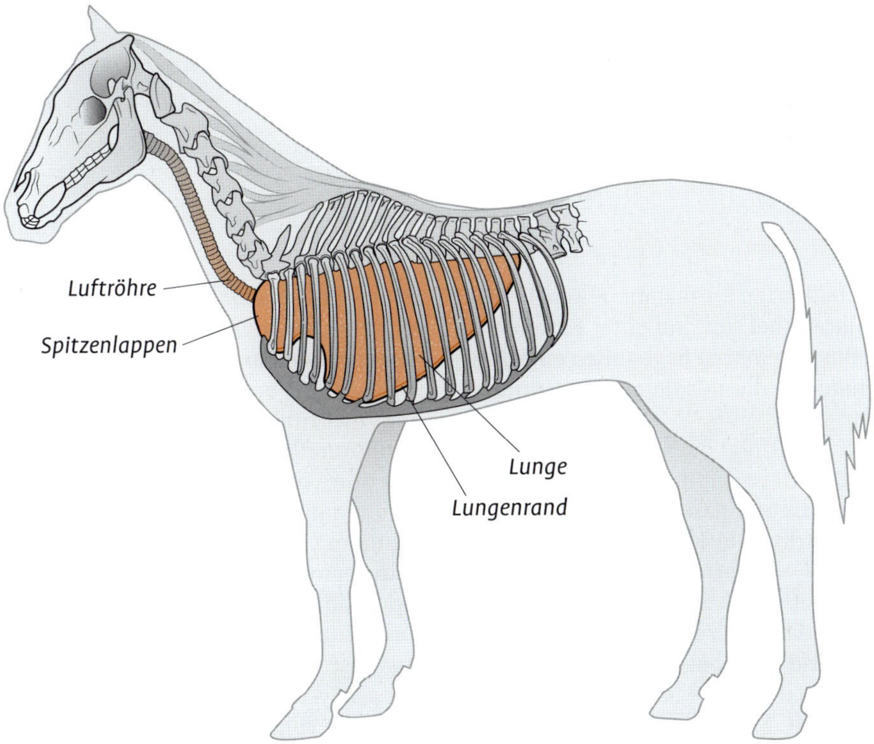

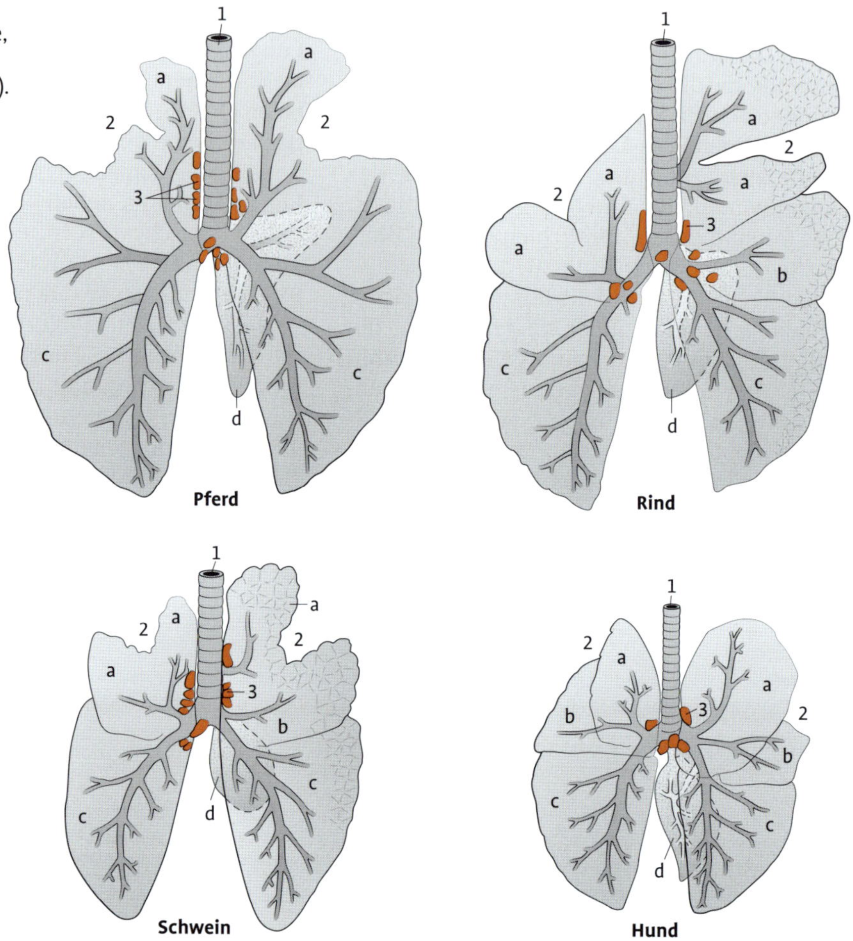

Abb. 9-10
Lungen der Haustiere, schematisch (nach Nickel et al. 1999).
a Spitzenlappen
b Mittellappen (fehlt beim Pferd)
c Zwerchfelllappen
d Anhangslappen
1 Luftröhre
2 Herzeinschnitt
3 Lymphknoten

Surfaktant bilden (zu Surfaktant: ▶ Kap. 9.2.2). Das **Alveolarepithel** sitzt auf einer Basalmembran. Der Basalmembran liegt außen eine dünne Faserhülle an, die mit dem Interstitium in Verbindung steht.

In den Alveolen erfolgt der **Gasaustausch.** Dieser Gasaustausch ist dadurch erleichtert, dass die Alveolen insgesamt eine große Oberfläche bilden. So beträgt die Kontaktfläche der Alveolen mit der eingeatmeten Luft beim Menschen etwa 100 m^2, beim Rind etwa 700 m^2 und beim Pferd etwa 1700 m^2 (zum Vergleich: Tennis-Spielfeld [Doppel]: 260 m^2). Der Gasaustausch wird durch die intensive Durchblutung unterstützt. So werden die Alveolen von einem feinen Kapillarnetz des funktionellen Blutgefäßsystems der Lunge umsponnen, die das Blut in engen Kontakt mit der Atemluft bringen (▶ Abb. 9-11).

Die Lungen besitzen je **zwei Blutgefäßsysteme,** das funktionelle und das nutritive. Das **funktionelle System** bringt das sauerstoffarme Blut von der rechten Herzkammer zu den Lungenalveolen und weiter zur linken Vorkammer (kleiner Kreislauf). Das **nutritive System** versorgt die Lungen selbst mit sauerstoff- und nährstoffreichem Blut. Die zuführenden Bronchialarterien dieses Systems entspringen aus dem Brustteil der Aorta. Das venöse Blut dieses Systems fließt über die Bronchialvenen und die Vena azygos in die rechte Herzvorkammer.

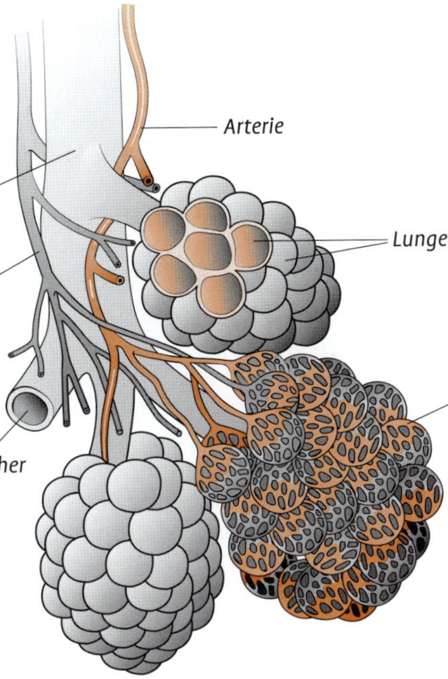

Abb. 9-11
Blutversorgung der Alveolen (nach Riegel und Hakola 2002).

9.2.2 Atemmechanik

Die Anzahl der Atemzüge pro Minute wird als **Atem(zug)frequenz** bezeichnet (▸ Tab. 9-2). Als **Atemzugvolumen** bezeichnet man die Gasmenge, die bei einem Atemzug ein- bzw. ausgeatmet wird. Das **Atemminutenvolumen** ist das in einer Minute ein- und ausgeatmete Gasvolumen. Es ergibt sich aus dem Produkt von Atemzugfrequenz und Atemzugvolumen (▸ Tab. 9-2).

Damit frische Luft in die Lunge strömt bzw. die „verbrauchte" Alveolarluft abgegeben wird, müssen Druckunterschiede zwischen Alveole und Außenluft erzeugt werden. Um den Druck in der Alveole zu vermindern und damit eine **Einatmung (Inspiration)** einzuleiten, ziehen sich das Zwerchfell und die äußeren Zwischenrippenmuskeln (Mm. intercostales externi; ▸ Abb. 4-3) zusammen. Die Brusthöhle wird dadurch bauch- und seitwärts gezogen. Die Volumenvergrößerung der Brusthöhle zieht auch die Lungen auseinander und induziert damit einen Unterdruck in den Alveolen, so dass Außenluft über die Atemwege in die Alveolen strömt.

Die Volumenvergrößerung der Brusthöhle bedeutet aber nicht automatisch auch eine Volu-

Tab. 9-2
Mittlere Anzahl der Atemzüge pro Minute (= Atemzugfrequenz), mittlere Atemzugvolumina und daraus resultierende mittlere Atemminutenvolumina von Pferden (Warmblüter, 5 Jahre, 470 kg) in Ruhe und im schnellen Galopp (Daten aus Hodgson und Rose 1994)

	Atemzugfrequenz (Züge/min)	Atemzugvolumen (l)	Atemminutenvolumen (l/min)
Ruhe	14	5,6	78
Galopp	121	13,2	1 598

menvergrößerung der Lungen. Damit die Lungen die Bewegungen des Thorax und des Zwerchfells mitmachen, muss eine Verbindung zwischen Lunge und Thorax/Zwerchfell bestehen. Dieses kann keine fixe Verbindung z. B. durch Bindegewebe sein. In diesem Fall würden Scherkräfte wirksam werden, da sich Pleura parietalis und Pleura pulmonalis gegeneinander verschieben. Diese Scherkräfte würden die Lunge verformen und dadurch letztendlich eine Vergrößerung der Alveolen unmöglich machen. Eine flexible Verbindung wird mithilfe des oben erwähnten dünnen **Flüssigkeitsfilms** erzeugt, der sich zwischen Pleura parietalis und Pleura pulmonalis befindet. Durch die Adhäsionskräfte der Flüssigkeit werden einerseits die Bewegungen des Thoraxes respektive des Zwerchfells über die Pleura parietalis auf die Pleura pulmonalis übertragen. Andererseits werden dadurch Querverschiebungen zwischen den verbundenen Pleuraoberflächen ermöglicht.

Die **Ausatmung (Exspiration)** in Ruhe erfolgt, indem Zwerchfell- und Thoraxmuskulatur wieder erschlaffen. Durch die vorherige Dehnung bei der Inspiration hat die Lunge das Bestreben, sich wieder zusammenzuziehen, es kommt daher bei Wegfall der aktiven Muskelkontraktion zu einer Verkleinerung des Lungenbereiches. Die Ausatmung ist also in Ruhe ausschließlich Resultat der passiven Retraktionskräfte des Atmungsapparates. Müssen bei einer verstärkten Atmung die Exspirationskräfte verstärkt werden, so wird zusätzlich der Thorax aktiv durch Kontraktion von Zwischenrippenmuskeln und Bauchmuskulatur komprimiert. Dies kann sowohl bei körperlicher Belastung, als auch bei krankhaften Veränderungen der Lunge, die die Ausatmung erschweren, der Fall sein.

Die **passiven Retraktionskräfte** der Lunge sind enorm. Dies ist zum Teil durch die Elastizität des Bindegewebes im Lungengewebe bedingt. Erweitert sich die Lunge, dann werden die elastischen Fasern gedehnt und haben das Bestreben, sich wieder zusammenzuziehen. Die Hauptkomponente der Retraktionskräfte ist aber die **Oberflächenspannung** des Wasserfilms in den Alveolen. So sind die Alveolen mit einem dünnen Flüssigkeitsfilm ausgekleidet. An der Luft-Wasser-Grenze wollen die Kohäsionskräfte zwischen den Wassermolekülen (Oberflächenspannung) ständig ein weiteres Auseinanderziehen der Alveole verhindern und die Alveolen auf den kleinstmöglichen Raum zusammenziehen. Aufgrund der Starrheit des Brustkorbs verkleinert sich allerdings die Lunge unter physiologischen Bedingungen nie auf ihr Minimalmaß. Daher bleibt immer ein gewisses Restgemisch an Gas in der Lunge bestehen. Auf diese Weise ist ein Gasaustausch auch bei starker Exspiration immer gewährleistet.

Die Retraktionskräfte der Lunge sind demnach für die passive Exspiration von Vorteil. In der Phase der Inspiration muss aber gegen die Oberflächenspannung gearbeitet werden, um die Lunge zur Entfaltung zu bringen. Allerdings ist die Oberflächenspannung des reinen Wassers in den Alveolen so stark, dass die Kräfte der Atmungsmuskulatur nicht ausreichen. Um die Atemarbeit zu vermindern, wird die Oberflächenspannung des alveolären Flüssigkeitsfilms physikochemisch durch das **Surfaktant (surf**ace **act**ive **a**ge**nt)** der Pneumozyten Typ II gemindert. Surfaktant ist ein Lipoprotein, das Wasserstoffbrückenbindungen verhindert und damit die Kohäsionskräfte des Wassers herabsetzt. Sehr unreif geborene Feten können noch kein Surfaktant bilden, die Lunge kann sich daher nicht entfalten. Als Schockfolge kann seine Neubildung auch bei ausgewachsenen Individuen behindert werden. Die Inspiration ist dann ebenfalls erschwert, die Lunge ist nicht funktionsfähig (Schocklunge, zu Schock ▶ Kap. 8.3.5).

9.3 Austausch der Atemgase

9.3.1 Zusammensetzung der Gasgemische

Für Gase in einem Gasgemisch wird die Konzentration durch den **Partialdruck**, d. h. deren anteiligem Druck an dem gesamten Gasgemisch, angegeben. In ▶ Tabelle 9-3 sind die prozentualen Anteile der verschiedenen Gase am Gasgemisch „Luft“ und die daraus resultierenden Partialdrücke aufgeführt. Atmosphärische Luft besteht vor allem aus Stickstoff und Sauerstoff.

Die Summe der Partialdrücke aller Gase, d. h. der gesamten Luft, wird als **atmosphärischer Druck** bezeichnet und hängt auf der Erde im Wesentlichen von der Höhe ab. Auf Meereshöhe beträgt der Gasdruck der Luft 760 mmHg (mmHg = Millimeter Quecksilbersäule; ▶ Kap. 21.1). Sauerstoff hat an diesem Gesamtdruck einen Anteil von 20,94 %, so dass dessen Partialdruck 0,2094 mal 760 mmHg = 159,1 mmHg entspricht (▶ Tab. 9-3).

In ▶ Abbildung 9-12 ist dargestellt, wie sich die Partialdrücke von **Sauerstoff (O_2)** und **Kohlendioxid (CO_2)** in der Alveole und beim Transport mit dem Blut verändern. In den Alveolen vermischt sich die eingeatmete „frische“ Luft mit dem vorhandenen „verbrauchten“ Gasgemisch, so dass in den Alveolen der Partialdruck des O_2 auf 105 mmHg absinkt. Durch die Vermischung der „frischen“ Luft mit dem „verbrauchten“ Gasgemisch kommt es auch zum Anstieg des Partialdrucks des CO_2 von 0,3 mmHg in der Außenluft auf 40 mmHg in dem alveolären Gasgemisch.

Der **Austausch der Atemgase** in der Lunge und in den Geweben wird allein aufgrund der **Konzentrations-** bzw. **Druckdifferenzen** der einzelnen Gase getrieben. Im venösen Blut beträgt der Partialdruck von Sauerstoff 40 mmHg (▶ Abb. 9-12). So besteht für O_2 zwischen venösem Blut und Alveole eine Druckdifferenz von 65 mmHg (105 mmHg in der Alveole – 40 mmHg im venösen Blut), die dieses in Richtung Blut treibt. CO_2 wird mit einer Druckdifferenz von 6 mmHg (46 mmHg im Blut – 40 mmHg in der Alveole) vom Blut in Richtung Alveole getrieben (▶ Abb. 9-12). Die treibende Kraft für die Sauerstoffdiffusion in Richtung

Abb. 9-12
Partialdrücke von Sauerstoff (pO_2) und Kohlendioxid (pCO_2) in der eingeatmeten Luft, im alveolären Gasgemisch und im venösen bzw. arteriellen Blut (nach Vander et al. 1994). Der Weg des Sauerstoffs ist mit den orangenen Pfeilen markiert, der des Kohlendioxids mit schwarzen Pfeilen. Alle numerischen Angaben in mmHg.

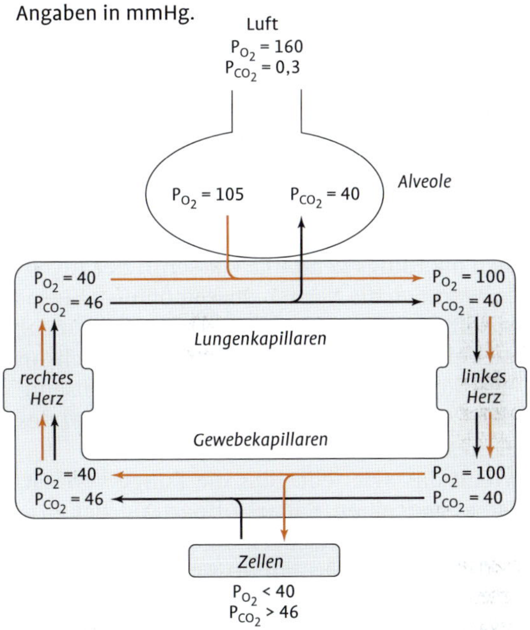

Tab. 9-3
Zusammensetzung der trockenen Luft bei Normalnull (Werte aus Heldmaier und Neuweiler 2004)

Bestandteil	Volumenanteil (%)	Partialdruck	
		mmHg	kPa
Stickstoff (N_2)	78,08	593,4	79,09
Sauerstoff (O_2)	20,94	159,1	21,22
Kohlendioxid (CO_2)	0,04	0,3	0,04
Andere Gase (Argon, Helium, CO usw.)	0,94	7,2	0,95
Summe	100	760	101,3

Blut ist also wesentlich größer als die treibende Kraft für die CO_2-Diffusion in Richtung Alveole. Allerdings wird beim oxidativen Abbau von Kohlenhydraten (▶ Kap. 1.6.3) genauso viel Sauerstoff verbraucht wie CO_2 entsteht (Summenformel für Glukoseoxidation: $C_6H_{12}O_6 + \mathbf{6}\,O_2 = \mathbf{6}\,CO_2 + 6\,H_2O$), d. h., in der Lunge müssen sich Sauerstoffaufnahme und Abgabe von Kohlendioxid die Waage halten. Dies gelingt trotz der erwähnten Unterschiede in den treibenden Kräften, da CO_2 lipophiler ist als O_2 und dadurch die Lipidbarriere von Alveolar- und Kapillarwand leichter überwindet. Bei Erkrankungen der Lunge wie z. B. beim **Lungenödem** (▶ Kap. 8.2.4) sammelt sich allerdings verstärkt Wasser in der Alveole, wodurch die Barriere ihre lipophilen Eigenschaften verliert. CO_2 wird dann nicht mehr ausreichend abgegeben, es reichert sich im Blut an. Durch die Bildung von Kohlensäure aus CO_2 ist eine Übersäuerung **(Azidose)** des Blutes die Folge.

Wenn das arterielle Blut die Lunge verlässt, ist es auf einen Sauerstoffpartialdruck von 100 mmHg angereichert. Der Partialdruck von CO_2 ist vermindert auf 40 mmHg. Die Aktion des Herzens befördert dieses Blut in die Peripherie. Wie in ▶ Abbildung 9-12 dargestellt, sind im Gewebe die Druckdifferenzen derart, dass Sauerstoff ins Gewebe und CO_2 in entgegengesetzte Richtung diffundiert.

9.3.2 Austausch und Transport von Sauerstoff und Kohlendioxid

Im vorherigen Kapitel wurde beschrieben, wie die Druckdifferenzen zu einem Austausch der Atemgase führen. Damit diese Differenzen effektiv werden, muss das Blut eine ausreichend große Kapazität haben, um O_2 bzw. CO_2 zu speichern und zu transportieren.

Sauerstoff diffundiert in der Lunge zunächst aus dem Alveolarinnenraum in das Plasma der umgebenden Kapillaren. Sauerstoff ist aber fast wasserunlöslich. Nur 3 ml O_2 können in 1 l Blut gelöst werden. Die Transportkapazität des Blutes wird entscheidend durch die **Erythrozyten** und das darin enthaltene **Hämoglobin** erhöht. Der größte Teil des aufgenommenen

Abb. 9-13
Modell eines Hämoglobinmoleküls mit den Bindungsstellen für Sauerstoff (nach Mutschler et al. 2007).

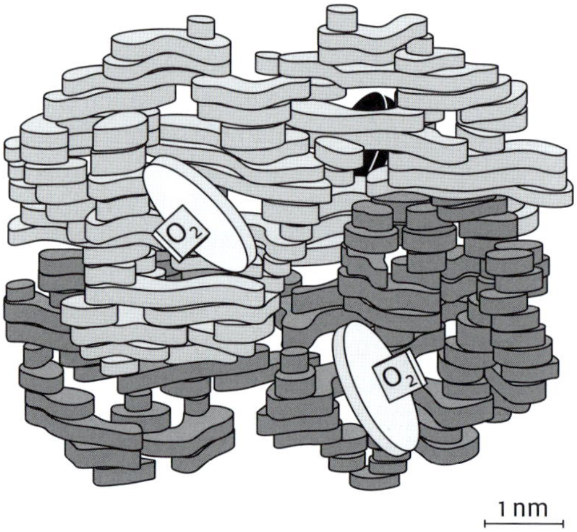

Sauerstoffs diffundiert daher aus dem Plasma über die Erythrozytenmembran in das Zytosol des Erythrozyten und bindet sich an Hämoglobin (▶ Abb. 9-13, 9-14). Hämoglobin wirkt somit als „Schwamm" für Sauerstoff (▶ Abb. 9-13). Ein Gramm Hämoglobin kann 1,4 ml O_2 binden, so dass bei einer Hämoglobinmenge von etwa 140 g/l (Rind), fast 200 ml Sauerstoff in einem Liter Blut gebunden und transportiert werden können.

Hämoglobin spielt nicht nur beim Transport von Sauerstoff, sondern auch von **Kohlendioxid** eine entscheidende Rolle. In ▶ Abbildung 9-15 ist die Bedeutung des Hämoglobins für den CO_2-Transport dargelegt. CO_2 diffundiert im Gewebe in Richtung Blut und auch in die Erythrozyten. In den Erythrozyten kann CO_2 zum Teil an Hämoglobin binden. Die meisten CO_2-Moleküle werden im Erythrozyten allerdings über die in ▶ Abbildung 9-15 dargestellte Reaktion in **Hydrogenkarbonat** und **Protonen** umgewandelt. Diese Reaktion wird durch das Enzym **Carboanhydrase**, das im Erythrozyten beheimatet ist, sehr stark beschleunigt. Die entstehenden Protonen werden vom Hämoglobin gebunden. Hydrogenkarbonat wird über ein **Transportprotein** aus dem Erythrozyten in das Blutplasma befördert und steht dann dem Plasma als Puffer zur Verfügung (▶ Kap.

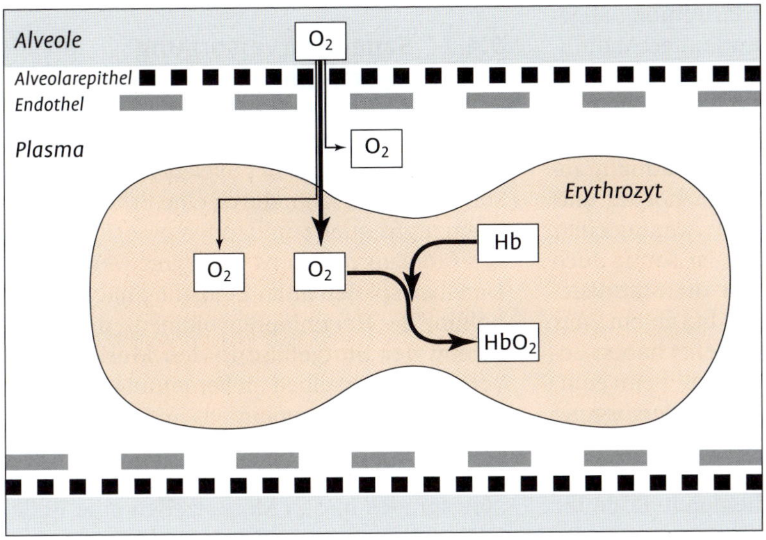

Abb. 9-14
Aufnahme von Sauerstoff aus der Alveole in den Erythrozyten. Ein Teil des Sauerstoffs löst sich im Blutplasma bzw. im Zytoplasma des Erythrozyten. Der größte Teil wird aber an Hämoglobin (Hb) gebunden. Befindet sich der Erythrozyt in sauerstoffverbrauchenden Geweben, laufen die Vorgänge in umgekehrter Reihenfolge ab. Die Basalmembran unter dem Alveolarepithel ist nicht dargestellt.

14.4.1). Da Hydrogenkarbonat negativ geladen ist, muss der Ladungstransport von Hydrogenkarbonat in das Plasma kompensiert werden. Dies erfolgt dadurch, dass im Gegenzug **Chlorid** aus dem Plasma in den Erythrozyten strömt (▶ Abb. 9-15). Wird der Erythrozyt mit dem Blutstrom in die Lunge transportiert, erfolgt eine Umkehrung der Vorgänge, d.h., das im Plasma vorhandene Hydrogenkarbonat gelangt jetzt über das Transportprotein in die Erythrozyten und wird dann im Erythrozyten durch die Carboanhydrase in Kohlendioxid und Wasser umgewandelt: $H^+ + HCO_3^- \rightarrow H_2CO_3 \rightarrow H_2O + CO_2$. Dass diese Reaktion in der Lunge in dieser Richtung abläuft, hängt vor allem damit zusammen, dass CO_2 effektiv

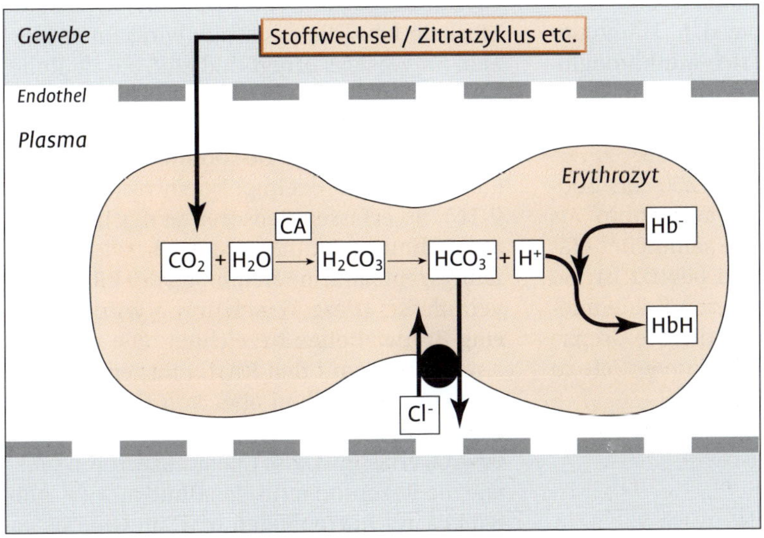

Abb. 9-15
Aufnahme von Kohlendioxid in den Erythrozyten, wenn sich dieser im Bereich CO_2-produzierender Gewebe befindet. Neben der Umwandlung in Hydrogenkarbonat erfolgt auch eine direkte Bindung an Hämoglobin (nicht dargestellt). Befindet sich der Erythrozyt in der Lunge, laufen die Vorgänge in umgekehrter Reihenfolge ab. Die Basalmembran unter dem Alveolarepithel ist nicht dargestellt. **CA:** Carboanhydrase.

und schnell aus dem Blut in die Alveole diffundiert und hier dann bei der Atmung abgegeben wird, d. h., durch die ständige Abdiffusion von CO_2 wird die Reaktion nach rechts „gezogen".
Wie aus der Reaktionsgleichung auch ersichtlich ist, werden durch die CO_2-Abatmung indirekt auch Protonen aus dem Körper entfernt. Auf diese Weise wirkt die Atmung einer Übersäuerung entgegen und ist somit auch das entscheidende Organ für die **Stabilisierung des pH-Wertes** im Körper bei einem Wert von 7,4 (▶ Kap. 14.1). Umgekehrt haben Behinderungen der Atmung wie z. B. beim equinen Asthma nicht nur eine Minderversorgung mit Sauerstoff, sondern auch eine Übersäuerung des Blutes zur Folge. Neben der Atmung spielt die Niere eine entscheidende Rolle für die Konstanz des pH-Wertes, da diese in der Lage ist, Protonen auszuscheiden (▶ Kap. 13.1.2).

9.3.3 Schädigungen des Hämoglobins

Durch Einwirkung geringer Spuren von Oxidationsmitteln (Chlorate, z. B. in Reinigungsmitteln), von Nitriten (entstehen durch Nitrate z. B. nach Aufnahme nitratreichen Wassers) und von bestimmen Medikamenten (z. B. Paracetamol, Schmerzmittel) kann das zweiwertige Eisen des Hämoglobins in dreiwertiges Eisen überführt werden, d. h. Hämoglobin wird oxidiert, es bildet sich **Methämoglobin.** Methämoglobin mit dreiwertigem Eisen kann Sauerstoff nicht mehr binden. Die Folge ist, dass die Tiere innerlich ersticken.
Kohlenmonoxid (CO) hat eine 200- bis 300-mal stärkere Affinität zu Hämoglobin als Sauerstoff, so dass sehr rasch sämtliches Hämoglobin mit Kohlenmonoxid besetzt ist. So führen schon geringe Anteile von Kohlenmonoxid in der Einatmungsluft (kritische Grenze etwa 0,05 Volumenprozent) in kurzer Zeit zu Vergiftungserscheinungen.

9.4 Regulation der Atmung

9.4.1 Sauerstoffversorgung des Organismus

Die Sauerstoffversorgung des Organismus, insbesondere diejenige der Skelettmuskulatur bei starker Arbeit, kann durch eine Erhöhung der Atemzugfrequenz und/oder eine Erhöhung des Atemzugvolumens gesteigert werden.
Daneben spielen unter Belastung noch die Erhöhung des Herzminutenvolumens, die Erweiterung der Blutgefäße in den Muskeln und Verengung derselben im Verdauungstrakt, die Erhöhung des Blutvolumens und der Erythrozytenzahl durch Entspeicherung von Milz und Leber und eine Erhöhung des O_2-Ausnutzungsgrades in den Muskelzellen eine Rolle. Diese Mechanismen werden in den entsprechenden Kapiteln erörtert.

9.4.2 Regelkreise

Die Veränderungen in Atemzugfrequenz und Atemzugvolumen erfolgen über die nervale Beeinflussung der Atemmuskulatur. Die Ursprünge der Nerven liegen im verlängerten Rückenmark und in der Brücke (▶ Abb. 18-8, 18-9). Diese Ursprünge bezeichnet man als **Atemzentrum.** Das Atemzentrum hat einen **Eigenrhythmus,** so dass die inspirativ wirksamen Muskeln bzw. die exspirativ wirksamen Muskeln im Wechsel erregt und eine basale Ruhefrequenz und Atemzugtiefe erzeugt werden.
Der Eigenrhythmus des Atemzentrums wird durch verschiedene Faktoren beeinflusst, die auf die Frequenz der Impulse einwirken (▶ Abb. 9-16). So erfassen Sensoren in der Lunge deren **Dehnung.** Ist diese zu stark, wird im Atmungszentrum eine Hemmung der Einatmung veranlasst. Diese Verschaltung wird als **Hering-Breuer-Reflex** bezeichnet. Die wichtigsten Einflüsse auf den Rhythmusgenerator im Atemzentrum gehen aber von **Chemorezeptoren** aus, die den Gehalt des Blutes an CO_2 bzw. O_2 erfassen. Diese Chemorezeptoren sind – wie die Rezeptoren für den Blutdruck (▶ Abb. 8-11) – im **Aortenbogen** bzw. im **Glomus caroticum** des Karotissinus (Erweiterung an der

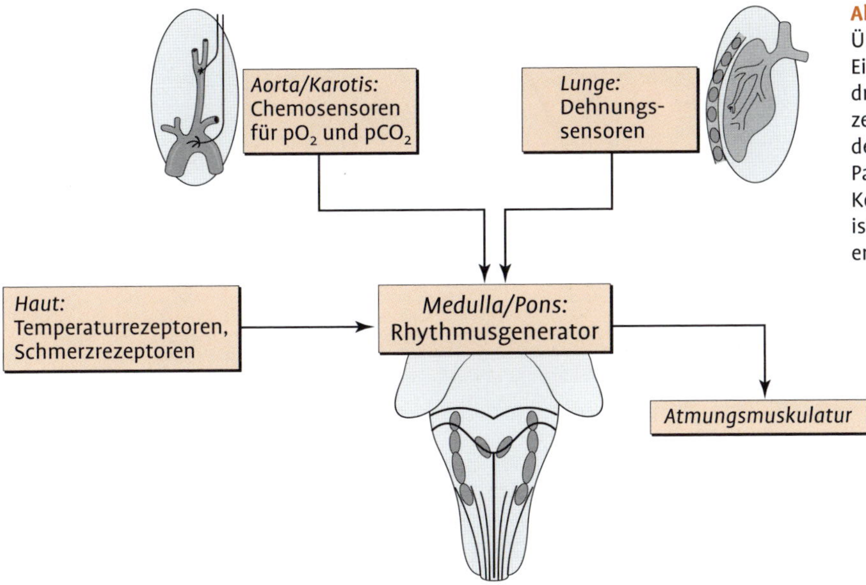

Abb. 9-16 Übersicht über die Einflüsse des Partialdrucks auf das Atemzentrum. Die besondere Bedeutung des Partialdrucks von Kohlendioxid (pCO_2) ist in ▶ Abb. 9-17 zu erkennen.

Aufzweigung der Arteria carotis communis) beheimatet. In ▶ Abbildung 9-17 ist die Antwort der Atmung auf unterschiedliche CO_2- und O_2-Partialdrücke dargelegt. Es ist zu erkennen, dass eine Zunahme des Partialdrucks von CO_2 die Atmung wesentlich stärker anregt als eine Abnahme des Partialdrucks von O_2. Die besondere Rolle des CO_2 in der Regulation der Atmung erklärt sich auch durch die Bedeutung der CO_2-Abatmung für die Konstanthaltung des pH-Wertes im Blut (▶ Kap. 14.4.2).

Unter **körperlicher Belastung** kommen zusätzliche Regeleinflüsse hinzu. So wird zu Beginn der Arbeit nicht nur das Kreislaufzentrum, sondern auch das Atemzentrum „mitinnerviert", später in der Belastungsphase bekommt das Atemzentrum Informationen aus Chemo- und Mechanosensoren in der arbeitenden Muskulatur, die eine Stimulation der Atmung bewirken. Auf diese Weise wird bei submaximaler Belastung gewährleistet, dass die Atmung der Belastung „vorauseilt". So kommt es unter submaximaler Belastung kaum zu Veränderungen in den arteriellen Blutgasparametern.

Bei körperlicher Belastung wird eine tiefere Atmung durch eine Weitstellung der Bronchien erleichtert. Dies wird erreicht durch eine sympathisch induzierte Hemmung von parasympathischen Fasern, die die Bronchialmuskulatur innervieren und die Bronchien eng stellen. Weiterhin sind auf der Bronchialmuskulatur auch direkt β_2-Rezeptoren lokalisiert (zu Rezeptoren des vegetativen Nervensystems ▶ Kap. 18.6.3). Durch Bindung der Katecholamine Adrenalin und Noradrenalin an diese Rezeptoren kommt es zu einer deutlichen Weitstellung der Bronchien.

Von galoppierenden Hunden und Pferden ist zudem bekannt, dass diese Atem- und Schrittfrequenz 1 zu 1 koppeln, d. h. wenn das galoppierende Pferd 120-mal pro Minute fußt, dann atmet es auch 120-mal pro Minute aus. Auf diese Weise wird die Atemarbeit minimiert, da die Trägheits- und Beschleunigungskräfte für Ex- und Inspiration genutzt werden können. Allerdings wird dadurch den Tieren auch eine hohe Atemfrequenz aufgezwungen und damit die Atemzugtiefe gemindert.

Neben den Atemgasen und den Rückmeldungen aus Muskulatur und Kreislaufzentrum haben verschiedene andere Faktoren einen indirekt modulierenden Einfluss auf das Atemzentrum. Diese sind unter anderem thermische Reize, die über die Haut aufgenommen werden. Letzteres wird z. B. ausgenutzt, wenn infolge einer Schwergeburt bei neugeborenen

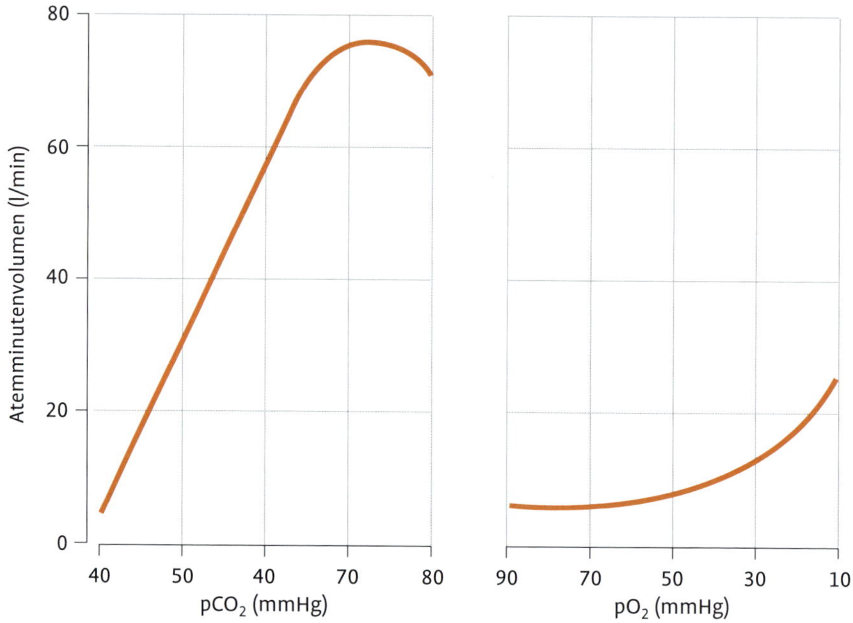

Abb. 9-17 Einfluss des Partialdrucks von Kohlendioxid (pCO_2) und von Sauerstoff (pO_2) im arteriellen Blut auf das Atemminutenvolumen.

Kälbern Atemprobleme auftreten. So kann dann das Atemzentrum durch Abkühlung des Kopfes z. B. mit kaltem Wasser angeregt werden (Vorsicht: nicht das ganze Tier abkühlen!).

9.4.3 Hecheln

Beim Hund, Schwein, Schaf und auch beim Kaninchen und Geflügel können die beschriebenen Mechanismen zur Atmungsregulation von Stellbefehlen der Thermoregulation überlagert werden. So wird bei entsprechender Erhöhung der Körperkerntemperatur über das Atemzentrum der Hechelprozess ausgelöst. Dies bedeutet, dass z. B. beim Hund die Atemfrequenz von 30 bis 40 Atemzügen pro Minute bis auf 400 Atemzüge pro Minute plötzlich rapide gesteigert werden kann.
Durch die hohe Atemzugfrequenz kann die Resonanzfrequenz des Respirationstraktes und des Brustkorbes ausgenutzt werden. Auf diese Weise wird die Muskelarbeit für das Hecheln gering gehalten. Die hohe Atemfrequenz würde bei gleichbleibender Atemtiefe allerdings dazu führen, dass zu viel CO_2 abgeatmet wird und damit das Tier in eine Alkalose (▶ Kap. 14.5) hineingleitet. Dieses wird dadurch vermieden, dass die hohen Atemzugfrequenzen von niedrigen Atemzugtiefen begleitet werden. Dadurch wird vor allem der sogenannte Totraum des Atmungstraktes ventiliert (Totraum: luftführende Strukturen wie Luftröhre und Bronchien, die nicht am Gasaustausch beteiligt sind).
Hecheln kann auch bei Katzen beobachtet werden. Dies ist aber in der Regel ein Zeichen von übermäßiger Belastung und/oder systemischen Erkrankungen.

9.5 Besonderheiten der Geflügelatmung

Obwohl Vögel genau wie Säugetiere den Gasaustausch bei der Atmung über ihre Lungen bewerkstelligen, gibt es doch deutliche Unterschiede zwischen den beiden Atmungssystemen. So ist z. B. beim Vogel das Atmungssystem in einen luftspeichernden Anteil, die Luftsäcke, und einen gasaustauschenden Anteil, die Lunge, aufgeteilt (▶ Abb. 9-18).

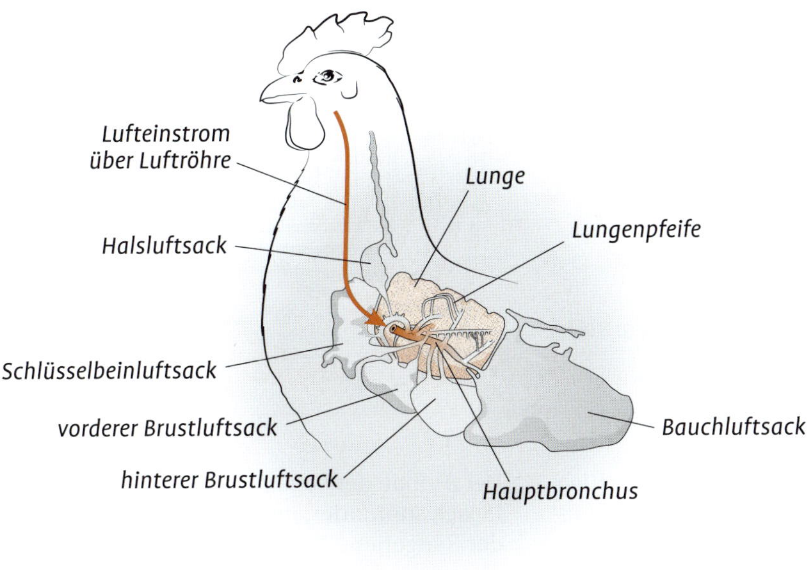

Abb. 9-18 Übersicht über den Atmungstrakt des Haushuhns (nach König und Liebich 2001)

Wie beim Säugetier beginnt das Atmungssystem des Vogels im Bereich der Nase. Die Nasenlöcher sind dorsal am Oberschnabel lokalisiert und bei vielen Vogelarten durch spezielle Federn oder durch eine verhornte Deckplatte (Haus- und Truthuhn) geschützt. Prinzipiell sind Vögel in der Lage, sowohl durch die Mundhöhle als auch durch die Nase zu atmen. Die Luftbewegungen spielen nicht nur für den Gasaustausch, sondern auch für die Wärmeabgabe eine wichtige Rolle. Der Kehlkopf des Vogels schützt die nachfolgende Luftröhre während des Schluckvorgangs vor Fremdkörpern. Stimmbänder sind an dieser Stelle nicht vorhanden. Die Stimmbildung erfolgt erst am Ende der weitlumigen, langen Luftröhre im Stimmkopf. Dieser liegt im Übergang von der Luftröhre in die beiden Hauptbronchien.

Die **Einatmung** und die **Ausatmung** erfolgen beim Vogel **aktiv.** Bei der Einatmung wird das Brustbein nach ventral verschoben (▶ Abb. 9-19). Eine Fixierung des Brustbeins beim Festhalten durch den Menschen führt daher zur Beeinträchtigung der Atembewegungen. Während der Einatmung weitet sich der Brustkorb des Vogels. Anders als beim Säugetier ist aber kein Zwerchfell vorhanden und die Lunge ist fest mit dem Brustkorb verbunden. Von der Bewegung des Brustkorbs sind also zunächst nur die Luftsäcke betroffen. Hier handelt es sich um serös ausgekleidete Ausstülpungen des Bronchialsystems, die im Gegensatz zur Lunge der Brustkorbbewegung kaum Retraktionskräfte entgegensetzen. Durch diese anatomischen Besonderheiten kann auch bei der Ausatmung kaum eine passive Retraktion des Atmungssystems und somit des Brustkorbs erfolgen, was eine aktive Ausatmung notwendig macht.

Das Haushuhn besitzt acht **Luftsäcke**, zwei unpaarige und drei paarige (▶ Abb. 9-18). Die unpaaren Luftsäcke sind der Halsluftsack und der Schlüsselbeinluftsack. Zu den paarigen Luftsäcken gehören der vordere Brustluftsack, der hintere Brustluftsack und der Bauchluftsack.

Bei der Einatmung strömt die sauerstoffreiche Luft zunächst hauptsächlich in die kaudalen Luftsäcke (hintere Brustluftsäcke und Bauchluftsäcke). Ein Teil der eingeatmeten Luft strömt sofort aus den kaudalen Luftsäcken weiter durch die Lunge in die kranialen Luftsäcke (Halsluftsack, Schlüsselbeinluftsack, vordere Brustluftsäcke). Bei der Ausatmung wird die verbrauchte Luft aus den kranialen Luftsäcken Richtung Luftröhre gedrückt, die noch sauerstoffreiche Luft aus den kaudalen Luftsäcken

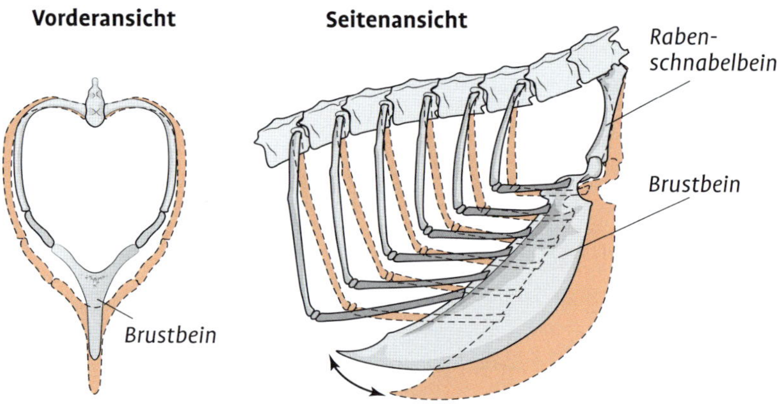

Abb. 9-19
Atembewegungen beim Vogel (nach Breves et al. 2022). Während der Einatmung werden Brustbein und Rippen nach ventral bzw. lateral verschoben, wodurch der Brustkorb geweitet wird.

bewegt sich durch die Lunge in kraniale Richtung. Die Lunge wird also sowohl bei der Ausatmung als auch bei der Einatmung von kaudal nach kranial durchströmt, was einen kontinuierlichen Gasaustausch gewährleistet.

Der Aufbau der Vogellunge, in der der Gasaustausch stattfindet, unterscheidet sich von dem der Säugetiere. Bereits der Bronchialbaum ist anders organisiert. Die beiden Hauptbronchien, die die Luft in die Lunge leiten, entsprin-

Abb. 9-20
Gasaustausch in der Vogellunge (nach Breves et al. 2022). Die Mechanismen werden im Text erläutert.

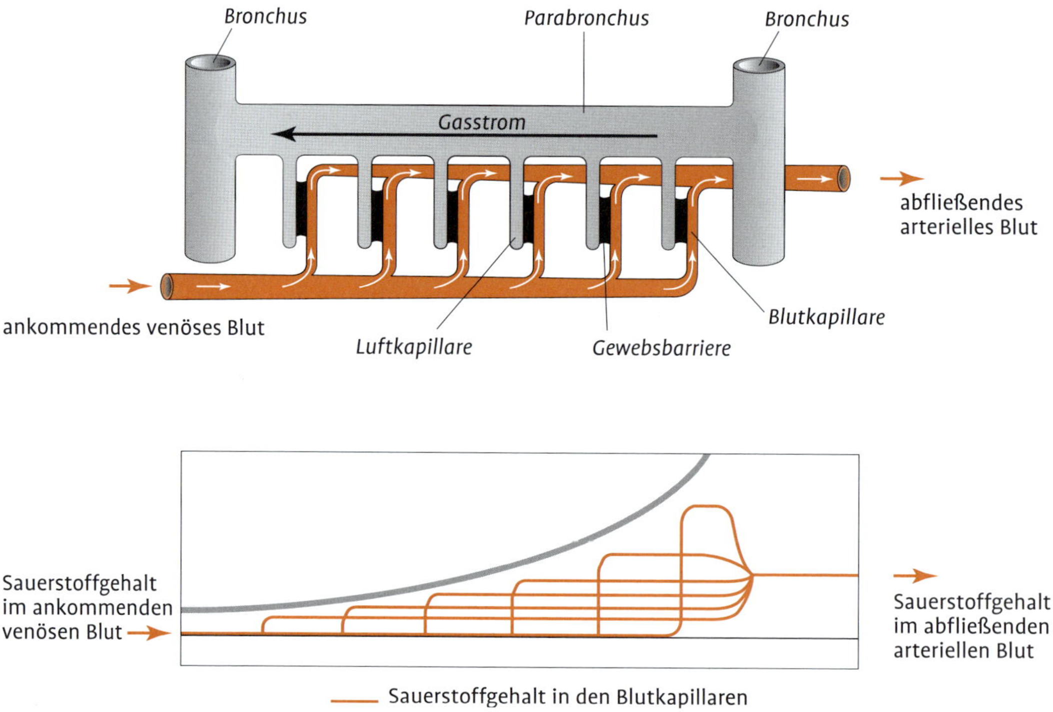

gen im Bereich des Stimmkopfes. Von den Hauptbronchien zweigen die Sekundärbronchien ab und verbinden die Hauptbronchien mit den verschiedenen Luftsäcken. Die Hauptbronchien selbst münden in die Bauchluftsäcke. Anders als beim Säugetier verzweigen sich die Sekundärbronchien nicht weiter (▶ Abb. 9-7). Von den Sekundärbronchien gehen die **Parabronchien** aus. Diese werden auch als Lungenpfeifen bezeichnet. Ihre Anzahl hängt vom Flugvermögen der Vogelspezies ab. Das Haushuhn besitzt z. B. nur ca. 300–500 Lungenpfeifen, die Ente, als guter Flieger, ca. 1800. Die Lungenpfeifen verbinden die Sekundärbronchien bogenförmig miteinander.

Der eigentliche Gasaustauch erfolgt aber in den **Luftkapillaren,** die als feine, blind endende Röhrchen von den Lungenpfeifen über kleine Trichter abgehen. Von ihrer Funktion entsprechen die Luftkapillaren prinzipiell den Alveolen der Säugetiere (▶ Kap. 9.3). Allerdings ist Ihre Wand noch dünner, was den Gasaustausch noch effektiver macht.

Ein weiterer Mechanismus, der zur Effektivität des Gasaustauschs beiträgt, ist die Anordnung der Luft- und Blutkapillaren zueinander (▶ Abb. 9-20). Die Anordnung ist so angelegt, dass die Luftkapillaren, die als erste aus den Parabronchien entspringen, also Luft führen, bei der weder Sauerstoff entnommen noch CO_2 zugefügt wurde, auf Blut treffen, das den größten Teil des Gasaustauschs schon durchlaufen hat. Dieses Blut ist also bereits weitgehend mit Sauerstoff gesättigt. Trotzdem besteht nach wie vor ein Konzentrationsgradient zwischen diesem Blut und der frischen Luft in den Luftkapillaren. Ein Sauerstoffaustauch kann also noch erfolgen. Betrachtet man nun die Luftkapillaren, die spät aus den Parabronchien entspringen, so beinhalten diese Luft, die schon größere Volumina an Sauerstoff abgegeben hat. Obwohl die Luft also schon weitgehend „verbraucht“ ist, trägt sie noch mehr Sauerstoff in sich als das sauerstoffarme Blut, welches in die Lunge einströmt. Ein Sauerstofftransfer Richtung Blut kann also auch hier stattfinden. Diese gestaffelte Diffusion von Sauerstoff aus den Luftkapillaren in die Blutkapillaren macht die Übertragung besonders effizient und gegenüber dem alveolären System der Säugetiere überlegen.

10 Verdauungsapparat

10.1 Allgemeines

Der Verdauungskanal wird gegliedert in **Kopfdarm** (Mundhöhle und Schlundkopf), Vorderdarm (Speiseröhre und Magen), **Mitteldarm** (Dünndarm mit Leber und Bauchspeicheldrüse als Anhangsdrüsen) und **Enddarm** (Dickdarm).
Vor der Besprechung der Verdauungsorgane sollen die Verhältnisse der Bauch- und der Beckenhöhle dargestellt werden (zu den Verhältnissen der Brusthöhle: ▶ Abb. 9-8).
Die **Bauchhöhle** wird kranial vom Zwerchfell, dorsal von der Wirbelsäule und den Rückenmuskeln, seitlich und ventral von der Bauchwand begrenzt (vgl. Zwerchfell und Bauchmuskeln). Kaudal geht die Bauchhöhle in den **intraperitonealen Teil** der Beckenhöhle über. Die Grenze wird vom Beckeneingang gebildet. Die Bauchhöhle und der kraniale Teil der Beckenhöhle sind mit einer Serosa, dem **Bauchfell (Peritoneum)** ausgekleidet (▶ Abb. 10-1). Der kaudale Abschnitt der Beckenhöhle ist frei von Bauchfell und mit Bindegewebe angefüllt, das von den Organen durchzogen wird (Mastdarm, Scheide, Harnröhre, Bulbourethraldrüse). Dieser Abschnitt wird deshalb auch als **retroperitonealer Teil** der Beckenhöhle bezeichnet.
Vom Bauchfell ziehen Falten zu mehreren Organen des Eingeweidesystems (**Gekröse;** ▶ Abb. 10-1). Das Bauchfell ist zum Teil doppellagig und bildet Falten, Bänder und Netze. Der Sinn der serösen Auskleidung der Bauchhöhle und des kranialen Teils der Beckenhöhle ist darin zu sehen, dass die Organe durch ihren glatten epithelialen Überzug gut aneinander vorübergleiten können und nicht miteinander verwachsen.
Durch die Gekröse werden in der Beckenhöhle verschiedene **Buchten** gebildet (Exkavationen), die vor allem beim weiblichen Tier von Bedeutung sind (▶ Abb. 10-2).

Abb. 10-1
Querschnitt durch die Bauchhöhle, schematisch (nach Ellenberger und Baum 1943).

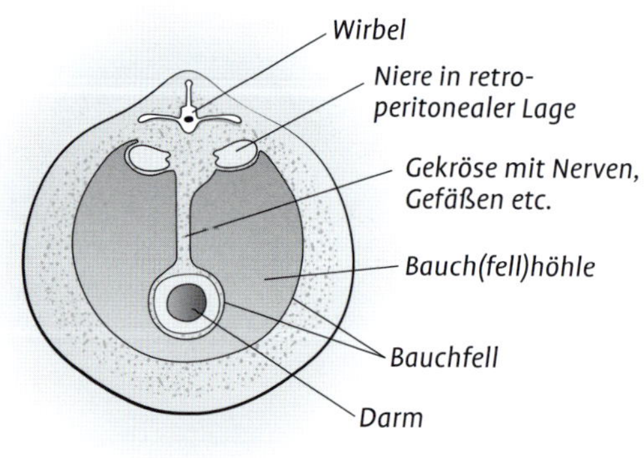

Abb. 10-2
Querschnitt durch den peritonealen Teil der Beckenhöhle, schematisch (nach Ellenberger und Baum 1943).
1 Bucht zwischen Mastdarm und Gebärmutter
2 Bucht zwischen Gebärmutter und Harnblase
3 Bucht zwischen Harnblase und Beckenknochen

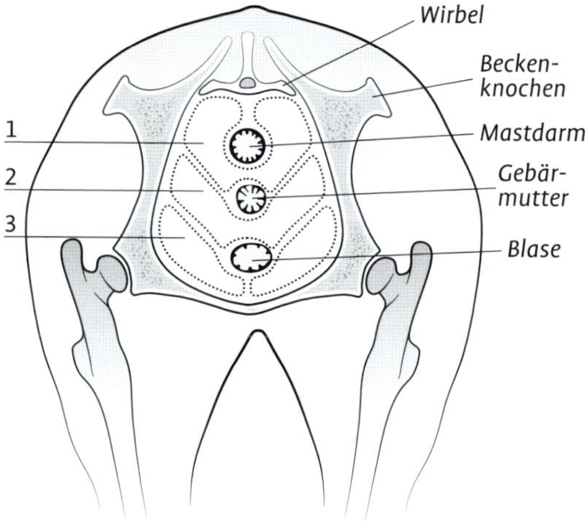

10.2 Mundhöhle, Schlundkopf und Speiseröhre

10.2.1 Aufbau

Die Lippen und **Backen** umschließen zusammen mit dem harten Gaumen und der Zunge im Verein mit dem Mundhöhlenboden die Mundhöhle. Sie ist mit kutaner Schleimhaut ausgekleidet. Die Alveolenfortsätze der Kiefer werden vom **Zahnfleisch** bedeckt, dessen bindegewebige Propria fest mit dem Periost der Knochen und dem Zement der Zähne verbunden ist (▶ Kap. 3.8).
Die **Oberlippe** weist, vor allem bei Fleischfressern und kleinen Wiederkäuern, eine mediane **Lippenfurche** auf (▶ Abb. 9-2). An den Lippen geht die äußere Haut in die kutane Schleimhaut der Mundhöhle über. Submukosa und Muskulatur der Lippen enthalten **Lippendrüsen,** die schleimhaltige Flüssigkeit absondern.
Die **Backen** werden von äußerer Haut, Muskulatur und Mundschleimhaut gebildet. In der Muskulatur bzw. zwischen Muskulatur und Schleimhaut liegen die **Backendrüsen,** die zu den kleinen Speicheldrüsen gehören (▶ Kap. 10.3.1).

Der **harte Gaumen** wird von den Gaumenfortsätzen der Oberkieferbeine und von der Platte des Gaumenbeins gestützt. Er weist eine kutane Schleimhaut auf. Seine Oberfläche ist mit mehr oder weniger deutlichen **Gaumenstaffeln** versehen, die das Bearbeiten der Nahrung in der Mundhöhle erleichtern sollen. Kaudal geht der harte Gaumen in den **weichen Gaumen,** das sogenannte **Gaumensegel,** über (▶ Abb. 9-3, 10-3). Das Gaumensegel grenzt den Atmungsrachen vom Mundrachen ab und stellt eine Falte dar, deren nasale Oberfläche von Atmungsschleimhaut und deren orale Oberfläche von kutaner Schleimhaut bedeckt ist.
Die **Zunge** (Lingua) ist ein kräftiges, muskulöses Organ, das zur Bewegung der Nahrung beim Kau- und beim Schluckakt dient und Geschmacks-, Tast-, Schmerz- und Temperaturreize aufnimmt (▶ Abb. 9-3). Die Innervierung der Zunge erfolgt durch fünf Gehirnnerven, und zwar motorisch durch den N. hypoglossus (XII. Gehirnnerv) und sensibel durch die Nn. trigeminus (V.), intermediofacialis (VII.), glossopharyngeus (IX.) und vagus (X.). Die Zunge besitzt eine kutane Schleimhaut. In dieser liegen mechanische Papillen sowie Geschmackspapillen. Die **Geschmackspapillen** enthalten die **Geschmacksknospen** (▶ Abb. 19-13).

Abb. 10-3
Mundhöhle, Schlundkopf und lymphatischer Rachenring des Pferdes (nach König und Liebich 2012).
Schwarzer Pfeil: Weg der Atemluft; **weißer Pfeil:** Weg der Nahrung.

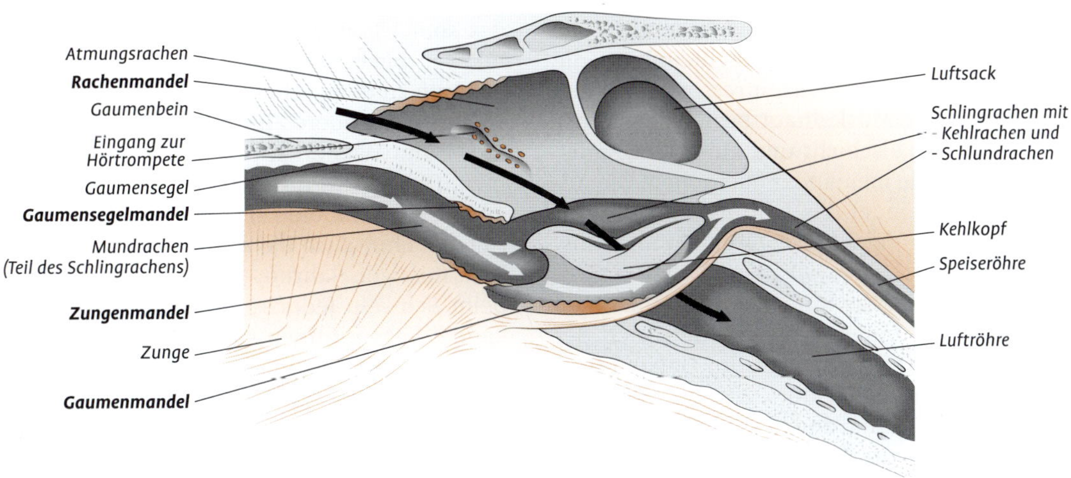

Man unterscheidet die **Zungenspitze,** den **Zungenkörper** und den **Zungengrund** mit jeweils unterschiedlichem Querschnitt. Die Zungenspitze ist ventral mit dem Mundhöhlenboden durch das **Zungenbändchen** verbunden.
Der **Zungenrücken** trägt bei den Wiederkäuern den Zungenwulst, vor dem sich das sogenannte Futterloch befindet, in das sich gelegentlich Grannen oder andere feste Futterbestandteile einspießen.
Über das im Zungengrund gelegene **Zungenbein** (▶ Abb. 9-4a) ist die Zunge mit der Schädelbasis und dem Kehlkopf verbunden. Beim Fleischfresser befindet sich in der Zungenspitze ein wurmförmiges Gebilde aus Fettzellen in einer Bindegewebskapsel, der sogenannte **Tollwurm (Lyssa),** den man früher als Zeichen der Tollwut angesehen hat.
Die Mundhöhle geht in die ventrale Etage des Schlundkopfes über. Der **Schlundkopf** (Pharynx) gliedert sich in den dorsal gelegenen **Atmungsrachen** (▶ Kap. 9.1, Abb. 10-3) und in den ventral gelegenen **Schlingrachen.** Beide sind durch die Rachenhöhle verbunden. Der Schlingrachen seinerseits gliedert sich in den **Mundrachen,** den **Kehlrachen** und den **Schlundrachen.** Die Mundhöhle und vor allem die Rachengegend sind reich an Lymphfollikeln, die sich im Rachen teilweise zu **Mandeln (Tonsillen)** zusammenlagern. Alle Tonsillen zusammen werden auch als **lymphatischer Rachenring** bezeichnet (▶ Abb. 10-3).
Die **Speiseröhre** (Ösophagus) schließt sich an den Schlundrachen an. Sie besteht aus Schleimhaut, Muskelhaut und Adventitia. Die **Schleimhaut** ist eine kutane Schleimhaut, die besonders bei den Pflanzenfressern stark verhornt ist. Die **Muskelhaut** besteht aus einer Zirkulärmuskelschicht und einer Längsmuskelschicht, die ineinander übergehen. Die **Adventitia** verbindet das Leitungsrohr beweglich mit den umgebenden Organen und Muskeln.
An der Speiseröhre unterscheidet man einen **Halsteil** und einen **Brustteil,** dem sich der kurze **Bauchteil** anschließt. Im Halsteil liegt die Speiseröhre erst dorsal, dann links und schließlich wieder dorsal der Luftröhre. Im Brustteil verläuft die Speiseröhre median im Mittelfell und durchdringt das Zwerchfell im **Speiseröhrenschlitz** (▶ Abb. 4-4). In den Magen mündet die Speiseröhre am Mageneingang (Cardia), dessen Schließmuskel aus der Speiseröhrenmuskulatur hervorgeht.
Von Bedeutung sind die **Engpässe der Speiseröhre** an ihrem Eingang, an ihrem Durchtritt durch die Brustkorböffnung in Höhe des ersten Rippenpaares und an ihrem Durchtritt durch das Zwerchfell, weil sich an diesen Stellen bevorzugt Fremdkörper bzw. große Futterbestandteile (Rübenköpfe) festsetzen. Beim Pferd kann eine Speiseröhrenverstopfung nach dem Verfüttern trockener Rübenschnitzel auftreten, da diese relativ schlecht durch die Speiseröhre wandern. Trockenes Futter wie Rübenschnitzel und auch Kleie sollten daher vor der Fütterung genügend eingeweicht werden.

10.2.2 Nahrungsaufnahme, Zerkleinerung

Das **Futter** wird von den Haustieren in unterschiedlicher Weise aufgenommen. Das Rind bedient sich in starkem Maß seiner Zunge. Mit ihr werden lange Grashalme umfasst, in die Mundhöhle gezogen und abgerissen. Das Pferd ergreift das Futter mit den Lippen und den Schneidezähnen und reißt Pflanzenteile ab bzw. nimmt Körnerfutter portionsweise aus der Krippe auf. Das Schwein beißt in das Futter hinein. Die Fleischfresser reißen Stücke aus größeren Nahrungsbrocken heraus und befördern diese dann mit einer ruckartigen Bewegung des Kopfes in den Rachen, oder sie schneiden mit den Backenzähnen große Bissen ab. Sie gehören zu den „Schlingern“.
Wasser und andere Flüssigkeiten werden von Pferd und Wiederkäuer saugend aufgenommen. Dabei wird durch Rückziehen der Zunge in der Mundhöhle ein Unterdruck erzeugt. Ähnlich läuft auch die Aufnahme von Wasser bzw. flüssiger Nahrung beim Schwein ab. Da beim Schwein jedoch die Mundwinkel weit kaudal liegen, öffnen sich diese beim Abziehen des Unterkiefers und es dringt nicht nur Wasser, sondern auch Luft ein, was ein schlürfendes Geräusch verursacht. Hund und Katze befördern Flüssigkeiten durch löffelnde Bewegungen der Zunge in die Mundhöhle. Die Zun-

genspitze wird in die Flüssigkeit getaucht und stark benetzt. Anschließend wird sie mit einer Aufwärtsbiegung in die Mundhöhle geschleudert. Der Katze kommt dabei die Rauigkeit ihrer Zungenoberfläche besonders zugute.
Bei den Verhaltensmustern der Flüssigkeitsaufnahme spielt besonders bei Jungtieren die Anzahl der dazu benötigten Saugtakte eine wichtige Rolle. Können nicht genügend viele Saugtakte ausgeführt werden, was z. B. bei der Eimertränke der Kälber ohne Sauger und beim Frühabsetzen der Ferkel der Fall ist, dann besaugen sich die Tiere gegenseitig an den Ohren oder anderen Körperteilen.
Die **Zerkleinerung der Nahrung** wird mit den Zähnen vorgenommen. Die Wiederkäuer führen dabei mahlende Bewegungen durch, wobei die Kiefer vor allem in seitlicher Richtung gegeneinander geführt werden. Während der Futteraufnahme wird die Nahrung nur oberflächlich gekaut. Deshalb kommt es beim Rind verhältnismäßig häufig zur Speiseröhrenverstopfung durch Rübenköpfe usw. Außerdem können Fremdkörper leicht in die Vormägen gelangen.
Das Pferd führt ebenfalls mahlende Kieferbewegungen durch. Dabei werden die Unterkieferbackenzähne aber nicht nur in seitlicher Richtung bewegt, sondern gleichzeitig auch noch in der Richtung von vorn nach hinten. Bei reiner seitlicher Bewegung bildet sich leicht ein Treppengebiss aus.
Das Schwein führt mehr oder weniger hackende Bewegungen mit seinen Kiefern durch. Die Nahrung wird zwischen den schmelzhöckrigen Backenzähnen zerquetscht.
Fleischfresser zerkleinern die Nahrung nur wenig. Sie benutzen die scharfen Backenzähne vor allem, um zähe, feste Fleischteile zu zerschneiden bzw. um Knochen zu zerkleinern.
Wiederkäuern muss nach der Futteraufnahme genügend Zeit zum Wiederkauen gegeben werden (▶ Tab. 10-2). Das Wiederkauen dient der Zerkleinerung des Vormageninhalts. Es macht beim Rind den Hauptteil der mechanischen Futterzerkleinerung aus. Außerdem fördert das Wiederkauen die Speichelsekretion und erhöht damit die Puffermenge in den Vormägen.

10.2.3 Abschlucken der Nahrung

Die Nahrung wird portionsweise mit der Zunge in den Mundrachen befördert. Dort sind Sensoren vorhanden, die den sehr komplexen **Schluckreflex** auslösen. Zum Abschlucken wird der Kehlkopf hinter den Zungengrund geduckt. Dabei verschließt sich der Kehlkopf durch Auflegen des Kehldeckels auf den Eingang. Am Schluckvorgang sind nicht nur die Schlundkopf-, Zungen- und Kehlkopfmuskeln beteiligt, sondern auch die langen Zungenbeinmuskeln (M. sternohyoideus und M. sternothyreoideus).
Man muss daher beim Eingeben flüssiger Nahrung bzw. Medikamente mit der Flasche darauf achten, dass der Kopf nicht zu weit nach dorsal gestreckt wird, da den Tieren dann ein Abschlucken nicht möglich ist. Außerdem muss darauf geachtet werden, dass die Tiere tatsächlich abschlucken. Deshalb gibt man Flüssigkeiten in kleinen Portionen und nicht zügig ein. Die Tiere können sich sonst „verschlucken“, d. h., Flüssigkeit kann in die Lunge gelangen. Die Folge ist oft eine Lungenentzündung (Fremdkörperpneumonie), die nur in seltenen Fällen geheilt werden kann.
Ist die Nahrung in die Speiseröhre gelangt, so wird sie durch Kontraktionen der Speiseröhrenmuskulatur magenwärts befördert. Eine ringförmige Einschnürung bewegt sich dabei über das Ösophagusrohr und schiebt den Nahrungsbrei vor sich her. Diese als **Peristaltik** bezeichnete Motorik ist die Regelform der Kontraktionswelle im Ösophagus. Beim Wiederkäuer kommen allerdings beim **Ruktus** sowie bei der Einleitung des Wiederkauaktes (der sogenannten **Rejektion**) **antiperistaltische Kontraktionen** der Muskulatur vor, die Gas (beim Ruktus) bzw. Nahrungsbrei (bei der Rejektion) mundwärts befördern (▶ Kap. 10.6.7). Antiperistaltische Wellen finden sich unter krankhaften Bedingungen auch beim Erbrechen.

10.3 Speicheldrüsen und Speichelsekretion

10.3.1 Aufbau der Speicheldrüsen

Die Speicheldrüsen sind Anhangsdrüsen der Mundhöhle. Sie produzieren den Speichel (Saliva). Als **große Speicheldrüsen** sind Ohrspeicheldrüse, Unterkieferspeicheldrüse, Unterzungenspeicheldrüsen und als **kleine Speicheldrüsen** die Backendrüsen und Lippendrüsen ausgebildet. Weitere kleine Speicheldrüsen finden sich in der Zunge, am Gaumen und am Mundhöhlenboden. Sämtliche Speicheldrüsen sind tubulös-azinär verzweigte Drüsen, die ihr Sekret in merokriner Weise abgeben (▶ Kap. 2.4.2).

Die **Ohrspeicheldrüse (Glandula parotis)** ist die größte und bedeutendste der Speicheldrüsen. Sie ist bei den einzelnen Tierarten unterschiedlich geformt und ventral des Ohres gelegen (▶ Abb. 10-4). Ihr Ausführungsgang verläuft dem Hinterrand des Unterkiefers folgend um den Unterkieferwinkel und durchdringt schließlich die Backenmuskeln und die Mundschleimhaut. Das **Sekret** ist rein **serös** (flüssig, dem Serum ähnlich) und alkalisch, besonders bei den Wiederkäuern, bei denen es ständig gebildet wird.

Die **Unterkieferspeicheldrüse** ist in der Gegend des Kieferwinkels gelegen und wird teilweise von der Ohrspeicheldrüse verdeckt (▶ Abb. 10-4). Ihr Ausführungsgang verläuft im Kehlgang nach oral und mündet vor der Zunge am Mundhöhlenboden. Ihr **Sekret** ist bei den meisten Haustieren **seromukös,** d.h., es ist zwar flüssig, aber mit Schleim (Mucus) durchsetzt. Die **Unterzungendrüsen** liegen neben dem Zungenkörper im Mundhöhlenboden, teilweise auch im Grund des Zungenkörpers. Die Ausführungsgänge münden zusammen mit dem Ausführungsgang der Unterkieferspeicheldrüse bzw. separat seitlich neben der Zunge. Das Sekret der Unterzungendrüsen ist seromukös und sehr schleimreich. Auch die Backendrüsen produzieren ein seromuköses Sekret (▶ Abb. 10-4).

10.3.2 Speichelsekretion

Funktionen des Speichels

- Feuchthalten der Mundschleimhaut
- Lösen von Geschmacksstoffen und Förderung des Gleitens der Nahrung beim Abschlucken

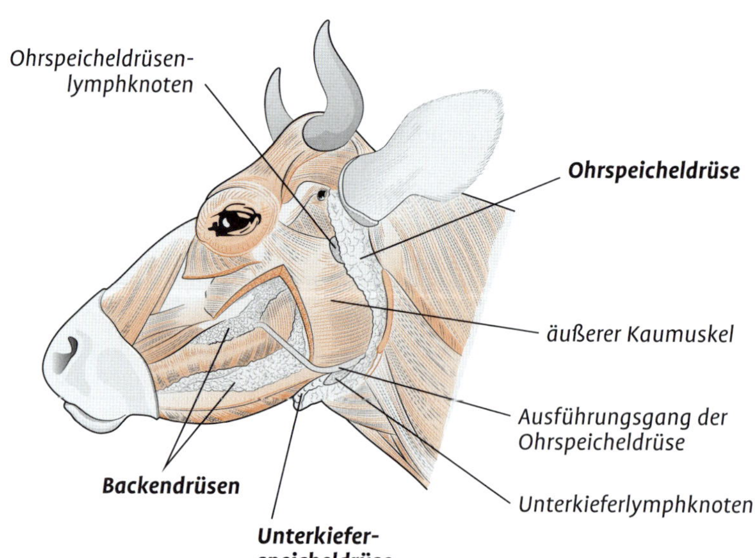

Abb. 10-4 Speicheldrüsen des Rindes (nach Nickel et al. 1999).

- Beginn des Stärkeabbaus durch das Enzym Amylase (nur beim Schwein)
- Beginn der Fettverdauung durch das Enzym Lipase (nur Kalb und Lamm)
- Neutralisierung der Fettsäuren im Pansen der Wiederkäuer durch Hydrogenkarbonat und Phosphat
- Umspülen der Geschmacksknospen
- Thermoregulation (Befeuchtung der Ausatemluft, Hecheln)
- Abwehr von Erregern

Zusammensetzung und Sekretionsrate

Der Speichel ist tropfbar bis schleimig je nach der Menge von Schleimsubstanzen (Muzinen), die die Speicheldrüsen abgeben. Neben den Muzinen sind auch Enzyme (**Amylase,** vor allem beim Schwein, **Lipase** bei Kalb und Lamm), Elektrolyte und Abwehrstoffe (Lysozym, Immunglobuline) im Speichel enthalten. Hinsichtlich des Elektrolytgehaltes gibt es erhebliche Unterschiede zwischen Tieren mit mehrhöhlig-zusammengesetztem Magen (Polygastrier wie Wiederkäuer) und solchen mit einhöhligem Magen (Monogastrier) (▶ Kap. 10.4). In ▶ Abbildung 10-5 ist der Elektrolytgehalt des Speichelsekrets von Hund und Rind vergleichend dargestellt. Auffällig ist, dass der **Wiederkäuerspeichel** neben Harnstoff (ruminohepatischer Kreislauf ▶ Kap. 10.6.4) auch eine hohe Konzentration an Hydrogenkarbonat und Phosphat enthält und dadurch auch einen pH-Wert $> 8{,}0$ aufweist. Diese Puffersubstanzen sind notwendig, um die Fettsäuren zu neutralisieren, die durch die Fermentation in den Vormägen entstehen (▶ Kap. 10.6.3). Da die Puffersubstanzen Anionen sind, müssen sie elektrisch durch Kationen neutralisiert werden. Dies geschieht vor allem durch die Sekretion von Natrium. Infolgedessen ist auch der Natriumgehalt des Wiederkäuerspeichels höher.

Die Sekretionsrate der Speicheldrüsen wird durch das **vegetative Nervensystem** geregelt (▶ Kap. 18.6.3). So führt eine Stimulierung des Parasympathikus zu einer Zunahme des Sekretionsvolumens, während die Stimulation des Sympathikus das Sekretionsvolumen vermindert. Der **Wiederkäuerspeichel** zeichnet sich (neben einer hohen Konzentration an Puffersubstanzen) durch eine hohe Sekretionsrate aus, wobei der Speichel ständig, d.h. ohne Unterbrechung, abgegeben wird. Die Impulse für die vegetative Steuerung der Speichelmenge gehen von der Struktur, dem Feuchtigkeitsgehalt und den Inhaltsstoffen des aufgenommenen Futters aus. So fördert z.B. tro-

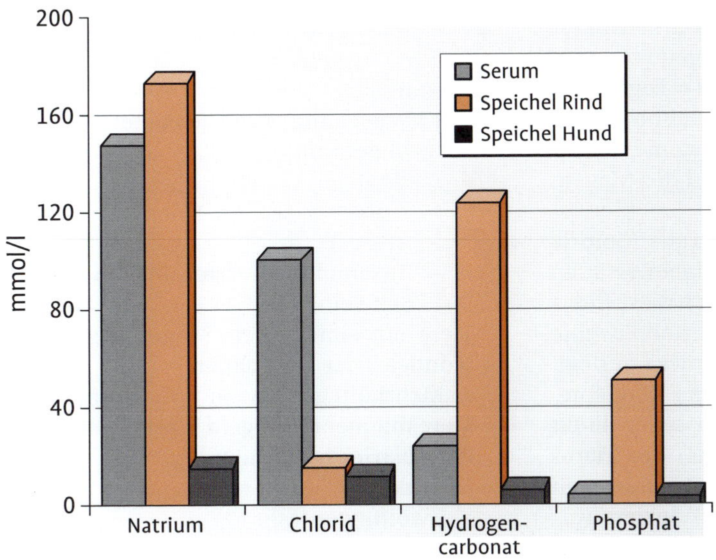

Abb. 10-5 Elektrolytbestandteile im Speichel von Rind und Hund im Vergleich zum Serum.

ckenes, grobstrukturiertes und Bitterstoffe enthaltendes Futter den Speichelfluss stark, saftiges Blattfutter (Rübenblatt) oder auch pelletiertes Futter dagegen wenig (Gefahr der Pansenazidose, ▶ Kap. 10.6.3). Ein Rind von 500 kg Körpermasse (KM) kann etwa 60 bis 160 Liter Speichel pro Tag sekretieren. Relativ zur KM ist die Speichelsekretion der Wiederkäuer damit bis zu 30-fach höher als die von Fleischfressern. Dies bedeutet, dass die hohen Elektrolyt- und Wassermengen, die mit dem Speichel abgegeben werden, auch wieder im nachfolgenden Magen-Darm-Trakt resorbiert werden müssen. Ist dies nicht mehr möglich, verarmt der Körper sehr schnell an Wasser und an Mineralstoffen. Eine derartige Situation kann bei Rindern (aber auch bei Pferden) entstehen, wenn bei Aufnahme von quellfähigen Futtermitteln wie Weizenkleie und Zuckerrübenschnitzeln eine Verstopfung des Ösophagus erfolgt („Schlundverstopfung") und der Speichel nicht mehr in den Magen-Darm-Trakt gelangen kann.

10.4 Generelle Aufgaben und Aufbau des Magen-Darm-Traktes

Die Hauptaufgabe des Magen-Darm-Traktes besteht in der Spaltung der aufgenommenen Nahrung in kleine Bestandteile **(= Digestion)** und deren anschließende Aufnahme in den Körper **(= Resorption).** Unterstützend wirken gezielte Kontraktionen der Wand des Magen-Darm-Traktes **(= Motorik).**

Die Digestion wird außer durch die Motorik durch die Zumischung von Verdauungssäften mit **Enzymen** gewährleistet. Durch diese Enzyme werden Kohlenhydrate, Fette und Eiweiße gespalten und in kleine Bruchstücke zerlegt. Die Enzyme, die diese chemische Zerkleinerung gewährleisten, können entweder direkt aus Drüsen (vor allem Pankreas) des Tieres stammen oder auch von Mikroorganismen (Bakterien, Einzellern, Pilzen) produziert werden, die den Magen-Darm-Trakt besiedeln. Im letzteren Fall erfolgt eine Symbiose zwischen Mikroorganismen und Wirtstier, wobei die zusätzliche Bereitstellung der bakteriellen Enzyme dem Wirtstier erlaubt, weitere Nahrungsquellen zu erschließen. Eine vorwiegend **mikrobielle Verdauung** findet man vor allem bei **Pflanzenfressern (Herbivoren)** wie Pferden, Wiederkäuern, Kamelen, Kaninchen, Meerschweinchen. **Fleischfressende Tiere (Karnivoren)** wie Hund und Katze stellen die Digestion der Nahrungsbestandteile hauptsächlich durch **körpereigene Enzyme** sicher.

Entsprechend den Nahrungs- und Verdauungsstrategien sind die einzelnen Anteile des Verdauungskanals der Haussäugetiere unterschiedlich ausgebildet. So ist der Magen-Darm-Kanal von Karnivoren verhältnismäßig kurz und einfach gebaut. Herbivoren müssen den Mikroorganismen dagegen genügend Zeit und vor allem auch Platz zum Abbau der pflanzlichen Gerüstsubstanzen (unter anderem Zellulose) zur Verfügung stellen. Daher sind Teile ihres Magen-Darm-Traktes zu großen Fermentationskammern umgebaut. Derartige Fermentationskammern findet man bei Wiederkäuern **(Vormagenverdauer)** in Form des mehrhöhlig-zusammengesetzten Magens am Anfang des Verdauungstraktes bzw. bei **Dickdarmverdauern** wie dem Pferd an dessen Ende. Auch das Schwein ist aufgrund seines ausgeprägten Dickdarms zu einem intensiven mikrobiellen Abbau von pflanzlichen Gerüstsubstanzen in der Lage.

Der **Magen-Darm-Trakt** der Haussäugetiere wird folgendermaßen unterteilt:

a) Magen

   Der Magen kann tierartlich unterschiedlich ausgebildet sein:

   - Einhöhliger Magen
     - Einfacher Magen (Mensch, Fleischfresser)
     - Zusammengesetzter Magen (Pferd, Schwein)

   Tiere mit einhöhligem Magen werden als **Monogastrier** bezeichnet.

   - Mehrhöhliger Magen (Wiederkäuer)

   Tiere mit mehrhöhligem Magen werden als **Polygastrier** bezeichnet.

b) Dünndarm

   - Zwölffingerdarm
   - Leerdarm
   - Hüftdarm

c) Anhangsdrüsen des Dünndarms
- Leber
- Bauchspeicheldrüse

d) Dickdarm
- Blinddarm
- Grimmdarm
- Mastdarm
- After

10.5 Einhöhliger Magen

10.5.1 Lage und Aufbau

Der einhöhlige Magen (Ventriculus, Gaster) ist ein sackförmiges Organ, an dem man eine **große** und eine **kleine Krümmung** oder **Kurvatur** erkennen kann (▶ Abb. 10-6/a, b). Das Lumen wird am Eingang und am Ausgang durch einen Schließmuskel verschlossen. Der Mageneingang wird **Kardia,** der Magenausgang **Pförtner** oder **Pylorus** genannt. Der **Magenkörper** (Corpus) geht zum Pylorus hin in den Pylorusteil über (▶ Abb. 10-6/4).

Nach den **Schleimhautverhältnissen** werden die einhöhligen Mägen unterteilt in die **einhöhlig-einfachen Mägen,** die ausschließlich mit Drüsenschleimhaut ausgestattet sind (Mensch, Fleischfresser), und in die **einhöhlig-zusammengesetzten Mägen,** die mit Drüsenschleimhaut und mit kutaner Schleimhaut ausgestattet sind (Pferd, Schwein; ▶ Abb. 10-6).

An der **Schleimhaut** der **einhöhlig-zusammengesetzten Mägen** (Pferd, Schwein) unterscheidet man die mit kutaner Schleimhaut ausgekleidete **Vormagenabteilung** (Pars proventricularis; ▶ Abb. 10-6/1) von den mit **Drüsenschleimhaut** ausgekleideten Abteilungen. Bei der Vormagenabteilung des Pferdes kleidet die kutane Schleimhaut eine sackartige Ausstülpung (Saccus caecus ventriculi) aus. Auch beim Schwein findet man eine ähnliche Aussackung, das Diverticulum ventriculi; das aber Kardiadrüsen besitzt.

Die **Drüsenschleimhaut** weist grübchenförmige Vertiefungen auf. In der Tiefe der Magengrübchen münden die Drüsenausführungsgänge. Nach Art der Drüsen unterscheidet man die **Kardiadrüsenzone,** die Fundusdrüsenzone und die Pylorusdrüsenzone. Bei den am Mageneingang gelegenen Kardiadrüsen handelt es sich um muköse Drüsen. Sie liefern Schleim, der die Magenwand vor der Selbstverdauung

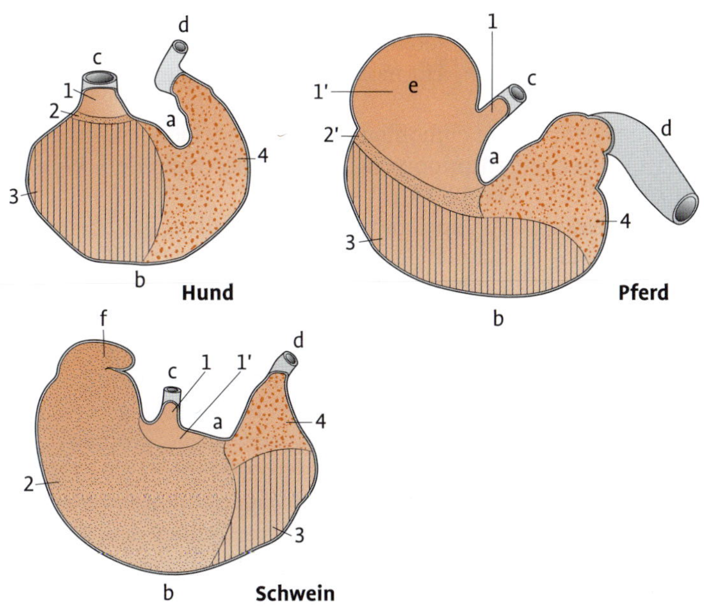

Abb. 10-6
Magen des Hundes, des Pferdes und des Schweins, schematisch (nach Salomon et al. 2020).
a Kleine Magenkrümmung
b große Magenkrümmung
c Speiseröhre
d Zwölffingerdarm
e Blindsack des Magens (Pferd)
f Magendivertikel (Schwein)
1 Kutane Schleimhaut des Ösophagus
1' Pars proventricularis mit kutaner Schleimhaut (Schwein, Pferd)
2 Kardiadrüsenzone
2' gemischte Kardia- und Pylorusdrüsenzone (Pferd)
3 Fundusdrüsenzone
4 Pylorusdrüsenzone

Abb. 10-7
Über die Magenwand laufende peristaltische Wellen. Die orangene Schattierung symbolisiert die sich kontrahierenden Bezirke. Der Magenausgang (Pylorus) befindet sich links.

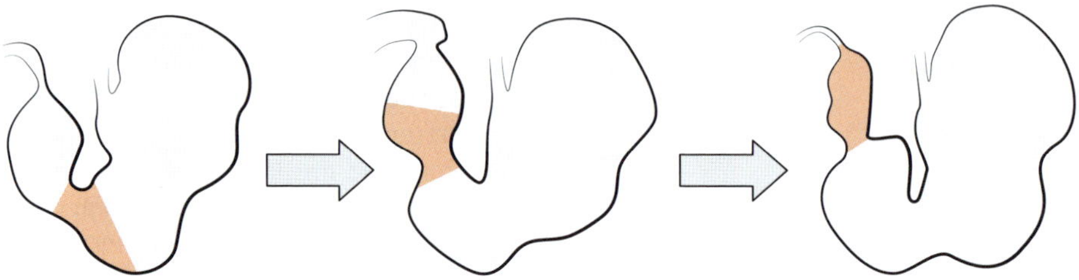

schützt. Die **Fundusdrüsen** sind lange, tubulöse Drüsen, die drei Zelltypen enthalten: Hauptzellen, welche die Enzymvorstufe Pepsinogen bilden, Belegzellen, die Salzsäure bilden, und schleimproduzierende Nebenzellen am Ausführungsgang. Die **Pylorusdrüsen** sind muköse Drüsen.
Neben der exokrinen Sekretion findet in den Drüsen auch eine endokrine Sekretion von Gewebshormonen und Mediatorstoffen (wie Histamin und Gastrin; Bedeutung ▶ Kap. 10.5.3) durch spezielle Zellen statt.
Der prinzipielle Aufbau einer Magendrüse ist in ▶ Abbildung 10-8 dargestellt.
Die **Muskelhaut** der Magenwand besteht aus glatter Muskulatur, die in eine äußere Längs- und eine innere Zirkulärmuskulatur gegliedert ist. Zirkulärmuskulatur und Schrägmuskelfasern bilden den Schließmuskel des Mageneingangs, der besonders beim Pferd sehr kräftig ist. Deshalb kann das Pferd nicht erbrechen. Dieses Unvermögen, durch Erbrechen den Magen zu entleeren, kann bei einer Überladung des Magens zur Ruptur der Magenwand führen. Der Schließmuskel des Magenausgangs wird von der Zirkulärmuskelschicht gebildet.
Der Magen wird vom Bauchfell überzogen. An der großen Kurvatur setzt das große Netz an. An der kleinen Kurvatur entspringt das kleine Netz, das den Magen mit der Leber verbindet.

10.5.2 Funktionen

Die Funktionen des einhöhligen Magen lassen sich folgendermaßen zusammenfassen:
a) Mechanische Funktionen
- Speicherung der aufgenommenen Nahrung
- Durchmischung der Nahrung
- Mechanische Emulgierung der Nahrung
- Dosierter Weitertransport der Nahrung entsprechend der Verdauungskapazität der nachfolgenden Abschnitte

b) Chemische Funktionen
- Produktion und Sekretion von Verdauungsenzymen (Pepsinogen, Lipase), HCl und Kofaktoren der Verdauung (intrinsic factor)
- Hormonproduktion (Gastrin, Histamin)

Im einhöhligen Magen findet jedoch keine Resorption von Nahrungsbestandteilen, Wasser und Elektrolyten statt.
Als **Speicher** fungiert vor allem der obere Abschnitt des Magens, in dem wenig Durchmischung stattfindet, in dem aber teilweise das Speichelenzym **Amylase** noch fortwirken kann. Beim Pferd kann im drüsenfreien Blindsack (▶ Abb. 10-6/e) auch ein geringgradiger mikrobieller Aufschluss der Nahrung erfolgen, der zur Freisetzung von Essig-, Propion- und Buttersäure führt.
Der untere Teil des Magens dient vorwiegend der **Durchmischung.** Hier bilden sich zahlreiche Kontraktionen in der Magenwand aus, die diesen Magenabschnitt wellenförmig durchlaufen (▶ Abb. 10-7).

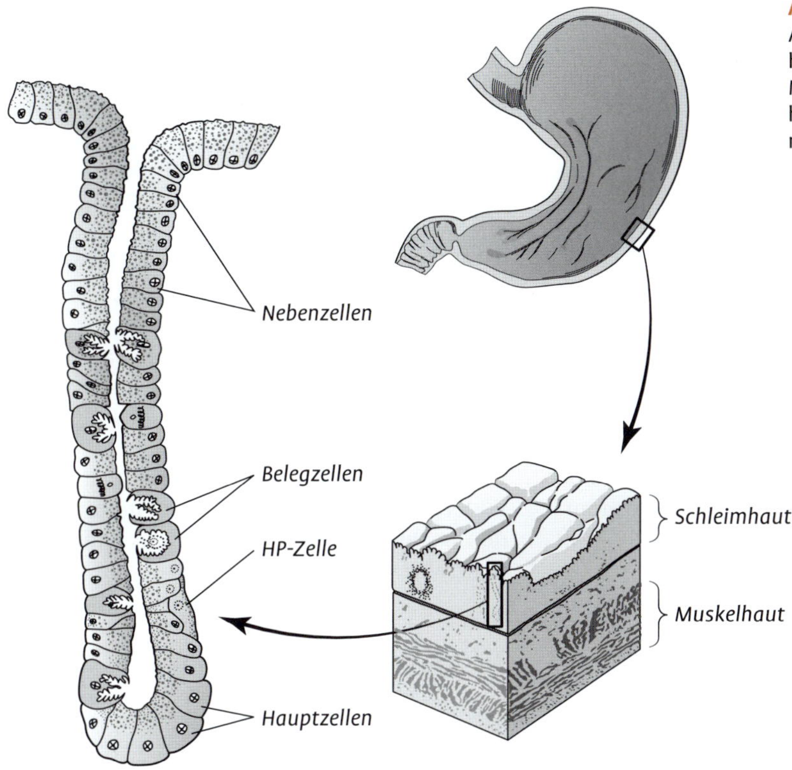

Abb. 10-8
Aufbau der Magenschleimhaut und Bestandteile einer Magendrüse (nach Cunningham 1997). HP-Zelle: Histamin produzierende Zelle.

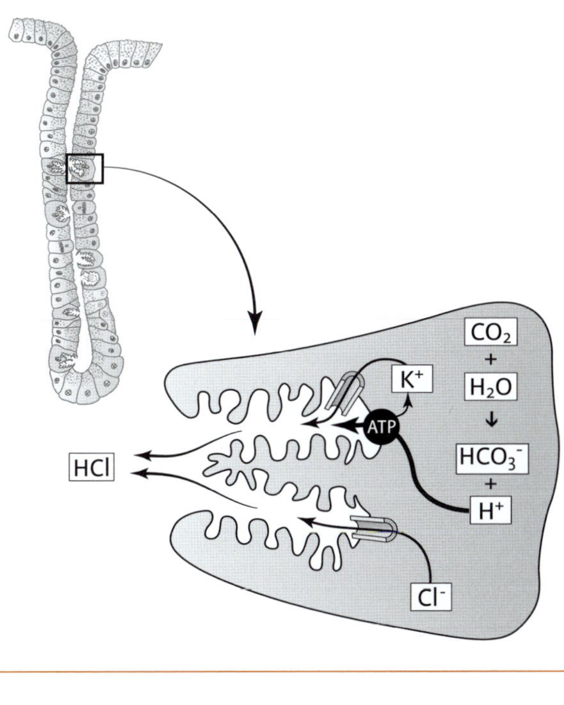

Abb. 10-9
Produktion und Abgabe von Salzsäure in den Belegzellen des Magens. Der Ausstrom von Protonen in den Magensaft erfolgt gegen einen Konzentrationsgradienten und wird über ein aktives, ATP-verbrauchendes Transportprotein, die Kalium/Protonen-Pumpe, vermittelt. Die über die Pumpe in die Zelle transportierten Kaliumionen gelangen durch einen Kanal wieder in das Lumen des Magens.

Die **Belegzellen** der Fundusdrüsen (▶ Abb. 10-8) sind Ort der **HCl-Sekretion.** Die Protonen für die Sekretion stammen aus der intrazellulären Umwandlung von Kohlensäure, entsprechend der Gleichung: $CO_2 + H_2O \rightarrow H_2CO_3 \rightarrow H^+ + HCO_3^-$. Die intrazellulär entstehenden Protonen werden über ein aktives Transportprotein in der lumenseitigen Membran der Zellen im Austausch gegen Kalium in das Lumen sekretiert (▶ Abb. 10-9). Dieses Transportprotein wird wegen dieser Austauschfunktion **Kalium/Protonen-Pumpe** genannt.
Die Kaliumionen, die mit der Pumpe in die Zelle gelangen, werden über einen Kanal wieder in das Lumen transportiert. Dadurch gelangt positive Ladung in das Lumen. Dies hat zur Folge, dass das negativ geladene **Chloridion** nachgezogen wird (▶ Abb. 10-9). Die Kalium/Protonen-Pumpe ist somit die treibende Kraft für die HCl-Sekretion.
Die sekretierte **Salzsäure** kann den Magensaft bis zu einem pH-Wert 2 ansäuern. Dieses saure Milieu sorgt für eine Denaturierung der Nahrungseiweiße. Die denaturierende Wirkung der Salzsäure führt auch dazu, dass die Proteine von Mikroorganismen und damit die Mikroorganismen insgesamt zerstört werden, so dass (fast) keine Krankheitserreger in den nachfolgenden Dünndarm gelangen können.

In den **Hauptzellen** der Fundusdrüsen wird **Pepsinogen** gebildet. Die aus den **Belegzellen** (s. o.) abgegebene Salzsäure wandelt Pepsinogen in **Pepsin** um, was **Eiweiße** in **Peptide** spaltet (▶ Abb. 10-10). Salzsäure und Pepsin denaturieren aber nicht nur die Eiweiße der Nahrung und der Mikroorganismen. Sie können auch die Magenwand selbst angreifen. Hiervor schützen jedoch die **Nebenzellen,** die **Schleim** und **Hydrogenkarbonat** absondern, was die Oberfläche der Magenwand überzieht (▶ Abb. 10-10).
Die gastrale **Lipase** kann auch im sauren Milieu aufgenommene Triazylglyzerine spalten, was vor allem bei milchernährten Jungtieren Bedeutung hat. In den Neben- und Hauptzellen wird außerdem der „intrinsic factor" gebildet, der notwendig ist, damit Vitamin B_{12} in den nachfolgenden Darmabschnitten ins Blut überführt werden kann.

10.5.3 Regulation der Magenfunktionen

Die Magenfunktionen werden sowohl nerval als auch hormonal geregelt. Die erste Beeinflussung der Magenmotorik erfolgt dabei schon bei der Aufnahme der Nahrung. Durch

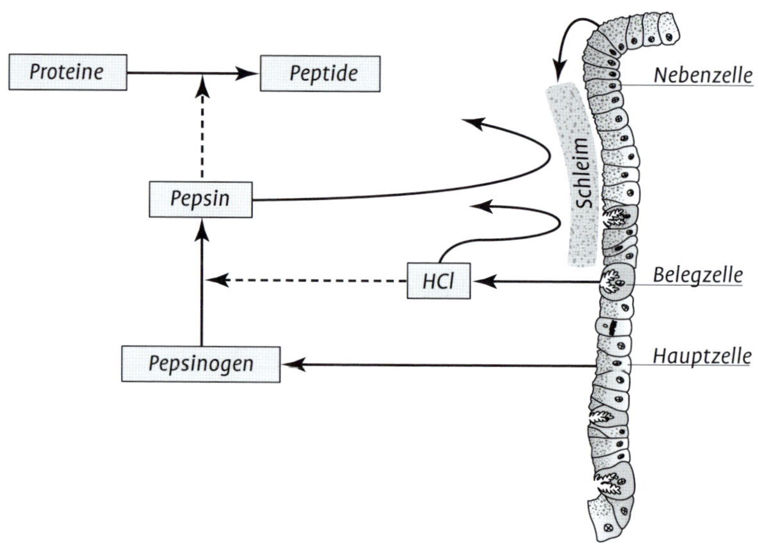

Abb. 10-10 Pepsinogensekretion aus den Hauptzellen und Aktivierung durch HCl.

mechanische Stimulation von Rezeptoren im Pharynxbereich wird über den Nervus vagus die Motorik des oberen Magens (Fundus und Korpus) gehemmt. Dieser Vorgang wird als **rezeptive Relaxation** bezeichnet. Durch diese wird der Magen auf die Speicherung der Nahrung vorbereitet. Ein weiterer wichtiger Faktor zur Auslösung verschiedener **motorischer Vorgänge** ist die **Dehnung** der glatten Muskulatur der Magenwand infolge des Eintritts von Nahrung. Die Dehnung führt über eine Stimulation der Nerven des enterischen Nervensystems (▶ Kap. 18.6.3) zu einer Erschlaffung im Bereich der Fundusdrüsenzone (▶ Abb. 10-6/3), was eine stärkere **Füllung** des Magens ermöglicht. Diese Erschlaffung wird als **adaptive Relaxation** bezeichnet. Im distalen Teil des Magens, im Bereich des Pylorus (Magenausgang), wird dagegen bei Eintritt von Nahrung in den Magen die Peristaltik verstärkt. Wenn der Pylorus verschlossen ist, dienen diese peristaltischen Wellen primär der Durchmischung. Öffnet sich der Pylorus, kommt es zum Weitertransport der Nahrung.

Neben den direkten gastralen Signalen gibt es **Rückkopplungssignale,** die ihren Ursprung im vorderen Dünndarm haben. So führt die Dehnung des Zwölffingerdarms ebenso wie eine Reizung von Osmo- und Chemorezeptoren in dessen Wand (z. B. durch Bestandteile der Nahrungssubstrate) zu einer Hemmung der Magenmotorik bzw. zu einem Schluss des Pylorus.

Die **Übertragung** der Signale vom Dünndarm zum Magen verläuft einerseits nerval über das vegetative Nervensystem, andererseits hormonal, vor allen Dingen über die Freisetzung der Hormone **Sekretin** und **Cholezystokinin** aus der Wand des Duodenums. Ist im Duodenum die Nahrung weiter verdaut bzw. durch die Zugabe des Sekretes des Pankreas alkalisch geworden, sinkt die Freisetzung der Hormone. Damit entfallen die hemmenden Einflüsse auf den Pylorus. Über die Magenmotorik und eine Öffnung des Pylorus wird dann erneut Nahrungsbrei in den Zwölffingerdarm transportiert. Neben diesen lokalen Regulationsvorgängen bestehen Einflüsse des zentralen Nervensystems, die über das vegetative Nervensystem vermittelt werden.

Die **Regulation der Magensaftsekretion** ist komplex (▶ Abb. 10-11). Man unterscheidet bei der Magensaftabsonderung eine **Gehirnphase**, eine **Magenphase** und eine **Darmphase.** So kann während der Gehirnphase durch optische Reize beim Anblick von Nahrung bzw. auch bei Aufnahme von Geruchs- und Geschmacksreizen die Sekretion von Magensaft

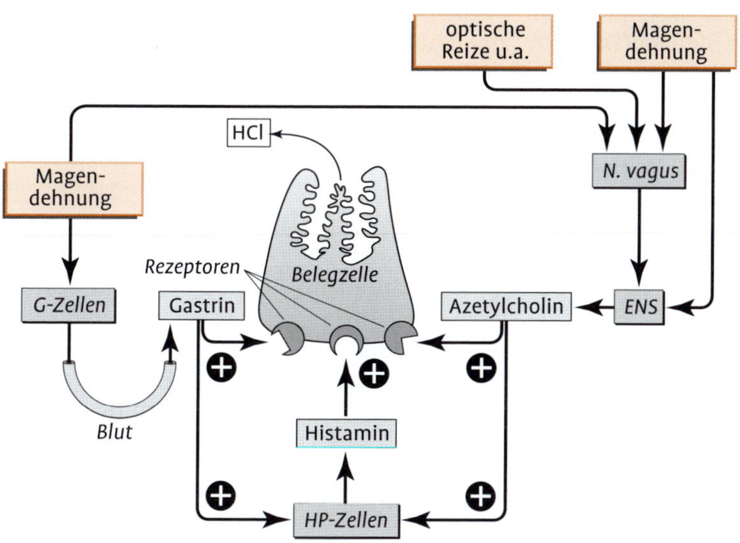

Abb. 10-11
Regulation der Salzsäuresekretion im Magen während Gehirn- und Magenphase. **ENS:** enterisches Nervensystem; **HP-Zellen:** Histamin produzierende Zellen nahe den Belegzellen; **G-Zellen:** Gastrin produzierende Zellen der Pylorusdrüsen.

ausgelöst werden. Diese Sekretion wird über den **Parasympathikus** durch die Ausschüttung von **Azetylcholin** vermittelt.
Nach der Nahrungsaufnahme folgt die **Magenphase** der Magensaftsekretion. Durch die Dehnung des Magens wird eine Steigerung der Sekretion von HCl und Pepsinogen ausgelöst. Die Dehnung wird einerseits im **enterischen Nervensystem** über die Ausschüttung von Azetylcholin vermittelt, andererseits hormonal über die Freisetzung von **Gastrin** aus den **G-Zellen** des Magens. G-Zellen finden sich vor allem im Bereich der Pylorusdrüsen der Magenwand. Über das Blut wird das Gastrin zu den Belegzellen transportiert (▶ Abb. 10-11).
Azetylcholin und Gastrin sind zwar wesentliche Mediatoren der HCl-Sekretion, sie üben aber ihren Einfluss hauptsächlich indirekt über eine Anregung der Histaminfreisetzung aus. Dieses stammt aus speziellen histaminproduzierenden Zellen in der Nachbarschaft der Belegzellen. Nur wenn auch **Histamin** an seine Rezeptoren auf der Belegzelle bindet, können Gastrin und Azetylcholin ihre volle stimulierende Wirkung entfalten (▶ Abb. 10-11). Die zentrale Rolle von Histamin macht man sich beim pharmakologischen Einsatz von Blockern der Histaminrezeptoren zu Nutze. Diese Blocker werden eingesetzt, um Magengeschwüren vorzubeugen bzw. um diese zu behandeln. Anders als bei der Regulation der Motorik haben die sich an die Magenphase anschließenden, vom Darm ausgehenden Signale **(Darmphase)** nur sehr geringen, rein stimulierenden Einfluss auf die Sekretionsprozesse.
Allerdings wird nicht nur die Magensaftsekretion reguliert. Auch die **Schleimproduktion** im Magen unterliegt modulatorischen Einflüssen. Wichtige Stimulatoren der Schleimproduktion sind das **Prostaglandin E_2** und Azetylcholin.

10.5.4 Magengeschwüre

Magengeschwüre (Ulzera) können in Folge einer Schädigung der Magenschleimhaut entstehen. Diese ursächliche Schädigung kann auf verschiedene Faktoren zurückzuführen sein. Ein hierfür begünstigender Faktor ist ein Ungleichgewicht zwischen Magensaftsekretion und schützenden Mechanismen im Magen. Ist z. B. die Schleimproduktion niedriger als die Säure- und Pepsinogenproduktion, sind Schädigungen der Schleimhaut die Folge. Eine Verminderung der Schleimproduktion kann durch einen Mangel an Prostaglandin E_2 verursacht werden. Verschiedene Medikamente zur Schmerzunterdrückung und Entzündungshemmung, sogenannte **NSAIDs** (= non steroidal antiinflammatory drugs = nichtsteroidale Entzündungshemmer) blockieren die Synthese verschiedener Prostaglandine einschließlich des Prostaglandins E_2. Eine Nebenwirkung dieser Medikamente kann somit eine Schädigung der Magenschleimhaut sein. Neben solchen pharmakologischen Risikofaktoren scheint auch Stress zur Schädigung der Magenschleimhaut beitragen zu können. **Stress** führt zu einer Erhöhung der Magensaftproduktion und gleichzeitig zu einer Verminderung der Schleimhautdurchblutung. Diese verminderte Durchblutung macht die Schleimhaut empfindlicher für Schädigungen und setzt gleichzeitig die Regenerationsfähigkeit der Schleimhaut herab.
Bei Pferden und Schweinen kommen Magengeschwüre häufig vor. Begünstigt werden diese bei Pferden durch zu geringe Raufuttergaben und lange Nüchternzeiten. Bei Schweinen wirken begünstigend für die Schädigung der Magenwand Stress und Fütterung mit sehr fein vermahlenem Futter. Die Geschwüre im Pferde- und Schweinemagen finden sich häufig in der drüsenlosen Pars proventricularis (▶ Kap. 10.5.1).

10.6 Mehrhöhliger Magen

10.6.1 Lage und Aufbau

Der Verdauungstrakt der Wiederkäuer ist dadurch gekennzeichnet, dass die Vormagenabteilung (Pars proventricularis) zu drei selbstständigen Hohlorganen, den **Vormägen**, umgestaltet ist. Die Vormägen sind von kutaner Schleimhaut ausgekleidet und besitzen keine Drüsen.

Als Vormägen sind ausgebildet: der **Pansen (Rumen)**, die **Haube (Reticulum)** und der **Blättermagen (Omasum, Psalter).** Haube und Pansen bilden als Rumenoretikulum bzw. **Retikulorumen** eine funktionelle Einheit. Im Retikulorumen werden die Nahrungsbestandteile mikrobiell auf-, um- und abgebaut. Darüber hinaus erfolgt eine Resorption der Endsubstrate des mikrobiellen Stoffwechsels und verschiedener Mineralstoffe (Na^+, Mg^{2+}). Diese Vorgänge werden durch eine spezielle Motorik unterstützt.
Der Drüsenmagen der Wiederkäuer wird **Labmagen (Abomasum)** genannt. Der Labmagen entspricht dem Drüsenteil des Magens der Monogastrier und schließt sich dem Blättermagen an.

■ Pansen

Lage und Aufbau des Pansens sind aus den ▶ Abbildungen 10-12 und 10-13 ersichtlich. Der Pansen (Rumen) beansprucht beim erwachsenen Wiederkäuer nahezu die gesamte linke Hälfte der Bauchhöhle. Dadurch erfolgt eine Verlagerung der linken Niere nach rechts.

Am Pansen unterscheidet man eine linke Wandfläche und eine rechte Eingeweidefläche. Durch starke **Muskelbalken** ist das Lumen des Pansens in mehrere Abteilungen unterteilt. Die Grenzen stellen sich von außen als **Rinnen** oder **Furchen** dar (Längs-, Kranz- und Querfurchen; ▶ Abb. 10-13/4 bis 6). Beim Anblick vom Lumen her ragen die Muskelbalken in den Hohlraum hinein. Sie werden als **Pansenpfeiler** bezeichnet. Den Längsfurchen entsprechen die Längspfeiler, den Querfurchen entsprechen der kraniale und der kaudale Hauptpfeiler, den Kranzfurchen die Kranzpfeiler.
Die durch die Längsfurchen bzw. Pfeiler abgegrenzten Pansenabteilungen sind der **dorsale** und der **ventrale Pansensack.** Die Kranzfurchen bzw. -pfeiler sind schwächer ausgeprägt und trennen von beiden Pansensäcken jeweils einen entsprechenden Blindsack ab. Nach kranial ist der Pansen zur Haube hin offen und bildet eine kleine Aussackung, die als **Pansenvorhof** oder auch als **Schleudermagen** bezeichnet wird. Der Schleudermagen spielt durch seine Lage und seine Muskeltätigkeit eine wichtige Rolle bei wechselseitigem Über-

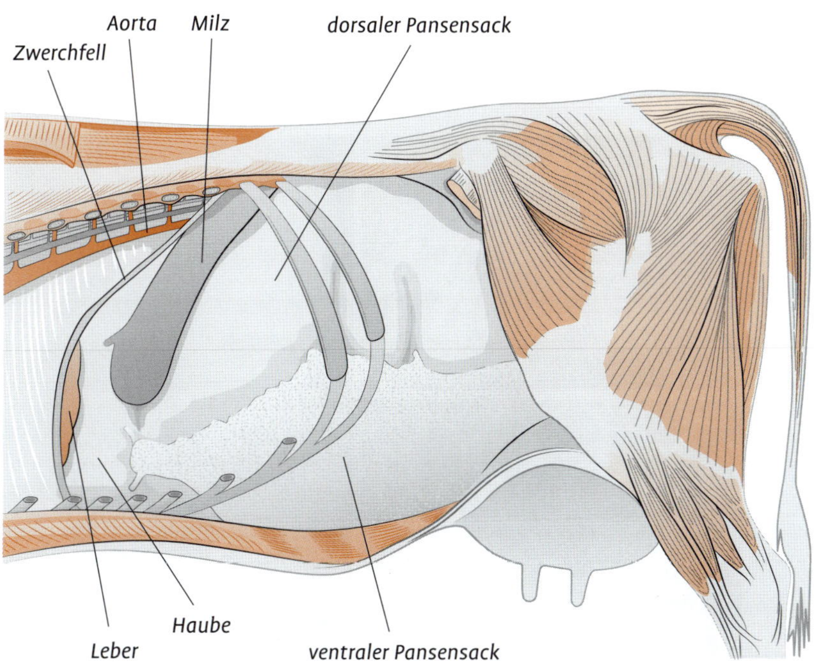

Abb. 10-12
Lage der Bauchorgane des Rindes (nach Budras und Wünsche 2002). Ansicht von links.

Abb. 10-13
Mägen des Rindes, Ansicht von links (oben), von rechts (Mitte) und vom Lumen her (unten). Bei der unteren Abbildung fällt der Blick von links auf die rechte Innenseite (nach Nickel et al. 1999; Budras und Wünsche 2002).
a Dorsaler Pansensack, **a'** ventraler Pansensack
b Haube
c Blättermagen
d Labmagen
1 Speiseröhre
2 dorsaler Endblindsack
3 ventraler Endblindsack
4 Längsfurchen
(bzw. -pfeiler bei Ansicht vom Lumen her)
5 Querfurchen
6 Kranzfurchen
(bzw. -pfeiler bei Ansicht von Lumen her)
7 Pansenvorhof

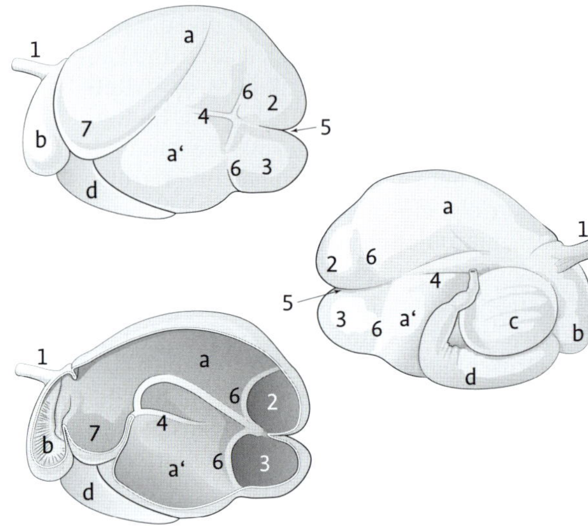

tritt der Futtermassen zwischen Pansen und Haube.

Die **Pansenwand** weist ein dichtes Blutgefäßnetz und ein mehrschichtiges Plattenepithel auf, das im Hinblick auf verbesserte resorptive Prozesse umgestaltet ist. Die Wand des Pansens ist mit Schleimhautzotten, den **Pansenzotten** besetzt (▶ Abb. 10-14). Die Pansenzotten bestehen hauptsächlich aus einem mehrschichtigen verhornten Plattenepithel mit darunterliegendem Bindegewebe und eingelagerten Gefäßen (▶ Abb. 10-15). Die Zotten tragen durch Oberflächenvergrößerung zur rascheren Resorption der bei der Fermentation gebildeten kurzkettigen Fettsäuren und des Ammoniaks bei. Die Pansenpfeiler und beim Rind auch das Pansendach sind frei von Zotten. Die Ausbildung der Pansenzotten ist

Abb. 10-14
Oberflächenrelief der Vormägen.
Oben links: Pansenzotten, Rind
unten links: Haubenzellen (Haubenkästchen), Rind
rechts: Blättermagen-Blätter, Schaf

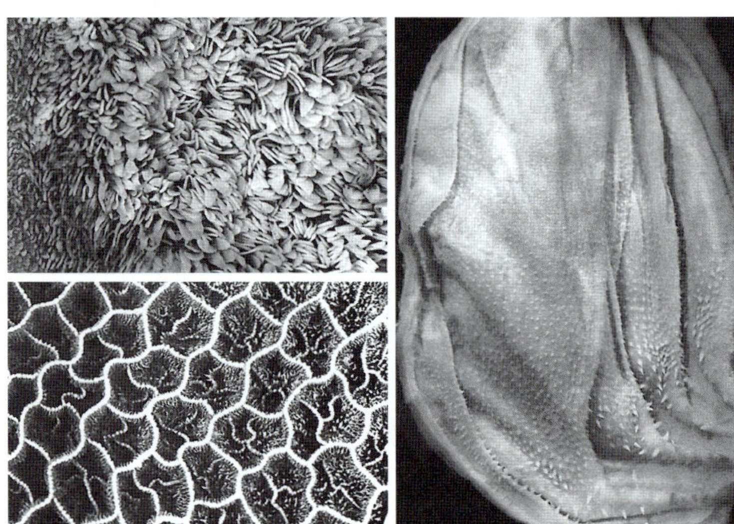

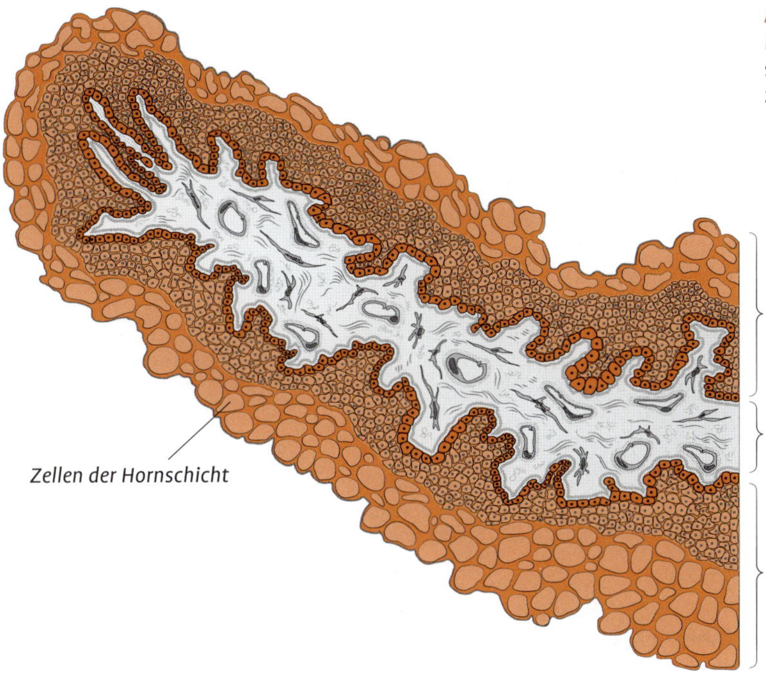

Abb. 10-15 Mikroskopischer Querschnitt durch eine Pansenzotte.

in sehr starkem Maße von der Ernährungsweise der Wiederkäuer abhängig. So haben Wiederkäuer, die leicht vergärbare Nahrung wie Blätter fressen **(Konzentratselektierer)**, lange Zotten, dadurch erfolgt die Resorption, insbesondere die der Fettsäuren, schnell und eine Übersäuerung des Vormageninhalts wird vermieden. **Grasfresser bzw. Raufutterfresser**, bei denen die Fermentation mehr Zeit in Anspruch nimmt, haben kürzere Zotten. Konzentratselektierer sind vor allem Wildwiederkäuer wie Antilopen und Rehe, Grasfresser sind Rind und Schaf. Die Ziege nimmt eine Zwischenstellung ein. Beim Rind können im Laufe einer mehrwöchigen energiereichen Fütterung Vergrößerungen der Zotten beobachtet werden, die unter anderem von der Anflutung kurzkettiger Fettsäuren abhängig sind.
Die **Pansenmuskulatur** ist mehrlagig und Grundlage der Pansenmotorik.

■ Haube

Die Haube (Netzmagen, Reticulum) liegt kranial vom Pansen, direkt hinter dem Zwerchfell. Lage und Aufbau der Haube sind aus den ▶ Abbildungen 10-12 und 10-13 ersichtlich. Sie kann ihr Lumen stark verändern.
Die Schleimhaut der Haube weist ein netzförmiges Relief auf (▶ Abb. 10-14). Die **Haubenleisten** enthalten ein Muskelbündel. Sie bilden kleine, wabenförmige Kästchen, welche der Separation des zerkleinerten Vormageninhalts dienen.
Vor allem beim Weidegang nehmen Rinder auch Fremdkörper wie Nägel und andere metallische Gegenstände auf, die sich dann aufgrund ihres Gewichtes am Boden der Haube ansammeln. Durch die starken Kontraktionen der Haube (▶ Kap. 10.6.7) können sich derartige Fremdkörper aus der Nahrung sehr leicht in die Haubenwand einspießen. Da die Haube anatomisch in der Nähe des Herzens liegt, können im schlimmsten Fall solche Fremdkörpererkrankungen zu einer Verletzung und Entzündung des Herzbeutels führen. Zur Verhinderung dieser Probleme gibt man vorbeugend Käfigmagnete in die Vormägen ein, die metallische Fremdkörper abfangen sollen.

Abb. 10-16
Eröffneter Lab- und Blättermagen, Ansicht von rechts (nach Budras und Wünsche 2002).

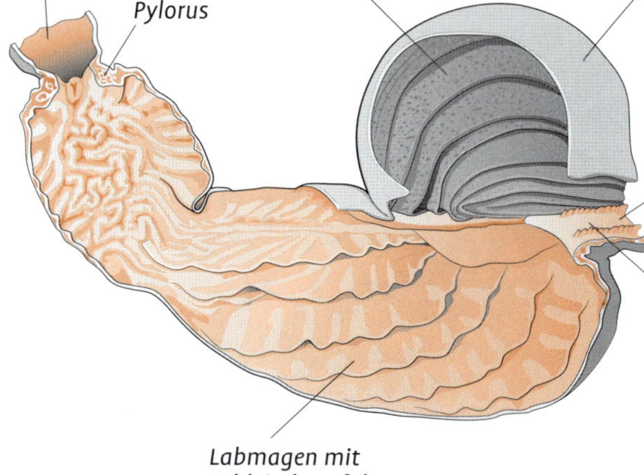

■ Blättermagen, Magenrinne

Lage und Aufbau des Blättermagens (Buchmagen, Psalter, Omasum) sind aus den ▶ Abbildungen 10-13, 10-16 und 10-17 ersichtlich. Der Blättermagen ist ein kugelförmiges Organ, das rechts und kranial vom Pansen gelegen ist. Vom Dach des Blättermagens ragen zahlreiche **Blätter** von verschiedener Länge in das Lumen hinein. Die Blätter enthalten zahlreiche Muskelbündel, die in verschiedenen Richtungen verlaufen. Durch die Kontraktion erhalten die Blätter eine „Reibefunktion".

An der Basis des Blättermagens bleibt eine Rinne frei, der Blättermagenabschnitt der **Magenrinne** (▶ Abb. 10-16, 10-17). Durch besondere Muskelzüge wird von der Mündung der Speiseröhre an der Hauben-Pansen-Grenze bis zur Mündung in den Labmagen eine Rinne gebildet, die besonders im Haubenabschnitt von zwei Lippen umschlossen wird. Diese früher als Schlundrinne bezeichnete Magenrinne verläuft spiralig von dorsal nach medioventral in der Haubenwand und von dort an der Basis des Blättermagens entlang in den Labmagen. Durch die Magenrinne können Flüssigkeiten unter Umgehung der Vormägen von der Speiseröhre direkt in den Labmagen gelangen.

Die **Gesamtkapazität des mehrhöhligen Magens** beträgt beim Rind 65 bis 120 l, davon entfallen etwa 85 % auf den Pansen und die Haube.

Abb. 10-17
Querschnitt durch den Blättermagen des Rindes mit großen und kleinen Blättern, die ins Lumen ragen (nach Nickel et al. 1987).

	Rind	Schaf
Pansen	bis 100 l	bis 18 l
Haube	bis 6 l	bis 1,7 l
Psalter	bis 8 l	bis 0,4 l
Labmagen	bis 12 l	bis 1,9 l

Das **Verhältnis Pansen zu Labmagen** ändert sich während der Entwicklung vom Neugeborenen zum ausgewachsenen Tier zugunsten des Pansens:

Rind neugeboren	0,4 : 1
Rind 4 Wochen	0,5 : 1
Rind 8 Wochen	0,5 : 1
Rind 3 Monate	2 : 1
Rind erwachsen	10 : 1

Hierin spiegelt sich die zunehmende Bedeutung der Vormägen für die Verdauung wider. Die Pansenentwicklung wird durch Raufutteraufnahme positiv beeinflusst.

■ Labmagen

Lage und Aufbau des Labmagens (Abomasum) sind aus den ▶ Abbildungen 10-13 und 10-16 ersichtlich. Der Labmagen ist ein langgezogener Sack, an dem ähnlich wie bei dem einhöhligen Magen eine große und eine kleine Kurvatur zu unterscheiden sind. In seinem Inneren sind starke, spiralig verlaufende Falten ausgebildet. Die Schleimhaut enthält vor allem Fundus- und Pylorusdrüsen. Die Muskulatur ist in einer äußeren Längs- und einer inneren Zirkulärschicht angeordnet. Der Labmagen wird ebenso wie die Vormägen von einer Serosa überzogen.

Die Verdauung im Labmagen entspricht im Prinzip der des Drüsenmagens wie sie im ▶ Kapitel 10.5.2 beschrieben ist. Zusätzlich wird bei jungen, milchernährten Wiederkäuern noch das Labferment Chymosin gebildet, das der Verdauung des Milcheiweißes (Kasein) dient.

10.6.2 Mikrobielle Besiedlung

Die Vormägen sind von **Bakterien, Protozoen** (Einzeller mit Zellkern) und **Pilzen** besiedelt. Die Anzahl der Mikroorganismen kann mehr als 10^{10} pro Gramm Inhalt betragen (▶ Tab. 10-1). Während Protozoen und Pilze nicht lebensnotwendig für das Wirtstier sind, ist dessen Überleben ohne Bakterien nicht möglich. Die Mikroorganismen in den Vormägen sind hinsichtlich ihres Stoffwechsels stark spezialisiert, d.h., es gibt **Zellulosespalter, Stärkespalter, Laktatproduzenten, Proteolyten, Harnstoffspalter, Ammoniakverwerter** usw. So besteht in den Vormägen eine ökologische Ge-

Tab. 10-1
Charakteristika der Mikroorganismen des Panseninhaltes

	Bakterien	Protozoen	Pilze
Besiedlung	Kontakt/Umwelt	Kontakt	Kontakt
Mittlere Anzahl	10^{10}/g Inhalt	10^{5}/g Inhalt	10^{7}/g Inhalt
Größe (Durchmesser)	0,1–10 µm	10–200 µm	–
Mittlerer Anteil am Volumen der Mikroorganismen	45 %	45 %	10 %
Gesamtmasse	bis zu 10 % des Panseninhaltes (bei 120 kg Panseninhalt = 12 kg Mikroorganismen)		
Bedeutung	essenziell (Kohlenhydrat- und Proteinverdauung)	nicht essenziell (Stärkepuffer)	nicht essenziell (Zelluloseverdauung)

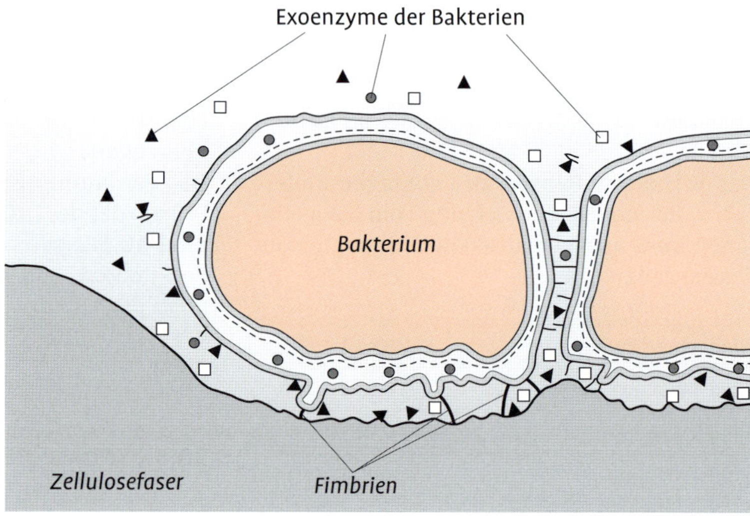

Abb. 10-18
Anheftung eines Bakteriums an eine Zellulosefaser über Fimbrien und Andauung der Faser über Exoenzyme.

meinschaft, bei der jede Mikroorganismenart von der Stoffwechselleistung bzw. den -produkten anderer Arten abhängig ist.

10.6.3 Kohlenhydratverdauung

■ Physiologie

Die wesentlichen **Kohlenhydratpolymere** in der Nahrung von Wiederkäuern sind **Zellulose** und **Stärke.** Während Stärke nicht nur durch die mikrobielle **Amylase,** sondern auch durch die Amylase des **Pankreas** gespalten werden kann, ist die Zellulose nur durch mikrobielle Enzyme degradierbar. Nur die Mikroorganismen sind in der Lage, die **β-Glukosidase (Cellulase)** zu bilden, die die Spaltung der β-glykosidischen Bindung der Glukosemoleküle innerhalb der Zellulose katalysieren kann (▶ Abb. 1-10).
Sowohl das Stärke- als auch das Zellulosemolekül sind so groß, dass sie sich einer Aufnahme in die Mikroorganismen entziehen. Um diese Polymere zu verdauen, werden daher Cellulasen und Amylasen von den Mikroorganismen nach außen abgegeben. Diese **„exoenzymatische" Verdauung** wird dadurch unterstützt, dass die Bakterien sich über fadenförmige Fortsätze (Fimbrien) an die Oberfläche der Kohlenhydratpolymere anheften. In ▶ Abbildung 10-18 ist die Anheftung eines Bakteriums an einen Zellulosebestandteil und die Exkretion der Enzyme in den Spalt zwischen Bakterium und Zellulose dargestellt. Durch den extrazellulären Ablauf des Abbaus kann die bei der Spaltung freiwerdende Energie nicht in energiereiche Phosphate wie ATP überführt werden und wird als Wärme freigesetzt (Fermentationswärme). Der extrazelluläre Abbau erfolgt bis zu den Monomeren (Glukose). Diese Monomere sind klein genug, um in die Mikroorganismen aufgenommen und hier weiter abgebaut zu werden.
Die Verdauung der **Glukose** in den Mikroorganismen folgt anderen Wegen als denen im Organismus der Säugetiere. In den Vormägen herrscht ein anaerobes, d. h. weitgehend sauerstofffreies Milieu. Somit können keine oxidativen Abbauprozesse (wie Zitratzyklus und Atmungskette) ablaufen. Glukose wird daher in den Mikroorganismen anaerob über verschiedene Zwischenstufen zu den **kurzkettigen Fettsäuren Azetat, Propionat** und **Butyrat** abgebaut (▶ Abb. 10-19). Die kurzkettigen Fettsäuren werden unter dem Kürzel **SCFA** (= **s**hort **c**hain **f**atty **a**cids) zusammengefasst; sie werden oft auch flüchtige Fettsäuren genannt.

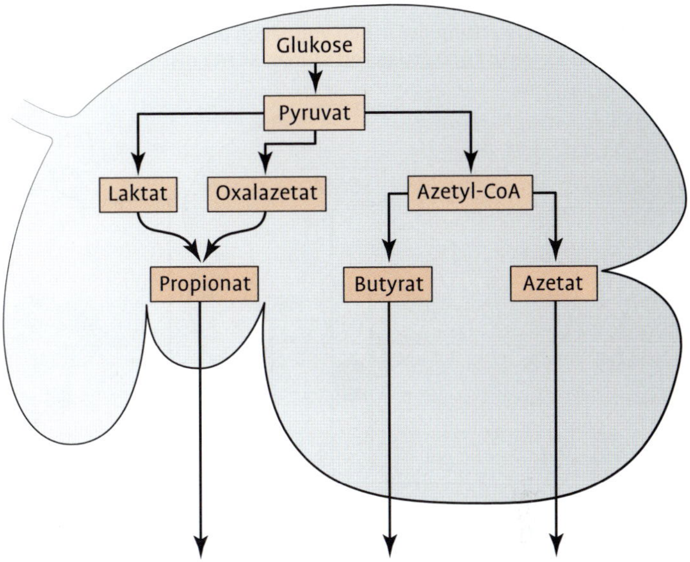

Abb. 10-19 Abbau von Glukose zu den kurzkettigen Fettsäuren in den Vormägen. Der größte Teil der produzierten Säuren wird direkt resorbiert.

SCFA werden von den Mikroorganismen wieder in die Pansenflüssigkeit freigesetzt und können dann vom Wirtstier resorbiert werden. Beim Abbau von Glukose in den Vormägen entsteht **Wasserstoff (H_2).** Da in den Vormägen ein anaerobes Milieu herrscht, kann der Wasserstoff nicht oxidativ „entsorgt“ werden. H_2 wird daher durch spezialisierte Bakterien in **Methan** überführt ($CO_2 + 4H_2 \rightarrow CH_4 + 2H_2O$). Das freigesetzte Methan sammelt sich mit anderen Gasen (hauptsächlich CO_2) im dorsalen Pansensack und wird beim **Ruktus** nach außen abgegeben (▶ Kap. 10.6.7). Mit der Methanbildung und dem nachfolgenden Ruktus geht dem Tier somit Energie verloren. Die hohe Produktionsrate von Wasserstoff führt auch dazu, dass aufgenommene ungesättigte Fettsäuren zu gesättigten reduziert werden. In der Folge enthält sowohl das Milchfett wie auch das Körperfett von Wiederkäuern vorwiegend Triazylglyzerine mit gesättigten Fettsäuren (▶ Kap. 1.4.3 Fette und fettähnliche Stoffe). Je nach Diät können bis zu 90 % der intraruminal produzierten **kurzkettigen Fettsäuren** direkt resorbiert werden. Wie alle Säuren treten auch die kurzkettigen Fettsäuren sowohl in undissoziierter (protonierter) Form (HSCFA) als auch in dissoziierter (ionisierter) Form ($SCFA^-$) auf.

Ein großer Teil der kurzkettigen Fettsäuren wird in der Form von HSCFA resorbiert, da diese Form sehr lipophil ist und daher die Pansenwand gut überwinden kann. Neben der Resorption in protonierter Form findet auch eine Resorption in dissoziierter Form statt, wobei Hydrogenkarbonat im Gegenzug in den Panseninhalt abgegeben wird (▶ Abb. 10-20).
Allerdings gelangen nicht alle SCFA unverändert ins Blut. So wird ein großer Teil des in das Pansenepithel aufgenommenen Butyrats im Epithel selber abgebaut, wobei unter anderem auch **β-Hydroxybutyrat** entsteht. Man spricht deshalb von einer physiologischen **Ketogenese.** Der Abbau des Butyrats liefert einerseits Energie für das Pansenepithel selbst, andererseits werden dadurch unerwünschte Nebenwirkungen einer hohen Butyratexposition gemindert. So weiß man von dieser kurzkettigen Fettsäure, dass sie zahlreichen modulierende Wirkungen auf die DNA hat.
Nach der Resorption können **Azetat** und **Butyrat** in der **Leber** in den Zitratzyklus eingeschleust und so zum **Energiegewinn** herangezogen werden. Bei milchproduzierenden Wiederkäuern entstehen im **Eutergewebe** aus Azetat und Butyrat **längerkettige Fettsäuren** und **Triazylglyzerine,** die in die Milch abgegeben

Abb. 10-20
Resorption und Verwertung der in den Vormägen produzierten kurzkettigen Fettsäuren. **HSCFA:** undissoziierte kurzkettige Fettsäuren; **SCFA⁻:** dissoziierte kurzkettige Fettsäuren.

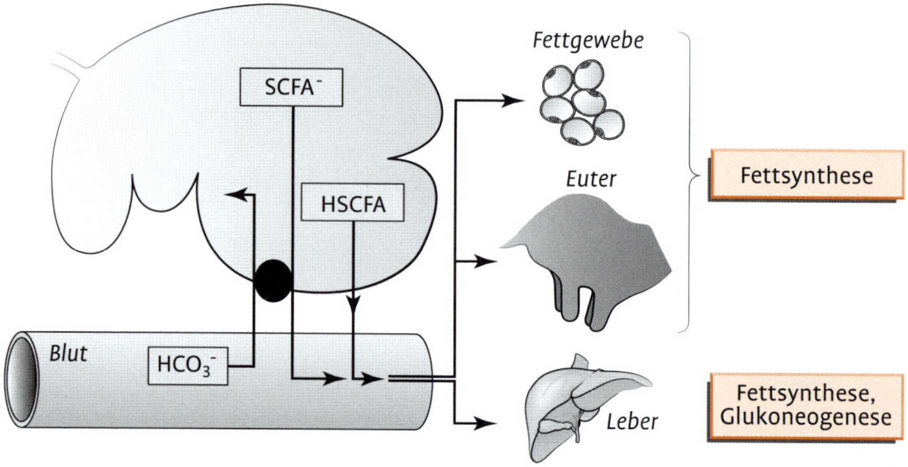

werden (▶ Kap. 16.3.1). Die ausreichende Bereitstellung von Azetat und Butyrat im ruminalen Stoffwechsel und deren anschließende Resorption spielt daher eine Schlüsselrolle bei der Produktion von Milchfett. Bei ausgeglichener Fütterung können aus dem Azetat zudem im Fettgewebe längerkettige Fettsäuren und letztendlich Körperfett aufgebaut werden.
Resorbiertes **Propionat** wird in der **Leber** vor allem zur Neubildung von Glukose **(Glukoneogenese)** herangezogen. Bei Milchkühen wird ein großer Teil der in der Leber entstandenen Glukose zur Milchdrüse transportiert, in der daraus der **Milchzucker (Laktose)** synthetisiert wird. So bestimmt die Propionatfreisetzung und Resorption in den Vormägen die Laktoseproduktion im Euter. Da fast sämtliche Kohlenhydrate in den Vormägen zu kurzkettigen Fettsäuren abgebaut werden, steht kaum Glukose im Dünndarm zur Resorption zur Verfügung. Der Wiederkäuerorganismus ist daher auf eine intensive Glukoneogenese angewiesen.

■ Pansenazidose

Infolge der Resorption der flüchtigen Fettsäuren bzw. der Sekretion von Hydrogenkarbonat und des Hydrogenkarbonat-Einstroms mit dem Speichel wird das Pansenmilieu unter physiologischen Bedingungen neutral gehalten. Dies ist notwendig, da die Mikroorganismen bei einem zu sauren pH-Wert absterben. Wenn zu viel rohfaserarmes, stärkereiches und leicht fermentierbares Futter aufgenommen wird, wird wenig Speichel gebildet und die Pufferkapazität ist gering. Außerdem erfolgen die Fermentation und die Bildung flüchtiger Fettsäuren dann so schnell, dass die Resorption durch die Pansenwand nicht Schritt halten kann. Der pH-Wert im Pansen sinkt unter den kritischen Wertebereich (pH 5,5 bis 5,0). Dies hat wiederum drastische Konsequenzen für die Fermentation. So sind die Bakterien, die Laktat unter physiologischen Bedingungen abbauen, sehr säureempfindlich; die Bakterien, die Laktat bilden, allerdings nicht (▶ Abb. 10-21). In der Folge reichert sich Laktat im Panseninhalt an. **Laktat** ist allerdings eine stärkere Säure als die SCFA, was den pH-Wert weiter fallen lässt. Der weiter abfallende pH-Wert verstärkt durch seine Wirkung auf die Mikroorganismen dann weiter die Laktatanreicherung. Die Laktatanreicherung erhöht dann wiederum den osmotischen Druck im Pansen, was zum Wassereinstrom in den Pansen und damit zum Wasserverlust im Organismus führt.

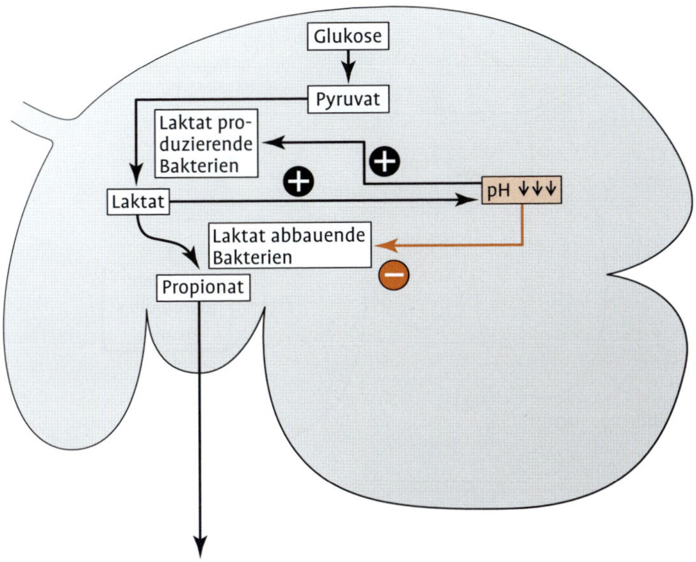

Abb. 10-21
Veränderungen im Pansenstoffwechsel bei der Entwicklung einer akuten Pansenazidose

Der aggressive Panseninhalt schädigt die Pansenwand, was zum Übertritt der schädigenden Stoffe in den Organismus führt.
Die beschriebenen Veränderungen treten vor allem bei einer plötzlichen Überfütterung mit leicht verdaulichen Kohlenhydraten auf und werden daher als **akute Pansenazidose** bzw. **Milchsäureazidose** bezeichnet. Wirtschaftlich bedeutsamer und häufiger auftretend ist allerdings die sogenannte **subakute, latente Pansenazidose,** auch **SARA** (= subacute rumen acidosis) genannt. Hierbei wird durch die permanente Aufnahme von größeren Mengen leicht fermentierbarer Kohlenhydrate die Pansenflora bzw. die Fermentation in eine „labile" Situation gebracht, d. h. die Fermentation kippt nicht völlig in eine Laktatfermentation um, es sind allerdings pH-Wert kritisch erniedrigt und das Muster an kurzkettigen Fettsäuren verändert, was wiederum auch negative Auswirkungen auf Gesundheit und Milchleistung haben kann. Um diese Situation zu erfassen, können in die Haube bzw. Pansen Sensoren eingegeben werden, die den pH-Wert im Pansen (und auch andere Parameter) erfassen und nach außen senden.

10.6.4 Proteinverdauung

Nahrungsproteine werden in den Vormägen durch die Enzyme der Mikroorganismen zu Aminosäuren und Peptiden abgebaut (▶ Abb. 10-22). Aminosäuren und Peptide können – anders als im Dünndarm – kaum aus den Vormägen resorbiert werden und werden daher fast ausschließlich von den Mikroorganismen wieder aufgenommen. Die Mikroorganismen nutzen die Aminosäuren und Peptide, um eigenes Protein aufzubauen, d. h., Proteine stehen dem Wirtstier großenteils nur in **mikrobieller Form** zur Verfügung. Die Mikroorganismen werden durch den starken Flüssigkeitseinstrom mit dem Speichel (▶ Kap. 10.3.2) aus den Vormägen zum Labmagen und Dünndarm weitergetragen. Wie beim Monogastrier erfolgt dann im Labmagen ein Aufschluss der Mikroorganismen über HCl und Pepsin bzw. im Dünndarm durch die Peptidasen des Pankreas (▶ Kap. 10.10.2). Da Hochleistungsrinder jedoch mit hochwertigen Proteinen gefüttert werden, treten durch den Umbau von Pflanzenproteinen in Mikrobenproteine und den damit verbundenen Energieverbrauch unerwünschte Verluste auf, die man durch Verfütterung sogenannter geschützter Proteine zu

Abb. 10-22
Ab- und Umbau von Proteinen in den Vormägen. Nahrungsprotein wird zu mikrobiellem Protein umgebaut. Die Mikroorganismen sind zudem in der Lage, aus NH_3 und N-freien Substraten Aminosäuren und Peptide neu zu bilden.
NPN: Nicht-Protein-Stickstoff.

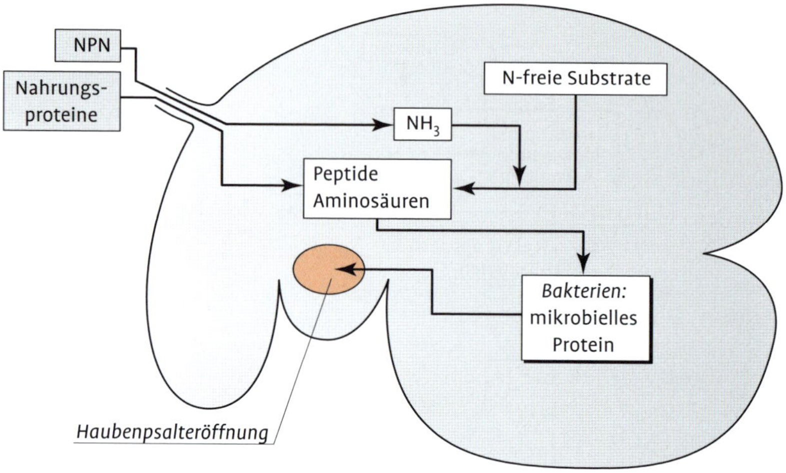

vermindern versucht. Diese Proteine sind durch Vorbehandlungen weitgehend vor dem Abbau in den Vormägen geschützt und gelangen verlustärmer in den Labmagen.
Eine besondere Fähigkeit der Mikroorganismen ist aber die **Neusynthese** von **mikrobiellem Protein** aus geringerwertigen Vorläufern. Über Transaminierungsprozesse können die Mikroorganismen auf N-freie Moleküle Stickstoff übertragen und so zahlreiche Aminosäuren und Proteine selber aufbauen (▶ Abb. 10-22). Dieser Stickstoff kann dabei von sogenannten NPN-Verbindungen (Nicht-Protein-Stickstoff) wie freien Aminosäuren, Harnstoff, Harnsäure oder Nitrat stammen. Durch Transaminierungsprozesse wird der Stickstoff auf N-freie Kohlenstoffketten übertragen.
Der nicht auf diese Weise genutzte Stickstoff wird überwiegend in der Form von **Ammoniak** freigesetzt. Um Stickstoffverluste gering zu halten, konserviert der Wiederkäuer das in den Vormägen freigesetzte Ammoniak und damit den nicht genutzten Stickstoff über einen **ruminohepatischen Kreislauf.** Dieser ist in ▶ Abbildung 10-23 genauer dargestellt. Das Ammoniak, das in den Vormägen nicht zur Neusynthese von Aminosäuren verwendet wird, wird resorbiert und gelangt anschließend zur Leber. Die Leber entgiftet das Ammoniak über eine Umwandlung in **Harnstoff.** Harnstoff kann (wie beim Monogastrier) zur Niere und damit zur Ausscheidung gelangen. Ein großer Teil des Harnstoffs wird allerdings rezirkuliert. Er gelangt über eine **Sekretion** mit dem **Speichel** und über eine **Diffusion** durch die **Pansenwand** in die Vormägen. In den Vormägen trifft Harnstoff auf eine bakterielle **Urease,** die diesen in NH_3 und CO_2 umwandelt und so neuen Stickstoff für die mikrobielle Synthese von Aminosäuren zur Verfügung stellt. Durch die Fähigkeit, Proteine mikrobiell zu synthetisieren, und durch die Rezyklierung des Stickstoffs sind Wiederkäuer effiziente Futterverwerter.

Abb. 10-23
Ruminohepatischer Kreislauf des Stickstoffs.

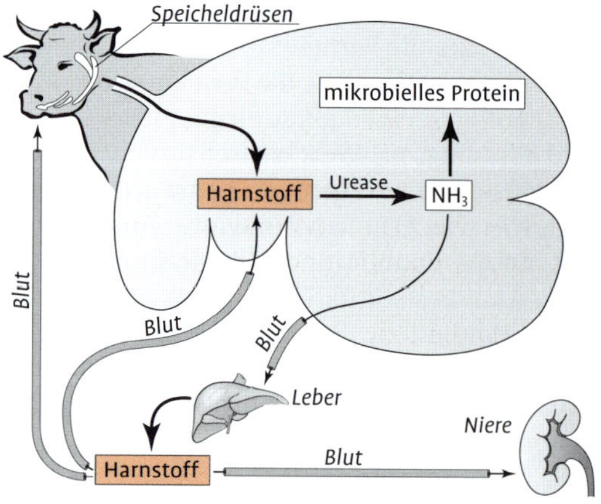

Bei hoher Stickstoffaufnahme, wie z.B. im Rahmen der Fütterung proteinreicher Diäten bei Hochleistungstieren, wird durch die verstärkte Freisetzung von NH_3 der ruminohepatische Kreislauf intensiviert. Die daraus resultierende erhöhte Harnstoffsynthese kann die Leber stark belasten. Bei sehr hoher Anflutung von NH_3 kann auch die Entgiftungsfunktion der Leber überfordert werden; es tritt dann eine Ammoniakvergiftung auf.

10.6.5 Fettabbau

Außer den Ölsaaten haben pflanzliche Futtermittel einen geringen Gehalt an Fetten, so dass Wiederkäuer in der Regel nur geringe Mengen Fett aufnehmen. Triazylglyzerine werden im Pansen durch die mikrobiellen Enzyme hydrolytisch gespalten. Das reduzierende Milieu im Pansen führt dazu, dass langkettige **ungesättigte** Fettsäuren fast ausnahmslos **hydriert** werden. Die modifizierten Fettsäuren werden großenteils von den Mikroorganismen wieder aufgenommen und eingebaut. Allerdings wirkt eine größere Menge Futterfett mindernd auf Wachstum und Vermehrung der Mikroorganismen.

10.6.6 Resorption von Natrium und Magnesium

Von den Mineralstoffen werden im Pansen vor allem **Natrium** und **Magnesium** resorbiert. Während Natrium aber auch in den nachfolgenden Abschnitten des Darmkanals resorbiert werden kann, ist dies beim Magnesium kaum der Fall, d.h., die ruminalen Resorptionsvorgänge sind essenziell für den Magnesiumhaushalt des Tieres.

Die **Magnesiumresorption** erfolgt großenteils über einen Kanal in den Zellen des Pansenepithels. Ist die Funktion des Kanals gestört, gelangt zu wenig Magnesium ins Blut, da in den nachfolgenden Abschnitten des Magen-Darm-Traktes der Magnesiumbedarf des Tieres durch Resorption nicht gedeckt werden kann. Faktoren, die die Kanalfunktion und damit die Magnesiumresorption in den Vormägen stören können, sind z.B. ein hoher Kalium- und Eiweißgehalt des Weidegrases. In diesem Fall kann sich der Plasmaspiegel von Magnesium sehr stark vermindern (= Hypomagnesämie), es kommt zur sogenannten **Weidetetanie** mit Krampfanfällen des Tieres. Durch ausgewogene Futterrationen und die verstärkte Stallhaltung der Tiere spielt die Weidetetanie heutzutage allerdings eine untergeordnete Rolle.

10.6.7 Motorik

Formen der Motorik

Während die Motorik im Dünndarm vor allem dem Transport des Nahrungsbreis dient, hat die Motorik der Vormägen dafür zu sorgen, dass die Mikroorganismen in ständigem Kontakt mit dem Substrat sind. Um diese Durchmischungsfunktion aufrecht zu erhalten, kontrahieren die Vormägen ständig in einem koordinierten Muster und in einer vorgegebenen Reihenfolge. Diese Muster lassen sich folgendermaßen einteilen:

1. Hauben-Pansen-Zyklen (A-Zyklus und B-Zyklus)
2. Wiederkauen (Rumination) mit Rejektionskontraktion
3. Ruktus
4. Blättermagenmotorik synchronisiert mit Pansenmotorik
5. Magenrinnenreflex bei Jungtieren

Hauben-Pansen-Zyklen

Die Hauben-Pansen-Zyklen sind die dominierenden Kontraktionsformen in den Vormägen. Der **A-Zyklus** beginnt mit einer zweiphasigen Haubenkontraktion, die gefolgt wird von einer Kontraktion des Schleudermagens und anschließend des dorsalen und ventralen Pansensacks (▶ Abb. 10-24). In bestimmten Abständen treten **B-Zyklen** auf, in denen nur dorsaler und ventraler Pansensack kontrahieren. Die **Kontraktionsfrequenz** der Hauben-Pansen-Zyklen (A und B) beträgt 7 bis 14 Kontraktionen in 5 Minuten. Kontraktionsfrequenz, Kontraktionsstärke und Gesamtdauer der Vormagenmotorik sind von der Beschaffenheit des Vormageninhalts abhängig. Eine **Stimulation** der Motorik erfolgt durch mechanische Reize des Raufutters bzw. des wiedergekauten Nah-

Abb. 10-24
Kontraktionsablauf von Haube und Pansen während eines A-Zyklus und Auswirkung der Kontraktionen auf Durchmischung und Transport des Inhaltes.

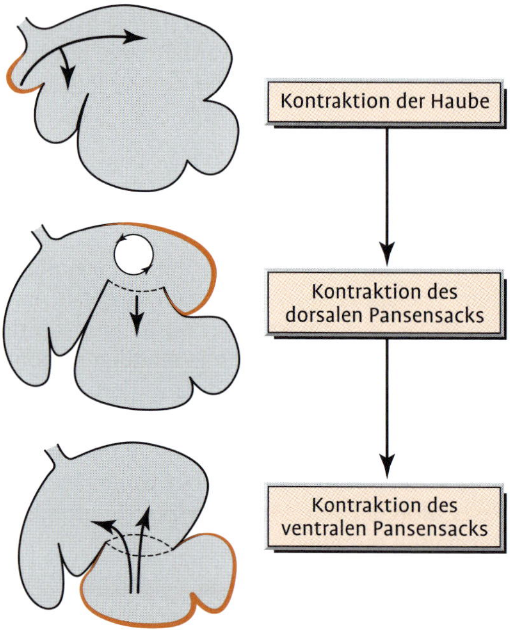

rungsbreis an Pharynx, Kardia, Magenrinne, Hauben-Psalter-Öffnung, Hauben-Pansen-Falte und Längspfeilern. Eine **Hemmung** der Vormagenmotorik wird durch pH-Wert-Verschiebungen in den sauren oder alkalischen Bereich ausgelöst. Verschiebungen zum sauren Bereich werden durch große Mengen leicht verdaulicher Kohlenhydrate (viel Rüben, viel Getreideschrot) verursacht. Verschiebungen zur alkalischen Seite sind durch Futterverunreinigungen mit Coli- oder Proteusbakterien, aber auch durch faules Futter und kohlenhydratarme Ernährung möglich.

Wiederkauen

Der **Wiederkauakt (Rumination)** beginnt mit der **Rejektion,** d. h. dem Einbringen des Hauben-Pansen-Inhaltes in den Ösophagus. Zunächst kontrahiert sich die Haube (Rejektionskontraktion). Durch die Verkleinerung der Haube wird Futter vor den Speiseröhreneingang, die Kardia, gebracht. Parallel zur Rejektionskontraktion führen die Tiere eine **Inspiration** bei **geschlossener Stimmritze** durch, d. h., trotz der Erweiterung der Brusthöhle kann keine Luft in die Lunge einströmen. Dadurch wird in der Brusthöhle und im Ösophagus ein **Unterdruck** erzeugt. Nach Öffnung der Kardia wird durch den entstandenen Unterdruck Futter vom Schleudermagen in den Ösophagus gesaugt.
Durch anschließende antiperistaltische Wellen wird der „Bissen" in die Mundhöhle befördert. Dort wird er durchgekaut und wieder abgeschluckt (▶ Tab. 10-2). Ein wichtiger Reiz, der das Wiederkauen stimuliert, kommt durch grobe Futterbestandteile im Pansen im Rahmen der Fütterung von Raufutter bzw. auch der Gabe von TMR (= Totale Mischration) zustande. Er wird von Mechanosensoren des Pansens und der Haube erfasst.

Ruktus

Die durch Gärung im Pansen entstehenden Gase (CH_4 und CO_2) müssen ausgestoßen werden. Das Ausstoßen erfolgt meist in Verbindung mit dem B-Zyklus. Während des B-Zyklus wird der Pansenraum stark verkleinert und das im dorsalen Pansensack angesammelte Gas wird vor den Eingang der Speiseröhre in die Haube gepresst. Die Kardia öffnet sich, das Gas geht in den Ösophagus über und wird über diesen abgegeben. Dieser Vorgang wird Ruktus genannt. Bei Störungen der Pansenverdauung kann es zu schaumigen Gärungen (Durchmischungsgärungen) kommen. Die Gase sammeln sich

Tab. 10-2
Übersicht zum Verhalten von Rind und Schaf beim Wiederkauen (nach Kolb 1989)

	Rind	Schaf
Wiederkauperioden in 24 h	10–20	10–20
Wiederkauzeit (h/Tag)	4–9	8–10
Dauer der Wiederkauperioden (min)	40–50	1–120
Anzahl der Wiederkauportionen/Tag	360–790	480–720
Dauer der Kauzeit/„Bissen" (s)	45–50	49–68

dann nicht als einheitliche Schicht über den Futtermassen, sondern durchsetzen diese als größere oder kleinere Blasen. Sie können nicht durch einen Ruktus abgegeben werden. Eine andere Art des Aufblähens entsteht, wenn die Gasabgabe nicht möglich ist, weil die Speiseröhre durch einen Fremdkörper verstopft ist oder die Tiere zu lange auf die Seite oder den Rücken gelegt werden, so dass die Speiseröhrenmündung nicht frei ist.

Blättermagenmotorik

Die **Kontraktionen des Blättermagens** schließen sich an die zweiphasige Haubenkontraktion zu Beginn des A-Zyklus an.

Der Nahrungstransport im Blättermagen läuft in **zwei Phasen** ab:

1. Der Blättermagenabschnitt der Magenrinne (Psalterkanal) erweitert sich. Es wird Nahrung über die offene Hauben-Psalter-Öffnung „angesaugt“. Anschließend schließt sich die Öffnung, der Psalterkanal kontrahiert und die Nahrung wird zwischen die Blätter gepresst.
2. Die Kontraktionen der Psalterwand pressen den Inhalt des Psalters schubweise in den Labmagen.

Magenrinnenreflex

In den ersten Wochen nach der Geburt sind die Vormägen funktionslos. Die aufgenommene Milch muss daher direkt in den Labmagen gelangen, um hier unter anderem unter Einwirkung des Labfermentes der Verdauung zugeführt zu werden. Dies ist durch den **Magenrinnenreflex** gewährleistet. Hierbei schließen sich die Lippen der Magenrinne während des Trinkens reflektorisch zu einem Rohr, so dass die Nahrung von der Kardia direkt in den Labmagen gelangt. Bei jungen Kälbern ist der Reflex sehr leicht auslösbar, der Schluss der Rinne bleibt über mehrere Minuten bestehen. Allerdings gibt es auch Kälber, bei denen der Reflex nur unzureichend funktioniert. Folge ist, dass dann die Tränke in die Vormägen anstatt in den Labmagen geleitet wird. Diese Fehlfunktion wird als **Pansentrinken** bezeichnet. In der Folge kommt es zu Fehlgärungen der Milch in den Vormägen, die die Gesundheit des Tieres erheblich beeinträchtigen.

Labmagenverlagerung

Bei Milchkühen kann vor allem bei Fütterung energiereicher Rationen eine sogenannte Labmagenverlagerung auftreten. Hierbei erweitert und verschiebt sich der Labmagen auf die rechte oder linke Bauchseite. Bei der rechtsseitigen Verlagerung erfolgt auch oft ein Rückfluss von Labmageninhalt in den Pansen. Zudem haben rechtsseitige Verlagerungen aufgrund der oft mit der Verlagerung einhergehenden Strangulation der Blutgefäße und Nerven einen dramatischeren Verlauf.

Steuerung der Motorik

Anders als beim Dünndarm wird die Hauben-Pansen-Motorik wenig durch das enterische Nervensystem reguliert. Die oben beschriebenen komplexen Motilitätsmuster sind einprogrammiert in ein übergeordnetes **Zentrum** in der **Medulla oblongata** im Hirnstamm (▶ Kap. 18.5.1). Von diesem Zentrum gehen efferente Fasen aus, die vor allem über den Nervus vagus laufen. Der N. vagus tritt von dorsal und ventral an die Vormägen heran (Pansennerv und Hauben-Psalter-Labmagen-Nerv).
Angestoßen und aufrechterhalten werden die Vormagenbewegungen durch Reizung von Mechanosensoren in der Vormagenwand durch grobe Futterbestandteile. Ein ausreichender Raufutteranteil und eine gewisse Struktur desselben sind daher zwingende Voraussetzung für die physiologische Funktion der Vormägen. Motilitätsstörungen bis hin zum völligen Stillstand der Vormagenbewegungen können auch durch Übersäuerung des Vormageninhalts (Pansenazidose) oder Schmerzen infolge Fremdkörperverletzungen der Vormagenwand ausgelöst werden.

10.7 Mittel- und Enddarm

10.7.1 Abschnitte

Der Mittel- und der Enddarm werden gemeinhin als Darm bezeichnet. An diesem unterscheidet man den Dünndarm (mit Zwölffingerdarm, Leerdarm und Hüftdarm) mit großer Länge, kleinem Durchmesser und dünn-

Tab. 10-3
Darmlänge verschiedener Tierarten (nach Nickel et al. 1995)

Tierart	Dünndarm (m)	Dickdarm (m)	Gesamter Darm (m)	Darm im Vergleich zur Körperlänge
Rind	27–49	6–14	33–63	20-mal
Pferd	19–30	6–9	25–39	10-mal
Schwein	16–21	4–6	20–27	15-mal
Schaf/Ziege	18–35	4–8	22–43	25-mal
Hund	1,8–4,8	0,2–0,9	2–5,7	5-mal

Abb. 10-25
Darmkanal der Haustiere, schematisch (nach Nickel et al. 1999).
1 Magen; **2** aufsteigendes Kolon (Colon ascendens) mit **2'** zentripetale Schlingen (Wiederkäuer, Schwein) bzw. ventrales Kolon (Pferd), **2"** zentrifugale Schlingen (Wiederkäuer, Schwein) bzw. dorsales Kolon (Pferd), **3** querlaufendes Kolon (Colon transversum), **4** absteigendes Kolon (Colon descendens), **5** Beckenflexur (Pferd).

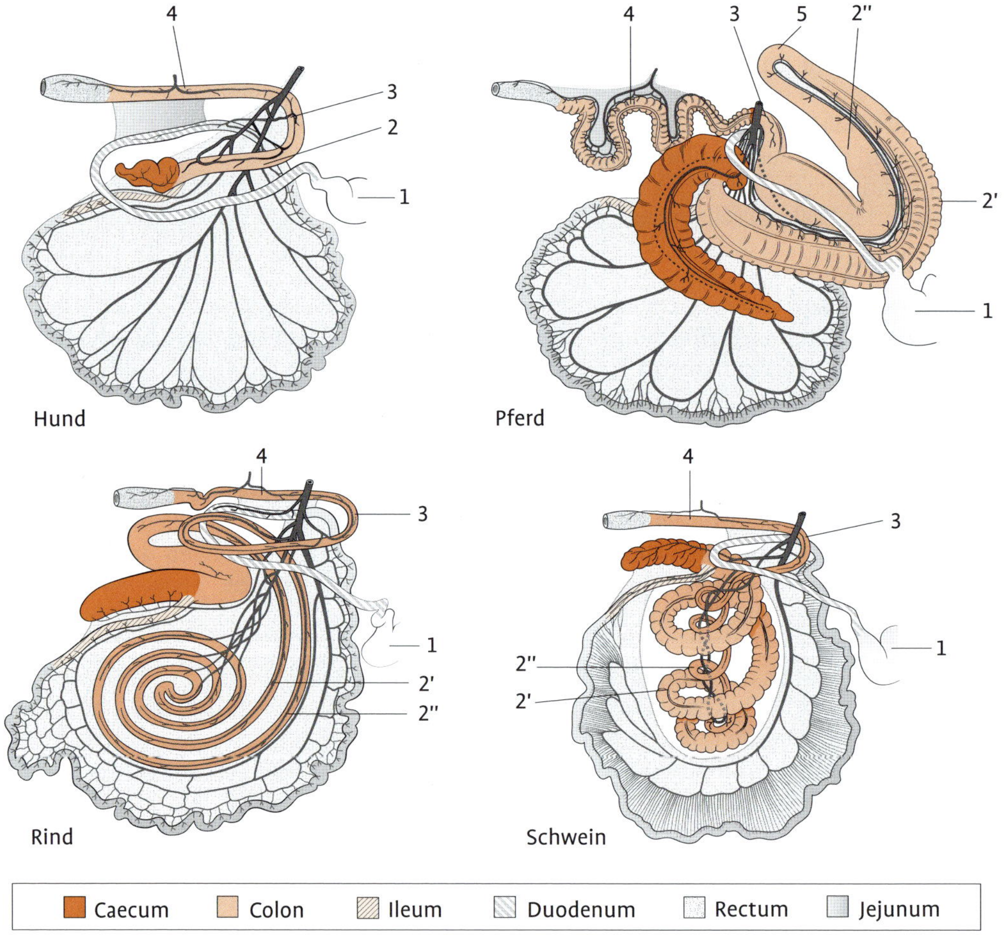

flüssigem Inhalt und den Dickdarm (mit Blinddarm, Grimmdarm und Mastdarm) mit kleinerer Länge, großem Durchmesser und mehr oder weniger dickbreiigem Inhalt (▶ Tab. 10-3; ▶ Abb. 10-25).

Die **Leber** und die **Bauchspeicheldrüse** werden als **Anhangsdrüsen** des Dünndarms bezeichnet. Durch die Mitwirkung ihrer Sekrete bei der Verdauung stehen sie in enger funktioneller Verbindung mit dem Darm.

10.7.2 Aufbau der Darmwand

Die **Darmwand** besteht aus **Schleimhaut, Muskelhaut, Serosa.** Zwischen die Schichten sind die Nervenzellen und -fasern des **enterischen Nervensystems** eingelagert. Der prinzipielle Aufbau der Darmwand ist in ▶ Abbildung 10-26 wiedergegeben.

Im Dünndarm trägt die Schleimhaut **Zotten.** Das sind feine Schleimhautausstülpungen, die fingerförmig in das Lumen des Darms hineinragen. Sie tragen zur Oberflächenvergrößerung bei. Die Oberflächenvergrößerung der Darmschleimhaut kommt insgesamt auf folgende Weise zustande:

- durch Schleimhautfalten > 3-fach
- durch Schleimhautzotten (nur im Dünndarm) > 10-fach
- durch Mikrovilli (Bürstensaum) der Darmepithelzellen > 20-fach

Die Oberfläche wird also insgesamt 600-fach vergrößert.

In den Zotten befinden sich Arterien, Venen und Lymphgefäße sowie glatte Muskelzellen zur Zottenbewegung (▶ Abb. 10-27). Außerdem liegen in der Dünndarmschleimhaut die **Darmeigendrüsen** (Lieberkühn-Drüsen, Propriadrüsen), die sich als tubulöse Drüsen in die Tiefe in Richtung Muskulatur senken. Am Anfang des Dünndarms sind in der Submukosa **Submukosadrüsen** (Brunner-Drüsen) ausgebildet. Die Dünndarmschleimhaut und die Dünndarmdrüsen sind reich an **Becherzellen,** die den **Darmschleim** zum Schutz der Schleimhaut vor Selbstverdauung und zum leichteren Gleiten des Darminhalts produzieren (▶ Abb. 10-27).

Abb. 10-26
Bau der Darmwand (nach Furness und Costa 1987). Plexus myentericus und Plexus submucosus bilden das enterische Nervensystem.

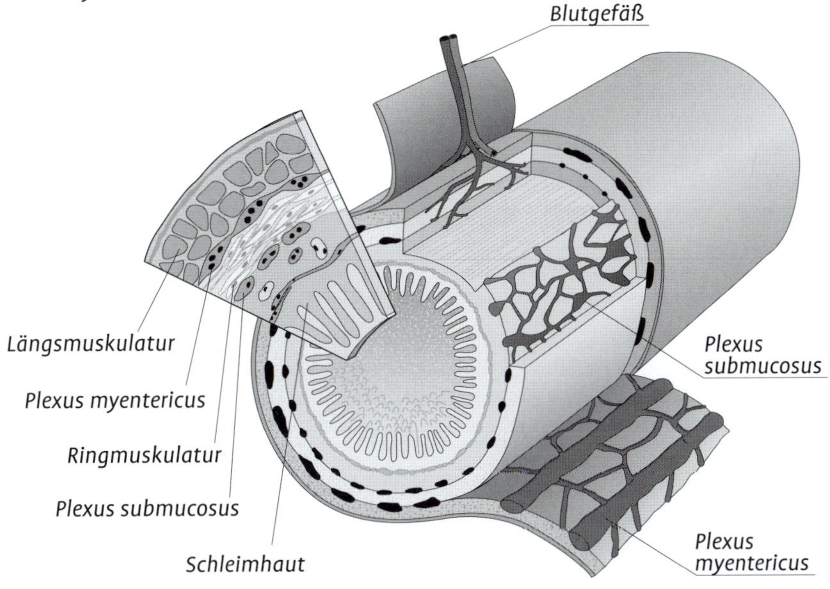

Abb. 10-27
Aufbau von Mukosa und Submukosa (nach Liebich 2010).

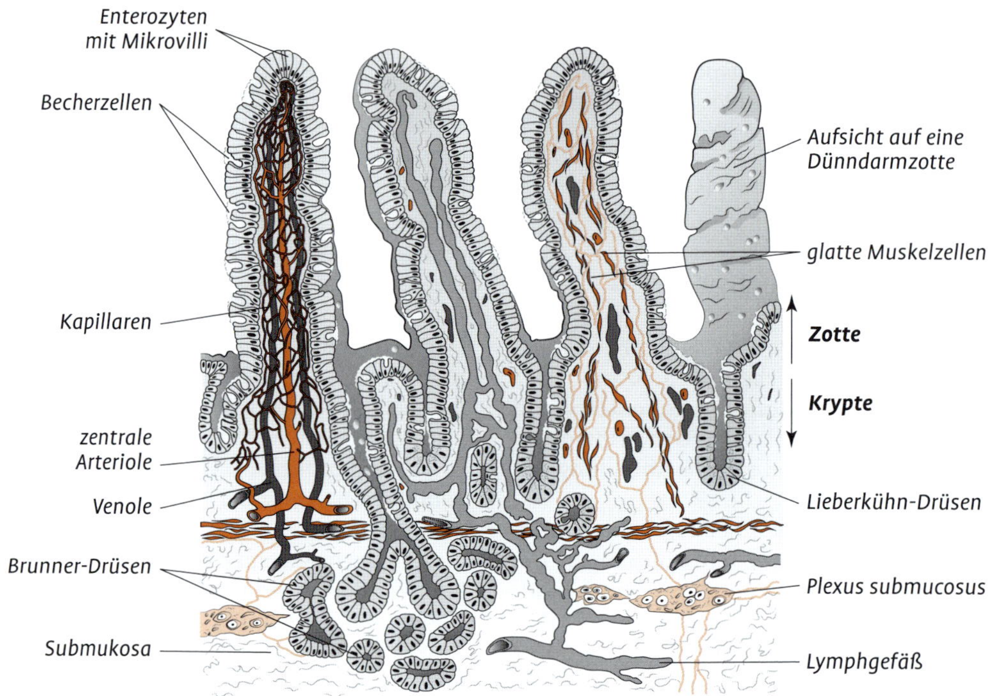

Abb. 10-28
Mögliche Resorptionswege über das Darmepithel.

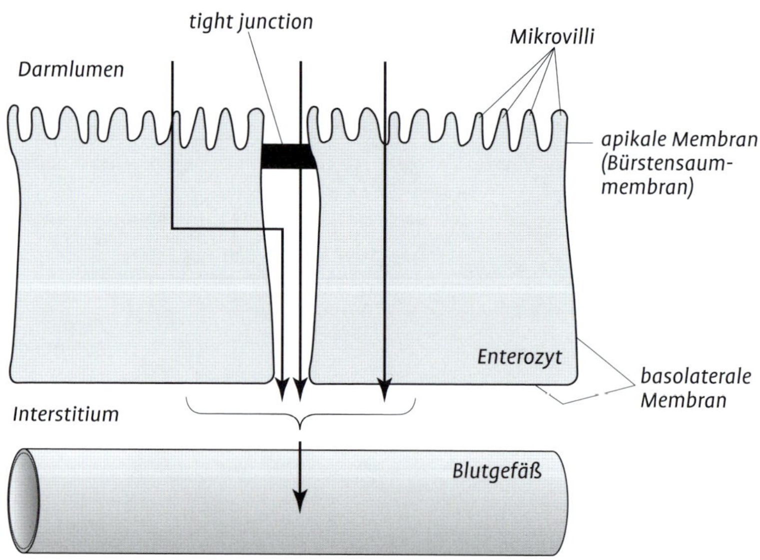

Die resorptiv tätigen, epithelialen Deckzellen werden Enterozyten genannt. **Enterozyten** werden in der Tiefe, in den Krypten (▶ Abb. 10-27) aus dem Epithel der Mündungen der darmeigenen Drüsen gebildet. Von hier aus wandern sie an die Zottenspitze, wo sie abgestoßen werden (Zellmauserung). Auf diese Weise wird die Epithelschicht der Darmschleimhaut ständig erneuert.
Enterozyten sind wie alle Epithelzellen polar aufgebaut (▶ Abb. 10-27, 10-28). Zum Darmlumen hin befindet sich die **apikale Membran,** die durch fingerartige Ausstülpungen **(Mikrovilli)** vergrößert ist. Die Membran wird daher auch als **Bürstensaummembran** bezeichnet. Die der Zellbasis und den Nachbarzellen zugewandte Membran bildet eine funktionelle Einheit, die als **basolaterale Membran** bezeichnet wird. Durch diesen polaren Aufbau sind die Enterozyten zu einer effektiven Resorption in der Lage. Die Zellen sind untereinander (parazellulär) durch **tight junctions** verbunden.
In der Propria der Darmschleimhaut sind sehr viele Lymphozyten vorhanden, die sich zu mehr oder weniger ausgedehnten Lymphfollikeln zusammenlagern. Diese **Lymphfollikel** können sich bis in die Submukosa ausdehnen. Besonders ausgeprägt sind die Lymphfollikel im Hüftdarm, die **Peyer-Platten.**
Die **Muskelhaut** des Darms besteht aus einer **inneren Zirkulär-** bzw. **Ringmuskelschicht** und einer **äußeren Längsmuskelschicht** (▶ Abb. 10-26). Die Längsmuskelschicht des **Dickdarms** ist beim Schwein und Pferd in manchen Abschnitten auf **Bandstreifen (Taenien)** beschränkt. Zwischen den Bandstreifen befinden sich längsmuskelfreie Abschnitte, die sich vorwölben. Sie bilden die **Poschen.** Hierdurch wird nicht nur die Oberfläche der Darmschleimhaut vergrößert, sondern auch der Transport des Inhaltes verzögert.
Der Darm ist zum größten Teil vom **Bauchfell** überzogen. Nur der im retroperitonealen Teil der Beckenhöhle gelegene Abschnitt des Mastdarms besitzt eine Adventitia.

10.7.3 Motorik von Mittel- und Enddarm

Formen der Motorik

Der Darm kann verschiedene Bewegungen ausführen, die der Durchmischung und dem Transport des Darminhalts dienen. Diese sind in ▶ Abbildung 10-29 aufgeführt.

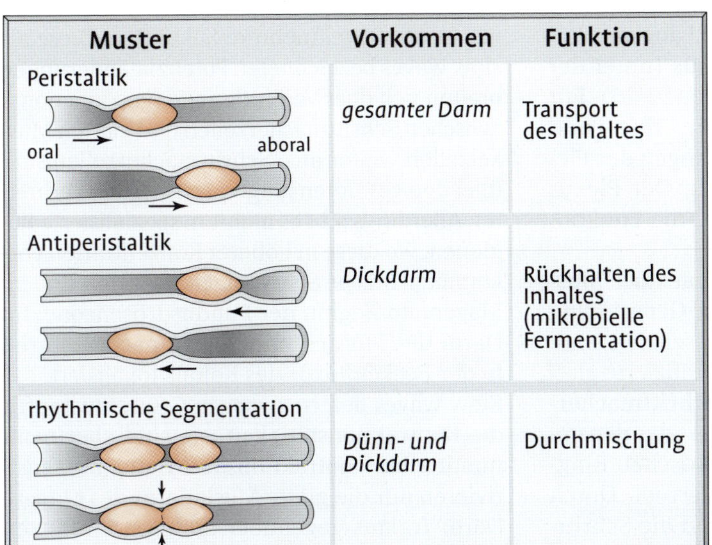

Abb. 10-29 Formen der Motorik in Dünn- und Dickdarm.

Peristaltische Wellen sind sich in aborale Richtung über den Darm ausbreitende Kontraktionen der Ringmuskulatur. Unmittelbar hinter dem sich kontrahierenden Bereich erschlafft der Darm. Durch die Kombination von Kontraktion mit Erschlaffung wird der Magen-Darm-Inhalt effektiv in Richtung Anus transportiert (▶ unten: peristaltischer Reflex).
Antiperistaltische Wellen laufen wie die peristaltischen Wellen ab, sie breiten sich allerdings nach oral aus. Peristaltische und antiperistaltische Kontraktionswellen findet man ausgeprägt im Bereich des Blinddarms und des vorderen Kolons. Durch die Antiperistaltik wird die Aufenthaltsdauer des Inhaltes im Dickdarm verlängert und damit den Bakterien und Protozoen im Dickdarm Zeit gegeben, den Inhalt zu verdauen.
Segmentationskontraktionen bzw. stationäre Kontraktionen treten isoliert an einzelnen Darmabschnitten auf. Diese schnüren das Darmlumen ein und teilen den Darminhalt in verschiedene Segmente. Sie dienen der Durchmischung, führen aber nicht zum Weitertransport.

■ Regulation der Motorik

Einflussebenen: Die Steuerung der Motorik erfolgt auf verschiedenen Ebenen, wobei das **enterische Nervensystem (ENS)** eine Schlüsselrolle spielt (▶ Abb. 10-30). Die Nervenzellen des ENS sind in der Darmwand als **Plexus myentericus** (zwischen Ring- und Längsmuskulatur) und als **Plexus submucosus** (unter der Schleimhaut) organisiert (▶ Abb. 10-26). Für die Kontraktionssteuerung der Ring- und Längsmuskulatur ist vor allen Dingen der Plexus myentericus verantwortlich. Der Plexus submucosus steuert vorwiegend die Funktionen der Schleimhaut.
Neben dem ENS kommen auch aus der Muskulatur selbst Impulse, die für die Generierung einer gleichmäßigen Motorik essenziell sind. Diese Impulse werden durch modifizierte glatte Muskelzellen erzeugt, die **Schrittmacherzellen.** Diese bilden ein Netzwerk, das den gesamten Darm durchzieht und zwischen Ring- und Längsmuskulatur positioniert ist. Durch das enterische Nervensystem und die Schrittmacherzellen ist die Motorik des Darms **autonom,** d. h., sie benötigt keine übergeordneten

Abb. 10-30
Steuerungsebenen der glatten Muskulatur des Darmes.

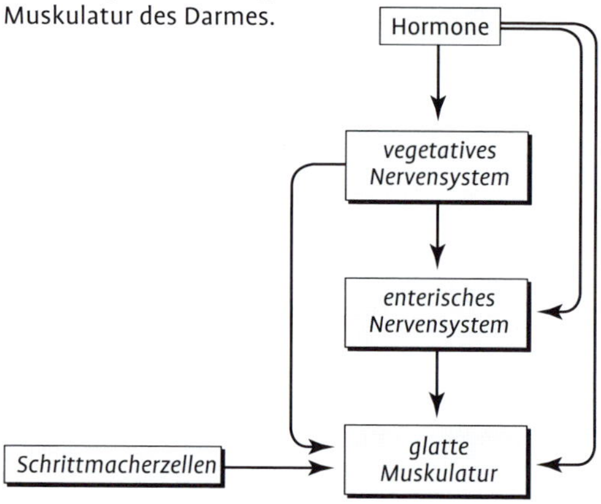

Regelzentren. Allerdings werden Schrittmacherzellen und ENS über eine externe Innervation durch **Parasympathikus** und **Sympathikus** und auch durch zahlreiche Hormone moduliert.
Schrittmacherzellen: Ähnlich wie beim Sinusknoten im Herzen liegt die Besonderheit der Schrittmacherzellen im Darm darin, dass die Zellen in der Lage sind, ihr Membranpotenzial selbstständig zu verändern (▶ Abb. 10-31). Im Unterschied zum Sinusknoten dauern die Änderungen des Membranpotenzials in den Schrittmacherzellen des Darms wesentlich länger, in der Regel mehrere Sekunden. Diese als **slow waves** bezeichneten Potenzialänderungen breiten sich über Verbindungen (gap junctions) zwischen Schrittmacherzellen und glatten Muskelzellen weiter aus. Schrittmacherzellen sind über den gesamten Magen-Darm-Trakt verbreitet. Allerdings gibt es mehrere spezialisierte Regionen, wo diese in höherer Konzentration vorkommen. Solche **Schrittmacherzentren** sind im Magen am Beginn der Fundusdrüsenzone. Im Darm des Pferdes sind Schrittmacherzentren in der Beckenflexur des Kolons lokalisiert.
Slow waves liefern zwar ein Grundmuster für die Kontraktionstätigkeit, sie sind aber nicht unmittelbar kontraktionsauslösend. Sie sensitivieren nur die glatte Muskulatur des Magen-Darm-Traktes gegenüber äußeren Einflüssen wie z. B. Dehnung, so dass dann beim Maximum der slow waves über die Generierung

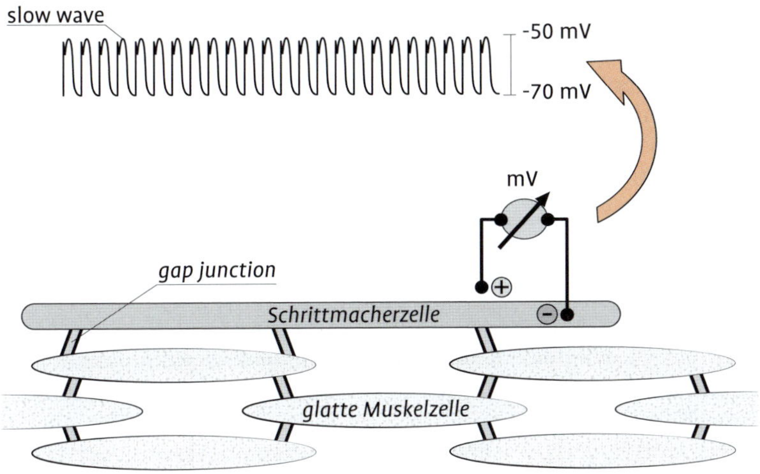

Abb. 10-31
Schrittmacherzelle innerhalb von glatten Muskelzellen des Darmes und Ableitung des Membranpotenzials der Schrittmacherzelle. Die Schrittmacherzelle depolarisiert in regelmäßigen Abständen und erzeugt so „slow waves“.

von **Aktionspotenzialen** Kontraktionen ausgelöst werden (▶ Abb. 10-32).
ENS und vegetatives Nervensystem: Das ENS dient der lokalen Motilitätssteuerung. In diesem Nervensystem sind zahlreiche **Reflexe** beheimatet, die meist von Sensoren in der Darmwand ausgehen und im ENS direkt verschaltet werden. So wird z. B. reflektorisch durch eine geordnete Kontraktion der Darmwand der Nahrungsbrei weiter transportiert **(peristaltischer Reflex)**. Grundlage einer koordinierten Motilitätssteuerung ist die funktionelle Aufgabenteilung des ENS in **inhibitorisch (hemmend)** und **exzitatorisch (erregend) wirkende Neurone. Transmitter** der erregenden Neurone ist hauptsächlich **Azetylcholin.** Hemmende Neurone setzen hauptsächlich **Stickstoffmonoxid (NO)** frei.
Ein funktionables enterisches Nervensystem ist überlebenswichtig. Dies wird beim Auftreten

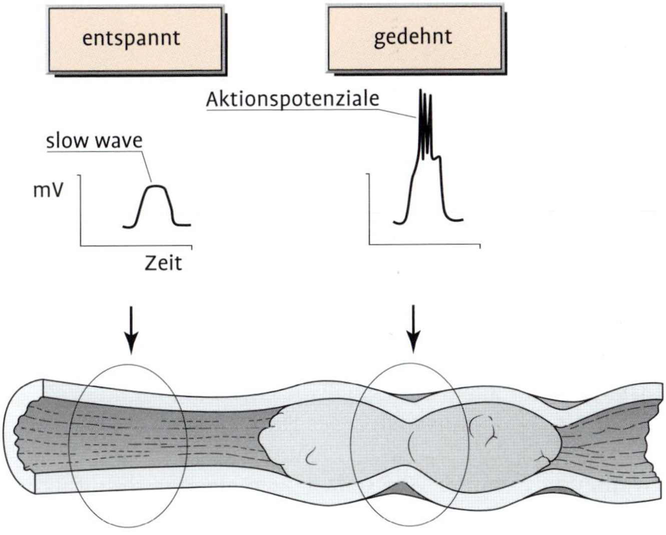

Abb. 10-32
Bildung von slow waves in glatten Muskelzellen und Wirkung auf den Kontraktionszustand des Dünndarms. Ist der Dünndarm entspannt, z. B. bei fehlendem Inhalt, werden zwar slow waves erzeugt. Diese führen aber aufgrund fehlender Aktionspotenziale nicht zu einer Kontraktion des Darmes. Im gedehnten Zustand des Darmes, z. B. bei Füllung, nimmt die Amplitude der slow waves zu. Dies führt zu Aktionspotenzialen, die über einen Kalziumeinstrom eine Kontraktion des Darmes auslösen.

von pathologischen **Aganglionosen** (Fehlen von enterischen Nervenzellkörpern in einzelnen Darmabschnitten) deutlich. Die Muskulatur dieser Darmabschnitte kontrahiert sich dauerhaft ohne den hemmenden Einfluss der enterischen Nervenzellen. Vor diesen Kontraktionsstellen sammelt sich der Nahrungsbrei und kann nicht das Darmrohr entlang transportiert werden. Diese als **Morbus Hirschsprung** bekannte Erkrankung tritt beim Menschen und bei vielen Haustierarten auf. Beim Pferd kann eine Aganglionose im Zusammenhang mit Farbzuchten bei Overo-Schecken auftreten. Die hier geborenen **„lethal white foals"** sterben in den ersten Tagen nach der Geburt an einem Darmverschluss.

Grundmuster aller Motilitätsformen ist der **peristaltische Reflex,** der durch ein Zusammenspiel von hemmenden und kontrahierenden Einflüssen generiert wird. Durch die Reizung von Dehnungsrezeptoren werden sensorische Neurone aktiviert. Diese Aktivierung von sensorischen Neuronen führt dazu, dass in oraler, aszendierender Richtung stimulierende Neuronenpopulationen aktiviert werden. Diese setzen Azetylcholin frei, wodurch eine Kontraktion der Ringmuskulatur ausgelöst wird. In aboraler Richtung hingegen werden inhibitorische Neurone aktiviert, die über die Freisetzung von NO eine Erschlaffung der Ringmuskulatur bewirken. Die Kombination von oraler Kontraktion mit aboraler Erschlaffung ist Grundlage der in ▶ Abbildung 10-29 dargestellten **peristaltischen Welle.**

Neben dem Grundmuster des peristaltischen Reflexes gibt es für das enterische Nervensystem weitere Möglichkeiten, die Darmmotorik zu steigern oder zu verlangsamen. Eine Hemmung der Motorik kann zu einer **verlängerten Verweilzeit** des Verdauungsbreis in bestimmten Darmabschnitten führen, welches die Zeitspanne, die zur Verdauung und Resorption zur Verfügung steht, erhöht. Generell führt eine langsame Füllung des Darmrohrs zu einer nerval vermittelten Entspannung der Muskulatur und zur Speicherung des Verdauungsbreis. Dieser eigentlich physiologische Vorgang kann allerdings auch problematisch sein, wenn die Hemmung der Motorik sehr lange anhält und die fortlaufenden Resorptionsprozesse den Verdauungsbrei so stark eindicken, dass der Weitertransport erschwert wird.

Während das enterische Nervensystem lokal die Aktivität des jeweiligen Darmabschnitts steuert, erfolgt eine Einpassung der Darmmotorik in die Vorgänge des gesamten Organismus über das **vegetative Nervensystem.** Die zuleitenden Nerven des **Parasympathikus** schütten Azetylcholin aus. Azetylcholin bindet an Rezeptoren der Nerven des ENS und auch an die Membranrezeptoren auf den glatten Muskelzellen und wirkt **verstärkend** auf die Darmbewegungen. Bei den Rezeptoren handelt es sich vorwiegend um muskarinerge Rezeptoren vom Typ 3 (M_3). Durch Bindung von Azetylcholin an die M_3-Rezeptoren kommt es zu einer intrazellulären Erhöhung des Kalziumspiegels was zu einer Erregung der entsprechenden Muskelzelle führt. Die zuleitenden Nerven des **Sympathikus** wirken über die Ausschüttung von Noradrenalin. Noradrenalin bindet an α_2-Rezeptoren auf den Nerven des Parasympathikus und mindert dessen Aktivität, wodurch eine indirekte **Hemmung** der Darmbewegungen erfolgt (zu Rezeptoren des vegetativen Nervensystems ▶ Kap.18.6.3). Über das vegetative Nervensystem können auch weiter auseinanderliegende Bereiche des Magen-Darm-Traktes miteinander kommunizieren. So führt beispielsweise der **gastrokolische Reflex** bei einem gefüllten Magen dazu, dass der Enddarm sich entleert.

10.8 Dünndarm

Beim Dünndarm unterscheidet man Zwölffingerdarm, Leerdarm und Hüftdarm.

Der **Zwölffingerdarm** (Duodenum; ▶ Abb. 10-25) hat seinen Namen daher, dass er beim Menschen die Länge von zwölf Fingerbreiten besitzt. Er bildet eine nach kranial offene Schleife. Der Gallengang und die Ausführungsgänge der Bauchspeicheldrüse münden in den kranialen Teil des Duodenums.

Der **Leerdarm** (Jejunum; ▶ Abb. 10-25) ist bei toten Tieren fast leer, da der dünnflüssige Darminhalt durch die postmortal noch eine Weile fortlaufenden peristaltischen Wellen ab-

transportiert wird. Er stellt den **längsten Darmabschnitt** dar und ist in zahlreichen Schlingen girlandenartig an seinem Gekröse befestigt. Beim Schwein und bei den Wiederkäuern umkränzen die Jejunumschlingen als „Kranzdarm" die Schlingen des Dickdarms.
Der **Hüftdarm** (Ileum; ▶ Abb. 10-25) bildet die Fortsetzung des Leerdarms, stellt zugleich aber bereits einen Übergang zum Dickdarm dar. Er ist relativ kurz. Die Zotten des Ileums sind kleiner als die des übrigen Dünndarms, seine Becherzellen sind zahlreicher.
Der Hüftdarm mündet in der **Hüftdarmöffnung** in den Dickdarm, und zwar an der Grenze zwischen Blind- und Grimmdarm. Beim Pferd mündet er in den Blinddarmkopf, der aus dem Anfangsabschnitt des Grimmdarms hervorgegangen ist. Hier befinden sich besonders beim Schwein viele **Lymphknoten** im Gekröse und **Lymphfollikel** in der Schleimhaut selbst (Peyer-Platten).

10.9 Anhangsdrüsen des Dünndarms

10.9.1 Bauchspeicheldrüse

■ Lage und Aufbau

Die Bauchspeicheldrüse **(Pankreas)** ist eine Drüse mit exokriner und endokriner Sekretion. Sie produziert einerseits den **Pankreassaft** als wichtigstes exokrines Verdauungssekret und andererseits die Hormone **Insulin** und **Glukagon**, die in den Glukosestoffwechsel eingreifen. Die endokrine Funktion des Pankreas ist im ▶ Kapitel 20.6 beschrieben.
Das Pankreas liegt dem Duodenum eng an. Für die Abgabe des exokrinen Pankreassaftes hat es je nach Tierart ein bis zwei Ausführungsgänge in den Zwölffingerdarm (▶ Abb. 10-33). Man unterscheidet einen **Hauptgang** und einen **Nebengang.** Der Hauptgang mündet zusammen mit dem Gallengang in der Duodenalpapille. Kleine Wiederkäuer und Katzen besitzen nur den Hauptgang, Rind und Schwein nur den Nebengang. Beide Gänge hingegen sind bei Pferd und Hund ausgebildet.

■ Exokrines Pankreassekret

Der **Pankreassaft** enthält **Vorstufen**, aber auch schon aktive Formen von eiweißspaltenden, fettspaltenden und kohlenhydratspaltenden Enzymen sowie wichtige **Puffersubstanzen** (HCO_3^-).
Die Vorstufen der **eiweißspaltenden Enzyme** sind **Trypsinogen, Chymotrypsinogen** und inaktive **Karboxypeptidasen.** Trypsinogen wird erst durch das von der Darmschleimhaut gebildete Enzym **Enterokinase** zu der aktiven Form **Trypsin** umgewandelt (▶ Abb. 10-34). Durch diesen Mechanismus wird vermieden, dass sich die Bauchspeicheldrüse durch ihre Enzyme selbst verdaut. Ist Trypsin gebildet, kann es seinerseits die anderen Vorstufen der eiweißspaltenden Pankreasenzyme in die aktiven Enzyme umwandeln. Auch seine eigene Vorstufe, das Trypsinogen, wird aktiviert (Autokatalyse). Die **Fettspaltung** erfolgt im Darm im Wesentlichen durch die **Pankreaslipase.** Die

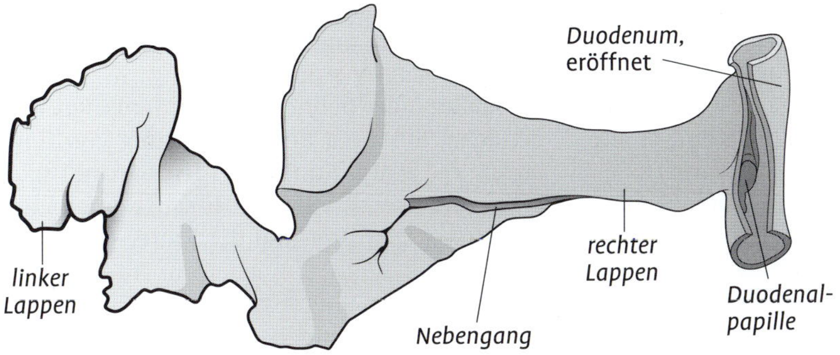

Abb. 10-33 Bauchspeicheldrüse des Rindes (nach Nickel et al. 1999). Der Hauptgang ist beim Rind nicht ausgebildet.

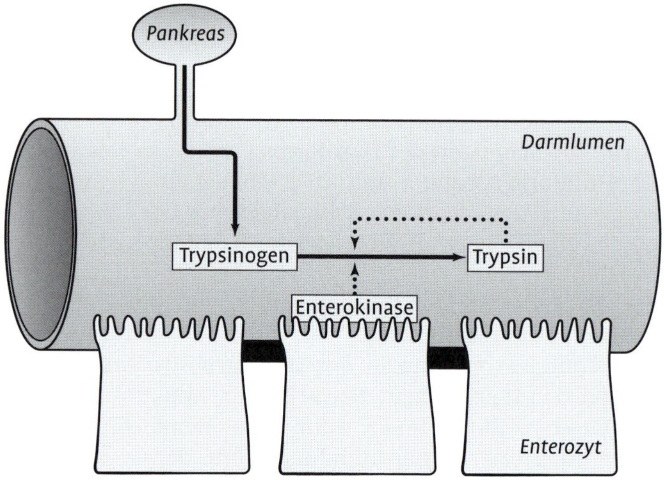

Abb. 10-34
Umwandlung des inaktiven Trypsinogens in aktives Trypsin durch die Enterokinase in der Bürstensaummembran der Enterozyten. Nach Aktivierung des Trypsins erfolgt eine Autokatalyse, d. h., durch Trypsin selbst wird weiteres Trypsinogen aktiviert. Auch die anderen eiweißspaltenden Pankreasenzyme werden in inaktiver Form abgegeben und erst im Darminhalt in die aktive Form umgewandelt.

Kohlenhydratspaltung wird von der **Pankreasamylase** katalysiert.
Da die Enzyme im Zwölffingerdarm nur im alkalischen Milieu wirken, der Mageninhalt aber mit sehr niedrigem pH-Wert in den Dünndarm übertritt, sind **Puffersubstanzen** sehr wichtig. Sie werden vor allem als Hydrogenkarbonationen vom Pankreas geliefert, stammen aber auch aus der Galle (Hydrogenkarbonat, Salze der Gallensäuren).
Die Ausschüttung des Pankreassaftes wird nach der Nahrungsaufnahme nerval über den Nervus vagus und nach Eintritt des Nahrungsbreis in den Dünndarm hormonell angeregt. Durch das Übertreten von Salzsäure aus dem Magen in den Zwölffingerdarm wird die Darmwand zur Produktion des Hormons **Sekretin** veranlasst, das seinerseits die Pankreassekretion herbeiführt. Es ist verantwortlich für die Menge des Sekrets und dessen Hydrogenkarbonatgehalt. Die Konzentration der Enzyme wird durch ein weiteres Hormon, das **Cholezystokinin**, reguliert.
Bei Pferd, Wiederkäuern und Schwein, deren Magen praktisch nie leer wird, wird durch ständigen Übertritt von Nahrungsbrei eine Dauersekretion des Pankreassaftes aufrechterhalten. Beim Fleischfresser erfolgt die Sekretion nur nach der Nahrungsaufnahme, bis die Verdauung abgeschlossen ist.

10.9.2 Leber

■ Lage und Aufbau

Die Leber **(Hepar)** ist die größte Drüse des Organismus. An der Leber unterscheidet man eine **konvexe Zwerchfellfläche,** mit der sie dem Zwerchfell eng anliegt, und eine **konkave Eingeweidefläche.** Beim Wiederkäuer ist die Leber durch die Vormägen in die rechte Hälfte des intrathorakalen Teils der Bauchhöhle verlagert worden. Beim kleinen Wiederkäuer überragt sie den Rippenbogen etwas nach kaudal.
An der Eingeweidefläche der Leber ist die **Leberpforte** gelegen, an der die **Leberarterie** (A. hepatica), die **Pfortader** (V. portae) und die **Nerven** eintreten (▶ Abb. 10-35/1). Die **Lymphgefäße** und die **Gallengänge** treten hier aus.
Dorsal hat die Leber einen stumpfen Rand. Die übrigen Ränder sind scharf. Bei Krankheiten, Schwellungen und Stauungen werden die scharfen Ränder stumpf.
Die **Gallenblase** befindet sich an der Eingeweidefläche. Sie dient der Speicherung von Galle. Sie fehlt den Equiden (Pferdeartige) wie Pferd und Esel sowie Reh, Hirsch, Kamel, Elefant, Biber, Hamster und der Ratte.
Wie jede Drüse ist die Leber aus Interstitium und Parenchym aufgebaut (▶ Kap. 2.4.2). Die Leber der Haussäugetiere lässt eine **Gliederung** in verschiedene Lappen erkennen (▶ Abb.

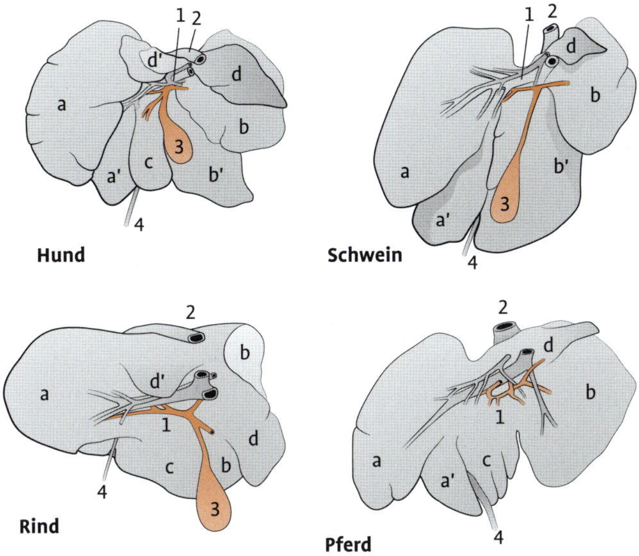

Abb. 10-35
Leberformen der Haustiere (nach Nickel et al. 1999).
a Linker lateraler Lappen
a' linker medialer Lappen
b rechter lateraler Lappen
b' rechter medialer Lappen
c Lobus quadratus
d, d' Lobus caudatus
1 Leberpforte mit Leberarterie, Pfortader und Gallengängen
2 hintere Hohlvene
3 Gallenblase (fehlt beim Pferd)
4 zum Band rückgebildete Nabelvene

10-35). Stark gelappt ist die Leber beim Schwein und bei den Fleischfressern. Die Leberlappen sind nochmals in **Leberläppchen** unterteilt, die nur wenige Millimeter große (▶ Abb. 10-36) und im Querschnitt sechseckige Strukturen sind. (▶ Abb. 10-36). An den Eckpunkten benachbarter Leberläppchen befinden sich sogenannte **Glissonsche Dreiecke**, in denen drei für die Ver- und Entsorgung der Leberzellen wichtige Gefäße laufen: ein Ast der Pfortader, ein Ast der Leberarterie und ein Ast des Gallenganges (▶ Abb. 10-36).

Die Leberläppchen werden von radiär angeordneten Zellsträngen aus metabolisch aktiven Leberzellen (Hepatozyten), den Leberzellbälkchen, gebildet. Die **Leberzellbälkchen** werden durch Gitterfasern zusammengehalten. Zwischen den Bälkchen verlaufen sinusartig erweiterte Kapillaren (Lebersinus), die sowohl das Blut aus den Pfortaderästen

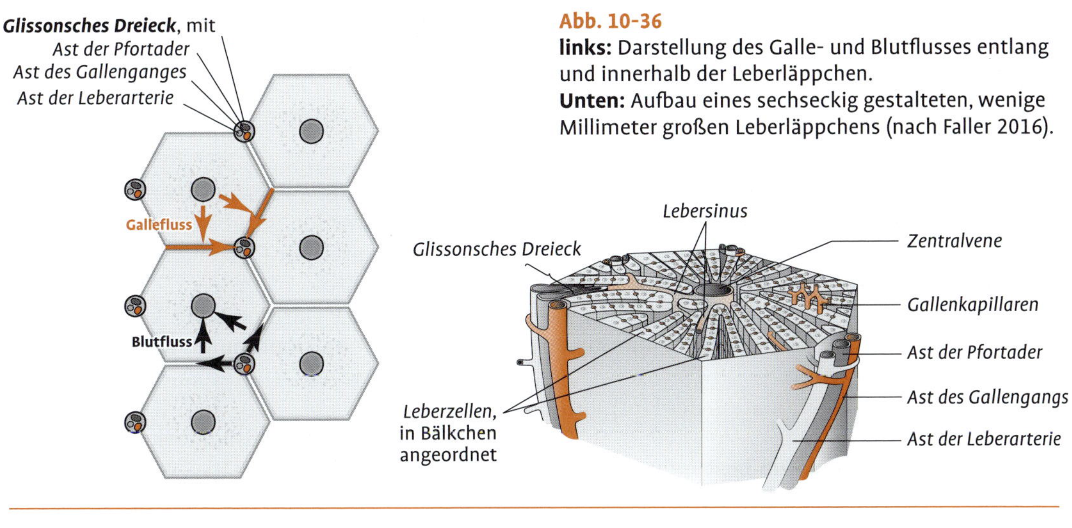

Abb. 10-36
links: Darstellung des Galle- und Blutflusses entlang und innerhalb der Leberläppchen.
Unten: Aufbau eines sechseckig gestalteten, wenige Millimeter großen Leberläppchens (nach Faller 2016).

als auch das sauerstoffreiche Blut aus den Verzweigungen der Leberarterie aufnehmen und so mit den Hepatozyten in Kontakt bringen (▶ Abb. 10-36). In den Kapillaren fließt das Blut von der Peripherie der Läppchen radiär zur im Läppcheninneren gelegenen **Zentralvene** (▶ Abb. 10-36). Das Blut der Zentralvenen strömt in den **Lebervenen** zusammen. Die Lebervenen münden in der Zwerchfellfläche direkt in die Hohlvene.

In den Lebersinus, zum Teil aber auch zwischen Sinuswand und den Hepatozyten, befinden sich zahlreiche Makrophagen, die **Kupffer-Sternzellen** (Karl Wilhelm von Kupffer; *1829 in Lesten, Kurland, †1902; Anatom). Beim Durchfluss durch die Leber wird daher das Blut in engen Kontakt sowohl mit den Leberzellen als auch mit den Kupffer-Sternzellen gebracht.

Neben dem Kanalsystem für das Blut gibt es noch ein **System** für die **Galle.** Die feinsten Gallenkapillaren werden durch Einkerbungen der Leberzellen an ihren gegenseitigen Berührungsflächen gebildet (▶ Abb. 10-36). Die **Gallenkapillaren** sammeln sich zu **Gallengängen,** die sich zum großen Teil im **Lebergang** vereinigen. Von diesem zweigt der **Blasengang** zur **Gallenblase** ab (außer Pferd, da ohne Gallenblase). Als **Gallengang** setzt sich der Lebergang bis zum Zwölffingerdarm hin fort, in den er an der Duodenalpapille zusammen mit dem Hauptgang der Bauchspeicheldrüse mündet.

Funktionen

Die Leber kann als Zentrallaboratorium des Organismus angesehen werden. Sie hat folgende Funktionen:

- Synthese der Gallensäuren und Sekretion der Galle
- Auf- und Abbau von Kohlenhydraten und Fetten, Energiebereitstellung und -reservebildung
- Auf- und Abbau von Eiweißstoffen sowie dic Bildung von Harnstoff und Harnsäure
- Speicherung von verschiedenen Vitaminen und Spurenelementen
- Beteiligung an der Regulation des Hormonhaushalts
- Entgiftungsfunktion für bestimmte Stoffwechselprodukte
- Blutspeicher (vor der Geburt auch Blutbildung)
- Beteiligung an der Regulierung des Wasserhaushalts
- Abwehr (Kupffer-Sternzellen)

Als „Nebenprodukt" der starken Stoffwechseltätigkeit fällt Wärme an, die einen erheblichen Anteil der Körperkernwärme ausmacht.

Synthese der Gallensäuren und Gallensekretion

Die Galle ist das Sekret der Leber. Sie wird kontinuierlich gebildet und bei den meisten Tieren in der Gallenblase gespeichert (nicht beim Pferd, da keine Gallenblase besitzend). Sie dient der Ausscheidung von Abfallprodukten des Stoffwechsels, hat aber auch wichtige Aufgaben bei der Verdauung zu erfüllen.

Die **Bestandteile** der Galle sind vor allem:

- Wasser
- Puffersubstanzen (HCO_3^-) und Elektrolyte
- Gallensäuren (besonders Glykochol- und Taurocholsäure)
- Schleim (Muzin)
- Gallenfarbstoffe (Bilirubin, beim Pflanzenfresser besonders Biliverdin)
- Cholesterin, Lezithin, Spuren von Harnstoff

Die **Wirkungen** der Galle sind folgende:

- Alkalisierung des Nahrungsbreis. Die Salzsäure aus dem Magen spaltet die Gallensäuresalze und wird dabei gebunden. Durch den Wegfall der Salzsäure wird das Pepsin inaktiviert. Außerdem werden mit der Galle HCO_3^--Ionen abgegeben, die als Puffer wirken
- Emulgierung der Fette zum besseren Angriff der Lipase
- Mizellenbildung. Fettsäuren und Monoazylglyzerine werden vorübergehend von Gallensäuren umhüllt (Mizellen) und können leichter resorbiert werden
- Anregung der Darmperistaltik
- Schaffung eines optimalen Milieus für die Pankreasenzyme (unter anderem Alkalisierung)
- Hemmung der Fäulnisbakterien
- Färbung des Darminhalts

Die **Gallensäuren** sind Steroide. Sie werden in den Leberzellen aus Cholesterin und Aminosäuren synthetisiert. Das Cholesterin wird zur Cholsäure umgewandelt. Diese wird dann mit den Aminosäuren Glyzin oder Taurin verbunden, es entstehen **Glykocholsäure** und Tauro**cholsäure.**
Die Bedeutung der Gallensäuren liegt in ihrer Fähigkeit, mit Fettsäuren eine Additionsverbindung einzugehen und die Oberflächenspannung herabzusetzen. Hierdurch wird vor allem die Fettverdauung ermöglicht bzw. erleichtert (▸ Kap. 10.10.3). Der größte Teil der Gallensäuren wird im Ileum wieder resorbiert und durch die Pfortader der Leber zugeführt, wo sie wieder zur Galleproduktion verwendet werden (**enterohepatischer Kreislauf;** ▸ Abb. 10-37). Infolge der „Rezyklierung" der Gallensäuren wird nur ein geringer Anteil (< 5%) der sekretierten Menge mit dem Kot ausgeschieden, wodurch der diätetische Bedarf an Cholesterin, dem Grundgerüst der Gallensäuren, minimiert wird.

Abb. 10-37
Enterohepatischer Kreislauf der Gallensäuren (nach Vander et al. 1994).

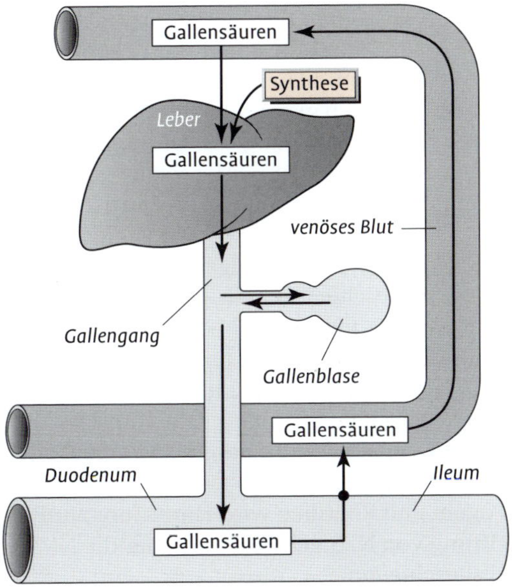

Die **Gallenfarbstoffe** sind als Exkretionsprodukte des Hämoglobinabbaus anzusehen. Eine physiologische Bedeutung für die Verdauung haben sie nicht. Das erste Produkt des Hämoglobinabbaus ist Biliverdin. Dieses wird dann in der Leber in **Bilirubin** überführt. Bilirubin wird anschließend in den Leberzellen an Glukuronsäure gebunden, das als wasserlösliche Verbindung mit der Galle ausgeschieden werden kann. Im Dickdarm wird Bilirubin weiter umgebaut zu Sterkobilin, das die dunkle Farbe des Kotes bedingt. Bei fehlender Gallesekretion oder zu schneller Darmpassage ist eine Umwandlung des Bilirubins unmöglich und der Kot daher hell gefärbt. Bei Pflanzenfressern wird statt gelbem Bilirubin vor allem **Biliverdin** gebildet, das zwei H-Atome weniger hat und grün ist. Daher ist die Galle dieser Tiere grünlich.
Die **Gallenblase** dient als Speicher der Lebergalle. Außerdem erfolgt, besonders beim Fleischfresser, eine Eindickung der Galle (von 2,5 bis 3,5% Trockensubstanz auf 15 bis 20%). Die Ausschüttung der Galle aus der Gallenblase wird nerval und hormonell reguliert. Auslösend wirken Nahrungsbestandteile, besonders der Fettgehalt, sowie bedingte und unbedingte Reflexe. Bei der Verdauung wird nicht nur Galle aus der Gallenblase (Blasengalle) ausgeschüttet, sondern auch Galle aus der Leber (Lebergalle). Beim Pferd, das keine Gallenblase besitzt, wird nur Lebergalle ausgeschieden.

Auf- und Abbau von Kohlenhydraten

Die Hauptfunktionen der Leber im Kohlenhydratstoffwechsel sind die Umwandlung der unregelmäßigen Kohlenhydratzufuhr aus dem Darm in einen kontinuierlichen Strom und die Bildung von Reserven. Die Kohlenhydrate werden in der Leber in Form des Polysaccharids **Glykogen** gespeichert. Zudem wird die bei der Muskeltätigkeit in den Muskelzellen entstehende Milchsäure in der Leber wieder zu Glukose bzw. Glykogen zurückverwandelt und dem Energiehaushalt erneut zur Verfügung gestellt. Außerdem können Aminosäuren, Laktat und (beim Pflanzenfresser) Propionat in der Leber zu Kohlenhydraten umgewandelt werden **(Glukoneogenese).** In der Leber einer hochleistenden Milchkuh (40 Liter Milch pro Tag) werden täglich mehr als 3000 g Glukose neu gebildet. Die Glukose wird zum großen Teil dem Euter zur Laktosebildung zugeführt (▶ Kap. 16.3.1). Die hohe Glukoneogeneserate bei der Milchkuh ist notwendig, da in den Vormägen die mit der Nahrung aufgenommenen Kohlenhydrate zu kurzkettigen Fettsäuren abgebaut werden und dadurch kaum Glukose in den Dünndarm gelangt. Die bei Glukosemangel auftretenden Probleme (Ketose) sind im ▶ Kap. 1.6.6. beschrieben.

Auf- und Abbau von Fetten

Neben dem Fettgewebe (▶ Kap. 2.5.3) ist auch die Leber in der Lage, Fettsäuren und Triazylglyzerine zu synthetisieren, wobei dies aber nicht bei allen Tierarten gleich ausgeprägt ist. Bei Kühen, Pferden, Fleischfressern und dem Schwein steht die Fettsynthese im Fettgewebe im Vordergrund. Vorläufer ist hier vor allem Azetat aus dem mikrobiellen Stoffwechsel in den Vormägen und Dickdarm. Bei Geflügel, den Nagern und dem Menschen findet eine **Lipogenese** vor allem in der Leber statt, vor allem mit Glukose als Vorläufermolekül. Anschließend werden die Fette von der Leber zu den Fettzellen verbracht und hier in den Fettdepots zu tierartspezifischen Fettsäuren und tierartspezifischem Fett umgebaut. Über die β-Oxidation kann die Leber Energie aus Fettsäuren gewinnen (▶ Abb. 1-21).

Beteiligung am Eiweißstoffwechsel

Die Leber hat vielfältige Aufgaben beim Proteinstoffwechsel. So werden Aminosäuren zu Protein synthetisiert. Insbesondere werden **Plasmaproteine** (Albumin, Fibrinogen und Prothrombin) in der Leber produziert.

Speicherung von Vitaminen und Spurenelementen

Die Speicherfähigkeit für Vitamine ist bei den einzelnen Tierarten unterschiedlich stark ausgeprägt, z. B. ist die Speicherfähigkcit für Vitamin A beim Schaf 40-mal größer als beim Schwein. Vitamin D wird besonders in der Leber von Fischen gespeichert (Thunfisch, Heilbutt, Dorsch).

Die Leber ist ein Depot für **Eisen, Kupfer, Mangan** und **Zink.** Das Eisen stammt zu 95 % aus abgebauten Erythrozyten (▶ Abb. 5-2). Die übrigen Spurenelemente werden vom Darm resorbiert oder aus dem Abbau anderer Substrate, wie z. B. Myoglobin, gewonnen.

Regulation des Hormonstoffwechsels

In der Leber werden viele Hormone abgebaut, z. B. die Geschlechtshormone und die Kortikoide. Gebildet werden dort Wachstumsfaktoren (insulin like growth factors, IGF) und auch Hormonvorläufer wie das Angiotensinogen (▶ Abb. 8-12). Deshalb sind bei Lebererkrankungen Störungen des Hormonhaushalts möglich.

Entgiftungsfunktion

Die Leber ist nicht nur ein wichtiges Syntheseorgan, sondern nimmt auch bei der Entgiftung (Biotransformation) vieler Zwischen- und Abbauprodukte des Stoffwechsels und körperfremder Stoffe eine zentrale Stellung ein. Die Entgiftung kann durch Bindung der Stoffe an Glukuronsäuren, an Schwefelsäure, an Aminosäuren oder an Glutathion erfolgen. Als Abbauprodukte aus dem RNA- und DNA-Stoffwechsel werden zudem **Harnsäure** und **Harnstoff** gebildet. Die ungiftigen End- und Abbauprodukte werden teilweise über die Gallenflüssigkeit in den Darm abgegeben, größtenteils aber über das Blut abtransportiert und anschließend über die Nieren ausgeschieden. Eine besondere Rolle spielt die Leber bei der Entgiftung von NH_3, das schon in geringen Konzentrationen giftig ist. Einerseits kann NH_3 durch die Umwandlung von **Glutamat** in **Glutamin** fixiert werden, andererseits ist die Leber in der Lage, **Ammoniak** in **Harnstoff** umzuwandeln. Der in der Leber gebildete Harnstoff wird ins Blut abgegeben und über die Niere ausgeschieden bzw. gelangt (bei Pflanzenfressern) in den Magen-Darm-Trakt. Insbesondere Wiederkäuer haben mit einem ruminohepatischen Kreislauf des Stickstoffs einen Weg gefunden, Stickstoff im Organismus zu konservieren und einer wiederholten Verwertung zuzuführen (▶ Abb. 10-23). Bei Vögeln und Reptilien wird Harnsäure zur Entgiftung von NH_3 gebildet und über die Nieren ausgeschieden.

Blutspeicherung

Die Leber kann bis zu 25 % ihres Gewichts an Blut speichern. Die Speicherung kommt vor allem dadurch zustande, dass das Blut durch Kontraktion glatter Muskelzellen in den Lebervenen zurückgehalten wird. Als Reiz zur Ausschüttung des Blutes wirken ebenso wie in der Milz ein CO_2-Anstieg im Blut und die Erregung des Sympathikus.

Einfluss auf den Wasserhaushalt

Der Wasserhaushalt wird vor allem über die Synthese der **Bluteiweißstoffe** beeinflusst. Durch die Bluteiweiße wird ein **kolloidosmotischer Druck** im Blut erzeugt und dadurch Wasser im Gefäßsystem zurückgehalten.

Leberinsuffizienz

Die **Ursachen** für eine unzureichende Leistung der Leber (= Leberinsuffizienz) sind vielfältig.

- **Entzündungen**
  Zahlreiche Bakterien, Viren, Einzeller (Protozoen) und auch Parasiten greifen die Leber an, so z. B. das Canine Adenovirus (Hund), das feline Coronavirus (Katze), Leberegel (Befall der Gallengänge bei Weidetieren).
- **Vergiftungen**
  Einige Weidepflanzen entfalten eine leberschädigende Wirkung, so z. B. Jakobskreuzkraut und Herbstzeitlose. Allerdings sind auch verschiedene Schwermetalle (Quecksilber), Holzschutzmittel und Pestizide leberschädlich.
- **Erbkrankheiten**
  Lebershunt: eine erbliche Erkrankung bei Hunden. Das Blut fließt nicht durch die Leber, sondern durch ein Gefäß, einen „Shunt", an der Leber vorbei. Die Leber kann dadurch nicht die oben aufgeführten Funktionen erfüllen.
  Bei verschiedenen Terrier-Rassen, beim Dalmatiner und anderen Rassen neigt die Leber zu einer verstärkten Speicherung von Kupfer. Die vermehrte Ablagerung von Kupfer löst dann eine andauernde Entzündung der Leber aus.
- **Fettleber**
  Eine Fettleber, d. h. eine übermäßige Ablagerung von Fett in der Leber, entwickelt sich nicht nur bei übermäßiger Zufuhr von Energie über das Futter, sondern auch in Zeiten einer mangelnden Versorgung. In diesen Phasen mobilisiert das Tier verstärkt eigene Fettdepots. Die dann freigesetzten Fettsäuren können nicht vollständig von den Organen verstoffwechselt werden und werden dann in der Leber gespeichert. Die Symptomatik einer Fettleber findet sich u. a. bei Katzen und bei Milchkühen.

Entsprechend der vielfältigen Funktionen der Leber sind die **Folgen** einer Leberinsuffizienz vielfältig und je nach Dauer und Schwere ausgeprägt.

- **Störungen des Eiweißstoffwechsels**
  Bei hochgradigen Lebererkrankungen sind Blutgerinnungsstörungen (Mangel an Fibrinogen und Prothrombin ▸ Kap 5.5.3) und Ödembildungen (erniedrigter kolloidosmotischer Druck infolge Albuminmangels) möglich. Die Entstehung von Ödemen ist genauer in ▸ Kap. 8.2.4 beschrieben
- **Störungen im Hormonhaushalt**
  Aufgrund der Rolle der Leber beim Abbau der Hormone sind bei Lebererkrankungen zahlreiche Störungen des Hormonhaushalts möglich.
- **Störungen in der Galleproduktion/Ikterus**
  Ist die Leber geschädigt, kann auch nicht mehr genug Galle gebildet werden und die Gallenfarbstoffe verbleiben im Blut und treten in die Gewebe über. Es spielt sich dann ein der Bilirubin-Bildung (siehe oben) analoger Vorgang im Bindegewebe ab (ähnlich dem Bluterguss, der grün und schließlich gelb wird). Bei abnorm hohem Gallegehalt im Blut färben sich schließlich Gewebe großflächig gelb. Das Krankheitsbild wird **Gelbsucht (Ikterus)** genannt. Schädigend auf den Organismus wirken aber nicht so sehr die Gallenfarbstoffe als vielmehr die Gallensäuren, die nicht mehr über die Galle ausgeschieden werden. Eine Gelbsucht entsteht aber nicht nur dadurch, dass Leberzellen geschädigt werden und die von ihnen gebildete Galle in die Blutbahn statt in die Gallenkapillaren austritt, sondern auch dadurch, dass Stauungen im Gallengangssystem vorliegen. Eine Gelbsucht kann auch entstehen,

wenn so viel Blutfarbstoff angeboten wird, dass die Leber ihn nicht verarbeiten kann. Das ist z. B. der Fall, wenn sehr viele Erythrozyten gleichzeitig zugrunde gehen (▶ Kap. 5.4.1 Blutgruppensysteme der Tiere).

10.10 Verdauung im Dünndarm

Im Dünndarm erfolgt der enzymatische Abbau der mit der Nahrung aufgenommenen **Kohlenhydrate, Eiweiße** und **Fette.** Die Spaltprodukte werden großenteils direkt resorbiert.
Die **Enzyme** und die anderen für die Verdauung wichtigen Substrate stammen hauptsächlich aus Pankreassaft und Galle (▶ Kap. 10.9.1, 10.9.2). Die Enzyme von Pankreas und Darmeigendrüsen entfalten ihre Wirkung im Darmlumen, deshalb bezeichnet man den Prozess als **luminale Phase** der Verdauung. An die luminale Phase schließt sich die **membranale Phase** der Verdauung an. So befinden sich in der Bürstensaummembran (= Mikrovillisaum) der Enterozyten Peptidasen zur Spaltung der Peptide und Disaccharidasen zur Spaltung von Disacchariden **(Bürstensaumenzyme).**

10.10.1 Kohlenhydratverdauung

Kohlenhydrate können nur in Form von Monomeren (z. B. Glukose) resorbiert werden. Die Polymere der Nahrung wie Zellulose und Stär-

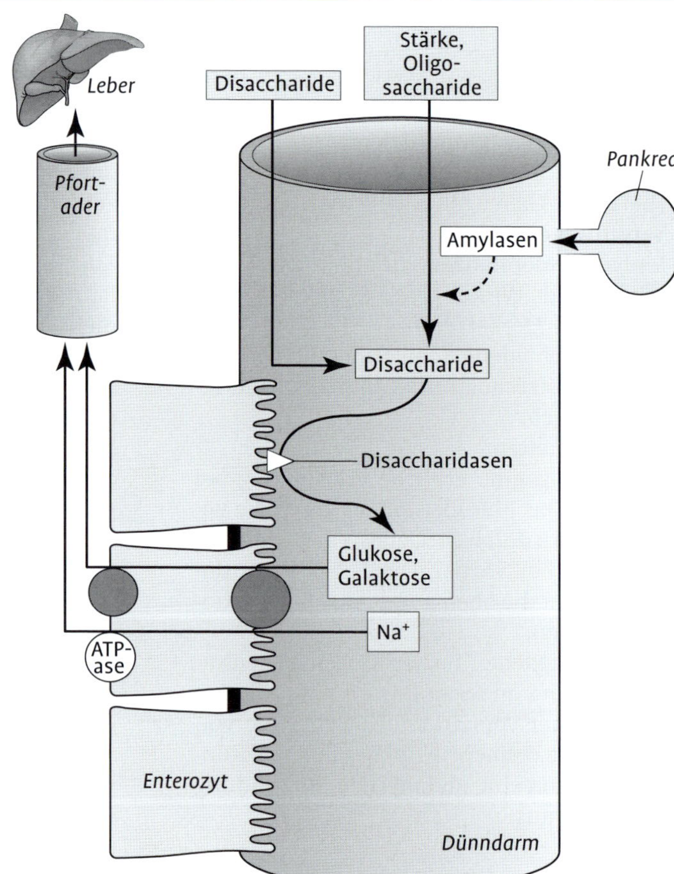

Abb. 10-38
Enzymatischer Abbau von Kohlenhydraten und Resorption der Abbauprodukte.
ATPase: Natrium/Kalium-ATPase (▶ Abb. 1-28).

ke müssen daher zuerst zerkleinert werden. Für die Spaltung der β-glykosidischen Bindung der **Zellulose** besitzen Säugetiere allerdings keine körpereigenen Enzyme. Deren Abbau kann daher nur mithilfe mikrobieller Enzyme erfolgen, wie im ▶ Kapitel 10.6.3 beschrieben wird.
Die Spaltung der α-glykosidischen Bindung der Glukosemoleküle innerhalb des **Stärkepolymers** ist aber sehr gut möglich. Die Spaltung wird durch **Amylase** katalysiert, wobei die Amylase des Pankreassekretes in der Regel eine wesentlich größere Rolle spielt als die des Speichels. Die Spaltung durch die Amylase setzt das Disaccharid **Maltose** und das Trisaccharid **Maltotriose** frei. Das Pankreassekret von Pferden enthält relativ wenig Amylase, da das Pferd von der Evolution her ein Pflanzenfresser ist, der hauptsächlich stärkearme Gräser verdauen muss.

Für den weiteren Abbau der Disaccharide zu Monomeren sind Disaccharidasen verantwortlich, die in der Membran der Zellen der Darmschleimhaut lokalisiert sind. Diese spalten nicht nur die Produkte des Stärkeabbaus, sondern auch andere mit der Nahrung aufgenommene Disaccharide wie **Saccharose** und **Laktose.** Durch die Wirkung der Disaccharidasen der Zellmembran werden die Monosaccharide **Glukose**, **Fruktose** und **Galaktose** freigesetzt (▶ Abb. 10-38). Eine altersbedingte Verminderung der Aktivität von Disaccharidasen, wie z. B. der Laktase, führt zu einer Akkumulation von osmotisch wirkenden Disacchariden im Darmlumen (▶ Kap.10.10.4).
Für die Monosaccharide sind in dem Epithel der Darmwand spezielle **Transportproteine** vorhanden. Über diese Proteine können Glu-

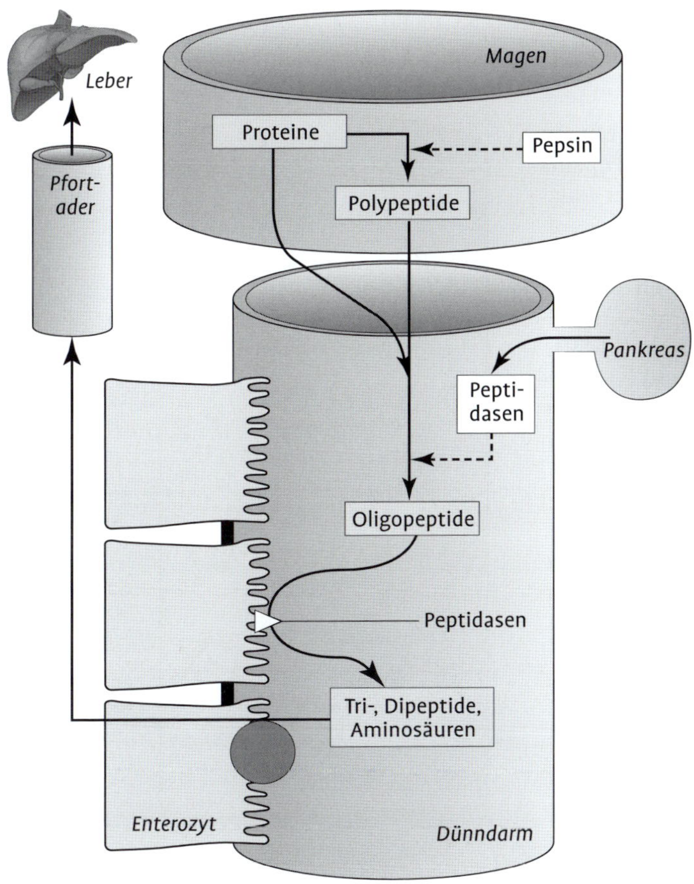

Abb. 10-39
Enzymatischer Abbau der Proteine im Magen und im Dünndarm und Resorption der Abbauprodukte, der Aminosäuren und Peptide. Die vom Pankreas sezernierten Peptidasen sind Trypsin, Chymotrypsin und Karboxypeptidase.

kose und Galaktose zusammen mit Natrium in die Epithelzellen aufgenommen werden (▶ Abb. 10-38). Durch die Kopplung an Natrium erfolgt diese Resorption sehr schnell und ist nach Passage des oberen Dünndarms weitgehend abgeschlossen. Dies hat zur Folge, dass bei adäquater Aufnahme von leichtverdaulichen Kohlenhydraten wie z. B. Stärke nur wenige unverdaute Kohlenhydrate in Kolon und Blinddarm eintreten. Ausgeschleust in Richtung Blut/Pfortader werden die Monosaccharide über erleichterte Diffusion mittels eines speziellen Transportproteins.
Schwerverdauliche Kohlenhydrate dagegen gelangen in den Dickdarm und werden durch die Enzyme der hier beheimateten Mikroorganismen zu kurzkettigen Fettsäuren gespalten (▶ Kap. 10.11.2). Der Dickdarm ist aber nicht in der Lage, Glukose oder andere Monomere zu resorbieren.

10.10.2 Proteinverdauung

Die Proteinverdauung beginnt im Magen durch die enzymatische Wirkung des **Pepsins** und den denaturierenden Einfluss der Salzsäure. Die so angedauten Proteine und Peptide gelangen in den Dünndarm, wo sie der hydrolytischen Wirkung der **Peptidasen** des Pankreas (Trypsin, Chymotrypsin und Karboxypeptidasen) ausgesetzt sind (▶ Abb. 10-39). Die Peptidasen spalten Proteine und Polypeptide zu **Oligopeptiden**, d. h. Peptiden mit wenigen Aminosäuren. Die Oligopeptide werden anschließend durch die Peptidasen der Bürstensaummembran zu Tri- bzw. Dipeptiden und zu Aminosäuren weiter zerlegt. Die aus der Spaltung entstandenen Tri- bzw. Dipeptide und Aminosäuren werden über spezielle Transportproteine resorbiert (▶ Abb. 10-39). Leichtverdauliche Proteine und Peptide sind bis zum Ende des Dünndarms weitgehend abgebaut und resorbiert, so dass nur geringe Mengen an Proteinen in den Dickdarm gelangen. Der Dickdarm ist nicht in der Lage, Di- und Tripeptide bzw. Aminosäuren zu resorbieren. Diese Substrate werden in den Stoffwechsel der im Dickdarm angesiedelten Mikroorganismen eingeschleust.

10.10.3 Fettverdauung

Ein großer Teil der Nahrungsfette besteht aus **Triazylglyzerinen**, die in der Regel langkettige Fettsäuren enthalten. In geringem Maße finden sich in der Nahrung Phospholipide, Cholesterinester und fettlösliche Vitamine.
Um eine Digestion in dem wässrigen Milieu des Darminhalts überhaupt möglich zu machen, müssen die Nahrungsfette zunächst emulgiert werden, d. h. in eine Suspension feiner Fetttröpfchen überführt werden. Eine mechanische Emulgierung der Fettkügelchen wird durch die Bewegungen des Magens eingeleitet (▶ Abb. 10-7). Die effektivere, **chemische Emulgierung** wird durch die **Gallensäuren** gewährleistet, die sich mit ihrer hydrophoben Seite an die Oberfläche der Fett-

Abb. 10-40
Emulgierende Wirkung der Gallensäuren.

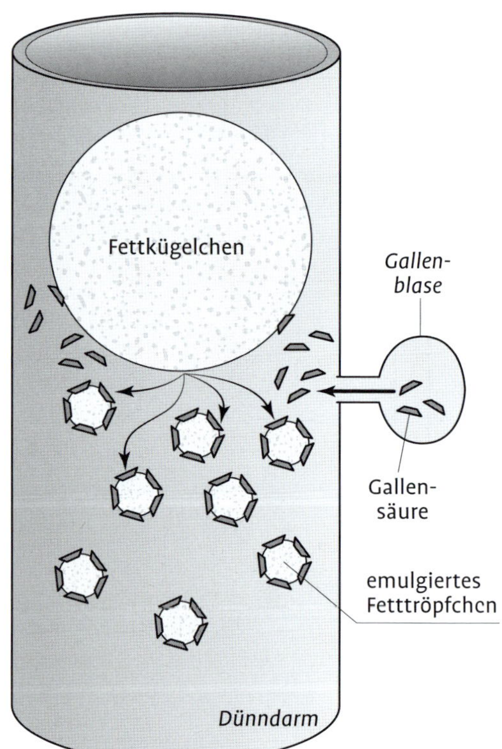

tröpfchen setzen und mit ihrer hydrophilen Seite dem restlichen Darminhalt zugewandt sind. Durch die emulgierende Wirkung der Gallensäuren werden die großen Tropfen der Nahrungsfette in viele kleine umgewandelt (▶ Abb. 10-40), was die Angriffsfläche für die Lipase vergrößert.

Die enzymatische Spaltung der Fette erfolgt teilweise durch die Lipase des Magens, vorwiegend aber durch die **Pankreaslipase.** Die Lipase spaltet Triazylglyzerine hydrolytisch zu **Monoazylglyzerinen** (Glyzerin mit einer Fettsäure verbunden) und freien Fettsäuren (▶ Abb. 10-41). Die Pankreaslipase ist essenziell für eine geregelte Fettverdauung. So finden sich beim Hund mit einer Pankreasinsuffizienz im Kot unverdaute Nahrungsfette und andere normalerweise verdauliche Nahrungsbestandteile.

Wie die Fette selbst sind auch die Produkte des Fettabbaus schlecht wasserlöslich. Allerdings lagern sich die freien Fettsäuren und die Monoazylglyzerine mit den Gallensäuren zu sogenannten Mizellen zusammen, Dabei sind deren hydrophile Anteile in die Lösung (den Darminhalt) gerichtet, was eine Erhöhung der Wasserlöslichkeit bewirkt (▶ Abb. 10-41).

Die Mizellen gelangen an die Oberfläche des Darmepithels. Hier werden die Fettsäuren und die Monoazylglyzerine durch spezifische Transporter bzw. durch einfache Diffusion in die Epithelzellen aufgenommen. In den Epithelzellen werden die langkettigen Fettsäuren und die Monoazylglyzerine zu Triazylglyzerinen resynthetisiert. Diese werden anschließend mit einer Proteinhülle umgeben, es entstehen sogenannte **Chylomikronen.** Die

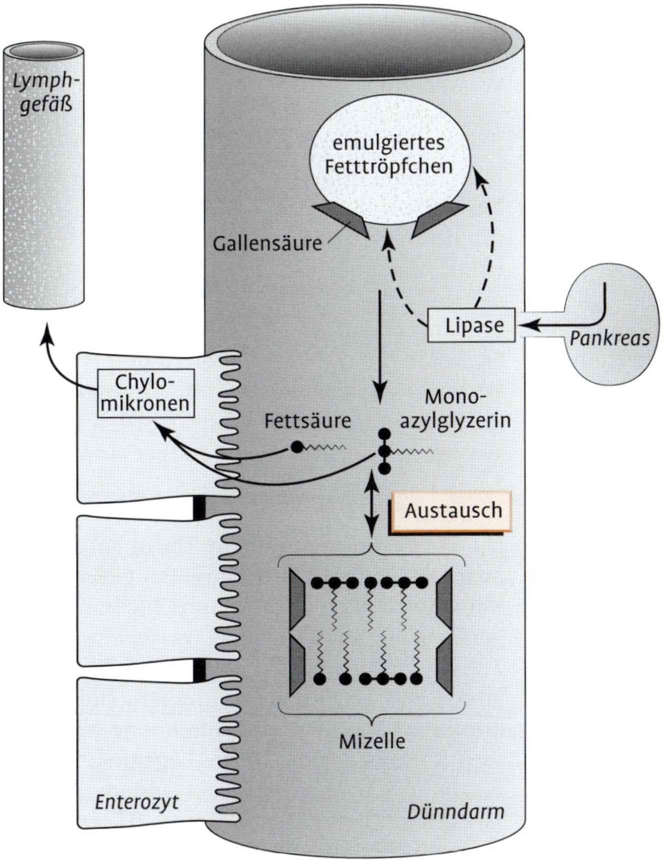

Abb. 10-41
Abbau der emulgierten Fetttröpfchen durch die Lipase des Pankreas. Die Abbauprodukte (Fettsäuren und Monoazylglyzerine) werden durch eine Mizellenbildung in Lösung gehalten. Das Äußere der Mizelle wird durch die Gallensäuren gebildet. Der Mizelleninhalt steht im Austausch mit dem restlichen Darminhalt, wobei die freigesetzten Fettsäuren über die Darmwand permeieren können. Innerhalb der Darmepithelzelle erfolgt die Bildung von Chylomikronen aus den aufgenommenen Fettsäuren und Monoazylglyzerinen. Nach der Ausschleusung aus dem Enterozyten werden die Chylomikronen über die Lymphgefäße abtransportiert. Der Vorgang der Emulgierung ist in ▶ Abb. 10-40 wiedergegeben.

Chylomikronen werden im Golgi-Komplex (▶ Kap. 1.1.3) in sekretorische Vesikel verpackt und mit diesen auf der basolateralen Seite aus den Epithelzellen ausgeschleust. Es erfolgt ein Weitertransport zu dem zentralen Lymphgang. Mit der **Lymphe** werden die Chylomikronen zur Leber und zu anderen Organen transportiert. Die Proteinhülle der Chylomikronen gewährleistet, dass die Organe die Chylomikronen erkennen und binden können. Die Gallensäuren der Mizellen werden zunächst nicht resorbiert und können auf diese Weise für eine erneute Emulgierung und/oder Mizellenbildung zur Verfügung stehen. Die Resorption der Gallensäuren erfolgt erst im Ileum durch hier vorhandene Transportproteine in der Zellmembran der Enterozyten (▶ Abb. 10-37).

10.10.4 Resorption von Wasser, Mengen- und Spurenelementen

In das Jejunum fließen große Mengen an Mineralstoffen und Wasser. Diese stammen aber nur in geringem Maße aus der Nahrung, die größeren Quellen sind die Sekrete von Magen, Pankreas und Leber (Galle). Auch die Darmwand selber sekretiert Flüssigkeit. Bei einem Pferd von 500 kg Körpermasse fließen täglich etwa 125 Liter Wasser über diese Sekrete in die vor dem Dickdarm gelegenen Abschnitte des Verdauungstraktes.

Sowohl Wasser als auch die Elektrolyte müssen wieder dem Organismus zugeführt werden. Dies erfolgt durch effektive Resorptionsmechanismen in der gesamten Länge des Dünndarms. Wasserabsorptionsstörungen können rasch zu erheblichen Wasserverlusten mit Störungen des Allgemeinbefindens führen (siehe unten: „Durchfall“).

Darüber hinaus dient die Resorption von Elektrolyten (vor allen Dingen von Natrium) dazu, andere organische Substrate im Kotransport mitzureißen (▶ Kap. 1.7).

■ Natrium- und Wasserresorption

Entscheidend für die **Natriumresorption** ist das Vorhandensein der **Natrium/Kalium-ATPase** in der basolateralen (blutseitigen) Membran der Enterozyten (▶ Abb. 10-38). Diese befördert Natrium aus dem Inneren der Darmepithelzellen in Richtung Blut und erzeugt dadurch einen Natriumgradienten vom Dünndarmlumen in Richtung Inneres der Darmepithelzelle. Dieser Gradient wirkt als treibende Kraft für Transportproteine, die als **Kotransporter** auf der Bürstensaummembran der Zelle operieren. So erfolgt in Kombination mit Natrium die Aufnahme von zahlreichen anderen Substraten wie Glukose, Galaktose, Aminosäuren, Phosphat, Sulfat, Gallensäuren und wasserlöslichen Vitaminen (▶ Abb. 10-38; ▶ auch Abb. 1-27).

Wie in ▶ Kapitel 10.9 dargestellt werden in den Magen-Darm-Trakt über die Darmanhangsdrüsen wässrige Sekrete eingebracht. Um den Flüssigkeitsverlust für den Organismus gering zu halten, müssen die sekretierten Wasser- und Elektrolytmengen wieder resorbiert werden. Da die Schleimhaut des Dünndarms zwischen den Zellen (parazellulär) relativ durchlässig ist, kann auf diesem Wege **Wasser** folgen (▶ Abb. 10-28). Treibende Kraft für die Wasserpermeation ist auch hier das Natrium, das über die Natrium/Kalium-ATPase aus der Zelle in Richtung Blut befördert wird und daher auf der Blutseite der Zellen die Osmolarität und damit die Triebkraft für die Wasserresorption erhöht. Mit dem parazellulär aufgenommenen Wasser werden in dem Wasser gelöste Elektrolyte mitgerissen.

■ Durchfall

Die **Wasserbewegungen im Darm** haben eine beachtliche Größenordnung. Bei einem 40 kg schweren Schwein fließen pro Tag in den Magen-Darm-Trakt etwa 12,7 l Wasser ein, die aus Tränke, Futter, Speichel, Magen-, Gallen-, Pankreas- und Darmsekret stammen. Diesen sekretierten Mengen wird durch eine hohe Resorptionsleistung des Darms begegnet. So können beim Schwein (40 kg) im Dünndarm etwa 10 l des einfließenden Wassers pro Tag resorbiert werden, im Dickdarm etwa 2,2 l. In Folge werden also von der insgesamt sekretierten

Menge von 12,7 l insgesamt über die Resorption wieder 12,2 l dem Körper zurückgeführt, so dass über den Kot nur 0,5 l Wasser pro Tag ausgeschieden werden. Diesen Wasserbewegungen ist der „Pool" gegenüberzustellen, aus dem das Wasser stammt bzw. in den das Wasser zurückbefördert wird. So beträgt die Menge der Plasmaflüssigkeit eines 40 kg schweren Schweins etwa 2 l. Dies bedeutet, dass durch gastrointestinale Sekretion und Resorption die Plasmaflüssigkeit etwa sechsmal pro Tag umgewälzt wird. Der Vergleich macht deutlich, dass geringe Verminderungen in der Resorptionsleistung des Magen-Darm-Traktes drastische Verluste im (extrazellulären) Wassergehalt des gesamten Tieres zur Folge haben.

Dementsprechend hat ein auftretender Durchfall, eine **Diarrhoe,** durchaus drastische Auswirkungen auf das Tier. Die zentralen Konsequenzen, die aus einer unstillbaren Diarrhoe resultieren, sind Wasser- und Elektrolytverlust (Dehydratation), Verschiebungen im Säure-Basen-Gleichgewicht (▶ Kap. 14.5) sowie der Energiemangel, der aus der verringerten Aufnahme von Nährstoffen entsteht. Insbesondere bei Jungtieren können diese Beeinträchtigungen rasch zum Tode führen.

Generell kann man zwischen sekretorischen und osmotischen Diarrhoen unterscheiden, wobei die Übergänge hier fließend sind. Von einer **sekretorischen Diarrhoe** spricht man, wenn es durch vermehrte Sekretion von Elektrolyten, insbesondere von Chlorid, zu einer vermehrten Wassersekretion kommt, die die Kapazitäten für die Rückresorption übersteigt. Dies kann durchaus als „Selbstreinigungsfunktion" verstanden werden. Der Organismus versucht, durch eine Verstärkung der sekretorischen Mechanismen einer Besiedlung mit pathogenen (krankmachenden) Keimen zu begegnen und die schädigenden Stoffe auszuspülen. Eine **osmotische Diarrhoe** ist Folge eines veränderten osmotischen Gradienten zwischen Darmlumen und Darmwand. Dieser entsteht durch die Ansammlung größerer Mengen nicht resorbierbarer, osmotisch aktiver Substanzen, wie beispielsweise von (nicht gespaltenen) Zuckermolekülen, im Darmlumen.

Sekretorische Diarrhoen sind in der Regel Folge von viralen und/oder bakteriellen Infektionen; aber auch verschiedene Protozoen (Kryptosporidien) können Durchfälle auslösen. Die drei grundlegenden Strategien, die bakterielle und virale Erreger einschlagen, sind 1. Angriff auf die Zellverbindungen, die tight junctions (▶ Kap. 1.1.2) und damit Störung der Barrierefunktion (dies machen z. B. einige Clostridien-Arten); 2. Anheftung an die Oberfläche des Darms, dadurch Verhinderung der Ausschwemmung mit dem Darminhalt; 3. Bildung von Giftstoffen (Toxinen). ▶ Abbildung 10-42 zeigt schematisch am Beispiel von entertoxischen *Escherichia coli* **(ETEC)** die Diarrhoe-auslösenden Mechanismen (Die folgenden Zahlen beziehen sich auf die umkreisten Nummern in ▶ Abbildung 10-42):

① Mittels Fimbrien können ETEC sich an die Oberfläche der Epithelzelle binden.

② ETEC sind in der Lage, Toxine zu bilden.

③ Die Toxine können sich an Bindungsstrukturen an der Epitheloberfläche binden und nach Bindung an diese Strukturen zur intrazellulären Erhöhung von cAMP und anderen Botenstoffen führen ④.

⑤ Folge der Bildung der Botenstoffe ist eine Hemmung der Natriumresorption und eine Stimulierung der Chloridsekretion.

⑥ Folge der Resorptions- bzw. Sekretionsstörung ist eine höhere Natrium- und Chloridkonzentration im Lumen, die osmotisch Wasser anzieht.

⑦ Die Toxine können auch durch die Epithelzellen durchdringen und an Bindungsstrukturen von Zellen des enterischen Nervensystems (▶ Kap.18.6.3) und an Immunzellen binden und auf diese Weise zur Freisetzung weiterer sekretorisch wirkender Stoffe führen.

Osmotische Diarrhoen sind oft Folge eines unzureichenden Abbaus von Nahrungsbestandteilen. So sind schon Disaccharide nicht resorbierbar, eine Resorption von Kohlenhydraten kann also nur in Form der Monomere, beispielsweise Glukose oder Fruktose, stattfinden (▶ Abb. 10-38). Eine mangelhafte Enzymaktivität der Disaccharidasen in der Bürstensaummembran führt daher zur (osmotischen) Diarrhoe. Klassisches Beispiel hierfür ist die **„Laktoseintoleranz"** des Menschen infolge einer genetisch bedingt mangelhaften Aktivi-

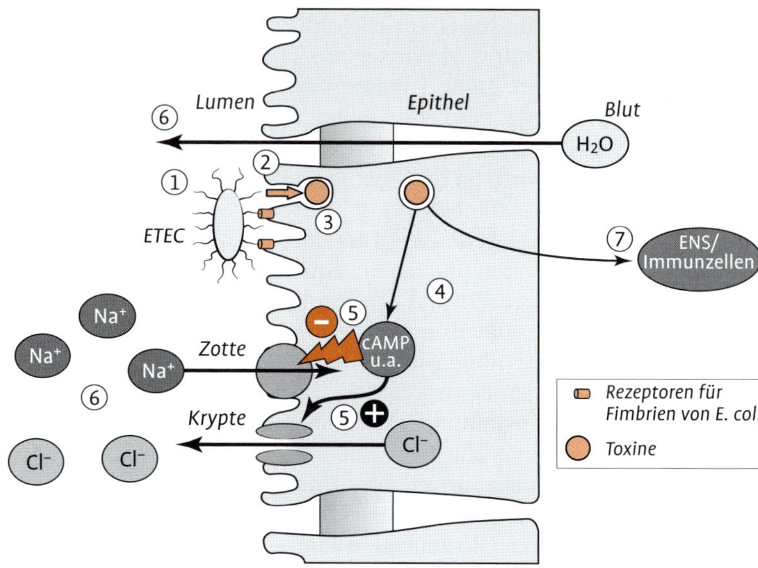

Abb. 10-42
Ablauf einer sekretorischen Diarrhoe am Beispiel einer Infektion mit *Escherichia coli.*

tät der Laktase im Dünndarm bzw. einer Abnahme der Laktaseaktivitat beim Heranwachsen. Auch adulte Hunde und Katzen haben in der Regel nur eine geringe Laktaseaktivitat im Dünndarm, was mit einer Unverträglichkeit von Milch oder Milchprodukten bei diesen Tieren verbunden sein kann. Aber auch die übrigen Disaccharidasen an der Bürstensaummembran können in ihrer Aktivität gestört sein. So kommt es beispielsweise bei einer Infektion mit Rotaviren zu einer Störung der Positionierung dieser Enzyme an der Zellmembran und in der Folge zu einer mangelhaften Aufspaltung und letztlich zu einer osmotischen Diarrhoe. Auch Infolge von Erkrankungen von Leber und Störungen des exokrinen Pankreas (häufiger bei Hund und Katze) kann die Verdauung von Nährstoffen mitunter stark beeinträchtigt sein. Störungen der Extrusion bzw. Bildung und/oder Sekretion von Gallensäuren und Pankreasenzymen führen unter anderem zu mangelhafter Fettverdauung und damit zu vermehrter Ausscheidung von Fetten mit dem Kot **(Steatorrhoe).**

Kalziumresorption

Der Zwölffingerdarm und der vordere Teil des Jejunums sind die Hauptorte der Kalziumresorption. Dies hängt unter anderem damit zusammen, dass der pH-Wert (infolge des Einstroms von Magensaft) hier noch niedrig genug ist, um die Lösung der Kalziumsalze aus dem Futter zu bewerkstelligen. Allerdings ist die Lösung aus Oxalsäure-Salzen (Oxalate, Bestandteil von Rübenblättern) und Phytinsäure-Salzen (Phytate, Bestandteil von Getreide und Hülsenfrüchten) besonders schwierig.

Das gelöste Kalzium wird über Kanäle aus dem Lumen in die Darmzelle aufgenommen und intrazellulär an ein Protein, das **Kalbindin** gebunden (▶ Abb. 10-43). Die Bindung an Kalbindin hat mehrere Vorteile. Zum einen wird dadurch der Konzentrationsgradient von gelöstem Kalzium aus Lumen in Richtung Zellinnerem hochgehalten und dadurch die Aufnahme beschleunigt. Zum anderen dient das Kalbindin dem schnelleren Transport von der Lumenseite der Zelle zur Blutseite. Auf der Blutseite wird dann das Kalzium aus dem Kalbindin gelöst und über ATP-verbrauchende Transportprozesse (gegen einen Konzentrationsgradienten) ins Blut befördert. Die Kalziumresorption im Darm wird über aktives

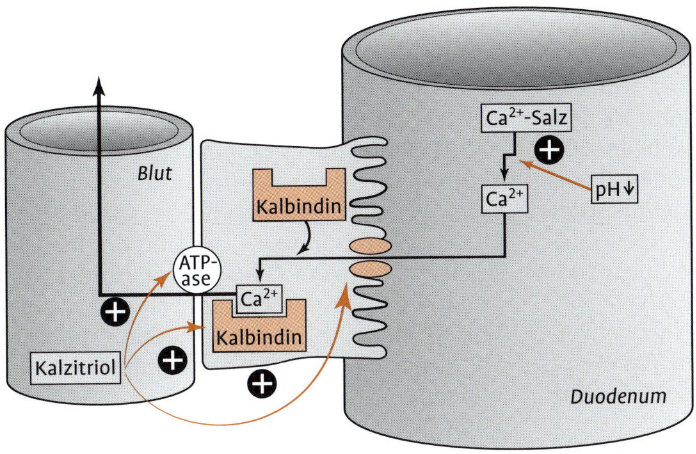

Abb. 10-43
Resorption von Kalzium aus dem Darm und Wirkung von Kalzitriol (Vitamin D_3).

Vitamin D_3 (= 1,25-$(OH)_2$- D_3 = Dihydroxycholekalziferol = **Kalzitriol**) gesteigert. Dieses Hormon fördert den Einbau von Kalziumkanälen, die Bildung von Kalbindin und der Transportproteine auf der Blutseite der Membran. Die weiteren Wirkungen von Kalzitriol sind in ▶ Kapitel 20.5.2 beschrieben.

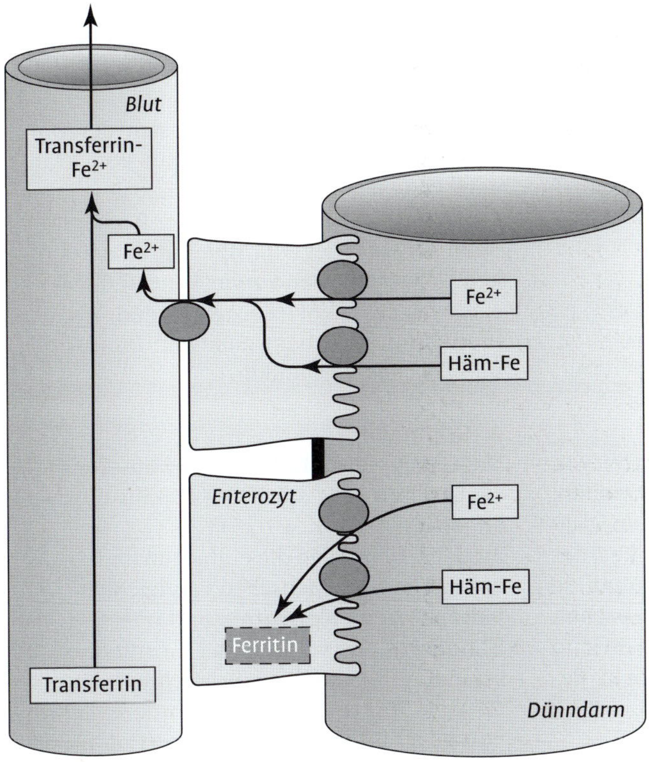

Abb. 10-44
Resorption des Eisens aus dem Darm.

Eisenresorption

Bei der Versorgung des Körpers mit Eisen spielt der Dünndarm eine besondere Rolle, da er den Mineralstoff nicht nur resorbiert, sondern auch speichert. Bei pflanzlicher Nahrung liegt ein großer Teil des Nahrungseisens in der Ferri(Fe^{3+})-Form als Eisenhydroxid oder als organische Verbindung vor. Im sauren Milieu des Magens wird aus diesen Verbindungen ionisiertes oder nur locker gebundenes Eisen freigesetzt. Danach ist eine Reduktion von Fe^{3+} zu Fe^{2+} notwendig, da Eisen nur in zweiwertiger Form resorbiert werden kann. Bei dieser Umwandlung helfen reduzierende Substrate in der Nahrung (z. B. Vitamin C).
Im Dünndarmepithel wird Fe^{2+} an ein Transportprotein in der luminalen Membran gebunden und in die Zelle aufgenommen (▶ Abb. 10-44). Bei karnivorer Ernährung kann Eisen auch in Form von Häm aufgenommen werden. Häm-Eisen wird wesentlich leichter resorbiert. Eine phosphatreiche Nahrung hemmt die Eisenresorption ebenso wie Phytate und Oxalate. Das ins Blut abgegebene Eisen wird dort an ein spezielles Protein, das **Transferrin,** gebunden.
Im Inneren der Zellen der Dünndarmschleimhaut kann Eisen an ein Speicherprotein, **Ferritin,** gebunden werden. Bei Eisenmangel wird weniger Ferritin gebildet. Damit steht mehr Eisen der Resorption zur Verfügung ▶ Abb. 10-44).

10.11 Dickdarm

10.11.1 Anteile und Aufbau

Die Schleimhaut des Dickdarms ist frei von Zotten, enthält aber massenhaft **Becherzellen.** Durch die hohe Schleimproduktion der Dickdarmschleimhaut bleibt die Gleitfähigkeit des eingedickten Kotes erhalten. Eine Zunahme der Schleimproduktion kann man aber schon am Ende des Dünndarms beobachten. So sind in der Schleimhaut des Hüftdarms mehr Becherzellen vorhanden als im Jejunum.

Blinddarm

Der Blinddarm **(Caecum)** ist der Beginn des Dickdarms (▶ Abb. 10-25). Wie sein Name sagt, ist er ein Blindsack. Besonders groß ist er beim Pferd, bei dem er zusammen mit dem großen Kolon die Gärkammer für die Zelluloseverdauung darstellt. Er kann jedoch auch beim Wiederkäuer beträchtliche Größe erreichen. Ein Wurmfortsatz, wie ihn der Mensch besitzt, fehlt beim Haustier (allerdings vorhanden bei Hase und Kaninchen). Bei allen Haussäugetieren ist der Blinddarm mit dem Hüftdarm durch ein gefäßführendes Band verbunden.
Beim Pferd ist der Blinddarm etwa 1 m lang und fasst bei großen Tieren bis zu 70 l (▶ Abb. 10-25). Man unterscheidet an ihm den Kopf, den großen Körper und die Spitze. Der Blinddarmkopf liegt auf der rechen Seite der **Hungergrube** an (Hungergrube: eingezogener Teil der Bauchwand zwischen der letzten Rippe und dem Hüfthöcker). Der anschließende Körper und die Spitze laufen nach kranial bis nahe zum Brustbein. Wie auch in den anderen Dickdarmabschnitten des Pferdes bildet die Längsmuskulatur des Blinddarms **Bandstreifen,** zwischen denen sich die Darmwand als **Poschen** vorwölbt.
Beim **Wiederkäuer** erstreckt sich der Blinddarm als wurstförmiges Organ von kranial nach kaudal. Die Blinddarmspitze liegt je nach Füllungszustand vor oder in der Beckenhöhle.
Beim **Schwein** liegt der Blinddarm auf der linken Körperseite, und zwar ventral der linken Niere bis in die linke Leistengegend. Wie beim Pferd sind auch beim Schwein Bandstreifen und Poschen vorhanden.

Grimmdarm

Der Grimmdarm **(Colon)** ist bei unseren Haussäugetieren sehr stark der Ernährungsweise angepasst (▶ Abb. 10-25).
Zur Übersicht seien die einfachen und den Verhältnissen beim Menschen vergleichbaren Verhältnisse beim Fleischfresser dargestellt. Vom Blinddarm aus verläuft der Grimmdarm mit seinem Anfangsteil auf der rechten Körperseite nach kranial bis vor die vordere Gekrösewurzel als **aufsteigendes Kolon (Colon ascendens).** Um die Gekrösewurzel bildet er an-

schließend als **querlaufendes Kolon (Colon transversum)** einen Haken von rechts nach links. Danach zieht er als **absteigendes Kolon (Colon descendens)** auf der linken Seite nach kaudal. Vor der Beckenhöhle geht der Grimmdarm in den Mastdarm über.
Bei den pflanzen- und allesfressenden Haussäugetieren ist vor allem der Anfangsteil, das Colon ascendens, besonders ausgebildet, wodurch große Teile des Bauchraums ausgefüllt werden (▶ Abb. 10-45). Allgemein bildet es beim Pferd eine hufeisenförmige Doppelschleife, bei den Wiederkäuern spiralförmig angeordnete Schlingen, die eine Scheibe bilden und beim Schwein einen Kolonkegel (▶ Abb. 10-25).
Die **hufeisenförmige Doppelschleife** beim **Pferd** kommt dadurch zustande, dass vom Blinddarm aus der Grimmdarm zunächst etwa parallel zum rechten Rippenbogen von kaudodorsal nach kranioventral in die Schaufelknorpelgegend zieht (rechte ventrale Längslage), dann dort nach links umschlägt und anschließend ventral an der Bauchwand entlang zur Beckengegend läuft (linke ventrale Längslage). Vor der Beckenhöhle erfolgt ein Umschlag nach dorsal und kranial **(Beckenflexur)**. Rücklaufend zieht der Grimmdarm nun wieder auf der linken Seite zum Zwerchfell (linke dorsale Längslage), von dort nach rechts und unter starker Erweiterung **(magenähnliche Erweiterung)** nach kaudal (rechte dorsale Längslage). In Richtung Brustkorb geht der Grimmdarm dann in das querlaufende Kolon und von dort in das absteigende Kolon über. Die hufeisenförmige Doppelschleife entspricht dem aufsteigenden Kolon und wird wegen ihrer Länge und ihres Fassungsvermögens auch als **großes Kolon** bezeichnet.
Das Kolon des Pferdes weist streckenweise deutliche **Bandstreifen** und **Poschen** auf. Hierdurch wird die Oberfläche vergrößert und die Passagegeschwindigkeit vermindert.
In der magenähnlichen Erweiterung bilden sich gelegentlich Verstopfungen oder Konkremente, die durch ihre Größe den engen Übergang in das querlaufende Kolon behindern können. Ähnliche Verstopfungen können auch in der relativ engen Beckenflexur auftreten. Bei der dadurch ausgelösten Kolik zeigen die Tiere starke Schmerzsymptome.
Beim **Wiederkäuer** bildet das aufsteigende Kolon eine **Spirale**, an der man **zentripetale** und **zentrifugale Schlingen** unterscheiden kann, die in der Zentralschleife ineinander übergehen (▶ Abb. 10-25/2', 2"). Um diese Spirale

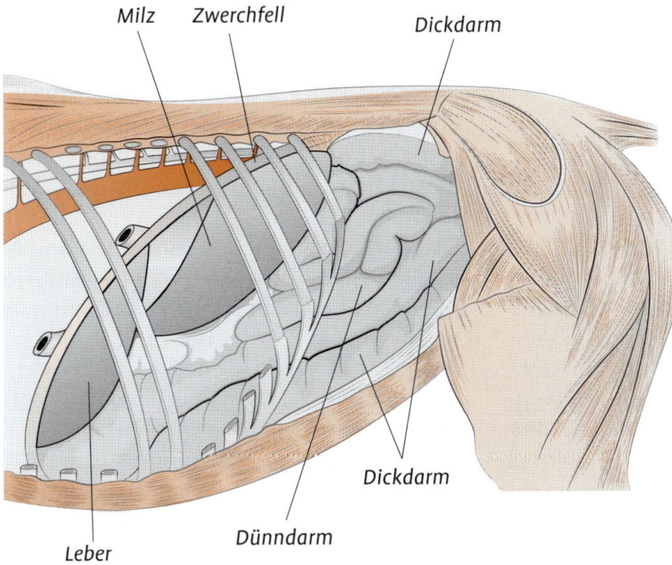

Abb. 10-45
Lage der Bauchorgane beim Pferd, Ansicht von links (nach Budras und Röck 2009).

herum ist der Leerdarm girlandenförmig angeordnet. Die Spirale (auch als Grimmdarmlabyrinth oder -scheibe bezeichnet) liegt vertikal rechts neben dem Pansen in der rechten Körperhälfte. Aus den Spiralschleifen geht das querlaufende Kolon hervor und führt in das absteigende Kolon. Das Colon descendens der Wiederkäuer bildet eine S-förmige Schlinge.
Beim **Schwein** ist das aufsteigende Kolon **bienenkorbartig** angeordnet (▶ Abb. 10-25/2', 2"). **Außenwindungen** führen zentripetal zur Spitze des **Kegels,** an der sie in die steiler gewundenen und zentrifugal verlaufenden **Innenwindungen** übergehen. Die Basis des Kegels liegt dorsal und links. Die Achse ist entweder dorsoventral oder bei starker Füllung des Magens von kraniodorsal nach kaudoventral gerichtet. Auch die Lage des Kegels in der Bauchhöhle richtet sich nach der Magenfüllung. Je voller der Magen ist, desto mehr wird der Kolonkegel nach links und kaudal verdrängt.

Mastdarm

Der Mastdarm **(Rectum)** verläuft unter der Wirbelsäule nach kaudal und liegt mit seinem kaudalen Abschnitt im retroperitonealen Teil der Beckenhöhle. Das Ende des Mastdarms ist zur **Mastdarmampulle** erweitert. Im absteigenden Kolon und im Mastdarm wird der Kot entwässert und geformt.

10.11.2 Verdauung im Dickdarm

Digestion

Wie die Vormägen so ist auch der Dickdarm dicht von **Bakterien** und anderen Mikroorganismen besiedelt. Diese Besiedlung erfolgt bei den Jungtieren bereits in den ersten Lebenstagen durch Aufnahme der Keime aus der Umgebung, aber auch durch direkten Kontakt mit dem Muttertier. Die großen Dickdarmabteilungen bei Pferd, Kaninchen und Meerschweinchen spielen daher für die mikrobielle **Zelluloseverdauung** eine wichtige Rolle. Auch bei Schwein und Wiederkäuer finden hier intensive mikrobielle Umsetzungsprozesse statt. Ähnlich wie in den Vormägen der Wiederkäuer werden Zellulose und auch andere, im Dünndarm nicht gespaltene Kohlenhydrate zu **kurzkettigen Fettsäuren** (Azetat, Propionat, Butyrat) ab- und umgebaut. Die im Dünndarm nicht verdauten schwerverdaulichen Proteine werden wie in den Vormägen durch die Mikroorganismen in **mikrobielles Protein** umgewandelt. Außerdem werden durch die Darmbakterien Vitamine der B-Gruppe und Vitamin K gebildet.

Resorption

So wie die mikrobiellen Prozesse zwischen Vormägen und Dickdarm sich ähneln, so finden sich auch Übereinstimmungen bei den Resorptionsvorgängen. Auch im Dickdarm werden die mikrobiell produzierten **kurzkettigen Fettsäuren** effizient resorbiert, sowohl in protonierter Form als auch dissoziiert im Austausch gegen Hydrogenkarbonat.
Außerdem erfolgt auch im Dickdarm eine Resorption des nicht zur Aminosäurensynthese verwendeten NH_3. Das resorbierte Ammoniak wird anschließend in der Leber zu Harnstoff umgewandelt. Die nachfolgende Rückführung des Harnstoffes über die Dickdarmwand in den Dickdarminhalt unterstützt eine effiziente Aminosäurensynthese im Dickdarm. Im Unterschied zu den Vormägen wird allerdings das mikrobielle Protein ausgeschieden, da im Dickdarm keine Resorption von Aminosäuren und Peptiden mehr stattfindet.
Der Dickdarm ist in der Lage, **Natrium** zu resorbieren und durch die osmotische Wirksamkeit des Natriums dem Darminhalt Wasser zu entziehen. Auf diese Weise wird der Kot eingedickt. Die Resorption von Natrium im Dickdarm steht unter Kontrolle des Hormons **Aldosteron** aus der Nebennierenrinde. Kleine Dickdarmverdauer wie Kaninchen und Meerschweinchen sind in der Lage, die Aldosteronfreisetzung tagesabhängig zu variieren. Vor allem in den Dunkelphasen wird die Aldosteronausschüttung gedrosselt. Dies führt dazu, dass im **Blinddarm** dieser Tiere weniger Natrium und damit weniger Wasser resorbiert wird. Der Blinddarminhalt wird infolgedessen flüssiger. Dieser wandert dann nach distal. Allerdings wird dieser Chymus (Darminhalt, gemischt aus Verdauungssäften und Nahrungsbestandteilen) nicht in Form von Kot abgesetzt, son-

dern von den Tieren direkt am Anus abgegriffen und gefressen. Man bezeichnet diesen Vorgang als **Zäkotrophie** oder unkorrekt auch als Koprophagie (Kopros = Kot). Durch die Zäkotrophie sind die kleinen Dickdarmverdauer in der Lage, Proteine, Vitamine usw. wieder aufzunehmen und in den vorderen Darmabschnitten zu resorbieren.

Motorik des Dickdarms

Die **Bandstreifen** und **Poschen** sind als Einrichtungen zu sehen, mithilfe derer die Durchflussgeschwindigkeit verringert werden kann und so der mikrobiellen Verdauung mehr Zeit gegeben wird. Diese anatomischen Rückhaltevorrichtungen unterstützen die motorischen Vorgänge. Grundsätzlich ähneln die Darmbewegungen des Dickdarms denen des Dünndarms (▶ Abb. 10-29). Im Unterschied zum Dünndarm ist aber eine intensive **Antiperistaltik** zu finden. Die Antiperistaltik sorgt für eine bessere Durchmischung und ein längeres Verweilen des Inhalts. Dies fördert die mikrobiellen Verdauungsprozesse.

10.12 After und Kotabsatz

Der After **(Anus)** bildet das Ende des Darmrohrs. Mit seinem inneren und seinem **äußeren Schließmuskel** sorgt er für den Verschluss des Darms nach außen. Der innere Schließmuskel wird von der Zirkulärmuskelschicht gebildet, der äußere Schließmuskel besteht aus Skelettmuskulatur. Die Schleimhaut des Afters ist eine kutane Schleimhaut. Sie stellt den Übergang von der äußeren Haut zur Darmschleimhaut her. Die Bindegewebshaut ist eine Adventitia.

Beim **Fleischfresser** liegen in der Umgebung des Afters zahlreiche Zirkumanaldrüsen und zwei große **Analbeutel.** Die Analbeutel sekretieren ein breiiges Sekret mit spezifischen Duftstoffen, das beim Kotabsatz in kleinen Mengen abgegeben wird. Es dient in der freien Wildbahn zur Markierung des Terrains. Beim Haushund kommt es häufig zu Verstopfungen und Entzündungen der Analbeutel (Rutschen bzw. „Schlittenfahren“ der Hunde). Die Zirkumanaldrüsen haben keine Ausführungsgänge. Sie haben vermutlich innersekretorische Funktion.

Der **Kotabsatz** wird reflektorisch durch starke Füllung der Mastdarmampulle ausgelöst und von der Medulla oblongata und dem Sakralmark gesteuert. Der Reflex lässt sich durch den Willen beherrschen. Der Kotabsatz erfolgt reflektorisch, wenn der Mastdarm gefüllt ist und dieser, besonders in seiner Ampulle, gedehnt wird.

Form, Farbe, Geruch, Konsistenz und eventuelle Beimengungen des Kotes sowie Häufigkeit und Art des Absatzes können wertvolle Hinweise auf einen physiologischen oder gestörten Verdauungsablauf geben. Dünnbreiiger Kot kommt bei ungenügender Wasserresorption im Darm durch Schleimhauterkrankungen oder durch übereilte Passage vor. Heller oder fetter Kot lässt auf Sekretionsstörungen der Leber (zu wenig Galle) oder der Bauchspeicheldrüse (zu wenig Lipase) schließen. Dicke, schleimige Beläge, die manchmal den Eindruck erwecken, es habe sich die gesamte Schleimhaut abgestoßen, sind durch chronische Schleimhautreizungen im Dickdarm bedingt. Blut, das aus proximalen Darmabschnitten stammt, färbt den Kot dunkel, Blut aus distalen Abschnitten behält dagegen seine Farbe und ist hellrot. Beim Pferd weisen unverdaute Haferkörner auf Zahn- und Gebissfehler hin.

10.13 Besonderheiten der Geflügelverdauung

Das Verdauungssystem des Geflügels zeichnet sich im Vergleich zu dem der Säuger durch kurze Passageraten und hohe Sekretions- und Absorptionsleistungen aus. Das ist darin begründet, dass beim Vogel auch das Verdauungssystem an die Anforderungen einer flugfähigen Spezies adaptiert sein muss. Somit darf zum einen das Gewicht des Verdauungstraktes nicht zu hoch sein, um die Flugfähigkeit des Vogels zu gewährleisten. Zum anderen muss der Magen-Darm-Kanal sehr effizient arbeiten, weil gerade die Fortbewegung im Flug enorm energieaufwendig ist.

10.13.1 Schnabel und Kropf

Anatomisch beginnt die Gewichtsreduktion des Verdauungstraktes schon durch das Vorhandensein des **Hornschnabels,** der die Zähne der Säugetiere teilweise funktionell ersetzt. Der Schnabel stellt ein leichtes, aber hochsensibles und effizientes Werkzeug zur Nahrungsaufnahme dar. Durch das Fehlen von Zähnen muss allerdings die Zerkleinerung der Nahrung zum Teil von weiter kaudal liegenden Darmabschnitten, insbesondere den Magenabteilungen, übernommen werden. Da die **Zunge** des Geflügels keine Eigenmuskulatur aufweist, muss der **Schluckakt** dadurch unterstützt werden, dass der Kopf des Vogels in den Nacken gelegt wird. Dies ist besonders beim Abschlucken von Flüssigkeiten gut zu beobachten. Über die weitlumige Speiseröhre wandert das Futter nach der Aufnahme Richtung Magen und passiert dabei den **Kropf** (▶ Abb. 10-46). Dieser stellt eine weitere Besonderheit des aviären Verdauungssystems dar. Außer bei den Tauben ist der Kropf beim Nutzgeflügel funktionell ein Speicherkropf. Das heißt, aufgenommenes Futter kann hier vor der weiteren Umsetzung gespeichert werden. Bei hohem Futterangebot wird der Kropf während der Nahrungsaufnahme stark befüllt. Der Kropfinhalt steht dann während Phasen der Nahrungskarenz zur Verfügung. In diesen Perioden wird das Futter aus dem Kropf in kleinen Portionen dem mittleren und hinteren Verdauungstrakt zugeführt, was durch die kontinuierliche Verdauungs- und Resorptionstätigkeit zu einer besseren Futterausnutzung führt. Die enzymatische Umsetzung der Nahrung kann schon im Kropf durch eine lokale Amylaseaktivität beginnen. Da sich im Kropf allerdings weitgehend unzerkleinertes Futter sammelt, ist die enzymatische Aktivität hier bei Weitem nicht so effizient wie im Dünndarm.

Abb. 10-46
Übersicht über den Verdauungstrakt beim Geflügel (nach König und Liebich 2001).

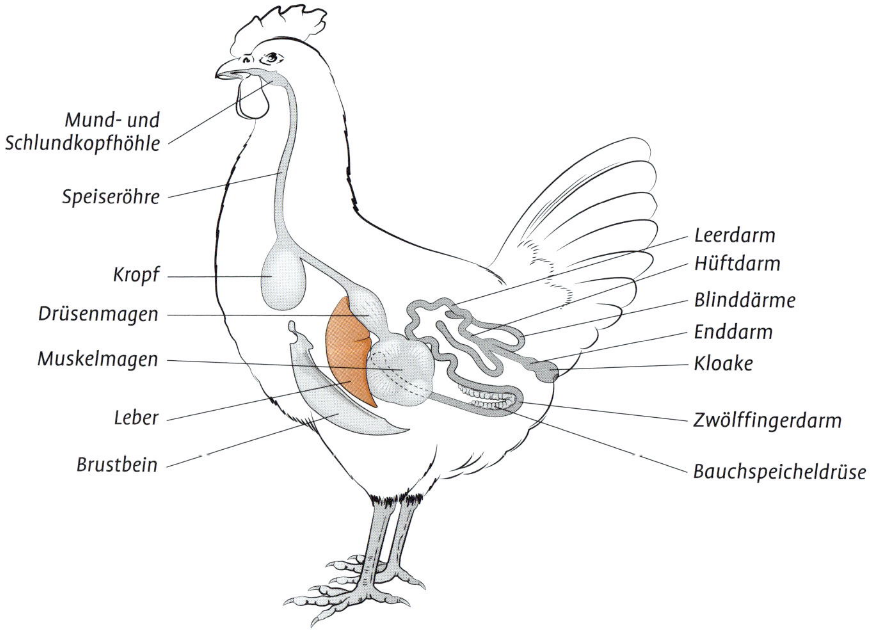

10.13.2 Magen

Aus dem Kropf gelangt der Nahrungsbrei in den Magen. Der Magen ist beim Vogel zweigeteilt in einen **Drüsenmagen** und einen Muskelmagen (▶ Abb. 10-46). Ersterer ist in seiner enzymatischen Ausstattung mit dem einhöhligen Magen der Säugetiere vergleichbar (▶ Kap. 10.5). Allerdings sind die relativen (d.h. auf das Körpergewicht bezogenen) Sekretionsraten für Salzsäure und Pepsinogen um ein Mehrfaches höher als beim Säugetier. Diese vergleichsweise potentere Sekretion beim Vogel ist verbunden mit schnelleren gastrointestinalen Passageraten dieser Tiere. Vergleichbar zum Magen der Monogastrier wird im Drüsenmagen Salzsäure und Pepsinogen sezerniert. Sowohl HCl als auch Pepsin(ogen) sind zur Denaturierung und Spaltung von Proteinen essenziell. Die Proteindenaturierung bezieht sich aber nicht nur auf Nahrungsproteine, sondern auch auf bakterielle Proteine. Somit trägt der Drüsenmagen wesentlich dazu bei, eine Kontamination des nachfolgenden Magen-Darm-Trakts mit pathogenen Mikroorganismen zu verhindern. Der im Magen vorherrschende niedrige pH-Wert verhindert eine Amylaseaktivität, so dass keine enzymatische Umsetzung von Kohlenhydraten erfolgen kann.

Der **Muskelmagen** schließt sich dem Drüsenmagen kaudal an und ist mit diesem über ein enges Verbindungsstück, den Isthmus, verbunden. Im Muskelmagen findet keine Sekretion von Verdauungssekreten statt. Die im Drüsenmagen begonnene enzymatische Verdauung von Proteinen im sauren Milieu setzt sich aber hier teilweise noch fort, da der luminale pH-Wert erst im Dünndarm durch das Sekret der Bauchspeicheldrüse deutlich erhöht wird. Die Hauptaufgabe des Muskelmagens besteht in der mechanischen Zerkleinerung des aufgenommenen Futters. Hierzu sind im Lumen Magensteinchen (Grit) vorhanden und der Magen ist außerdem mit einer Koilinschicht ausgekleidet, die die Funktion einer Reibeplatte hat. Das Koilin ist ein Produkt der Epithelzellen im Muskelmagen. Nach der Sekretion an die Epitheloberfläche härtet es aus und kleidet das Magenlumen mit einer festen Schicht aus.

10.13.3 Dünndarm

An den Muskelmagen schließen sich die Dünndarmabteilungen an (▶ Abb. 10-46). Anatomisch sind die einzelnen Dünndarmkompartimente beim Vogel nicht so gut zu differenzieren wie beim Säuger (▶ Kap. 10.8). Daher wird der Dünndarm auch häufig in Duodenum und Jejunoileum unterteilt. Im Dünndarm findet der wesentlichste Teil der enzymatischen Umsetzung der Nahrung statt. Das im Muskelmagen zerkleinerte Futter ist hier sowohl dem Enzymcocktail aus dem Pankreas als auch den Verdauungsenzymen vom Dünndarmepithel ausgesetzt. Im Gegensatz zum Kropf mit seiner vergleichsweise geringen Amylaseaktivität ist die Stärkeverdauung im Dünndarm hocheffizient. Dies liegt unter anderem an der höheren Sekretionsrate von Amylase verglichen mit Säugern wie Schwein und Mensch. Neben der Amylase werden aus der Bauchspeicheldrüse des Geflügels auch Lipase, Trypsinogen, Chymotrypsinogen sowie inaktive Karboxypeptidasen freigesetzt. Das Substratspektrum dieser Enzyme ist vergleichbar mit dem beim Säugetier (▶ Kap. 10.8). Auch mit dem Säugetier vergleichbar ist die Einteilung der enzymatischen Aktivität im Dünndarm in eine luminale und eine membranale Phase. Die luminale Phase findet sich zentral im Dünndarmlumen. Hier werden durch pankreatische Enzyme Nahrungsinhaltstoffe in kleinere Stücke gespalten. Die membranale Phase findet sich unmittelbar an der Epitheloberfläche. Hier erfolgt die finale Spaltung, z.B. von Oligopeptiden in Di- und Tripeptide und Aminosäuren, oder von Disacchariden in Monosaccharide.

Aufgrund der vergleichsweise kurzen Dünndarmlänge und geringen Passagezeiten muss auch die Resorption der Nährstoffe schnell und effizient erfolgen. Glukose z.B. kann prinzipiell auf zwei Wegen den Dünndarm Richtung Blut verlassen, transzellulär via spezifische Transportproteine oder parazellulär. Ersteres ist für den Säuger sehr gut untersucht und stellt dort den Hauptresorptionsweg dar (▶ Abb. 10-38). Auch im Dünndarm des Vogels sind verschiedene Glukosetransporter bereits nachgewiesen worden. Allerdings konnte auch gezeigt werden, dass diese Glukosetransporter die kür-

Abb. 10-47
Kloake des Haushuhns (nach Hummel 2000).

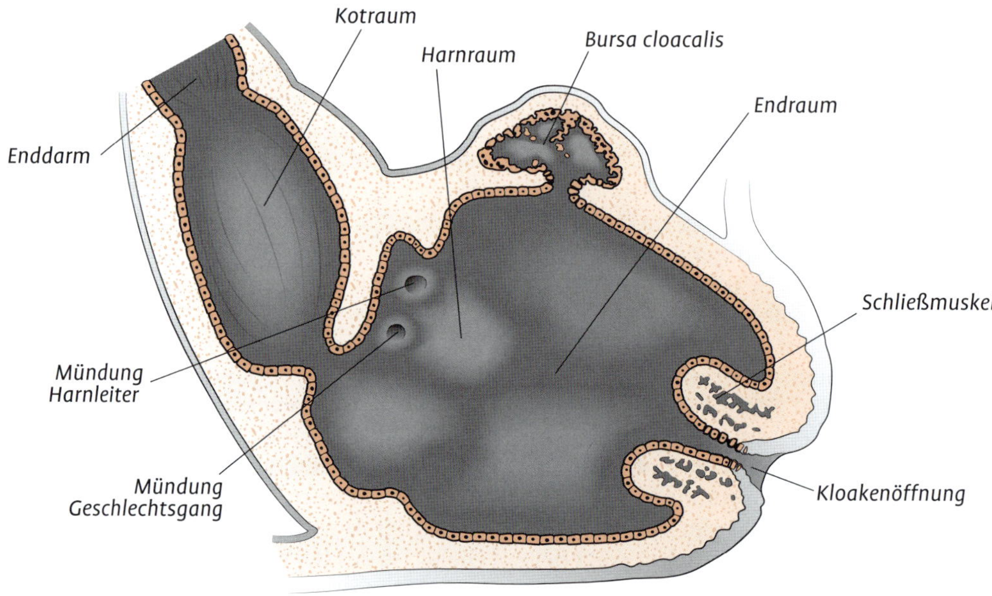

zere Passagezeit durch den Dünndarm nicht durch eine höhere Transportleistung ausgleichen. Vielmehr erfolgt die Kompensation der geringen Verweilzeit des Chymus im Darmlumen durch eine verstärkte parazelluläre Resorption.

10.13.4 Blinddärme, Rektum und Kloake

An den Dünndarm schließen sich einerseits die Blinddärme, andererseits Rektum und Kloake an (▶ Abb. 10-47). Den Blinddärmen werden verschiedene Funktionen zugeordnet. Zum einen findet dort eine Resorption von Wasser, Elektrolyten und kurzkettigen Fettsäuren statt. Letztere entstehen durch die mikrobielle Umsetzung von schwerverdaulichen Kohlenhydraten. Allerdings liegt das Ausmaß dieser mikrobiellen Fermentation deutlich unter der typischer Dickdarm- bzw. Blinddarmverdauer (Pferde/Kaninchen).

Zum anderen sind die Blinddärme essenziell an der Rezyklierung von Stickstoffverbindungen beteiligt. Beim Vogel gelangt durch antiperistaltische Wellen die in die Kloake abgegebene Harnsäure in die Blinddärme. Die Harnsäure steht dort den ansässigen Mikroorganismen zur Gewinnung von Stickstoff und entsprechendem Aufbau von Aminosäuren zur Verfügung.

Die **Kloake** ist der gemeinsame Raum, in dem Rektum, Harnröhre und Geschlechtsgänge enden. Obwohl es sich im Prinzip um einen Hohlraum handelt, können bei der Kloake funktionell unterschiedliche Kompartimente, der Kotraum, der Harnraum und der Endraum, unterschieden werden (▶ Abb. 10-47). Auch die Bursa cloacalis, die der Prägung der B-Lymphozyten dient, ist hier lokalisiert (▶ Kapitel 6.3).

11 Energiehaushalt

11.1 Gesetzmäßigkeiten

11.1.1 Energieumwandlung im Organismus

Für zahlreiche Prozesse im Körper wird **Energie** benötigt, so z. B. für die Synthese körpereigener Moleküle, für den aktiven Stofftransport, für die innere mechanische Arbeit (Herzaktion, Atmung, Verdauung usw.) und für die äußere mechanische Arbeit (Fortbewegung). Die beim Abbau der Nährstoffe anfallende Energie kann allerdings nur teilweise in mechanische Arbeit und in Syntheseleistung umgesetzt werden. Ein gewisser Teil wird zwangsläufig als Wärme freigesetzt. Dies ist einerseits vorteilhaft, da so die Körperkerntemperatur aufrechterhalten werden kann, andererseits steht für die oben erwähnten Prozesse nur ein Teil der Substratenergie zur Verfügung. Dieser Anteil wird über den **Wirkungsgrad** erfasst. Letzterer ist definiert als die nutzbare Energie durch die zugeführte Energie. Für die mechanische Arbeit der Skelettmuskulatur ergibt sich ein Wirkungsgrad von maximal 30 % (▶ Abb. 1-18), d. h. etwa 70 % der zugeführten Energie wird als Wärme frei und nur ca. 30 % wird für die Bewegung genutzt.

Tab. 11-1
Mittlerer Energiegehalt des Fettgewebes und der Kohlenhydratspeicher eines 100 kg schweren Schweins (Berechnung nach Tab. 1-3; Schlachtmasse 75 %.)

	Masse (kg)	Energiedichte kJ/g Substrat	Energiegehalt gesamt (kJ)
Fettgewebe	28	39,8	1 114 400
Kohlenhydratspeicher *	0,4	17,6	7 040

* hauptsächlich Glykogen in der Skelettmuskulatur, gering in Leber.

Maßeinheit für den Energieumsatz ist Joule (J), wobei 4,187 J = 1 cal.

11.1.2 Physikalischer und physiologischer Brennwert

Fette, Eiweiße und Kohlenhydrate enthalten Energie. Werden die Substrate vollständig oxidativ umgesetzt (verbrannt), so wird pro Gramm Substrat immer eine konstante Energiemenge freigesetzt, die als **physikalischer Brennwert** bezeichnet wird. Pro Gramm oxidierte Kohlenhydrate sind dies 17,6 kJ, pro Gramm Fett 39,8 kJ und pro Gramm Protein 23,9 kJ.
Für Fett und Kohlenhydrate können die angegebenen Werte ohne weiteres auf die Prozesse im Körper übertragen werden, da diese Substrate auch im Organismus oxidativ vollständig zu CO_2 und H_2O abgebaut werden, d. h., die physikalischen Brennwerte entsprechen den physiologischen. Für Proteine gilt dies nicht, diese werden nur teilweise abgebaut (▶ Kap. 1.6.7) wodurch nicht die gesamte im Molekül enthaltenen Energie im Organismus freigesetzt wird. Der **physiologische Brennwert** von Proteinen beträgt daher nur 18,4 kJ/g. In ▶ Tabelle 11-1 sind die mittleren Energiereserven eines 100 kg schweren Schweins aufgeführt, das dieses in Form von Fetten und Kohlenhydraten gespeichert hat. Die Energiereserven im Fett überwiegen bei weitem.
Betrachtet man die Energiezufuhr über das Futter, so steht dem Tier dessen **Bruttoenergie** (= physikalischer Brennwert des gesamten Futtermittels) aber nur teilweise zur Verfügung (▶ Abb. 11-1). So muss von dem Bruttoenergiegehalt die im **Kot** der Tiere enthaltene Energie abgezogen werden, übrig bleibt der Energieanteil, der über den Verdauungstrakt aufgenommen werden kann. Dieser Anteil der Futterenergie wird als **verdauliche Energie** be-

Abb. 11-1
Umwandlung der Futterenergie im Tierkörper. Die mit Nettoenergie bezeichnete Größe ist der Wert, der ausschließlich für Erhaltung und Leistung (Produktion von Milch, Fleisch, Eier, Wolle etc.) zur Verfügung steht.

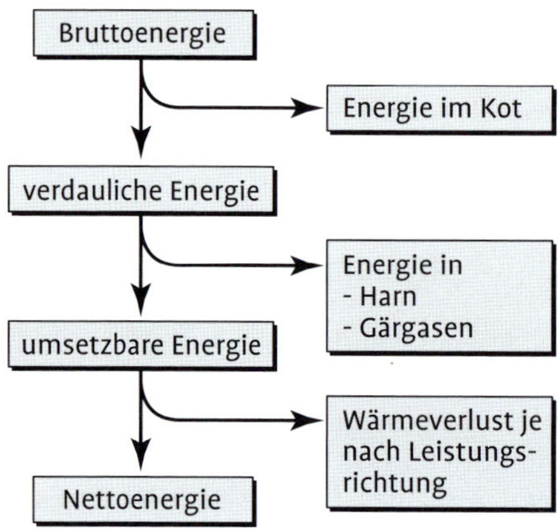

zeichnet. Auch mit dem Urin und dem Methan, das vor allem bei Wiederkäuern und Dickdarmverdauern in größerer Menge abgegeben wird, geht ein weiterer Teil der Futterenergie verloren. Zieht man diesen Teil von der verdaulichen Energie ab, so erhält man die **umsetzbare Energie (UE).** Durch die Transformation in ATP und bei Umwandlung des gebildeten ATP in ADP wird Energie in Form von Wärme frei. Übrig bleibt die **Nettoenergie,** die zum einen zur **Erhaltung** oder für **Arbeit** und **Syntheseleistungen** (tierische Produkte) eingesetzt werden kann.

11.2 Umsatzgrößen

Der Energiebedarf des Organismus hängt von der Stoffwechselsituation ab, in der sich das Tier befindet. Man unterscheidet Grundumsatz, Erhaltungsumsatz und Leistungsumsatz.

11.2.1 Grundumsatz

Der Grundumsatz (= Minimalumsatz) bezeichnet den für das Überleben minimal notwendigen Energieumsatz. Auch unter Minimalbedingungen (körperliche Ruhe, minimale Verdauungstätigkeit, thermoneutrale Zone) wird Energie z. B. für die Aufrechterhaltung der Funktionen von Kreislauf, Atmung, Muskeltonus, Drüsentätigkeit und Zellteilung benötigt.
Messungen an zahlreichen Tieren haben gezeigt, dass der Grundumsatz in erster Linie vom Körpergewicht (der Körpermasse) abhängt. Max Kleiber (*1893 Zürich, †1976; Agrar- und Ernährungswissenschaftler) hat folgende empirische Formel für die Beziehung zwischen Körpergewicht und Grundumsatz ermittelt:

$$\text{Grundumsatz}\left(\frac{\text{kJ}}{\text{Tag}}\right) = 283 \cdot (\text{Körpermasse in kg})^{0,75}.$$

Abgeleitet aus den Arbeiten von Kleiber wird die **Körpermasse ^{0,75}** als **„metabolische Körpermasse“** bezeichnet. Der Exponent 0,75 bedingt, dass die Körpermasse eines schwereren Tieres nach unten „korrigiert“ wird

$$(1^{0,75} = 1, \text{ aber } 10^{0,75} = 5{,}6);$$

d. h., entsprechend der Formel hat ein schwereres Tier pro Kilogramm Körpermasse einen geringeren Grundumsatz. Diese nicht lineare Beziehung zwischen Grundumsatz und Körpermasse hängt in erster Linie damit zusammen, dass Tiere mit einer größeren Körpermasse im Verhältnis zum Körpervolumen eine kleinere Körperoberfläche haben. Durch die kleinere Körperoberfläche wird weniger Wärme nach außen abgegeben. Somit muss weniger Energie für die Aufrechterhaltung

der Körperkerntemperatur aufgewendet werden.
Nicht nur der Grundumsatz, sondern auch andere metabolische Größen hängen sehr eng mit der metabolischen Körpermasse zusammen.

11.2.2 Erhaltungsumsatz

Unter physiologischen Bedingungen befinden sich Tiere nicht im Grundumsatz, da die Bedingungen hierfür kaum einzuhalten sind. Das Tier benötigt zusätzlich zum Grundumsatz Energie für die Futteraufnahme, für die Verdauungsarbeit, für leichte Muskeltätigkeit und auch für die aktive Temperaturregulation. Die für diese Prozesse notwendige Energie wird mit dem Begriff **Erhaltungsumsatz** bezeichnet. Die Bedingungen für Futteraufnahme, Verdauungsarbeit usw. sind aber nicht immer konstant, daher schwankt auch der Erhaltungsbedarf. Hauptfaktor für die Schwankungen ist die variable Umgebungstemperatur.

11.2.3 Leistungsumsatz

Deckt das Futter gerade den Erhaltungsbedarf, kann das Tier noch keine zusätzliche Leistung erbringen. Tiere, die sich intensiv bewegen (▶ Tab. 11-4, 11-5), aber insbesondere solche, die Produkte (Milch, Eier, Wolle usw.) abgeben bzw. die im Wachstum und/oder in der Mast sind, befinden sich im Leistungsumsatz. In ▶ Tabelle 11-2 sind Erhaltungsbedarf und Gesamtbedarf von Kühen mit unterschiedlicher Milchleistung gegenübergestellt. Es ist zu sehen, dass hauptsächlich die Milchproduktion den Energiebedarf des Tieres bestimmt. Der Leistungsumsatz von Legehennen ist von der Eibildung abhängig (▶ Tab. 11-3). Bei Sportpferden oder auch Gebrauchshunden ist der Leistungsumsatz von der Intensität und Dauer der körperlichen Bewegung abhängig. Die Tabellen 11-4 und 11-5 zeigen den Mehrbedarf an Energie bei unterschiedlichen Belastungen von Hunden und Pferden. Bei einer einstündigen Trainingseinheit unter dem Sattel, die 20 Minuten im schnellen Schritt, 30 Minuten im Mitteltrab und 10 Minuten im Mittelgalopp umfasst, hat ein Pferd von 500 kg KM somit einen Mehrbedarf (zusätzlich zum Erhaltungsbedarf von 55 MJ UE) an 25,4 MJ UE.

Tab. 11-2 Energiebedarf in Nettoenergie Laktation (NEL) und dafür notwendige Trockenmassenaufnahme einer Milchkuh (650 kg) bei unterschiedlicher Milchleistung (nach Kamphues et al. 2014)

Milchleistung (l/Tag)*	Energiebedarf NEL (MJ/Tag)	% des Erhaltungsbedarfs	Trockenmassenaufnahme (kg/Tag)**
0 = Erhaltung	38	100	6
20	104	273	15
40	170	447	25
60	232	610	34

* jeweils mit 4 % Fett;
** bei 6,8 MJ/kg Trockenmasse des Futters;

Tab. 11-3 Bedarf an umsetzbarer Energie bei Legehennen (2 kg Körpermasse) in verschiedenen Haltungsformen und bei verschiedener Leistung (nach Empfehlungen der GfE 1999)

Legeleistung (Eimasse/Tag) [g]	Energiebedarf (MJ/Tag) bei Bodenhaltung	Energiebedarf (MJ/Tag) bei Freilandhaltung
0 = Erhaltung	0,89	0,93
50	1,37	1,41
65	1,52	1,56

Tab. 11-4
Bedarf an umsetzbarer Energie (uE) bei Hunden bei verschiedener Bewegungsleistung (nach Zentek 2022).

	Diensthund (35 kg) 7,5h Dienst Fortbewegung im Schritt	Schlittenhund (25 kg) 6h Bewegung im Trab mit Zuglast ca. 5 kg
Erhaltungsumsatz (ohne Leistung) (MJ/Tag)	7,5	5,8
zusätzlicher Umsatz für Bewegungs-/Zugleistung (MJ/Tag)	3,8	12,8
Gesamtumsatz (MJ/Tag)	11,2	18,6

11.3 Bestimmung des Energieumsatzes

Eine Möglichkeit zur Bestimmung des Energieumsatzes ist die Messung des Gaswechsels, d.h. der O_2-Aufnahme bzw. CO_2-Abgabe, an die sich das Verfahren der **indirekten Kalorimetrie** anschließt. Hierbei geht man von der Voraussetzung aus, dass ATP ausschließlich über aeroben Stoffwechsel gewonnen wird, so dass die Menge an aufgenommenem Sauerstoff in direkter Beziehung zum Energieumsatz steht. So gilt z.B. für die vollständige Oxidation der Glukose folgende Beziehung: $C_6H_{12}O_6 + 6\,O_2 \rightarrow 6\,CO_2 + 6\,H_2O + \Delta G$. Die freie Energie ($\Delta G$) beträgt 2,8 MJ pro Mol verstoffwechselter Glukose. Die für die oxidative Verstoffwechselung von 1 Mol Glukose nötige Sauerstoffmenge entspricht nach obiger Reaktionsgleichung 6 Mol = 134 l (1 Mol eines Gases = 22,4 l unter Normalbedingungen). Eine Sauerstoffaufnahme von z.B. 268 l würde demnach einen Glukoseabbau von 2 Mol und damit einen Energieumsatz von 5,6 MJ bedeuten, sofern das Tier ausschließlich Kohlenhydrate zum Energiegewinn verwendet.

Auskunft darüber, welche Substrate verstoffwechselt werden, gibt der **respiratorische Quotient: RQ = CO_2-Abgabe : O_2-Aufnahme.** Wie aus der obigen Reaktionsgleichung für den oxidativen Umsatz von Glukose zu ersehen ist, beträgt das Verhältnis $6\,CO_2 : 6\,O_2$, d.h., es errechnet sich ein RQ von 1. Für Fette beträgt der RQ-Wert 0,7, für Proteine 0,8. Hierbei ist allerdings zu bedenken, dass in der Regel bei den meisten Tieren Proteine unter einer bedarfsdeckenden Energiezufuhr kaum zum Energiegewinn herangezogen werden. Der erfasste RQ ist so ein „Misch-RQ" aus dem Abbau von Fetten und Kohlenhydraten. So bedeutet z.B. ein erfasster RQ von 0,8 bei einem Pferd, dass dieses zu ⅓ seine Energie aus dem Kohlenhydratabbau bezieht und zu ⅔ aus dem Fettabbau.

In Verbindung mit dem Sauerstoffverbrauch erlaubt der RQ, so die Menge der abgebauten Substrate zu erfassen.

Um die Verwertung eines Futtermittels im Tier zu erfassen, wird mithilfe der **Bilanzierung** der Bruttoenergiegehalt der aufgenommenen Nährstoffe bzw. der Ausscheidungen und Produkte erfasst und gegengerechnet.

Tab. 11-5
Bedarf an umsetzbarer Energie (uE) bei Pferden bei verschiedener Bewegungsleistung. Ausgegangen wird hier von einem 500 kg schweren Warmblut mit einem Reitergewicht von ca. 70 kg (nach Coenen und Vervuert 2019). Es ist zu beachten, dass sich die Zahlen für den Galopp und Trab auf eine Stunde Belastung beziehen.

Leistung	Energiebedarf (uE)
Erhaltung bei Boxenhaltung MJ/d	55
Schneller Schritt MJ/h zusätzlich zu Erhaltung	10
Mitteltrab MJ/h zusätzlich zu Erhaltung	28
Mittelgalopp MJ/h zusätzlich zu Erhaltung	48,5

12 Wärmehaushalt

12.1 Strategien

Bei der Einstellung der **Körpertemperatur** sind im Tierreich verschiedene Strategien zu finden. So kann die Körpertemperatur der Umgebungstemperatur folgen, wie es bei **wechselwarmen Tieren** (Insekten, Fische, Amphibien, Reptilien) der Fall ist. Diese Tiere benötigen keine zusätzliche Energie für die Regulation der Körpertemperatur. Allerdings hängt die Aktivität dieser Tiere von der Umgebungstemperatur ab. **Gleichwarme Tiere** (Säugetiere und Vögel) halten ihre Körperkerntemperatur in engen Grenzen, was zwar die Aktivität des Tieres von der Umgebungstemperatur unabhängig macht, aber Regelmechanismen erfordert und einen erheblich erhöhten Energiebedarf zur Folge hat. So kann nur dann eine konstante Körperkerntemperatur aufrechterhalten werden, wenn eine ausgeglichene Wärmebilanz eingestellt wird. Eine Veränderung in der Wärmeproduktion muss daher durch eine Veränderung der Wärmeabgabe kompensiert werden. Umgekehrt muss ebenso bei einer Veränderung der Wärmeabgabe die Wärmeproduktion angepasst werden.

12.2 Körpertemperatur

Wenn man von der Körpertemperatur spricht, so muss man bedenken, dass diese nicht im ganzen Körper gleich ist. Die mit dem Thermometer im Enddarm gemessene „Rektaltemperatur" wird auch als (Körper-)**Kerntemperatur** bezeichnet, da sie der Temperatur im Körperkern entspricht. Die ▶ Tabelle 12-1 listet die Bereiche der Kerntemperatur bei verschiedenen Tierarten auf. Die Kerntemperatur ist die geregelte Temperatur, wobei sie in sehr engen Bereichen gehalten wird. An der Haut misst man in der Regel eine niedrigere und zudem schwankende Temperatur. Diese Temperatur wird als Schalentemperatur bezeichnet. ▶ Abbildung 12-1 zeigt die Schwankungen der Schalentemperatur bei kalter und warmer Umgebung. Aus der Temperaturverteilung wird deutlich, dass die Schalentemperatur im Dienste der Aufrechterhaltung der Kerntemperatur steht, d. h., bei kalter Umgebung wird durch ein Absenken der Schalentemperatur die Wärmeabgabe an die Umgebung gesenkt.

Tab. 12-1
Körperkerntemperatur verschiedener Tierarten (Werte aus Scheunert und Trautmann 1987; Kolb 1989; Baumgartner 2014; Engelhardt et al. 2015)

Tierart	Temperaturbereich (°C)
Rind, ausgewachsen	38,3–38,8
Kalb (bis 6 Monate)	38,5–39,2
Pferd, ausgewachsen	37,5–38,0
Schwein	38,0–40,0
Ferkel	39,0–40,5
Schaf	38,0–39,5
Lamm	38,5–40,2
Ziege	38,0–39,5
Hund	37,5–39,0
Huhn	40,0–42,0

12.3 Wärmeproduktion und innerer Wärmefluss

Die Organe des Körpers haben einen hohen Stoffwechsel und dadurch eine hohe Wärmeproduktion. In Ruhe besitzen Leber, Niere und Herz den größten Anteil an der inneren Wär-

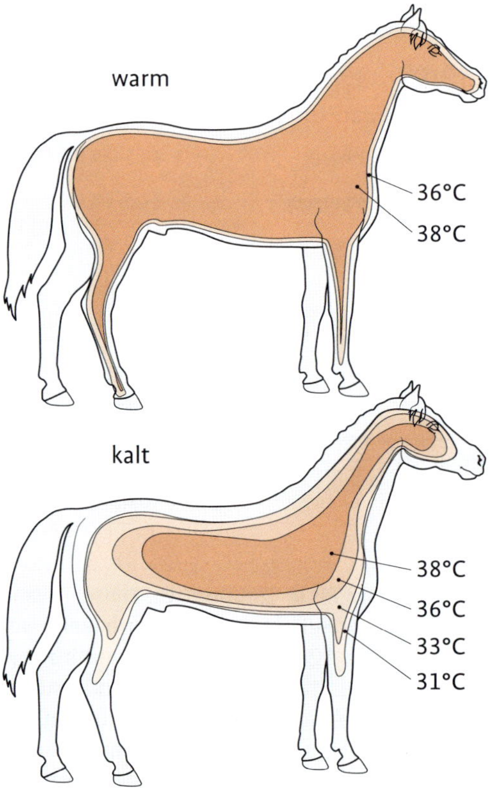

Abb. 12-1
Verteilung der Kern- und Schalentemperatur eines Ponys bei warmer und kalter Umgebungstemperatur (nach Cunningham 1997). Bei warmer Umgebungstemperatur nimmt fast die gesamte Körperschale den Wert der Kerntemperatur an. Bei kalter Umgebungstemperatur führt die Verminderung der Hautdurchblutung zu einem Absinken der Schalentemperatur. Die Kerntemperatur wird dann nur noch im Bauch- und Brustraum und im Gehirn aufrechterhalten.

meproduktion. Unter Belastung trägt zunehmend die Muskulatur zur inneren Wärmeproduktion bei.

Zur Vorbeugung einer Überhitzung muss die im Inneren entstehende Wärme nach außen zum Atmungstrakt und zur Haut transportiert und dort abgegeben werden. Da die Gewebe des Körpers allesamt gute Isolatoren sind, ist ein innerer Wärmeübergang durch **Konduktion** nur in geringem Maße möglich. Die Wärme wird daher hauptsächlich über **konvektiven Transport** mit dem Blut zur Körperperipherie befördert. So ist ein funktionierender Kreislauf grundlegend für die Effektivität und Stabilität der Temperaturregulation. Schweine sind wegen ihres kleinen Herzens und der isolierenden Fettschicht daher schon bei diesem ersten Schritt der Temperaturregulation benachteiligt.

Die mit dem Blut zur Haut bzw. zum Atmungstrakt transportierte Wärme kann hier über die Prozesse der Radiation, Konduktion, Konvektion und Evaporation abgegeben werden (▶ Abb. 12-2).

Als **Radiation** (= Strahlung) wird der Prozess bezeichnet, bei dem die Oberfläche eines Körpers Wärme in Form von elektromagnetischen Wellen emittiert. Das Ausmaß der Emission hängt dabei von der Temperatur und der Oberfläche des Körpers ab. Ist die Oberfläche des Körpers wärmer als die Umgebungstemperatur, wird Wärme abgegeben und geht auf diese Weise verloren. Ist sie kühler, wird Wärme aus der Umgebung aufgenommen. Bei Ruhe und thermoneutraler Zone werden über Strahlung etwa ⅔ der im Köperinneren produzierten Wärme abgegeben. Strahlung bedarf keiner Materie zur Übertragung.

Als **Konduktion** (= Leitung) wird der Verlust oder die Abgabe von Wärme über direkten Kontakt und Bewegung benachbarter Moleküle bezeichnet. Veränderungen im konduktiven Wärmetransport sind oft Bestandteil verhaltensbedingter Maßnahmen, so bei Hunden das Legen auf kalten Boden, bei Schweinen das Suhlen.

Als **Konvektion** wird der Prozess bezeichnet, mit dem Wärme durch den Transport von Molekülen weggetragen wird. So wird der Luftfilm über der Hautoberfläche zunächst durch Konduktion erwärmt. Durch die Erwärmung steigt die Luft auf, es wird Wärme vom Körper entfernt. Dieser konvektive Wärmetransport kann bei Luftströmung (Wind, Lüftung) erheblich verstärkt werden. Eine Fellschicht vermindert sowohl die konduktive Erwärmung der Luftschicht als auch den konvektiven Wärmetransport und minimiert so den Wärmeverlust. Der konvektive Wärmetransport hängt von der Wärmeleitfähigkeit des transportierenden Mediums ab. Die konvektive Wärme-

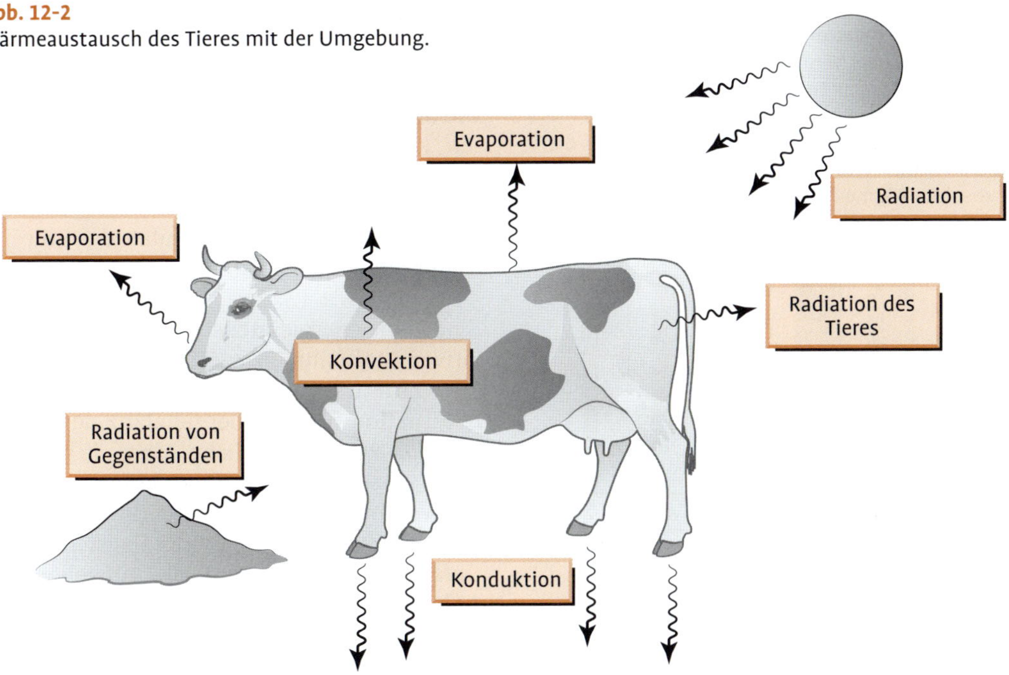

Abb. 12-2
Wärmeaustausch des Tieres mit der Umgebung.

abgabe ist im Wasser aufgrund seiner höheren Leitfähigkeit etwa 20-mal größer als in der Luft.

Die Wärmeabfuhr über **Evaporation (Verdunstung)** ist einerseits durch die Abgabe von Schweiß, andererseits durch die Abgabe von Wasserdampf mit der **Atmung** möglich. Durch die Verdunstung des in den Sekreten enthaltenen Wassers wird dem Körper Wärme entzogen. Verdunstung ist besonders effektiv. So können durch Verdunsten von 1 Liter Schweiß bzw. Atemkondensat dem Körper etwa 2400 kJ entzogen werden. Ein 500 kg schweres Rennpferd im Volltraining gibt bis zu 25 Liter Schweiß pro Tag ab. Ihm gehen damit über den Schweiß 60 000 kJ/Tag verloren. Dies ist fast doppelt so viel wie sein Energiebedarf für den Grundumsatz (= 31 000 kJ/Tag, Berechnung: ▸ Kap. 11.2). Der Schweiß des Pferdes enthält im Gegensatz zu dem des Menschen zudem relativ viel Eiweiß (führt zur Schaumbildung), wodurch ein Abperlen des Wassers verhindert und die Effizienz der Verdunstung gesteigert wird.

Ein Nachteil des Schwitzens (im Vergleich zum Hecheln) ist der damit verbundene Verlust an Elektrolyten, besonders an Natrium und Chlorid. Beim Pferd ist der Elektrolytgehalt des Schweißes zudem wesentlich höher als beim Menschen (Pferd, > 140 mmol/l NaCl; Mensch: < 100 mmol/l NaCl, stark hitzeadaptiert < 10 mmol/l NaCl). Daher muss bei Pferden unter Wärmebelastung auf eine ausreichende Zufuhr von Elektrolyten, insbesondere von Speisesalz (NaCl), geachtet werden.

Die ▸ Abbildung 12-3 zeigt den relativen Anteil der Wärme, der über Atmung bzw. Haut bei verschiedenen Tierarten abgegeben werden kann. Verschiedene Tierarten können über eine starke Zunahme der Atemzugfrequenz **(= Hecheln)** die Wärmeabgabe über die Atmung stark steigern (▸ Kap. 9.4.3). Die maximal mögliche Atmungsfrequenz beträgt beim Schaf etwa 240, beim Schwein etwa 400 und beim Hund etwa 400 Atemzüge pro Minute (maximale Atemzugfrequenz beim Mensch: etwa 60 Züge pro Minute). Eine Wärmeabgabe über den Atmungstrakt erfolgt nicht nur beim Hecheln. Auch bei normaler Atmung geht über

Abb. 12-3
Relativer Anteil der Atmung und der Haut an der Wärmeabgabe über Verdunstung bei verschiedenen Tierarten (Zahlen aus Engelhardt und Breves 2005). Die Wärmeabgabe über die Atmung kann durch Hecheln verstärkt werden. Zu beachten ist, dass die Angaben relativer Natur sind und keine Aussage über die absolute Wärmeabgabe zulassen.

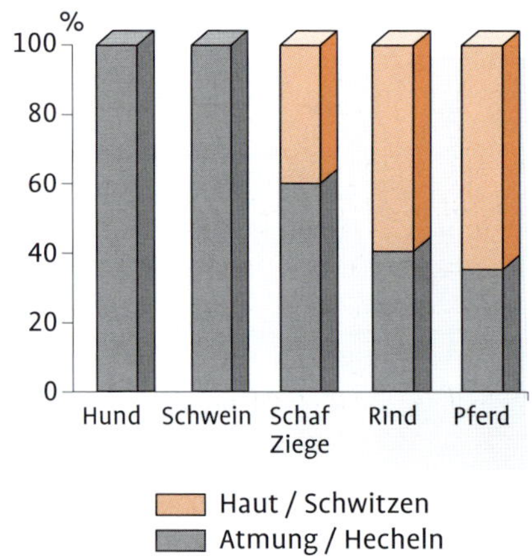

die Ausatmung der Atemluft und des darin enthaltenen Wassers Wärme verloren (= Perspiratio insensibilis).
Radiation, Konvektion und Konduktion hängen immer von der Temperaturdifferenz von Oberfläche und umgebender Materie ab. Bei warmer Umgebungstemperatur kann sogar eine Umkehr des Temperaturgefälles auftreten; durch die oben genannten Prozesse wird dann Wärme nicht abgegeben, sondern aufgenommen. In diesem Fall ist eine Wärmeabgabe nur noch über den Prozess der Evaporation möglich. Für den evaporativen Wärmeaustausch muss kein Temperaturgradient bestehen; das Ausmaß der Verdunstung hängt ausschließlich von dem **Wasserdampfdruck** der Umgebung ab. Steigt allerdings der Wasserdampfdruck der Umgebungsluft, ist auch der Gradient für die Wasserdampfabgabe vermindert. Dementsprechend hoch ist die Belastung des Kreislaufs, wenn in warmer und gleichzeitig „schwüler" Luft Wärme abgegeben werden muss.

12.4 Temperaturregulation

12.4.1 Zentrale Mechanismen

Um die Körperkerntemperatur konstant zu halten, kann regulativ in folgende Prozesse eingegriffen werden:

- innere Wärmeproduktion
- innerer Wärmetransport über das Blut
- äußere Wärmeabgabe.

Sind keine energieintensiven temperaturregulativen Maßnahmen wie Schwitzen, Hecheln oder Zittern notwendig, ist dies die günstigste Situation für die Energiebilanz des Tieres. Es muss keine zusätzliche Aktivität für Wärmeabgabe oder Wärmeproduktion aufgewendet werden. Erfolgt die Temperaturregulation ausschließlich über Weit- oder Engstellung der Gefäße sowie die **Pilomotorik** (Aufstellen oder Anlegen des Haarkleids), d. h. über eine Variation der Schalentemperatur, spricht man von der **thermoneutralen Zone** der Umgebungstemperatur. Hinsichtlich der Stallkonzeption ist zu bedenken, dass die thermoneutrale Zone keine Konstante für verschiedene Tierarten ist. So ist eine Milchkuh in der Laktation infolge des höheren Energieumsatzes gezwungen, mehr Wärme abzugeben als ein trockenstehendes Tier. Auch die Dichte des Fells kann die Wärmeabgabe sehr stark verändern und damit die thermoneutrale Zone beeinflussen. Dementsprechend gibt es variierende Empfehlungen für die optimale Lufttemperatur von Stallgebäuden.
Die **Temperaturregulation** ist ein klassisches Beispiel für ein biologisches Regulationssystem. Wie in ▶ Abbildung 12-4 dargestellt, wird der **„Istwert"** der Körperkerntemperatur von Thermosensoren im Rückenmark und im **Hypothalamus** des Zwischenhirns erfasst. Dieser Istwert wird an das Zentrum der Temperaturregulation im Hypothalamus gemeldet. Das Zentrum vergleicht die gemeldete Isttemperatur mit dem internen, einprogrammierten **„Sollwert"** der Kerntemperatur. Es kann im Anschluss mithilfe von Stellbefehlen Wärmeproduktion, -transport und -abgabe variieren.
Die Stellbefehle laufen über das vegetative Nervensystem (vor allem Sympathikus) und/

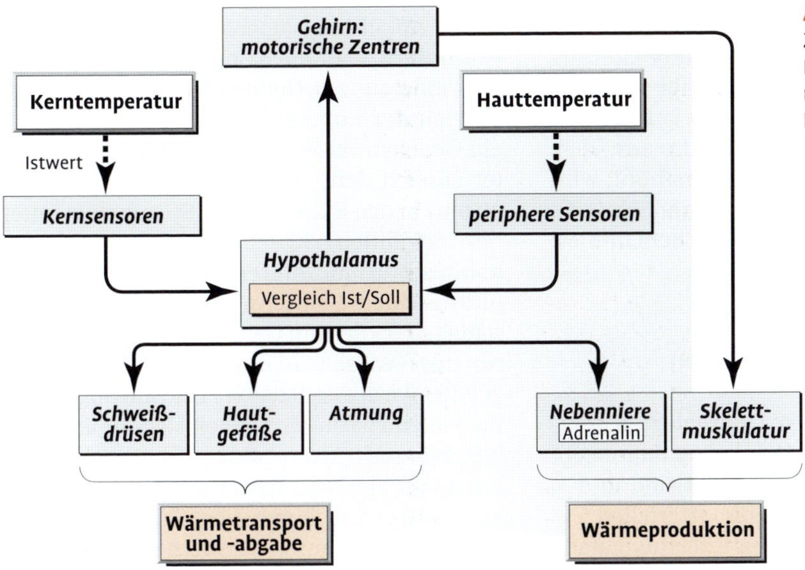

Abb. 12-4 Zusammenfassende Darstellung der Mechanismen zur Regulierung der Körperkerntemperatur.

oder über das hormonale System (vor allem Nebenniere). Zusätzlich gibt der Hypothalamus noch Informationen an die motorischen Zentren im Gehirn, so dass Änderungen in der Muskelaktivität eingeleitet werden können. Die Information über die Körperkerntemperatur wird im Hypothalamus ständig mit der Hauttemperatur abgeglichen, die von dort lokalisierten Temperaturfühlern gemessen wird. Bei **Absinken** der **Körperkerntemperatur** wird zunächst der **Wärmetransport** in die Peripherie unterbunden, indem über eine Aktivierung des Sympathikus die zur Haut führenden Gefäße zur Verengung gebracht werden. Reichen diese Maßnahmen nicht aus, kann die **Wärmeproduktion** erhöht werden, indem die Muskelkontraktion gesteigert wird, was sich bei stärkerer Aktivierung dann auch als **Muskelzittern** bemerkbar macht. Die Wärmeproduktion kann auch durch die sogenannte **zitterfreie Thermogenese** gesteigert werden. Hierbei wird durch Adrenalin aus dem Nebennierenmark die Wärmeproduktion in den inneren Organen angeregt (spielt vor allem bei jungen Tieren eine Rolle).

Eine besondere Art der zitterfreien Thermogenese findet sich im **braunen Fettgewebe.** Das braune Fettgewebe ist in der Lage, Wärme zu produzieren, ohne dass chemische Energie in Form von ATP entsteht. Braunes Fettgewebe ist bei jungen Tieren im Bereich der Schulterblätter und des Halses vorhanden. Bei kleinen Säugern und bei winterschlafenden Säugetieren bleibt das braune Fettgewebe lebenslang erhalten, bei größeren Arten verschwindet es kurz nach der Geburt. Ausnahmen bilden Ferkel von Haus- und auch Wildschweinen, denen generell braunes Fettgewebe fehlt. Daher sind Ferkel in den ersten Lebenswochen extrem kälteempfindlich.

Neben den beschriebenen direkten Eingriffen in thermoregulatorische Mechanismen finden bei vielen Tierarten auch **Verhaltensmaßnahmen** statt. Beispiele für Verhaltensmaßnahmen bei drohender Abkühlung sind das Aufsuchen warmer Umgebung, das Versammeln mehrerer Tiere, Drehen aus der Windrichtung, Zusammenrollen zur Verkleinerung der Oberfläche usw.

Stellt der Hypothalamus eine **Erhöhung** der **Körperkerntemperatur** fest, werden Maßnahmen ergriffen, die den vorher erörterten gegenläufig sind. Entsprechend des Schemas in ▶ Abbildung 12-4 werden zunächst innerer Wärmetransport und Wärmeabgabe über Konvektion, Konduktion und Radiation erhöht, indem die Durchblutung von Haut und Atmungstrakt gesteigert wird. Hierzu wird der Sympathikus gehemmt, was eine Erweiterung der Gefäße zur Folge hat. Auch der Grundtonus der Skelettmuskulatur wird vermindert. Reichen diese Maßnahmen nicht aus, d.h. bleibt die Körperkerntemperatur erhöht, wird vom Hypothalamus ausgehend die Schweißproduktion aktiviert bzw. das Hecheln initiiert (▶ Kap. 9.4.3).

12.4.2 Lokale Mechanismen

Neben den unter ▶ 12.4.1 dargelegten zentralen Mechanismen der Wärmeregulation gibt es auch lokale Mechanismen. So sind in den Extremitäten in der Regel die arteriellen Zuflussgefäße und die venösen Rückflussgefäße eng benachbart. In den Venen strömt das in der Peripherie abgekühlte Blut zurück zum Herzen. In den Arterien strömt warmes Blut in die Peripherie. Oft wird auch der venöse Rückstrom nicht nur über eine einzelne Vene vermittelt, sondern es gibt ein dünnwandiges venöses Geflecht, das die großen Arterien umschließt. Diese Verästelung schafft eine große Oberfläche für den Wärmeaustausch. Durch die enge Nachbarschaft von Arterie und Vene(n) wird das in die Peripherie fließende Blut der Arterien abgekühlt und das in den Körperkern zurückfließende Blut erwärmt. Durch die Abkühlung des arteriellen Blutes wird (vor allem bei kühlen Außenbedingungen) verhindert, dass zu viel Wärme über die Extremitäten verloren geht. Dieser sogenannte **Gegenstrom-Wärmeaustausch** findet sich insbesondere in den unbefiederten Beinen von Vögeln. Eine Überhitzung kann die Funktion des Gehirns nachhaltig beeinträchtigen. Um dies zu verhindern, sind bei vielen Tieren spezielle Mechanismen zur Gehirnkühlung entstanden. So haben Paarhufer, aber auch Hunde, lange Schnauzen, in denen eine großflächige Nasenschleimhaut mit vielen Falten eine große Oberfläche bildet. Diese große Oberfläche wird durch Wasserverdunstung permanent gekühlt, Das verdunstete Wasser wird durch Kondensationswasser aus der warmen und feuchten Ausatemluft ständig ersetzt, so dass eine permanente Kühlung der Schleimhaut erfolgt. Dieser Abkühlungsmechanismus wird bei den Paarhufern, aber auch bei den Hunden besonders effizient zur Gehirnkühlung genutzt. Im Bereich der kühlen Schleimhaut ist nämlich ein Gegenstrom-Wärmeaustauscher beheimatet ähnlich dem oben beschriebenen Mechanismus in den Extremitäten. So sammeln unter der (gekühlten) Schleimhaut viele Venen gekühltes Blut und führen dies zu einer Erweiterung, einem Sinus. An diesem führt die Halsschlagader, die zum Gehirn zieht, dicht vorbei. Auf diese Weise wird das Blut, das zum Gehirn geleitet wird, durch das venöse Blut abgekühlt. Bei vielen Paarhufern gabelt sich die zum Gehirn führende Arterie zusätzlich in viele Kapillaren auf, die dann später wieder zusammengeführt werden. Durch diese Aufteilung bildet sich ein sogenanntes **Wundernetz (Rete mirabile)**, das eine große Oberfläche für den Wärmeaustausch bietet.

12.4.3 Hypothermie, Hyperthermie und Fieber

Wenn die Wärmabgabe größer ist als die Wärmeproduktion, kommt es zu einem Absinken der Körperkerntemperatur **(= Hypothermie)** unter den Sollbereich. Hiervon können vor allem Neugeborene und Jungtiere in zu kalter Umgebung betroffen sein. Jungtiere sind vor allem deshalb betroffen, da diese eine im Vergleich zu ihrem Volumen größere Körperoberfläche als ältere Tiere haben (▶ Kap. 11.2.1). Bei Ferkeln wird dieses Problem noch dadurch verschärft, dass diese kein braunes Fettgewebe besitzen (▶ Kap. 12.4.1). Eine milde Hypothermie ist dadurch gekennzeichnet, dass die Tiere Kältezittern und auch eine erhöhte Atem- und Herzschlagfrequenz zeigen. Bei stärkerem Absinken der Körperkerntemperatur tritt Schläfrigkeit auf, die später in Bewusstlosigkeit, begleitet von Herzrhythmusstörungen, übergeht. **Hyperthermie** ist meistens die Folge von einem Unvermögen, die produzierte Wärme ausreichend abzugeben, ein Anstieg der Körperkerntemperatur ist die Folge. So ist gerade bei Hunden, die im Sommer im überhitzten Auto zurückgelassen werden, diese Gefahr recht groß, insbesondere da ihnen in dieser Situation auch oft das Wasser fehlt, um die Flüssigkeitsverluste über das Hecheln auszugleichen. Hinzu kommt, dass der Hund sich aufregt und dabei vermehrt speichelt, was den Flüssigkeitsverlust zusätzlich verstärkt. Wenn die Belastung weiter anhält, ist dann ein lebensbedrohlicher Schock die Folge, wodurch zusammen mit der Hitzebelastung ein „Teufelskreis" entsteht (Hitzebelastung verstärkt Schocksymptome, Schocksymptome vermindern die Möglichkeit der Wärmeabgabe, ▶ Kap. 8.3.5).

Fieber ist Begleitsymptom von zahlreichen Erkrankungen. Hierzu gehören nicht nur Infektionen, sondern auch z. B. Tumore. Bei Fieber wird im Hypothalamus eine erhöhte Solltemperatur eingestellt, Die Erhöhung des Sollwertes erfolgt durch Botenstoffe, Zytokine, die aus Granulozyten und Makrophagen stammen. Die Bildung von Zytokinen kann durch Viren oder Bestandteile von Bakterien angeregt werden (▶ Kap. 6). Man nennt diese fieberauslösenden Bestandteile **Pyrogene.** Die Zytokine lösen dann im Hypothalamus die Freisetzung von Prostaglandin E_2 aus, was die Sollwertverstellung im Hypothalamus verursacht. Die Sollwertverstellung bedingt, dass die Kerntemperatur unter dem neuen Sollwert liegt, sodass die unter ▶ Kapitel 12.4.1 beschriebenen Mechanismen zur Erhöhung der Körperkerntemperatur angestoßen werden. Fällt die Exposition gegenüber den Pyrogenen ab, wird der Sollwert wieder nach unten eingestellt, es greifen dann die oben beschriebenen Mechanismen zur Absenkung der Kerntemperatur (▶ Abb. 12-5).

Über nicht steroidale Entzündungshemmer (NSAIDs) kann die Prostagandin-E_2-Synthese unterdrückt und damit das Fieber gesenkt werden. Zu bedenken ist allerdings, dass PGE_2 auch bei der Produktion von Magenschleim eine Rolle spielt (▶ Kap. 10.5.4).

Abb. 12-5
Fieber: Auslösung und Verlauf

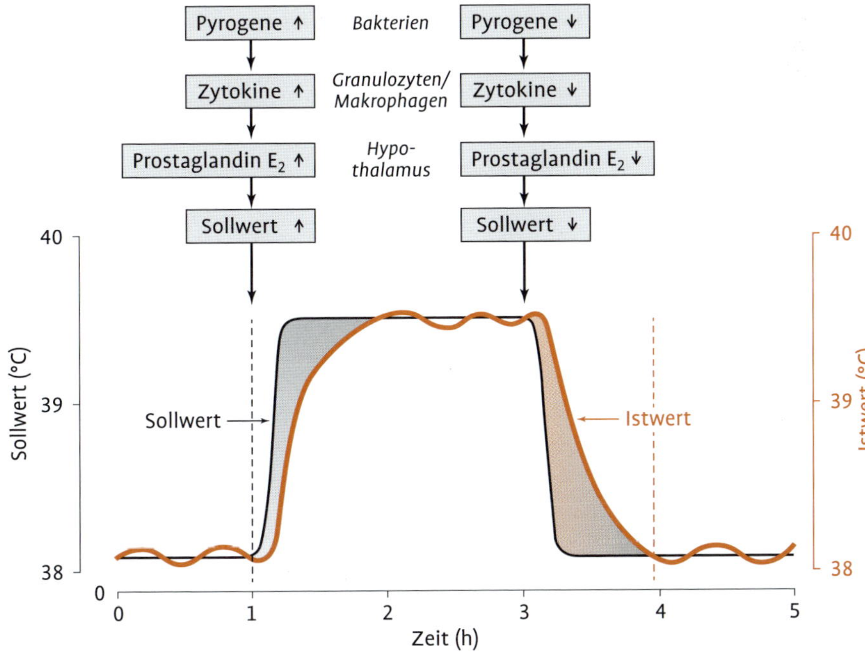

13 Harnorgane

Zu den Harnorganen gehören die **Nieren** als **harnbereitende Organe** sowie die **Nierenbecken**, die **Harnleiter**, die **Harnblase** und die Harnröhre als ableitende Organe. Ein Teil der Harnorgane hat enge topographische und funktionelle Beziehungen zu den Geschlechtsorganen, so dass man auch vom Harn- und Geschlechtsapparat spricht.

Die Harnorgane dienen der **Ausscheidung** von Abfall- bzw. Abbauprodukten aus dem Stoffwechsel (Exkretion) sowie solcher Stoffe, die in zu großer Menge vom Organismus aufgenommen wurden. Darüber hinaus werden von ihnen der **Salz-** und **Wasserhaushalt** und damit auch die Osmolarität der Körperflüssigkeit reguliert. Sie sind damit zentral für die konstante Zusammensetzung des Blutes und der Extrazellulärflüssigkeit. In den Nieren werden zudem Hormone gebildet (z. B. Renin, Erythropoetin).

13.1 Niere

13.1.1 Lage und Aufbau

Die Niere **(Ren)** hat – mit Ausnahme der herzförmigen Niere des Pferdes – die Form einer Bohne (▶ Abb. 13-1). Die Nieren liegen beider-

Abb. 13-1
Nierenformen (unter Verwendung von Zeichnungen aus Nickel et al. 1999; Koch und Berg 1990; König und Liebich 2012). Einwarzig-glatte Niere des Hundes (Aufsicht auf Dorsalfläche und Medianschnitt der linken Niere); mehrwarzig-glatte Niere des Schweins (Aufsicht auf Dorsalfläche und Medianschnitt der linken Niere); mehrwarzig-gefurchte Niere des Rindes (Aufsicht auf Dorsalfläche der linken und Teilanschnitt der rechten Niere); Aufsicht auf linke und rechte Dorsalfläche der Niere des Pferdes.

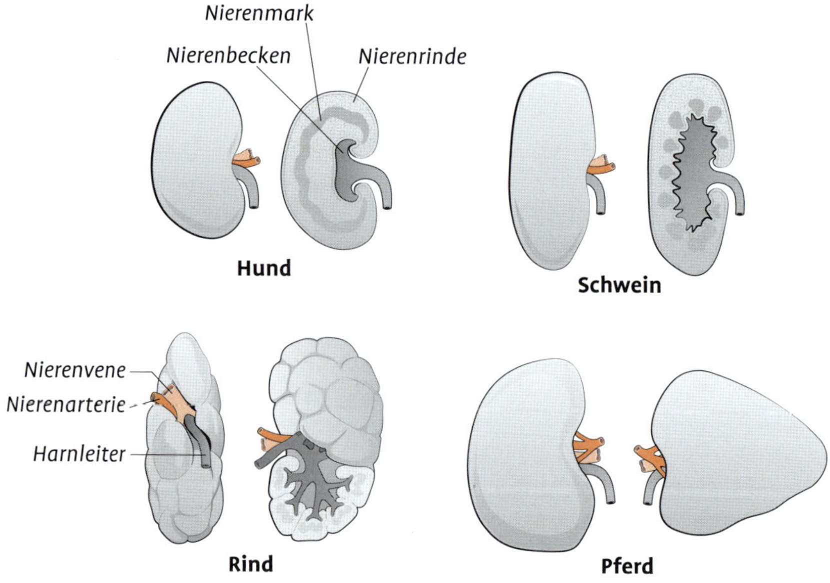

seits der Wirbelsäule in der Lendengegend in Höhe der ersten Lendenwirbel. Beim heranwachsenden Wiederkäuer wird die linke Niere auf die rechte Körperseite gedrängt, da sich links der Pansen ausdehnt. Dabei bildet sich für die linke Niere ein Gekröse aus, während die Nieren sonst retroperitoneal liegen (▸ Abb. 10-1). Die Nieren sind von einer dicken **Fettkapsel** umgeben, die die Nieren sowohl mechanisch als auch thermisch schützt. Der Fettkapsel schließt sich eine feste **Bindegewebskapsel** an. Diese ist nur durch Gitterfasern mit dem Interstitium der Niere verbunden und lässt sich vom gesunden Nierengewebe ohne Substanzverlust abziehen. An der medialen Seite ist die Niere zum **Nierenhilus** eingezogen. Hier treten die Nierengefäße ein und der Harnleiter aus.
Von außen nach innen unterscheidet man die **Nierenrinde** und das **Nierenmark** (▸ Abb. 13-1, 13-2). Auf das Mark folgt das Nierenbecken (fehlt beim Geflügel), das schon zu den harnableitenden Organen gehört.
Nach dem Bau unterscheidet man einfache und zusammengesetzte Nieren. Bei den **zusammengesetzten Nieren** (Wal, Robbe, Eisbär, Fischotter) ist die Niere aus vielen einzelnen Lappen zusammengesetzt, die jedes für sich in Mark und Rinde zu unterteilen sind und einen eigenen Kelch des Harnleiters besitzen.
Das Prinzip der Harnbildung ist überall gleich, wobei aber die gesamte Leistungsfähigkeit der Niere von Anzahl, Größe, Anordnung und Ausbildung der verschiedenen **Nephrone** (▸ Abb. 13-2) abhängt. Eine Niere besteht aus etwa 200 000 (Hund) bis etwa 4 Millionen (Rind, Pferd) Nephronen, die parallel angeordnet sind. Betrachtet man ein einzelnes Nephron (▸ Abb. 13-2) so beginnt dieses mit einem etwa 200 μm großen **Nierenkörperchen**, das aus einem **Gefäßknäuel (Glomerulus)** und der **Bowman-Kapsel** besteht (Sir William Bowman; *1816 in Nantwich, †1892; britischer Augenarzt und Anatom).
Die Bowman-Kapsel besteht aus zwei Zellschichten (▸ Abb. 13-3). Die innere Zellschicht, das Innenblatt der Bowman-Kapsel, liegt den **Kapillaren** direkt an. Die spezialisierten Zellen des Innenblattes werden **Deckzellen (Podozyten)** genannt. Die Zellränder der Podozyten sind durch zahlreiche Fußfortsätze verzahnt

Abb. 13-2
Aufbau des Nephrons (grau) und des Sammelrohrs (orange) (nach Junqueira und Carneiro 1986).

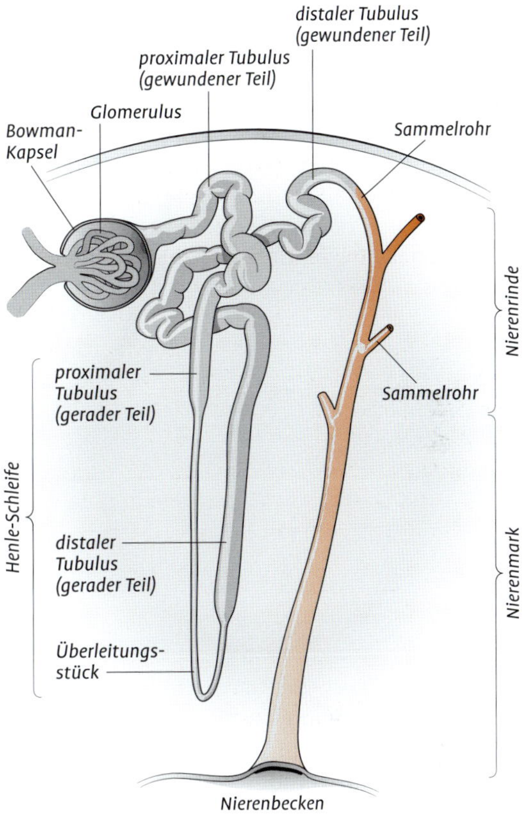

und stabilisieren so die Glomerulusschlingen. Die äußere Zellschicht der Bowman-Kapsel umschließt das gesamte Nierenkörperchen. Sie wird aus einem dünnen, einschichtigen Plattenepithel gebildet. Die **Filterwand** für den Primärharn besteht so aus Kapillarendothelzellen mit Poren, Basalmembran und Podozyten.
Aus der Bowman-Kapsel entspringt der **proximale Tubulus** mit dem gewundenen Teil (Tubulus contortus proximalis), dem geraden Teil (Tubulus rectus proximalis), der nach einem kurzen Überleitungsstück in den geraden Teil des **distalen Tubulus** (Tubulus rectus distalis) übergeht. Der gerade Teil des distalen Tubulus geht in den **gewundenen distalen Tubulus** (Tubulus contortus distalis) und dieser in das **Sammelrohrsystem** über.

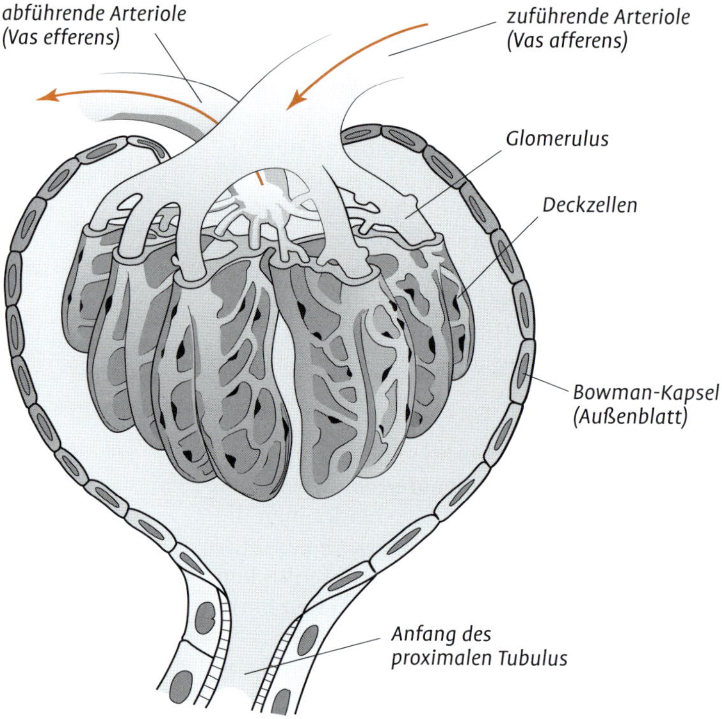

Abb. 13-3
Halbschematische Darstellung eines Nierenkörperchens (in Anlehnung an Darstellungen von Elias 1957 und Kolb 1989).

Wie aus ▶ Abbildung 13-2 ersichtlich, sind gerader Teil des proximalen Tubulus, Überleitungsstück und gerader Teil des distalen Tubulus charakteristisch angeordnet und wechseln auf ihrem Weg durch das Mark ihren Durchmesser. Diese drei Teile des Tubulussystems sind entscheidend für das Konzentrierungsvermögen der Niere und werden zusammenfassend als **Henle-Schleife** bezeichnet (Friedrich Gustav Jacob Henle; *1809 in Fürth, †1885; Anatom, Pathologe und Arzt). Die Henle-Schleife besitzt somit einen **dünnen absteigenden Schenkel** mit Überleitungsstück und einen **dicken aufsteigenden Schenkel.**

Das Tubulussystem und die Sammelrohre sind von mehr oder weniger hohem kubischem Epithel ausgekleidet. Dieses ist an die jeweilige Funktion angepasst und weist damit in den einzelnen Abschnitten des Nephrons eine unterschiedliche Struktur auf. So tragen die Zellen des stark resorptiv tätigen proximalen Tubulus zahlreiche Mikrovilli an ihrer apikalen Seite, die die Oberfläche vergrößern. Da die resorptive Tätigkeit auch energieaufwändig ist, besitzen diese Zellen auch viele Mitochondrien. Im Verlauf des Nephrons nehmen Mikrovillibesatz und Mitochondrienanzahl ab.

In der Nähe des Nierenkörperchens findet sich der **juxtaglomeruläre Apparat,** der durch die Bildung von **Renin** die Funktion der Niere steuert und zur Blutdruckregulation beiträgt (▶ Abb. 8-12).

Die Blutversorgung der Niere ist dadurch gekennzeichnet, dass zwei Kapillarsysteme hintereinandergeschaltet sind. So fließt das Blut zunächst über die **afferenten, zuführenden Arteriolen (Vasa afferentia)** in die Glomeruli. Der Glomerulus ist ein Kapillarnetz, das eine große Fläche zur Filtration des Blutes bildet. Aus dem Glomerulus führt eine englumige **abführende Arteriole (Vas efferens)** heraus.

Aus den Vasa efferentia strömt das (gefilterte) Blut dann in ein weiteres Kapillarsystem, das die Tubuli umschließt. Dies bedeutet, dass das Blut, welches die Tubuli versorgt, vorher schon der Filtration unterzogen war. Diese Hintereinanderschaltung der Kapillarsysteme erhöht die Effizienz der Filtration und verbessert das Zusammenspiel zwischen Filtration und Reabsorption.

13.1.2 Harnbildung

Endharn

Die **Farbe** des Harns (Urins) ist gelblich-trüb (hellgelb bis dunkelbraun). Die Trübung ist durch $CaCO_3$ bedingt. Beim Pferd enthält der Harn Schleim. Bei Pflanzenfressern ist der Harn alkalisch, beim Menschen und bei Fleischfressern durch die N-haltige Eiweißnahrung sauer. Bei Entzündungen der Nieren und der Harnwege jedoch wird der Harn auch bei diesen alkalisch.

Die **Elektrolytkonzentrationen** sind von der Futterzusammensetzung abhängig. So enthält der Fleischfresserharn mehr Phosphate, Sulfate und Ammoniumsalze als der von Pflanzenfressern.

Pathologische Bestandteile im Harn sind Zellen aus den Nieren oder Harnwegen, Bilirubin, Zucker in großen Mengen, Eiweiß, Blut und Blutkörperchen, Blutfarbstoff oder Muskelfarbstoff.

Grundfunktionen

Die Harnbildung ist ein kombinierter Vorgang aus **Filtration, Sekretion** und **Resorption** (▶ Abb. 13-4).

In den Glomeruluskapillaren wird Wasser aus dem Plasma in den Hohlraum der Bowman-Kapsel filtriert. Dieses Filtrat wird als **Primärfiltrat** oder Primärharn bezeichnet. An die Filtration schließen sich die Prozesse der (Rück-) Resorption und Sekretion an. Dadurch wird der Primärharn beim Passieren des Tubulussystems so verändert, dass wichtige Substanzen dem Harn entzogen und dem Organismus wieder zugeführt werden und im Endharn (= Sekundärharn) daher hauptsächlich Stoffwechselendprodukte enthalten sind. So werden mit dem filtrierten Wasser zunächst sämtliche kleineren, gelösten Substrate mitgerissen. Dies hat einerseits den Vorteil, dass die meisten Stoffwechselendprodukte aus dem Blut entfernt werden, andererseits passieren auch viele Stoffe den Filter, die für den Organismus lebensnotwendig sind, wie z. B. Glukose und Aminosäuren. Um diese wieder dem Organismus zuzuführen, werden im Tubulussystem diejenigen Stoffe resorbiert, die dem Körper nicht verloren gehen dürfen. Auch das filtrierte Wasser wird zu großen Anteilen wieder rückresorbiert (▶ Tab. 13-1).

Abb. 13-4
Die drei prinzipiellen Mechanismen der Harnbildung (nach Vander et al. 1994).

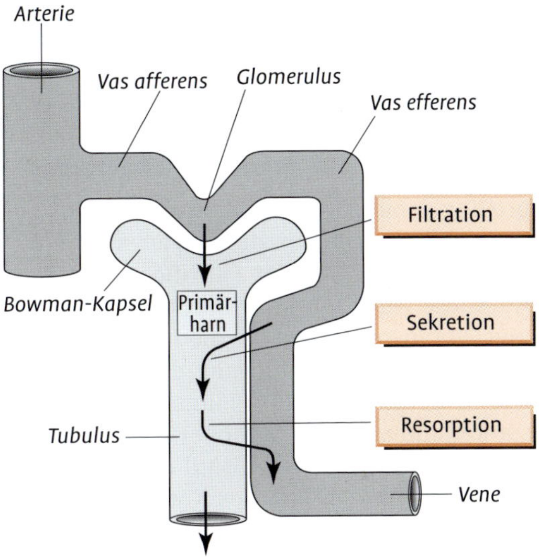

Die Stoffe, die ausgeschieden werden müssen, gelangen über die Filtration in den Primärharn. Dadurch, dass sich bei diesen Substraten keine resorptive Rückgewinnung anschließt, verbleiben sie auch im Endharn. Neben der Ausscheidung über die Filtration werden einzelne harnpflichtige Substrate des Stoffwechsels auch aktiv in das Tubuluslumen sekretiert, so z. B. Protonen, Kalium und auch Abbauprodukte von Arzneimitteln.

Glomeruläre Filtration

Die Effektivität der Ausscheidungsfunktion der Niere basiert darauf, dass eine genügend große Menge Primärharn gebildet wird. Die Menge an Flüssigkeit, die in die Bowman-Kapsel filtriert wird, wird als **glomeruläre Filtrationsrate (GFR)** bezeichnet. Bei einem 10 kg schwe-

Tab. 13-1
Mengenverhältnis von Harn zu Primärharn (Werte aus Kolb 1989)

Tierart	Primärfiltratmenge (l/24 h)	Urinmenge (l/24 h)	Anteil Urinmenge am Primärfiltrat (%)
Rind	450	6–20	1–4
Pferd	550	3–10	0,5–1,8

ren Hund werden etwa 50 Liter Primärharn pro Tag gebildet. Dies bedeutet, dass das gesamte Plasmavolumen dieses Tieres etwa 60- bis 100-mal pro Tag der Filtration unterliegt. Auf diese Weise wird das Blut effizient gereinigt. Voraussetzungen für die hohe GFR sind eine intensive **Durchblutung** der Niere, eine gute **Durchlässigkeit** des Filters und ein konstanter und ausreichend hoher **effektiver Filtrationsdruck.** Die Nieren sind die **am besten durchbluteten Organe** des Körpers. Obwohl beide Nieren nur etwa 0,4 % der Körpermasse ausmachen, durchströmen etwa 25 % des Herzminutenvolumens die Niere. Die hohe Durchblutungsrate gewährleistet, dass das Blut ausreichend oft mit dem glomerulären Filter in Kontakt kommt.

Allerdings muss die hohe Durchblutungsrate von einer ausreichenden **Durchlässigkeit** des Filters begleitet sein, die Abfallprodukte und Stoffwechselendprodukte passieren lässt. Im ▶ Kapitel 13.1.1 ist der Aufbau des glomerulären Filters beschrieben. Die Durchlässigkeit des Filters ist durch die Durchlässigkeit des Kapillarendothels im Glomerulus, der Basalmembran und der Podozyten vorgegeben. So werden große Moleküle mit einer Molekülmasse > 60 000 Da (Dalton: Einheit für die relative Molekülmasse) wie Hämoglobin oder Albumin weitgehend zurückgehalten, wohingegen kleine Substrate (< 6000 Da) und damit auch die meisten Stoffwechselendprodukte ungehindert den Filter passieren. Substrate mit einer Größe zwischen 6000 und 60 000 Da werden je nach Größe teilweise filtriert und teilweise zurückgehalten.

Treibende Kraft für die Filtration aus dem Glomerulus ist der **effektive Filtrationsdruck,** wie er in allen Kapillargebieten herrscht (▶ Kap. 8.2.3). Wesentliche Komponenten des effektiven Filtrationsdrucks sind auch in der Niere der **Blutdruck** und der **kolloidosmotische Druck** (▶ Abb. 13-5). Demnach wäre eine direkte Abhängigkeit der glomerulären Filtrationsrate vom systemischen Blutdruck zu erwarten. Dies ist jedoch nicht der Fall. Auch bei größeren Schwankungen des systemischen Blutdrucks wird der Blutdruck im Glomerulus konstant gehalten; man bezeichnet diese Fähigkeit der Niere als **Autoregulation.** Grundlage der Autoregulation ist eine reflektorische Anpassung des Vas afferens. Bei einem hohen

Abb. 13-5
Oben: Bei der Filtration wirkender effektiver Filtrationsdruck (Blutdruck – kolloidosmotischer Druck).
Unten: Der Blutdruck als bestimmende Größe des effektiven Filtrationsdrucks wird durch autoregulative Mechanismen konstant gehalten, wodurch auch die glomeruläre Filtrationsrate (GFR) stabil bleibt.

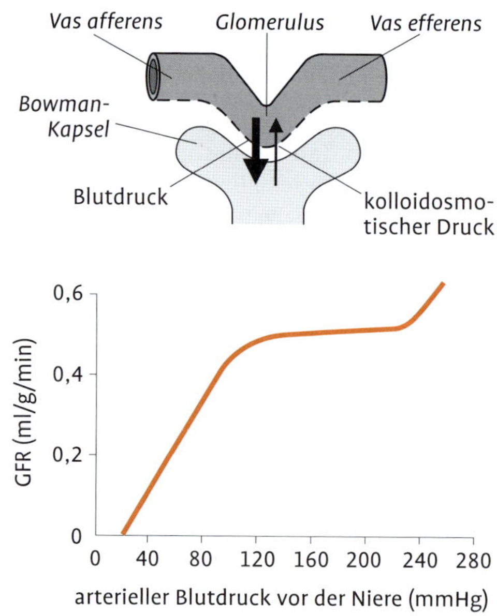

systemischen Blutdruck wird auch Druck auf die glatte Muskulatur des Vas afferens ausgeübt. In der Folge kontrahiert sich die glatte Muskulatur, das Vas afferens verengt sich. Durch die Verengung wird im Bereich hinter dem Gefäß, im Glomerulus, der Blutdruck und damit auch die glomeruläre Filtrationsrate konstant gehalten (▶ Abb. 13-5).

Tubuläre Transportprozesse: Allgemeine Prinzipien

Im Verlauf des auf die Bowman-Kapsel folgenden tubulären Röhrensystems werden Wasser und alle für den Erhalt der Körperfunktionen wichtigen Substrate fast vollständig wieder zurückgewonnen, die ausscheidungspflichtigen Stoffe dagegen immer mehr konzentriert.

Der **proximale Tubulus** stellt den **Hauptort der Resorption** dar (▶ Abb. 13-6). Hier werden mehr als 70 % des im Glomerulus filtrierten Wassers und in gleicher Größenordnung auch die gelösten Elektrolyte wie Natrium zurückresorbiert. Die nachfolgenden Abschnitte des Nephrons konzentrieren den Urin und sind regulativ wirksam. Durch **hormonelle Einflüsse** wird im gewundenen Teil des distalen Tubulus und mehr noch im Sammelrohr die Rückresorption je nach Bedürfnis des Körpers vermindert oder verstärkt.

Abb. 13-6
Lokalisation der Transportprozesse im Nephron. Im proximalen Tubulus wird der größte Teil der filtrierten, aber für den Organismus essenziellen Stoffe wieder rückresorbiert. In den nachfolgenden Abschnitten wird die Rückresorption je nach Bedarf des Organismus feinreguliert. Die Henle-Schleife spielt eine besondere Rolle bei der Konzentrierung des Urins. Abfallstoffe wie NH_3, Protonen und Harnstoff werden im gesamten Nephron sekretiert. Die Dicke der Pfeile symbolisiert die Menge der bewegten Substrate. **As:** Aminosäuren.

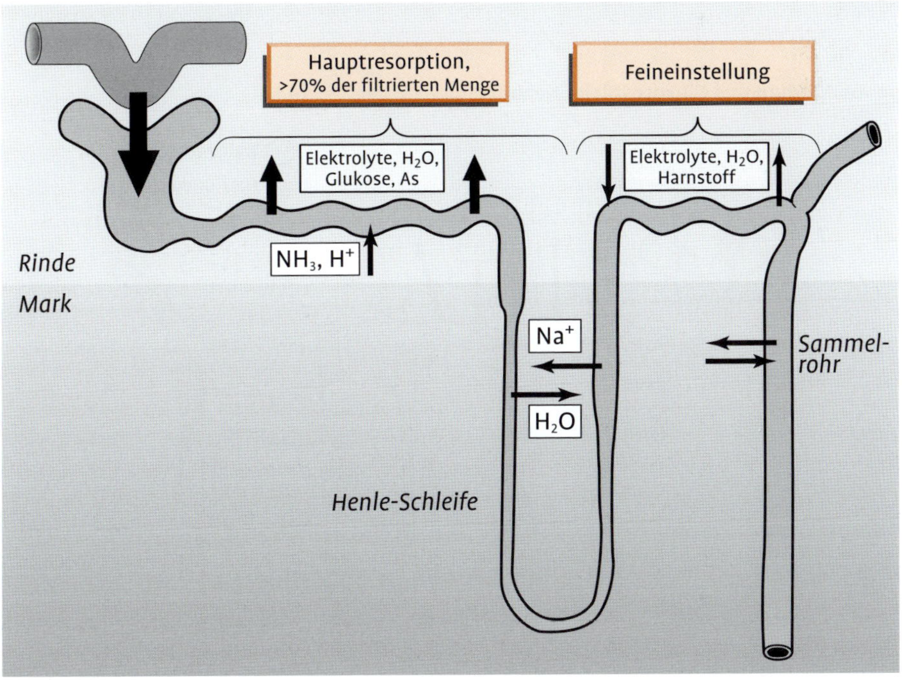

Tubuläre Transportprozesse: Natrium und Glukose, Regulation des Natriumhaushalts

Die Resorption von Natrium in den proximalen Abschnitten des Nephrons dient nicht nur der Rückführung des filtrierten Natriums. Der Resorptionsprozess wird zusätzlich dazu genutzt, um auch andere filtrierte Substrate wie Glukose, Aminosäuren und Vitamine wieder dem Organismus zuzuführen (▶ Abb. 13-7). Dies wird dadurch gewährleistet, dass in der Zellmembran der Tubuluszellen Proteine eingelagert sind, die als **Kotransporter** operieren und die Resorption von Natrium an die Reabsorption der genannten Substrate koppeln. Wie im ▶ Kapitel 1.7.2 beschrieben, sind derartige Kotransporte sehr wirkungsvoll. Es wird beispielsweise sämtliche **Glukose,** die filtriert wurde, wieder zurückgewonnen, so dass der Endurin unter physiologischen Bedingungen frei von Glukose ist (▶ Abb. 13-7).

Der Kotransport für Natrium und Glukose ist allerdings nicht unbegrenzt belastbar. Erhöht sich z. B. infolge eines Insulinmangels (▶ Kap. 20.6.2) die Konzentration von Glukose im Blut, ist – da Glukose uneingeschränkt filtriert wird – auch die Konzentration im Filtrat erhöht. Ab einer bestimmten Konzentration von Glukose im Filtrat kann diese nicht mehr vollständig von dem Kotransporter für Natrium und Glukose resorbiert werden, so dass Glukose in die hinteren Nephronabschnitte strömt und im Endurin auftaucht. Daher hat diese Erkrankung auch den Namen **Diabetes mellitus** = Zuckerharnruhr erhalten (▶ Kap. 20.6.2). Aufgrund der osmotischen Wirksamkeit von Glukose wird bei Verbleib größerer Mengen Glukose im Nephron auch weniger Wasser rückresorbiert; die Tiere scheiden vermehrt Urin aus. Außerdem geht dem Körper Glukose als Energielieferant verloren.

Neben dem Kotransport von Natrium und Glukose existiert im proximalen Tubulus auch ein Natrium/Protonen-Austauscher, der Natrium in die Zelle aufnimmt und im Gegenzug Protonen aus der Zelle ausschleust. Die Bedeutung dieses Transportproteins für die Konstanthaltung des pH-Wertes im Körper wird in ▶ Kapitel 14.4.3 beschrieben.

In den vorderen Abschnitten des Nephrons bis zur Henle-Schleife werden über den Natrium/Glukose-Kotransporter und den Natrium/Pro-

Abb. 13-7
Resorption von Natrium und Glukose (Gl) im Nephron.

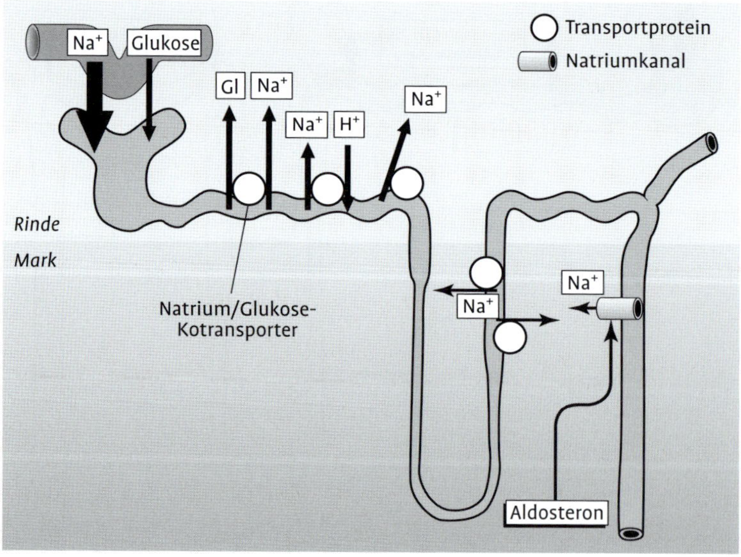

tonen-Austauscher etwa 70 % des filtrierten **Natriums** reabsorbiert. In den nachfolgenden Abschnitten (Henle-Schleife bis Sammelrohr) beträgt die Absorptionsrate 28,5 bis 29,8 % des filtrierten Natriums, so dass letztendlich nur 0,2 bis 1,5 % des filtrierten Natriums ausgeschieden werden. Diese Feineinstellung, d. h. die Variation zwischen 0,2 und 1,5 % Ausscheidung, erfolgt durch das Hormon **Aldosteron.** Unter der Einwirkung von Aldosteron werden Kanäle eingebaut, die die Durchlässigkeit des Sammelrohrs für Natrium (▶ Abb. 13-7) und damit die Natriumaufnahme in die Zelle erhöhen. Gleichzeitig werden unter Aldosteron mehr Na^+/K^+-ATPasen auf der Blutseite in die Zellmembran eingebaut, was die Natriumausschleusung in das Blut fördert.
Aldosteron stammt aus der Nebennierenrinde und wird im Laufe der **Renin/Angiotensin/Aldosteron-Kaskade** ausgeschüttet, wenn ein NaCl-Mangel und/oder ein Blutdruckabfall auftreten (▶ Abb. 8-12). Durch Aldosteron wird nicht nur Natrium im Organismus zurückgehalten. Da Natrium osmotisch wirksam ist, wird auch mehr Wasser rückresorbiert. Dadurch wird das Volumen im Gefäßbett aufgefüllt und der Blutdruck erhöht.
Gegenspieler des Aldosterons ist das **atriale natriuretische Peptid (ANP),** das die Natrium- und (osmotisch) auch Wasserausscheidung steigert und damit das Blutvolumen reduziert. ANP wird bei Dehnung der Herzvorkammer ausgeschüttet, z. B. infolge eines zu großen Blutvolumens und damit übermäßigen Blutstroms zum Herzen.

■ Tubuläre Transportprozesse: Kalium, Regulation des Kaliumhaushalts

Die Niere spielt die zentrale Rolle bei der Einstellung des Kaliumbestands des Körpers. Dementsprechend schlagen sich Störungen in der Nierenfunktion unmittelbar in den von Kalium abhängigen Funktionen des Körpers nieder. So ist Kalium der Träger des Ruhemembranpotenzials (▶ Kap. 1.7.3), so dass Störungen im Kaliumhaushalt unter anderem in der Erregbarkeit der Skelettmuskulatur und des Herzens (Arrhythmien) sichtbar werden. Bei den Nutztieren liegt oft die Kaliumzufuhr wesentlich über dem Bedarf, so dass eine effektive Kaliumausscheidung über die Nieren wesentlich für die Stabilität der Körperfunktionen ist.
Im Glomerulus wird Kalium unbehindert filtriert. Bis zum Anfang des distalen Tubulus sind von dem filtrierten Kalium etwa 90 % wieder zurückgewonnen. Ob im distalen Tubulus und im Sammelrohr nun Kalium noch weiter resorbiert oder sezerniert wird, hängt wesentlich vom Kaliumstatus des Tieres ab. Für Resorption und Sekretion gibt es in den distalen Tubulusabschnitten und im Sammelrohr spezielle Zelltypen. Die Resorption erfolgt über sogenannte **Zwischenzellen.** In diesen wird Kalium durch eine primär aktive K^+/H^+-ATPase vom Lumen in die Zelle befördert, auf der Blutseite über einen Kaliumkanal wieder ausgeschleust. Eine Kaliumsekretion findet in den sogenannten **Hauptzellen** statt. Hier wird Kalium aus der Blutseite mithilfe der Na^+/K^+-ATPase in die Zelle aufgenommen. Aus der Zelle hinaus ins Tubuluslumen wird Kalium über Kanäle ausgeschleust.
Die (bei Nutztieren aufgrund hoher Kaliumaufnahme meist notwendige) Sekretion von Kalium in das Tubuluslumen wird über **Aldosteron** stimuliert. Aldosteron hat die gleiche Effizienz bei der Regelung des Kaliumhaushalts wie bei der Regelung des Natriumhaushalts. Die Wirkungen sind allerdings gegenläufig, es steigert die Natriumresorption und erhöht damit den Natriumbestand des Körpers, gleichzeitig steigert es die Kaliumsekretion und mindert somit den Kaliumbestand des Körpers. Wie oben dargestellt aktiviert das Hormon in den Hauptzellen die Na^+/K^+-ATPase, die die treibende Kraft liefert, um Natrium aus der Tubulusflüssigkeit in Richtung Blut zu resorbieren. Im Gegenzug wird Kalium in die Gegenrichtung transportiert. Das Kalium, das unter Aldosteroneinfluss verstärkt über die ATPase ins Zellinnere aufgenommen wird, wird auch verstärkt über Kaliumkanäle auf der Lumenseite sezerniert. Aldosteron stimuliert zudem den Einbau dieser Kanäle. Diese Mechanismen haben zur Folge, dass die Kaliumsekretion in die Tubulusflüssigkeit unter Aldosteroneinfluss stark ansteigt. Der Regelkreis, der bei einem Kaliumüberschuss die Aldosteronproduktion stimuliert, unterscheidet

sich von dem des Renin-Angiotensin-Aldosteron-Systems. So sind die Zellen der Nebennierenrinde, die zur Aldosteronsekretion in der Lage sind, fähig, direkt die Kaliumkonzentration der extrazellulären Flüssigkeit zu erfassen, d.h., bei einem erhöhten Kaliumspiegel in der Extrazellulärflüssigkeit wird die Aldosteronabgabe aus der Nebennierenrinde angeregt.

Tubuläre Transportprozesse: Wasser, Regulation des Wasserhaushalts

Eine gesunde Niere hat die Fähigkeit, bei Aufnahme großer Flüssigkeitsmengen große Mengen wenig konzentrierten Harns abzusondern, bei Wassermangel aber den Harn zu konzentrieren und damit die Urinmenge zu reduzieren.

Wie in ▶ Tabelle 13-1 dargestellt, kann das Pferd von den 550 Litern Primärfiltrat, die pro Tag entstehen, bis zu 547 Liter zurückgewinnen, so dass nur 3 Liter Urin notwendig sind, um die anfallenden Stoffwechselendprodukte auszuscheiden. In ▶ Tabelle 13-2 sind die **Konzentrierungsfähigkeiten** der Niere verschiedener Tierarten zusammengefasst. Katzenartige (Feliden) können aufgrund der Länge des Nephrons ihren Urin bis auf 3000 mosm/l konzentrieren. Diese hohe Aufkonzentrierung gemeinsam mit häufig zu geringer Wasseraufnahme kann bei Katzen zu Nierenproblemen wie der Bildung von Harnsteinen führen. Pflanzenfressern ist eine Harnkonzentrierung nicht in einem solchen Ausmaß möglich. Bei ausgewachsenen Pferden, Schafen und auch Rindern sind Maximalwerte von nur etwa 1400 mosm/l erreichbar (▶ Tab. 13-2). Die Konzentrationsfähigkeit der Niere spiegelt sich auch im Wasserbedarf der Tiere wider (▶ Tab. 13-3).

▶ Abbildung 13-8 zeigt die Resorptionskapazitäten für Wasser in den einzelnen Abschnitten des Nephrons. ①: Im Tubulus contortus proximalis folgt aus osmotischen Gründen das Wasser dem resorbierten Natrium. Dieses osmotisch bedingte Nachziehen von Wasser ist auch in nachfolgenden Nephronabschnitten möglich. Allerdings ist in den distalen Abschnitten des Nephrons die Wasserdurchlässigkeit nicht durchgängig gegeben. Die unterschiedliche Wasserdurchlässigkeit sorgt dafür, dass der Urin nach dem **Gegenstromprinzip** konzentriert werden kann. ② und ③: Ein **erstes Gegenstromprinzip** findet man im Zusammenspiel zwischen absteigendem und aufsteigendem Teil der Henle-Schleife. ②: Im aufsteigenden Teil der Henle-Schleife wird Natrium aktiv resorbiert, wobei aber der aufsteigende Teil nicht wasserdurchlässig ist. In der Folge reichert sich Natrium im Zwischenraum zwischen den beiden Schenkeln der Henle-Schleife an, was dazu führt, dass sich die Osmolarität in diesem Zwischenraum erhöht. ③: Der

Tab. 13-2
Osmolarität des Urins und Urinmenge bei verschiedenen Tierarten (Werte aus Kolb 1989; Swenson und Reece 1993; Schmidt-Nielsen 1997; Engelhardt et al. 2015)

Tierart	Osmolarität (mosm/l)	Urinmenge (ml/kg KM/Tag)
Rind	1 000 ± 300	12–40
Kalb	340 ± 150	17–45
Pferd	1 000 ± 340	3–18
Schwein	1 000 ± 310	5–30
Ferkel	260 ± 120	40–80
Schaf	1 040 ± 320	10–40
Katze	bis 3 000	10–20

Tab. 13-3
Durchschnittliche Wasseraufnahme verschiedener Tierarten (Werte aus Kamphues et al. 2014)

Tierart	Wasseraufnahme (l/Tier und Tag)
Rind	40–100
Pferd	20–40
Pferd (Belastung, höhere Außentemperatur)	60–85
Schwein (wachsend)	1,5–10
Schaf	3–5
Hund (10 kg)	0,5–1
Katze	etwa 0,2

Abb. 13-8
Resorption von Wasser und Harnkonzentrierung im Nephron. Erläuterungen im Text. **ADH:** antidiuretisches Hormon.

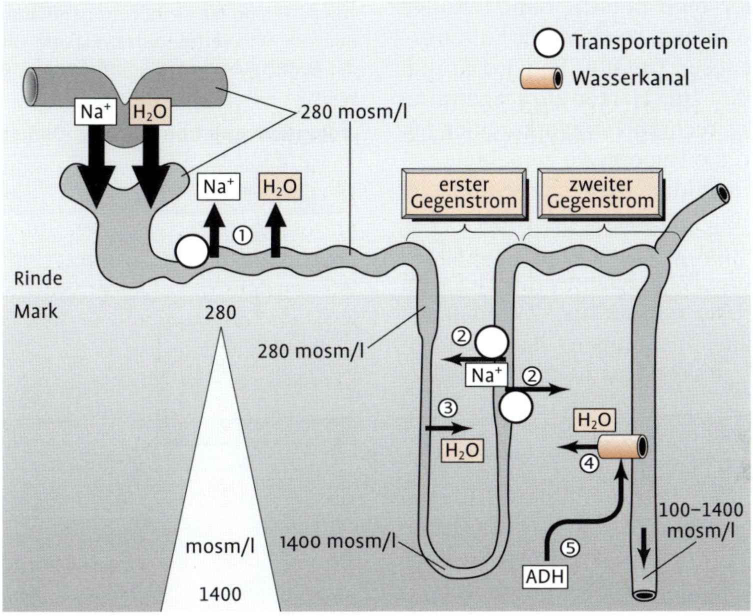

absteigende Teil der Henle-Schleife ist gut wasserdurchlässig. Die erhöhte Osmolarität im Zwischenraum bewirkt daher, dass das Wasser aus dem absteigenden Teil der Schleife in diesen Raum diffundiert. Über das ableitende Blutgefäßsystem wird dieses Wasser wieder dem Organismus zugeführt. Weitere Folge des Wasserentzuges ist, dass die Flüssigkeit im absteigenden Teil konzentriert wird.
② und ④ in ▶ Abbildung 13-8: Ein **zweites Gegenstromprinzip** und damit eine zusätzliche Konzentrierung des Urins findet sich zwischen aufsteigendem Teil der Henle-Schleife und dem Sammelrohr. ②: Auch in diesem Zwischenraum wird die Osmolarität durch die Natriumresorption aus dem aufsteigenden Teil der Henle-Schleife erhöht. ④: Die erhöhte Osmolarität wirkt stark anziehend auf das Wasser im Sammelrohr. Das Wasser im Sammelrohr kann aber der erhöhten Osmolarität nicht ohne weiteres folgen, da die Durchlässigkeit des Sammelrohres einer Regelung durch das **antidiuretische Hormon (ADH = Vasopressin)** unterliegt. ⑤: ADH sorgt dafür, dass im Sammelrohr Wasserkanäle eingebaut bzw. geöffnet werden. Unter ADH wird daher der Urin weiter konzentriert, respektive dem Körper weiteres Wasser zugeführt.
Unter den in ▶ Abbildung 13-8 dargestellten Verhältnissen kann der Endurin (bei Pferd und Rind) maximal eine Osmolarität von 1400 mosm/l erreichen, d. h. gegenüber dem Plasma (280 mosm/l) um das 5-fache konzentriert werden. Neben einer Induktion der Wasserresorption in der Niere löst ADH auch im entsprechenden Zentrum des Gehirns ein Durstgefühl aus. Fehlt ADH bzw. ist die ADH-Ausschüttung eingeschränkt, ist die Wasserrückgewinnung vermindert. Der Körper scheidet dann vermehrt Wasser aus, der Endurin ist entsprechend hypoton (100 bis 280 mosm/l). ADH ist somit das wichtigste Hormon für die Stabilität des Wasserhaushalts. ADH wird oberhalb der Hirnanhangsdrüse, im Hypothalamus, gebildet, in der Hypophyse gespeichert und dann ausgeschüttet, wenn das Plasma- bzw. Blutvolumen verringert wird und/oder wenn die Osmolarität des Blutes steigt (▶ Abb.

13-9). Die **Osmolarität** registrieren **Osmorezeptoren** im **Hypothalamus.** Für die **Volumenregulation** spielen **Rezeptoren** in der **rechten Herzvorkammer** eine entscheidende Rolle. Sinkt das Blutvolumen, so sinkt der Füllungszustand der venösen Gefäße. Es wird in der Folge weniger Blut zum Herzen zurückgeführt. Dies wird in der rechten Herzvorkammer registriert und an die Hypophyse gemeldet.
Bei **Diabetes insipidus** wird entweder kein ADH gebildet und freigesetzt oder ADH wird zwar ausgeschüttet, hat aber in der Niere keine Wirkung. In der Folge scheidet das Tier sehr viel „dünnen" Urin mit geringer Osmolarität aus. Vom Diabetes insipidus ist der oben beschriebene Diabetes mellitus zu unterscheiden.

Tubuläre Transportprozesse: Protonenausscheidung

Die Epithelzellen im proximalen Tubulus sind über den Natrium/Protonen-Austauscher (▶ Abb. 13-10) in der Lage, Protonen aus dem Körper auszuscheiden. Diese Protonenausscheidung befähigt die Niere gleichzeitig, Hydrogenkarbonat neu zu bilden und dem Körper zur Verfügung zu stellen, d.h., durch die Niere werden die Puffersysteme des Körpers aufgefüllt. Der Mechanismus, durch den die Protonenauscheidung an die Neubildung von Hydrogenkarbonat gekoppelt ist, ist in ▶ Abbildung 13-10 dargestellt. Neben der Niere spielt die Lunge bzw. die Atmung eine entscheidende Rolle bei der pH-Wert-Regulation, da diese in der Lage ist, CO_2 aus dem Körper zu entfernen und damit die Konzentration von Kohlensäure niedrig zu halten. Durch die Aktivität von Lunge und Niere wird der pH-Wert des Körpers in dem physiologischen Bereich von 7,4 gehalten.
Niere und Lunge wirken somit in erster Linie alkalisierend auf den pH-Wert des Körpers. Dies ist einerseits notwendig, weil im Stoffwechsel, vor allem im Zitratzyklus (▶ Abb. 1-20), ständig CO_2 entsteht, das nach der Umwandlung in Kohlensäure den Körper ansäuern würde. Außer CO_2 bzw. Kohlensäure entstehen im Körper auch sogenannte nichtflüchtige Säuren. So wird beim Abbau von schwefelhaltigen Aminosäuren Schwefelsäure frei, deren Protonen dann über die Niere auf die in ▶ Abbildung 13-10 beschriebene Weise abgegeben werden. Infolgedessen wird bei proteinreicher Ernährung der pH-Wert des Endurins sauer.

Abb. 13-9
Regulation des Wasserhaushaltes über das antidiuretische Hormon (ADH). Signale für die Ausschüttung von ADH sind eine erhöhte Osmolarität des Plasmas und/oder ein vermindertes Plasmavolumen, wobei das Regelsystem stärker auf Änderungen in der Osmolarität reagiert.

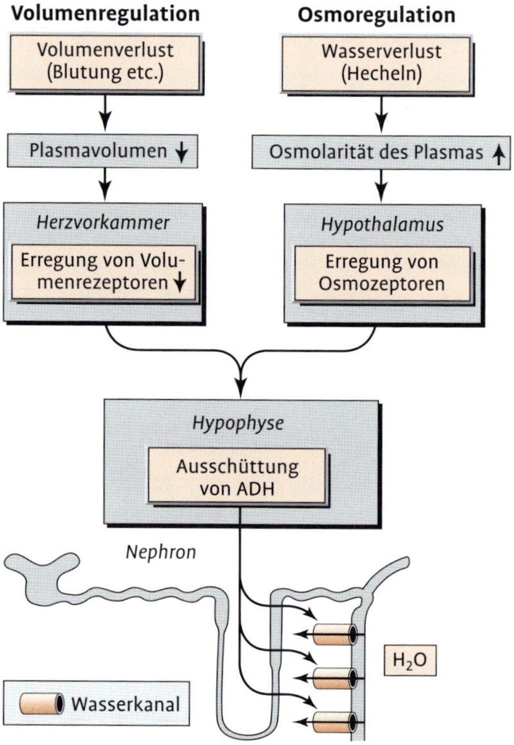

13.2 Ableitende Harnwege

13.2.1 Nierenbecken und Harnleiter

Das **Nierenbecken** (Pelvis renalis) sammelt den Harn aus den Sammelrohren wie ein Trichter und führt ihn dem Harnleiter zu (▶ Abb. 13-1). Wie alle harnableitenden Wege ist das Nierenbecken von einem Übergangsepithel aus-

Abb. 13-10
Protonenausscheidung und Hydrogenkarbonatneubildung im proximalen Tubulus. Auf der Seite zum Tubuluslumen befindet sich ein Natrium/Protonen-Austauscher, der in der Lage ist, Protonen im Austausch gegen Natrium in das Tubuluslumen zu befördern. Die Protonen verbinden sich im Lumen mit (dem zuvor filtrierten) Hydrogenphosphat (HPO_4^{2-}) und gelangen dann in Form von Dihydrogenphosphat ($H_2PO_4^-$) zur Ausscheidung. Die Protonen, die auf diese Weise ausgeschieden werden, stammen aus der Umwandlung von CO_2 in der Zelle des proximalen Tubulus. So diffundiert CO_2 aus dem Blut in die Zelle und wird in der Zelle mithilfe der Carboanhydrase (CA) in Kohlensäure umgewandelt, die dann in Protonen und Hydrogenkarbonat dissoziiert. Das Hydrogenkarbonat gelangt zurück ins Blut und füllt hier die Puffersysteme des Blutes auf.

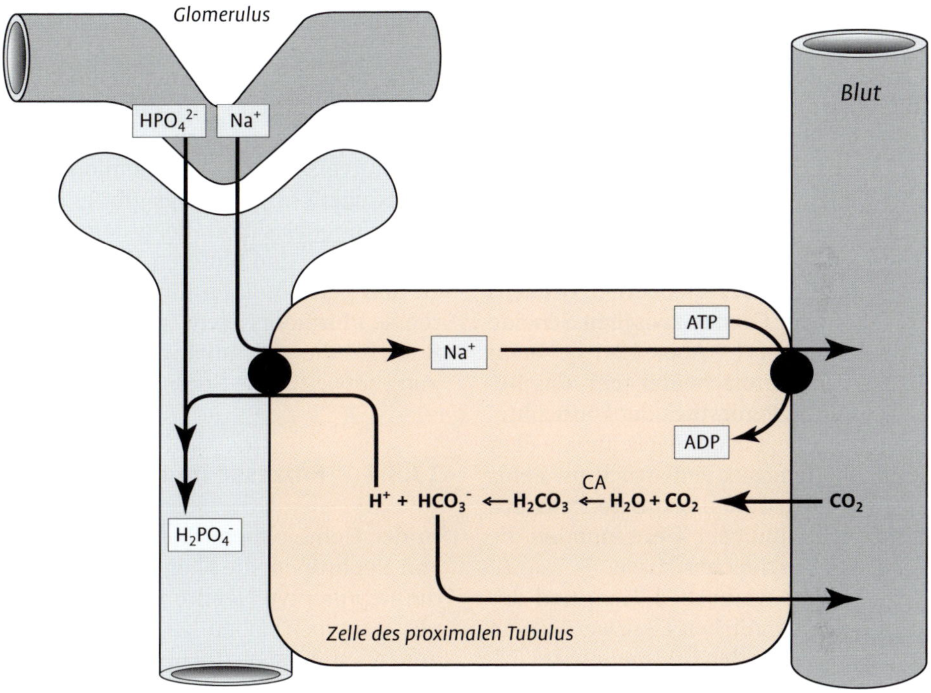

gekleidet (▶ Abb. 2-6). Beim Pferd enthält das Nierenbecken wie auch der Anfangsteil des Harnleiters viele Schleimdrüsen, so dass der Pferdeharn auffallend schleimig ist. Beim Geflügel fehlt das Nierenbecken.

Der **Harnleiter** (Ureter) besteht aus Schleimhaut, Muskelhaut und Bindegewebshaut. Die Schleimhaut trägt ein Übergangsepithel. Der Harnleiter entspringt aus dem Nierenbecken und verläuft nach kaudal harnblasenwärts (▶ Abb. 13-1). Er ist anfangs noch unter dem Bauchfell gelegen und tritt erst im Becken in die Beckenhöhle ein, wobei er ein Gekröse auszieht.

Die beiden Harnleiter münden in der Nähe des Blasenhalses in die Harnblase, nachdem sie ein Stück weit in der Blasenwand verlaufen sind. Hierdurch wird eine Ventilfunktion gegen den Rückstau bei voller Blase erreicht. Der Harn wird vom Nierenbecken in einzelnen Portionen durch peristaltische Bewegungen des Harnleiters zur Blase transportiert.

13.2.2 Harnblase und Harnröhre

Die **Harnblase** (Vesica urinaria) ist ein birnenförmiges, muskulöses Hohlorgan zum Sammeln des Harns. Die Harnblase ist beim Geflügel nicht ausgebildet, hier wird der Harn direkt in die Kloake abgeleitet (▶ Abb. 10-47). Die leere oder nur schwach gefüllte Blase liegt in der Beckenhöhle (▶ Abb. 15-1). Bei starker Füllung kann sie weit in die Bauchhöhle hineinragen. Die Schleimhaut trägt ein Übergangsepithel. Die **Muskelhaut** besteht aus glatter Muskulatur. Zu unterscheiden sind eine äußere longitudinale, eine mittlere zirkuläre und eine innere longitudinale Schicht. Die Harnblasenmuskulatur dient als Wandverstärkung während der Füllung und unterstützt die Harnblasenentleerung während des Harnabsatzes. Die Blase ist vom Bauchfell bedeckt.

Die **Harnröhre** (Urethra) trägt eine Schleimhaut mit Übergangsepithel. Die Muskulatur bildet eine longitudinale und eine zirkuläre Schicht. Unter der Schleimhaut liegt ein (venöser) Schwellkörper. Die Harnröhre der **weiblichen Tiere** ist sehr kurz und dehnungsfähig. Sie beginnt am Blasenhals, verläuft in der Beckenhöhle am Boden des knöchernen Beckens und mündet an der Grenze zwischen Scheide und Scheidenvorhof (▶ Abb. 15-14). Beim **männlichen Tier** unterscheidet man das **Beckenstück** und das **Penisstück** der Harnröhre. Das Beckenstück liegt in der Beckenhöhle über dem Beckenboden, das Penisstück im Penis (▶ Abb. 15-1, 15-2, 15-3). In das Beckenstück der Harnröhre männlicher Tiere münden die akzessorischen Geschlechtsdrüsen.

Die Harnröhre der weiblichen Tiere und das Beckenstück der männlichen Tiere werden von dem zirkulär verlaufenden Urethralmuskel (M. urethralis) umgeben, der aus quergestreifter Muskulatur besteht. Der Urethralmuskel wirkt auf diese Weise als willkürlich beeinflussbarer Schließmuskel, auch für die Harnblase. Beim kleinen Wiederkäuer überragt die Harnröhre den Penis als Fortsatz (Processus urethrale), sogenanntes „Fädchen“, um einige Zentimeter. Durch die enge Verbindung mit dem Penis und die Lage in dessen Urethralrinne ist die Harnröhre beim männlichen Tier wenig dehnungsfähig und bildet ein Passagehindernis für abgehende Harnsteine aus der Blase.

Der **Harnabsatz** erfolgt reflektorisch infolge des Dehnungsreizes der Blase. Die vegetativen Zentren für die Steuerung des Harnabsatzes liegen im Sakralmark.

13.3 Harnorgane und Exkretion des Geflügels

Die Geflügelnieren sind wie die Nieren der Säugetiere paarig angelegt. Sie liegen retroperitoneal und sind in drei größere Lappen gegliedert. Zwischen diesen Lappen verlaufen wichtige Nervenbahnen für die Hintergliedmaßen. Diese können bei Nierenerkrankungen geschädigt werden, was dann zu einer Lahmheit des Vogels führen kann. Eine Harnblase und ein Nierenbecken fehlen dem Geflügel.

Die Blutversorgung der Vogelniere gleicht der der Säugetiere, allerdings gibt es beim Vogel noch ein renales Pfortadersystem. Dieses kann das Blut aus den hinteren Körperabschnitten zu den peritubulären Kapillaren führen. Das renale Pfortadersystem spielt vermutlich eine Rolle für die gleichmäßige renale Blutversorgung sowie für die Stickstoffrezyklierung.

13.3.1 Prozesse im Nephron

In der Geflügelniere finden sich zwei Typen von Nephronen, die Säugertyp-Nephrone und die Reptilientyp-Nephrone. Diese beiden Nephronentypen haben bei der Exkretion weitgehend unterschiedliche Funktionen (s. u.). Unabhängig vom Typ der Nephrone erfolgt aber ähnlich wie in der Säugerniere zunächst die Bildung eines Ultrafiltrats in den Glomeruli und der umgebenden Bowman-Kapsel. Die Kapillaren haben beim Vogel aufgrund der größeren, kernhaltigen Erythrozyten generell einen größeren Durchmesser als beim Säuger. Folglich sind auch die Kapillarknäuel in den Glomeruli größer. Auch ist der Filter weniger dicht. Dadurch gelangen bei der Filtration mehr Proteine in den Harn als bei Säugetieren. Die glomeruläre Filtrationsrate ist beim Vogel variabler als beim Säugetier. Sie ist hauptsächlich von der Plasmaosmolarität abhängig. Das wichtigste Hormon zur Regulation der GFR ist das **Arginin-Vasotozin (AVT).** AVT kommt aus der Neurohypophyse. Der Stimulus für seine Freisetzung ist eine Erhöhung der extrazellulären Osmolarität. Auch ein Verlust

von Plasmavolumen erhöht die AVT-Freisetzung. AVT führt sowohl zu einer Verringerung der GFR als auch zu einer Stimulation der Wasserreabsorption in den Tubuli.
Die nach der Filtration ablaufenden Prozesse in den Tubuli sind vom Nephronentyp abhängig. Es wird unterschieden zwischen Reptilientyp- und Säugertyp-Nephronen. **Reptilientyp-Nephrone** liegen in der Nierenrinde. Sie sind zahlreicher als die Nephrone vom Säugertyp. Ihre Hauptaufgabe besteht in der Sekretion der Harnsäure, dem wesentlichen Endprodukt des Proteinabbaus beim Vogel. Reptilientyp-Nephrone haben im Gegensatz zu den Säugertyp-Nephronen zwar einen proximalen und einen distalen Tubulus, aber keine Henle-Schleife. Sie werden daher auch als „schleifenlose Nephrone" bezeichnet
Die **Harnsäure** (▶ Kap. 1.6.7) ist das Hauptprodukt des Stickstoff-Katabolismus beim Vogel. Sie wird mithilfe der Reptilientyp-Nephrone ausgeschieden. 70-80 % des Stickstoffs werden in Form von Harnsäure ausgeschieden. Harnsäure wird in der Leber gebildet, gelangt mit dem Blut zur Niere und wird in den Glomeruli frei filtriert. Die Harnsäure liegt dabei entweder als Säureanion oder als Salz (Urat) vor. Neben dem Eintrag von Harnsäure per Filtration, haben die Reptilientyp-Nephrone auch effektive Sekretionsmechanismen. So gelangt zusätzlich zur Filtration die Harnsäure über tubuläre Sekretion im proximalen Tubulus der Reptilientyp-Nephrone in den Harn.
Im Lumen des Tubulussystems ist die Harnsäurekonzentration durch deren aktive Sekretion und die Wasserresorption aus dem Harn deutlich höher als im Blutplasma. Dadurch besteht hier die Gefahr, dass Harnsäurekristalle ausfallen. Dem wird größtenteils durch eine Bindung der Harnsäure an Albumin entgegengewirkt. Dies ist möglich, da im Vogelharn mehr Proteine vorhanden sind als im Harn der Säugetiere. Unter physiologischen Bedingungen entsteht so eine Suspension, in der auch Schleim-Bestandteile enthalten sind. Durch die Bildung dieser Suspension ist die Menge an Wasser, die zur Ausscheidung der Harnsäure benötigt wird, gering. Die ausgeschiedene Harnsäure ist als weiße Beimengung auf dem Vogelkot erkennbar.

Säugertyp-Nephrone besitzen eine Henle-Schleife, in der eine Harnkonzentrierung erfolgt. Diese Nephrone sind somit zur Harnproduktion und -konzentrierung befähigt. Sie zeigen also eher die typischen von der Säugerniere bekannten Eigenschaften. Wie in den Nieren der Säugetiere erfolgt auch im aviären proximalen Tubulus eine isoosmotische Resorption von ca. 60 % der glomerulär filtrierten Flüssigkeit. Auch Glukose und Natrium werden hier ähnlich wie bei den Säugern resorbiert. Die Mechanismen in den nachfolgenden Tubulusabschnitten sind zwar ähnlich wie die bei den Säugetieren, allerdings ist die Harnkonzentrierung bei Vögeln nicht so ausgeprägt wie bei Säugern. Meistens ist der Vogelharn isoosmolar oder nur geringgradig hyperosmolar zum Plasma. Allerdings sind die Werte zwischen Vogel und Säugetieren nur bedingt vergleichbar, da in der Vogelniere kaum

Abb. 13-11
Transport des Vogelharns in die hinteren Darmabschnitte

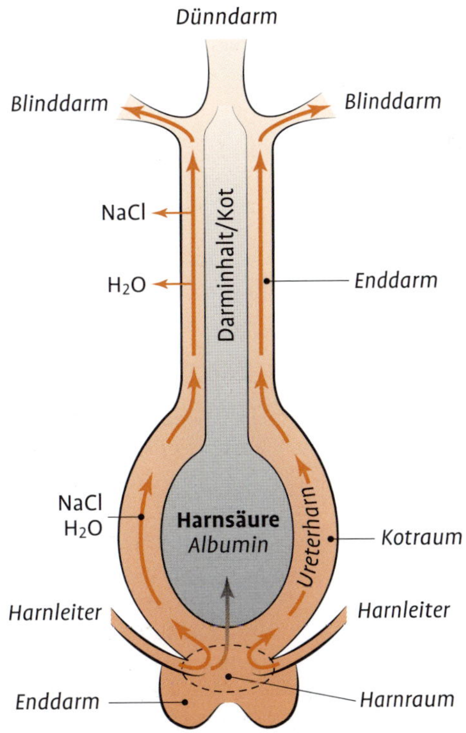

Harnstoff als osmotisch wirksames Abbauprodukt ausgeschieden wird.

13.3.2 Prozesse in Darm und Kloake

Bevor der Vogelharn ausgeschieden wird, passiert er zunächst die Kloake. Von dort aus wird der Harn in das Rektum und die Blinddärme transportiert. Der Harn verteilt sich hier insbesondere unmittelbar an der Oberfläche der Schleimhaut. Am Epithel der hinteren Darmabschnitte und im Kotraum der Kloake erfolgt eine Resorption von Natrium und Wasser aus dem Harn (▸ Abb. 13-11). Für diese Prozesse ist es von Vorteil, dass der Vogelharn keine hohe Osmolarität ausweist. Harn mit sehr hoher Osmolarität würde im Darm nämlich zu einem osmotisch bedingten Wasserverlust in das Darmlumen führen. In die hinteren Darmabschnitte gelangt auch der Harn aus den Reptilientyp-Nephronen. Die hier enthaltene Harnsäure und das Albumin wird von Bakterien vor allem in den Blinddärmen zur bakteriellen Proteinsynthese (▸ Kap. 10.13.4) und zur Bildung kurzkettiger Fettsäuren genutzt.

14 Säure-Basen-Haushalt

Schon geringe Abweichungen vom normalen pH-Wert in Blut und Extrazellulärflüssigkeit sind mit erheblichen Funktionsstörungen verbunden, stärkere Abweichungen können sogar zum Tode führen. So sind zahlreiche Systeme des Körpers äußerst empfindlich gegenüber Veränderungen im pH-Wert bzw. der Protonenkonzentration. Man kann davon ausgehen, dass sämtliche Vorgänge, an denen Proteine beteiligt sind, durch Verschiebungen im pH-Wert massiv beeinträchtigt werden. Dies sind unter anderem Enzymreaktionen, nervale Übertragungen, aber auch Abwehrfunktionen. Dies bedeutet, dass Störungen im Säure-Basen-Haushalt zahlreiche Organsysteme betreffen.

14.1 pH-Wert

Der pH-Wert macht eine Aussage über den Säuregrad von Lösungen, d.h. über die Konzentration an **Protonen** (= H^+-Ionen). Wasser zerfällt spontan zu einem geringen Anteil zu H_3O^+- (= $H_2O + H^+$) und OH^--Ionen. In einem Liter destilliertem Wasser befinden sich 0,0000001 mol H_3O^+-Ionen (bei 22 °C) und dieselbe Menge OH^--Ionen, entsprechend $1 \cdot 10^{-7}$ mol/l. Die Konzentration von 10^{-7} mol/l H^+ bzw. H_3O^+-Ionen wird als neutral bezeichnet. In sauren Lösungen ist die Konzentration von H^+- bzw. H_3O^+-Ionen höher, in alkalischen Lösungen befindet sich eine höhere Konzentration an OH^--Ionen.
Um den **Säuregrad** von Lösungen zu benennen, wird anstatt der H^+-/H_3O^+-Ionen-Konzentration der pH-Wert angegeben, der als negativer dekadischer Logarithmus der H^+-Ionen-Konzentration definiert ist: $pH = -\log_{10}$ mol/l $[H^+]$ ($\log_{10}$: dekadischer Logarithmus). Eine neutrale Lösung hat demnach einen pH-Wert von $7 = -\log_{10} 10^{-7}$ mol/l $[H^+]$. Eine stark saure Lösung, wie z.B. der Magensaft, enthält bis zu 10^{-2} mol H^+-Ionen pro Liter, entsprechend einem pH-Wert von 2. Der **pH-Wert des Blutes** muss durch die Regulationssysteme in einem engen Bereich um **7,4** gehalten werden. Hierbei muss man sich aber vergegenwärtigen, dass die physiologische Protonenkonzentration im Organismus äußerst gering ist. So entspricht der physiologische pH-Wert von 7,4 einer Konzentration von 0,00000004 mol/l H^+-Ionen. Diese Konzentration ist verschwindend gering z.B. im Vergleich (zur ebenfalls regulierten) Konzentration von Natrium von ~140 mmol/l.

14.2 Pufferung und pK_S-Wert

Jede Säure kann bis zu einem bestimmten Grad dissoziieren, d.h. in ihren alkalischen Anteil, die Base, und in Protonen „zerfallen". Je stärker die Säure, desto stärker ist ihr Bestreben zu dissoziieren, also Protonen abzugeben. Demzufolge ist auch der durch die Säure hervorgerufene pH-Wert-Abfall entsprechend verstärkt. Quantitativ wird das Dissoziationsbestreben durch den **pK_S-Wert** beschrieben. Zu beachten ist, dass die pK_S-Wert-Skala eine dekadisch logarithmische ist, d.h., ein um eine Einheit niedrigerer pK_S-Wert bedeutet, dass die Säure zehnfach stärker ist, also zehnmal mehr Protonen abgibt. Säuren, deren pK_S-Wert < 1 ist, werden allgemein als starke Säuren, Säuren mit einem pK_S-Wert zwischen 1 und 5 als mittelstark und solche mit einem pK_S-Wert über 5 als schwach bezeichnet.
Die Konzentration freier H^+-Ionen und damit der pH-Wert ergibt sich aus dem Dissoziationsgrad der Säuren. Dieser kann nach der **Henderson-Hasselbalch-Gleichung** berechnet werden:

$$pH = pK_S + \log_{10} \frac{[\text{konjugierte Base}]}{[\text{Säure}]}$$

Basen schwacher Säuren können als Puffer dienen, da das Dissoziationsbestreben der Säuren gering ist und die Basen der schwachen Säure daher eher geneigt sind, Protonen aufzunehmen, als Protonen abzugeben. Entsprechend der Henderson-Hasselbalch-Gleichung führt eine Zugabe von H^+ nur zu einer geringen Verschiebung des Verhältnisses von Base zu Säure und somit auch nur zu einer geringen Veränderung des pH-Wertes, wenn sich der pH-Wert der Lösung im Bereich des pK_S-Wertes des Puffersystems befindet. Allgemein lässt sich sagen, dass die Pufferkapazität dann am größten ist, wenn der pH-Wert der Lösung sich in einem Bereich von +/–1 des pK_S-Wertes des eingesetzten Puffersystems befindet, d. h. ein $H_2PO_4^-/HPO_4^{2-}$-Puffer mit einem pK_S-Wert von 6,8 puffert am besten in einem pH-Bereich von 5,8 bis 7,8.

14.3 Anfall von Protonen im Organismus

Vorweg muss herausgehoben werden, dass für den Organismus eher der Anfall von Protonen ein Problem darstellt als der Anfall von alkalisierenden Substraten.
Aus dem Zitratzyklus (▶ Abb. 1-20) und auch aus anderen Dekarboxylierungsprozessen fallen Säureäquivalente in Form von CO_2 an. CO_2 wandelt sich zusammen mit Wasser und unter Einwirkung der Carboanhydrase (▶ Abb. 9-15) in Kohlensäure um, ist also potenziell sauer. Allerdings ist dies in der Regel kein Problem, da in der Lunge aus Kohlensäure wieder rasch CO_2 (▶ Kap. 9.3.2) wird und dieses effektiv über die Lunge abgegeben werden kann. Größere Probleme bereiten die sogenannten nicht flüchtigen Säuren in Form von z. B. Milchsäure (anaerobe Glykolyse) und Ketosäuren (Abbau von Aminosäuren).
Bei einem Hund von 10 kg fallen bei normaler Fütterung und unter den Bedingungen des Erhaltungsumsatzes täglich etwa 5000 mmol in Form von CO_2 an. Würden 5000 mmol Protonen (aus der entstehenden Kohlensäure abgegeben) in einer Blutplasmamenge von 400 ml (Plasmamenge eines 10 kg schweren Hundes) gelöst, so erhielte man eine Lösung mit einer Protonenkonzentration von 12,5 mol/l. Diese Konzentration wäre etwa 300 millionenfach (3×10^8) höher als die physiologische Konzentration von 0,00000004 mol/l (▶ Kap. 14.1). Das macht deutlich, wie groß die Gefahr einer Übersäuerung ist, wenn die Lungen nicht ihre Funktion erfüllen. Bei funktionierender Lunge ist die CO_2-Anflutung allerdings kein Problem, da die Lunge eine hohe Effizienz bei der CO_2-Abgabe hat. Schwieriger zu eliminieren ist die relativ kleinere Menge der anfallenden nichtflüchtigen Säuren, dies sind bei dem Hund von 10 kg etwa 0,1 mol pro Tag, also etwa nur 1 % der Säureäquivalentmenge aus CO_2. Diese müssen über andere Systeme abgegeben werden, im Wesentlichen über die Niere (▶ Abb. 13-10). Allerdings ist die Menge der anfallenden nichtflüchtigen Säuren nicht immer konstant, sondern hängt im Wesentlichen von der Fütterung ab. Im Allgemeinen führt eine Fütterung mit proteinreicher Ernährung zu einem größeren Anfall von nichtflüchtigen Säuren und damit zu einem sauren Urin.

14.4 Regulationssysteme

Um eine Übersäuerung zu vermeiden, stehen dem Organismus mehrere Mechanismen zur Verfügung

1. **Puffersysteme:** Puffersysteme sind die erste Linie der Verteidigung, die rasch anfallende Protonen abfängt. Puffersysteme sind in fast allen Körperflüssigkeiten vorhanden.
2. **Regulation der CO_2-Abgabe über die Atmung:** Steigt der CO_2-Gehalt des Blutes, wird rasch auch mehr CO_2 abgegeben.
3. **Regulation über die Nieren:** Die Nieren sind in der Lage, je nach Stoffwechselsituation mehr oder weniger Protonen auszuscheiden und Hydrogenkarbonat neu zu bilden.

14.4.1 Puffersysteme im Körper

In ▶ Tabelle 14-1 sind die wesentlichen Puffersysteme im Körper aufgelistet. Wie in ▶ Kapitel 14.2 ausgeführt ist, ist ein Kriterium für die Beurteilung eines Puffersystems der pKs-Wert und wie nahe dieser an dem gewünschten pH-Wert liegt. Ein weiteres Kriterium ist, ob das System offen oder geschlossen ist. Geschlossen bedeutet, dass das System in keinem Austausch mit der Umgebung ist, d. h., die Anteile von Säuren und Basen sind (weitgehend) konstant. Offen bedeutet, dass das System in ständigem Austausch mit der Umgebung ist, d. h., die Anteile von Säuren und Basen sind variabel und können damit geregelt werden.
Unter den geschlossenen Systemen ist das **Hämoglobin/Hämoglobinat-System** an erster Stelle zu nennen, da es in den Erythrozyten in hoher Konzentration vorliegt. Die Bedeutung dieses Systems liegt vor allem in der Pufferung der bei der CO_2-Aufnahme in den Erythrozyten freigesetzten Protonen. Der Mechanismus hierzu ist in ▶ Abbildung 9-15 dargestellt. Dieser Pufferung kommt das Hämoglobin in besonderer Weise nach. So fallen die meisten Protonen im zellulären Stoffwechsel an, also in dem Bereich, in dem das Hämoglobin seinen Sauerstoff abgegeben hat, also desoxygeniert ist. Das desoxygenierte Hämoglobin (HHb) hat aber einen mehr als eine Einheit höheren pK_S-Wert als die oxygenierte Form (O_2HHb; ▶ Tab. 14-1), d. h., HHb kann etwa 10-fach mehr Protonen abpuffern als O_2HHb. Umgekehrt wird bei der Oxygenierung des Hb in der Lunge der pK_S-Wert um eine Einheit nach unten verschoben, was wiederum Protonen freisetzt, die die Entstehung von CO_2 und damit die Abgabe von Kohlendioxid in der Lunge fördert. Ähnlich wie das Hämoglobin in den Erythrozyten wirken in anderen Zellarten verschiedene Proteinat-Puffer. Alle diese Puffer haben einen pK_S-Wert in der Nähe des gewünschten pH-Wertes von 7,4 und erfüllen daher die in ▶ Kapitel 14.2 genannten Kriterien für ein ideales biologisches Puffersystem. Auch der Hydrogenphosphat/Dihydrogenphosphat-Puffer weist einen idealen pK_S-Wert auf.
Das **HCO_3^-/CO_2-System** ist ein offenes System, d. h., sowohl der basische als auch saure Anteil können in ihren Konzentrationen geregelt werden. Der Atmungstrakt stellt die Konzentration von CO_2 ein, die Niere kann neben der Ausscheidung von Protonen auch die Konzentration von HCO_3^- einstellen.
Der **pK_S-Wert** des **HCO_3^-/CO_2-Systems** beträgt 6,1 in biologischen Flüssigkeiten und erfüllt somit kaum die in ▶ Kapitel 14.2 genannten Kriterien für ein System, das auf einen pH-Wert von 7,4 puffern soll (pH-Wert in der Extrazellulärflüssigkeit). Bei einem geschlossenen System würde das Problem auftreten, dass bei diesem pK_S-Wert der Anteil an Pufferbasen um ein Vielfaches höher läge als der Anteil an Säuren. Da es sich hierbei aber um ein offenes System handelt und damit der Anteil des **CO_2** wesentlich rascher und effizienter über die Lunge geregelt werden kann als der Anteil

Tab. 14-1
Intra- und Extrazelluläre Puffersysteme (nach Breves et al. 2022)

Puffersystem		Lokalisation	pK_S-Wert
Geschlossene Systeme			
desoxygeniertes Hämoglobin	$Hb^- + H^+ \leftrightarrow HHb$	intrazellulär	8,25
oxygeniertes Hämoglobin	$O_2Hb^- + H^+ \leftrightarrow O_2HHb$	intrazellulär	6,95
Proteine	$Pr^- + H^+ \leftrightarrow HPr$	Intra- und extrazellulär	–
Hydrogenphosphat	$HPO_4^{2-} + H^+ \leftrightarrow H_2PO_4^-$	Intra- und extrazellulär	6,8
Offenes System			
Hydrogenkarbonat	$HCO_3^- + H^+ \leftrightarrow H_2CO_3 \leftrightarrow H_2O + CO_2 \leftrightarrow H_2O + CO_2$	Intra- und extrazellulär	6,1

des Hydrogenkarbonats, ist das genannte Ungleichgewicht unproblematisch. Durch die über die Lunge schnell veränderliche CO_2-Konzentration können rasch die Bedingungen in der **Henderson-Hasselbalch-Gleichung** (Formel 1) geändert werden. So sind unter physiologischen Bedingungen die **CO_2**-Konzentration auf 1,2 mmol/l und die Hydrogenkarbonatkonzentration auf 24 mmol/l eingeregelt, um den pH-Wert des Blutes auf 7,4 einzustellen. Entsprechend der Henderson-Hasselbalch-Gleichung ergibt sich dann der gewünschte pH-Wert:

$$7{,}4 = 6{,}1 + \log_{10} \frac{24\,\text{mmol} \cdot \text{l}^{-1}\,\text{HCO}_3^-}{1{,}2\,\text{mmol} \cdot \text{l}^{-1}\,\text{CO}_2}$$

Aus der Gleichung ist abzuleiten, dass Verschiebungen im Nenner, also in der der CO_2-Konzentration, massive Einwirkungen auf den pH-Wert haben, Veränderungen im Zähler, also in der Hydrogenkarbonatkonzentration, allerdings kaum. Entsprechend müssen und können Veränderungen im pH-Wert rasch über die CO_2-Abgabe über die Lunge kompensiert werden. Dies bedeutet aber auch, dass Behinderungen der Lungenfunktion massive Auswirkungen auf den Organismus haben und aufgrund der CO_2-Anschoppung rasch zu einer Übersäuerung führen.

14.4.2 Regulation der CO_2-Abgabe über die Atmung

Die Regulation der CO_2-Konzentration erfolgt über die Lunge. Dieses ist der wichtigste „Hebelarm", um den pH-Wert im Blut konstant zu halten. Hierbei kann nicht nur das aus dem Stoffwechsel freigesetzte CO_2 abgegeben werden, sondern auch das CO_2, das aus der Protonenpufferung über Hydrogenkarbonat entsteht:

$$H^+ + HCO_3^- \rightarrow H_2CO_3 \rightarrow CO_2 + H_2O.$$

Auf diese Weise können zunächst einmal auch die Protonen, die aus dem Stoffwechsel oder der Nahrungsaufnahme anfallen, abgepuffert werden. Die weitere Einstellung des pH-Wertes erfolgt dann über die Atmung, indem verstärkt CO_2 abgegeben wird.

Die Lunge eliminiert verstärkt CO_2 mithilfe zweier Mechanismen, die schematisch in ▶ Abbildung 14-1 zusammengefasst sind.

1. Erhöht sich die Produktion von CO_2 bzw. die Freisetzung aus dem Hydrogenkarbonat, so erhöht sich auch die Konzentration, d. h. der Partialdruck von CO_2 (pCO_2, siehe auch ▶ Kap. 9.3), im Blut. Mit dem Kreislauf gelangt dieses Blut auch in die Lungenkapillaren, in den Lungen steigt dann das Druckgefälle des CO_2 vom Blut zur Alveole. In der Folge diffundiert mehr CO_2 in die Ausatmungsluft, es wird mehr CO_2 abgegeben (① in Abb. 14-1).
2. Zusätzlich zu den oben beschriebenen Abläufen kann die Lunge direkt den pCO_2 im Blut beeinflussen. So führt eine Erhöhung des pCO_2 zu einer Stimulation der Chemosensoren im Glomus caroticum (②) mit nachfolgender Aktivierung des Atemzentrums (③). Atemfrequenz und Atemzugtiefe nehmen zu (④), durch die verstärkte Atemtätigkeit wird zusätzlich mehr Kohlendioxid abgegeben (⑤).

Beide Mechanismen führen zu einer Abnahme des pCO_2 im Blut (⑥), was wiederum dämpfend auf das Atemzentrum wirkt und auch den Konzentrationsgradienten wieder abnehmen lässt (⑦).

14.4.3 Regulation über die Nieren

Bei der oben dargestellten Regulation durch die Lungen wird letztendlich Hydrogenkarbonat verbraucht, das dann über die Niere wieder neu gebildet werden muss.

Die Mechanismen der pH-Regulation über die Nieren sind genauer in ▶ Kapitel 13.1.2 ausgeführt. Wie in ▶ Abbildung 13-10 gezeigt, sind die Nieren in der Lage, Hydrogenkarbonat aus CO_2 neu zu bilden und somit HCO_3^- dem Puffersystem zuzuführen. Die Produktion von HCO_3^- erfolgt im proximalen Tubulus entsprechend der Reaktionsgleichung:

$$CO_2 + H_2O \rightarrow H_2CO_3 \rightarrow H+ + HCO_3^-.$$

Abb. 14-1
Regelkreis zur Einstellung des Partialdrucks von Kohlendioxid (pCO_2) im Blut, Erläuterung im Text.

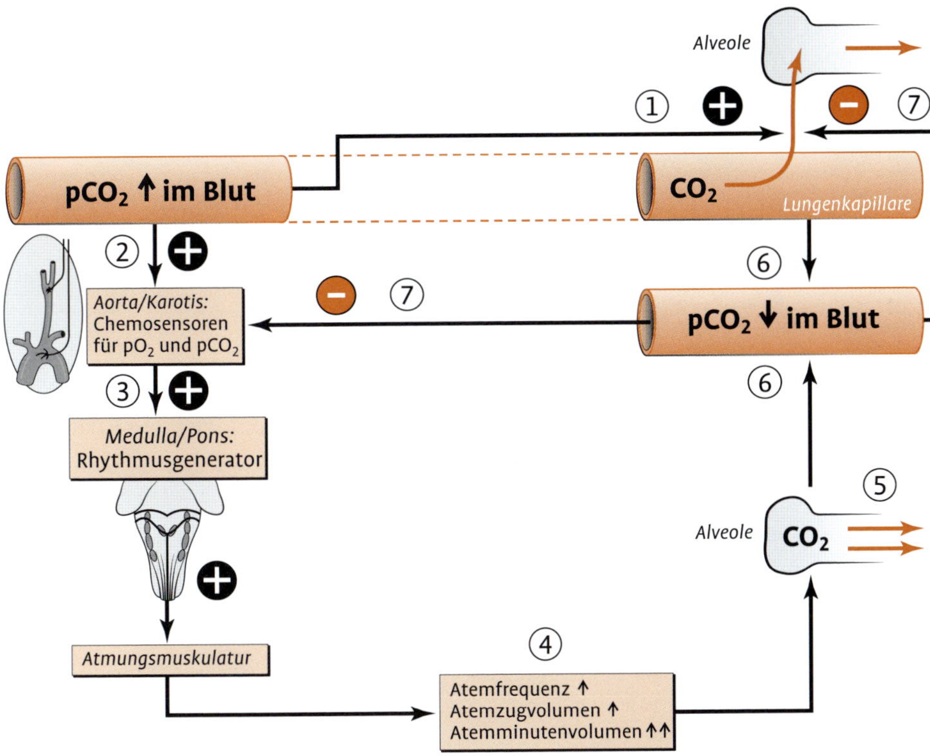

Das CO_2, das in die Umwandlung eingespeist wird, kann leicht von der Blutseite her in die Tubulusepithelzellen diffundieren. Dieser Prozess wird natürlich verstärkt, wenn der pCO_2 im Blut erhöht ist (▶ Kap. 14.4.2) und dadurch mehr CO_2 in die Epithelzellen diffundiert. Da bei der intrazellulären Umwandlung von CO_2 in HCO_3^- dann aber auch mehr Protonen entstehen, müssen diese in Form von Säure ausgeschieden werden, d. h., nur in Kombination mit einer gesteigerten Ausscheidung von Säure (u. a. H_2PO_4) ist eine Neubildung von Hydrogenkarbonat möglich. Auf diese Weise lassen sich über den pH-Wert des Urins Rückschlüsse auf den Säure-Basen-Status des Tieres ziehen.

14.5 Störungen des Säure-Basen-Haushalts

Bei der Betrachtung des Säure-Basen-Haushalts wird bei den meisten Tieren ein pH-Wert von 7,4 als physiologisch bezeichnet. Abweichungen davon sind die Azidose bzw. Alkalose. Zusätzlich kann auch noch unterschieden werden zwischen **respiratorischen Azidosen/Alkalosen** und nichtrespiratorischen **(früher: metabolischen)** Azidosen/Alkalosen. Im Allgemeinen sind Entgleisungen in den sauren Bereich häufiger als in den alkalischen. Wie der Begriff schon nahelegt, sind Erkrankungen im Atmungstrakt in der Regel mit respiratorischen Azidosen verbunden. Dies erklärt sich auch wegen der oben dargelegten zentralen Rolle der CO_2-Abatmung für die Konstanz des pH-Wertes im Blut. Bei den nichtrespiratorischen Azidosen sind wegen der oben dargelegten Zusammenhänge Nierenerkrankungen mögliche Ursache, aber auch Durchfälle (▶ Kap. 10.10.4), Ketosen (▶ Kap. 1.6.6) und Pansenazidosen (▶ Kap. 10.6.3) können auslösend sein.

Nichtrespiratorische Azidosen können über die Lungen entsprechend den in ▶ Kapitel 14.4.2 dargelegten Mechanismen hinsichtlich der Stabilisierung des pH-Wertes im Blut kompensiert werden und respiratorische Azidosen über die Nieren (▶ Kap. 14.4.3), sofern diese nicht erkrankt sind.

15 Geschlechtsorgane

Die männlichen und die weiblichen Geschlechtsorgane zeigen trotz genereller Unterschiede auch mehrere Übereinstimmungen. Die Keimzellen (Spermien, Eizellen) entwickeln sich in den Keimdrüsen (Hoden, Eierstock). Deren geschlechtsspezifischer Bau wird in der Embryonalzeit durch das Genom der einwandernden Urgeschlechtszellen festgelegt. Gemeinsam sind auch die enge Beziehung zu den Harnorganen sowie der prinzipielle Bau von Penis und Klitoris.

15.1 Männliche Geschlechtsorgane

Die Aufgabe der männlichen Geschlechtsorgane besteht in der Produktion des männlichen Geschlechtshormons und des Samens sowie in der Einführung des Samens in das weibliche Genitale.

15.1.1 Aufbau und Funktionen

Zu den männlichen Geschlechtsorganen gehören: Hoden, Nebenhoden, Samenleiter, akzessorische Geschlechtsdrüsen, Harnröhre und

Abb. 15-1
Übersicht über die Harn- und die Geschlechtsorgane eines Hengstes; Medianschnitt (nach Nickel et al. 1999). Der Aufbau der Bauchmuskulatur ist in ▶ Abb. 4-7 dargestellt.

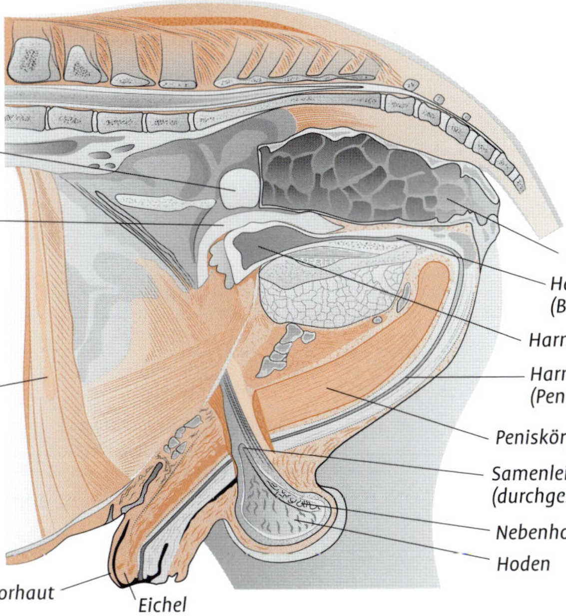

Abb. 15-2
Schema der männlichen Geschlechtsorgane von Kater und Rüde (nach Nickel et al. 1999).

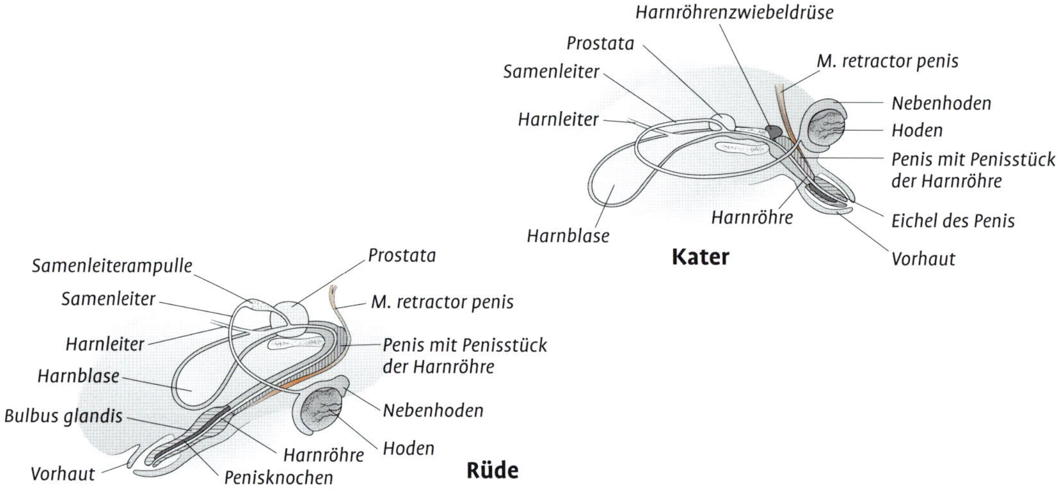

Abb. 15-3
Schema der männlichen Geschlechtsorgane von Eber und Hengst (nach Nickel et al. 1999).

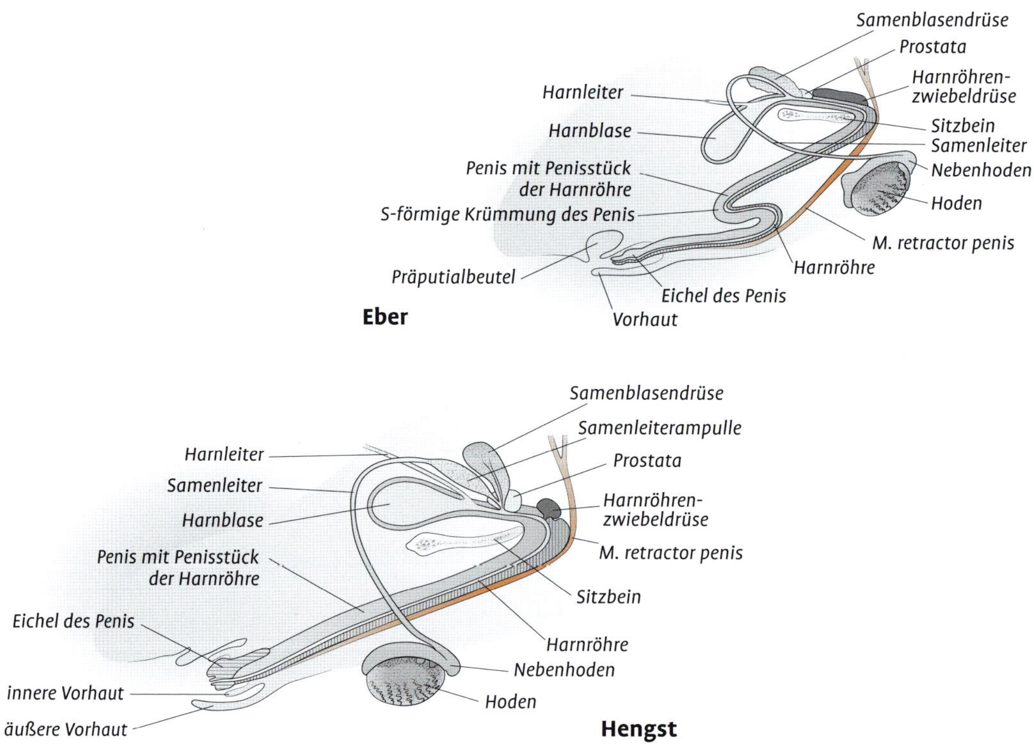

Penis (▶ Abb. 15-1 bis 15-3). Man kann unterscheiden zwischen **keimbereitenden Teilen** (Hoden) und **keimleitenden Teilen** (Nebenhoden, Samenleiter, Harnröhre). Die Nebenhoden haben zugleich keimaufbewahrende Funktion. Der Penis ist das männliche **Begattungsorgan.**

Hoden

Die Hoden **(Testes)** liegen als paarige Organe im **Hodensack (Scrotum),** der sie umhüllt und schützt (▶ Abb. 15-4). Die äußere Haut der Hoden enthält zahlreiche Talgdrüsen, die Unterhaut glatte Muskelfasern. Die innere Rumpffaszie und das Wandblatt des Bauchfells bilden den **Scheidenhautfortsatz.** Dieser ähnelt einer weitbauchigen Flasche. In der Scheidenhauthöhle (= „Flaschenbauch") liegt der vom Eingeweideblatt des Bauchfells überzogene Hoden, während der Scheidenhautkanal (= „Flaschenhals") den **Samenstrang** (= Samenleiter und begleitende Blutgefäße) enthält. An ihm setzt lateral der Hodenhebemuskel (M. cremaster) an, der bei seiner Kontraktion den Scheidenhautfortsatz und damit den Hoden in die Leistengegend zieht. Der Tonus des M. cremaster ist temperaturabhängig. Bei Kälte kontrahiert der Muskel; dadurch wird die Temperatur im Hoden reguliert.

Die Hoden wandern im Laufe der Entwicklung der männlichen Tiere von ihrer ursprünglichen Lage in der Nierengegend durch den Leistenkanal aus der Bauchhöhle aus. Dieser **Hodenabstieg** (Descensus testis) erfolgt tierartlich zu verschiedenen Zeiten:

- Wiederkäuer: vor der Geburt
- Pferd, Schwein, Mensch: zur Zeit der Geburt
- Fleischfresser: in den ersten Lebenswochen (bei Geburt noch in der Lendengegend)

Wenn die Hoden nicht oder nicht vollständig ausgewandert sind, spricht man vom **Kryptorchismus,** der Verborgenhodigkeit (Binneneber, Spitz- oder Klopphengst). Es gibt einen einseitigen und einen beidseitigen sowie einen abdominalen und einen inguinalen Kryptorchismus. Beim abdominalen Kryptorchismus verbleibt der Hoden in der Bauchhöhle; beim inguinalen Kryptorchismus tritt er zwar durch

Abb. 15-4
Schematischer Querschnitt durch den Hodensack und die Hodenhüllen (nach Ellenberger und Baum 1943).

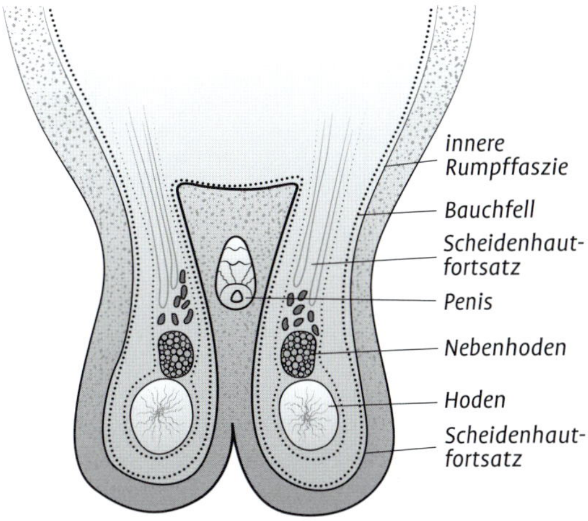

den Leistenkanal aus, aber nicht in den Hodensack ein.

Die physiologische **Lage** der Hoden im Hodensack bewirkt, dass die Temperatur der Hoden unter der Körperinnentemperatur liegt. Dazu trägt auch bei, dass das arterielle Blut durch venöses Blut aus dem Hoden im Gegenstromprinzip gekühlt wird, bevor es in den Hoden eintritt. Das geschieht in einem ausgedehnten Gefäßplexus am Kopfende des Hodens. Liegen bei Kryptorchiden die Hoden in der Bauchhöhle oder in der Leistengegend, so ist unter anderem auch wegen der höheren Temperatur die Spermatogenese gestört, die Hormonbildung aber nicht. Dies bedingt, dass das Tier zwar unfruchtbar wird, aber der Geschlechtstrieb und andere durch Testosteron induzierte Vorgänge (▶ Kap. 15.1.3) kaum beeinträchtigt sind. Die Temperaturempfindlichkeit der Spermatogenese ist allerdings nicht bei allen Tierarten vorhanden. Bei Hasen und Kaninchen liegen die Hoden stets in der Leistengegend. Bei Vögeln verbleiben die Hoden dorsal in der Bauchhöhle.

Die Hoden sind eiförmige Organe, die keine Unterschiede der Pole zeigen, man orientiert sich daher bei der **Benennung** der Pole an den Nebenhoden. Jener Pol, dem der Nebenhodenkopf anliegt, wird Kopfende, jener, dem der

Abb. 15-5
Hoden, Nebenhoden und Samenleiter eines Bullen; **links:** Aufsicht, **rechts:** Längsschnitt (nach Nickel et al. 1999).

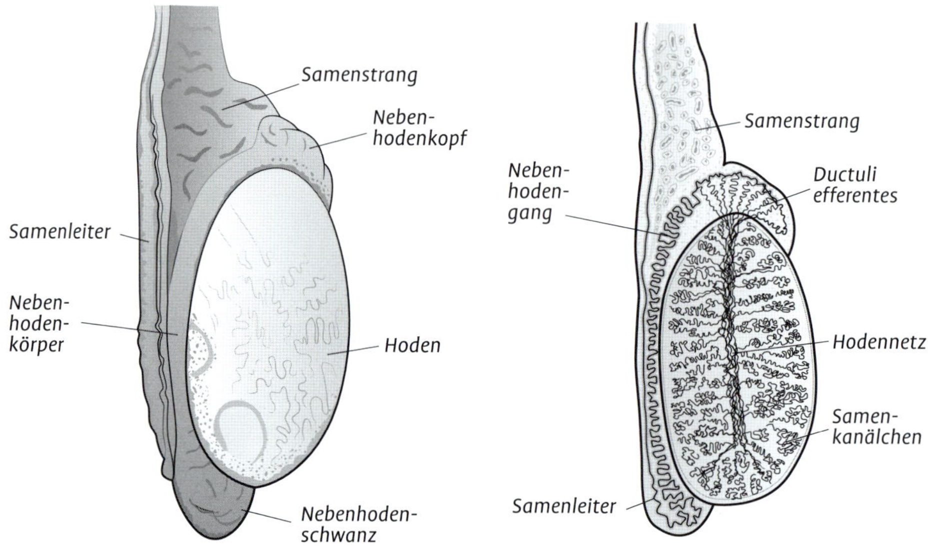

Nebenhodenschwanz anliegt, Schwanzende genannt (▶ Abb. 15-5). Bei Wiederkäuern liegen die Hoden senkrecht, beim Hengst mehr horizontal und beim Eber schräg und weiter kaudal. Durch die unterschiedliche Lage werden auch die Form und Ausbildung des Hodensacks vorgegeben.
Von der bindegewebigen festen Hodenkapsel strahlen Bindegewebssepten in das Innere zum Mediastinum, einem Bindegewebskörper. Durch die Bindegewebssepten wird der Hoden in Läppchen unterteilt, in dessen Parenchym die **Samenkanälchen** und die **Leydig-Zwischenzellen** liegen (Franz von Leydig; *1821 in Rothenburg ob der Tauber, †1908; Zoologe und Anatom). Die Samenkanälchen beginnen peripher blind unter der Hodenkapsel und ziehen stark gewunden zu dem im Mediastinum gelegenen **Hodennetz** (▶ Abb. 15-5 rechts).

■ Spermatogenese

In den Samenkanälchen bilden die **Sertoli-Zellen** während der Embryonalentwicklung einen einschichtigen Epithelbelag (Enrico Sertoli; *1842 Sondrio, Italien, †1910; Physiologe und Histologe). Zwischen die Sertoli-Zellen lagern sich die Ursamenzellen ein, die der Basalmembran eng anliegen. Die Ursamenzellen machen eine embryonale und eine präpuberale Vermehrungsphase durch und werden mit Eintritt der Geschlechtsreife zu **Spermatogonien** (▶ Abb. 15-6).
Die Spermatogonien sind Ursprungszellen der **Spermatogenese** (▶ Abb. 15-17). Zunächst erfolgt eine Vermehrungsphase der Spermatogonien mit mehreren Teilungsschritten. Nach ihrer letzten Teilung wachsen die Spermatogonien auf etwa die doppelte Größe heran, wodurch die **Spermatozyten I. Ordnung** entstehen (Wachstumsperiode). Durch eine nachfolgende erste Reifeteilung (▶ Kap. 1.2.2) entwickeln sich aus jedem Spermatozyten I. Ordnung zwei **Spermatozyten II. Ordnung,** die sich in einer zweiten Reifeteilung in je zwei **Spermatiden** teilen (Reifungsperiode). Aus jedem Spermatozyt I. Ordnung entstehen also vier Spermatiden. Die Spermatiden differenzieren sich anschließend zu befruchtungsfähigen **Spermien.** Wie die Ursamenzellen liegen auch die Entwicklungsstufen der Spermatogenese in Nischen und Fortsätzen der **Sertoli-Zellen** (▶ Abb. 15-6). Die Sertoli-Zellen haben dabei Stütz- und Ernährungsfunktion.

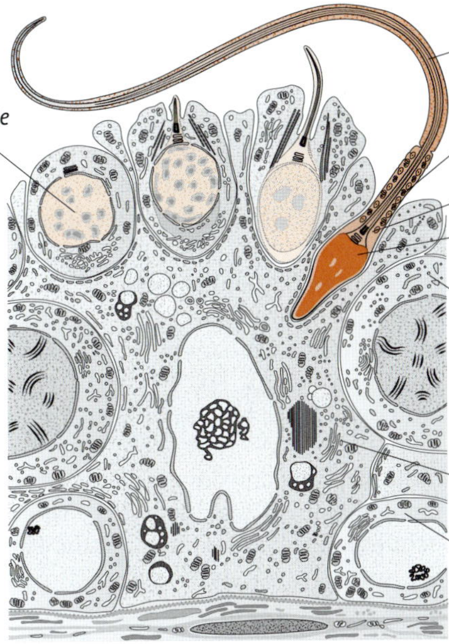

Abb. 15-6
Samenepithel (menschlicher Hoden) (nach Bucher und Wartenberg 1997). Beziehung zwischen Sertoli-Zelle – mit ellipsoidem nukleolenhaltigem Kern – und Samenbildungszellen. Links und rechts unten je eine Spermatogonie, der Basalmembran aufsitzend; darüber je ein Spermatozyt. An der freien Oberfläche – von links nach rechts – verschiedene Umbildungsstadien von der Spermatide zur Samenzelle.

Die **Länge** der reifen **Spermien** beträgt beim Haustier 50 bis 80 μm. Form und Größe der Spermien zeigen zwar tierartliche Unterschiede, der prinzipielle Aufbau ist aber zwischen den Tierarten identisch.
So lassen sich verschiedene Abschnitte unterscheiden (▶ Abb. 15-6):

- der **Kopf** mit dem Zellkern, d. h. den Erbanlagen, und vorne aufsitzendem Akrosom, dessen Enzyme die Wand der Eizelle „aufweichen" und das Eindringen des Spermiums in die Eizelle ermöglichen
- der **Hals**, von dem der Achsenfaden des Schwanzstücks seinen Ausgang nimmt
- das **Mittelstück** mit dem Achsenfaden und einem hohen Gehalt an Mitochondrien, die ATP für die Bewegung des Schwanzes bereitstellen
- der **Schwanz** mit dem Hauptteil des Achsenfadens und umgebenden Mikrotubuli bzw. Fibrillen, die durch koordinierte Kontraktionen den Schwanz in Bewegung versetzen und so die Fortbewegung des Spermiums ermöglichen.

Hormonbildung in den Hoden

Das wichtigste Hormon der Hoden ist das **Testosteron,** das aus den **Leydig-Zwischenzellen** stammt (▶ Abb. 15-11). Testosteron ist unter anderem für die Endausbildung der primären und die Bildung der sekundären männlichen Geschlechtsmerkmale, wie z. B. die Körperstatur, sowie für die Aufrechterhaltung der Spermatogenese verantwortlich. Die **Sertoli-Zellen** bilden **Inhibin,** das den Funktionszustand des Hodens an die übergeordnete Hormondrüse, die Hypophyse, meldet (▶ Kap. 15.1.3).
Beim Eber bilden die Hoden Steroide (insbesondere **Androstenon**), die den Geschlechtsgeruch verursachen. Dieser **Ebergeruchsstoff** wird vor allem im Fettgewebe und in den Speicheldrüsen angereichert. Durch Kieferbewegungen mit Speichelschaumbildung (Patschen) während der sexuellen Erregung des Ebers wird er besonders intensiv verbreitet. Er wirkt als Pheromon auf die Sauen und regt deren Sexualfunktion während der Rausche an. Das macht man sich bei der gemeinsamen Sauen- und Eberhaltung in der Deckstation zu Nutze.
Nach der Entfernung der Hoden durch Kastration geht unter anderem aufgrund der feh-

lenden Testosteronwirkung der Geschlechtstrieb der Tiere verloren. Sie werden im Allgemeinen ruhiger, unterwerfen sich leichter dem Willen des Menschen und neigen zum Fettansatz. Der Eiweißansatz ist vermindert.

Nebenhoden

Am Nebenhoden (Epididymis) werden Kopf, Körper und Schwanz unterschieden (▶ Abb. 15-5 links). Der Nebenhodenkopf enthält die aus dem Hodennetz austretenden Kanälchen (Ductuli efferentes). Diese besitzen ein zweireihiges Zylinderepithel mit Zilien. Durch den Zilienschlag wird ein Flüssigkeitsstrom erzeugt, der die noch bewegungslosen Spermien in den anschließenden **Nebenhodengang** spült. Der Nebenhodengang ist sehr lang und unverzweigt (Rind: 40 bis 50 m; Pferd: 72 bis 81 m; kleine Wiederkäuer: 47 bis 52 m; Schwein: 17 bis 18 m; Hund: 5 bis 8 m) und füllt Körper und Schwanz des Nebenhodens aus. Er enthält in seiner Wand zirkulär verlaufende glatte Muskelzellen und geht in den Samenleiter über.
Von der Funktion her dient der Nebenhodengang als Samenspeicher. In ihm machen die Spermien zudem einen Reifungsprozess durch. Der **Transport** der Spermien durch den Nebenhoden dauert tierartlich unterschiedlich zwischen 4 und 15 Tagen. Der Transport erfolgt teils durch Schub der neu gebildeten Spermien, teils durch die Muskulatur des Nebenhodenkanals. Maximal bleiben die Spermien für 2 bis 3 Monate lebensfähig. Dann werden sie durch Spermiophagen bzw. durch freie Enzyme abgebaut.

Samenleiter

Der Samenleiter (Ductus deferens) übernimmt den Transport der Spermien aus dem Nebenhoden bis zur Harnröhre. Er verläuft in einem eigenen Gekröse durch den Scheidenhautkanal und von dort zum kranialen Ende der Harnröhre (▶ Abb. 15-2, 15-3). Sein Ende kurz vor der Mündung in die Harnröhre ist zur **Samenleiterampulle** erweitert (▶ Abb. 15-2, 15-3). Diese fehlt beim Eber und beim Kater.
Der Samenleiter und die ihn begleitenden Blutgefäße werden als **Samenstrang** bezeichnet. Der Samenleiter besitzt ein einschichtiges bis zweireihiges Zylinderepithel und eine sehr kräftige, dreischichtige Muskelhaut. Er wird von einer Serosa bedeckt.

Akzessorische Geschlechtsdrüsen

Zu den akzessorischen Geschlechtsdrüsen gehören Drüsen im Endabschnitt des Samenleiters, die Samenblasendrüse, die Vorsteherdrüse und die Harnröhrenzwiebeldrüse (▶ Abb. 15-2, 15-3).
Die paarige **Samenblasendrüse** (Glandula vesicularis) ist nur beim Pferd eine richtige Blase mit einheitlichem Lumen. Bei den anderen Tieren ist sie eine kompakte Drüse. Die Drüse fehlt beim Fleischfresser. Ihr Ausführungsgang mündet beim Wiederkäuer immer, beim Pferd oft und beim Schwein gelegentlich zusammen mit dem Samenleiter auf einer Schleimhauterhebung, dem Samenhügel, in die Harnröhre.
Die unpaare **Vorsteherdrüse** (Prostata) umgreift die Harnröhre mehr oder weniger vollständig und mündet mit mehreren Ausführungsgängen in sie. Beim Fleischfresser ist sie besonders groß. Insbesondere bei unkastrierten Rüden kommt es häufig zu Vergrößerungen der Prostata, was zu Problemen beim Harnabsatz führen kann.
Die **Harnröhrenzwiebeldrüse** (Glandula bulbourethralis) liegt beim Schwein als walzenförmiger, großer, derber Körper beiderseits der Harnröhre (▶ Abb. 15-3). Beim Pferd ist sie etwa walnussgroß (▶ Abb. 15-3), beim Hund fehlt sie. Diese paarige Drüse ist von Muskulatur bedeckt und mündet im Bereich des Sitzbeinausschnitts mit mehreren Ausführungsgängen in die Harnröhre. Bei frühzeitig kastrierten Tieren entwickelt sie sich, wie auch die anderen akzessorischen Geschlechtsdrüsen, nur schwach.
Die akzessorischen Geschlechtsdrüsen bilden unter dem Einfluss des Testosterons ein Sekret, welches Proteine und niedermolekulare organische Substanzen (Aminosäuren, Monosaccharide, Lipide und Polyamine) sowie Steroidhormone und Prostaglandine enthält. Dieses Sekret stellt den größten Anteil des Samenplasmas, des flüssigen Anteils des Ejakulates, dar. Das **Samenplasma** ernährt die Spermien (hoher Gehalt an Fruktose und Vitamin C), fördert ihre Beweglichkeit, dient als deren Transportmittel und neutralisiert durch

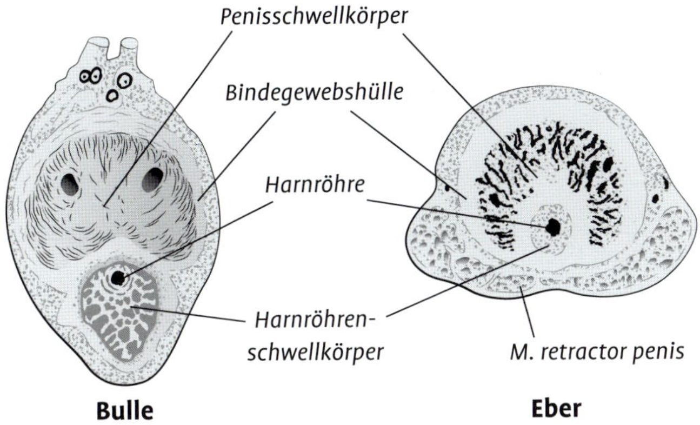

Abb. 15-7
Querschnitt durch den Penisschaft des Bullen und des Ebers (nach Grabowski in Nickel et al. 1999). Afterpenismuskel (M. retractor penis), beim Bullen an der Schnittstelle nicht getroffen.

seine puffernden Bestandteile das saure Scheidenmilieu.

■ Glied

Das Glied (Rute, Penis) entspringt am Sitzbeinausschnitt mit zwei Penisschenkeln. Außer den Penisschenkeln werden am Penis der **Peniskörper** (Corpus) und die **Eichel** (Glans) unterschieden. Am Penis befindet sich die Urethralrinne, ein ventraler Einschnitt für die Harnröhre. Ventral der Harnröhre verläuft der Afterpenismuskel (M. retractor penis; ▶ Abb. 15-7, 15-8). Er besteht aus glatter Muskulatur. Um die Harnröhre liegt der unpaare Harnröhrenschwellkörper, der aus venösem Schwellgewebe besteht (▶ Abb. 15-7).

Peniskörper und Eichel besitzen getrennte **Schwellkörper** (▶ Abb. 15-7, 15-8). Im Peniskörper sind die Schwellkörper paarig. Die Schwellkörper stellen Hohlräume dar, die von einem Maschenwerk aus Endothelzellen, glatter Muskulatur und elastischem Bindegewebe ausgekleidet und gestützt werden. Bei der Erektion füllen sich die Kavernen mit arteriellem Blut, indem sich besondere Sperreinrichtungen der zuführenden Arterien öffnen (arterielles Schwellgewebe). Gleichzeitig wird der Abfluss in den Venen gedrosselt. Bei der Erschlaffung findet der umgekehrte Vorgang statt.
Nach dem Bau unterscheidet man den Penis vom fibro-elastischen Typ und den Penis vom muskulo-kavernösen Typ.

Abb. 15-8
Abschnitt aus dem Penisschaft des Hengstes (nach Nickel et al. 1999).

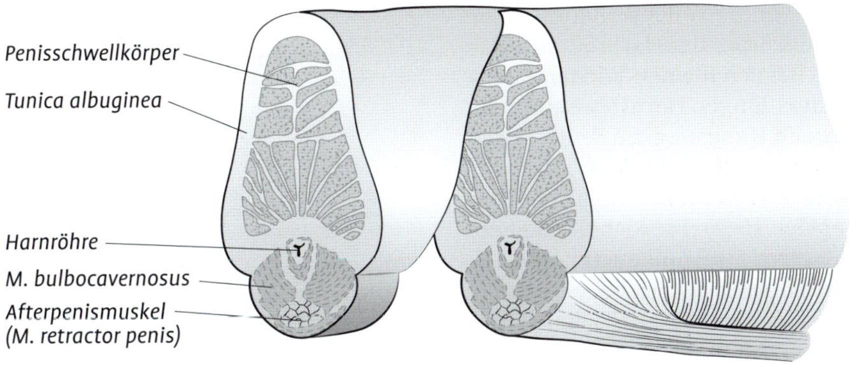

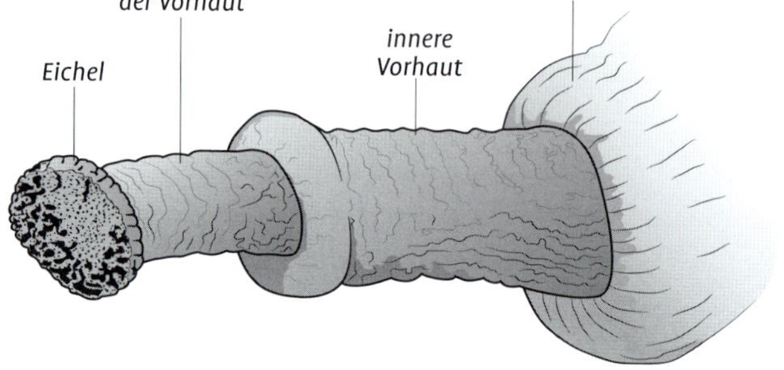

Abb. 15-9
Ausgeschachteter Penis des Hengstes (nach Ellenberger und Baum 1943).

Der Penis vom **fibro-elastischen Typ** (Wiederkäuer, Schwein) enthält starke Bindegewebssepten und ist von einer starken Bindegewebshülle (Tunica albuginea) umgeben. Seine Schwellkörper sind nicht sehr ausgedehnt und können dem Penis bei der Erektion zwar Festigkeit verleihen, ihn aber nicht wesentlich verlängern. Der Penis liegt daher in einer **S-förmigen Krümmung** unter dem Becken. Sie wird durch Zug des M. retractor penis erhalten, der am kaudalen Bogen der S-förmigen Krümmung ansetzt. Bei der Erektion verstreicht diese Krümmung. Dafür muss der M. retractor penis erschlaffen.

Der Penis vom **muskulo-kavernösen Typ** (Pferd, Fleischfresser) enthält große und ausgedehnte Schwellkörper, die ihn bei der Erektion nicht nur festigen, sondern auch erheblich länger und dicker werden lassen. Beim Rüden und (in geringer Größe) beim Kater ist ein Penisknochen vorhanden.

Die **Eichel** ist von einem mehrschichtigen Plattenepithel (▶ Abb. 2-7) überzogen. Sie besitzt einen eigenen (venösen) Schwellkörper, der mit dem Schwellkörper der Harnröhre in Verbindung steht. Bei den **kleinen Wiederkäuern** ist ein besonders langer Harnröhrenfortsatz ausgebildet. Beim **Hengst** ist die Eichel durch eine Einschnürung gegen den Penis abgesetzt und enthält eine Grube um die Harnröhrenmündung (▶ Abb. 15-9). Die Eichel des **Ebers** ist korkenzieherartig gewunden (▶ Abb. 15-10). Beim **Rüden** weist die Eichel einen sehr erweiterungsfähigen kaudalen Abschnitt (Bulbus glandis) auf. Durch das Anschwellen des Bulbus ist es dem Rüden während des Deckaktes nicht mehr möglich, den Penis aus der Vagina zu ziehen; Rüde und Hündin können dann also nicht „getrennt“ werden.

Die Eichel und das kraniale Ende des Penis werden von der **Vorhaut** (Praeputium) umgeben (▶ Abb. 15-2, 15-3, 15-10). Sie besteht aus dem **Außenblatt,** das von der äußeren Haut gebildet wird und an der Vorhautöffnung in das Innenblatt übergeht und sich als **Penisblatt** auf die Eichel überschlägt. Innenblatt und Penisblatt werden von kutaner Schleimhaut gebildet. Beim Hengst sind eine äußere und eine innere Vorhaut vorhanden, die je ein Außenblatt und ein Innenblatt besitzen (▶ Abb. 15-9). Die innere Vorhaut ist eine „Reservefalte“, die verstreicht, wenn der Penis erigiert wird. Beim Eber ist ein bauchwärts gerichteter **Präputialbeutel** ausgebildet (▶ Abb. 15-10).

Abb. 15-10
Sagittalschnitt durch das Präputium des Ebers (nach Nickel et al. 1999).

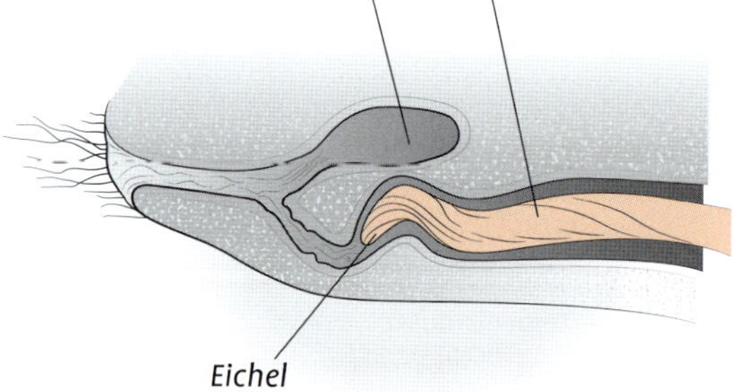

15.1.2 Sperma

Der **Samen (Sperma)** setzt sich zusammen aus den Samenzellen, die in den Hodenkanälchen gebildet werden, und dem Samenplasma, das aus den Sekreten des Nebenhodens und der akzessorischen Geschlechtsdrüsen besteht.
Der bei der Ejakulation abgegebene Samen wird als **Ejakulat** bezeichnet. Die Menge des Ejakulats (▶ Tab. 15-1) und die Spermiendichte sind abhängig von der Tierart, der Häufigkeit des Deckaktes, der Fütterung und von erblichen, individuellen Unterschieden. Tierarten mit großer Ejakulatmenge und geringer Spermiendichte (Pferd, Schwein, Hund) setzen den Samen in der Gebärmutter ab **(Uterusbesamer).** Die Wiederkäuer haben ein sehr kleines Ejakulat mit hoher Spermiendichte. Sie besamen in das Scheidengewölbe **(Scheidenbesamer).**
Die Beurteilung des Spermas erfolgt makroskopisch hinsichtlich der Farbe, der Menge, der Konsistenz und grober Beimengungen sowie mikroskopisch hinsichtlich der Dichte, der Beweglichkeit und der morphologischen Beschaffenheit der Spermien. Weitere Kriterien sind der pH-Wert und die Fruktosekonzentration.
Die Spermien bleiben in den weiblichen Geschlechtsorganen eine Zeitlang befruchtungsfähig. Bei den Säugetieren ist diese Zeit im Allgemeinen relativ kurz (etwa 24 h). Bei Vögeln vermögen sie sich aber sehr lange befruchtungsfähig zu erhalten.
Für die **künstliche Besamung** kann das Ejakulat verdünnt werden, so dass mit einem Ejakulat mehrere weibliche Tiere besamt werden können. Die Anzahl der Besamungsportionen variiert zwischen einigen wenigen beim Hund und mehreren Hundert beispielsweise beim Rind. Durch Zugabe von Konservierungsmedien (Puffer und Gefrierschutzmittel) und Kühlung bzw. Tiefgefrierung kann der Samen konserviert und transportiert werden.

15.1.3 Hormonelle Kontrolle der männlichen Geschlechtsorgane

▶ Abbildung 15-11 fasst die hormonelle Kontrolle der männlichen Geschlechtsorgane zusammen. Die Steuerung der Hodenfunktionen unterliegt dem **Hypothalamus,** der das **gonadotropin releasing hormone (GnRH)** abgibt. Unter dessen Einfluss wird aus der **Hypophyse** das **follikelstimulierende Hormon (FSH)** und das **luteinisierende Hormon (LH)** freigesetzt. **FSH,** das beim weiblichen Tier die Follikelreife induziert, fördert beim männlichen Tier die **Spermatogenese** in den Samenkanälchen der Hoden. Unter dem Einfluss von **LH** werden die Leydig-Zwischenzellen zur Produktion von **Testosteron** angeregt. Testosteron ist ein Steroidhormon mit Cholesterin als Grundgerüst. Es übt einen stimulierenden Einfluss auf die Sertoli-Zellen und damit auch auf die Spermatogenese aus.
Die hormonelle Kontrolle der Hoden unterliegt einer negativen Rückkopplung. So erfolgt durch Testosteron eine Hemmung der Freisetzung von GnRH aus dem Hypothalamus. Darüber hinaus gibt es noch negative Rückkopplungen auf der Ebene der Hypophyse ebenfalls durch Testosteron und auch durch Inhibin, einem Hormon der Sertoli-Zellen (▶ Abb. 15-11).
Testosteron spielt auch eine wesentliche Rolle bei der **Geschlechtsdifferenzierung** im Embryonalstadium. Die Freisetzung von Testos-

	Menge (ml)	Spermien/µl
Bulle	5 (2–10)	1 Mio. (300 000–2 Mio.)
Hengst	100 (30–500)	300 000 (30 000–800 000)
Eber	250 (150–500)	100 000 (25 000–500 000)
Widder	1 (0,7–2)	3 Mio. (2–5 Mio.)
Rüde	7 (2–25)	100 000 (50 000–200 000)

Tab. 15-1
Ejakulatmenge und Spermiendichte bei Haustieren (Mittelwerte und Schwankungsbreiten)

Abb. 15-11
Hormonelle Kontrolle der männlichen Geschlechtsorgane. Die Sekretion von LH wird hauptsächlich durch Testosteron gehemmt, das von den Leydig-Zellen sezerniert wird. Die Sekretion von FSH wird hauptsächlich durch Inhibin unterdrückt, das von den Sertoli-Zellen sezerniert wird. Innerhalb des Hodens wird die Spermatogenese durch Testosteron gefördert.

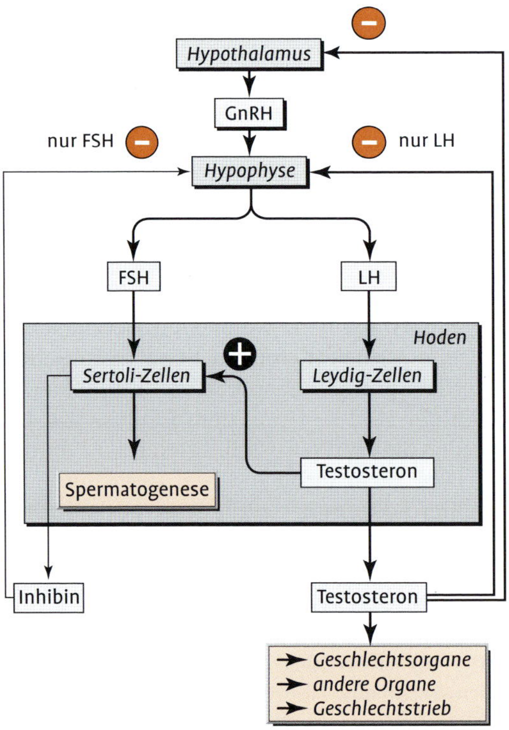

teron in den Hoden des männlichen Embryos unterdrückt die Entwicklung von weiblichen Merkmalen und fördert die Entwicklung der männlichen Merkmale. Eine weitere testosteroninduzierte Entwicklung männlicher Geschlechtsmerkmale erfolgt während der Geschlechtsreife **(Pubertät).**

15.1.4 Sterilitätsursachen beim männlichen Tier

Man unterscheidet die Deckunfähigkeit (Impotentia coeundi) und die Befruchtungsunfähigkeit (Impotentia generandi) sowie den Libidomangel.

Bei der **Impotentia coeundi** liegen Störungen vor, die die Ausführung des Deckaktes verhindern, z. B. schmerzhafte Erkrankungen an den Gelenken, Sehnen, Klauen oder Knochen, besonders der Hintergliedmaße und der Lendenwirbelsäule, oder am Penis, Missbildungen oder rudimentäre Entwicklung der Geschlechtsorgane sowie Fehlfunktion des Afterpenismuskels.

Bei der **Impotentia generandi** wird zwar der Deckakt vollzogen, er führt aber nicht zur Befruchtung. Wenn keine Spermauntersuchung vorgenommen wird, ist in der Praxis die Feststellung dadurch erschwert, dass man die Impotentia generandi erst erkennt, wenn mehrere gedeckte Tiere nicht tragend geworden sind. Folgende Ursachen können dem zugrunde liegen:

- zu wenig Ejakulat. Bis die Spermien den Eileiter, in dem die Befruchtung erfolgt, erreichen, ist die Verlustrate sehr hoch. Außerdem ist für die Befruchtung eine größere Zahl von Spermien notwendig. Zwar wird die Eizelle nur von einem Spermium befruchtet, jedoch tragen die anderen Spermien durch die Abgabe von Enzymen aus dem Akrosom zur Vorbereitung der Befruchtung bei, weil der Verband der Granulosazellen in der Umgebung der Eizelle erst aufgelockert und durchwandert werden muss.
- Veränderungen der Spermien, z. B. Missbildungen; unter anderem keine genügende Beweglichkeit; Fehlen der Spermien (Azoospermie)
- Entzündungen oder Verklebungen im Nebenhoden oder Samenleiter, Missbildungen usw.

Bei **Libidomangel** (Deckunlust) lässt das männliche Tier brünstige weibliche Tiere unbeachtet. Die Ursachen sind meist Schwäche durch Mangelernährung oder Krankheit, sexuelle Überbeanspruchung, besonders bei jungen Tieren, Fettsucht infolge Überernährung und Bewegungsmangel sowie hormonelle Störungen.

15.2 Weibliche Geschlechtsorgane

Keimbereitende Organe sind die Eierstöcke, **keimleitende** Organe sind die Eileiter und die Gebärmutter (auch keimaufbewahrend) (▶ Abb. 15-12). Zu den **Begattungsorganen** gehören die Scheide, der Scheidenvorhof und die Scham.

15.2.1 Lage und Aufbau

■ Eierstock

Die Eierstöcke (Ovarien) liegen beiderseits der Wirbelsäule in der Lendengegend in Höhe der Nieren in der Bauchhöhle (Pferd: ▶ Abb. 15-12) bzw. mehr oder minder weit kaudal der Nieren (Rind, Schwein, Hund). Der einzelne Eierstock (Ovarium) ist rundoval. Die Oberfläche ist durch Follikel oder Gelbkörper mehr oder weniger höckrig. Beim Rind ist der Eierstock etwa walnussgroß. Die Stute besitzt die im Vergleich größten Eierstöcke; diese haben bei großen Rassen das Ausmaß von Kastanien. Der Eierstock lässt sich in eine innere Mark- oder Gefäßzone und eine äußere Rindenzone gliedern. Die Rindenzone enthält die Funktionskörper (Follikel und Gelbkörper), umgeben von einem zellreichen, stark kapillarisierten Bindegewebe. Im Mark liegen die zuleitenden Gefäße lokalisiert. Beim Pferd ist eine sogenannte Ovulationsgrube ausgebildet. In dieser findet der Follikelsprung statt (▶ Kap. 15.2.2).

■ Eileiter

Der Eileiter (Tuba uterina) beginnt proximal mit dem **Eileitertrichter**, der sich dem einreißenden Follikel anlegt und die Eizelle auffängt (▶ Abb. 15-18). In der Tiefe des Trichters liegt

Abb. 15-12
Übersicht über die Harn- und die Geschlechtsorgane einer Stute (nach Nickel et al. 1999; Riegel und Hakola 2002).

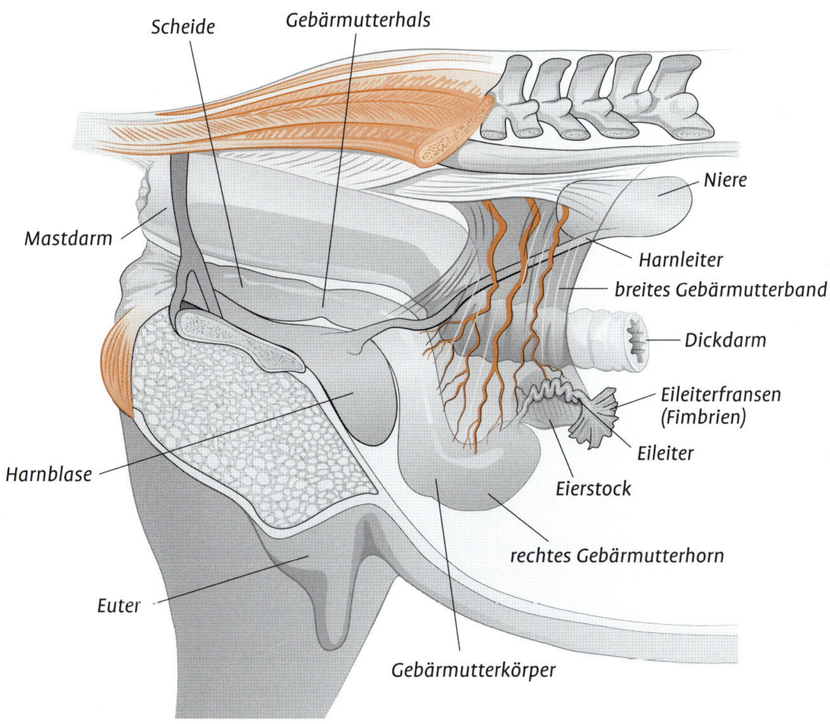

Abb. 15-13
Eierstock, Eileiter und Gebärmutter des Rindes (nach Nickel et al. 1999).

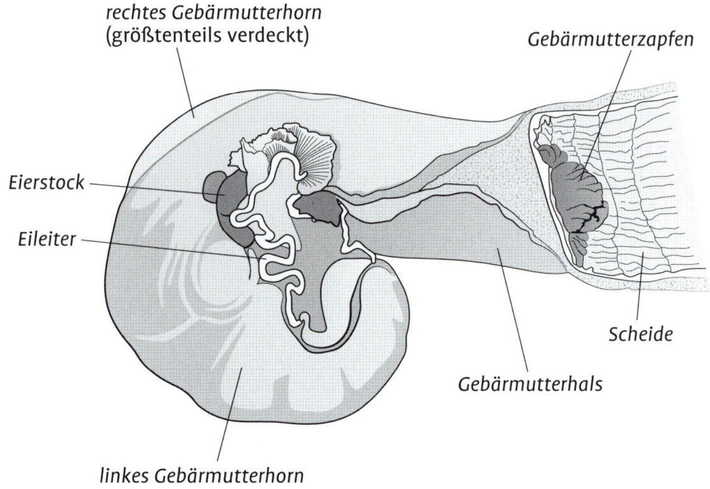

die proximale Öffnung des Eileiters, zu der die Eizelle durch den Flimmerschlag des Oberflächenepithels des Trichters hin transportiert wird. Der folgende Abschnitt ist durch Schleimhautfalten stark erweitert **(Eileiterampulle)** und geht in einen engen Teil über (Isthmus). Distal mündet der Eileiter in das Uterushorn (▶ Abb. 15-13, 15-14, 15-18).
Die **Befruchtung** erfolgt in der **Eileiterampulle** (▶ Abb. 15-18). Die Wanderung der befruchteten Eizelle im Eileiter dauert mehrere Tage, so dass hier bereits die ersten Entwicklungsstadien durchlaufen werden (zu den ersten Entwicklungsstadien ▶ Abb. 2-1). Diese Verzögerung ist erforderlich, weil die Gebärmutterwand erst durch das Progesteron des Gelbkörpers zur Sekretion angeregt und auf die Aufnahme der Morula bzw. Blastozyste vorbereitet werden muss.

■ Gebärmutter

Die Gebärmutter (Uterus), der „Wohnraum" der Frucht während der Entwicklung, gliedert sich bei den Haussäugetieren in die beiden **Gebärmutterhörner** (Cornua uteri), den unpaaren **Gebärmutterkörper** (Corpus uteri) und den **Gebärmutterhals** (Cervix uteri). Die Anteile sind in den ▶ Abbildungen 15-13 und 15-14 verdeutlicht. Die unterschiedlichen Formen der Uteri der Säugetiere werden aus ▶ Abbildung 15-16 ersichtlich.

Der **Gebärmutterhals** ragt (außer beim Schwein) ein Stück weit in die Scheide vor. Dieser Teil wird als **Gebärmutterzapfen** (Por-

Abb. 15.14
Weibliche Geschlechtsorgane des Schweins, Dorsalansicht (nach Nickel et al. 1999).

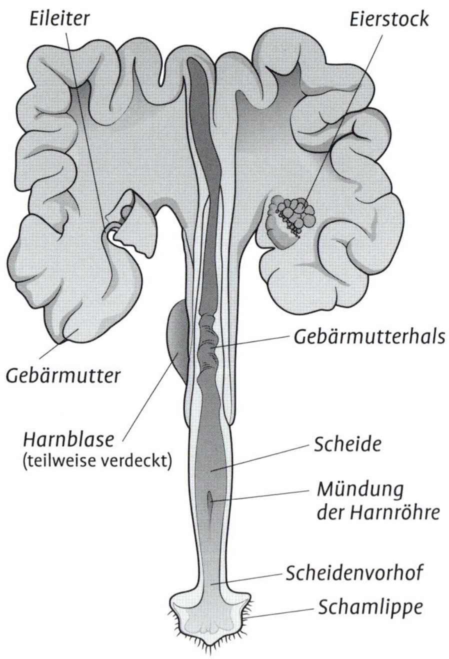

Abb. 15-15
Medianschnitt durch den Gebärmutterhals des Rindes (nach Nickel et al. 1995).

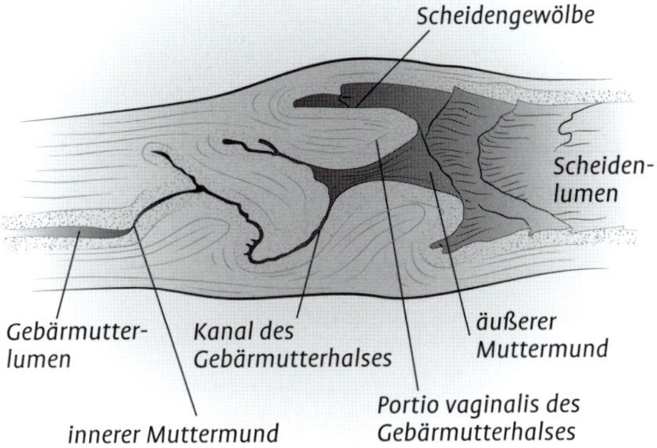

tio vaginalis) bezeichnet. Am Gebärmutterhals unterscheidet man den **äußeren** und den **inneren Muttermund** (▶ Abb. 15-15).

■ Bau der Gebärmutterwand

Wie die Wand aller Hohlorgane besteht auch die Wand der Gebärmutter aus drei Schichten: Schleimhaut, Muskelhaut und seröser Überzug.

Die **Gebärmutterschleimhaut** (Endometrium) weist ein ein- bis mehrreihiges kubisches bis hochprismatisches Epithel (▶ Abb. 2-5) auf. Unter dem Epithel liegt die Propria, bestehend aus zellreichem und faserarmem Bindegewebe. In das Bindegewebe eingebettet sind zahlreiche tubulöse Drüsen, die mit ihrem Sekret während der Trächtigkeit zur Ernährung der Frucht beitragen, sowie dichte Blutgefäßnetze. Während des Sexualzyklus findet ein steter Umbau der Gebärmutterschleimhaut statt (▶ Abb. 15-22). Bei den Wiederkäuern befinden sich in der Schleimhaut vorgebildete knopfförmige **Karunkeln** zum Ansatz der Eihäute (Anzahl beim Rind etwa 80 bis 120). Während der Trächtigkeit werden sie bis kinderfaustgroß und bilden einen Stiel aus (▶ Abb. 15-26, 15-27). Die Gegenstücke der Karunkeln auf der Eihaut werden **Kotelydonen** genannt.

Die unter der Propria liegende **Muskelhaut** (Myometrium) setzt sich aus einer inneren Zirkulärschicht und einer äußeren Längsschicht zusammen. Dazwischen liegt eine starke Gefäßschicht. Die Muskelzellen in der Zirkulärschicht sind spiralig angeordnet. Dies ermöglicht eine starke Erweiterung der Gebärmutter während der Trächtigkeit und die Rückbildung in der Zeit nach der Geburt, dem **Puerperium.**

Der **seröse Überzug** (Perimetrium) wird vom Bauchfell gebildet. Das **Gekröse** der Gebärmutter bildet beidseitig das **breite Gebärmutterband.**

Schleimhaut und Muskelhaut des **Gebärmutterhalses** weisen Besonderheiten auf. So besitzt die **Schleimhaut** des Gebärmutterhalses ein einschichtiges Zylinderepithel, das den **Zervikalschleim** liefert. Der Schleim unterliegt in seiner Zusammensetzung und Viskosität zyklischen Veränderungen. Die **Muskelzellen** des Gebärmutterhalses zeigen einen besonderen Verlauf, der für die Eröffnung des Gebärmutterhalses während der Brunst und der Geburt sowie für den festen Verschluss in der Zwischenzeit wichtig ist. So besteht die Muskelhaut der Zervix (wie die der Gebärmutterhörner und des Gebärmutterkörpers) aus einer inneren Zirkulärschicht und einer äußeren Längsmuskelschicht. Die Muskelzellen der Zirkulärmuskelschicht bedingen durch ihre Anordnung beim Rind einen irisblendenartigen Verschluss. Diese „Blende" öffnet sich während Brunst und Geburt und bleibt in der Zwischenzeit fest verschlossen. Weiterhin bildet die Muskelschicht Faltensysteme in Form von Längs- und Querfalten (Ringwülste) zum Verschluss des Zervikalkanals (▶ Abb. 15-15).

■ Tierartliche Besonderheiten der Gebärmutter

Am Anfang der Embryonalentwicklung ist die Gebärmutter als paariger Gang angelegt. Je nach Tierart vereinigen sich die beiden Gänge im Laufe der weiteren Embryonalentwicklung in unterschiedlichem Ausmaß. Die Vereinigung erfolgt von kaudaler Seite her.

Bei Hasenartigen, vielen Nagetieren und Beuteltieren ist diese Vereinigung am geringsten ausgeprägt. Der gesamte Uterus bleibt zweigeteilt (Uterus duplex; ▶ Abb. 15-16/a und b). Bei Beuteltieren ist zudem noch die Scheide paarig (Vagina duplex; ▶ Abb. 15-16/a). Demgegenüber erfolgt beim Mensch und Primaten

Abb. 15-16
Uterusformen schematisch (nach Seiferle 1933 aus Nickel et al. 1999, ergänzt).
a Uterus duplex – Vagina duplex (Beuteltiere, z. B. Koala); **b** Uterus duplex – Vagina simplex (Kaninchen);
c bis **e** Uterus bicornis – Vagina simplex (**c** Schwein, **d** Rind, **e** Pferd); **f** Uterus simplex – Vagina simplex (Mensch).

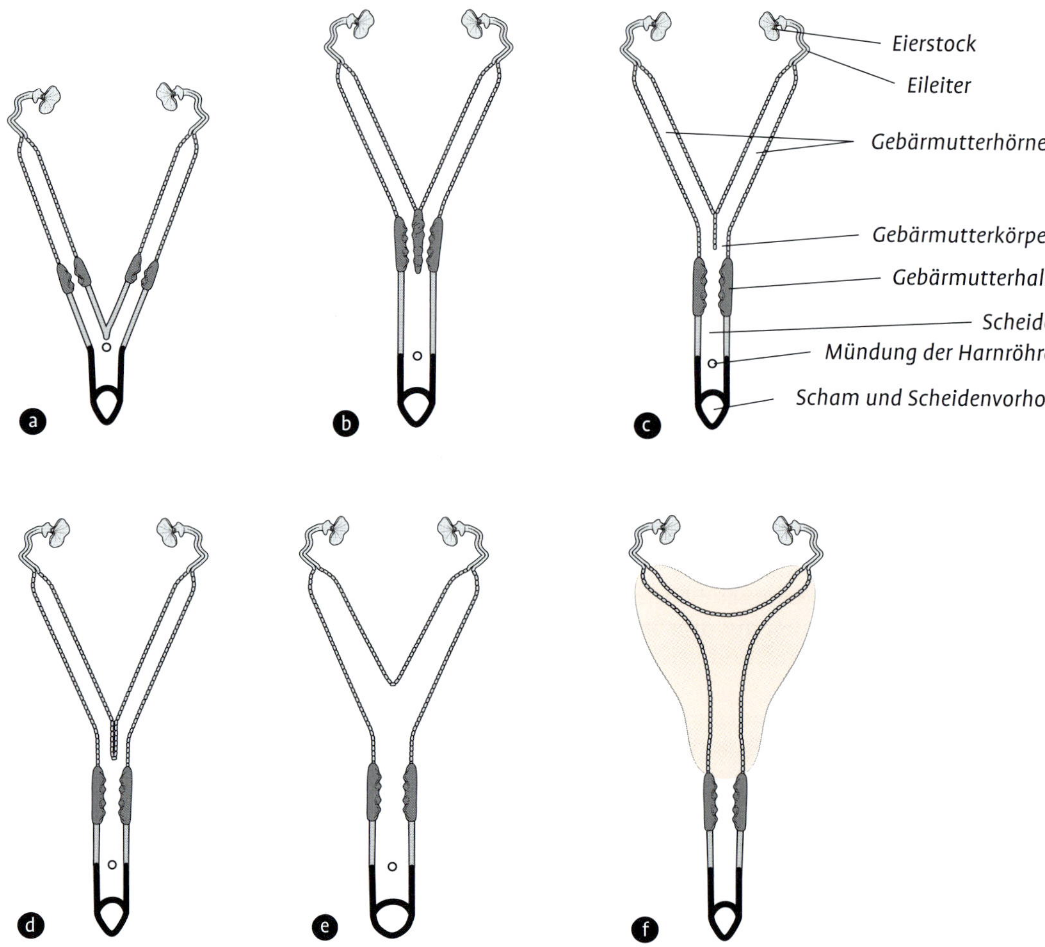

eine sehr weitgehende Verschmelzung. Bei ihnen entsteht ein Organ mit nur einem Hohlraum (Uterus simplex; ▶ Abb. 15-16/f).
Bei den meisten anderen Säugetieren verschmelzen die Gänge nur teilweise, so dass kaudal zwar ein einheitlicher Uteruskörper (Corpus uteri) entsteht, der kraniale Abschnitt aber paarig bleibt und die beiden Uterushörner (Cornua uteri) bildet. Diese Art der Gebärmutter findet man bei Schwein, Rind und Pferd. Sie wird als zweihörnige Gebärmutter (Uterus bicornis) bezeichnet (▶ Abb. 15-16/c bis e).
Bei diesen Tierarten sind daher die Hörner der dominierende Teil der Gebärmutter. Beim **Rind** sind die Uterushörner posthornförmig aufgerollt (▶ Abb. 15-13). Beim **Schwein** ist der Körper der Gebärmutter nur 5 cm lang, die Hörner können dagegen bis zu 1,5 m lang werden (▶ Abb. 15-14). Der Uterus der **Stute** hat einen langen einheitlichen Körper und relativ kurze Hörner (▶ Abb. 15-12).

■ Begattungsorgane

Die **Scheide** (Vagina) bildet ein langes, mit kutaner Schleimhaut ausgekleidetes Rohr zur Aufnahme des männlichen Gliedes bei der Begattung (▶ Abb. 15-14). Kranial bildet die Scheide das **Scheidengewölbe,** in dem die Portio vaginalis des Uterus gelegen ist. Nach kaudal ist die Scheide durch Schleimhautfalten **(Hymen)** vom Scheidenvorhof getrennt. Bei Tieren, die geboren haben, ist das Hymen verstrichen. Die Schleimhaut der Scheide ist eine drüsenfreie kutane Schleimhaut. Die Muskelhaut besteht aus einer inneren Zirkulär- und einer äußeren Längsmuskelschicht.

Der **Scheidenvorhof** (Vestibulum vaginae) erstreckt sich vom Hymen bis zur Scham (▶ Abb. 15-14). An der Grenze zur Scheide mündet von ventral die Harnröhre. In der **Submukosa** der kutanen Schleimhaut sind im Gegensatz zur Scheide zahlreiche **Drüsen** ausgebildet. Diese Drüsen feuchten die Begattungsorgane an. Die **Muskulatur** des Vorhofausganges und der Scham ist willkürlich innervierte Skelettmuskulatur.

Die **Scham** (Vulva) bildet jederseits eine Schamlippe. Zwischen ihnen ist die Schamspalte gelegen. Die Schamlippen bilden den dorsalen und den ventralen Schamwinkel. Beim Pferd ist der dorsale Winkel spitz, der ventrale gerundet. Bei den anderen Haustieren ist es umgekehrt.

Im ventralen Schamwinkel ist der Kitzler (Clitoris) gelegen. Dieser entspricht in seinem Bau dem Penis. Das Gebiet zwischen After und Vulva wird Damm (Perineum) genannt. Bei Schwergeburten kann es zu Einrissen des Gewebes in diesem Bereich kommen.

15.2.2 Funktionen der Eierstöcke

Der Eierstock hat die Aufgabe, Eizellen heranreifen zu lassen (Oogenese) und abzugeben sowie die Eierstockshormone zu bilden und zu sekretieren.

■ Eizellbildung

Die Zahl der Eizellen (Oozyten) im Eierstock ist bei der Geburt schon festgelegt. Beim Rind sind es etwa 100 000, beim Schwein etwa 120 000. Schon während der embryonalen bzw. fetalen Entwicklung wandeln sich einige Ureizellen zu Oozyten I. Ordnung um (▶ Abb. 15-17). Von diesen gehen die meisten wieder zugrunde (▶ unten: Follikelatresie). Die überlebenden Oozyten treten nach der Replikation der DNA in die **erste Reifeteilung** der Meiose ein, vollenden diese aber zunächst nicht; sie verharren in einem Ruhestadium (▶ Kap. 1.2.2). Erst kurz vor der Ovulation wird die erste Reifeteilung vollendet und es entstehen

Abb. 15-17
Schematischer Vergleich von Spermatogenese und Oogenese. In der Spermatogenese sind vier gleichwertige Spermatiden das Ergebnis der Reifeteilung. In der Oogenese entstehen in der ersten Reifeteilung (Meiose I) eine Oozyte II. Ordnung und ein Polkörperchen (kleiner Kreis neben der Oozyte). Ergebnis der zweiten Reifeteilung sind drei Polkörperchen und die reife Eizelle. Die zweite Reifeteilung der Oozyte wird erst während des Eindringens des Spermiums in die Eizelle vollendet. Die gestrichelte Linie trennt die vor der Geschlechtsreife liegenden Vorgänge von denen in bzw. nach der Geschlechtsreife (▶ auch Abb. 1-6, 1-7).

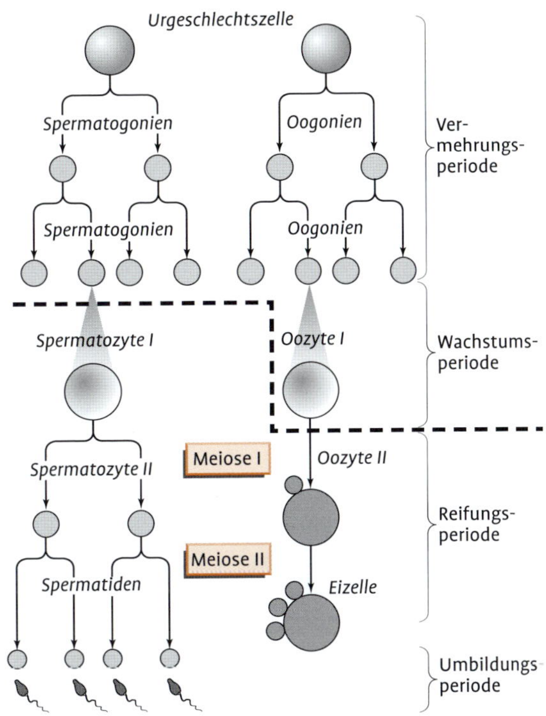

Oozyten II. Ordnung (▶ Abb. 15-17). Die zweite **Reifeteilung** findet erst während des Eindringens eines Spermiums in die Eizelle statt.

■ Follikelreifung

Unter dem Einfluss des follikelstimulierenden und des luteinisierenden Hormons (FSH; LH) des Hypophysenvorderlappens reifen die Follikel heran (▶ Abb. 15-20). Nicht nur die Eizellen machen im Eierstock einen Reifungsprozess durch, auch die epithelialen Zelllagen, die die Eizelle umgeben, nehmen an Zahl zu, weil sich die Zellen vermehren (▶ Abb. 15-18, 15-19).
Beim **Primärfollikel** ist die ruhende Oozyte nur von einer einschichtigen Lage von Plattenepithel umgeben (▶ Abb. 15-19). Als erstes Zeichen beginnender Reife wird das Epithel kubisch bis zylindrisch. Im **Sekundärfollikel** wird die Umhüllung der Oozyte verstärkt. Um die Oozyte selbst wird das **Oolemm (Zona pellucida)** ausgebildet. Das ist eine Verdichtung an der Außenseite der Zellmembran. Die die Oozyte umgebenden Epithelzellen vermehren sich durch Teilung und bilden das mehrschichtige **Stratum granulosum,** wobei polygonale Zellen **(Granulosazellen)** entstehen. Im Bindegewebe um den Sekundärfollikel beginnt sich eine Kapsel, die **Theca folliculi,** mit **Thekazellen** herauszubilden.
Beim **Tertiärfollikel** hat sich in dem stark vermehrten Follikelepithel ein Hohlraum, die **Follikelhöhle,** gebildet, die mit **Follikelflüssigkeit**

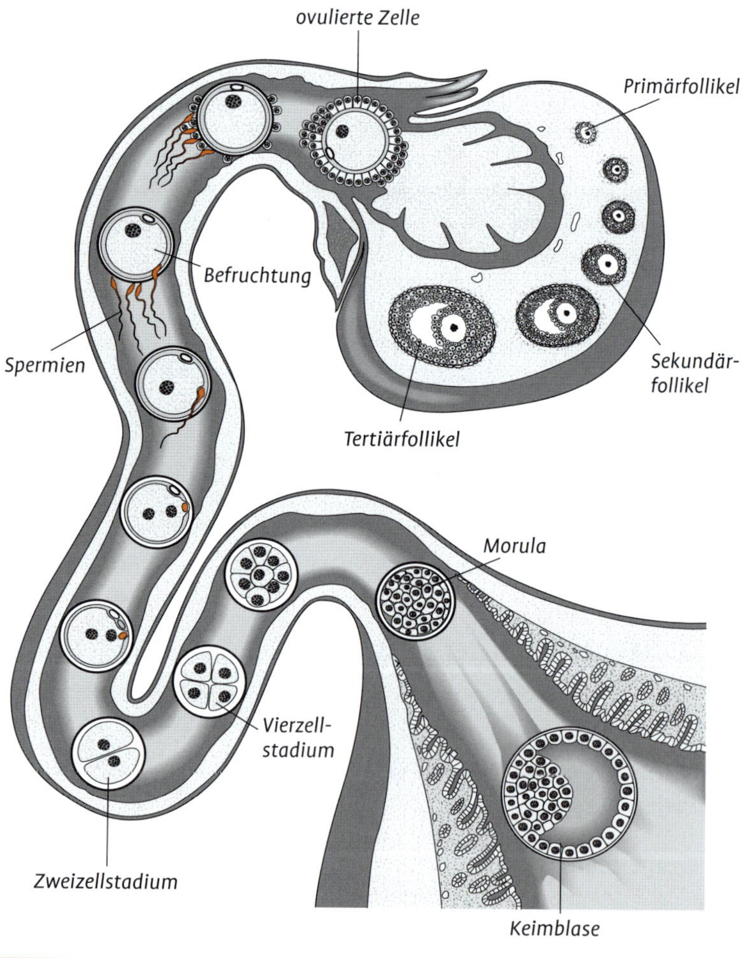

Abb. 15-18
Schematische Darstellung der Ovulation, Befruchtung und Furchung beim Säugetier (nach Zietzschmann und Krölling 1955 und Michel 1995, aus Schnorr und Kressin 2001).

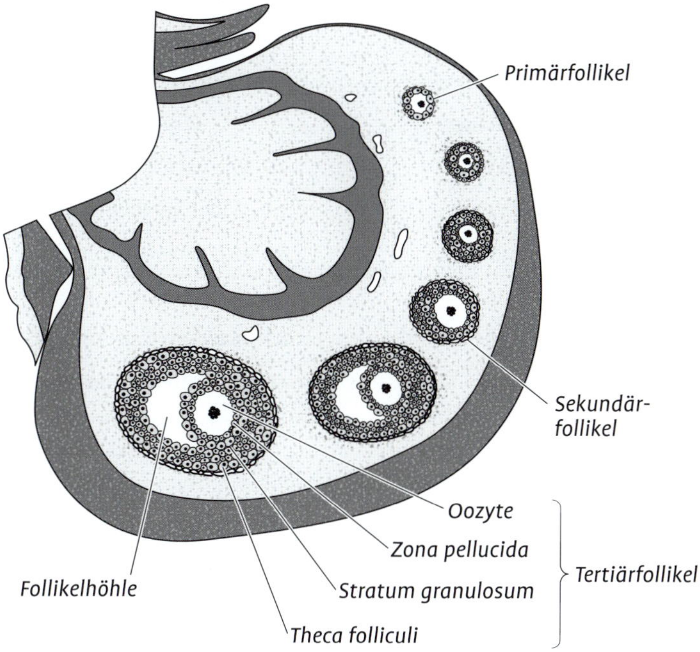

Abb. 15-19
Aufbau eines Tertiärfollikels im Eierstock (Ausschnitt aus Abb. 15-18).

ausgefüllt ist (▶ Abb. 15-19). Die Oozyte liegt im **Eihügel.** Umgeben wird der Tertiärfollikel von der jetzt zweischichtigen Theca folliculi. Der Follikel überragt den Eierstock blasenförmig. Aus dem Tertiärfollikel wird schließlich ein sprungreifer **Graaf-Follikel** (Reinier De Graaf; *1641 in Schoonhoven, Niederlande, †1673; Arzt). In diesem Stadium setzt die Eizelle ihre erste Reifeteilung fort. Es entstehen zwei ungleiche Tochterzellen, und zwar eine Oozyte II. Ordnung und ein Polkörperchen. Tertiärfollikel bilden **Follikelhormone (Östrogene).** Diese gehören wie viele andere Hormone zu den Steroiden. Die Wirkungen der Östrogene im Zyklus- und Trächtigkeitsgeschehen sowie bei der Geschlechtsentwicklung werden weiter unten beschrieben.

■ Follikelsprung

Infolge des LH-Anstiegs vor dem Follikelsprung vermehren sich die Granulosazellen und die Follikelflüssigkeit (▶ Abb. 15-21). Unter dem zunehmenden Druck wird das Gewebe an der Ovaroberfläche dünner. Durch den Innendruck des Follikels wird die Eizelle (einschließlich der unmittelbar umgebenden Granulosazellen) aus dem Eierstock ausgestoßen **(Follikelsprung, Ovulation, Eisprung).** Die ausgestoßene Eizelle mit den umgebenden Zellen wird vom anliegenden Eileitertrichter aufgenommen (▶ Abb. 15-18). Die tierartlich verschiedenen Zeitpunkte der Ovulation sind in ▶ Tabelle 15-2 zusammengefasst. Die Eizelle ist jetzt im Stadium der Oozyte II. Ordnung, d. h., sie befindet sich in der zweiten Reifeteilung. Die zweite Reifeteilung wird aber nur vollendet, wenn die Eizelle befruchtet wird. In diesem Fall entwickeln sich ein reifes Ei und insgesamt drei Polkörperchen (▶ Abb. 15-17). Nach dem Follikelsprung ist die Eizelle 2 bis 3 Stunden befruchtungsfähig. Eizellen, die nicht befruchtet werden, sterben ab.

■ Gelbkörperbildung

Nach dem Follikelsprung verbleibt im Eierstock ein Hohlraum. Unter dem Einfluss des LH des Hypophysenvorderlappens beginnen die Follikelepithelzellen (Granulosazellen) und die Thekazellen zu wuchern. Die Zellen füllen die ehemalige Follikelhöhle aus und überragen schließlich die Eierstocksoberfläche sektkorkenartig.

Tab. 15-2
Dauer des Sexualzyklus und der Brunst bei verschiedenen Tierarten (nach Angaben aus Swenson und Reece 1993; Breves et al. 2022)

Tierart	Zyklusdauer	Brunstdauer	Eisprung
Rind**	21–22 Tage	18–19 h	25–30 h nach Östrusbeginn
Pferd*	19–25 Tage	4–8 Tage	1–2 Tage vor Rosseende
Schwein**	20–21 Tage	40–60 h	38–42 h nach Östrusbeginn
Schaf*	17 Tage	24–36 h	24–27 h nach Östrusbeginn
Ziege*	20–21 Tage	32–40 h	30–36 h nach Östrusbeginn
Hund***	etwa 7–8 Monate	9 Tage Proöstrus, 7–9 Tage Östrus	erster bis dritter Tag des Östrus
Katze*	14–21 Tage sehr wechselnd, saisongebunden	4–6 Tage	induziert, 24–36 h nach Geschlechtsakt

* unregelmäßig, von Jahreszeit abhängig, saisonal polyöstrisch
** regelmäßig polyöstrisch
*** monöstrisch

Während ihres Wucherungsprozesses lagern sie Lipide, insbesondere Cholesterin, ein. Die mit Lipiden angereicherten Zellen werden als **Theka-** bzw. **Granulosaluteinzellen** bezeichnet. Durch LH induziert, produzieren sie das Gelbkörperhormon **Progesteron.** Der so entstandene **Gelbkörper** (Corpus luteum) ist sehr blutgefäßreich, wodurch das Progesteron effektiv abtransportiert wird.
Erfolgt keine Einnistung einer (befruchteten) Eizelle, fällt der Gelbkörper der Resorption und Rückbildung anheim und wird blutarm **(Luteolyse).** Die „Benachrichtigung" vom Uterus an den Eierstock erfolgt über Prostaglandin $F_{2\alpha}$, das von der Gebärmutterschleimhaut abgegeben wird und die Luteolyse einleitet (▶ Abb. 15-22). Erfolgt allerdings die Einnistung eines befruchteten Eis in die Gebärmutterschleimhaut, unterbleibt die Abgabe von Prostaglandin $F_{2\alpha}$, der Gelbkörper bleibt bestehen. Man unterscheidet dementsprechend den **zyklischen Gelbkörper** (Corpus luteum cyclicum), der rückgebildet wird, wenn die Eizelle nicht befruchtet wurde, vom **Trächtigkeitsgelbkörper** (Corpus luteum graviditatis), der während der Trächtigkeit bestehen bleibt. Beim Hund bleiben die zyklischen Gelbkörper allerdings auch im normalen Zyklusgeschehen etwa 2 Monate lang erhalten.

■ **Follikelatresie**

Als Follikelatresie wird die Rückbildung und Auflösung von Follikeln aller Stadien ohne Follikelsprung verstanden. Bereits vor der Geschlechtsreife bilden sich Follikel bis zu Tertiärfollikeln heran. Sie werden aber wieder zurückgebildet. Auch nach der Geschlechtsreife werden zahlreiche, vorher herangereifte Follikel atretisch. So wachsen beim Rind während jedes Sexualzyklus Follikel in zwei oder drei Wellen mit Gruppen von je drei bis sechs Follikeln heran. In jeder Gruppe entwickelt sich ein **dominanter Follikel,** der im Gegensatz zu den anderen weiter heranwächst. Aber auch die dominanten Follikel ovulieren nicht alle. Zur Ovulation kommt nur der dominante Follikel der zweiten oder dritten Welle, der die Phase der Luteolyse erreicht. Alle anderen Follikel fallen der Atresie anheim.

15.2.3 Hormonelle Kontrolle der weiblichen Geschlechtsorgane

Östrogene und Progesteron sind die Hormone des Eierstocks, die im Wechsel produziert und freigesetzt werden, wobei der Wechsel auf **Rückkopplungsmechanismen** zwischen **Eierstock** und **Hypothalamus/Hypophyse** beruht.

Abb. 15-20
Hormonelle Kontrolle der Eierstocksfunktion in der frühen und mittleren Follikelphase. Zu beachten ist die prinzipielle Übereinstimmung mit der hormonellen Kontrolle der männlichen Geschlechtsorgane (▶ Abb. 15-11). Der gestrichelte Pfeil soll die Kooperation zwischen Granulosa- und Thekazellen bei der Synthese von Östrogenen verdeutlichen. Die Androgene werden in die Granulosazellen transportiert und hier zu Östrogenen umgewandelt. LH stimuliert die Synthese von Androgenen in den Thekazellen. FSH stimuliert die Synthese von Östrogenen. Die geringen Östrogenkonzentrationen in der frühen Follikelphase haben eine hemmende Wirkung auf die FSH- und LH-Freisetzung. ▶ Abb. 15-21 zeigt die Wirkungen von Östrogenen in der späten Follikelphase.

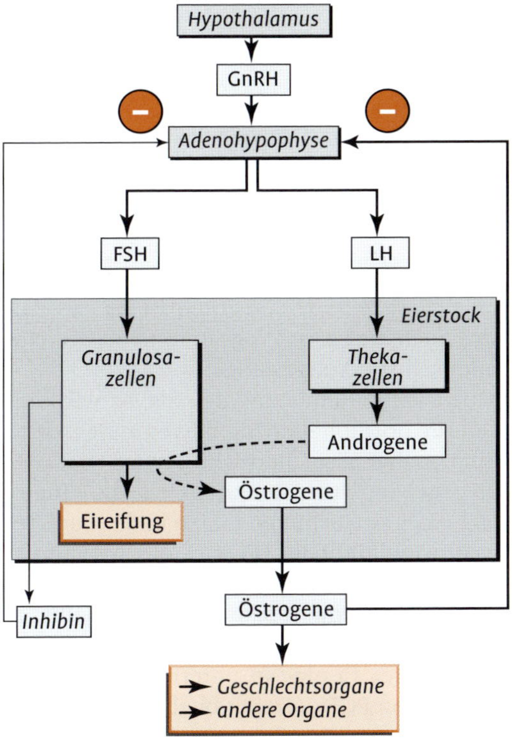

Der Hypothalamus moduliert (wie beim männlichen Tier; ▶ Abb. 15-11) die Hypophysenfunktion über das **gonadotropin releasing hormone (GnRH).** Unter GnRH werden FSH und LH freigesetzt. **FSH** induziert das Heranreifen der Follikel und damit die Produktion von Follikelhormon, **LH** löst den Follikelsprung aus und bedingt die Gelbkörperbildung.

Abb. 15-21
In der späten Follikelphase sekretiert der Follikel große Mengen von Östrogenen. Diese wirken positiv rückkoppelnd auf die LH-Freisetzung aus der Hypophyse, so dass ein LH-Peak ausgelöst wird, der zur Ovulation führt. Nach der Bildung des Gelbkörpers wirkt Progesteron (bei gleichzeitiger Anwesenheit von Östrogenen) hemmend auf die GnRH-Freisetzung.

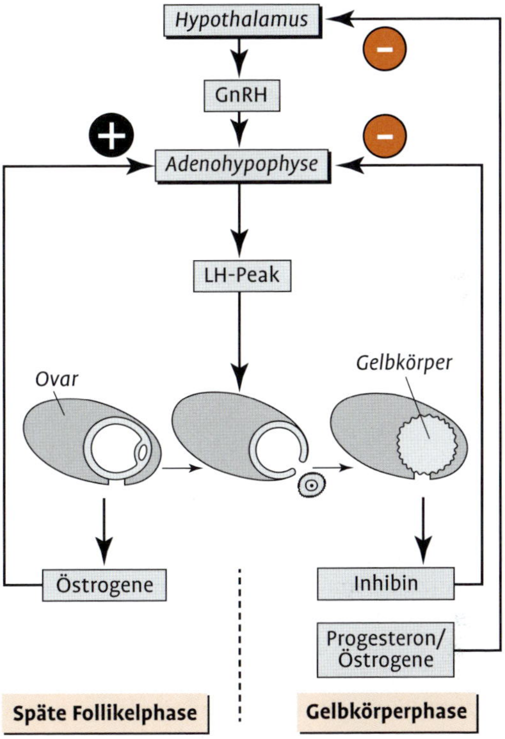

Die Bildung und Abgabe von GnRH stehen unter einem einmal positiven, einmal negativen Rückkopplungsmechanismus, wobei die Höhe der Östrogenkonzentration die Art der Rückkopplung vorgibt. In ▶ Abbildung 15-20 sind die negativen und in ▶ Abbildung 15-21 die positiven Rückkopplungsmechanismen der Östrogene veranschaulicht. So wirkt eine niedrige Konzentration der Östrogene in der frühen und mittleren Follikelphase hemmend auf die Freisetzung von GnRH (▶ Abb. 15-20), ein Anstieg der Östrogene in der späten Follikelphase des Tertiärfollikels erhöht dagegen über eine Stimulation von GnRH die LH-Freisetzung aus der Adenohypophyse (▶ Abb. 15-21).

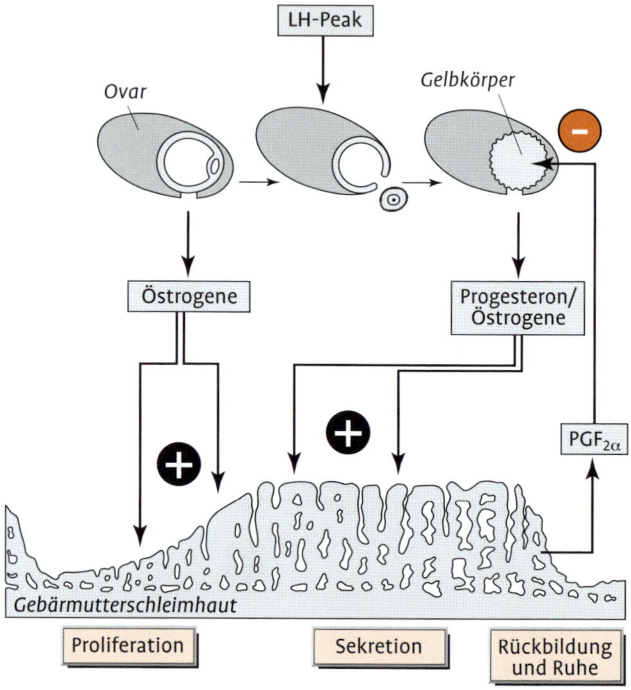

Abb. 15-22
Hormonelle Interaktion zwischen Gebärmutter und Eierstock. Die morphologischen und funktionellen Umbauprozesse in der Gebärmutter werden durch Östrogene (Proliferation) und Progesteron (Sekretion) induziert. Unterbleibt die Einnistung eines befruchteten Eis, sekretiert die Gebärmutterschleimhaut Prostaglandin $F_{2\alpha}$ ($PGF_{2\alpha}$), welches zur Auflösung des Gelbkörpers (Luteolyse) führt. Hierdurch wiederum wird die negative Rückkopplung von Progesteron (▶ Abb. 15-21) auf die GnRH-Freisetzung unterbunden, ein neuer Zyklus wird ausgelöst.

Zu Beginn des Zyklus sind daher eine geringe Freisetzung von GnRH und damit auch eine geringe Produktion von LH und FSH zu vermerken. Durch die Bildung und Reifung der Follikel werden immer mehr Östrogene produziert. Kurz vor der Ovulation erfolgt durch den positiven Rückkopplungsmechanismus ein äußerst rascher Anstieg von LH im Blut, ein **„LH-Peak"**. Der LH-Peak induziert über die oben dargestellten morphologischen Umbauprozesse die Ovulation (▶ Abb. 15-21).
Der nach der Ovulation sich bildende **Gelbkörper** synthetisiert Progesteron. **Progesteron** wirkt negativ rückkoppelnd auf den **Hypothalamus**, so dass die GnRH- und damit auch die LH- und FSH-Freisetzung sehr stark reduziert werden (▶ Abb. 15-21). Der erfolgreiche Verlauf der Trächtigkeit wird daher primär durch Progesteron sichergestellt. Progesteron schützt die heranreifende Frucht vor Abort und hemmt das Ausreifen und den Sprung neuer Follikel durch Hemmung der GnRH-Sekretion. Zunächst wird Progesteron ausschließlich vom Eierstock gebildet. Im Laufe der Trächtigkeit wird auch vermehrt Progesteron von der Plazenta selbst bereitgestellt.
Erfolgt keine Einnistung des Eis, so wird ein anderer hormoneller Signalweg eingeschlagen. Das Signal „nicht trächtig" wird vom Uterus gegeben. Unterbleibt nämlich die Einnistung eines befruchteten Eis, so bildet der Uterus **Prostaglandin $F_{2\alpha}$ ($PGF_{2\alpha}$)**, das aus Uterusvenen im Gegenstrom in die Eierstockarterien übertritt und eine Rückbildung des Gelbkörpers einleitet (▶ Abb. 15-22). Nistet sich ein befruchtetes Ei ein, so unterbleibt die Freisetzung von $PGF_{2\alpha}$. Damit bleiben Gelbkörper und Progesteronproduktion erhalten (Corpus luteum graviditatis).
Auf diese Weise erfolgt im Zyklus ein ständiger Wechsel zwischen Östrogen- und Progesteronfreisetzung und damit auch eine zeitliche Steuerung des Zyklusgeschehens.
Die luteolytische Wirkung von $PGF_{2\alpha}$ wird auch in Programmen zur **Brunstsynchronisation** genutzt (▶ Kap. 15.2.4).

15.2.4 Zyklus und Brunst

Geschlechtsreife wird der Entwicklungszustand des Tieres genannt, in dem die Geschlechtsorgane voll funktionsfähig sind. Der Zeitpunkt des Eintritts der Geschlechtsreife ist artspezifisch und rasseabhängig sowie von verschiedenen inneren und umwelt- bzw. haltungsbedingten Faktoren beeinflusst. Der Zeitpunkt der **Zuchtreife**, zu dem eine Nutzung des Tieres zur Zucht möglich ist, wird vom Menschen festgelegt, wobei physiologische und ökonomische Gesichtspunkte berücksichtigt werden. Die physiologischen Vorgänge an den weiblichen Geschlechtsorganen laufen periodisch ab. Sie bilden den **Sexualzyklus.**

Der gesamte Sexualzyklus setzt sich aus folgenden **Phasen** zusammen:

Vorbrunst (Proöstrus). In dieser Phase vergrößern sich die Tertiärfollikel und reifen zu Graaf-Follikeln. Dauer: Wiederkäuer und Schwein 2 bis 3 Tage, Pferd 2 bis 6 Tage, Hund ca. 9 Tage.

Brunst (Östrus). Als Brunst wird jene Phase im Zyklus bezeichnet, in der Begattung und Befruchtung erfolgen können. Die Brunst ist zudem das äußerlich erkennbare Merkmal des zyklischen Geschehens. In dieser Zeit zeigt das weibliche Tier deutliche morphologische und Verhaltensänderungen. Die Dauer ist in ▶ Tabelle 15-2 wiedergegeben.

Nachbrunst (Metöstrus). In dieser Zeit klingen die Brunstsymptome ab. Es besteht keine Deckbereitschaft mehr. Dauer: 3 bis 4 Tage.

Zwischenbrunst (Diöstrus). Das Tier zeigt keine Brunstsymptome. Dauer: Rind, Ziege 13 Tage; Schaf, Schwein, Pferd etwa 10 Tage. Bei der Hündin dauert der Diöstrus etwa 75 Tage. Der Sexualzyklus der Hündin ist durch die lange Gelbkörperphase während des Diöstrus gekennzeichnet. Daher kommen relativ häufig Symptome der sogenannten Scheinträchtigkeit vor.

Brunstlosigkeit (Anöstrus). Nach erfolgter Trächtigkeit findet sich bei allen Tieren eine Phase der Brunstlosigkeit. Bei der Hündin tritt auch im Zyklusgeschehen nach der Zwischenbrunst eine mehrmonatige Brunstlosigkeit auf, bis eine neue Vorbrunst einsetzt.

Die **Dauer** des Zyklus wird von Brunst zu Brunst gemessen und ist bei den Tierarten verschieden lang (▶ Tab. 15-2).

Man unterscheidet monöstrische und polyöstrische Tiere. **Monöstrische Tiere** werden nur einmal im Jahr brünstig, z.B. Reh, Hirsch, Hund. Bei Hunden gibt es Rassen, die zwei- oder auch dreimal im Jahr läufig werden. Formal sind diese trotzdem zu den monöstrischen Tieren gehörig.

Polyöstrische Tiere sind mehrmals im Jahr brünstig. Rind und Schwein zeigen in der Regel ein über das gesamte Jahr gleichmäßig verteiltes Zyklusgeschehen **(regelmäßig polyöstrisch).** Bei Stute, Schaf, Ziege und Katze ist das Brunstgeschehen zumeist auf bestimmte Jahreszeiten beschränkt, sie sind **saisonal polyöstrisch.** Als Zeitgeber wirkt die Tageslichtdauer. Vermittelt wird die Tageslichtdauer bzw. die Saisonalität durch Melatonin aus der Zirbeldrüse, das als Antwort auf Dunkelheit abgegeben wird (▶ Kap. 20.3). Allerdings wird das Melatoninsignal unterschiedlich verarbeitet. So erfolgt bei **Pferd** und **Katze** eine verstärkte Zyklusstimulierung bei Zunahme der Tageslichtlänge, d.h., bei diesen Tieren ist das Östrusgeschehen auf den Zeitraum März bis September konzentriert. Bei **Schaf** und **Ziege** wird das Zyklusgeschehen durch eine Abnahme der Tageslichtlänge angeregt. In der Folge tritt bei diesen Tieren die Brunst häufiger im Zeitraum vom späten Sommer bis zum Ende des Winters auf. Allerdings spielen bei der Saisonalität des Zyklusgeschehens auch rassebedingte Faktoren eine große Rolle. So zeigen Merinoschafe z.B. eine etwa 260 Tage lange Saison, während diese bei Schwarzkopfschafen nur etwas mehr als halb so lang ist.

Die Brunst wird bei den einzelnen Tierarten und regional verschieden bezeichnet. Man spricht beim Pferd von der Rosse, bei der Kuh vom Rindern, bei Schaf und Ziege vom Bocken, bei der Sau von der Rausche, bei der Hündin von der Läufigkeit (Hitze), bei der Katze vom Rolligsein. Mit der Bezeichnung Läufigkeit werden allerdings auch die Vorbrunst und die Nachbrunst der Hündin erfasst.

Die **Brunstsymptome** werden vor allem durch die in der Follikelphase freigesetzten Östrogene ausgelöst. Brunstsymptome sind: Schwellung der Schamlippen; Ausfluss klaren, mehr oder weniger dünnflüssigen Schleims, beim Rind gegen Ende der Brunst mit Blutbeimengungen, beim Hund in der Vorbrunst (!) und während der Brunst mit Blut vermischt; Unruhe der Tiere; Duldung des Aufspringens **(Duldungsreflex)**, Aufspringen auf Nachbartiere (Kühe und Sauen).

Im Laufe der beschriebenen Phasen des Zyklus bilden sich die Geschlechtsorgane um und passen sich den jeweiligen Erfordernissen an. Innerhalb der Umbauprozesse während des Sexualzyklus unterscheidet man den Eierstockszyklus (ovarieller Zyklus), Gebärmutterzyklus (uteriner Zyklus) und den Scheidenzyklus (vaginaler Zyklus). Diese Zyklen laufen parallel ab, wobei über die Östrogene und das Progesteron die Umbauprozesse aufeinander abgestimmt werden.

Der **Eierstockszyklus** ist den anderen übergeordnet, seinerseits aber abhängig von der Regelung durch die Hypophyse und den Hypothalamus. Er umfasst alle Vorgänge am Eierstock, also das zyklische Heranreifen von Follikeln, den Follikelsprung sowie die Aus- und Rückbildung der Gelbkörper (▶ Abb. 15-18, 15-19, 15-21). Der **Gebärmutterzyklus** ist besonders durch Umbildungsprozesse an der Gebärmutterschleimhaut gekennzeichnet (▶ Abb. 15-22). Unter dem Einfluss der Östrogene aus dem sich heranbildenden Follikel verdickt sich die Gebärmutterschleimhaut (Proliferationsphase). Gleichzeitig werden die Gebärmutterdrüsen länger und schlängeln sich zunehmend. Die Schleimhaut bereitet sich auf die Einpflanzung der befruchteten Eizelle vor. Das nach der Ovulation freigesetzte Gelbkörperhormon Progesteron leitet die **Sekretionsphase** des Uterus ein und macht damit die Gebärmutterschleimhaut für die Ernährung und Aufnahme der befruchteten Eizelle bereit.

Bleibt die Befruchtung aus, so wird über $PGF_{2\alpha}$ die Rückmeldung an die Eierstöcke gegeben. Die Gebärmutterschleimhaut selbst bildet sich wieder zurück. Bei den **Primaten** einschließlich des Menschen werden in dieser Phase die obersten Schleimhautschichten abgestoßen, wobei Blutungen auftreten **(Menstruation)**. Bei unseren Haussäugetieren fehlen vergleichbare Blutungen. Blutungen, die beim Rind im Zusammenhang mit der Brunst auftreten, sind auf das Platzen einiger Gefäße bei starker Blutfülle der Schleimhaut zurückzuführen. Sie fallen also nicht in die Phase der Rückbildung.

Die **Brunstsynchronisation**, d. h. die Auslösung der Brunst zu vorbestimmten Zeiten in definierten Tiergruppen, kann das Betriebsmanagement erleichtern. Auch beim Embryotransfer müssen die Brunstzyklen von Spender- und Empfängertier synchronisiert werden. Bei der Brunstsynchronisation wird die Wirkung von Progesteron oder $PGF_{2\alpha}$ ausgenutzt. Die Gabe von Progesteron bzw. Stoffen mit Progesteronwirkung (Gestagene) verlängert die Lutealphase, womit der Brunsteintritt herausgeschoben wird. Die Synchronisation mit $PGF_{2\alpha}$ ist aber nur dann möglich, wenn ein Gelbkörper vorhanden ist. Dieser spricht auf $PGF_{2\alpha}$ an und es kommt zur Luteolyse. In Abhängigkeit vom Zyklusstand kommen die Tiere dann nach 2 bis 7 Tagen in die Brunst.

Die richtige Erkennung von **Brunstsymptomen** ist für den züchterischen Einsatz wichtig. Blutiger **Brunstschleim**, den man an der Schwanzwurzel sehen kann, ist, besonders bei „stillbrünstigen" **Kühen**, ein wertvolles Orientierungsmerkmal für eine abgelaufene Brunst. Bei der Hündin treten relativ starke **Blutungen** dagegen im Proöstrus auf. Die Blutzellen stammen aus der Scheide. Durch die Östrogene wird das Gefäßsystem der Scheide stark zum Wachstum angeregt, das Epithel schwillt an. Da in dieser Zyklusphase ein erhöhter Bewegungsdrang der Hündin bemerkbar ist, wird dieser Zeitraum als „Läufigkeit" bezeichnet. Diese Zeichen kündigen die Deckbereitschaft der Hündin an. Die Veränderungen in der Vaginalschleimhaut können optisch erkannt werden und durch Scheidenabstriche genauer eingeordnet werden. Zusammen mit einer Progesteronbestimmung im Blutserum ist dadurch der genaue Ovulationszeitpunkt gut eingrenzbar (zu Progesteron siehe auch ▶ Kap. 15.2.3).

15.2.5 Befruchtung und Trächtigkeit

Kapazitation, Befruchtung, Nidation

Die Befruchtung ist die Vereinigung der Vorkerne der beiden Geschlechtszellen. Dazu dringt ein Spermium in die Eizelle ein. Hierfür sind jedoch noch einige vorbereitende Schritte notwendig. Die einzelnen Schritte sind in ▶ Abbildung 15-23 dargelegt. Die Spermien erlangen ihre volle Befruchtungsfähigkeit erst während der 5 bis 8 Stunden dauernden Wanderung durch Uterus und Eileiter, zum Teil unter maßgeblicher Beteiligung der Inhaltsstoffe des Samenplasmas (Spermienkapazitation). In der anschließenden **Akrosomreaktion** werden die Enzyme des Akrosoms (Hyaluronidase, Proteasen) aktiviert und durch Poren ausgeschleust. Mithilfe dieser Enzyme werden der Verband der die Eizelle umgebenden Zellen sowie die Zona pellucida gelockert (Denudation), so dass die Spermien durchdringen können. Hierfür ist die Enzymaktivität sehr vieler Spermien nötig (in der Regel > 100 000). Nach lokaler Auflösung der Zona pellucida kann ein Spermium sich der Eizellmembran anlagern und in die Eizelle eindringen. Danach wird von der Eizelle sofort eine Barriere gegen das Eindringen weiterer Spermien gebildet und die Eizelle macht ihre zweite meiotische Zellteilung durch, wobei das zweite Polkörperchen abgeschnürt wird.

Die Kontaktaufnahme und der Erfolg der folgenden Vereinigung von Spermium und Eizelle werden durch mehrere **Adhäsionsmoleküle** vermittelt, die sich sowohl auf der Zona pellucida der Eizelle als auch auf der Spermienmembran befinden. Durch das Eindringen des Spermiums wird die Eizelle dazu angeregt, die zweite Reifeteilung zu vollenden, so dass ein haploider Kern entsteht (▶ Kap. 1.2.2).

Der Spermienkopf des eingedrungenen Spermiums wird zum **männlichen Vorkern,** der sich verdickt und zum Zentrum der Eizelle wandert. Der gleichfalls haploide Kern der Eizelle **(weiblicher Vorkern)** wandert unter Größenzunahme zum Zentrum, wo beide Vorkerne verschmelzen **(Befruchtung, Fertilisation, Amphimixis).**

Die Befruchtung erfolgt im Anfangsabschnitt des Eileiters, in der Eileiterampulle (▶ Abb. 15-18). Bereits während der Eileiterwanderung der befruchteten Eizelle, die bei den meisten Spezies 3 bis 8 Tage dauert, treten Furchungsteilungen auf (▶ Abb. 2-1). Durch die Teilungen entsteht eine sogenannte Morula und später eine **Keimblase (Blastozyste).** Im

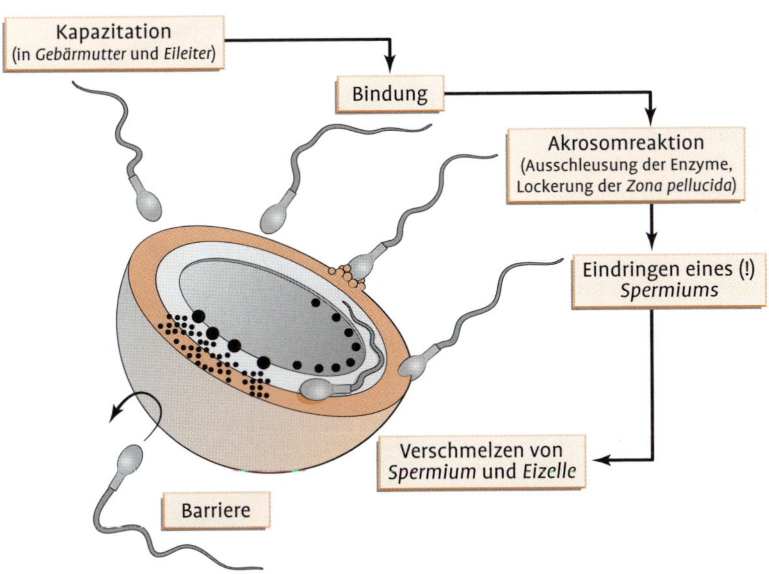

Abb. 15-23 Vorgänge bei der Befruchtung. Die schwarzen Punkte stellen die in der Eizelle stattfindende Ausbildung einer Barriere dar, die nach dem Eindringen des ersten Spermiums das Eindringen weiterer verhindert (nach Breves et al. 2022)

Morula- bzw. Blastozystenstadium erfolgt der Übertritt in die Gebärmutter (▶ Abb. 15-18). Der Transport der Eizelle durch den Eileiter wird vom Flimmerschlag der Epithelzellen, von der Peristaltik der Muskelschicht und schließlich vom Eileitersekret gesteuert. Nach der Ankunft des befruchteten Eis im Gebärmutterhorn und der Kontaktaufnahme zwischen Blastozyste und Gebärmutterwand **(Implantation, Nidation)** vergehen noch mehrere Wochen (tierartlich unterschiedlich) bis zur Ausbildung der Eihäute, der **Plazentation.** Die Blastozyste wird in dieser Zeit durch das Sekret der Uterusdrüsen ernährt, das zusammen mit Bestandteilen zugrunde gegangener Epithelzellen die sogenannte **Uterinmilch** bildet. Nach der Bildung der drei Keimblätter, d. h. der Ursprünge der Organe und Gewebe, ist das Stadium der Blastozyste abgeschlossen. Man spricht bis zum Ende der Organentwicklung vom **Embryo** und anschließend vom **Fötus** oder **Fetus.**

■ Embryotransfer

Als Verfahren zur Beschleunigung des Zuchtfortschritts wird der sogenannte **„Embryo"-Transfer** durchgeführt. Dafür werden bei Kühen mit besonderen Leistungsmerkmalen durch Injektion von FSH bzw. eCG (equines Choriongonadotropin) **Superovulationen** ausgelöst. Dabei werden pro Brunst bis zu 20 befruchtungsfähige Eizellen freigesetzt, die durch künstliche Besamung der Spenderkühe mit Sperma eines genetisch besonders hochwertigen Bullen befruchtet werden. Am 7. Tag nach der Besamung werden die Blastozysten aus der Gebärmutter der Spenderkuh herausgespült und aufgefangen. Nach Überprüfung ihrer Lebensfähigkeit werden sie in Empfängerkühe implantiert. Die Empfängerkühe müssen hormonell mit der Spenderkuh in ihrem Sexualzyklus synchronisiert worden sein. Das erreicht man durch die im ▶ Kapitel 15.2.3 beschriebenen Programme zur Brunstsynchronisation. Da die Übertragung im Morula- bzw. Blastozystenstadium stattfindet, handelt es sich genau genommen nicht um einen „Embryo"-Transfer.

Ähnliche biotechnische Maßnahmen sind die Befruchtung von Eizellen im Reagenzglas **(In-vitro-Fertilisation)** und die Übertragung der so befruchteten Eizellen in den mütterlichen Uterus oder in die Gebärmutter mit synchronisiertem Zyklus.

■ Eihautbildung

Im Gegensatz zu den Eiern der Amphibien und Fische benötigen die Embryonen und Feten der höheren Wirbeltiere besondere Hüllen zum Schutz vor Austrocknung und mechanischen Schädigungen, zum Stoff- und Gasaustausch, zur Hormonproduktion sowie zur Eröffnung der Geburtswege. Der Keimling der Haussäugetiere wird von zwei flüssigkeitsgefüllten Blasen umgeben, die Eihäute genannt werden. Außen befindet sich die **Allantois-** oder **Wasserblase.** Sie schimmert weißbläulich und ihr Inhalt ist wässrig. In ihr und direkt um die Frucht herum liegt die **Amnionhöhle.** Ihr Inhalt ist schleimig. Sie wird deshalb auch **Schleimblase** genannt.

Abb. 15-24
Schema der Allantoisbildung beim Säugetier.

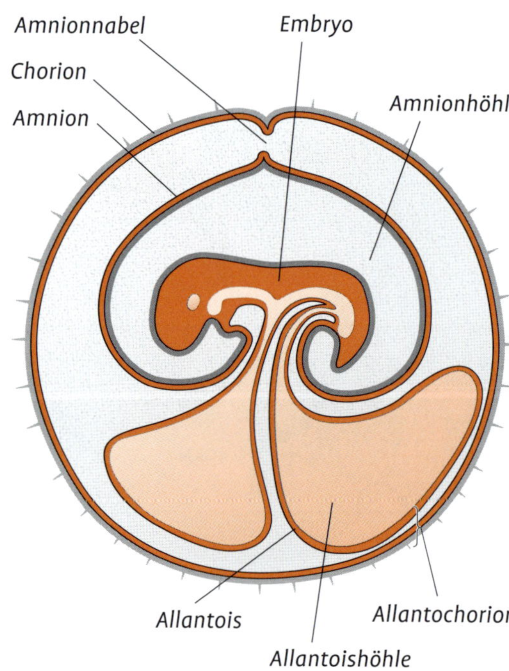

Diese Eihäute bilden sich in der frühesten Embryonalzeit aus. Zunächst faltet sich das **Amnion** (Schafhaut, Fußhaut) ab (▸ Abb.15-24). Im Bereich des Amnionnabels trennt sich das außen gelegene **Chorion** ab (▸ Abb. 15-24). In die Amnionhöhle wird als Sekret der Amnionzellen die **Amnionflüssigkeit** abgeschieden, in der der Embryo schwimmt (▸ Abb. 15-24).

Das **Chorion** bildet **Zotten** aus, die in Krypten der Gebärmutterschleimhaut bzw. in die Gebärmutterschleimhaut selbst eindringen und dadurch einen innigen Kontakt zwischen Gebärmutterschleimhaut und Eihäuten herstellen (▸ Abb. 15-25).

Von einer Knospe im Enddarm des Embryos ausgehend, bildet sich schließlich die **Allantois** mit der Allantoishöhle. Diese steht mit der Blase in Verbindung. In der Allantoishöhle befindet sich demzufolge der Harn des Embryos, der aus der Harnblase dorthin gelangt. Die Verbindung der Allantoishöhle mit dem Embryo bzw. dessen Blase liegt im Nabelstrang und wird **Allantoisgang** oder **Urachus** genannt. Nach der Geburt muss sich der Urachusrest bis zum Blasenscheitel verschließen, sonst entsteht Harnträufeln aus dem Nabel (besonders bei Fohlen auftretend).

Die **Einheit** von zottentragendem **Allantochorion** und dem mit diesen Zotten in Verbindung tretendem **Gebärmuttergewebe** wird **Mutterkuchen (Placenta)** genannt. Die Bezeichnung stammt von der Plazenta des Menschen, die ein scheibenförmiges Gebilde ist.

Man unterscheidet zwischen der Placenta materna (Anteile der Gebärmutterschleimhaut) und der Placenta fetalis (Allantochorion). Insgesamt befinden sich so zwischen dem mütterlichen und dem fetalen Blut sechs Barrieren:

- Endothel der mütterlichen Gefäße
- Bindegewebe der Uterusschleimhaut
- Uterusepithel
- Epithel des Chorions
- Bindegewebe der Eihäute
- Endothel der Gefäße des Allantochorion

Sowohl nach der Art der Verbindung von Allantochorion und Gebärmutterschleimhaut als auch nach der örtlichen Ausbildung bestehen tierartliche Unterschiede. So werden die Schichten während der Plazentation in unterschiedlich starkem Maße ab- bzw. umgebaut. Erfolgt ein stärkerer Ab- bzw. Umbau, wird dies als Vollplazenta (Placenta vera) bezeichnet, bei kaum ausgeprägtem Ab- bzw. Umbau

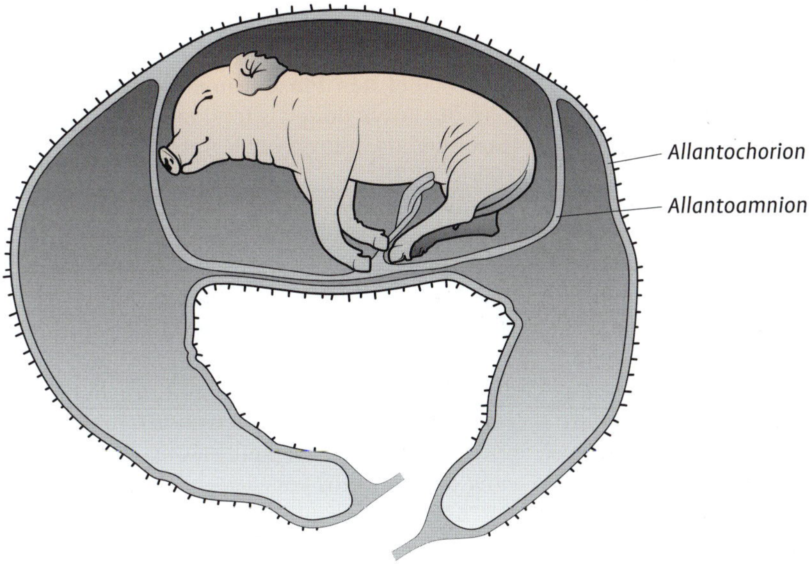

Abb. 15-25
Fruchtsack des Schweins mit diffusen Chorionzotten (in Anlehnung an eine Abbildung von Zietzschmann und Krölling 1955).

Abb. 15-26
Fruchtsack des Rindes. Chorionzotten zu Kotyledonen angeordnet (in Anlehnung an Abbildungen von Zietzschmann und Krölling 1955).

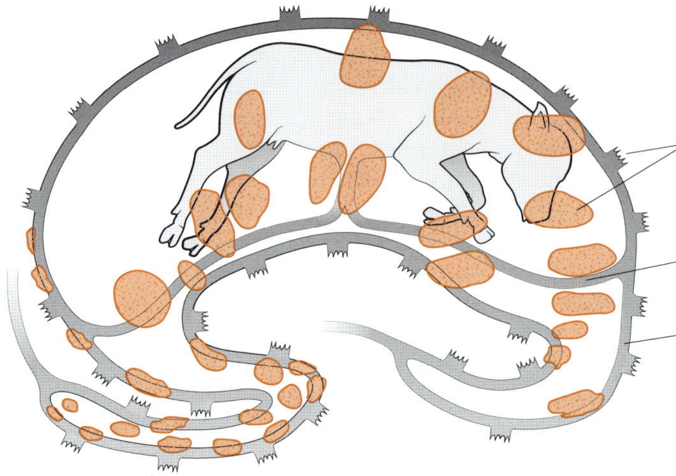

als Halbplazenta (Semiplacenta). In jedem Fall bleibt aber eine Trennung zwischen mütterlicher und fetaler Blutbahn erhalten, es tritt keine Mischung des Blutes auf.

Eine **Vollplazenta** bilden **Fleischfresser** und **Primaten** aus, wobei auch zwischen diesen Unterschiede bestehen. So grenzt beim Fleischfresser das Chorion direkt an das Endothel der mütterlichen Gefäße (Placenta endotheliochorialis). Bei **Primaten** ragen die Zotten des Chorions in bluterfüllte Spalten des mütterlichen Plazentaanteils hinein (Placenta haemochorialis).

Bei der **Halbplazenta** von **Wiederkäuer, Schwein** und **Pferd** besteht eine wesentlich losere Verbindung zwischen fetalen und maternalen Anteilen (Placenta epitheliochorialis). Hier müssen die Nährsubstrate alle oben erwähnten sechs Schichten durchdringen.

Nach der Geburt des Fetus gehen die Plazentateile als **Nachgeburt** (Secundinae) nach außen ab. Wenn eine Vollplazenta ausgebildet wird, werden nicht nur die Eihäute, sondern auch Teile der Gebärmutterschleimhaut abgegeben. Bei Tieren mit einer Halbplazenta besteht die Nachgeburt dagegen nur aus den Eihäuten.

Zusätzlich zur Art der Verbindung zwischen Mutter und Fetus ist auch die **Ausbreitung der Plazentation** unterschiedlich ausgeprägt. Beim Fleischfresser findet sich nur ein gürtelförmiger Streifen, in dem die fetomaternale Verbindung hergestellt ist (Placenta zonaria). Die Plazenta von Pferd und Schwein wird dagegen als Semiplacenta diffusa bezeichnet, da die Zotten auf der Eihautoberfläche „diffus" verteilt sind (▸ Abb. 15-25). Bei der Semiplacenta diffusa completa (Pferd) sind die Zotten auf der gesamten Oberfläche verteilt, bei der Semiplacenta diffusa incompleta (Schwein) bleiben die Zipfelenden des Chorionsacks frei von Zotten (▸ Abb. 15-25). Die Plazenta der Wiederkäuer wird Semiplacenta multiplex genannt, da hier die plazentare Verbindung in zahlreichen Plazentomen lokalisiert ist (▸ Abb. 15-26). Bei den **Plazentomen** unterscheidet man die **Kotyledone** als fetalen Anteil und die **Karunkel** als mütterlichen Anteil (▸ Abb. 15-26 bis 15-28).

Alle dem Embryo über die Plazenta zugeführten Nahrungsstoffe werden als **Embryotrophe** bezeichnet. Sie umfassen die **Histiotrophe** als Bestandteile des Uterus (Sekrete der Uterusdrüsen und des Oberflächenepithels sowie Zell- und Gewebsabbauprodukte) und die **Haemotrophe** als die im mütterlichen Blut gelösten Bestandteile (auch Gase). In der ersten Zeit der Trächtigkeit erfolgt die Ernährung des Embryos vorwiegend durch die Histiotrophe.

Abb. 15-27
Karunkel aus dem Uterus einer trächtigen Kuh (nach Ellenberger und Baum 1943).

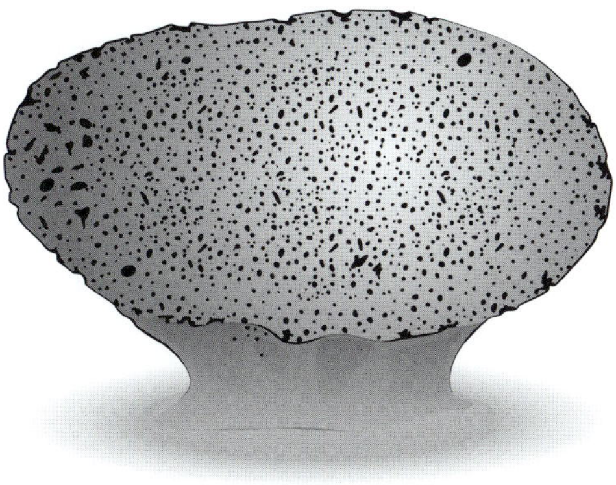

Abb. 15-28
Plazentome im Querschnitt (nach Andersen in Nickel et al. 1999).
1 Gebärmutterwand mit Karunkel
2 Allantochorion mit Kotyledone

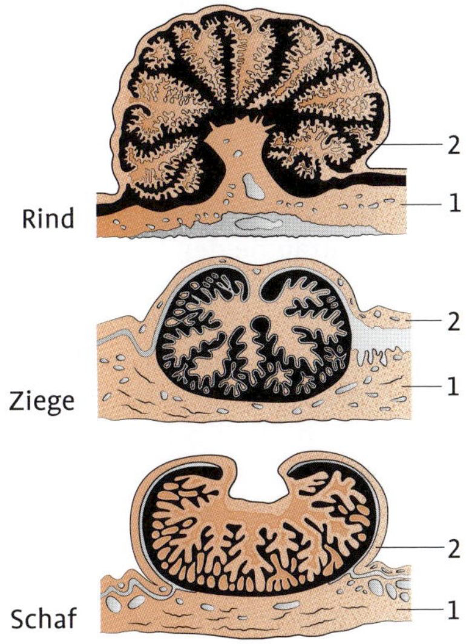

■ Funktionen der Plazenta

Die vorrangige Funktion der Plazenta besteht darin, mechanischen **Schutz** zu gewährleisten und die Eihäute des Fetus und damit sein Blutgefäßsystem in möglichst engen Kontakt mit dem mütterlichen Blutgefäßsystem zu bringen, um den **Stoff-** und **Gasaustausch** zu gewährleisten.

Daneben spielt die Plazenta auch noch eine große Rolle als **Hormondrüse.** In der Plazenta werden **Progesteron** und, kurz vor der Geburt, **Östrogene** gebildet. Die Progesteronfreisetzung in der Plazenta unterstützt die Progesteronsekretion im Eierstock, so dass sowohl vom Eierstock als auch von der Plazenta selbst die Trächtigkeit geschützt wird.

Beim **Menschen** und beim **Pferd** wurde auch eine Gonadotropinbildung in der Plazenta nachgewiesen. Das **Gonadotropin** der Plazenta des Menschen wird hCG (humanes Choriongonadotropin), das beim Pferd gefundene eCG (**equines Choriongonadotropin,** früher PMSG = pregnant mare's serum gonadotropin) genannt. Das eCG hat FSH- und LH-Wirkung, wobei die FSH-Wirkung überwiegt. eCG und hCG haben Bedeutung für die Trächtigkeitsdiagnostik, eCG wird auch zur Erzeugung von Superovulationen bei Kühen zum Embryotransfer eingesetzt.

Beim **Schwein** und beim **Hund** bilden Gelbkörper und die Plazenta das Polypeptidhormon **Relaxin,** das während der Trächtigkeit die Dehnbarkeit der Gebärmutterwand fördert und bei der Geburt die Erschlaffung des Gebärmutterhalses und der Beckenbänder bewirkt. Dadurch trägt es zur Erweiterung des Geburtsweges bei. Bei der Hündin kann der Relaxinnachweis im Blutserum zur Trächtigkeitsfeststellung verwendet werden.

■ Veränderung des Muttertieres während der Trächtigkeit

Generelle Änderungen sind:

- Wachstum des Euters während der ersten Trächtigkeit bzw. Rückgang der Milchleistung bei Kühen
- Vergrößerung des Bauchumfangs. Asymmetrie des Bauches bei Wiederkäuern, rechts stärker ausgewölbt als links
- Ringbildung an den Hörnern als Ausdruck verminderter Ernährung der Hornmatrix
- Trächtigkeitsödeme am Unterbauch und an den Gliedmaßen infolge Kreislaufbelastung (Erweiterung der Gefäßbahnen im Uterus); häufig beim Pferd, seltener beim Rind

- Neigung zu Fettansatz und Gewichtszunahme
- Beim Rind häufig feine Fältelung der Schamlippen zu Beginn der Trächtigkeit
- Bei Pferd und Hund gelegentlich im Anfangsstadium der Trächtigkeit stärkere Behaarung, gegen Ende Haarausfall
- Beim Rind steigt die Körperkerntemperatur etwa ab dem 7. Monat bis auf 39,5 bis 40 °C an

Feststellung der Trächtigkeit: In ▶ Tabelle 15-3 sind die Zeiträume der Trächtigkeit verschiedener Tierarten zusammengefasst.
Beim Rind ist ab dem 6. Monat durch Stoß gegen die rechte Flanke die Frucht festzustellen, da durch das Zurückpendeln der Frucht ein „Gegenstoß" fühlbar wird. Später sind spontane Bewegungen des Fetus zu beobachten. Bei **kleinen Wiederkäuern** ist die Frucht erst gegen Ende der Trächtigkeit zu tasten. Bei **Schwein** und **Pferd** können die Früchte und ihre Bewegungen meist nicht getastet werden.
Eine **Röntgenuntersuchung** ist beim Hund etwa ab dem 40. Trächtigkeitstag möglich. Es stellen sich dann die Skelette der Feten dar. Die Mineralisation der fetalen Skelette beginnt erst ab dem 45. Trächtigkeitstag. Jedoch kann man bei vielen Hündinnen zwischen dem 21. und 45. Trächtigkeitstag einen vergrößerten Weichteilschatten des flüssigkeitsgefüllten Uterus erkennen.
Die **Ultraschalluntersuchung** (Sonographie) kann beim **Schwein** ab der 4. bis 5. Trächtigkeitswoche zur Trächtigkeitsdiagnostik eingesetzt werden. Beim **Rind** gelingt der Trächtigkeitsnachweis bereits ab dem 24. Trächtigkeitstag, beim **Pferd** ab dem 18. Tag nach der Befruchtung. Bei der Hündin lassen sich Fruchthüllen mithilfe einer Ultraschalluntersuchung ab dem 19. Tag nach der Ovulation nachweisen.
Beim **Rind** kann ab etwa der 6. Woche die Trächtigkeit durch **rektale Untersuchung** der Gebärmutter festgestellt werden (Asymmetrie der Größe der Gebärmutterhörner). Im 5. Monat können Schwierigkeiten bei der rektalen Diagnostik auftreten, weil sich in dieser Zeit die Gebärmutter infolge des Gewichts des Fetus stark senkt und dann in der Tiefe der Bauchhöhle schwer zu ertasten ist. Beim **Pferd** ist die rektale Trächtigkeitsdiagnose ab der 4. bis 5. Woche möglich.
Für die **hormonelle Trächtigkeitsbestimmung** über den Nachweis von **Progesteron** beim **Rind** wird eine **Milchprobe** am 21. Tag nach der Belegung oder Besamung untersucht. Wenn keine Befruchtung erfolgte, ist kein Progesteron in der Milch vorhanden, weil der Gelbkörper der vorhergehenden Brunst zurückgebildet und ein neuer noch nicht ausgebildet ist. Wenn aber Progesteron in der Milch nachweisbar ist, so kann davon ausgegangen werden, dass sich ein Corpus luteum graviditatis gebildet hat.

Tab. 15-3
Mittlere Trächtigkeitsdauer bei verschiedenen Tierarten, gerechnet ab Befruchtung (nach Angaben aus Döcke 1994; Engelhardt und Breves 2005)

Tierart	Dauer (Tage)	Anmerkungen
Rind	270–295 (Norm: 280)	Schwarzbunte < Rotvieh, Jersey < Fleckvieh, Gelbvieh, Pinzgauer < Braunvieh
Pferd	320–360 (Norm: 336)	Araber < Warmblut < Kaltblut < Haflinger. Faustformel: etwa 11 Monate
Schwein	110–118 (Norm: 114)	Faustformel: 3 Monate + 3 Wochen + 3 Tage bzw. 4 Monate minus 1 Woche
Schaf/Ziege	145–157 (Norm: 150)	etwa 5 Monate
Hund	60–66 (Norm: 63)	etwa 2 Monate
Katze	56–71 (Norm: 63)	etwa 2 Monate

Relaxin, das bei der **Hündin** von der intakten Plazenta gebildet wird, kann ab dem 25. Tag nach dem Decktermin im Blut nachgewiesen werden. Dabei ist zu berücksichtigen, dass der Termin der Befruchtung nicht mit dem Decktermin identisch sein muss, weil die Spermien des Rüden bis 4 Tage nach dem Deckakt befruchtungsfähig bleiben können.
Bei der **Stute** kann ein hormoneller Trächtigkeitsnachweis über **eCG** erfolgen, das zwischen dem 45. und 100. Tag der Trächtigkeit im **Blut** der Stute nachgewiesen werden kann. Der optimale Zeitpunkt liegt um den 60. Tag. Falsch positive Ergebnisse sind allerdings möglich, weil eCG auch nach dem Absterben der Frucht noch bis zum 120. Tag gebildet werden kann.
Die beschriebenen Verfahren eignen sich zur Trächtigkeitsfeststellung. Allerdings muss auch beachtet werden, dass eine Abgrenzung zwischen andauerndem Zyklusgeschehen und Trächtigkeit erschwert sein kann. So können am Anfang der Trächtigkeit Brunstsymptome auftreten. Sie werden besonders beim Rind beobachtet. Besonders häufig bei der **Hündin** treten Trächtigkeitssymptome auf, ohne dass aber das Tier trächtig ist, ein Phänomen, das als **Scheinträchtigkeit** bezeichnet wird. Zum „Geburtstermin“ bauen die Tiere ein „Nest“ und tragen Puppen oder andere Gegenstände als Welpen herum. Es kann sogar Milchsekretion einsetzen, die so stark sein kann, dass die Hündinnen als Ammen benutzt werden können.
Pathologie der Trächtigkeit: Unter bestimmten Bedingungen nistet sich die befruchtete Eizelle nicht im Uterus ein, es kommt dann zur **Extrauteringravidität.** Man unterscheidet eine Eierstocks-, eine Eileiter- sowie eine primäre oder sekundäre Bauchhöhlenträchtigkeit. Beim Tier spielt im Wesentlichen nur die sekundäre Bauchhöhlenträchtigkeit eine Rolle, bei der die Frucht durch einen Riss in der Gebärmutter in die Bauchhöhle gelangt, über die Nabelschnur aber noch mit der Plazenta in Verbindung steht.
Gelegentlich erfolgt eine **Drehung der Gebärmutter,** der Zervix und des Scheidengewölbes um ihre Längsachse. Tritt die Gebärmutterdrehung um den Geburtszeitpunkt auf, so ist die Passage der Frucht nicht möglich.
Bei der **Eihautwassersucht** sind die Eihäute stark aufgequollen, da das Fruchtwasser in den Eihüllen vermehrt ist. Ursache kann eine Kompression von Eihaut oder Nabelstrang sein. Äußerlich ist eine Eihautwassersucht an einer starken Umfangsvermehrung des Tieres zu erkennen.
Bei ungenügender Mineralstoff- und Vitaminversorgung der Muttertiere wird dem Skelettsystem zu viel Kalzium entzogen, so dass die Tiere aufgrund von Gelenk- und Knochenschmerzen nicht mehr stehen können, es kann dann zum Festliegen vor der Geburt kommen.
Als **Abort** wird der vorzeitige Abgang der Frucht bezeichnet. Ursachen sind meist Ernährungsstörungen und Tod der Frucht infolge mechanischer oder infektiöser Schädigung der Plazenta.

15.2.6 Geburt

Die Trächtigkeit wird wesentlich durch Progesteron „aufrecht“ erhalten. Die **Geburtsvorbereitung** ist wiederum durch eine Umstellung im Verhältnis von Progesteron zu Östrogen getragen. Die Progesteronkonzentration im Blut nimmt gegen Ende der Trächtigkeit ab. Dies wird vor allem durch eine Luteolyse verursacht, bei Schaf und Pferd nimmt auch die Gestagensynthese in der Plazenta aufgrund der Reifung des Fetus ab. Die Hemmung der Progesteronbildung bzw. die Luteolyse wiederum erfolgt unter dem Einfluss von Glukokortikoiden, die der herangereifte Fetus in seinen Nebennieren bildet. Die **fetalen Glukokortikoide** werden über die Plazenta an das Muttertier abgegeben. Die Geburt wird also letztlich vom Fetus selbst ausgelöst.
Infolge der Abnahme der Progesteronkonzentration bzw. der Zunahme der Östrogenkonzentration kann die Gebärmutter verstärkt auf **Oxytozin** ansprechen, d.h. es werden durch Oxytozin Kontraktionen in der glatten Muskulatur ausgelöst. Oxytozin stammt aus dem Hypophysenhinterlappen (▸ Kap. 20.2.1). Gegen Ende der Trächtigkeit nimmt zudem die Zahl der Oxytozin-Rezeptoren im Myometrium zu. Die letzte endokrine Veränderung bei der Auslösung der Geburt ist die Zunahme der $PGF_{2\alpha}$-

Produktion wenige Stunden vor dem Einsetzen der Wehen. Die Zunahme der $PGF_{2\alpha}$-Konzentration führt zu einer vollständigen Luteolyse. Außerdem sensibilisieren Prostaglandine tierartunabhängig das Myometrium für Oxytozin. Infolge der hormonellen Veränderungen kommt es auch zu äußeren Veränderungen am Muttertier. So sind **Anzeichen der Geburtsnähe** beim Muttertier:

- Schwellung der Scham
- Senkung der Schamspalte
- Ausfluss von zähflüssigem Zervikalschleim ein bis zwei Tage vor der Geburt oder erst kurz vor der Geburt (kleine Haustiere und Pferd)
- Senkung und Lockerung der breiten Beckenbänder beim Rind, wobei sich ihr strangartiger kaudaler Rand 12 bis 18 Stunden vor der Geburt lockert
- „Einschießen" der Milch
- Absondern von der Herde (bei Weidehaltung)
- Unruhe des Tieres
- Nestbauverhalten (Schwein und Hund)

Beim Pferd bilden sich ein bis sechs Tage vor der Geburt eingetrocknete oder klebrige Sekretmassen an den Zitzenmündungen („Pechzäpfchen", „Harzen"). Beim Schwein spritzt die Milch häufig ab 4 Stunden vor der Geburt bei Druck aus den gefüllten Zitzen. Beim Rind erfolgt ein bis zwei Tage vor der Geburt ein kurzer Abfall der Temperatur, aber nicht unter die Norm (▶ Tab. 12-1). Diese Temperatursenkung findet aber nicht so verlässlich statt, dass sie für die Geburtsvorhersage auswertbar wäre. Beim Hund füllt sich das Gesäuge in den letzten Tagen vor der Geburt mit Milch und es ist kurz vor der Geburt eine Ödematisierung der Vulva und der Abgang von klarem Schleim zu beobachten. Außerdem fällt die Körperkerntemperatur kurz vor der Geburt (18 bis 24 h) auf subnormale Werte ab (bis 37 °C und darunter), was als Zeichen der bevorstehenden Geburt gewertet werden kann. Auch bei der Katze kommt es kurz vor der Geburt zur Vergrößerung des Gesäuges und zur Absenkung der Körpertemperatur.

Phasen der Geburt

Die Geburt lässt sich in zwei Phasen einteilen:

- Eröffnungsstadium mit Eröffnungswehen bis zum Fruchtblasensprung
- Austreibungsstadium mit Austreibungswehen nach vorheriger Aufweitungsphase

Unter Einfluss der zunehmenden Konzentration von Östrogenen und Relaxin kommt es im gesamten Genitaltrakt zu einer Auflockerung; Gebärmutterhals und Scheide werden weiter, die Beckenränder erschlaffen, der zähe, pappige Schleimpfropf, der die Cervix während der Gravidität verschließt, löst sich auf. Die ersten spontan einsetzenden Wehen treiben den Fetus in seinen Fruchthüllen in den sich öffnenden inneren Muttermund vor. Hier sitzen Rezeptoren, die den Druck aufnehmen und über einen speziellen Reflexbogen die Ausschüttung von Oxytozin auslösen.

Diese Prozesse während des Eröffnungs- und des Austreibungsstadiums führen zu einer allmählichen Weitung des Geburtswegs. Dieser Prozess benötigt Zeit. Zuerst tritt ein Abschnitt des Allantochorion mit Fruchtwasser in die bereits durch Hormonwirkung erschlaffte Zervix ein. Bei der Kompression der Eihäute während der Eröffnungswehen wird der Druck auf die Allantoisblase übertragen, deren bereits in den Geburtsweg eingetretener Teil sich dadurch vergrößert und den Geburtsweg zu erweitern beginnt. Daher soll die Allantoisblase nicht durch Eingriff des Menschen eröffnet werden. Schließlich platzt sie spontan. Ihr folgt die Amnionblase, die auch Fußblase genannt wird, weil in der Regel die Gliedmaßenspitzen in dem sich vorwölbenden Teil dieser Blase sichtbar werden. Auch diese Blase soll aus den oben genannten Gründen und wegen der Infektionsgefahr nicht geöffnet werden. Die Erweiterung wird nun infolge einer langsamen und immer stärker werdenden Keilwirkung durch die weiter ausgepresste Frucht vervollständigt. Die maximale Weitung ist im Allgemeinen dann erreicht, wenn der Kopf völlig ausgetreten ist. Die Frucht wird anschließend durch einige sehr kräftige Presswehen schnell geboren.

Beim Rind ist eine Zughilfe nicht angebracht, wenn ein ausgeglichenes Größenverhältnis zwischen Muttertier und Frucht besteht und

die Frucht in Vorderendlage liegt. Übereilte Auszugsversuche sind schädlich, weil sie zu Einrissen des weichen Geburtsweges, Frakturen des knöchernen Geburtsweges und Schäden des Kalbes führen können. Wenn Zughilfe notwendig ist, muss sie überlegt, dem jeweiligen Zustand angepasst, nur von einer Person ausgeübt und im Rhythmus der Austreibungswehen eingesetzt werden.
In Bezug auf die **Lagerung der Frucht** im Muttertier unterscheidet man zwischen Lage, Stellung und Haltung der Frucht.
Die **Lage** betrifft die Körperachse des Fetus in Beziehung zur Körperachse der Mutter:

- Längslagen: Vorderendlage (Vordergliedmaßen in Richtung des mütterlichen Beckens) und Hinterendlage. Die meisten Kälber werden in Vorderendlage geboren.
- Querlage: Wirbelsäulen von Mutter und Fetus quer zueinander.
- Vertikallage: Der Fetus sitzt meist mit dem Kopf zur Wirbelsäule der Mutter (hundesitzig).

Die **Stellung** bezieht sich auf den Rücken des Fetus. In der Regel ist er dem Rücken des Muttertieres zugekehrt (= obere Stellung).
Die **Haltung** bezieht sich auf die Lagerung der Gliedmaßen und des Kopfes des Fetus zu seinem Rumpf.

Zeitraum nach der Geburt

Nach der Geburt sollte bei Kälbern und Fohlen der Nabelstumpf desinfiziert und das Junge zur Trocknung abgerieben werden. Wichtig ist, dass die Jungen in den ersten 4 bis 6 Stunden nach der Geburt Kolostralmilch trinken können (▶ Kap. 16.3.4). Ebenso wie das Jungtier bedarf das Muttertier besonderer Aufmerksamkeit und Pflege. Wichtig ist besonders, auf den ordnungsgemäßen Abgang der Nachgeburt bzw. der Nachgeburten zu achten sowie darauf, dass der auf die Geburt folgende Ausfluss von Sekret und Geweberesten aus der Scham (Lochialfluss) keine eitrige Beschaffenheit annimmt.

Abgang der Nachgeburt

- Rind und kleine Wiederkäuer: 3 bis 8 Stunden nach der Geburt
- Pferd: 15 bis 30 Minuten nach der Geburt
- Schwein: in der Regel nach der Geburt des letzten Ferkels, gelegentlich einzelne Nachgeburten früher
- Hund: mit jedem Welpen; wird von der Hündin aufgefressen

Ausfluss nach der Geburt

Der sogenannte **Lochialfluss** enthält Plazentateile, Leukozyten und etwas Blut. Dauer:

- Rind: 2 bis 3 Wochen, anfangs zähflüssig mit etwas Blut, später schokoladenfarben, dünnflüssig, schließlich klar
- Kleine Wiederkäuer: höchstens 1 Woche
- Pferd: einige Tage, spärlich
- Hund: 2 bis 3 Wochen, anfangs grünlich

Rückbildungen der Gebärmutter

In den ersten Wochen nach der Geburt laufen an der Gebärmutter Rückbildungsvorgänge ab **(Uterusinvolution)**, die für die erneute Aufnahme eines Embryos wichtig sind. Allerdings werden in der Regel die Verhältnisse vor der ersten Trächtigkeit nicht erreicht. Zum Beispiel bleibt die Muskelschicht mehr oder weniger verdickt.

Auftreten der ersten Brunst nach der Geburt

- Pferd: 5 bis 9 Tage
- Rind: 3 bis 4 Wochen
- Schwein: 6 bis 7 Tage nach dem Absetzen der Ferkel, mit Schwankungen, besonders abhängig von der Länge der Säugezeit

15.3 Geschlechtsorgane des Geflügels und Eibildung

15.3.1 Männliche Geschlechtsorgane

Zu den männlichen Geschlechtsorganen gehören die Hoden, die Nebenhoden und die Samenleiter. Diese Strukturen sind wie auch beim Haussäugetier paarig ausgebildet. Weiterhin zählt noch das in der Kloake liegende Begattungsorgan (Penis) dazu (▶ Abb. 15-29).
Die **Hoden** liegen im Gegensatz zu denen der Haussäugetiere nicht in einem Hodensack, sondern in der Bauchhöhle kranial der Niere. Ihre Größe kann je nach Reproduktionsaktivität stark schwanken. So nimmt beim Haushahn das Gewicht des Hodens vom ersten Lebensmonat (~0,5 g) bis zum 18. Lebensmonat (~30 g) um das 60-fache zu. Der aktive Hoden kann dabei eine Länge von bis zu 5 cm erreichen. Durch seine Lokalisation innerhalb der Bauchhöhle (und die hohe Körpertemperatur) herrschen im Geflügelhoden nicht die geringen Temperaturen wie im Hoden der Haussäugetiere. Allerdings sind die Hoden in unmittelbarer Nähe der Bauchluftsäcke lokalisiert und werden daher durch die dort einströmende Atemluft etwas gekühlt.
Wie beim Säugetier erfolgt in den Hoden die Bildung der **Spermien.** Die Dauer der Spermienbildung im Hoden beträgt beim Haushahn ca. 12 Tage. Die Spermien weisen am Kopfstück den sogenannten Kopfdorn auf. Dies ist ein zugespitzter Fortsatz, der auch das Akrosom beinhaltet (▶ siehe auch Kap. 15.1.1).

Abb. 15-29
Übersicht über den männlichen Genitaltrakt beim Haushahn (nach König und Liebich 2001).

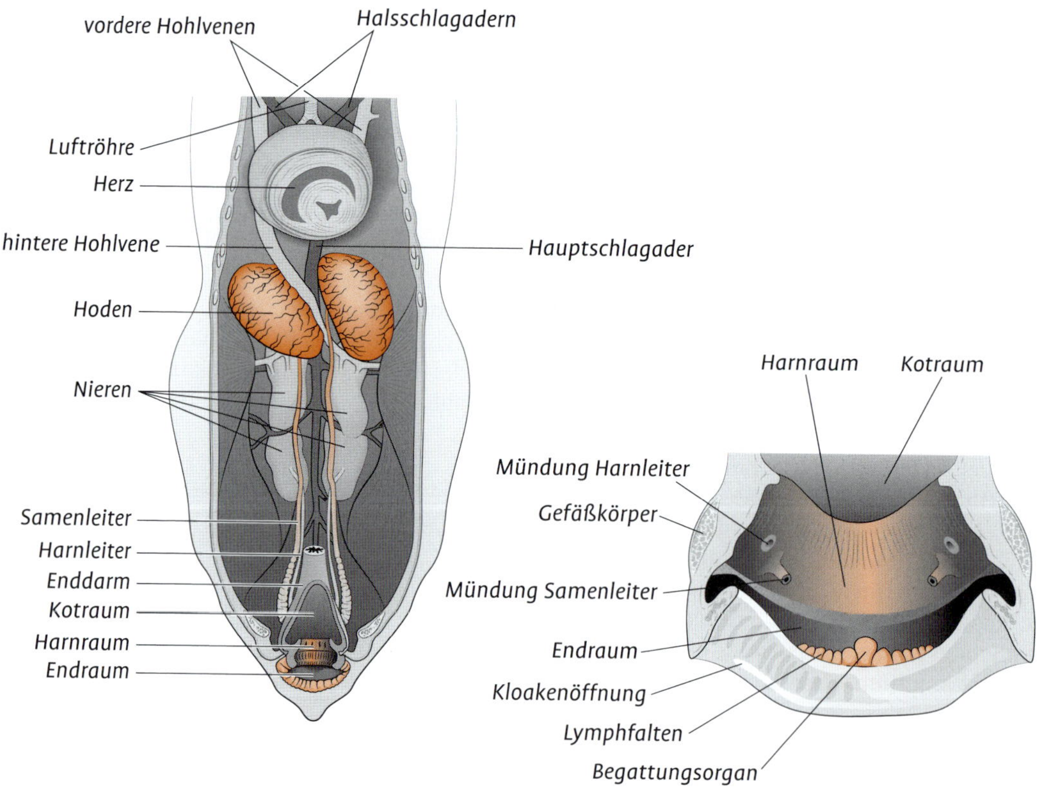

Aus dem Hoden gelangen die Spermien in den **Nebenhoden,** wo sie reifen. Der Nebenhoden ist einfacher ausgebildet als beim Säugetier und nicht in verschiedene funktionelle Kompartimente unterteilt. Im Nebenhoden erfolgt auch die Anreicherung des **Ejakulats.** Akzessorische Geschlechtsdrüsen fehlen beim Vogel, so dass die Gesamtmenge des Ejakulats mit 0,5–1 ml beim Haushahn gering ist. Allerdings ist die Spermiendichte mit 3,5 Millionen Spermien pro µl sehr hoch (Säugetiere: ▶ Tab. 15-1). Die nicht zellulären Anteile des Ejakulats stammen hauptsächlich aus dem **Samenleiter.** Im Samenleiter erfolgten auch die weitere Reifung und Speicherung der Spermien. Auch die Erscheinung des Samenleiters ist vom Reproduktionsstadium des Vogels abhängig. In Zeiten sexueller Aktivität ist der Samenleiter stärker geschlängelt als bei sexueller Ruhe und dicht mit Spermien gefüllt. Aus dem Samenleiter gelangt das Ejakulat schließlich in den **Penis** (▶ Abb. 15-29). Beim Geflügel können zwei verschiedene Penistypen unterschieden werden: der ausstülpbare und der nicht ausstülpbare Penis. Hühnervögel haben einen nicht ausstülpbaren Penis, der im Gegensatz zum ausstülpbaren Penis der Erpel und Ganter nicht in die weibliche Kloake eingeführt werden kann. Die **Erektion** erfolgt durch Einströmen von Lymphe in den Penis und das umliegende Gewebe. Durch eine Vergrößerung der seitlichen Penisanteile erfolgt die Bildung der **Samenrinne.** Bei der Begattung der Henne wird der nach außen gelagerte, vergrößerte Penis an den ebenfalls vorgestülpten Eileiter der Henne gepresst und das Ejakulat kann in den Eileiter abfließen. Die Spermien bleiben im Geschlechtstrakt der Henne einige Tage bis Wochen befruchtungsfähig (Hahn: bis 3 Wochen, Truthahn: bis 6 Wochen).

Das Vorhandensein eines Penis kann bei Eintagsküken zur **Geschlechtsbestimmung** herangezogen werden. Hierzu wird die Ventralwand der Kloake nach außen gestülpt und das Geschlechtshöckerchen begutachtet. Es ist bei männlichen Küken rundlich und bei weiblichen Küken konisch ausgebildet.

15.3.2 Weibliche Geschlechtsorgane und Eibildung

Die weiblichen Geschlechtsorgane beinhalten den Eierstock und den Eileiter (▶ Abb. 15-30). Der Eileiter wird wegen seiner Ähnlichkeit mit Darmschlingen beim Eröffnen der Bauchhöhle auch als Legedarm bezeichnet. Der Eierstock ist embryonal paarig angelegt. Allerdings entwickelt sich bei den meisten Vogelspezies nur der linke Eierstock (und auch nur der linke Eileiter) zu einem funktionstüchtigen Organ.

Abb. 15-30
Übersicht über die weiblichen Geschlechtsorgane beim Haushuhn (nach König und Liebich 2001).

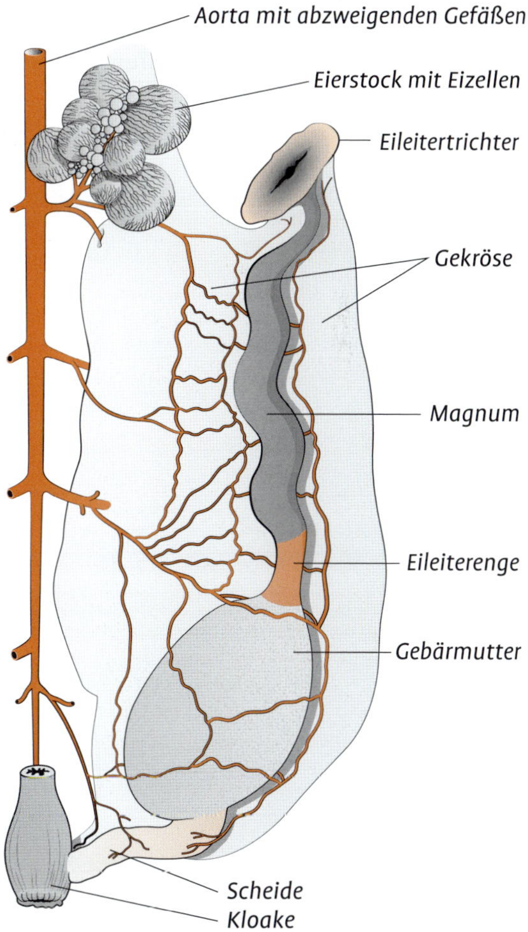

Der **Eierstock** kann in einen gut durchbluteten Markbereich und eine Rinde aufgeteilt werden. Die Follikel befinden sich in der Rindenzone. Von den embryonal angelegten Oogonien bilden sich nach dem Schlupf die meisten zurück. Die verbleibenden werden zu **Oozyten** erster Ordnung (siehe auch ▸ Kap. 15.2.2, ▸ Abb. 15-17). Der aktive Eierstock sieht durch das Vorhandensein von Follikeln unterschiedlicher Reifungsstadien traubenartig aus. Meist finden sich beim Haushuhn ca. 5 große Follikel, die Dotter enthalten, und über 1000 noch kleine Follikel am Eierstock. Die großen Follikel enthalten zunächst die Oozyten erster Ordnung in der Prophase der ersten Reifeteilung (▸ Kap. 1.2.2). Die **erste Reifeteilung** wird erst kurz (ca. 2h) vor dem Follikelsprung fortgesetzt und beendet. Beim Follikelsprung reißt die Follikelhülle an einer wenig durchbluteten Stelle, dem Stigma, ein, und die Oozyte wird freigesetzt. Die **zweite Reifeteilung** erfolgt dann erst im Eileitertrichter. Nach der zweiten Reifeteilung entsteht das reife Ei. An der Stelle des leeren Follikels bildet sich im Gegensatz zum Eierstock der Säugetiere kein Gelbkörper aus. Dies ist auch nicht notwendig, da keine Entwicklung des Embryos in der Gebärmutter erfolgt. Allerdings bildet sich an der Stelle des gesprungenen Follikels ein sogenannter postovulatorischer Follikel, der hormonell aktiv ist und Prostaglandin $F_{2\alpha}$ bildet (Wirkung beim Säuger: ▸ Kap. 15.2.3). Dieses ist wichtig für den Transport des Follikels entlang des Legedarms und für die Eiablage. Beim Geflügel, anders als bei multiparen Säugetieren, reifen die Oozyten für ein **Gelege** nicht gleichzeitig, sondern zeitlich leicht versetzt heran. Beim kommerziell gehaltenen Haushuhn erfolgt eine kontinuierliche Eibildung über das gesamte Jahr alle 24h. Dabei wird jeweils ein **Follikel** selektiert, der im Anschluss heranreift. Die selektierten Follikel wachsen im Eierstock heran

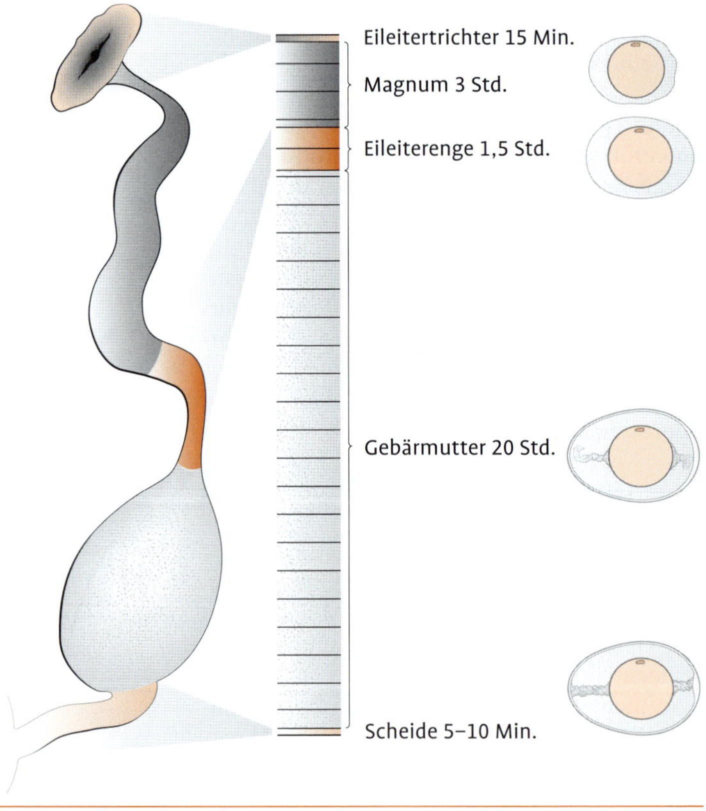

Abb.15-31
Wanderung des Eies durch den weiblichen Genitaltrakt beim Haushuhn (nach König und Liebich 2001).

und es werden Dotterinhaltsstoffe, die in der Leber gebildet werden, eingelagert. Da das Haushuhn zu den sogenannten „nicht determinierten Legern“ gehört, erfolgt eine Eibildung solange die gelegten Eier entfernt werden und das Gelege somit nicht „komplett“ wird.

Der **Eileiter** des Vogels ist nicht mit dem Eileiter der Säugetiere gleichzusetzen. Vielmehr umfasst er den gesamten weiblichen Geschlechtsapparat zwischen Eierstock und Kloake. Der Eileiter kann in verschiedene Abschnitte eingeteilt werden (▶ Abb. 15-30, 15-31).

Der erste Abschnitt ist der **Eileitertrichter.** Er ist mit Fimbrien besetzt, die das Auffangen und den Transport des Eies fördern. Im Eileitertrichter findet die Befruchtung der Eizelle statt. Da die Eizellen beim Vogel zeitlich versetzt in den Eileitertrichter gelangen, muss die Befruchtung der Eizellen über einen längeren Zeitraum gewährleistet sein. Hierzu existieren Vertiefungen der Schleimhaut, die als Reservoir für Spermien dienen. Eine weitere Aufgabe des Eileitertrichters ist die Bildung von drei Dottermembranen, die sich um die Eizelle legen. Weiterhin wird das Ei hier mit einer dichten Eiweißschicht umhüllt, und die Hagelschnüre, die später den Dotter in der richtigen Position halten, werden angelegt (▶ Abb. 15-32). Nach der Umhüllung der Eizelle mit der Eiweißschicht kann die Eizelle nicht mehr befruchtet werden.

Auf den Eileitertrichter folgt das **Magnum,** welches den längsten Teil des Eileiters darstellt. Im Magnum wird ein großer Teil des Eiklars gebildet, und die Hagelschnüre werden fertiggestellt. Das Eiklar ist in mehreren Schichten um den Dotter angeordnet. Die innere und die äußere Schicht des Eiklars sind dünnflüssig. Die mittlere Schicht ist dickflüssig. Das Eiklar erhält im Magnum auch verschiedene Elektrolyte, wie Natrium, Kalzium und Magnesium.

Auf das Magnum folgt die **Eileiterenge.** In der Eileiterenge wird der Rest des Eiklars gebildet. Weiterhin wird das Ei mit der inneren und äußeren Schalenhaut versehen. Da diese Häute luft- und wasserdurchlässig sind, kann noch zusätzliches Wasser in das Eiklar aufgenommen werden und die typische Eiform entsteht. In der Eileiterenge werden auch schon die ersten, organischen Anteile der äußeren Schale angelegt.

Die restliche Schale wird im **Uterus,** der auch **Schalendrüse** genannt wird, gebildet. Im Ute-

Abb. 15-32
Aufbau des Hühnereies (nach König und Liebich 2001).

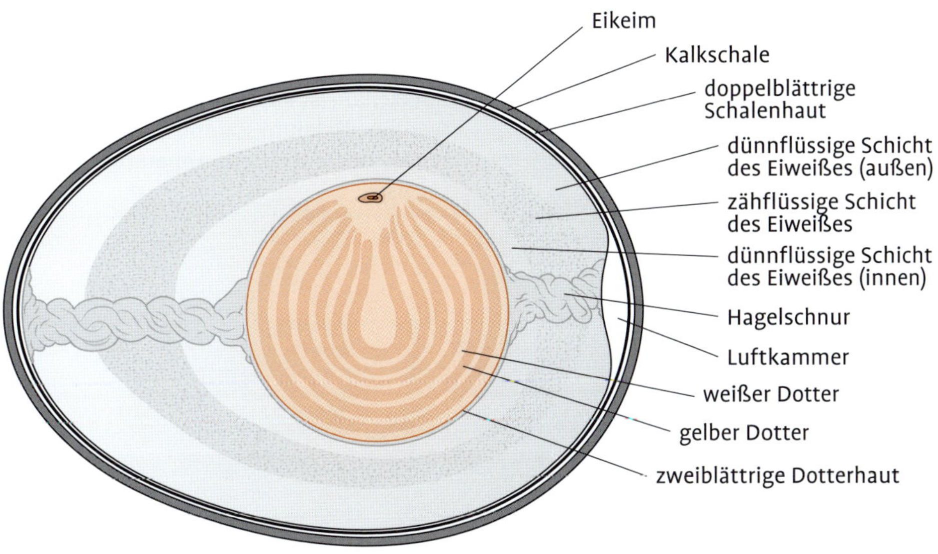

rus ist die Verweildauer des Eies von allen Eileiterabschnitten am längsten. Vor der Bildung der **Kalkschale** nimmt das Eiklar weiteres Wasser auf und quillt. Bei der Bildung der Kalkschale wird zunächst eine organische Matrix gefertigt, die anschließend mit Kalziumkarbonat komplettiert wird. Der enorme Bedarf an Kalzium wird durch den Abbau von medullärem Knochen gedeckt. Zusätzlich ist auch die Kalziumresorption aus dem Darm während der Legeperiode massiv erhöht. Durch die im Zuge der Reproduktion ausgeschütteten Östrogene erhöht sich auch die Konzentration der Kalzium transportierenden Proteine im Blut, so dass der Reproduktionstrakt ausreichend Kalzium zur Verfügung hat.
Der letzte Abschnitt vor der Kloake ist die **Scheide.** Diese wird vom Ei in nur wenigen Minuten passiert. Die Scheide ist vom Uterus durch einen Schließmuskel getrennt. In der Scheide erhält das Ei das Oberhäutchen welches die Kalkschale dicht verschließt und ein Eindringen von Bakterien verhindert. Die Scheide dient außerdem der Speicherung von Spermien. Bei der **Eiablage** wird die Scheide durch Muskelkontraktionen durch die Kloake nach außen gestülpt. Dadurch wird bei der Ablage eine Verschmutzung des Eies mit Kot oder Harn verhindert.
Die Legeleistung der heutigen genutzten Hybrid-Hühnerrassen ist sehr hoch (bis 320 Eier pro Jahr). Im Zuge dieser enormen Beanspruchung kommt es oft zu gesundheitlichen Problemen, wie z. B. die Entmineralisierung von Knochen mit statischen Funktionen sowie zu Verhaltensproblemen.

Aufbau des Hühnereies

Ein Hühnerei besteht aus Dotter, Eiweiß und Schale (▶ Abb. 15-32). Die Dotterkugel besteht aus weißem und gelbem Dotter, die konzentrisch umeinander gelagert sind. Auf der **Dotterkugel** liegt bei befruchteten Eiern die Keimscheibe mit dem frühen Keimling. Der Dotter besteht hauptsächlich aus Proteinen und Lipiden. Der gelbe Dotter hat dabei einen höheren Lipidanteil als der weiße Dotter. Beim befruchteten Ei dient der Dotter zur Ernährung des Embryos.
Auch das **Eiweiß** dient der Versorgung des Embryos und deckt dessen Bedarf an Aminosäuren. Weiterhin enthält das Eiweiß auch verschiedene antibakterielle Substanzen, die den Schutz des Embryos vor bakteriellen Infektionen gewähren. Ebenso wie der Dotter besteht auch das Eiweiß aus verschiedenen Schichten. Unmittelbar um die Dotterkugel und direkt unter der Schalenhaut befindet sich dünnflüssiges Eiweiß. Dazwischen ist eine Schicht dickflüssigen Eiklars ausgebildet. In das Eiweiß eingeschlossen sind die **Hagelschnüre**, die den Dotter innerhalb des Eies in Position halten. Bei Drehung des Eies erlauben die Hagelschnüre, dass sich die Dotterseite mit der Keimscheibe stets nach oben dreht.
Das Eiweiß ist zur Kalkschale durch die innere und die äußere Schalenhaut abgetrennt. Auch diese stellt einen Schutz vor Keimen dar. Zwischen der äußeren und der inneren Schalenhaut befindet sich am stumpfen Pol des Eies die Luftkammer. Der Hauptbestandteil der Kalkschale ist Kalziumkarbonat. Das dazu notwendige Kalzium stammt sowohl aus dem Futter als auch aus dem Abbau medullären Knochens.

16 Milchdrüse

16.1 Lage und Bau

16.1.1 Allgemein

An der Milchdrüse (Mamma) wird je eine Zitze mit angeschlossenem Drüsenteil als **Mammar-** oder **Milchdrüsenkomplex** bezeichnet. Entsprechend der Ausbildung und Lage wird die Milchdrüse bei Elefant, Affe und Mensch **Brustdrüse,** bei Hund, Katze und Schwein **Gesäuge** und bei Wiederkäuern und Pferd **Euter** genannt.
Die **Zahl der Mammarkomplexe** je Körperseite beträgt beim Pferd und den kleinen Wiederkäuern ein, beim Rind 2, bei der Katze 4, beim Hund 4 bis 5 (6) und beim Schwein 6 bis 8. Die Lage der Mammarkomplexe ist thorakal (im Bereich des Brustkorbs gelegen) bei Elefant, Affe und Mensch, thorakoabdominal (vom Brust- bis zum Bauchbereich) bei der Katze, inguinal (im Bereich der Leiste gelegen) bei Rind, kleinen Wiederkäuern und Pferd sowie thorakoinguinal bei Schwein und Hund. Die beidseitigen Drüsenkomplexe sind durch eine Furche getrennt. Diese ist bei den Wiederkäuern und dem Pferd flach.
Die einzelnen Mammarkomplexe bestehen aus dem **Drüsenkörper** mit den zugehörigen Hohlraumsystemen (Alveolen, Milchgänge und Milchzisterne) sowie der **Zitze.** Beim Rind ist bei jeder Zitze nur ein Zitzenkanal ausgebildet. Beim Pferd sind 2, beim Schwein 2 bis 3, beim Fleischfresser und beim Menschen 5 bis 20 **Zitzenkanäle** pro Zitze vorhanden. Jeder Zitzenkanal wird von einem eigenen Drüsensystem versorgt.

16.1.2 Rindereuter

Aufgebaut ist das Rindereuter aus beiderseits 2 Michdrüsenkomplexen (also insgesamt 4 „Viertel"). Es sind dies die Vorder- oder Bauchviertel und die Hinter- oder Schenkelviertel, jeweils mit gleich benannter Zitze. Alle Viertel sind einzelne Einheiten. Die Viertel beider Seiten sind besonders deutlich durch ein starkes bindegewebiges Septum getrennt. Dieses Septum ist ein Teil des von den Rumpffaszien gebildeten **Aufhängeapparates der Milchdrüse** (▶ Abb. 16-1).
Der Drüsenkörper ist von einer **Fettkapsel** umgeben, der das Blatt der äußeren Rumpffaszie und die Haut aufliegen. Das **Parenchym** der Viertel besteht aus **Alveolen** und kleinen **Milchgängen** (zu generellem Drüsenaufbau: ▶ Kap. 2.4.2). Die Alveolen werden zu ihrem Hohlraum hin von einem einschichtigen Drüsenepithel gebildet, welches die Milch sezerniert. Umgeben wird das Drüsenepithel von **Myoepithel** (Korbzellen), das durch seine Kontraktion die Milchabgabe unterstützt, und von einem dichten Kapillarnetz, das die Substrate liefert. Häufchen von Alveolen sind gebündelt in Drüsenläppchen, wobei die Drüsenläppchen wieder durch bindegewebiges Interstitium verbunden sind, das mit Abspaltungen der Rumpffaszien in Verbindung steht. Die Ausführungsgänge der Läppchen, die kleinen Milchgänge, sind ebenfalls von einem einschichtigen Drüsenepithel ausgekleidet, das die Fähigkeit zur Milchbildung und -abgabe besitzt. Von den kleinen Milchgängen aus gelangt die Milch über immer größere Milchgänge in den Drüsenteil und anschließend in den Zitzenteil der **Milchzisterne** (▶ Abb. 16-1). Die Milchzisterne und die Gangsysteme des Euters stellen einen Speicherraum dar.
Zwischen Drüsenteil und Zitzenteil der Milchzisterne ist das Lumen durch einen stark ausgebildeten **Venenring** (Fürstenberg-Venenring) sowie durch zirkuläre glatte Muskelfasern eingeengt. Der Zitzenteil der Zisterne geht distal in einen etwa 1 bis 1,5 cm langen **Strichkanal** über, der durch einen starken Schließmuskel verschlossen wird. Die Wand der Zitze enthält

Abb. 16-1
Aufhängeapparat und Aufbau des Rindereuters (nach Budras und Wünsche 2002).

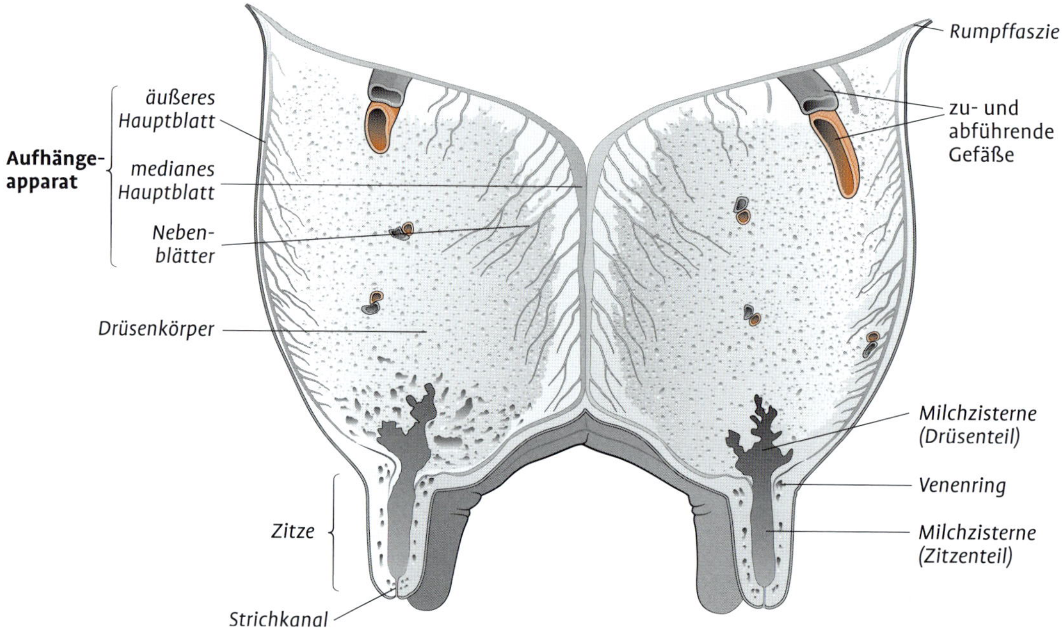

neben elastischen Fasern glatte Muskulatur, die zusammen mit den sehr zahlreichen und weitlumigen Venen eine Faltenbildung bedingt.
Die Zitze bildet in der Gesamtheit eine **Abwehrbarriere** gegenüber dem Eindringen von Krankheitserregern. Von Bedeutung sind dabei:

- der Verschluss des Strichkanals der Zitze durch den Schließmuskel
- das nach außen gerichtete Wachstum des Epithels im Bereich der Zitzenspitze
- die bakterizide Wirkung der Hornsubstanzen (Laktosebum), die im Strichkanal gebildet werden
- der nach außen gerichtete Sekretstrom
- die mechanische Wirkung der Falten in der Wand des Kanals

Das Euter benötigt täglich 10 000 bis 20 000 Liter Blut (300 bis 500 Liter Blut für 1 Liter Milch). Es verfügt daher über ein ausgeprägtes **Blutgefäßsystem** (▶ Abb. 16-2). Als zuführende Arterie dient vorwiegend die äußere Schamarterie. Abgeführt wird das Blut über mehrere Venen. Dies sind die sogenannte „Milchader" kranial, die Schenkelspaltvene kaudal und die parallel der äußeren Schamarterie verlaufende äußere Schamvene dorsal (▶ Abb. 16-2).
Die **Lymphgefäße** des Euters sammeln sich in den kaudodorsal gelegenen Euterlymphknoten, von denen aus Verbindungen zu den seitlichen Darmbeinlymphknoten bestehen. Die **sensible Innervation** der Milchdrüse (wichtig für das „Anrüsten") erfolgt über Äste des Lenden-Kreuz-Geflechtes (insbesondere den N. genitofemoralis).

16.1.3 Veränderungen des Euters während der Laktation

Während der Phase der Milchproduktion und -abgabe, der Laktation, zeigt die Milchdrüse charakteristische Änderungen. Bei frischmel-

Abb. 16-2
Blutversorgung und -entsorgung des Rindereuters (nach König und Liebich 2012).

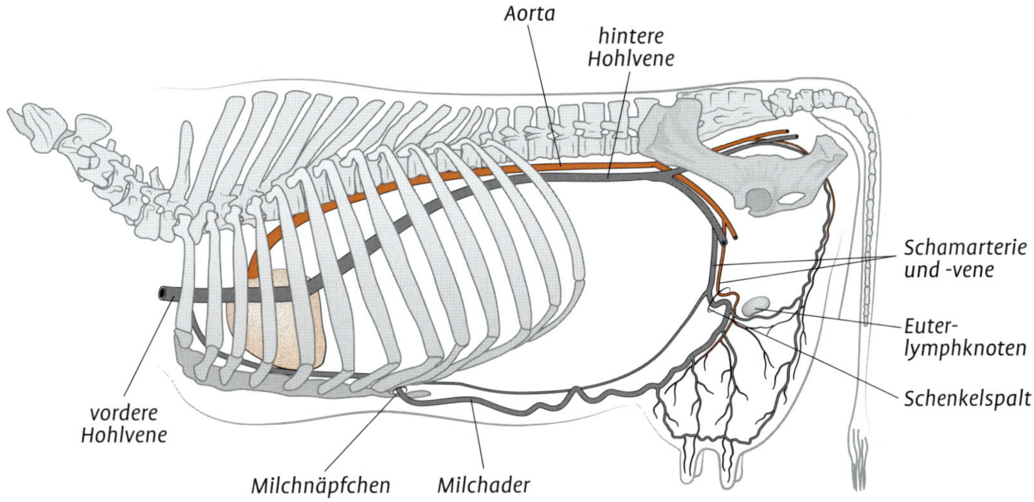

kenden Tieren, d. h. kurz nach Beginn der Laktation, ist das Euter groß und prall gefüllt. Die Alveolen sind weitlumig und besitzen ein aktives Drüsenepithel. Das Bindegewebe ist gering ausgeprägt, besitzt allerdings reichlich Kapillarnetze. Mit der Abnahme der Milchleistung (altmelkende Tiere) kommt es zur Verringerung in der Größe der Alveolen und der Aktivität des Drüsenepithels bei gleichzeitiger Zunahme des Bindegewebes (beginnende Rückbildung).
Mit dem Aussetzen des Melkens, in der Regel 305 Tage nach der Geburt des Kalbes, kommt es zum **Trockenstehen** der Tiere. Eine Kuh sollte 6 bis 8 Wochen trockenstehen. An der **Trockenstehperiode** werden unterschieden:

- die anfängliche Rückbildung der Alveolen bei gleichzeitiger Zunahme von Binde- und zum Teil Fettgewebe (etwa 30 Tage)
- die sich anschließende Ruhephase, deren Dauer von der Gesamtdauer der Trockenstehperiode abhängt
- die Phase der beginnenden Milchbildung (Laktogenese, etwa 15 bis 20 Tage vor der Geburt)

16.1.4 Milchdrüsenanlagen

Bei **männlichen Tieren** ist ebenfalls eine Milchdrüse mit Zitzen ausgebildet, doch bleibt sie im Allgemeinen auf eine unbedeutende Anlage beschränkt. Bei hormonellen Fehlregulationen kann aber auch die männliche Milchdrüse Milch sekretieren (Gynäkomastie). Neben der regulären Milchdrüse können **akzessorische Milchdrüsenanlagen** in unterschiedlichster Vollkommenheit ausgebildet sein. Beim Rind sind überzählige Zitzen (Afterzitzen) nicht selten. Diese Zitzen enden blind oder in kleinen Milchdrüsenkörpern. Gelegentlich haben die Afterzitzen aber auch Verbindung mit dem regulären Zitzenlumen. Afterzitzen sind unerwünscht, da sie beim Melken hinderlich sind oder aber, wenn sie einem eigenen Drüsengewebe aufsitzen, zu Infektionsherden für das ganze Euter werden können. Besonders störend sind sie, wenn sie Verbindung zur regulären Zitze haben und fistelartige Nebenabflüsse bilden. Die Anlage von Afterzitzen wird als erblich angesehen. Es wird versucht, diese Anlage mit züchterischen Maßnahmen zu verhindern.

16.2 Physiologie der Milchdrüse

16.2.1 Entwicklung

Das **Wachstum der Milchdrüse** (Mammogenese) findet vor allem in der Pubertät und verstärkt während der ersten Trächtigkeit statt. Es wird durch Östrogene, Progesteron, Prolaktin, Wachstumshormon und Nebennierenrindenhormone beeinflusst. Die **Milchbildung** (Laktogenese) wird bereits während der Trächtigkeit eingeleitet und ebenfalls von mehreren Hormonen gesteuert. Die Aufrechterhaltung der Milchbildung (Galaktopoese) wird vor allem durch den Saug- bzw. Melkreiz und die dadurch bedingte erhöhte Sekretion des Prolaktins und der Kortikoide gewährleistet. Die Milchmenge wird durch das Wachstumshormon und die Schilddrüsenhormone beeinflusst.

Die Milchbildung findet nicht nur während des Melkens statt, sondern erfolgt kontinuierlich. Sie ist ein aktiver Prozess der Drüsenzellen, die die Grundbestandteile der Milch aus dem Blut aufnehmen, sie teilweise umbauen und in das Drüsenlumen abgeben. Das Milcheiweiß wird im rauen endoplasmatischen Retikulum der Drüsenzellen gebildet und über den Golgi-Apparat der Alveolarepithelzellen in kleinen Bläschen ausgeschleust (Exozytose, merokrine Sekretion). Das Milchfett wird durch Abnabelung kleiner Fetttröpfchen von der Zelloberfläche ausgeschieden (apokrine Sekretion). Milchzucker wird ebenfalls merokrin sekretiert und hat eine starke osmotische Wirkung, d. h., die Milchzuckerabgabe führt zu Wasserübertritt in die Alveolen.

Bei einem Milchdruck von 25 bis 40 mmHg (entspricht der Höhe des Blutdrucks in den Alveolenkapillaren) wird keine Milch mehr gebildet. Schlechtes Ausmelken verringert rasch die Milchleistung, weil durch den erhöhten Druck und auch die angereicherten Produkte die Schlüsselenzyme der Milchsynthese gehemmt werden. Zudem stellt die Restmilch einen Nährboden für schädliche Mikroorganismen dar.

16.2.2 Entleerung der Milchdrüse

Die taktile Stimulierung der Milchdrüse beim **„Anrüsten“** und auch beim Stoßen der Jungtiere gegen das Euter bzw. das Gesäuge regt über das Rückenmark das Hypothalamus-Hypophysen-System zur Ausschüttung des Hinterlappenhormons **Oxytozin** an (▸ Kap. 20.2.1). Dieses veranlasst die Kontraktion der glatten Muskulatur der Korbzellen an den Alveolen und die Öffnung der Sperrmechanismen der Gänge. Hierdurch kommt es etwa 30 Sekunden nach der Stimulation zum Einschießen der Milch. Freigesetztes Oxytozin wird innerhalb weniger Minuten durch Enzyme abgebaut. Oxytozin wirkt prinzipiell auch kontraktionsverstärkend in der glatten Uterusmuskulatur. Beim Melken trächtiger Kühe kommt es dennoch nicht zum Abort, da die Plazenta und der Eierstock hohe Mengen Progesteron freisetzen. Progesteron verhindert eine Oxytozinwirkung auf die Uterusmuskulatur. Auch über das Gehirn, die Augen, den Geruchssinn usw. kann durch bedingte Reflexe das Einschießen der Milch hervorgerufen werden (z. B. Klappern der Milchkannen).

Das Anrüsten und das Ausnutzen der Oxytozinwirkung sind für das vollständige Ausmelken und die Aufrechterhaltung der Milchleistung entscheidend. Die Milchmenge wird positiv auch dadurch beeinflusst, dass beim Anrüsten und Saugen reflektorisch nicht nur Oxytozin vom Hypophysenhinterlappen, sondern auch Prolaktin vom Hypophysenvorderlappen ausgeschüttet wird. Bei Beunruhigung der Tiere während des Anrüstens oder Melkens kommt es zur Ausschüttung von Nebennierenmarkhormonen (Adrenalin und Noradrenalin). Diese hemmen die Oxytozinwirkung („Nichtherablassen der Milch“, „Hochziehen der Milch“ usw.).

16.3 Kuhmilch

16.3.1 Zusammensetzung und Menge

Die Zusammensetzung der reifen Kuhmilch variiert von Rasse zu Rasse und von Tier zu Tier (▶ Tab. 16-1). Selbst bei ein und demselben Tier treten Schwankungen innerhalb der Laktationsperiode sowie abhängig von Fütterung und Gesundheitszustand auf, so dass nur Näherungswerte angegeben werden können.
Allgemein gilt, dass die Milchmenge im Laufe der Laktationsperiode, besonders zum Ende hin, abnimmt, während der Fettgehalt entsprechend steigt. Für die tagesabhängigen Veränderungen gilt, dass die Milch, die bei gefülltem Kanalsystem, also gegen Ende der Zwischenmelkzeit, gebildet wird, flüssigkeitsärmer und somit fettreicher ist. Während des Melkvorgangs sind im Anfangsgemelk etwa 1 %, im Endgemelk etwa 10 % Fett enthalten.
Das **Eiweiß** der Milch besteht hauptsächlich aus Kasein (etwa 82 % des Gesamtproteingehaltes) und den Milchserumproteinen (Laktalbumin und Laktglobulin, Immunglobuline und Milchserumalbumin). Kasein gerinnt beim Zusatz von Labferment oder schwachen Säuren, nicht aber beim Kochen.
Im Blut ist kein Kasein vorhanden. Es wird wie das Laktalbumin erst in den Milchdrüsenzellen gebildet. Milchserumalbumin und die Immunglobuline werden unverändert aus dem Blut übernommen. Die **Baustoffe** für das Milcheiweiß sind Aminosäuren, die in den Vormägen durch die Mikroflora synthetisiert werden, aber auch Globulin, Albumin, Fibrinogen und Glykoproteine.
Die **Kohlenhydratkonzentration** in der Milch ist etwa 80-fach höher als im Blutserum. Allerdings ist in der Milch als Kohlenhydrat kaum Glukose, sondern fast ausschließlich **Laktose** (Disaccharid aus Glukose und Galaktose) enthalten. Laktose kommt nur in der Milch vor, ist also ein Syntheseprodukt der Drüsenzellen. Die Synthese von Laktose in den Euterzellen erfolgt aus der Glukose des Blutes, wobei die Glukose im Blut hauptsächlich der Syntheseleistung der Leber entstammt (▶ Kap. 10.9.2). Die Leber verwendet hierfür besonders Propionat, aber auch Laktat und Alanin. Der hohe Glukosebedarf der Milchdrüse kann aber oft vor allem in der Phase der Hochlaktation nicht immer durch das Kohlenhydratangebot in der Nahrung bzw. die Propionatproduktion in den Vormägen gedeckt werden (Propionat als Vorläufer der Glukoneogenese), was das Tier zu einer metabolischen Entgleisung in Form einer **Ketose** führt. Ursache und Entstehung einer Ketose sind genauer in ▶ Kapitel 1.6.6 beschrieben.

Tab. 16-1
Zusammensetzung der Milch verschiedener Tierarten (Angaben aus Kamphues et al. 2014; www.naehrwertrechner.de; www.nutritiondata.com; www.stutenmilch-berlin.de; Breves et al. 2022)

Tierart	Energiegehalt (MJ/kg)	Fett (g/kg)	Eiweiß (g/kg)	Laktose (g/kg)
Rind	2,90–3,60	33–47	31–43	46–53
Pferd	1,95–2,53	15–18	22–27	62
Schwein	5,1	50–80	51	52
Schaf	4–4,53	60–70	51–58	42
Ziege	2,81–3,10	35–42	30–37	44–48
Hund	6,5	103	84	33
Büffel	4,0–4,7	66–98	31–57	47–55
Mensch	2,9	40	11	70

Abb. 16-3
Quellen und Bildung der Fettsäuren in der Kuhmilch.

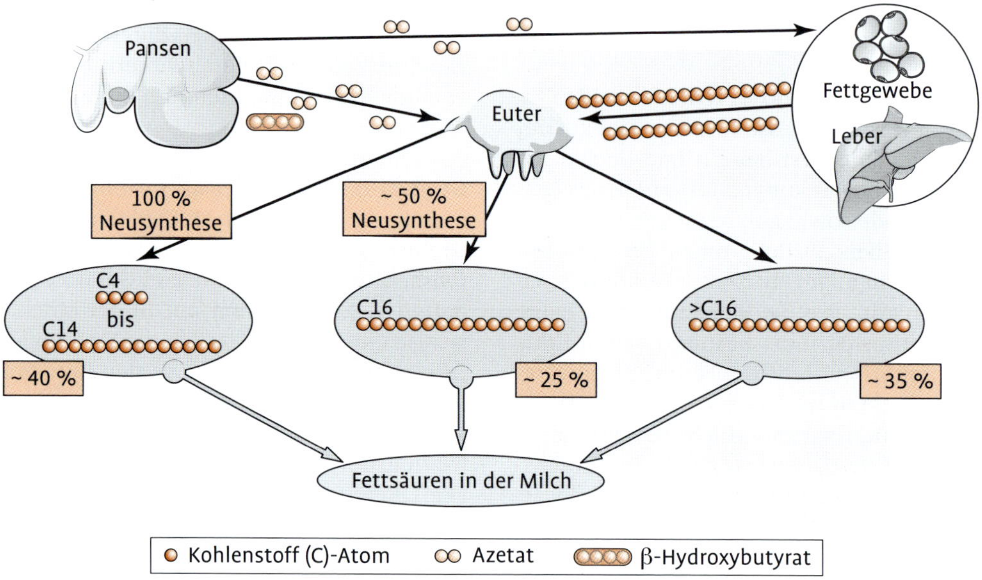

Der **Fettgehalt** in der Milch ist etwa 20-fach höher als im Blutserum. Das Milchfett zeigt zudem einen anderen Aufbau als das übrige Körperfett. Es enthält zu etwa 40 % C4- bis C14-Fettsäuren (Fettsäuren mit 4 bis 14 Kohlenstoff-Atomen) und ca. 25 % C16-Fettsäuren; der Rest sind längerkettige Fettsäuren mit mehr als 16 C-Atomen (▶ Abb. 16-3). C4-C14 Fettsäuren werden zu 100 % (neu) in den Drüsenzellen des Euters synthetisiert, bei den C16-Fettsäuren macht die Neusyntheserate etwa ca. 50 % aus. Die längerkettigen Fettsäuren (> 16 C-Atome), die im Milchfett enthalten sind, werden in der Leber synthetisiert bzw. stammen aus den im Dünndarm synthetisierten Chylomikronen und/oder aus dem Abbau von Körperfett (▶ Kap. 2.5.3 und ▶ Kap.10.10.3).

Ausgangsprodukte für die Neusynthese der C4- bis C16-Fettsäuren sind vor allem die kurzkettigen Fettsäuren **Azetat** und **Butyrat,** die in großen Mengen bei der Vergärung der Kohlenhydrate in den Vormägen anfallen (▶ Kap.10.6.3). Auch das beim Durchtritt von Butyrat durch das Pansenepithel entstehende **β-Hydroxybutyrat** kann von der Milchdrüse zur Synthese von kurz- und mittelkettigen Fettsäuren herangezogen werden.

Aus den geschilderten Verhältnissen der Eiweiß-, Fett- und Kohlenhydratsynthese in der Milchdrüse wird die enge Kopplung von Pansenstoffwechsel und Milchsekretion ersichtlich. Auch ist zu bedenken, dass das Körperfett und die in der Leber entstehenden Fettsäuren im Wesentlichen aus dem Azetat (und Butyrat) aus dem Pansen stammen, somit dieses Organ auch hier eine wesentliche Rolle spielt. Änderungen in der Futterzusammensetzung beeinflussen somit über die veränderte Biosynthese der Pansenflora sowohl Zusammensetzung als auch Menge des Milchfetts.

In der Milch erfolgt gegenüber dem Blutserum eine starke Anreicherung von **Kalzium** und **Kalium.** In der Milch befindet sich etwa die 10-fache Kalium- und die 13-fache Kalziumkonzentration des Blutplasmas. Etwa 25 % Kalzium sind an Kasein gebunden (Kalziumkaseinat). Im Vergleich zum Blutserum ist in der Milch 5-mal weniger **Natriumchlorid** enthalten.

Von den in der Milch enthaltenen **Spurenelementen** ist besonders der **Eisengehalt** für den Aufbau neuer Erythrozyten nach der Geburt wichtig. Vitamine werden vorgebildet aus dem Blut übernommen. Die wichtigsten sind die Vitamine A, D_3, E, B und C.

Als **unerwünschte Milchbestandteile** können auftreten: toxische Stoffe (z. B. Schädlingsbekämpfungsmittel), radioaktive Stoffe, Medikamente (z. B. Phenothiazin, Penicillin) und bakterielle Krankheitserreger (z. B. *Listeria monocytogenes, Staphylococcus aureus, Escherichia coli*).

Die **Milchmenge** in Relation zu der Zeit nach der Abkalbung wird durch die **Laktationskurve** beschrieben. Die Kurve steigt nach der Geburt erst an, senkt sich aber nach einigen Wochen bis zum „Trockenstellen“ wieder ab (▶ Abb. 16-4). Während der Zeit hoher Milchleistung steht diese in Konkurrenz zum Eigenbedarf, zur Erhaltung der Gesundheit und zur Fortpflanzungsleistung (Versorgung des Fetus). Dem muss durch entsprechende Fütterung Rechnung getragen werden.

Annähernd 8 Wochen vor der Geburt sollten die Kühe „trockengestellt“ werden. In dieser **Trockenstehzeit** werden sie nicht gemolken, damit dem Organismus nicht zu viele Aufbaustoffe für den gerade in den letzten Wochen intensiv wachsenden Fetus entzogen werden. Während dieser Zeit ist das Euter besonders anfällig für Euterinfektionen, da durch den Strichkanal eindringende Krankheitserreger nicht ausgemolken werden und sich im Euter ausbreiten können. Aufmerksame Kontrolle des Euters und hygienische Haltung der hochträchtigen Tiere sind daher sehr wichtig.

16.3.2 Kuhmilch als Nahrungsmittel

Je nach Zeitpunkt der Laktation hat Kuhmilch einen **Energiegehalt** von 2,9 bis 3,6 MJ pro Liter (▶ Tab. 16-1). Milch ist ein vollwertiges Nahrungsmittel, da sie alle vom Organismus benötigten Stoffe enthält. Besonders wichtig ist der Gehalt an **essenziellen Aminosäuren** und an **Kalzium.** Nicht nur die Vollmilch, sondern auch die Milchprodukte schließen eine wichtige Lücke in der Eiweiß- und Mineralstoffversorgung des Menschen.

Damit die Milch und die Milchprodukte hochwertige Lebensmittel werden und bleiben, sind an die Gewinnung und Verarbeitung strenge hygienische Anforderungen zu stellen. Der Einfluss auf die Milch beginnt bei der Fütterung und Haltung der Tiere. Er setzt sich bei der Säuberung des Gesäuges und des Melkzeugs fort und erstreckt sich auf die Verhinde-

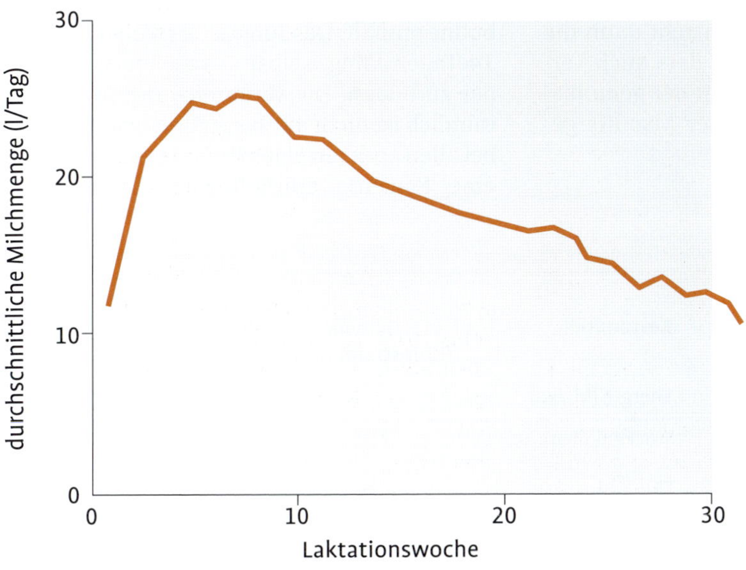

Abb. 16-4
Laktationskurve einer Holstein-Friesian-Kuh (nach Cunningham 1997). Zeit 0 = Geburt des Kalbes.

rung der Beimengung unerwünschter Zusätze (Antibiotika aus behandelten Eutern, Krankheitserreger) und auf die ordnungsgemäße Lagerung, den Transport, die Verarbeitung sowie Distribution.

16.3.3 Zellgehalt in der Milch/Leitfähigkeit

Auch Neutrophile Granulozyten, Lymphozyten und Makrophagen findet man in der Kuhmilch. Der Zellgehalt der Milch gesunder Euter liegt im Mittel unter 100 000 Zellen/ml. Im Fall einer Euterreizung oder -entzündung **(Mastitis)** kann es zu einem Anstieg des Gehaltes dieser Zellen in der Milch auf einen Wert von bis zu 50 Mill. Zellen/ml kommen. Daher kann die Bestimmung des Zellgehaltes in der Milch dazu genutzt werden, Kühe mit Euterentzündungen zu erfassen. Neben der direkten Zellzählung mit Zählgeräten können auch indirekte Methoden zur Schnellbestimmung der Milchzellzahl verwendet werden (Mastitis-Schnelltests). Prinzip der Schnelltests ist der indirekte Nachweis zellulärer DNA. Bei Mastitiden erhöht sich zudem der Gehalt an Elektrolyten in der Milch, da die Barriere des Alveolarepithels gegenüber der höheren NaCl-Konzentration im Blut geschädigt ist und die Ionen aus dem Blut in die Milch übertreten. Der erhöhte Elektrolytgehalt macht dann die Milch elektrisch leitfähiger, so dass auch Veränderungen in der Leitfähigkeit der gemolkenen Milch zur Diagnostik einer Mastitis genutzt werden können.

16.3.4 Kolostralmilch

In der 1. Woche nach der Geburt wird ein spezielles Milchdrüsensekret, die **Kolostralmilch,** gebildet. Sie hat ganz bestimmte Aufgaben zu erfüllen. Durch den hohen Gehalt an **Immunglobulinen** erhält das Jungtier die ersten Schutzstoffe gegen Infektionen. Die Kolostralmilch (Kolostrum, Biestmilch) hat eine leicht abführende Wirkung zur Lösung des Darmpechs (Mekonium). Als **Darmpech** wird der dunkelfarbige Inhalt des fetalen Mastdarms bezeichnet. Er wird vorrangig aus Zellen gebildet, die vom Fetus mit der Amnionflüssigkeit aufgenommen wurden oder sich von der Oberfläche der Schleimhaut des Verdauungskanals abgelöst haben.
Die Kolostralmilch zeichnet sich gegenüber der reifen Milch durch einen erhöhten Gehalt an Trockenmasse, Kolostrumkörperchen (fettbeladene weiße Blutkörperchen), Eiweiß (besonders Immunglobuline), Fetten und Vitaminen (besonders Vit. A und Vit. D_3) aus. Demgegenüber ist der Gehalt an Milchzucker vermindert (▶ Tab. 16-2). Bei der Elektrolytzusammensetzung ist ein erhöhter Gehalt an Natrium, Chlorid, Kalzium, Magnesium, Phosphor und Eisen und ein erniedrigter Gehalt an Kalium festzustellen.
Jedes Jungtier sollte genügende Mengen Kolostrum erhalten, da es die nötigen Immunglobuline enthält. Das Jungtier ist frühestens nach 14 Tagen fähig, selbst ausreichende Antikörper zu bilden. Die Verabreichung von Kolostralmilch ist nicht nur beim Rind, sondern auch bei allen anderen Haussäugetieren wichtig, die eine Placenta epitheliochorialis ausbilden

Tab. 16-2 Energiekonzentration und Zusammensetzung der Kolostralmilch und der reifen Milch bei Kühen (nach Mielke 1994)

Bestandteil	1. Gemelk (Kolostralmilch)	10. Gemelk	Reife Milch
Energie (MJ/kg)	5,2	3,6	2,9
Trockensubstanz (%)	21,6	14,2	12,3
Fett (%)	3,3	4,7	3,5
Eiweiß (%)	14,2	4,3	3,5
Laktose (%)	2,9	4,4	4,8

(Rind, Pferd, Schwein). Dieser Plazentatyp verhindert, dass bei diesen Tieren vor der Geburt Immunglobuline von der Mutter auf den Fetus übergehen. Bei Mensch und Fleischfressern treten aufgrund der besonderen Plazentastruktur Immunglobuline bereits während der Fetalzeit von der Mutter auf den Fetus über. Je früher die Kolostralmilch nach der Geburt aufgenommen wird, je größer die aufgenommene Menge und je höher der Immunglobulingehalt in der Kolostralmilch ist, desto höher ist der Blutspiegel der Immunglobuline beim Neugeborenen.
Die **Resorption der Immunglobuline** erfolgt vor allem in den kaudalen Abschnitten des Jejunums und im Ileum. Etwa 24 bis 48 Stunden nach der Geburt verliert der Darm aber die Fähigkeit, Immunglobuline unverändert aufzunehmen. Kälber sollten daher in den ersten 4 Stunden nach der Geburt möglichst viel Kolostralmilch trinken. Wird dem Kalb keine Kolostralmilch gegeben, ist es während der ersten Lebenswochen gegen Infektionserreger schutzlos und erliegt leicht Infektionen durch stallübliche Erreger (Durchfall, Lungenentzündung, Gelenkentzündungen). Mit der Kolostralmilch erhält das Jungtier spezifische **Antikörper** gegen die im Stallmilieu verbreiteten Erreger, so dass es gegenüber den üblichen Jungtierkrankheiten wesentlich widerstandsfähiger ist.

16.4 Milch anderer Tierarten

Die Milch der anderen Haussäugetiere weist zum Teil erhebliche Unterschiede gegenüber der Kuhmilch auf (▶ Tab. 16-1). Bei leistungsstarken **Sauen** (Hybridsauen) liegt die durchschnittliche **Milchleistung** bei etwa 12 kg/Tag. Sie ist abhängig von der Fütterung, der Ferkelzahl sowie dem Alter, der Wurfzahl und der Rasse der Sau. Bei den meisten Tierarten ist der **Eisengehalt** der Milch ausreichend, für das Ferkel dagegen nicht. Dessen Bedarf liegt bei 7 bis 10 mg/Tag und Tier. Mit der Muttermilch nehmen die Ferkel aber nur 1 bis 2 mg Eisen/Tag auf. Man muss ihnen daher prophylaktisch Eisen verabreichen.
Stutenmilch wird, vor allem in Asien, seit alters her als Nahrungsmittel verwendet. Zunehmend erlangt sie aber auch bei uns wirtschaftliche Bedeutung, so dass mehrfach Stutengruppen oder -herden zur Milchgewinnung gehalten werden. Stutenmilch wird vor allem als Muttermilchersatz oder als Diätkost in der Krankenernährung (entzündliche Darmerkrankungen), als Ausgangsbasis für Milchprodukte und auch zur Herstellung kosmetischer Produkte eingesetzt. Sie lässt sich gut vergären (Kumysherstellung). Zur Butter- und Käseherstellung ist sie allerdings nicht geeignet. Aufgrund ihres geringeren allergenen Potenzials wird Stutenmilch häufig von Personen vertragen, bei denen nach Verzehr von Kuhmilch Unverträglichkeitsreaktionen auftreten. Stutenmilch hat einen geringen Fettgehalt (▶ Tab. 16-1), wobei der Anteil ungesättigter Fettsäuren relativ hoch ist. Linol-, Linolen- und Arachidonsäure sind in fast doppelt so hohen Mengen vorhanden wie in der Kuhmilch.
Die Milch kleiner Wiederkäuer wird in Deutschland zumeist zu diversen Käsesorten verarbeitet, die sich durch den typischen Eigengeschmack auszeichnen. **Schafe** laktieren etwa 240 Tage und geben durchschnittlich 550 bis 650 kg Milch. Die Milch weist mit bis zu 6 % Fett und bis zu 5 % Eiweiß eine deutlich höhere Trockenmasse im Vergleich zur Kuhmilch auf. Der prozentuale Anteil von Kasein am Gesamteiweiß ist bei dieser Tierart am höchsten. Außer dem Kaseinanteil gibt auch die gute Labfällung den Ausschlag für die Käseproduktion. Zudem hat Schafmilch den höchsten Gehalt an Orotsäure (Vorstufe der DNA-Bausteine); mit 0,125 bis 0,5 Litern/Tag (entsprechen 50 bis 200 mg Orotsäure) kann der menschliche Bedarf an Orotsäure gedeckt werden. **Milchziegen** zeigen die **größte Milchleistung** bezogen auf ihre Körpermasse. Mit einer Laktationsdauer von 200 bis 300 Tagen sind etwa 800 bis 1000 kg Milch pro Laktationsperiode zu erwarten, die mit einem Fettgehalt von etwa 4 % und einem Proteingehalt von etwa 3 % der Kuhmilch ähnelt.
Im Gegensatz zu Schaf- und Ziegenmilch ist der Eigengeschmack der Büffelmilch deutlich

schwächer ausgeprägt. Büffel produzieren 250 bis 300 Tage Milch. Für Einzeltiere werden Milchmengen bis zu 3500 kg angegeben. Die Milch, die sich ebenfalls durch eine hohe Trockenmasse auszeichnet, wird gern zu Mozzarella weiterverarbeitet. Auffallend ist der Fettgehalt von durchschnittlich 9 %, der etwa doppelt so hoch wie der von Kuhmilch ist und damit den vollmundigen, cremigen Geschmack bedingt. Weiterhin fällt die schneeweiße Farbe auf, die vom Fehlen des natürlichen Farbstoffs Beta-Carotin herrührt. Positiv für die menschliche Gesundheit wirken sich der hohe Gehalt an Kalzium, Magnesium und Eisen in der Büffelmilch aus

17 Äußere Haut und Anhangsgebilde der Haut

Die Haut hat unter anderem Bedeutung für die Temperaturregulation, aber auch als Ausscheidungs- und Sinnesorgan, als Speicher für Fett und Elektrolyte, als mechanischer Schutz und als Säuremantel. Anhangsgebilde der Haut mit mechanischer Bedeutung sind Nägel, Krallen, Hufe, Klauen und Hörner. Anhangsgebilde mit Bedeutung für den Wärmehaushalt sind Haare und Federn.

17.1 Äußere Haut

Die äußere Haut besteht aus der epithelialen **Oberhaut** (Epidermis) und der bindegewebigen **Lederhaut** (Corium). Als Verschiebeschicht ist ihr die **Unterhaut** aus lockerem Bindegewebe untergelagert (▸ Abb. 17-1).

Die **Oberhaut** wird von einem **mehrschichtigen verhornten Plattenepithel** gebildet (▸ Abb. 2-2). Die dichte Lage von Epithelzellen gewährleistet einen wirksamen Schutz gegen mechanische, chemische und thermische Einflüsse auf das darunter liegende Bindegewebe. Ein Überzug mit ungesättigten Fettsäuren aus dem Talg der Talgdrüsen und aus dem Schweiß wirkt gegen Besiedlung durch Bakterien und Pilze. Die Oberfläche ist je nach der mechanischen Beanspruchung mehr oder weniger stark verhornt. In den unteren Epithelzellschichten befinden sich pigmentbildende Melanozyten.

Die **Lederhaut** ist der Träger der spezifischen Hautorgane wie Haare, Drüsen, Haarbalgmuskeln. Die Lederhaut wird von straffem Bindegewebe gebildet, dessen kollagene Faserbündel ein dreidimensionales Mattengewebe gro-

Abb. 17-1
Aufbau der Haut (nach Riegel und Hakola 2002).

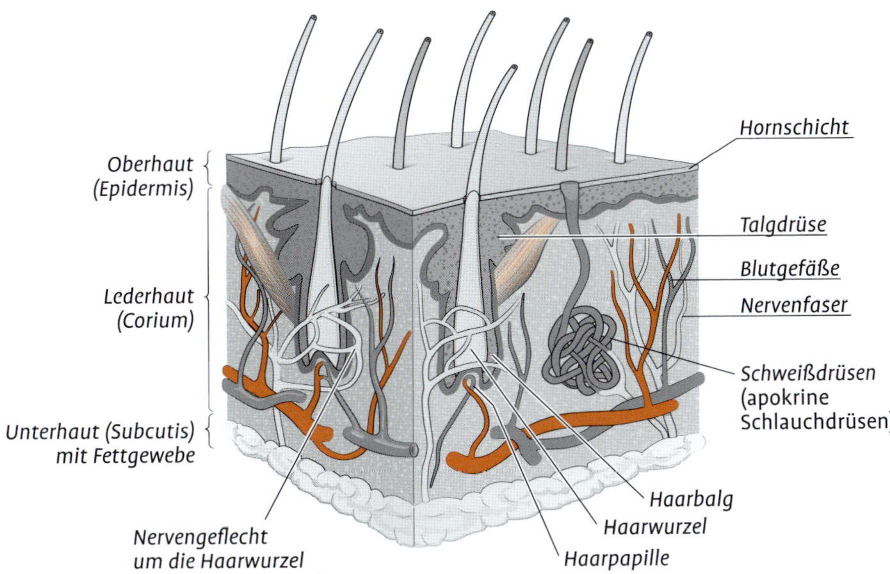

ßer Stabilität erzeugen. Aus ihr wird das Leder hergestellt. Zur Epidermis hin bildet die Lederhaut viele mehr oder weniger große Vorwölbungen aus, die in ihrer Gesamtheit als **Papillarkörper** bezeichnet werden. Er ist an unbehaarten Körperteilen besonders kräftig entwickelt. Die Lederhaut enthält **zahlreiche Blutgefäße.** Die Füllung dieser Blutgefäße trägt wesentlich zum Wärmeausgleich des Körpers bei, indem große Blutmengen an die Peripherie geführt werden. Andererseits können durch Verengung der Hautgefäße in Notfallsituationen größere Blutmengen mobilisiert werden. Vielerorts sind spezielle Regulationseinrichtungen in Form arteriovenöser Anastomosen zwischengeschaltet. In der Lederhaut liegen die aus Monozyten hervorgegangenen **Langerhans-Zellen,** die als antigenpräsentierende Zellen eine wichtige Rolle im Immunsystem spielen (▶ Kap. 6.2.1). Zu dem immunologischen Abwehrsystem der Haut gehören darüber hinaus Lymphozyten, Gewebsmakrophagen, Granulozyten und Mastzellen. Diese Zellen bilden Immunglobuline, Komplementfaktoren und Entzündungsmediatoren. Eine wesentliche Rolle spielen außer den Langerhans-Zellen die Mastzellen, deren Granula vor allem Histamin und Heparin enthalten.
Die **Unterhaut** ermöglicht als Verschiebeschicht die Faltenbildung der Haut. In ihr erfolgt die Aufteilung der zahlreichen Blutgefäße. Zudem sind in ihr in hohem Maße Fettzellen (Schweinespeck) eingelagert. In der Unterhaut von Hühnern und Truthühnern liegt im Bereich des Brustbeins ein Schleimbeutel. Bei intensiver, nicht artgerechter Haltung des Geflügels ist dieser häufig krankhaft vergrößert.
In den verschiedenen Hautschichten sind Nervenendigungen als **Mechanosensoren, Schmerzsensoren** und **Temperatursensoren** lokalisiert. Die Bedeutung der Sensoren ist im ▶ Kapitel 19.2 abgehandelt.

17.2 Hautdrüsen

Talgdrüsen sind alveoläre Drüsen, die fast immer als Haarbalgdrüsen an den Haaren ausgebildet sind. Der Talg wird durch **holokrine Sekretion** gebildet, d. h., die Zellen an der Basalmembran der Alveolenwände teilen sich und die neuen Zellen wandern immer weiter in das Lumen der Drüse und machen dabei eine Umwandlung durch (▶ Kap. 2.4.2). In ihrem Zellleib bilden sie das Sekret und gehen dann zugrunde. Der Talg tritt dann entlang den Haaren an die Hautoberfläche. Er hält Haare und Hautoberfläche geschmeidig und wirkt wasserabstoßend. Beim Geflügel kommen Talgdrüsen nur als Bürzeldrüse sowie als Drüsen im äußeren Gehörgang und in der Kloake vor. Die Bürzeldrüse liegt dorsal der letzten Schwanzwirbel. Ihr fettiges Sekret wird bei der Gefiederpflege herausgedrückt und auf dem Gefieder verteilt. Es hat eine wasserabweisende und keimabtötende Wirkung. Zusätzlich wirkt bei Vögeln die gesamte Oberhaut als holokrine Talgdrüse, die einen dünnen Lipidfilm absondert.
Schlauchdrüsen, allgemein auch als **Schweißdrüsen** bezeichnet, sind unverzweigte, stark geknäulte tubulöse Drüsen. Die überwiegende Zahl der Schlauchdrüsen der Tiere und die Duftdrüsen des Menschen (Achsel, Scham) sekretieren apokrin, die Mehrzahl der Schweißdrüsen des Menschen merokrin (▶ Kap. 2.4.2). Der Schweiß dient vor allem der Regulation der Körperwärme (▶ Kap. 12). **Duftdrüsen** mit apokriner Sekretion sind bei den Säugetieren häufig. Sie haben eine Vielzahl von Funktionen im Sozialverhalten der Tiere.

17.3 Haare

Am Haar (Pilus) unterscheidet man den **Haarschaft** und die **Haarwurzel,** die in der **Wurzelscheide steckt.** Von der verdickten distalen Haarzwiebel aus erfolgt das Wachstum der Haare. Die bindegewebige Wurzelscheide wird auch **Haarbalg** genannt und enthält ein dichtes Kapillarnetz, das von dem zur Papille führenden Gefäß ausgeht (▶ Abb. 17-2).

Abb. 17-2
Aufbau eines Haarbalges (nach Riegel und Hakola 2002).

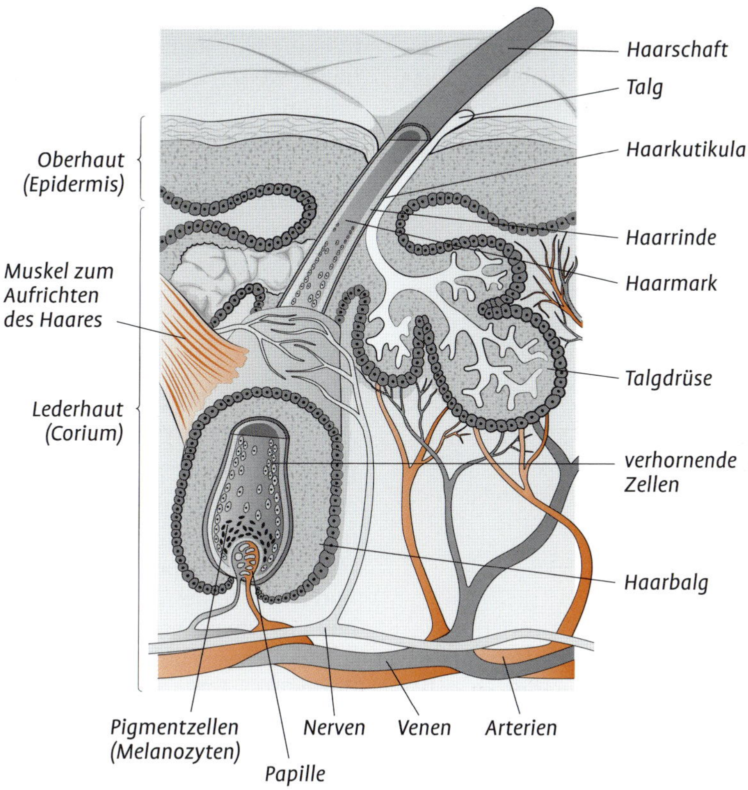

Die Hauptsubstanz der Haare ist zysteinreiches Keratin.

An den Haarbälgen setzen bei den meisten Haaren Haarbalgmuskeln an. Diese glatten Muskeln vermögen die Haare aufzurichten, um den Luftmantel zum Schutz vor Kälte oder die Körperkonturen beim sogenannten Imponiergehabe zu vergrößern (Rückenbürste des Hundes, buschiger Schwanz der Katze).

Man unterscheidet die **Deck-** oder **Fellhaare,** deren Grannenhaare besonders lang sind. Darunter liegen die kürzeren, feineren und häufig gewellten **Woll-** oder **Seidenhaare.** Weitere Haarformen sind die Langhaare (Pferd) und die Borstenhaare (Schwein). Besondere Bedeutung haben die langen **Sinushaare** (Tasthaare, Vibrissen), die der Orientierung in der Umgebung dienen. Ihre Wurzel ist von einem Blutsinus umgeben, an dem Tastnerven enden. Die Sinushaare befinden sich vor allem in der Umgebung des Mundes, der Nasenlöcher und der Augen, zum Teil aber auch an den Gliedmaßen.

Das **Haarwachstum** und der **Haarwechsel** unterliegen jahreszeitlichen Einflüssen, wobei vor allem die Umgebungstemperatur maßgeblich ist. Der Haarwechsel verläuft wellenförmig von kranial nach kaudal. Am einzelnen Haar kann man eine Phase des Wachstums, eine Ruhephase und eine Phase der Abstoßung und der Regeneration unterscheiden. Das Haarwachstum wird durch den epidermalen Wachstumsfaktor (EGF = epidermal growth factor) und Hormone (z. B. Östrogene) beeinflusst.

Die mehr oder weniger intensive schwarze oder rotbraune **Färbung** der Haut und der Haare wird durch den Grad der Einlagerung von **Pigmenten** (vor allem Melanin) in die Zellen

der Epidermis und der Haare verursacht. Sie kann sich jahreszeitlich und abhängig vom Lebensalter verändern. Das Pigment wird von den Melanozyten der Haut gebildet. Haar- und Hautpigmentierung stimmen nicht immer überein, so dass dunkle Haare in hellen Hautregionen wachsen können und umgekehrt.
Durch extreme Kälteeinwirkung können die Melanozyten absterben, so dass weiße Haare nachwachsen. Das macht man sich beim sogenannten **Kaltbrand** zu Nutze. Es ist aber bei dieser Art der Markierung zu beachten, dass während des Anpressens des in flüssigem Stickstoff tief gekühlten Stempels auch bei dieser Art der Kennzeichnung (wie beim Heißbrand) Schmerzen ausgelöst werden.

17.4 Besondere Hautgebilde

Bei Ziegen sind häufig am Hals in Unterkiefernähe mandel- bis fingerförmige Hautanhänge (Glöckchen, Berlocken, Appendices colli) ausgebildet, ihre Bedeutung oder Funktion ist unbekannt. Ähnliche Gebilde werden gelegentlich aber auch bei Schweinen wenig durchgezüchteter Landrassen und bei Schafen beobachtet. Die Glöckchen enthalten meist eine knorpelige Grundlage sowie Blutgefäße, Nerven und einen Muskelzug.
Rinder haben am Hals einen mehr oder weniger ausgedehnten, losen Hautbezirk, besonders vor dem Brusteingang. Diese Hautfalte wird als Wamme, Triel oder Koder bezeichnet. Sie ist bei tropischen Rinderrassen besonders groß, da sie der Temperaturregulation dient. Infolge der Oberflächenvergrößerung kann die Haut mehr Wärme abstrahlen. Außerdem besitzt die Haut dieser Rinder eine größere Zahl an Schweißdrüsen. Die gleiche Funktion haben auch die großen Ohren der afrikanischen Elefanten, die bei Hitze quer zur Körperachse gestellt und dem Luftzug ausgesetzt werden.
Der Anpassung an hohe Umgebungstemperaturen dient auch die Konzentration des Unterhautfettgewebes auf die Schwanzregion bei **Fettschwanzschafen** und möglicherweise auch im Höcker bei den Kameliden, da in den übrigen, fettarmen Hautregionen die Wärmeabgabe erleichtert wird.
Insbesondere **Haushähne** tragen als Hautanhangsgebilde Kamm und Kehllappen. Diese Anhänge weisen eine geschlechtsspezifische Ausprägung auf, d. h., sie sind bei männlichen Tieren deutlich stärker ausgebildet als bei weiblichen. Als weiteres Hautanhangsgebilde finden sich beim Geflügel auch noch die Ohrlappen, die ventral der Ohröffnungen lokalisiert sind.

17.5 Spezifische haarlose Hautorgane

Die spezifischen haarlosen Hautorgane sind durch eine mächtige, stark verhornte Epidermis und eine kräftige Lederhaut mit ausgeprägtem Papillarkörper gekennzeichnet. Drüsen und Haare fehlen. Die prinzipielle Beschaffenheit aus Oberhaut und Lederhaut ist beibehalten. Derartige Hautorgane sind: das Zehenendorgan (Huf, Klaue, Kralle, Nagel), der Sporn und die Kastanie des Pferdes sowie die Hörner der Wiederkäuer (▶ Abb. 17-3, 17-7, 17-9).

17.5.1 Zehenendorgan

■ Huf

Der Huf besteht aus dem modifizierten Hautüberzug und den von diesem umschlossenen Stützteilen. Die **Stützteile** sind das Hufbein und der distale Abschnitt des Kronbeins sowie das Strahlbein, die das Hufgelenk bilden, der Hufknorpel, die Bänder und Sehnen (tiefe Beugesehne, Strecksehne) sowie der Fußrollenschleimbeutel (▶ Abb. 17-4). Der Fußrollenschleimbeutel, das Strahlbein und die tiefe Beugesehne bilden zusammen die Huf- bzw. Fußrolle. Der **Hautüberzug** gliedert sich in drei Schichten: die Hufunterhaut, die Huflederhaut und die Hufepidermis.
Die **Hufunterhaut** bildet stellenweise Polster bzw. Kissen aus. Sie ist dort besonders dick und enthält viele elastische Fasern. Solche Polster sind das Saum-, das Kron- und das Huf-

Abb. 17-3
Fingernagel, Kralle, Klaue und Huf vergleichend (nach Ellenberger und Baum 1943).

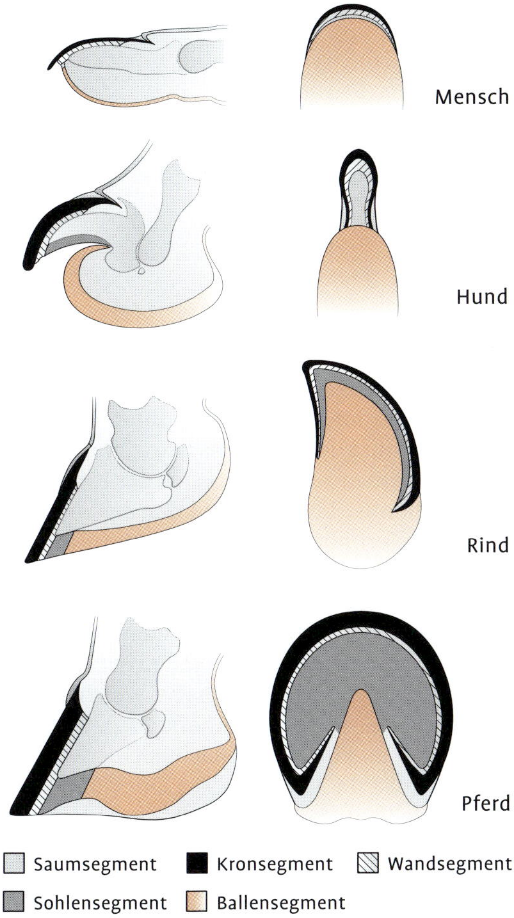

Abb. 17-4
Medianschnitt durch die Zehenspitze des Pferdes (nach Ellenberger und Baum 1943). Siehe auch ▶ Abb. 4-14.

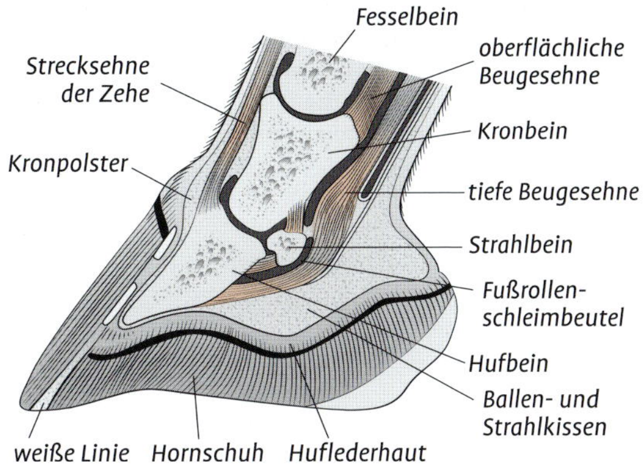

Abb. 17-5
Abschnitte der Huflederhaut (nach Ellenberger und Baum 1943).

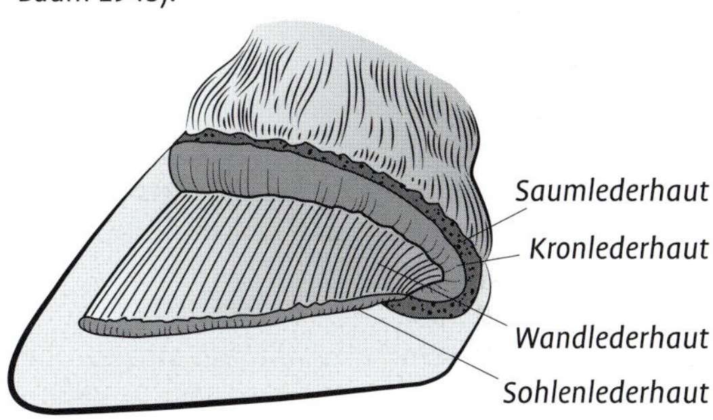

kissen (Ballen- und Strahlkissen). Im Bereich der Wand und der Sohle geht die Hufunterhaut in das Periost des Hufbeins über. Hier bildet sie die Ansatzzone des Hufbeinträgers.
Die **Huflederhaut** entspricht im Aufbau dem Korium der Haut. An ihr lassen sich verschiedene Segmente unterscheiden, die bezüglich der Ausbildung des Papillarkörpers spezifische Formen entwickeln (▶ Abb. 17-5). Die Lederhaut ist stark durchblutet und nervenreich. Die Gefäße treten zum großen Teil durch das Hufbein in die Huflederhaut ein.

Entsprechend den Segmenten der Huflederhaut lassen sich folgende Teile an der **Hufepidermis** (auch: **Hornschuh**) unterscheiden (▶ Abb. 17-6):

- Hornsohle mit den Sohlenästen
- Strahl mit einer mittleren und zwei seitlichen Strahlfurchen
- Ballensegment (proximal des Strahls)
- Wandsegment mit Dorsalteil, Seitenteil und Trachtenteil, der in die Eckstreben übergeht
- Kronsegment
- Saumsegment
- Sohle und Wand berühren sich am Tragrand. Proximal befindet sich der **Kronrand.**

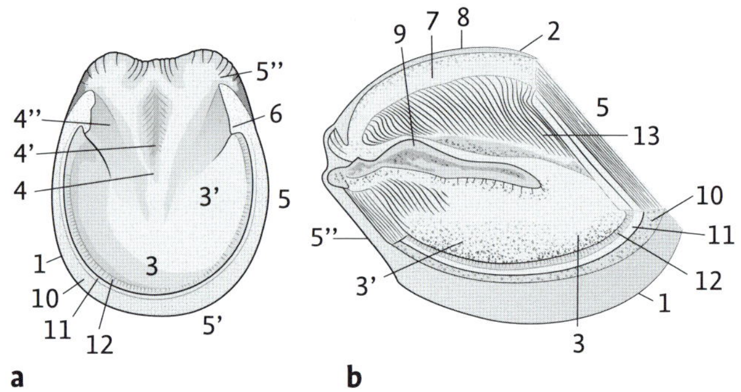

Abb. 17-6
Hornschuh des Pferdes (nach Ellenberger und Baum 1943).
a Palmaransicht, **b** Seitenansicht (Wand teilweise entfernt).
1 Tragrand **2** Kronrand **3** Sohlensegment **3'** Sohlenast **4** Strahl **4'** mittlere Strahlfurche **4''** seitliche Strahlfurche (die Strahlfurchen begrenzen die Strahlleisten)
5 bis **5''** Wandsegment: **5** Seitenteil, **5'** Dorsalteil, **5''** Trachtenteil, **6** Eckstrebe, **7** Kronsegment, **8** Saumsegment, **9** Hahnenkamm, **10** Schutzschicht, **11** weiße Linie, **12** Verbindungsschicht, **13** Hornblättchen

Die **Wand** des Hufes ist aus verschiedenen Schichten aufgebaut (▶ Abb. 17-6/10 bis 12). Von außen nach innen folgen einander:

- die Glasurschicht (Saumhorn), die vom Saumsegment der Huflederhaut gebildet wird und sich bereits in den proximalen Bezirken abnutzt
- die sehr dicke Schutzschicht (Kronhorn), die vom Kronrand zum Tragrand hin wächst
- die Verbindungsschicht, die eine innige Verbindung zwischen dem Hornschuh und der Huflederhaut bewirkt

Die Verbindungsschicht ist unpigmentiert. Sie bildet dort, wo sie am Rand der Sohle zu sehen ist, die **weiße Linie** (▶ Abb. 17-6/11). Wenn beim Beschlagen ein Nagel in die weiße Linie eingeschlagen wird, so tritt er, bedingt durch seine besondere Form, durch die Wand wieder aus, ohne die sehr empfindliche Huflederhaut zu verletzen oder zu quetschen. Ist versehentlich die Huflederhaut durch einen Hufnagel in Mitleidenschaft gezogen worden, so treten starke Schmerzen auf und das Pferd lahmt. Man spricht dann vom „Vernageln“. Bei einer Schädigung der weißen Linie kann es zum Eintritt von bakteriellen Infektionserregern kommen, die eine eitrige Entzündung der Huflederhaut hervorrufen. Einen Abfluss des Eiters kann ein Fachmann durch Eröffnung der abszedierenden (abszedierend = einschmelzend, ein Abszess ausbildend) Stelle am Huf schaffen. Geschieht dies nicht, bricht die eitrige Entzündungsflüssigkeit meist im Bereich des Kronrands durch.
Das **Wachstum des Hufhorns** beträgt im Durchschnitt 8 mm pro Monat. Da sich der Huf unter natürlichen Bedingungen an der Zehenspitze am stärksten abnutzt (Reibung beim Fußen und beim Abheben), ist die Wand dort besonders dick und daher widerstandsfähig. Das führt dazu, dass bei ungenügender Hufpflege der Dorsalteil des Hufes zu lang wird.
Beim **Belasten** der Gliedmaße weichen die Trachten des Hufes auseinander, der Strahl senkt sich und die Sohle flacht sich etwas ab. Nur der distale Abschnitt des Dorsalteils des Hufes bleibt in Ruhe. Deshalb darf beim Beschlagen kein Nagel in die Palmar- bzw. Plantarabschnitte des Tragrandes geschlagen werden. An einem gebrauchten Hufeisen erkennt man die Wirkung dieses Hufmechanismus an den polierten Scheuerstellen auf den Eisenschenkeln.
Der **Sporn** und die **Kastanie** der Pferde stellen Umbildungen des Sohlen- und des Fußwurzelballens dar (▶ Abb. 17-7). Sie weisen eine stark verhornte Epidermis auf.

■ Klaue

Die Klaue des **Rindes** zeigt im Prinzip den gleichen Bau wie der Huf des Pferdes. Das **Ballensegment** reicht an den Seiten, ganz besonders aber an der Fußungsfläche, weit klauenspitzenwärts (▶ Abb. 17-8). Das **Sohlensegment** ist nur ein schmaler Streifen innen neben der weißen Linie (▶ Abb. 17-8). Die Sohle ist des-

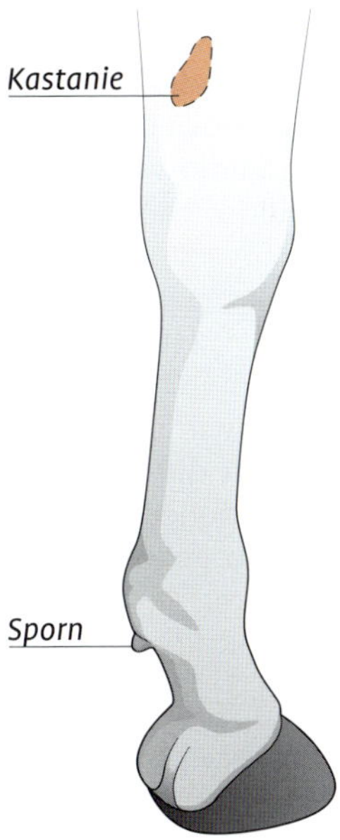

Abb. 17-7
Kastanie und Sporn an der linken Vordergliedmaße eines Pferdes.

halb mit bloßem Auge nicht vom Ballenhorn zu unterscheiden. Das Rind gehört zu den „Langballern“, da ein Strahl fehlt. Am Kronrand ist eine **Pfalzrinne** ausgebildet.

Bei den **kleinen Wiederkäuern** und beim **Schwein** liegen ähnliche Verhältnisse vor wie beim Rind. Bei ihnen wird der Unterschied zwischen Sohlenhorn und Ballenhorn allerdings deutlicher als beim Rind. Beim Schwein ist die Ballenlederhaut nur von einer dünnen Hornschicht bedeckt und daher druckempfindlich. Das ist besonders bei der Auswahl von Gitter- und Spaltenböden zu beachten.

Das **Wachstum des Klauenhorns** beträgt bei Rind, Schaf und Schwein durchschnittlich 5 mm pro Monat. Hinsichtlich seiner biomechanischen Eigenschaften und seiner Qualität unterliegt das Klauenhorn ähnlichen Einflüssen wie das Hufhorn. Entscheidend hierfür sind Milchleistung, Fütterung und Bodenbeschaffenheit.

Die Schutzfunktion der Klauenhornkapsel hängt von der korrekten Verhornung der Zellen der Klauenepidermis sowie von der Beschaffenheit der sie verbindenden Intrazellulärsubstanz aus Glykoproteinen und Lipiden ab.

Da der Klauenabrieb bei der Stallhaltung vermindert oder ungleichmäßig ist, bedürfen die Klauen ganz besonderer Beachtung und **Pflege.** Wenn die Klauenspitze zu lang ist (Stallklaue), wird der Ballen unphysiologisch stark

Abb. 17-8
Hornschuh der Rinderklaue (nach König und Liebich 2012).

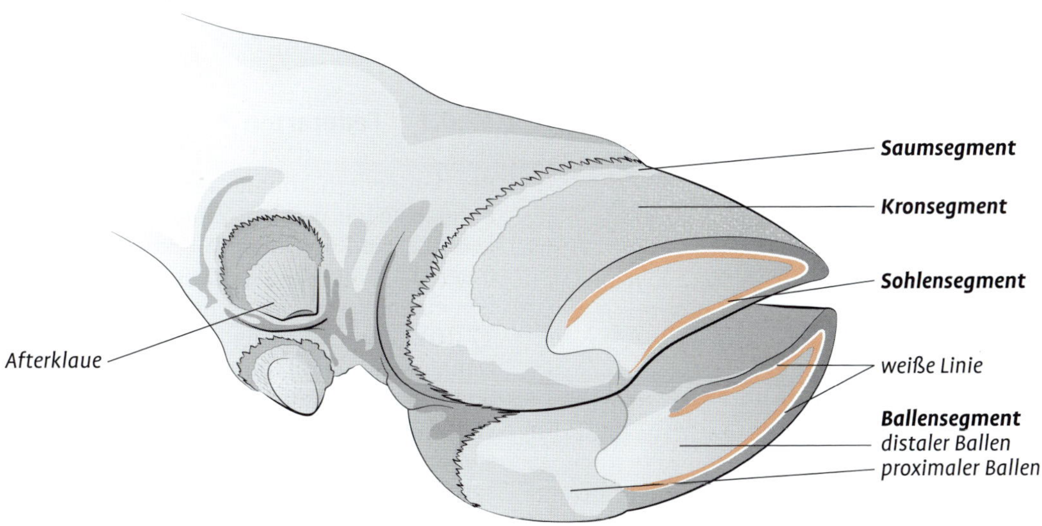

belastet. Neben dem durch diese Fehlbelastung bedingten Schmerz an den Ballen tritt eine schmerzhafte Überstreckung des Klauengelenks mit starker Dehnung der tiefen Beugesehne ein. Mangelhafte Klauenpflege ist als ein Verstoß gegen das Tierschutzgesetz anzusehen.

17.5.2 Horn der Wiederkäuer

Das Horn sitzt, ebenso wie der Hornschuh der Klaue bzw. des Hufes, als epitheliale Bildung einer spezifischen Lederhaut auf. Der knöcherne Hornzapfen des Stirnbeins wird im Laufe des Lebens von der Stirnhöhle pneumatisiert, die bei Hornfrakturen eröffnet werden kann. Im Gegensatz zum Horn stellt das Geweih der Hirsche und Rehe („Gehörn“) eine rein knöcherne Bildung dar. Haut und Periost des Geweihs werden als „Bast“ nach beendetem Wachstum abgefegt. Das Geweih ist nicht pneumatisiert. Im Gegensatz zum permanenten Horn wird das Geweih im jährlichen Rhythmus abgeworfen und neu gebildet.
Das **Hornwachstum** wird vom Epithel der Hornknospe im Stirnbereich induziert. Entfernt man während der ersten Lebenswochen die Hornknospe, dann bildet sich kein Horn.

Abb. 17-9
Horn des Rindes, eröffnet
(nach Ellenberger und Baum 1943).

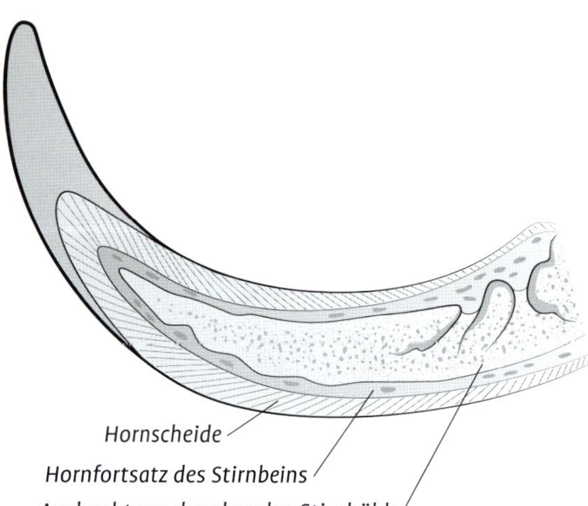

Auch der Hornfortsatz des Stirnbeins wird nicht gebildet (▶ Abb. 17-9).
Das Horn des Bullen ist kürzer und massiger als das Horn der Kühe. Die Hörner der Niederungsrinder wachsen nach unten, die der Höhenrinder nach oben.

17.5.3 Horngebilde beim Geflügel

Ebenso wie die Hautanhänge (▶ Kap. 17.4), kommen die Horngebilde beim Geflügel an nicht befiederten Bereichen vor. Zu den Horngebilden gehören der Hornschnabel mit der Wachshaut (▶ Kap. 3.8.9), die Schuppen, Ballen und Krallen sowie der Sporn (▶ Kap. 3.7.2, ▶ Abb. 3-38).

17.6 Federn

Die Federn stellen die charakteristische Körperbedeckung des Geflügels dar. Sie dienen neben der Sicherung der Flugfähigkeit unter anderem als mechanischer Schutz und als effizienter Schutz vor Wärmeverlusten. Die Federn werden periodisch gewechselt. Dieser als Mauser bezeichnete Vorgang stellt für den Stoffwechsel eine hohe Belastung dar. Hühner mausern sich im ersten Lebensjahr in der Regel dreimal. Erwachsene Vögel mausern sich meist einmal pro Jahr.

17.6.1 Federarten

Bei den Federn können verschiedene Typen unterschieden werden. Zu den Konturfedern gehören die Körperfedern und die Schwungfedern, die die Flugfähigkeit sichern. Sie haben einen charakteristischen Aufbau (▶ Abb. 17-10). Zur Isolierung des Körpers dienen Daunenfedern und Halbdaunen (beim Huhn). Sogenannte Fadenfedern sind sehr gut innerviert und fungieren als Sensoren für die Federstellung. Auch Borstenfedern dienen als Sensoren. Sie sind am Kopf zu finden und haben eine ähnliche Funktion wie die Tasthaare der Säugetiere (▶ Kap. 19.2).

17.6.2 Aufbau der Feder

Der Aufbau der Vogelfeder wird im Folgenden exemplarisch am Aufbau der Konturfedern beschrieben (▶ Abb. 17-10).

Federn können grob in einen Federkiel und eine Federfahne unterteilt werden. Der **Federkiel** kann weiter untergliedert werden in eine Federspule (in der Haut liegender Anteil) und einen Federschaft (nicht von Haut umschlossener Teil). Die Federspule sitzt in der Federscheide der Haut. Hier ist auch der Federmuskel befestigt, der die Stellung und Aufrichtung der Feder kontrolliert. In die Federspule ragt am proximalen Ende die Lederhaut. Von dieser Lederhautpapille ausgehend werden auch die neuen Federn gebildet. Solange das Wachstum einer Feder noch nicht abgeschlossen ist, ist die Federspule mit dem Federmark gefüllt und durchblutet. Bei der reifen Feder ist die Federspule hohl.

Die **Federfahne** setzt sich zusammen aus Federästen, die aus dem Federschaft abzweigen. Die Federäste sind durch Federstrahlen miteinander verbunden. Man unterscheidet hierbei Hakenstrahlen und Bogenstrahlen. Die Hakenstrahlen sind mit winzigen Häkchen an den Bogenstrahlen befestigt. Diese Arretierung wird bei der Gefiederpflege des Geflügels immer wieder hergestellt.

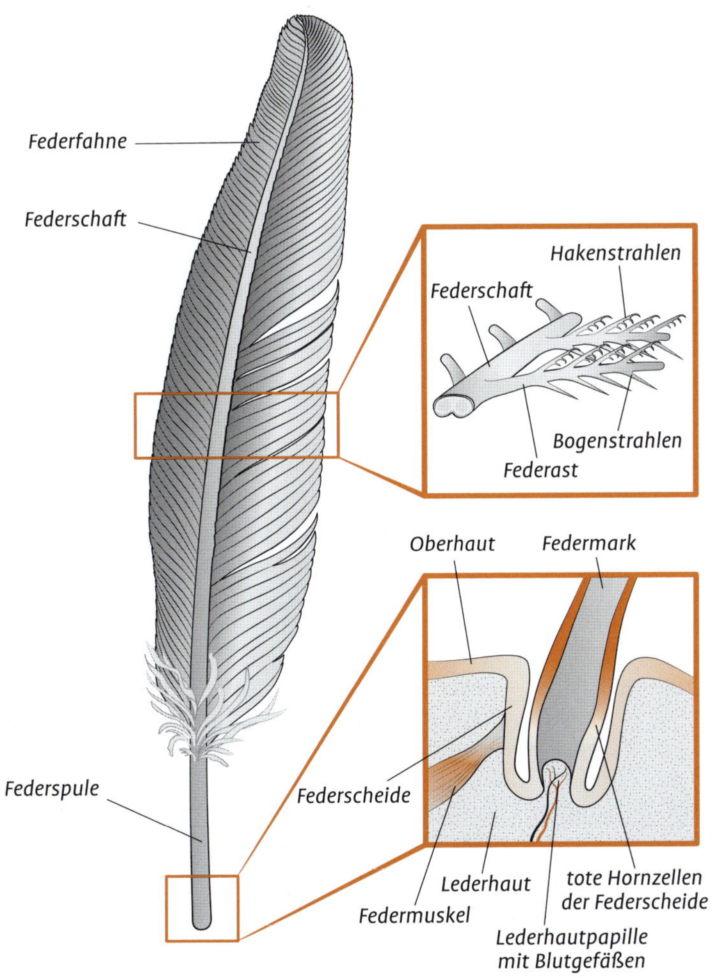

Abb. 17-10 Aufbau der Vogelfeder (nach Salomon et al. 2020).

18 Nervensystem

18.1 Grundprinzipien der nervalen Informationsvermittlung

Über **Sensoren/Rezeptoren** werden verschiedene Reize aus der Umgebung aufgenommen (der Begriff Rezeptor wird oft anstelle von Sensor verwendet, ist aber irreführend: ▶ Kap. 1.8.1). Die Sensoren setzen diese Information in elektrische Signale um, in **Aktionspotenziale.** Die Aktionspotenziale werden über **afferente (= sensible) Nervenfasern** zum **zentralen Nervensystem (ZNS)** weitergeleitet. Im zentralen Nervensystem wird die Empfindung bewusstgemacht. Die Aktionspotenziale und die in ihnen enthaltenen Informationen werden zudem verarbeitet und gespeichert („gelernt"). Verarbeitung und Speicherung beruhen darauf, dass viele Nervenfasern miteinander durch verschiedenartige **Synapsen** in Verbindung treten. Je nach Verarbeitung werden vom ZNS Stellbefehle über **efferente (motorische** und/oder **vegetative) Nervenfasern** zu den Geweben und Organen gesandt, an denen eine bestimmte Aktion ausgelöst werden soll. Die Verbindung zu den Organen ist nicht direkt, sondern wird ebenfalls über Synapsen vermittelt.

Wie das hormonale System dient auch das nervale System in vielen Fällen der **Homöostase,** d.h. der Einstellung eines stabilen Milieus im Körperinneren. Dies erfolgt meist in Form vordefinierter **Regelkreise.** In den ▶ Kapiteln 8.3 und 12.4 sind derartige Regelkreise beispielhaft für die Regulation des arteriellcn Blutdrucks und des Wärmehaushaltes dargestellt.

18.2 Aufbau des Nervengewebes

Das Nervengewebe besteht aus Nervenzellen und Gliazellen (Stütz- und Hüllzellen). Die **Nervenzelle** als kleinste funktionelle Einheit wird als **Neuron** bezeichnet. Sie besteht aus dem Zellkörper und Fortsätzen (▶ Abb. 18-1). Als **Fortsätze (Nervenfasern)** gibt es einerseits einen **Neuriten (Axon),** der meist lang ist und die Erregung von der Nervenzelle auf andere Zellen (Nerven-, Muskel-, Drüsenzellen) überträgt, und andererseits zahlreiche **Dendriten,** die die Erregung von anderen Nervenzellen aufnehmen.

Zwischen den Nervenzellen und den Fortsätzen sind als Stütz- und Hüllzellen die **Gliazellen** ausgebildet, die wegen ihrer vielen, einen Faserfilz bildenden Fortsätze auch als **Astrozyten** bezeichnet werden. Sie haben Stütz- und Ernährungsfunktionen für die Nervenzellen. Außerdem üben Gliazellen einen starken Einfluss auf die Schnelligkeit der **Erregungsleitung** an den Nervenfasern aus (▶ Tab. 18-1, ▶ Kap. 18.3.3). So sind die meisten Nervenfasern in ihrem Verlauf im ZNS von Fortsätzen der Gliazellen umgeben. In der Peripherie bilden besondere Gliazellen, Schwann-Zellen genannt, die **Schwann-Scheide** (Theodor Schwann; *1810 in Neuss, †1882; Physiologe). Die Schwann-Zellen sind in der Lage, Myelin zu bilden, das elektrisch sehr stark isoliert. Indem sich die Schwann-Zellen spiralig um die Nervenfaser winden, wird die Isolierung verstärkt. Aufgrund ihres Myelingehaltes wird die spiralige Umhüllung der Nervenfasern auch als **Myelinscheide** bezeichnet Die Myelinscheiden sind allerdings immer wieder unterbrochen. An den Unterbrechungen liegt die Zellmembran frei. Diese Stellen werden als **Ranvier-Schnürringe** bezeichnet (Louis-Antoine Ranvier; *1835 in Lyon, †1922; Anatom). Die Ranvier-Schnürrin-

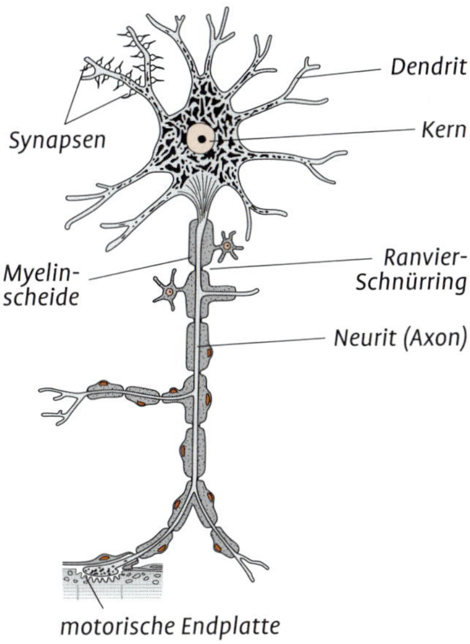

Abb. 18-1
Motorische Nervenzelle mit Fortsätzen (nach Liebich 2010).

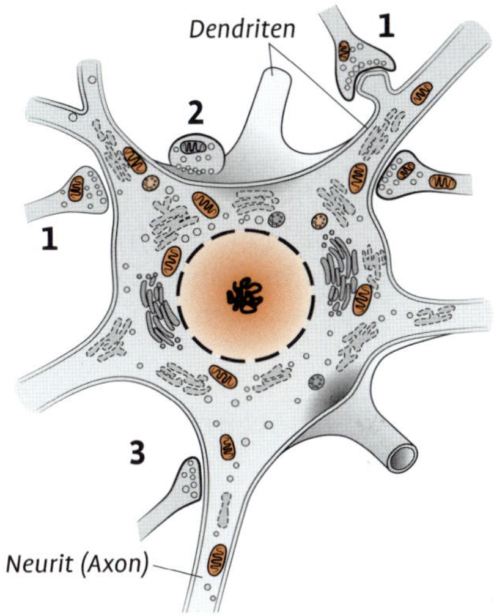

Abb. 18-2
Schema eines Neurons mit synaptischen Verbindungen (nach Mutschler et al. 2007).
1 Synapsen zwischen Axon und Dendrit
2 Synapse zwischen Axon und Nervenzellleib
3 Synapse zwischen Axon und Axon

ge spielen eine wichtige Rolle bei der Erregungsleitung und erhöhen in Kombination mit der Myelinscheide die Geschwindigkeit der Erregungsleitung (▶ Abb. 18-4).
Die Axone der Nervenzellen enden in der Regel an **Synapsen.** Synapsen sind Kommunikationsstellen zwischen verschiedenen Nervenzellen oder zwischen Nervenzelle und Organ bzw. Gewebe. Unterschieden werden an der Synapse die prä- und die postsynaptische Membran mit dem dazwischenliegenden synaptischen Spalt. Als präsynaptische Membran wird das Ende der zuführenden Nervenfaser bezeichnet. Der Begriff postsynaptische Membran bezieht sich auf die Zellmembran der Nervenzelle bzw. des Organs oder Gewebes, auf das die Information übertragen werden soll. An den Synapsen sind die Nervenfasern kolbig erweitert (▶ Abb. 18-2). In den Kölbchen liegen zahlreiche Mitochondrien und kleine **präsynaptische Bläschen (Vesikel).** Diese enthalten Überträgersubstanzen **(Neurotransmitter).** Die Neurotransmitter dienen der Informationsvermittlung, wobei die Art des Transmitters auch die Art der Informationsvermittlung (erregend oder hemmend) bestimmt. Die einzelne Nervenzelle ist mit vielen anderen Nervenzellen netzwerkartig über mehr als 1000 Synapsen verbunden, die an ihren Dendriten oder am Zellleib ansetzen (zum Vergleich: geschätzte Zahl der Synapsen im Gehirn des Menschen = mehrere hundert Billionen; geschätzte Zahl der Sonnen in unserer Galaxie = 500 Milliarden).

18.3 Erregung von Nervenzellen

An den Membranen von Nervenzellen besteht (wie an allen anderen Körperzellen auch) ständig ein **Ruhe(membran)potenzial.** Die Membranaußenseite ist gegenüber der Innenseite positiv geladen. Werden die Nervenzellen durch äußere Einflüsse gereizt, ändert sich kurzfristig die Ladungsverteilung. Das Ruhepotenzial wandelt sich in ein Aktionspotenzial um. Das Aktionspotenzial ist somit Träger der Information.

18.3.1 Ruhemembranpotenzial

Wie an anderen Zellen ist auch an der Membran der Nervenzellen eine ständige Spannung von etwa – 90 mV (Zellinneres negativ) ausgebildet. Diese Spannung wird dadurch erzeugt, dass **Kalium** und damit positive Ladungen aus dem Intrazellulärraum in den Extrazellulärraum diffundieren (▶ Abb. 1-30). Dementsprechend wirken sich Veränderungen im Kaliumbestand des Körpers dramatisch auf das Ruhepotenzial aus, die normale Funktion der Nervenzelle kann nicht mehr aufrechterhalten werden. Störungen im Kaliumhaushalt können vielerlei Ursache haben (▶ Kap. 13.1.2)

18.3.2 Aktionspotenzial

Beim Aktionspotenzial wird die Durchlässigkeit der Nervenzellmembran für **Natrium** verändert (▶ Abb. 18-3). Auslöser ist eine minimale Änderung des Membranpotenzials, die von der Spannungsänderung an der Synapse ihren Ausgang nimmt (▶ Abb. 18-5). Auf diese kleinen Änderungen der Spannung reagieren Natriumkanäle in der Zellmembran, sie öffnen sich; die Zellmembran wird dadurch für Natrium sehr stark durchlässig. Natrium ist im extrazellulären Raum wesentlich höher konzentriert als im intrazellulären Raum (▶ Tab. 1-5). Infolgedessen strömt Natrium von extra- nach intrazellulär. Mit Natrium werden positive Ladungen in das Zellinnere getragen, die Innenseite der Membran wird positiv geladen, respektive die Außenseite negativ. Diese Potenzialumkehr wird als **Depolarisation** bezeichnet. Die Depolarisation erfolgt sehr schnell (< 1 ms). Fast ebenso schnell wie die Depolarisation ist die anschließende **Repolarisation**, d. h. die erneute Einstellung des Ruhepotenzials. Zur Repolarisation schließen sich die Natriumkanäle wieder, so dass der Natriumeinstrom gestoppt wird. Kaliumkanäle dagegen öffnen sich, **Kalium** diffundiert in der Folge aus dem Zellinneren in den Extrazellulärraum und trägt so positive Ladungen nach extrazellulär. Der Austritt von Kalium hält solange an, bis das Ruhepotenzial wieder erreicht ist, d. h. die Zellinnenseite wieder negativ geladen ist.

Abb. 18-3
Zeitlicher Ablauf des Aktionspotenzials an einer Nervenfaser (oben) und die Ionenverschiebungen, die den Potenzialänderungen zugrunde liegen (unten).

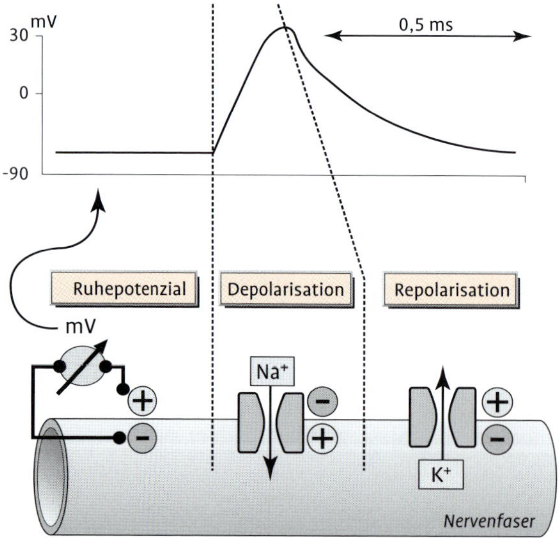

18.3.3 Weiterleitung des Aktionspotenzials

Für die Informationsweiterleitung ist es notwendig, dass das Aktionspotenzial nicht am Ort seiner Entstehung verbleibt, sondern über die gesamte Länge des Nervs weitergeleitet wird. Hierbei können durchaus große Strecken überwunden werden. So erfolgt z. B. die Informationsübermittlung von den Sensoren der Haut bis zum Rückenmark auf einer einzigen Nervenfaser, die bei großen Tieren eine Länge von einem Meter und mehr haben kann. Trotz der Länge darf keine Information, d. h. kein Aktionspotenzial, „verloren" gehen. Der Erhalt der Information ist dadurch gewährleistet, dass das Aktionspotenzial auf der gesamten Länge des Axons immer wieder neu gebildet wird. In ▶ Abbildung 18-4 ist dargestellt, wie an einem Nerv mit Myelinscheide die wiederholte Neubildung des Aktionspotenzials abläuft. Eine entscheidende Rolle spielen hier die

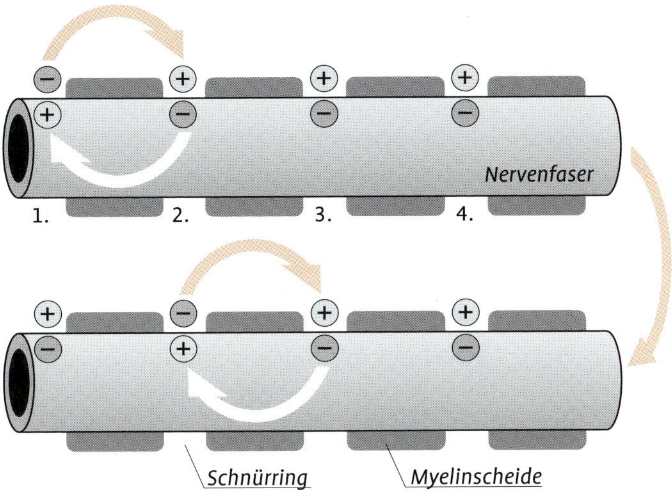

Abb. 18-4
Saltatorische Erregungsleitung an einer Nervenfaser mit Myelinscheide. Durch die Depolarisation am ersten Schnürring entsteht auch ein elektrisches Feld zwischen erstem und zweitem Schnürring, so dass Ladungen zwischen den beiden Schnürringen verschoben werden. Dies hat zur Folge, dass am zweiten Schnürring wieder ein Aktionspotenzial entsteht, was sich dann weiter zum Schnürring 3 fortpflanzt. Am ersten Schnürring ist zu diesem Zeitpunkt wieder das Ruhepotenzial eingestellt. Die Erregung kann aber nicht zurücklaufen, da der erste Schnürring kurz nach Depolarisation noch refraktär ist, d. h. nicht wieder erregt werden kann.

Ranvier-Schnürringe. An diesen Schnürringen liegt die Membran frei, während zwischen Schnürringen die Membran durch Myelin isoliert ist. Demzufolge entsteht bei der Weiterleitung nur an den Schnürringen ein neues Aktionspotenzial, die Übertragung der Information erfolgt **saltatorisch** (= springend). Durch diese saltatorische Weiterleitung wird die Informationsübertragung stark beschleunigt.
Die Geschwindigkeit der Erregungsleitung ist aber auch bei myelinisierten Nervenfasern nicht gleich. Sie ist am größten bei Fasern mit großem **Querschnitt** und dicker **Myelinscheide.** Fasern mit großem Querschnitt setzen der Ausbreitung des Stromes in Längsrichtung weniger Widerstand entgegen als dünne Fasern. Je dicker die Myelinscheide ist, desto weniger „Kurzschlüsse" entstehen über der Membran, so dass der Strom vorrangig in Längsrichtung fließt. Nach der Geschwindigkeit der von ihnen geleiteten Erregungsimpulse unterscheidet man A-, B- und C-Fasern (▶ Tab. 18-1).

18.3.4 Störungen der Erregungsbildung und Weiterleitung/Lokalanästhesie

Die **Entstehung** von Aktionspotenzialen an Nervenzellen wird stark von der grundsätzlichen Erregbarkeit der Neurone beeinflusst. Diese hängt wiederum von der Höhe des Ru-

Tab. 18-1
Durchmesser und Leitungsgeschwindigkeit verschiedener Nervenfasertypen (nach Bartels und Bartels 2004)

Fasertyp	Funktion	Durchmesser (µm)	Leitungsgeschwindigkeit (m/s)
A	– von/zu Muskelspindeln und Golgi-Sehnenorganen – von Sensoren in der Haut – zu Skelettmuskeln	2–20	10–120
B	– präganglionär im vegetativen Nervensystem	1–3	5–20
C	– postganglionär im vegetativen Nervensystem – von Schmerzsensoren in den Eingeweiden	0,5–1,5	0,5–2

hemembranpotenzials ab. Bei der **Eklampsie** der Hündin, verursacht durch einen Kalziummangel um den Geburtszeitpunkt herum, kommt es zu einer verstärkten Erregbarkeit motorischer Nervenzellen, die die Skelettmuskulatur innervieren. Dies liegt daran, dass die positiv geladenen Kalziumionen als Stabilisatoren des Membranpotenzials wirken. Die Kalziumionen binden an negative Ladungen der Zellaußenseite, „neutralisieren" diese dadurch und sorgen so dafür, dass die Potenzialdifferenz zwischen negativ geladenem Zellinneren und positiv geladenem Zelläußeren stabilisiert wird. Nimmt die extrazelluläre Kalziumkonzentration ab, verschiebt sich die Potenzialdifferenz, die Neurone werden erregbarer und lösen vermehrt Kontraktionen der Skelettmuskulatur (Krämpfe) aus.

Störungen in der **Weiterleitung** von Aktionspotenzialen können zum Beispiel durch Schädigungen der Myelinscheiden um die Axone entstehen. So kann es im Rahmen verschiedener Viruserkrankungen zur Zerstörung der Myelinscheiden kommen (Demyelinisierung). Dieses ist z. B. bei der **Staupe-Erkrankung** des Hundes und der **Visna-Erkrankung** des Schafes der Fall.

Bei verschiedenen tierärztlichen Behandlungen kann es zur Schmerzunterdrückung notwendig sein, die Weiterleitung von Aktionspotenzialen an Axonen gezielt mithilfe eines Lokalanästhetikums zu unterbinden. **Lokalanästhetika** blockieren reversibel die Natriumkanäle an den Axonen der Nervenzellen und führen dazu, dass sich ein Aktionspotenzial am Axon nicht ausbilden kann.

18.4 Signalübertragung an Synapsen

Wie im ▶ Kapitel 18.3.3 beschrieben, erfolgt die Weiterleitung des Signals über die Nervenfaser in Form von Aktionspotenzialen. Die **Frequenz** der **Aktionspotenziale** kodiert die **Reizstärke.** Die Aktionspotenziale gelangen bis zu den nächsten Synapsen. An den Synapsen besteht kein direkter Kontakt zwischen den Zellmembranen der beteiligten Zellen (▶ Abb. 18-2, 18-5), sondern diese sind durch einen **(synaptischen) Spalt** getrennt. Hier wird von einer elektrischen Weiterleitung (Aktionspotenzial) in eine chemische Weiterleitung mithilfe chemischer Überträgerstoffe **([Neuro-]Transmitter)** gewechselt.

Die Transmitter sind in den präsynaptischen Bläschen am Ende des ankommenden Nervens gespeichert (▶ Abb. 18-5). Gelangen Aktionspotenziale an das Ende des Axons, lösen sie eine Verschmelzung der transmitterhaltigen Vesikel mit der Nervenzellmembran aus. Die Überträgerstoffe werden freigesetzt, diffundieren durch den synaptischen Spalt und binden an bestimmte Strukturen auf der Membran der nachfolgenden Nervenzellen, den **Rezeptoren.** Die Bindung an diese Rezeptoren induziert an der Nervenzellmembran Aktionspotenziale, die dann weitergeleitet werden (▶ Abb. 18-5). Die Wirkung des Transmitters wird zeitlich dadurch begrenzt, dass er sich wieder vom Rezeptor löst und/oder durch spezifische Enzy-

Abb. 18-5
Übertragung der Erregung an einer Synapse. In der Abbildung ist nur ein Natriumkanal gezeichnet, der aufgrund der Rezeptoraktivierung geöffnet wird. Tatsächlich sind es mehrere, die geöffnet werden.

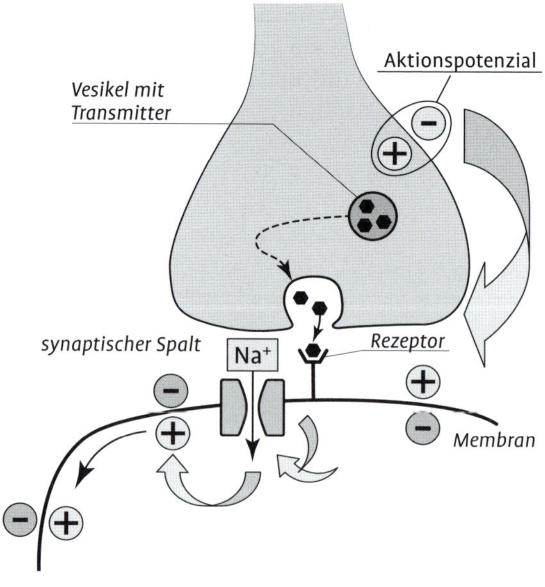

me abgebaut wird. Dadurch wird eine ständige Entstehung von Aktionspotenzialen und damit eine Informationsüberflutung vermieden. Je nach Art der Synapse werden unterschiedliche Überträgerstoffe freigesetzt. So ist **Azetylcholin** Überträgerstoff bei motorischen, sensiblen und parasympathischen Synapsen sowie an Synapsen der präganglionären Fasern des Sympathikus (▶ Abb. 18-13). Freigesetztes und wirksam gewordenes Azetylcholin wird durch das Enzym **Azetylcholinesterase** abgebaut (▶ Abb. 2-22). **Noradrenalin** ist Überträgerstoff in postganglionären Fasern des Sympathikus (▶ Abb. 18-13).

Synapsen stellen allerdings nicht nur Schaltstellen dar, sondern sind auch wesentlich an der Verarbeitung des Reizes und an Lernvorgängen beteiligt. So können sich bei häufiger Benutzung einer Synapse Änderungen an den Synapsen entwickeln. Die Bindung des Überträgerstoffes an den Rezeptor wird dann erleichtert, so dass nachfolgend leichter und schneller Aktionspotenziale ausgelöst werden. Damit ist ein **synaptisches Gedächtnis** entstanden.

Um Signale differenziert verarbeiten zu können, sind neben erregenden auch hemmende Synapsen vorhanden, die die Entstehung von Aktionspotenzialen unterdrücken. Die Informationsverarbeitung im Gehirn beruht so auf einem abgestimmten Verhältnis von Informationsunterdrückung und -weiterleitung. So führen Überträgerstoffe wie **Azetylcholin** und **Noradrenalin** in der Regel zur Entstehung eines Aktionspotenzials, d.h., **Synapsen** mit diesen Überträgerstoffen wirken meist **erregend. Hemmende Synapsen** benutzen als Überträgerstoff unter anderem **Gamma-Amino-Buttersäure (GABA).** GABA-Synapsen spielen eine wesentliche Rolle bei der Filterung von Informationen. Dies wird bei bestimmten Erkrankungen deutlich. So sind verschiedene Formen der Epilepsie mit Fehlfunktionen der GABA-Synapsen gekoppelt.

18.5 Aufbau des Nervensystems

Hinsichtlich des prinzipiellen Aufbaus kann man das Nervensystem in einen zentralen und in einen peripheren Teil untergliedern. Das **zentrale Nervensystem (ZNS)** mit Gehirn und Rückenmark dient vor allen Dingen der Informationsverarbeitung, der Gedächtnisbildung und der Steuerung der Körperfunktionen. Das **periphere Nervensystem** leitet einerseits über **afferente** Nervenbahnen Nervenimpulse von außen, d.h. von der Peripherie, nach zentral zum ZNS. Andererseits gibt das periphere Nervensystem über **efferente** Nervenbahnen die Stellbefehle des ZNS in Richtung Gewebe und Organe weiter.

18.5.1 Zentrales Nervensystem

■ Anteile

Das ZNS wird unterteilt in das **Gehirn** und das **Rückenmark.** Bei beiden unterscheidet man zwischen der grauen und der weißen Substanz. Die graue **Substanz** enthält die Masse der Nervenzellen (und Ganglienzellen), während die **weiße Substanz** im Wesentlichen von den Nervenfortsätzen (Nervenfasern mit ihren Myelinscheiden) gebildet wird. Im **Großhirn** und im **Kleinhirn** liegt die graue Substanz außen und die weiße innen, beim **Rückenmark** ist es umgekehrt. Im **Hirnstamm** zeichnet sich keine deutliche Gliederung in graue und weiße Substanz ab. Dort sind die Nervenzellen zu **Kerngebieten** zusammengelagert, die sich funktionell und morphologisch abgrenzen.

Die **Kapillaren** des ZNS haben eine dicke Basalmembran. Dadurch können nicht alle Substanzen aus dem Blutplasma zu den Nervenzellen gelangen. Diese funktionelle Einheit wird daher als **Blut-Hirn-Schranke** bezeichnet.

Im ZNS ist Bindegewebe in spärlichem Maße und nur um die Blutgefäße herum ausgebildet. Das ist bei Entzündungs- und Heilungsvorgängen wichtig. Weil kein Bindegewebe vorhanden ist, bilden sich auch keine Narben, die gesundes Nervengewebe quetschen könnten.

Abb. 18-6
Querschnitt durch das Rückenmark und seine Hüllen (nach Mutschler et al. 2007).

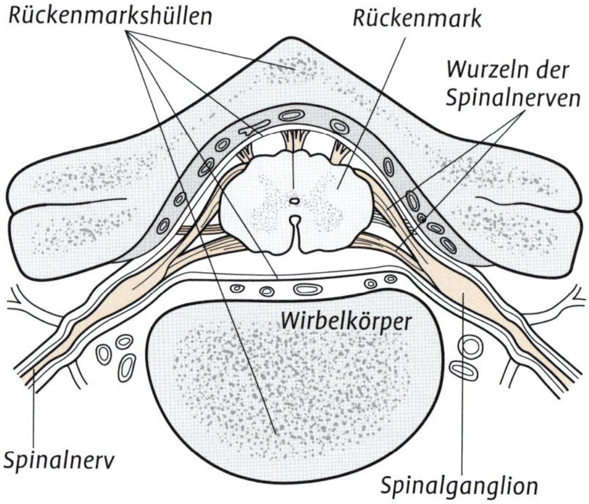

Abb. 18-7
Schematische Zeichnung der Gehirn- und Rückenmarkshüllen im Bereich des Gehirns (ohne Intraduralraum) (nach Junqueira und Carneiro 1986).

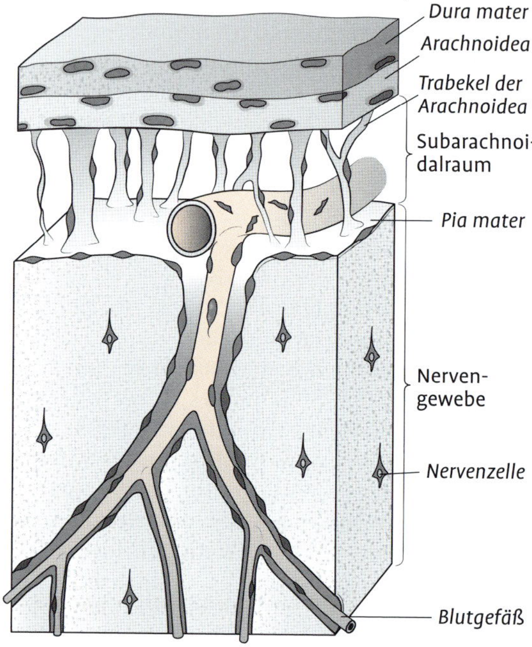

Gehirn- und Rückenmarkshüllen

Gehirn und Rückenmark werden von besonderen Hüllen umgeben, die dem Schutz der empfindlichen Organe und ihrer Blutversorgung dienen (▶ Abb. 18-6, 18-7).
Zu unterscheiden sind:

a) knöcherne Hüllen wie Schädel, Wirbelkörper und -bögen
b) häutige Hüllen (Meningen) mit

- harter Gehirn- und Rückenmarkshaut (Dura mater)
- Spinnwebhaut (Arachnoidea)
- zarter (weicher) Gehirn- und Rückenmarkshaut (Pia mater)

Die **harte Gehirn- und Rückenmarkshaut** ist eine derbe, fibröse Haut. Im Bereich des Rückenmarks sind zwei Lamellen ausgebildet, zwischen denen der **Epiduralraum** liegt. Zur Betäubung der vom Rückenmark abgehenden Rückenmarksnerven können in die kaudalen Abschnitte des Epiduralraumes Lokalanästhetika injiziert werden (Epiduralanästhesie).
Die **Spinnwebhaut** ist von der Dura mater nur durch den kapillären **Subduralraum** getrennt, der mit einem einschichtigen Plattenepithel ausgekleidet ist und Gehirn-Rückenmarks-Flüssigkeit enthält. Die Spinnwebhaut ist zur Resorption dieser Flüssigkeit befähigt.

Mit der zarten Gehirn- und Rückenmarkshaut ist die Spinnwebhaut durch feine Trabekel verbunden, die den **Subarachnoidalraum** durchziehen. Die **zarte Gehirn- und Rückenmarkshaut** liegt dem ZNS direkt auf. Sie senkt sich in die Furchen und Vertiefungen des Gehirns und Rückenmarks ein (▶ Abb. 18-7). Da Dura mater und Spinnwebhaut den Furchen und Windungen des Gehirns und des Rückenmarks nicht folgen, bilden sich an manchen Stellen mehr oder weniger große Räume zwischen der zarten Gehirn- und Rückenmarkshaut und der Spinnwebhaut.
Im Inneren des Gehirns befinden sich Kammern, die **Gehirnventrikel**, die ein miteinander verbundenes **Hohlraumsystem** bilden (▶ Abb. 18-8). In die Ventrikel ragen Gefäße hinein, die Adergeflechte (Plexus choroidei) formen. Diese bilden die **Gehirn-Rückenmarks-Flüssigkeit** (Liquor cerebrospinalis) und geben sie an die Hohlräume ab. Die Gehirn-Rückenmarks-Flüssigkeit füllt nicht nur die Ventrikel,

sondern auch den Subarachnoidalraum ebenso wie den Zentralkanal des Rückenmarks aus. Hierdurch wird das ZNS zum Teil ernährt und ist vor Druck geschützt. Bei einer Abflussbehinderung im Gehirnbereich bildet sich der sogenannte Wasserkopf (Hydrozephalus) aus.

Gehirn

Das Gehirn (Encephalon) wird nach entwicklungsgeschichtlichen Gesichtspunkten in folgende Abschnitte eingeteilt:

- Rautenhirn (Rhombencephalon) mit
  - verlängertem Mark (Medulla oblongata)
  - Brücke (Pons)
  - Kleinhirn (Cerebellum)
- Mittelhirn (Mesencephalon)
- Vorderhirn (Prosencephalon) mit
  - Zwischenhirn (Diencephalon)
  - Großhirn (Telencephalon)

Die markantesten Gehirnteile sind die beiden Großhirnhemisphären und das Kleinhirn. Die Hemisphären sitzen den basalen Gehirnabschnitten auf. Verlängertes Mark, Brücke und Mittelhirn werden unter dem Begriff **Hirnstamm** (Stammhirn) zusammengefasst. Diese Abschnitte stehen in enger struktureller und funktioneller Beziehung. Hier sind viele Regelzentren beheimatet. Aus dem Hirnstamm entspringen zudem die **Gehirnnerven** (▶ Abb. 18-9).

Großhirn: Das Großhirn (Telencephalon) hat mit der höheren Entwicklung der Wirbeltiere, besonders der Säuger, eine erhebliche Vergrößerung erfahren. Den größten Anteil am Großhirn bilden die **Großhirnhemisphären,** die mantelartig den Hirnstamm und das Zwischenhirn überdecken (▶ Abb. 18-8). Die Oberfläche der Hemisphären weist zur Vergrößerung der Oberfläche **Windungen** und **Furchen** (Gyri und Sulci) auf (▶ Abb. 18-8). Die beiden **Hemisphären** werden median durch einen tiefen Einschnitt voneinander getrennt.

Die beiden Großhirnhemisphären stehen über den **Balken** miteinander in Verbindung (▶ Abb. 18-8). Wird dieser durchtrennt (split brains), so entfällt die Koordination der beiden Hirnhälften. Beim Menschen gehen dann hoch spezialisierte Funktionen wie Sprache, Formerkennung und Fingerfertigkeit verloren.

Im Schnitt der Hemisphären erkennt man die außen gelegene graue Substanz der **Hirnrinde** (Cortex) und die innen gelegene weiße Substanz. Die graue Substanz enthält die Nervenzellen, die weiße Substanz enthält die ableitenden Nervenfasern (Axone). Im Kortex

Abb. 18-8
Medianschnitt durch das Gehirn eines Pferdes (nach König und Liebich 2012).

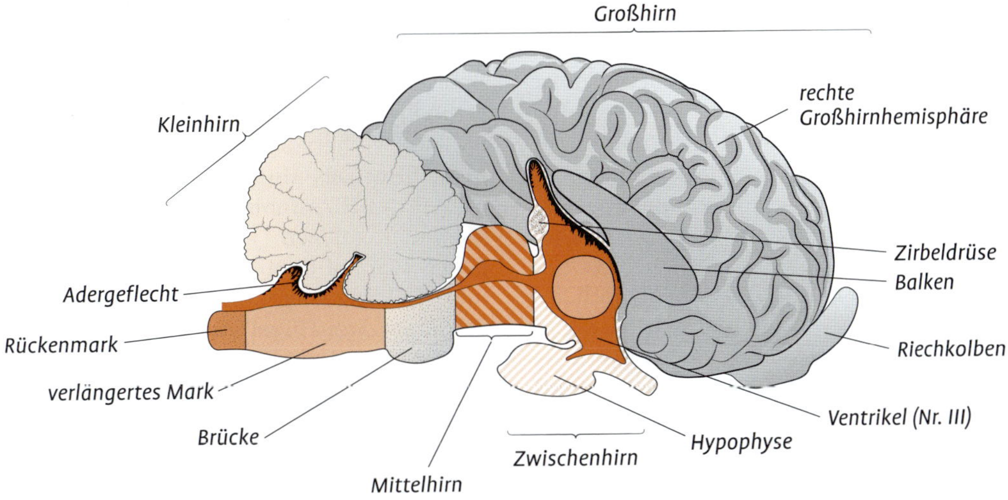

lassen sich Areale eingrenzen, die für bestimmte Funktionen zuständig sind, so der **assoziative Kortex**, in dem verschiedene Informationen abgeglichen und verarbeitet werden, der **motorische Kortex**, in dem Bewegungsprogramme entworfen werden und **sensorische Rindenfelder**, denen die Informationen der Sinnesorgane zugeleitet werden.

Das **Riechhirn** (Rhinencephalon) als Teil des Kortex wölbt sich beiderseits am kranialen Ende der Gehirnbasis vor und legt sich mit seinem **Riechkolben** (Bulbus olfactorius) der Siebplatte des Siebbeins fest an. Es ist also wie die Hemisphären doppelt ausgebildet (▶ Abb.18-8, 18-9). Vom Bulbus olfactorius ausgehende Fasern treten durch die Löcher der Siebplatte in die Siebbeinhöhle ein und enden in der Riechschleimhaut (Regio olfactoria) des Nasenhöhlengrundes. Die Riechfasern gehen von den in der Riechschleimhaut gelegenen Riechzellen aus. Die Gesamtheit der Riechfasern wird auch als Riechnerv (N. olfactorius) bezeichnet und den Gehirnnerven zugerechnet (▶ Kap. 19.6).

Zwischenhirn: Das Zwischenhirn (Diencephalon) ist der dem Großhirn kaudal folgende Teil des Vorderhirns und gegen dieses und gegen das Mittelhirn nicht deutlich abgesetzt (▶ Abb. 18-8). Wichtige Areale im Zwischenhirn sind der **Thalamus**, der **Hypothalamus**, die **Hirnanhangsdrüse**, die **Zirbeldrüse** und Bereiche des **limbischen Systems**.

Das Zwischenhirn ist Durchgangsstation für Erregungsabläufe aus der Peripherie zu den Hemisphären und umgekehrt („Pforte des Bewusstseins"). Innerhalb des Zwischenhirns ist der **Thalamus** eine zentrale Verteilerstelle. Dieser besitzt zahlreiche Kerngruppen, in denen die meisten Sinnesbahnen umgeschaltet werden. Von all diesen Kerngebieten bestehen Faserverbindungen zur Großhirnrinde. Außerdem ist der Thalamus durch Nervenfasern mit dem Kleinhirn und dem Hypothalamus verbunden. Auch zum limbischen System strahlen Nervenfasern aus.

Als **limbisches System** werden Bahnen und Zentren des Zwischenhirns zusammengefasst, die sich zum Teil morphologisch nicht lokalisieren und isolieren lassen und zu denen auch sehr ursprüngliche Teile des Großhirns zählen, so die Hippocampusformation mit dem Ammonshorn und dem Gyrus dentatus sowie der **Mandelkernkomplex.** Im limbischen System werden Informationen subjektiv bewertet. Es ist der Ort der Empfindungen, der autonomen Reaktionen der Organe und der Stimmungen, der Affekte und der Aggressionen und somit auch Auslöser von Verhaltensabläufen.

Oberhalb des Thalamus liegt die **Zirbeldrüse** (Epiphyse, Gl. pinealis), die das Hormon Melatonin produziert (▶ Kap. 20.3).

Die zentralen und ventralen Abschnitte des Zwischenhirns werden als **Hypothalamus** bezeichnet. Hier befinden sich wichtige Regulationszentren (unter anderem Hungerzentrum, Sättigungszentrum, Durstzentrum, Zentrum für die Regulation der Körperkerntemperatur, Zentrum für die Regulation der Osmolarität, Zentrum für die Kontrolle der Geschlechtsorgane; ▶ Abb. 13-9 und Kap. 12.4, 15.1.3, 15.2.3). Der Hypothalamus hat nicht nur Anschluss zum Thalamus, sondern auch zum limbischen System, zur Formatio reticularis und zu den Kernen des vegetativen Nervensystems. Die Nervenzellen des Hypothalamus sind zur Produktion von **Neurohormonen** befähigt, die wiederum in der Hypophyse gespeichert werden (▶ Kap. 20.2). Die **Hirnanhangsdrüse (Hypophyse)** ist eine der wichtigsten innersekretorischen Drüsen.

Das Zusammenspiel zwischen Hypothalamus und Hypophyse ergibt sich auch durch die anatomische Nähe der beiden Strukturen: Der Hypothalamus geht trichterförmig in den Hypophysenhinterlappen über, der sich aus ihm entwickelt hat **(Neurohypophyse).** Der Hypophysenvorderlappen ist aus dem Mundhöhlendach hervorgegangen.

Mittelhirn: Das Mittelhirn (Mesencephalon) ist Teil des Hirnstamms. Es ist unpaar in der Medianen gelegen (▶ Abb. 18-8). Dorsal erheben sich auf dem Mittelhirn vier hügelförmige Gehirngebiete, die Vierhügelplatte. Die vorderen zwei Hügel integrieren Sehreflexe, die hinteren sind in die Überleitung von Hörreizen eingeschaltet.

Im Mittelhirn befinden sich wesentliche Teile der **Formatio reticularis.** Unter dieser Bezeichnung werden mehrere Kerngebiete und zugehörige Leitungsbahnen zusammengefasst, die

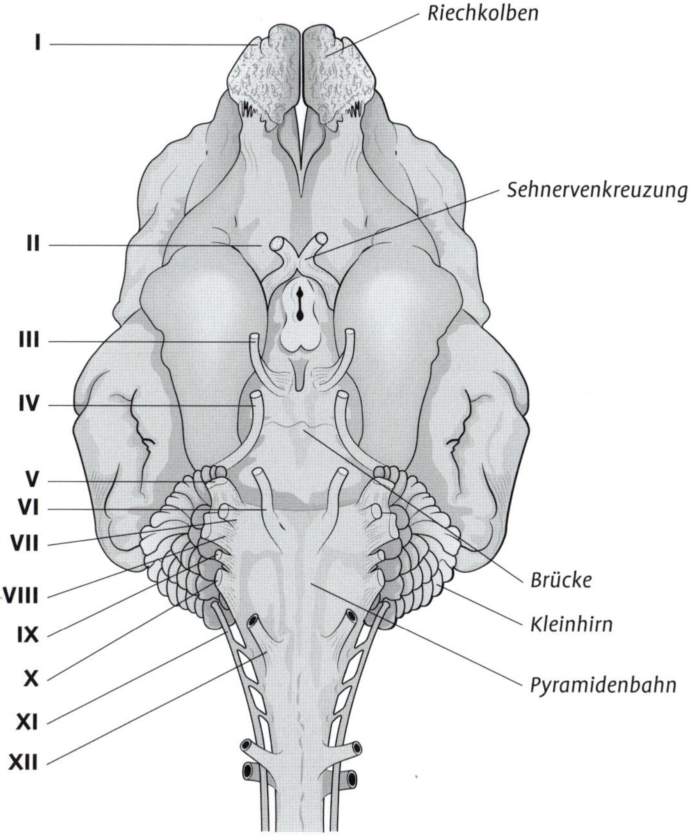

Abb. 18-9
Austrittstellen der Gehirnnerven des Hundes (Ansicht von ventral) (Nach Singh 2011). Bezeichnung der Gehirnnerven ▶ Tab. 18-2.

sich vom Halsmark bis in das Mittelhirn erstrecken. Sie sind anatomisch schwer abzugrenzen, bilden aber eine funktionelle Einheit, die in enger Wechselbeziehung mit dem limbischen System steht. Die Formatio reticularis spielt eine zentrale Rolle bei der Verarbeitung von internen und externen Reizen. Sie empfängt afferente Bahnen von allen Sinnesorganen und -systemen, aber auch von Sensoren in den Organen und Geweben wie z. B. den Nozizeptoren des Schmerzsystems. Diese Reize werden aufgenommen, verarbeitet und dem Thalamus zugeleitet. Die Formatio reticularis erhält aber auch efferente Bahnen aus dem Großhirn. Außerdem bestehen Verbindungen zum vegetativen Nervensystem.

Rautenhirn: An der Basis des Rautenhirns (Rhombencephalon) liegen **Brücke** (Pons) und **verlängertes Mark** (Medulla oblongata) (▶ Abb. 18-8). Diese Teile des **Hirnstamms** enthalten die Ursprungskerne der **Gehirnnerven** (▶ Abb. 18-9). In dieser Gehirnregion befinden sich zudem die Zentren der lebenswichtigen Regelsysteme (unter anderem **Atemzentrum, Kreislaufzentrum;** ▶ Abb. 8-11, 9-16).

Zu dem Rautenhirn gehört außer der Brücke und dem verlängerten Mark das **Kleinhirn** (Cerebellum) (▶ Abb. 18-8, 18-9). Dieses ist ein kugeliger Gehirnteil, dessen Oberfläche viele Windungen und Furchen aufweist. Über drei paarige Stiele steht das Kleinhirn mit der Vierhügelplatte, der Brücke und dem verlängerten Mark in Verbindung. Das Kleinhirn koordiniert die motorischen Befehle des Großhirns mit den aus der Peripherie gemeldeten Informationen über Muskeltonus, Gliedmaßenstellung und -belastung, Gleichgewichtslage usw. (▶ Abb. 18-10). Mit der Entwicklung des aufrechten

Gangs haben sich bei den Primaten die Seitenteile des Kleinhirns zu den Kleinhirnhemisphären vergrößert.

Rückenmark

Das Rückenmark (Medulla spinalis) liegt im Wirbelkanal und wird von den bereits besprochenen Hüllen umgeben (▶ Abb. 18-7). Entsprechend den Abschnitten der Wirbelsäule gliedert man das Rückenmark in das Hals-, das Brust-, das Lenden- und das Kreuzmark. Aus dem Rückenmark entspringen die **Rückenmarksnerven (Spinalnerven)** und ziehen in die Peripherie. Ursprung und Verlauf dieser Nerven befinden sich jeweils zwischen zwei Wirbeln. Die Zahl der Rückenmarksnerven entspricht daher (mit Ausnahme der Halsnerven) der Zahl der Wirbel der einzelnen Abschnitte. Am Hals sind acht (und nicht sieben wie die Anzahl der Halswirbel) Halsnerven ausgebildet.
Auf einem Querschnitt durch das Rückenmark (▶ Abb. 18-6) sieht man die **weiße Substanz** (von und zum Gehirn leitende Nervenfasern enthaltend) außen und die **graue Substanz** (Nervenzellen enthaltend) innen gelegen. Die graue Substanz ist in Form eines Schmetterlings angeordnet. Von dorsal und von ventral senkt sich je ein Einschnitt median in das Rückenmark. Der dorsale Einschnitt ist nicht sehr tief, der ventrale Einschnitt teilt das Rückenmark dagegen fast bis zum **Zentralkanal.**
Die motorischen Fasern verlassen das Rückenmark ventral, die sensiblen treten dorsal ein. Man spricht von dem **Ventral-** und dem **Dorsalhorn.** An ihnen entspringen die Ventral- und die Dorsalwurzel der Spinalnerven (▶ Abb. 18-6). Die motorischen Ganglien liegen im Ventralhorn, die sensiblen Ganglien bilden dagegen die außerhalb des Rückenmarks gelegenen **Spinalganglien,** von denen die Fasern der Nervenzellen in das Dorsalhorn der grauen Substanz eintreten.
Die **weiße Substanz** wird durch die Einschnitte von dorsal und ventral sowie durch die aus- und eintretenden Nervenfasern in verschiedene Stränge gegliedert. Man unterscheidet jederseits einen **Dorsalstrang,** einen **Seitenstrang** und einen **Ventralstrang,** denen ganz bestimmte Leitungsbahnen angehören. Dorsal- und Seitenstrang leiten vor allem Erregungen zum Gehirn, die von Sinnesorganen bzw. Sensoren ihren Ursprung haben. Die Erregungen vom Gehirn zu den motorischen Fasern verlaufen über den Ventralstrang.
Das Rückenmark ist somit eine wichtige Leitungsbahn vom Gehirn zur Peripherie und umgekehrt. Es beherbergt aber auch viele Zentren und Fasern für einfachere Reflexe, die ohne Beteiligung des Gehirns direkt über das Rückenmark ablaufen (z. B. Patellarsehnenreflex; ▶ Abb. 18-11). Vom Rückenmark aus gehen außerdem Fasern zum Grenzstrang des Sympathikus. Im Sakralmark ist ein Teil des Parasympathikus gelegen.
Bei den Haussäugetieren hat das Rückenmark noch eine größere Selbstständigkeit als beim Menschen, bei dem viele Reflexe zugunsten der vom Großhirn gesteuerten Reaktionen unterdrückt sind.

18.5.2 Peripheres Nervensystem

Als periphere Nerven bezeichnet man die aus dem Gehirn und dem Rückenmark austretenden Nervenfasern. Diese leiten als **efferente motorische Nervenfasern** Erregungen vom Gehirn zu den in der Peripherie gelegenen Muskeln oder als **afferente sensible** bzw. **sensorische Nervenfasern** Erregungen von den Sinnesorganen bzw. Sensoren in der Peripherie zum Gehirn. Viele Gehirn- und alle Rückenmarksnerven sind gemischt, d. h., sie haben motorische und sensible Nervenfasern in sich vereinigt. Mit den Gehirn- und den Rückenmarksnerven können auch Fasern der **vegetativen Nerven** in die Peripherie verlaufen, die an Organen, Drüsen, Gefäßen, Haarmuskeln usw. enden.
Die Nerven ähneln in ihrem Bau einem Kabel, in dem die einzelnen Leitungen gebäude-, straßen- und stadtteilweise gebündelt sind. Im Verlauf zweigen einzelne Bündel ab. Der Nerv wird immer dünner.
Die einzelnen Fasern werden vom **Endoneurium** umgeben. Das **Perineurium** umgibt die Faserbündel. Mehrere Faserbündel werden vom lockeren Bindegewebe des **Epineurium** zum Nerv vereinigt.

Tab. 18-2
Funktionen und Innervationsgebiete der Gehirnnerven

Nerv	Funktion	Innervationsgebiet
I Riechnerv (N. olfactorius)	sensorisch	Riechepithel (Regio olfactoria)
II Sehnerv (N. opticus)	sensorisch	Netzhaut (Retina)
III Gemeinsamer Augenmuskelnerv (N. oculomotorius) IV N. trochlearis VI Äußerer Augenmuskelnerv (N. abducens)	motorisch vegetativ	Augenmuskeln Pupillenmuskeln
V Dreiteiliger Nerv (N. trigeminus)	sensibel motorisch vegetativ	Gesicht, Mundhöhle Kaumuskulatur Drüsen des Kopfbereiches
VII Angesichtsnerv (N. [intermedio]facialis)	sensorisch motorisch vegetativ	vordere Zunge Gesichtsmuskulatur Drüsen des Kopfbereiches
VIII Gehör- und Gleichgewichtsnerv (N. vestibulocochlearis)	sensorisch	Gleichgewichts- und Hörorgan
IX Zungen- und Schlundkopfnerv (N. glossopharyngeus)	sensorisch motorisch	Zunge, Rachen Rachen
X N. vagus	vegetativ, überwiegend parasympathisch motorisch	Thorax- und Bauchorgane Schlund- und Kehlkopf
XI N. accessorius	motorisch	Nackenmuskulatur
XII Zungenmuskelnerv (N. hypoglossus)	motorisch	Zungenmuskulatur

Gehirnnerven

Es gibt zwölf Gehirnnerven, die aus der Hirnbasis bzw. dem Hirnstamm austreten (▶ Abb. 18-9). Die meisten von ihnen verbreiten sich im Kopfgebiet. Nur der N. vagus und der N. accessorius entsenden auch Fasern zu Muskeln bzw. Organen am Hals und im Rumpf. ▶ Tabelle 18-2 fasst Bezeichnung, Innervationsgebiet und Funktion der Gehirnnerven zusammen.
Die Stellknorpelmuskeln des Kehlkopfes werden ebenso wie die meisten anderen Kehlkopfmuskeln von motorischen Fasern des **N. vagus** innerviert. Lähmungen dieser Nerven, besonders des linken, kommen beim Pferd aus bisher noch nicht geklärter Ursache häufig vor. Durch die Lähmung der Stellknorpelmuskeln bedingt, wird die Stimmritze beim Einatmen nicht geweitet und es entsteht ein inspiratorisches Atemgeräusch, das als **Kehlkopfpfeifen** bezeichnet wird. Der N. vagus ist auch für die **parasympathische** Steuerung der Vormägen der Wiederkäuer zuständig, so dass bei Schädigungen des N. vagus im Bauchbereich (z. B. infolge von Tumoren) Störungen in der Motilität der Vormägen auftreten. Diese Störungen werden als Hoflund-Syndrom bezeichnet (Sven Axel Hoflund; *1906 in Högby, Schweden, †1979; Professor für Veterinärmedizin).

Rückenmarksnerven

Die Rückenmarksnerven (Nervi spinales) entspringen segmental aus dem Rückenmark und treten jeweils zwischen zwei Wirbeln durch das Foramen intervertebrale aus. Die Rückenmarksnerven gehen aus einer **dorsalen sensiblen** und einer **ventralen motorischen Wurzel** hervor und versorgen so sowohl motorisch die Muskeln als auch sensibel ihre jeweiligen rezeptiven Bereiche. Besondere Bedeutung haben die Gliedmaßennerven. Bei diesen unterscheidet man zwischen **Armgeflecht** (Plexus brachialis, ▶ Abb. 4-3) und **Lenden-Kreuz-Geflecht mit Lendengeflecht** (Plexus lumbalis) und **Kreuzgeflecht** (Plexus sacralis).

Wichtige Nerven des Armgeflechts: Die Nerven des Armgeflechts versorgen vor allem die Vordergliedmaße. Nerven und Versorgungsgebiete können folgendermaßen zugeordnet werden:

- N. suprascapularis: Mm. supraspinatus und infraspinatus (lateral am Schulterblatt gelegen)
- N. axillaris: Anteile der Schulterblattmuskulatur
- Nn. thoracici: Muskulatur des Stamms und der Schultergliedmaße
- N. radialis: Streckmuskeln des Unterarms, des Karpalgelenks und der Zehengelenke
- N. medianus und N. ulnaris: Beugemuskeln des Unterarms, des Karpalgelenks und der Zehengelenke

Entsprechend der Innervationsgebiete haben Lähmungen der Nerven charakteristische Ausfälle zur Folge. Bei Quetschung des N. suprascapularis (insbesondere beim Pferd möglich) kommt es zur Lähmung der Muskeln des Schultergelenks. Dieses verliert seinen Halt. Der N. radialis kann aufgrund seines Verlaufes leicht gegen das Oberarmbein gequetscht werden. Dann fallen die genannten Strecker aus. Der Tonus der antagonistischen Beuger verursacht eine leichte Beugung der Gelenke vom Karpalgelenk an. Die Gliedmaße wird etwas angehoben. Die Haltung wird als „Kusshandstellung" bezeichnet.

Wichtige Nerven des Lenden-Kreuz-Geflechtes: Nerven und Versorgungsgebiete des Lenden-Kreuz-Geflechtes können folgendermaßen zugeordnet werden:

- N. genitofemoralis: Bauchmuskulatur und Euterhaut (wichtig für das „Anrüsten")
- N. femoralis: Anteile der Lenden- und Oberschenkelmuskulatur
- N. glutaeus cranialis und N. glutaeus caudalis: Muskeln des Hüftgelenks
- N. ischiadicus: Becken- und Oberschenkelmuskulatur

Der **N. ischiadicus** ist der gemessen am Durchmesser stärkste Nerv des Körpers. Nach Abgabe der Nervenfasern für die Becken- und Oberschenkelmuskulatur teilt er sich in den N. tibialis und den N. peroneus, die vom Kniegelenk an einen unterschiedlichen Verlauf nehmen. Der N. peroneus innerviert die Beuger des Sprunggelenks und die Strecker der Zehe. Er kann lateral am Proximalende des Schienbeins gequetscht werden (Peroneuslähmung). Der N. tibialis versorgt die Strecker des Sprunggelenks und die Beuger der Zehe motorisch sowie das Zehenendorgan sensibel.

18.6 Funktion des gesamten Nervensystems

Unter funktionellen Gesichtspunkten kann man drei Nervensysteme unterscheiden:

- Sensorisches Nervensystem
- Motorisches Nervensystem
- Vegetatives (autonomes) Nervensystem mit dem enterischen Nervensystem

Das **sensorische Nervensystem** besteht vor allem aus afferenten Nervenfasern und zentralen Anteilen. Es leitet Informationen von den Sinnesorganen zu den sensorischen Arealen im ZNS, so dass die Empfindungen bewusstgemacht werden können. Im Weiteren bilden diese sensorischen Informationen die Grundlage von Stellbefehlen, die über das motorische bzw. vegetative Nervensystem wieder in die Peripherie gelangen.

Das **motorische Nervensystem** besteht vor allem aus zentralen Anteilen und efferenten Nervenfasern. Es ist dafür verantwortlich, die Bewegung der Skelettmuskulatur zu steuern, d. h., im ZNS werden Befehle zur Bewegung erzeugt, die dann über den peripheren Anteil zur Skelettmuskulatur gelangen.

Das **vegetative Nervensystem** koordiniert die Tätigkeit sämtlicher inneren Organe, der Gefäße, der Augenmuskulatur usw. Im vegetativen Nervensystem sind zentrale Anteile, afferente und auch efferente Nervenbahnen vorhanden. Zwischen den drei Nervensystemen bestehen enge Verbindungen und ein reger Informationsaustausch.

18.6.1 Motorisches Nervensystem

Hierarchie

Die Bewegungen der Skelettmuskulatur werden auf verschiedenen Ebenen des ZNS kontrolliert, wobei diese hierarchisch organisiert sind (▸ Abb. 18-10). Jede Ebene dieser Hierarchie besitzt eine bestimmte, eng umgrenzte Aufgabenstellung.

Um eine Bewegung auszulösen, muss hierfür eine Anregung bestehen. Diese Anregung wird in **Motivationsarealen** (z. B. im limbischen System) des Gehirns gebildet. Der Handlungsantrieb wird danach umgesetzt. Hierzu wird im **assoziativen Kortex** ein Bewegungsplan ausgearbeitet, in dem die zeitliche Abfolge der motorischen Aktivitäten festgelegt wird. Anschließend erfolgt die Ausarbeitung eines genauen Programmkonzeptes im eigentlichen **motorischen Kortex.** Bei der Ausarbeitung wird auf erlernte bzw. abgespeicherte Bewegungsfolgen zurückgegriffen. Die Stellbefehle für die Aktivierung der einzelnen Muskelgruppen werden teilweise direkt an die Muskeln weitergeleitet, teilweise unter Einbeziehung der Nervenareale im Hirnstamm.

Die korrekte Ausführung der Stellbefehle wird im **Kleinhirn** ständig kontrolliert. Das Kleinhirn erhält Informationen von der Peripherie und gleicht ab, ob die Ausführungen der Befehle tatsächlich dem Bewegungsplan entsprechen (▸ Abb. 18-10).

Spinale Motorik und Reflexe

Das **Rückenmark** hat eine eigene Funktion in der Anpassung der Muskelaktivität. Einerseits werden von ihm die Stellbefehle weitergeleitet, die von den beschriebenen übergeordneten Zentren in die Peripherie geschickt werden. Andererseits kann das Rückenmark aber auch selbstständig über Reflexe die Länge und auch die Spannung des Muskels einstellen.

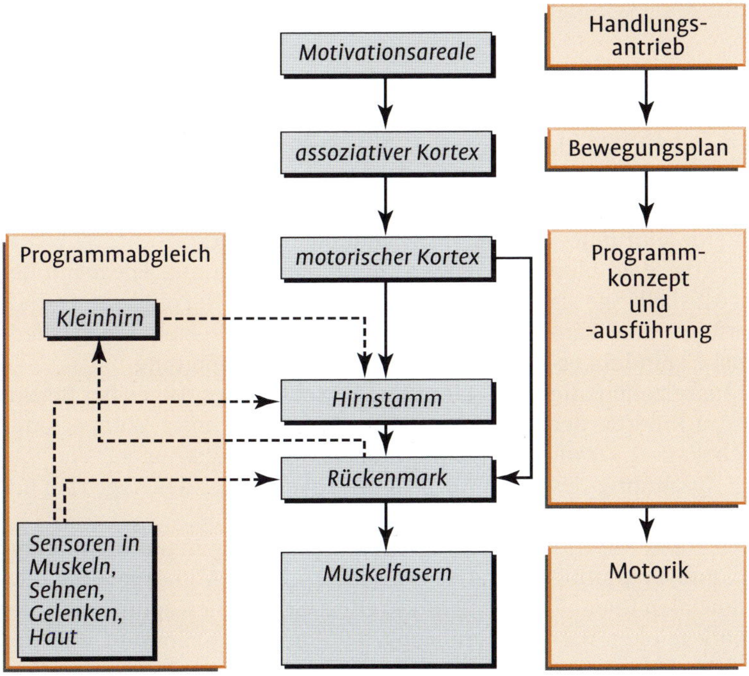

Abb. 18-10 Vereinfachtes Schema der Entstehung von Bewegungen. Die ausgeführten Bewegungen werden ständig über Sensoren erfasst und mit dem Bewegungsplan abgeglichen. Bei diesem Soll/Ist-Abgleich spielt das Kleinhirn eine besondere Rolle.

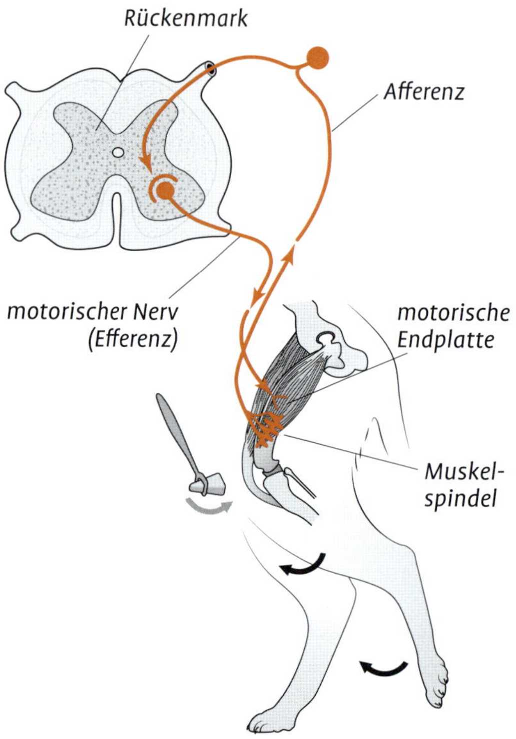

Abb. 18-11
Aufbau eines Reflexbogens am Beispiel des Patellarsehnenreflexes (nach Jaggy 2005).

Bei einer Muskelkontraktion kommt es durch die Verkürzung des Muskels zur Dehnung seiner elastischen Anteile und zur Erhöhung der Spannung in den Sehnen. Für eine koordinierte Bewegung ist es daher wichtig, dass eine ständige Kontrolle sowohl der Muskellänge als auch der Muskelspannung erfolgt. Eine **Längenänderung** wird durch **Muskelspindeln** erfasst. Dies sind modifizierte Muskelzellen, die wenige Millimeter lang und im Inneren der Muskeln in einer Bindegewebekapsel verankert sind (▶ Abb. 18-11). Die **Spannung** des Muskels messen Sensoren in der Sehne, **Golgi-Sehnen-Organe.**

Die Information über Länge und Spannung wird in Form von Aktionspotenzialen über afferente Nerven zum Rückenmark geleitet. Hier erfolgt im einfachsten Fall die Verarbeitung der Informationen über einen **Reflexbogen.** Der Aufbau eines Reflexbogens ist schematisch in ▶ Abbildung 18-11 ausgeführt. Reflektorisch wird im Rückenmark direkt auf die efferente Nervenbahn zum Effektor, d.h. den Muskel, umgeschaltet, wodurch eine Kontraktion des Muskels veranlasst wird.

Derartige Reflexbögen macht der Tierarzt bzw. der Arzt sich bei der Überprüfung von Dehnungsreflexen zu Nutze. Der bekannteste diagnostisch genutzte Dehnungsreflex ist der **Patellarsehnenreflex** (▶ Abb. 18-11). Nach einem Schlag auf die Sehne unterhalb der Kniescheibe wird der Strecker des Kniegelenks (M. quadriceps femoris) einschließlich seiner Muskelspindel gedehnt, durch den oben beschriebenen Reflexbogen kommt es zu einer kurzen Kontraktion dieses Muskels. Diese motorische Reaktion erfolgt unwillkürlich und zeigt immer wieder den gleichen Verlauf.

Da bei den Reflexen, die von den Muskelspindeln und Golgi-Sehnen-Organen ausgehen, Sensor und ausführendes Organ identisch sind, spricht man von **Eigenreflexen.**

Neben den Eigenreflexen findet man **Fremdreflexe,** die von Sensoren außerhalb der Muskulatur ausgelöst werden. Im Prinzip ist der Reflexbogen eines Fremdreflexes ähnlich wie der eines Eigenreflexes aufgebaut. Allerdings findet im Rückenmark eine Verarbeitung des Signals statt, an der mehrere Synapsen beteiligt sind. Fremdreflexe sind nicht immer rein motorisch, es können auch gemischte Reflexe auftreten, an denen auch das vegetative Nervensystem beteiligt ist.

Wichtige physiologische Fremdreflexe mit Beteiligung des motorischen Nervensystems sind:

- Schmerzreflex: z.B. Wegziehen der Gliedmaße bei Schmerzempfindung
- Lidreflex: Verschluss des Auges bei Berührung eines Augenlids, einer Wimper oder eines Sinushaares um die Augen
- Kornealreflex: Verschluss des Auges bei Berührung der Hornhaut
- Saugreflex: Saugbewegungen beim Jungtier bei Berührung der Mundschleimhaut
- Schluckreflex: Schluckbewegung nach Berührung der Rachenschleimhaut und des Zungengrundes

- Niesreflex und Hustenreflex: Niesen bzw. Husten nach mechanischer oder chemischer Reizung der Nasen- bzw. der Kehlkopfschleimhaut
- Widerristreflex: Zuckungen der Hautmuskeln bei Berührung des Widerrists (besonders Pferd)
- Rückenreflex: Durchbiegen der Wirbelsäule beim Kneifen der Haut über den Dornfortsätzen der kaudalen Brustwirbel
- Kratzreflex: Kratzbewegungen beim Bestreichen der Seitenbrust (beim Hund)
- Schwanzreflex: Anklemmen des Schwanzes nach Berührung der Schwanzwurzel von ventral
- Analreflex: Kontraktion des Afterschließmuskels bei Berührung der Analregion
- Huf- bzw. Klauenreflex: Anziehen der Gliedmaße bei Druck auf den Huf bzw. die Klaue, besonders an der Krone
- Duldungsreflex: Verharren brünstiger weiblicher Tiere bei Berührung der Rückenregion

18.6.2 Sensorisches Nervensystem

Im ▶ Kapitel 18.6.1 wurden bereits die Muskelspindeln und Golgi-Sehnen-Organe beschrieben, die auf reflektorische Weise mit dem motorischen Nervensystem verschaltet sind. Daneben gibt es noch zahlreiche andere **Sensoren,** die Meldungen aus der Umwelt und auch aus dem Körperinneren aufnehmen. Die Sensoren sind genauer im ▶ Kapitel 19 dargestellt. Die Meldungen dieser Sensoren werden aber nicht nur reflektorisch verarbeitet, sondern sie werden auch zu sensorischen Zentren im Gehirn weitergeleitet. Im **limbischen System** wird der Reiz **subjektiv** eingeschätzt (unangenehm; angenehm), wohingegen er im Großhirn objektiv quantifiziert wird (Art: Wärme, Dehnung usw.; Ort: Hautareal, Organ; Stärke; Dauer). Wichtigste Schaltstelle ist der Thalamus, der die Verteilung der Informationen regelt.

18.6.3 Vegetatives Nervensystem

Das vegetative Nervensystem (= autonomes Nervensystem) steuert die dem Willen nicht unterworfenen Organfunktionen wie z. B. die Magen-Darm-Bewegungen, die Blutgefäßweite, die Drüsentätigkeit usw. An der Regulierung dieser Funktionen sind zwei getrennte Einheiten beteiligt, der **Sympathikus** und der **Parasympathikus,** die im Allgemeinen antagonistische Wirkungen ausüben. Zu dem vegetativen Nervensystem wird auch das Nervensystem in der Wand des Magen-Darm-Traktes, das enterische Nervensystem, gerechnet.

■ Sympathikus: Anteile

Die Ganglien des Sympathikus sind segmental angeordnet (▶ Abb. 18-12). Sie sind untereinander verbunden und bilden zu beiden Seiten der Wirbelsäule eine Ganglienkette, die als **Grenzstrang** bezeichnet wird.
Der Grenzstrang reicht von der Schädelbasis bis zum Schwanzende. Im Halsbereich sind die Ganglien des Grenzstranges allerdings nicht segmental angeordnet, sondern zu zwei (Pferd, kleine Wiederkäuer) bis drei (Rind, Schwein, Hund, Mensch) **Halsganglien** zusammengelagert. Die Grenzstrangganglien erhalten Fasern aus dem Brust- und Lendenbereich. Von den Grenzstrangganglien verlaufen sympathische Fasern zu den Organen der Brust- und der Bauchhöhle oder zur Peripherie. Aus dem kranialen Ende des Halsgrenzstranges entspringen die Sympathikusanteile für die Kopforgane.
Abgesehen von den Ganglien im Grenzstrang befinden sich größere sympathische Ganglien in der Bauch- und Beckenhöhle. Auch zu diesen Ganglien ziehen Fasern direkt aus dem Rückenmark. Die Fasern, die aus dem Rückenmark zu den Ganglien im Grenzstrang oder in der Peripherie verlaufen, sind **präganglionäre Fasern.** Die Fasern, die von den Ganglien zu den Organen verlaufen, sind **postganglionäre Fasern.** Die postganglionären Fasern des vegetativen Nervensystems besitzen keine Myelinscheide. Sie leiten dadurch wesentlich langsamer (▶ Tab. 18-1).

Abb. 18-12
Verlauf und Innervationsbereiche des vegetativen Nervensystems (nach Silbernagl und Despopoulos 2007). Die Gehirnnerven sind mit römischen Ziffern bezeichnet; der N. vagus ist der X. Gehirnnerv.

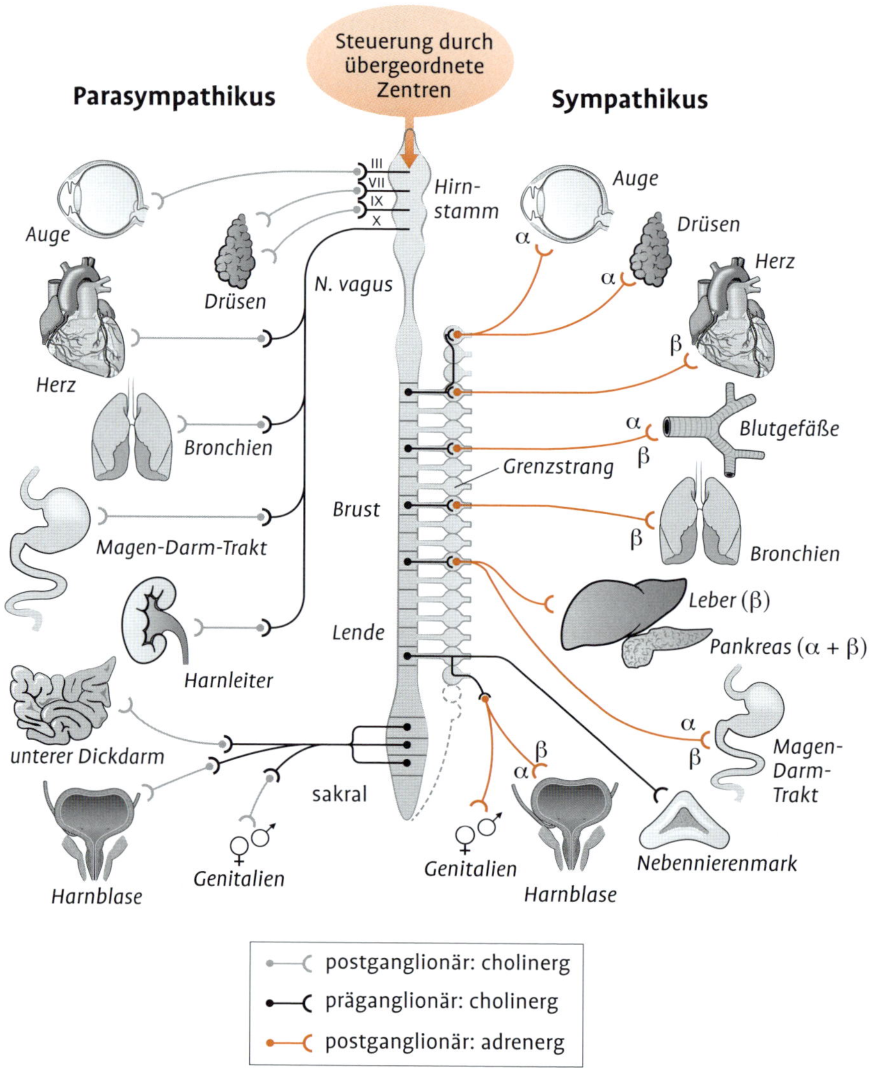

■ Parasympathikus: Anteile

Der Parasympathikus besteht aus zwei großen Anteilen: a) dem **Gehirnteil** mit Kernen im Hirnstamm, die Fasern mit den Gehirnnerven, insbesondere mit dem **N. vagus** (X. Gehirnnerv), abgeben, und b) dem aus dem Sakralmark entspringenden Teil (sakraler Parasympathikus; ▸ Abb. 18-12). Hinzu kommen parasympathische Fasern, die segmental mit den Dorsalwurzeln der Rückenmarksnerven austreten und mit den Rückenmarksnerven in die Peripherie ziehen (spinaler Parasympathikus). Der überwiegende Teil der parasympathischen Nervenfasern ist im N. vagus gelegen, so dass man häufig auch von einer **„Vaguswirkung“** spricht, wenn man parasympathische Wirkungen meint. Der N. vagus versorgt die Organe der Brusthöhle und der Bauchhöhle bis zum

Grimmdarm. Der sakrale Parasympathikus innerviert den Mastdarm, die Blase und die Geschlechtsorgane.
Auch beim Parasympathikus gibt es prä- und postganglionäre Fasern. Die Umschaltstelle, das Ganglion, ist aber wesentlich näher am Organ bzw. Gewebe gelegen. Auch die postganglionären Fasern des Parasympathikus besitzen wie die des Sympathikus keine Myelinscheide.

Wirkungen von Parasympathikus und Sympathikus

In der Regel werden Organe, die durch den Sympathikus angeregt werden, durch den Parasympathikus gehemmt und umgekehrt.
Sympathikuswirkungen sind unter anderem: Beschleunigung der Herzschlagfrequenz, Erweiterung der Pupille, Hemmung der Speichelsekretion, Erweiterung der Bronchien und der Blutgefäße in den Muskeln, Verengung der Hautgefäße sowie der Eingeweide- und Genitalgefäße, unter bestimmten Bedingungen aber auch der Muskelgefäße. Am Darm wird die Motorik zumeist gehemmt.
Parasympathikuswirkungen sind unter anderem: Verlangsamung des Herzrhythmus, Verengung der Pupillen, Verengung der Bronchien, Förderung der Darmmotilität, der Sekretion in Magen und Darm sowie in Leber und Bauchspeicheldrüse.
Unter körperlicher Belastung wird in der Regel der Sympathikus aktiviert, der Organe wie z. B. das Herz anregt, so dass auf eine erhöhte Belastung adäquat reagiert werden kann. „Entbehrliche“ Organe wie z. B. der Magen-Darm-Trakt und die Geschlechtsorgane werden durch die Aktivierung des Sympathikus gedrosselt. Unter der Wirkung des Parasympathikus stellt sich eine Ruhesituation im Körper ein, d. h., es wird eine zur Sympathikusaktivierung gegenteilige Funktionseinstellung der Organe eingeleitet.
Der meist gegensätzliche Einfluss von Sympathikus und Parasympathikus auf die Organe ist hauptsächlich dadurch bedingt, dass an den Organen unterschiedliche **Rezeptoren** für die Überträgerstoffe des Sympathikus und Parasympathikus vorhanden sind.
In ▶ Abbildung 18-13 sind die verschiedenen Übertragungsorte und die an diesen Orten wirksamen Überträgerstoffe gezeigt. Zunächst ist zwischen einer präganglionären und einer postganglionären Umschaltung zu unterscheiden. **Präganglionär** wird sowohl im sympathischen als auch im parasympathischen System die Information mithilfe von **Azetylcholin** über-

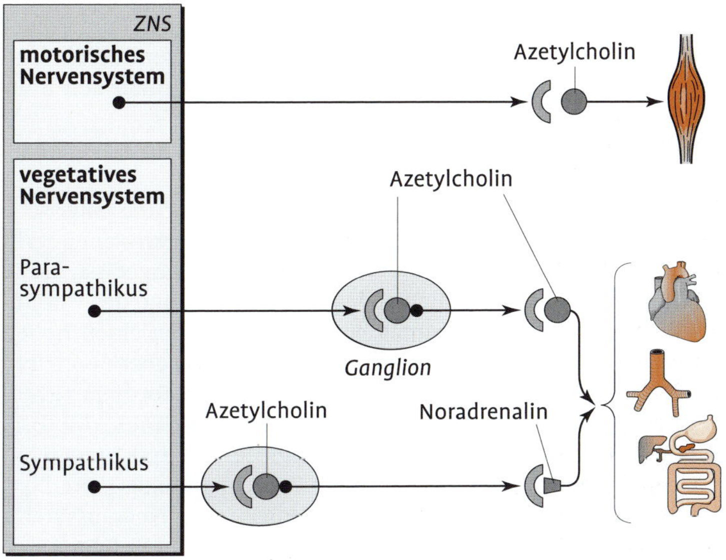

Abb. 18-13
Überträgerstoffe und -orte des motorischen und des vegetativen Nervensystems. Die Länge der Pfeile symbolisiert auch die Länge der Nervenfasern und die Entfernung der Ganglien vom Zielorgan.

tragen. Das Azetylcholin bindet an sogenannte **nikotinerge** Rezeptoren auf den postsynaptischen Nervenzellen. Nikotinerge Rezeptoren sind Kationenkanäle, die durch die Bindung von Azetylcholin geöffnet werden. **Postganglionär,** d. h. bei der Übertragung auf die einzelnen Organe, unterscheiden sich sowohl Überträgerstoffe als auch Rezeptoren.

Im **parasympathischen Teil** ist postganglionär auch **Azetylcholin** der Überträgerstoff. Als **cholinerge** Rezeptoren spielen hier aber nicht die nikotinergen, sondern vielmehr die sogenannten **muskarinergen** Rezeptoren eine Rolle. Bei den muskarinergen Rezeptoren handelt es sich nicht um Ionenkanäle. Die Bindung von Azetylcholin setzt hier vielmehr eine intrazelluläre Signalkaskade in Gang, die zur Bildung verschiedener sekundärer Botenstoffe führt. Die wichtigsten Botenstoffe sind hier Kalziumionen, die durch muskarinerge Rezeptoren vom Typ 3 (M_3-Rezeptoren) freigesetzt werden, und das zyklische Adenosinmonophosphat (cAMP), dessen Bildung durch Aktivierung von M_2-Rezeptoren gehemmt wird.

Postganglionär im **sympathischen** System fungiert hauptsächlich **Noradrenalin** als Überträgerstoff, der sich an **adrenerge** Rezeptoren bindet. Adrenerge Rezeptoren können auch durch **Adrenalin** besetzt werden, das aus dem **Nebennierenmark** freigesetzt wird (▶ Kap. 20.7.3). Bei den adrenergen Rezeptoren wird weiterhin zwischen α- und β-Rezeptoren unterschieden. Auch hier finden sich, ähnlich wie bei den muskarinergen Rezeptoren verschiedene Subtypen. Rezeptoren vom Typ α_1 induzieren bei Aktivierung eine Erhöhung der intrazellulären Kalziumkonzentration (ähnlich wie M_3-Rezeptoren). Die Stimulation von α_2-Rezeptoren führt zu einer Senkung des intrazellulären cAMP-Spiegels, während die Stimulation von β_1- und β_2-Rezeptoren den cAMP-Spiegel erhöht.

Die grundsätzliche Verteilung der verschiedenen Rezeptoren in den Organen ist aus ▶ Abbildung 18-12 ersichtlich. Die Feinregulation der Organfunktionen erfolgt fast immer im Zusammenspiel zwischen den einzelnen Rezeptor(sub)typen von Parasympathikus und Sympathikus. Da die meisten Organe und Gewebe sowohl cholinerge als auch adrenerge Rezeptoren besitzen, können diese sowohl stimulierend als auch hemmend beeinflusst werden. Die Besetzung von cholinergen und adrenergen Rezeptoren hat zumeist gegenteilige Wirkung auf die Gewebe- bzw. Organfunktion. Neben der Verteilung der Rezeptoren spielen auch deren Affinitäten für die Überträgerstoffe eine Rolle. So binden die α-Rezeptoren eher Noradrenalin, die β-Rezeptoren sind empfänglicher für Adrenalin.

■ Verarbeitung im vegetativen Nervensystem

Ähnlich wie beim motorischen Nervensystem finden sich auch im vegetativen Nervensystem **reflektorische Verschaltungen.**

Beispiele für die reflektorischen Verschaltungen mit Beteiligung des vegetativen Nervensystems sind:

- Pupillenreflex: Verkleinerung der Pupille bei Beleuchtung des Auges
- Blasenentleerungsreflex: Auslösung der Blasenentleerung aufgrund von Dehnungssensoren in der Blasenwand

Wie beim motorischen und sensorischen System sind aber auch im vegetativen Nervensystem Areale im ZNS vorhanden, die komplexere Verarbeitungen möglich machen. Vegetative Koordinationszentren finden sich im verlängerten Mark, im Bereich der Brücke und des Hypothalamus. In diesen Arealen sind **Zentren für Regelkreise** vegetativer Funktionen vorhanden, so z. B. die Regelzentren für den Wärmehaushalt (▶ Kap. 12.4) und den Blutdruck (▶ Kap. 8.3).

■ Enterisches Nervensystem

Der Verdauungstrakt wird durch das enterische Nervensystem gesteuert. Unter diesem Begriff werden Nervenzellen zusammengefasst, die zu Ganglien angeordnet in der Wand des Verdauungskanals liegen. Sie besitzen einen hohen Grad an Autonomie, bewirken aber durch ihre komplexe Verschaltung eine koordinierte Motorik (z. B. Darmperistaltik). Diese Motorik wird, ähnlich wie die Herzmotorik, vom Sympathikus und vom Parasympathikus moduliert. Die Funktion des enterischen Nervensystems wird im Zusammenhang mit der Beschreibung der Darmfunktionen erörtert (▶ Kap. 10.7.3).

19 Sinnesorgane

19.1 Allgemeine Prinzipien

Die Informationen aus der Umwelt und dem Körperinneren können nur dann aufgenommen werden, wenn für die Reize passende **Sensoren** vorhanden sind. Diese Fühler gestatten nicht nur Informationen aufzunehmen, sondern auch, diese zu verarbeiten und sich letztendlich an die Umwelt anzupassen.

Bei Säugetieren gibt es spezialisierte Sensoren für optische Reize (Augen), akustische Reize (Ohren), chemische Reize (Nase, Zunge), thermische Reize (Temperaturfühler im Körperinneren und in der Haut) und mechanische Reize (Mechanosensoren in den Geweben).

Unabhängig von der Art des Sensors werden alle aufgenommenen Reize in ein elektrisches **Potenzial** umgewandelt. Dieser Vorgang ist in ▶ Abbildung 19-1 veranschaulicht. So werden durch einen Reiz eine Deformation und/oder eine chemische Änderung in den rezeptiven Strukturen des Sensors hervorgerufen. Dies führt dazu, dass sich an dem Sensor das Membranpotenzial ändert. Diese Änderung des

Abb. 19-1
Entstehung eines Sensorpotenzials **(1)** durch einen Reiz und Umwandlung des Sensorpotenzials in ein Aktionspotenzial am nächsten Ranvier-Schnürring **(2)** (nach Vander et al. 1994). Bei **A** ist die Reizstärke gering. Es wird eine nur schwache Änderung des Sensorpotenzials ausgelöst, die nicht in ein Aktionspotenzial umgewandelt wird; der Reiz wird nicht empfunden. Über **B** nach **C** ansteigend nehmen die Reizstärke und damit auch die Änderung des Sensorpotenzials zu. Je stärker die Änderung des Sensorpotenzials ausfällt, desto höher ist die Frequenz der Aktionspotenziale (Frequenzkodierung der Reizstärke). Ebenfalls zu erkennen ist die Adaptation des Sensors, d. h., nach einer gewissen Einwirkzeit des Reizes nehmen Sensorpotenzial und infolgedessen auch die Frequenz der Aktionspotenziale wieder ab.

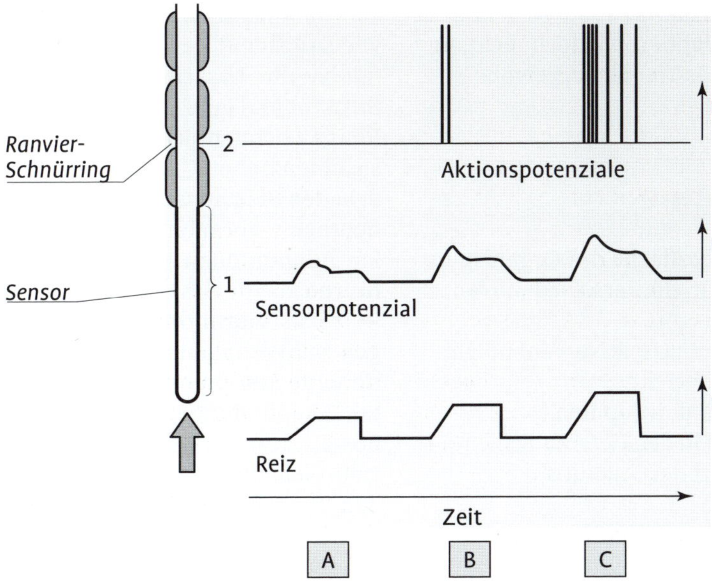

Sensorpotenzials wird in den nachfolgenden ableitenden Nervenfasern in **Aktionspotenziale** umgewandelt. Über die Aktionspotenziale wird die Information zum ZNS weitergeleitet. Je stärker der Reiz ist, desto größer ist die Potenzialänderung am Sensor. Je stärker sich das Sensorpotenzial ändert, desto mehr Aktionspotenziale werden ausgelöst **(Frequenzkodierung der Reizstärke).**

Allerdings sind die Potenzialänderung am Sensor und damit auch die Aktionspotenzialfrequenz nicht über die gesamte Reizeinwirkungszeit konstant. So ist der Einfluss des Reizes auf das Membranpotenzial abhängig von der Dauer seiner Einwirkung. An vielen Sensoren wird bei längerer Einwirkung das Potenzial gar nicht oder kaum noch verändert, der Sensor **„adaptiert"** sich an den Reiz. Dies hat zur Folge, dass der Reiz vom entsprechenden Sinnessystem nicht mehr erfasst wird. So werden Gerüche anfänglich wahrgenommen, später tritt ein Gewöhnungseffekt auf. Ähnliches gilt für die Mechanosensoren in der Haut. Auch hier wird bei längerer Einwirkung die Empfindung nicht mehr wahrgenommen (z. B. die Brille auf der Nase). Der physiologische Sinn dieser Adaptationen liegt darin, dass das Sensorium besonders empfindlich auf Änderungen in der Umgebung und somit auf auftretende Gefahren reagieren soll. Alles, was sich nicht verändert, wird dadurch „ausgeblendet". Schmerzsensoren adaptieren jedoch nicht, an Schmerz kann sich das Tier nicht „gewöhnen".

19.2 Hautsinne

Über die gesamte Oberfläche des Organismus sind Sensoren verteilt, die verschiedene Reize aufnehmen können:

- Temperatursensoren (freie Nervenendigungen)
  - Kaltsensoren in den Papillen
  - Warmsensoren in den tieferen Schichten des Korium und der Subkutis
- Mechanosensoren
  - Nervenmanschetten der Haare und freie Nervenendigungen
  - Tastscheiben und -körperchen
- Schmerzsensoren = Nozizeptoren (freie Nervenendigungen)

In der Haut sind zwei Arten von **Temperatursensoren** vorhanden, die jeder für sich innerhalb eines begrenzten Temperaturbereichs empfinden können, darum spricht man auch von **Warm-** und **Kaltsensoren.** Die Temperatursensoren der Haut erfassen die sogenannte **Schalentemperatur** des Körpers. Warmsensoren erfassen Temperaturen zwischen 30 und 45 °C, währenddessen die Kaltsensoren für einen Temperaturbereich zwischen 10 und 40 °C sensitiv sind. Im Temperaturbereich zwischen 30 und 40 °C gelangen daher Informationen sowohl von den Kalt- als auch den Warmrezeptoren ins Gehirn, wodurch in diesem Bereich eine besonders exakte Erfassung der Schalentemperatur möglich ist. Temperaturen unter 10 °C werden (zumindest beim Menschen) ohne Differenzierung als „kalt" und schmerzhaft empfunden, da hier Nozizeptoren angesprochen werden. Zusammen mit den Temperatursensoren im Körperkern sind die Temperatursensoren in der Haut in die Temperaturregulation eingebunden. Die Schalentemperatur wird dabei je nach Zustand der Körperkerntemperatur verändert. Diese Temperatureinstellung ist genauer im ▶ Kapitel 12.4 beschrieben.

Die Haut kann vielfältige mechanische Reize wie Druck und Dehnung erfassen. Diese Vielfalt hat ihre Ursache in der unterschiedlichen Struktur und Funktion der **Mechanosensoren.** Einige zeichnen sich zudem dadurch aus, dass sie einen hohen Grad der **Adaptation** zeigen, d. h. den Reiz nur zu Beginn seines Auftretens deutlich wahrnehmen. Diese extrem schnellen Adaptationen (z. B. bei Tastkörperchen) führen dazu, dass bestimmte mechanische Reize als **Vibrations-** bzw. **Kitzelempfindungen** wahrgenommen werden. Langsam adaptierende Sensoren wie Tastscheiben übermitteln Empfindungen des Drucks. Die Mechanosensoren der Haut sind eingebunden in zahlreiche Reflexe. Die Mechanosensoren an den Wurzeln der Haare und insbesondere an den Tast- oder Sinushaaren spielen eine besondere Rolle bei der Auslösung von Schutzreflexen.

Neben den Mechanosensoren in der Haut gibt es aber auch zahlreiche Mechanosensoren in Gelenken und Muskeln. Diese als **Propriozeption** bezeichnete Sinnesleistung versetzt den Körper in die Lage, auch mit geschlossenen Augen jederzeit die Stellung der Extremitäten zu erfassen und auch die Kraft zu dosieren, mit der einzelne Teile des Körpers bewegt werden. Besondere Propriozeptoren sind die Muskelspindeln und Golgi-Sehnenorgane, die im ▶ Kapitel 18.6.1 beschrieben sind.

Die Schmerzsensoren der Haut sind Teil des nozizeptiven Systems und genauer im ▶ Kapitel 19.7 dargestellt.

19.3 Sehen

Von den Säugetieren werden Lichtreize mit den Augen aufgenommen. Zusammen mit seinen Hilfs- und Schutzeinrichtungen bildet das Auge (Oculus) das **Lichtsinnesorgan.**

19.3.1 Aufbau des Auges

■ Schutz- und Hilfseinrichtungen

Zu den Schutz- und Hilfseinrichtungen des Auges gehören die **Augenhöhle,** die **Augenlider,** der **Tränenapparat** und die **Augenmuskeln.**

Die Augenhöhle und die Lider schützen den **Augapfel** vor mechanischen, chemischen und thermischen Schädigungen. Der Tränenapparat sorgt für eine ständige Anfeuchtung der freien Oberfläche des Augapfels und schützt diese vor dem Austrocknen. Die Augenmuskeln verleihen dem Augapfel seine Eigenbeweglichkeit und erweitern damit das Gesichtsfeld, ohne dass Bewegungen des Kopfes notwendig sind.

Die **Augenhöhle** (Orbita) wird vom vorderen Keilbein, dem Oberkieferbein, dem Tränenbein, dem Jochbein und dem Stirnbein gebildet (▶ Abb. 19-2). Während sie beim Pferd und Wiederkäuer wie beim Menschen vollständig knöchern umrandet wird, besteht beim Schwein und Fleischfresser eine Lücke zwischen dem Jochfortsatz des Stirnbeins und dem Jochbogen, die durch ein Band (Ligamentum orbitale) geschlossen wird. Im deutlichen Gegensatz zu den Verhältnissen beim Menschen ist die Augenhöhle beim Haustier zur Schläfengrube hin offen. In der Augenhöhle befindet sich Bindegewebe, in das der Augapfel, seine Muskeln und Fett eingelagert sind. Das Fett bildet ein Polster, das den Augapfel weich lagert. Bei starker Abmagerung hungernder, schwerkranker oder alter Tiere wird auch dieses Fett abgebaut, der Augapfel sinkt ein.

Die **Augenlider** umschließen die **Lidspalte.** Sie ist während der Fetalzeit geschlossen und öffnet sich beim Fleischfresser erst einige Tage (9 bis 14 Tage) nach der Geburt. An der Lidspalte unterscheidet man einen medialen (nasalen) und einen lateralen (temporalen) Winkel.

Außer dem oberen und unteren Augenlid besitzen die Haussäugetiere ein **drittes Augenlid,** die **Nickhaut.** Bei Spasmen des Nickhautmuskels (Tetanus) und beim Einsinken des Augapfels bei stark abgemagerten Tieren fällt die Nickhaut vor und bedeckt ständig den medialen Teil des Augapfels.

Das **obere** und das **untere Augenlid** werden von der äußeren Haut mit feiner Behaarung bedeckt. Zum Augapfel hin bekleidet sie die **Lidbindehaut,** eine Schleimhaut mit mehr-

Abb. 19-2
Augenhöhle mit Auge und seinen Hilfseinrichtungen (nach Ellenberger und Baum 1943).

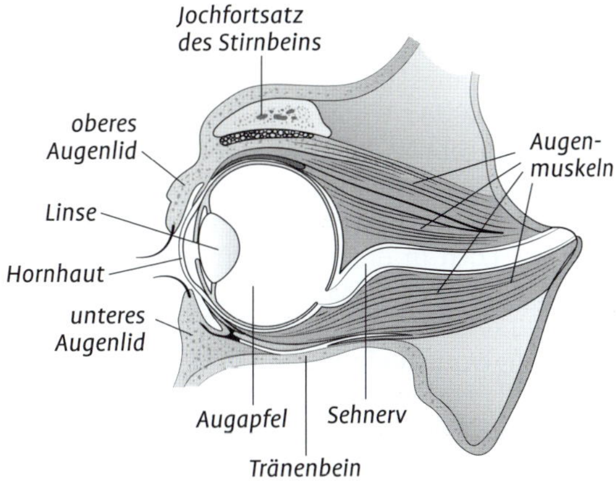

schichtigem, nicht verhorntem Oberflächenepithel, die zusammen mit der Bindehaut des Augapfels den **Bindehautsack** bildet.
Die Lidbindehaut besitzt zahlreiche feine Kapillaren, die beim Abheben des Augenlids gut sichtbar sind. Der Füllungszustand und die Beschaffenheit der Kapillaren der Lidbindehaut geben Auskunft über die Kreislaufverhältnisse und eventuelle Erkrankungen des Gesamtorganismus.
Am Lidrand sind besonders lange und kräftige Haare, die **Wimpern,** ausgebildet. Bei ihrer Berührung, aber auch schon bei Reizung durch unerwarteten Luftzug, wird die Lidspalte reflektorisch und sehr schnell geschlossen (Lidreflex). Am Lidrand münden auch die Ausführungsgänge von im Lid gelegenen Talgdrüsen. Diese benetzen den Lidrand und die Wimpern mit ihrem Sekret, der „Augenbutter".
Der **Tränenapparat** besteht aus der **Tränendrüse** und **Abflusseinrichtungen** für die Tränenflüssigkeit. Die Tränendrüse liegt über dem dorsolateralen Quadranten des Augapfels unter dem Jochfortsatz des Stirnbeins (Pferd, Wiederkäuer) bzw. unter dem Ligamentum orbitale (Schwein, Fleischfresser). Sie sekretiert die seröse Tränenflüssigkeit, die sich aus mehreren Ausführungsgängen in den Bindehautsack ergießt und die Augenoberfläche feucht hält. Die dünnflüssige, salzige Tränenflüssigkeit sammelt sich im medialen Augenwinkel im **Tränensee** und wird dort von je einem **Tränenpunkt** im oberen und im unteren Augenlid aufgenommen. Von hier aus fließt die Tränenflüssigkeit in die **Tränenröhrchen** und weiter in den **Tränennasengang,** der in die Nasenhöhle mündet. Der Tränennasengang ist in seinen Anfangsabschnitten von einer knöchernen Röhre des Tränen- und des Oberkieferbeins umgeben. Sein Endabschnitt ist lediglich ein Schleimhautrohr. Die Mündung des Tränennasengangs ist beim Pferd als linsengroßes Loch in der Nasenöffnung am Übergang der äußeren Haut in die Nasenschleimhaut erkennbar und zugänglich.
Die **Augenmuskeln** verleihen dem Augapfel seine Eigenbeweglichkeit (▶ Abb. 19-2). Sie sind beim Haussäugetier durch Reflexbahnen so gekoppelt, dass alle Bewegungen von beiden Augäpfeln gemeinsam ausgeführt werden. Störungen in diesem System werden als **Schielen** (Strabismus) bezeichnet.

■ Augapfel

Der Augapfel (Bulbus oculi) ist bei Säugetieren annähernd kugelförmig. Er besteht aus der äußeren, der mittleren und der inneren Augenhaut sowie der Linse und dem Glaskörper. Der Augapfel des Geflügels hat keine eindeutige Kugelform, sondern ist im vorderen Bereich abgeflacht, mit einer Vorwölbung im Bereich der Hornhaut. Damit die Stabilität erhalten bleibt, ist ein knöcherner Ring am Übergang von der vorgewölbten Hornhaut zur flachen weißen Augenhaut vorhanden.
Die **äußere Augenhaut** ist sehr straff und gibt dem Augapfel seine Festigkeit. Sie besteht aus zwei Anteilen, der **weißen Augenhaut (Sclera)** und der **Hornhaut (Cornea).** Der vordere Abschnitt des Augapfels enthält die durchsichtige **Hornhaut.** Ein spezifisches Epithel, die regelmäßige Anordnung ihrer Bindegewebsfasern und das Fehlen von Blutgefäßen bedingen die Durchsichtigkeit der Kornea (▶ Abb. 19-3), Bei Störungen dieser Faseranordnungen durch Verletzungen ist die Kornea weißlich eingetrübt und undurchsichtig. Nach hinten geht die Hornhaut in die **Sklera** über. Die Sklera besteht aus straffem Bindegewebe, welches ihr die weiße Färbung verleiht (▶ Abb. 19-3).
Die **mittlere Augenhaut** ist reich an Blutgefäßen, Pigmentzellen und Nerven. Sie hat drei Anteile: Aderhaut, Ziliarkörper und Regenbogenhaut.
Als **Aderhaut (Chorioidea)** bezeichnet man den Teil der mittleren Augenhaut, der der Sklera angelagert ist (▶ Abb. 19-3). Die Aderhaut ist reich an Blutgefäßen und hat daher Bedeutung für die Ernährung der angrenzenden Schichten des Augapfels. Sie ist von stark pigmentiertem Bindegewebe umgeben. Im Gebiet des Gehirnpols des Augapfels bildet die Aderhaut (außer beim Schwein) das Tapctum lucidum, einen je nach Tierart in verschiedenen Farben schillernden Bezirk. Dort sind die Zellen bzw. Bindegewebsfasern derart angeordnet, dass das einfallende Licht reflektiert. Dadurch erfolgt eine intensive Reizung der Netzhautzellen auch beim Einfall von wenig Licht.

Abb. 19-3
Auge des Hundes, schematisch (in Anlehnung an eine Abbildung von Vet. Scope in Canine Medicine 1959).

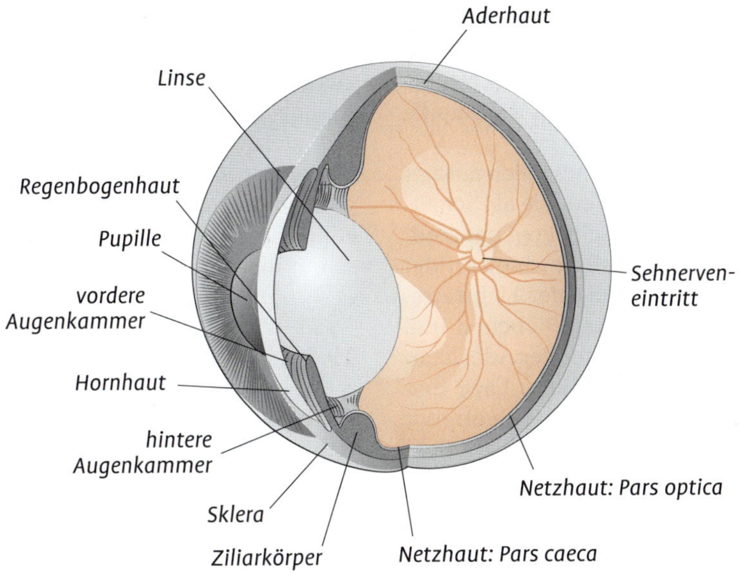

Der **Ziliarkörper** dient als Halte- und Bewegungsapparat für die Linse. Er entsendet Ziliarfortsätze, zwischen denen die Linse ausgespannt wird (▶ Abb. 19-3). Durch Änderung der Spannung des **Ziliarmuskels** werden die Krümmung der Linse und damit ihr Brechungsvermögen verändert. Die **Linse** (Lens; ▶ Abb. 19-3) ist wichtiger Bestandteil des vom Auge gebildeten **dioptrischen Apparates.** Die Veränderbarkeit ihres Lichtbrechungsvermögens gewährleistet ein stets scharfes Bild auf der Netzhaut.

Die **Regenbogenhaut** (Iris) liegt lidwärts des Ziliarkörpers (▶ Abb. 19-3). Sie bildet eine kulissenartige Trennung zwischen der vorderen und der hinteren Augenkammer, die nur durch ein zentrales Loch, die **Pupille,** in Verbindung stehen. Die Pupille ist beim Pferd und Wiederkäuer queroval, beim Schwein und Hund rund und bei der Katze vertikal schlitzförmig. Die Pupillenweite wird durch den Tonus zweier Muskeln bestimmt. Diese sind der M. sphincter pupillae, der die Pupille verengt und vom Parasympathikus innerviert wird, und der vom Sympathikus innervierte M. dilatator pupillae, der die Pupille erweitert.

Die Pupillenweite dient der Regulierung des Lichteinfalls. Da schlitzförmige Pupillen enger geschlossen werden können als runde, sind sie bei besonders lichtempfindlichen Augen (z. B. bei Katzen) zu finden.

Die **Farbe** der Regenbogenhaut und damit die Farbe der Augen wird durch die Zahl der in das Bindegewebe eingelagerten **Pigmentzellen** bestimmt. Wenn viele Pigmentzellen vorhanden sind, ist die Regenbogenhaut dunkelbraun gefärbt. Fehlen Pigmentzellen, so erscheinen diese Teile des Auges infolge Streuung des Lichtes im Bindegewebe der Iris vor dem dunklen Augenhintergrund blau. Auf diese Weise können Augen je nach Pigmentierung verschiedenfarbig gescheckt sein (meist braun und blau). Derartig gescheckte Augen nennt man „Birkaugen“. Ist auch der Augenhintergrund unpigmentiert (bei Albinos), dann sind die Augen rot, da man die Blutgefäße der Aderhaut durchleuchten sieht.

Die **innere Augenhaut** (Netzhaut, Retina) weist den lichtempfindlichen Sehteil auf (Pars optica retinae), der im Augenhintergrund liegt und die Sinneszellen trägt, sowie den lichtun-

empfindlichen blinden Teil (Pars caeca retinae), der sich lidwärts anschließt und den Ziliarkörper sowie die Rückseite der Iris bedeckt (▶ Abb. 19-3).
Die Pars caeca retinae bildet das Kammerwasser. Bei den Pflanzenfressern (besonders Pferd und Ziege) ragen Teile der Pars caeca retinae als sogenannte Traubenkörner in die Pupille vor.
In der Pars optica sind die Sinneszellen zusammen mit anderen Nervenzellen, die als Schaltzellen dienen, in mehreren Schichten angeordnet (▶ Abb. 19-4). In den Zellschichten erfolgt bereits die erste Verarbeitung der Lichtreize. Die Schicht der **Sinneszellen** (**Stäbchen** und **Zapfen**) liegt unmittelbar unter der Aderhaut, von dieser nur durch eine dünne Lage einschichtigen, platten Pigmentepithels getrennt (▶ Abb. 19-4). An der Eintrittsstelle des Sehnervs in das Auge (Discus nervi optici, Papilla optica) befinden sich weder Stäbchen noch Zapfen. So entsteht ein **blinder Fleck**, der keine Lichtreize aufnimmt.

Abb. 19-4
Aufbau der Pars optica der Netzhaut (nach Silbernagl und Despopoulos 2007). Das Licht fällt von „unten“ ins Auge, d. h., die Rezeptoren auf den Stäbchen und Zapfen sind dem Licht abgewandt.

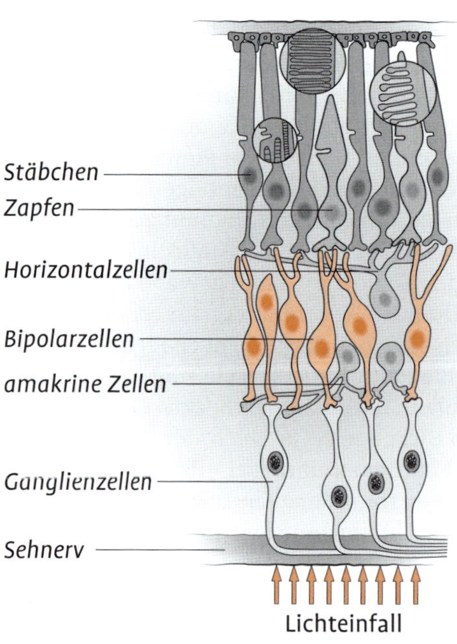

Der **Glaskörper** füllt als gallertartige, glasklare Masse den Raum zwischen Linse und Netzhaut aus. Außer dem vom Glaskörper ausgefüllten Zentralraum des Auges besitzt dieses zwei mit Kammerwasser angefüllte kleinere Räume. Die **vordere Augenkammer** befindet sich zwischen der Hornhaut und der Vorderfläche der Regenbogenhaut. Die **hintere Augenkammer** nimmt den Raum zwischen der Hinterfläche der Regenbogenhaut und der Linse mit ihrem Aufhängeapparat ein.

19.3.2 Physiologie des Sehens

■ Physik der Lichtwellen; Allgemeine Funktionen des Auges

Lichtwellen sind elektromagnetische Wellen, d. h., ihre Übertragung ist nicht an Materie gebunden. Wie andere Wellen werden auch elektromagnetische Wellen durch ihre Wellenlänge und ihre Frequenz beschrieben. Die **Wellenlänge** bezeichnet den Abstand zwischen zwei nachfolgenden Wellenbergen. Die Länge elektromagnetischer Wellen kann mehrere Kilometer betragen (Langwellenradio), aber auch nur Bruchteile eines Millimeters, wie z. B. bei Gamma- und Röntgenstrahlen. Die **Frequenz** ist umgekehrt proportional zur Wellenlänge. Einheit für die Frequenz ist Hertz (1 Hz = 1 Schwingung pro Sekunde; Heinrich Rudolf Hertz; *1857 in Hamburg, †1894; Physiker). ▶ Abbildung 19-5 zeigt das Längen- und Frequenzspektrum elektromagnetischer Wellen. Die (von Primaten) als Licht empfundene Wellenlänge bewegt sich in einem Bereich zwischen 400 und 700 Nanometer.
Das Auge besteht im Prinzip aus zwei Einheiten mit unterschiedlicher Funktionsausrichtung. Zum einen sind lichtbrechende Strukturen vorhanden, die unter dem Begriff **dioptrischer Apparat** zusammengefasst werden. Dieser dient der Bündelung der Lichtwellen auf der Netzhaut. In der Netzhaut befinden sich die Strukturen der zweiten Einheit, des **lichtaufnehmenden Apparates.** Sensoren und Nervenzellen nehmen die Lichtwellen auf, wandeln sie in Aktionspotenziale um und

Abb. 19-5
Spektrum elektromagnetischer Wellenlängen (nach Vander et al. 1994).

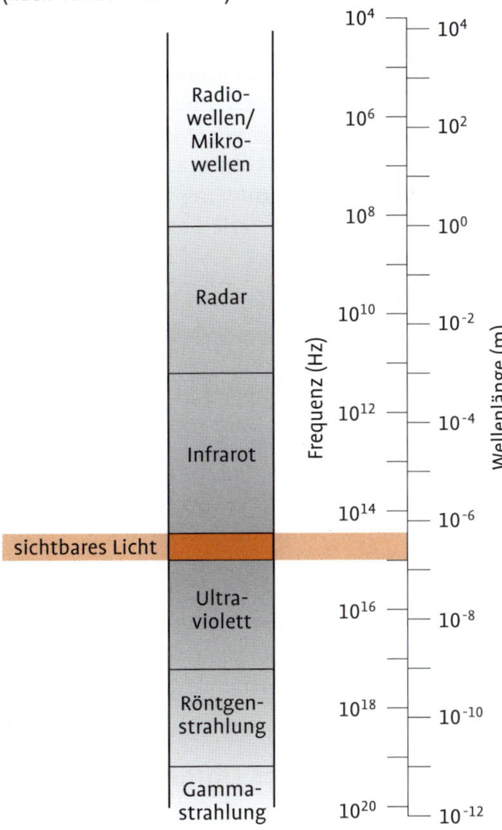

nehmen eine erste Informationsverarbeitung vor.

Dioptrischer Apparat

Die Fokussierung der Lichtwellen auf den zentralen Punkt der Retina erfolgt mithilfe wiederholter Lichtbrechung an den Grenzen von Kornea, Augenkammer und Linse, wobei die Lichtbrechung an der Kornea am größten ist. Allerdings kann an der Linse das Ausmaß der Lichtbrechung beeinflusst werden, da die Dicke der Linse variabel ist. So müssen Lichtwellen von Objekten, die sich nahe am Auge befinden, stärker gebrochen werden, um in gebündelter Form auf die Netzhaut zu gelangen. Die Erhöhung der **Brechkraft** wird dadurch erreicht, dass die Linse sich mithilfe des Ziliarmuskels abrundet. Diese Anpassung der Linse an die Entfernung des Objektes von dem Fokussierungspunkt bezeichnet man als **Akkommodation.** Die Stärke des Lichteinfalls wird über die Pupillenweite reflektorisch geregelt **(Pupillenreflex).** Trifft stärkeres Licht auf die Retina, wird die Pupille verengt. Bei den Haussäugetieren wird bei Lichteinfall in nur ein Auge auch die Pupille des nicht beleuchteten Auges mit verengt. Diese indirekte Reaktion ist besonders deutlich bei Hund und Katze und hängt zum Teil mit dem Ausmaß der Kreuzung der Fasern des N. opticus zusammen (siehe unten ▶ Sehbahnen). Bei Vögeln ist ein indirekter Pupillenreflex nicht auslösbar.

Signalaufnahme und -verarbeitung

In ▶ Abbildung 19-4 ist die Anordnung der lichtempfindlichen **Stäbchen** und **Zapfen** in der Retina gezeigt. Der lichtempfindliche Teil der Photosensoren ist zum Retinahintergrund gerichtet, d. h. weg vom einfallenden Licht. Die Stäbchen sind sensitiver als die Zapfen und sprechen daher auch auf eine geringere Beleuchtungsstärke an. Die Zapfen vermitteln aber das Erkennen von Farbe.

Sowohl bei Stäbchen als auch bei Zapfen erfolgt die Umwandlung elektromagnetischer Lichtwellen in Aktionspotenziale mithilfe von **Rhodopsin,** einem Photopigment. Wesentlicher Bestandteil des Rhodopsins ist **Retinal,** eine Variante des **Vitamin A.** Die Versorgung mit diesem Vitamin ist daher wesentlich für den Sehvorgang. Eine Unterversorgung führt zu Sehstörungen.

Trifft Licht auf die Photorezeptoren, verändert Rhodopsin bzw. dessen Retinalteil seine Struktur. Als Folge der Strukturveränderung wird die Bindung des Retinals an die Zellmembran geschwächt, was das Membranpotenzial verändert. Diese Umpolarisierung wird durch sich an die Stäbchen und Zapfen anschließende bipolare Zellen erfasst bzw. umgewandelt und zu den Ganglienzellen des Nervus opticus (II. Gehirnnerv) weitergeleitet (▶ Abb. 19-4). An den Ganglienzellen erfolgt eine Umwandlung des Potenzials in Aktionspotenziale, welche über den Nerv zu den zentral verarbeitenden Regionen gelangen und hier die Wahrnehmung von Licht auslösen.

Säugetiere haben verschiedene Arten von Zapfen mit unterschiedlichen Photopigmenten, die Licht in unterschiedlichen Wellenlängen wahrnehmen. Primaten erfassen drei unterschiedliche Bereiche von Wellenlängen: blau, grün, rot. Die Tiere werden daher als **Trichromaten** bezeichnet. Soweit bekannt, sind die anderen Säugetiere **Dichromaten,** wobei die Zapfen mit den langwelligen Absorptionsspektren fehlen. Daher gilt für viele Tiere (auch für Stiere), dass rötliche Farben nicht aufgenommen und empfunden werden können. Vögel haben vier verschiedene Zapfentypen, sind also **Tetrachromaten.** Dadurch (und durch die Einlagerung farbiger Öltröpfchen in die Retina) sind sie in der Lage, ein größeres Farbspektrum zu erfassen als Säugetiere.

Für das **räumliche Sehen** sind zwei Augen notwendig. Die Entfernung der Gegenstände ergibt sich aus dem unterschiedlichen Winkel, aus dem das Bild des Gegenstandes die Augen trifft. Ersatzweise können beim Sehen mit einem Auge Größenverhältnisse zweier oder mehrerer Gegenstände oder die Änderung ihrer Lagebeziehungen in der Bewegung zum Entfernungsschätzen herangezogen werden.

Bei Raubtieren, Affen und dem Menschen sind die Sehachsen der Augen fast parallel. Sie haben daher ein sehr großes gemeinsames **Gesichtsfeld** beider Augen. Dies erleichtert das Entfernungssehen. Bei Pflanzenfressern stehen die Sehachsen der beiden Augen weiter auseinander. Dadurch haben sie zwar ein kleineres gemeinsames Gesichtsfeld der Augen, sie können aber insgesamt einen größeren Bereich überblicken.

■ Sehbahnen

Die Bildeindrücke werden über den **Sehnerv** (N. opticus, II. Gehirnnerv) dem Gehirn zugeleitet. In der **Sehnervenkreuzung** (▶ Abb. 18-9) kreuzen sich die Nervenfasern beider Seiten mehr oder weniger. Dies hat zur Folge, dass die Informationen des linken Auges in der rechten Gehirnhälfte und des rechten Auges in der linken Hälfte wahrgenommen werden. Bei Säugetieren ist an der kaudomedialen Fläche der Großhirnhemisphären ein **Sehzentrum (Sehrinde)** ausgebildet, in dem die Bildeindrücke verarbeitet werden. Vorher erfolgt eine Umschaltung im primären Sehzentrum des Mittelhirndachs, das bei niederen Tieren und Vögeln das alleinige Sehzentrum ist. Hier werden auch lichtbedingte Reflexe gesteuert. Über Nervenbahnen, die von den Augen zum Zwischenhirn verlaufen, beeinflusst der Lichteinfall die tages- und jahreszeitliche Rhythmik des Organismus sowie das vegetative Nervensystem und das Hormonsystem (z. B. Einflüsse auf den Tag-Nacht-Rhythmus tag- und nachtaktiver Tiere, Einflüsse auf die Sexualsaison).

19.4 Gehör und Gleichgewichtssinn

Das Ohr dient sowohl der Aufnahme, Leitung und Empfindung von **Schallwellen (Hörorgan)** als auch der **Orientierung** über die Lage im Raum und der Registrierung von Drehbewegungen **(Dreh- und Gleichgewichtsorgan).** Das Hörorgan und das Dreh- und Gleichgewichtsorgan liegen dicht beieinander und sind zum Organum vestibulocochleare vereinigt.

19.4.1 Aufbau des Ohres

Am Ohr unterscheidet man zwischen **Außenohr** mit der Ohrmuschel und dem äußeren Gehörgang zur Aufnahme der Schallwellen, **Mittelohr** mit den Gehörknöchelchen (Hammer, Amboss und Steigbügel) zur Schallleitung und dem Innenohr mit Vorhof, Schnecke und Bogengängen, in denen sich die Sinneszellen des Hör- und auch des Dreh- und Gleichgewichtsorganes befinden (▶ Abb. 19-6).

■ Außenohr

Das Außenohr beginnt bei den meisten unserer Haussäugetiere mit einer großen **Ohrmuschel,** die ebenso wie der Anfangsteil des Gehörganges von Knorpel gestützt wird. Mehrere Gruppen von **Ohrmuskeln** (unter anderem Einwärtszieher, Auswärtszieher, Heber, Niederzieher) ermöglichen es den Tieren, die Ohrmuschel der Schallquelle zuzuwenden und diese zu lokalisieren. Außerdem ist das Ohren-

Abb. 19-6
Transversalschnitt durch das rechte Ohr eines Hundes (nach König und Liebich 2012).

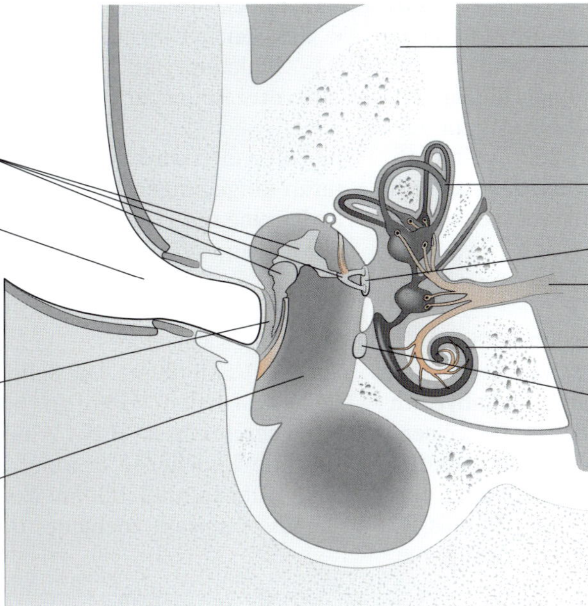

spiel ein wesentlicher Bestandteil der Mimik der Tiere und lässt die Stimmungslage der Tiere erkennen.

Der **äußere Gehörgang** (▶ Abb. 19-6) steigt erst senkrecht ab und wendet sich dann in horizontalem Verlauf zum Schädel. Sein Anfangsteil ist knorpelig, sein Endteil knöchern gestützt. Er ist von mehr oder weniger stark behaarter Haut ausgekleidet, die viele Talgdrüsen besitzt. Diese produzieren das sogenannte Ohrenschmalz. Beim Hund treten häufig Entzündungen des Gehörgangs auf, die landläufig als „Ohrenzwang" bezeichnet werden. Ursachen sind Parasiten, eingedrungene Fremdkörper, vor allem Grasgrannen und zersetztes Ohrenschmalz.

Vom Mittelohr wird der Gehörgang durch das **Trommelfell** getrennt (▶ Abb. 19-6). Dieses ist eine bindegewebige Membran, die außen vom Gehörgangsepithel und innen vom einschichtigen Plattenepithel des Mittelohrs bedeckt ist. Das Trommelfell ist in einem Knochenring eingespannt und besitzt radiäre und zirkuläre Fasern.

Mittelohr

Das Mittelohr liegt in der **Paukenhöhle** der Felsenbeinpyramide. Die Paukenhöhle ist von einem einschichtigen Plattenepithel ausgekleidet. Sie wird vom N. facialis (VII. Gehirnnerv) durchzogen, der bei Erkrankungen des Innen- oder des Mittelohrs geschädigt werden kann (proximale Fazialislähmung).

In dem Innenraum des Mittelohres befinden sich die **Gehörknöchelchen:** Hammer, Amboss, Steigbügel. Beim Vogel ist nur ein Gehörknöchelchen vorhanden. Die **Hörtrompete** (Tuba auditiva, Eustachi-Röhre) verbindet das Mittelohr mit dem Atmungsrachen (▶ Abb. 10-3). Gegen das Außenohr wird das Mittelohr vom Trommelfell abgegrenzt. Gegen das Innenohr erfolgt die Abgrenzung einerseits durch den Fuß des Steigbügels im ovalen Fenster des Vorhofes und andererseits durch eine Membran im runden Fenster der Schnecke (▶ Abb. 19-7).

Der **Hammer** ist mit einem Stiel am Trommelfell befestigt. Sein Kopf liegt der knorpeligen Gelenkfläche des **Ambosses** auf. Der Amboss

richtet einen kurzen Schenkel zum Paukenhöhlendach, mit dem er durch ein Band verbunden ist, und einen längeren Schenkel zum Steigbügelbogen. Über den Fuß des Steigbügels werden die Bewegungen an das ovale Fenster der Schnecke weitergegeben.
Bei hohen Schallintensitäten können die Schwingungen der Gehörknöchelchen durch die Anspannung eines kleinen Muskels gedämpft werden, der am Steigbügel ansetzt. Dadurch wird die Überreizung der Hörsinneszellen vermieden.

Innenohr

Das Innenohr liegt im Felsenbein (▶ Abb. 3-31/3). Es gliedert sich in zahlreiche Gänge und Hohlräume, die insgesamt als **Labyrinth** bezeichnet werden. Der Knochen des Felsenbeins bildet das knöcherne Labyrinth. In dieses ist das häutige Labyrinth eingepasst, das von **Endolymphe,** einer kaliumreichen Flüssigkeit, ausgefüllt ist. Das häutige Labyrinth enthält:

- das Hörorgan in Form des Vorhofes und der Schnecke
- das Gleichgewichtsorgan mit zwei Anteilen:
  - Makulaorgan
  - drei Bogengänge

Im Folgenden wird zunächst nur auf die Strukturen eingegangen, die für den Hörsinn von Bedeutung sind. Die Strukturen für den Gleichgewichtsinn sind im ▶ Kapitel 19.4.3 abgehandelt.
Durch das ovale Fenster (mit dem Fuß des Steigbügels verschlossen) gelangt man in den **Vorhof** (Vestibulum). Die **Schnecke (Cochlea)** schließt sich dem Vorhof an (▶ Abb. 19-7). Ihr Gang beschreibt 2 ½ bis 4 Windungen um eine zentrale knöcherne Spindel herum. In der Schneckenspindel bilden Nervenzellen das Ganglion spirale cochleae, das mit dem N.

Abb. 19-7
Struktur der Schnecke und des Corti-Organs (nach Berne et al. 1998). Die kleine Zeichnung rechts unten verdeutlicht die Lage des Querschnitts durch die Schnecke, den die Abbildung rechts oben darstellt.

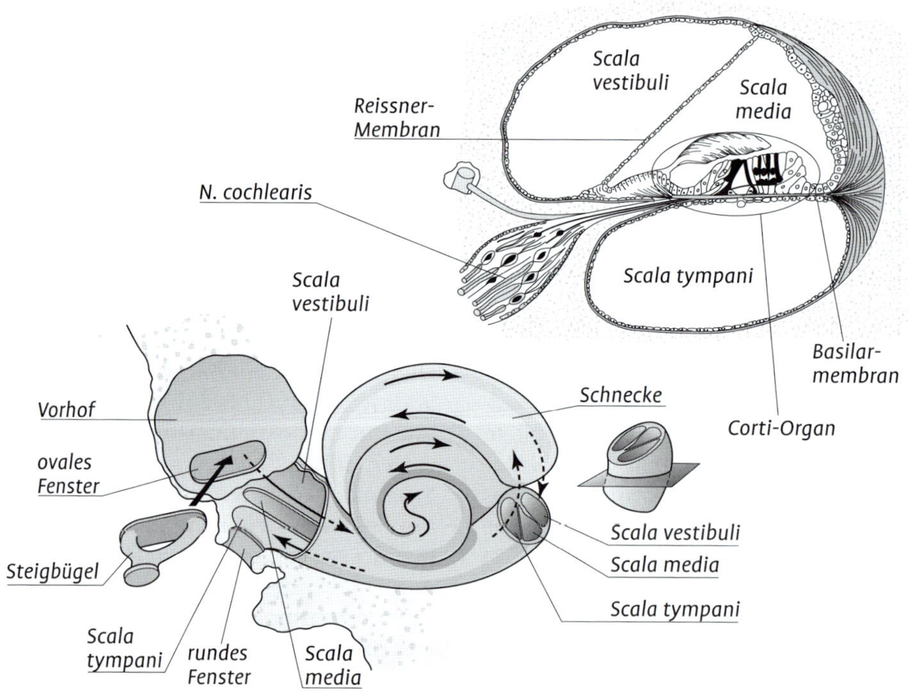

cochlearis (Teil des N. vestibulocochlearis, VIII. Gehirnnerv), verbunden ist und von dem aus Nervenfasern in das Corti-Organ ziehen.
Der Gang der Schnecke ist in drei übereinanderliegende Kanäle gegliedert: die **Vorhofstreppe (Scala vestibuli)**, den **Schneckengang (Scala media)** und die **Paukentreppe (Scala tympani)** (▶ Abb. 19-7). An den oberen Kanal, die Scala vestibuli, schließt der Fuß des Steigbügels über das ovale Fenster an. Der untere Kanal, die Scala tympani, grenzt an das runde Fenster (▶ Abb. 19-7). Beide Kanäle sind mit Perilymphe gefüllt. Zwischen diesen beiden Kanälen liegt der mittlere Kanal, die Scala media. Diese enthält Endolymphe.
Scala vestibuli und Scala media sind durch die Reissner-Membran getrennt. Zwischen Scala media und Scala tympani befindet sich die bindegewebige **Basilarmembran** (Lamina basilaris; ▶ Abb. 19-7). Auf der Basilarmembran sind die eigentlichen Rezeptorzellen für die Schallwellen verankert. Diese werden durch Stützzellen stabilisiert. Die Rezeptorzellen tragen an ihrer Oberfläche Sinneshärchen. Man bezeichnet sie einschließlich der Hilfsstrukturen als **Corti-Organ** (Alfonso Giacomo Gaspare Corti; *1822 in Gambarana, Italien, †1876; Anatom).

19.4.2 Physiologie des Hörsinns

■ Grundlagen

Der (Ge)hörsinn dient der Aufnahme von Schallwellen. **Schallwellen** sind Längsschwingungen von Molekülen, d. h. regelmäßig oder unregelmäßig auftretende Verdichtungen und Verdünnungen der Materie. Schallwellen können sich nicht nur in Gasen, sondern auch in Flüssigkeiten und in elastischen Körpern ausbreiten. Die **Amplitude** einer Schallwelle, d. h. das Ausmaß der Verdichtung, wird als **Lautstärke** bezeichnet, die in **Phon** gemessen und angegeben wird.
Neben der Amplitude ist die **Frequenz,** d. h. die zeitliche Abfolge der Verdichtungen, entscheidend für das Hörempfinden. Regelmäßige sinusartige Verdichtungen und Verdünnungen mit nur einer Frequenz werden als Töne bezeichnet. Kurze Wellen, d. h. hohe Frequenzen,

Tab. 19-1
Hörbereich verschiedener Tierarten und des Menschen (Werte aus Warfield 1973; Heffner 1983; Fay 1988, Breves et al. 2022)

Tierart	Bereich (Hz)
Rind	23–33 000
Pferd	55–33 500
Schaf	100–30 000
Hund	65–45 000
Katze	45–65 000
Ratte	200–80 000
Fledermaus	2 000–110 000
Mensch (jugendlich)	20–20 000

werden als hohe Töne empfunden, lange Wellen, niedrigere Frequenzen, als tiefe Töne. Die Fähigkeiten der Tiere, hohe und niedrige Frequenzen wahrnehmen zu können, sind in ▶ Tabelle 19-1 zusammengestellt. Allerdings besteht Schall normalerweise aus Schallwellen mit mehreren Frequenzen. Entstehen gleichzeitig hohe und tiefe Frequenzen in regelmäßiger Abfolge, spricht man von **Klängen.** Eine unregelmäßige Abfolge unterschiedlicher Frequenzen wird als **Geräusch** bezeichnet.
Die besondere Fähigkeit des Gehörs liegt einerseits darin, Schallwellen aufnehmen und ihre Amplituden (Stärke) erfassen zu können. Andererseits erfolgt aber auch eine Frequenzanalyse, so dass zahlreiche Geräusche, Klänge und Töne unterschieden und erkannt werden.

■ Schallleitung und -erkennung

In ▶ Abbildung 19-8 sind die an der Schallleitung beteiligten Strukturen schematisch dargestellt. Die auf das Ohr auftreffenden Schallwellen versetzen die Luft im äußeren Gehörgang in Schwingung. Diese Schwingungen werden weitergeleitet und treffen auf das Trommelfell. Die Gehörknöchelchen Hammer, Amboss und Steigbügel übertragen die Schallwellen vom Trommelfell auf das Vorhoffenster und verstärken die Intensität der Wellen (beim Menschen: 20-fach). Zur Verstärkung

Abb. 19-8
An der Schallleitung und -verstärkung beteiligte Strukturen (nach Bartels und Bartels 2004). Die Schnecke ist gestreckt dargestellt.

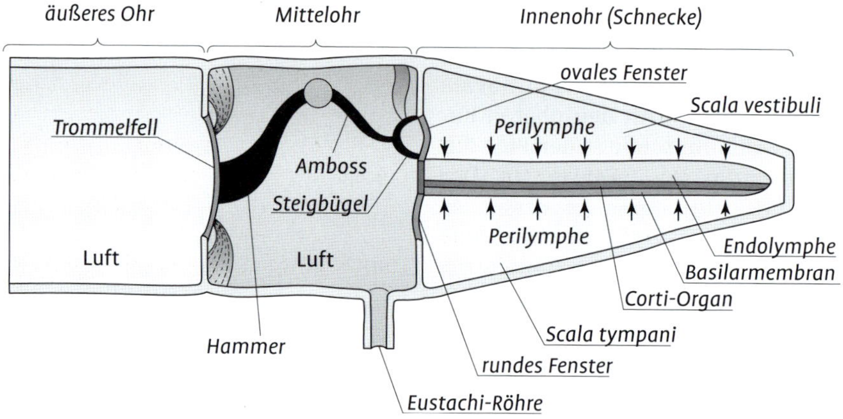

trägt zum Teil die Hebelwirkung der Gehörknöchelchen bei; entscheidender ist aber die größere Fläche des schwingenden Teils des Trommelfells im Verhältnis zur Fläche der Fußplatte des Steigbügels im Vorhoffenster (▶ Abb. 19-8).

Am ovalen Fenster werden die Schwingungen auf die Lymphe im Innenohr übermittelt. Die Schwingungen der Lymphe werden auf die **Basilarmembran** im **Corti-Organ** übertragen, wodurch die Sinneszellen innerhalb des Corti-Organs gereizt werden (▶ Abb. 19-9). Dort erfolgt die eigentliche Schallerkennung und die **Frequenzanalyse** der Schallwellen. Unterschiedliche Frequenzen können dadurch wahrgenommen werden, dass je nach Frequenz unterschiedliche Bereiche der Basilarmembran in Schwingung versetzt werden. So gerät bei hohen Frequenzen die Basilarmembran in der Nähe des Steigbügels in Schwingung, bei niedrigen Frequenzen läuft die Welle weiter durch die Schnecke und setzt die Basilarmembran

Abb. 19-9
Frequenzanalyse im Innenohr (nach Heldmeier und Neuweiler 2004). Die Bewegungen des Steigbügels setzen die Flüssigkeit in der Schnecke in Bewegung, was zu Wanderwellen über der Basilarmembran führt. Die Welle wird durch Rezeptoren im Corti-Organ erfasst. Je nach Frequenz wird die Basilarmembran näher oder weiter vom ovalen Fenster entfernt in Schwingung versetzt.

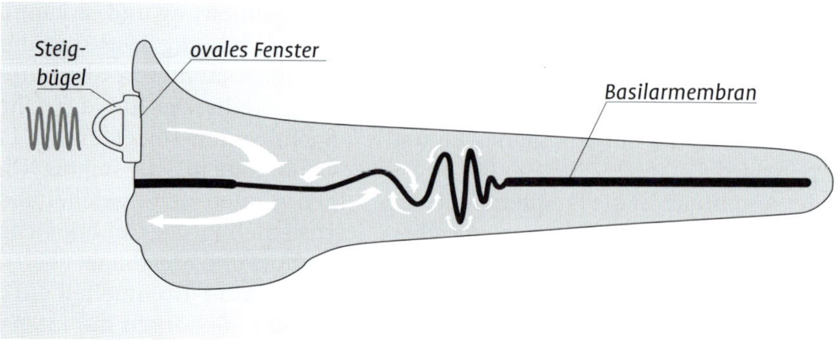

erst in weiterer Entfernung vom Steigbügel in Schwingung. Den Erregungen unterschiedlicher Orte des Schneckenschlauches, bzw. der entsprechenden Sinneszellen, werden so vom Gehirn bestimmte Frequenzen zugeordnet.

■ Richtungshören

Die Richtung, aus der die Schallwellen kommen, wird bei niedrigen Frequenzen vor allem dadurch erkannt, dass der Zeitunterschied registriert wird, mit dem die Schallwellen die Ohren erreichen. Bei hohen Frequenzen wird zudem die unterschiedliche Schallintensität beurteilt.

■ Taubheit

Vor allem bei Hunden wird eine Taubheit oft auffällig. Diese kann infolge von Verletzungen, Entzündungen im Mittel- und Innenohr aber auch durch gehörschädigende Medikamente (Nebenwirkung von verschiedenen Antibiotika bzw. auch nierenwirksamen Medikamenten) entstehen, aber auch erblich/züchterisch bedingt sein. Hier sind insbesondere Fehlzüchtungen mit dem sogenannten **Merle-Faktor** zu nennen. Bei der genetischen Ausprägung des Faktors bildet sich eine bestimmte Art von Melanozyten (▶ Kap. 2.4.3), die das dunklere Eumelanin produzieren, nicht aus, wodurch sich die Fellfarbe stellenweise aufhellt (betroffen sind unter anderem Collies, Shelties). Allerdings sind derartige Melanozyten sowohl im Auge als auch im Innenohr Funktionsträger. Folge der Fehlzüchtung mit dem Merle-Faktor kann daher nicht nur eine Fehlbildung der Augen, sondern auch eine mehr oder minder stark ausgeprägte Taubheit sein.

19.4.3 Dreh- und Gleichgewichtssinn

Der Dreh- und Gleichgewichtssinn gibt einerseits Informationen über die Körperlage im Raum, andererseits können auch Beschleunigungen registriert werden.

Der **Vorhof** des Labyrinths bildet nicht nur den Übergang zur Schnecke, in ihm sind auch die beiden Vorhofbläschen, Sacculus und Utriku-

Abb. 19-10
Aufbau eines Makulaorgans (nach Schmidt und Lang 2007).

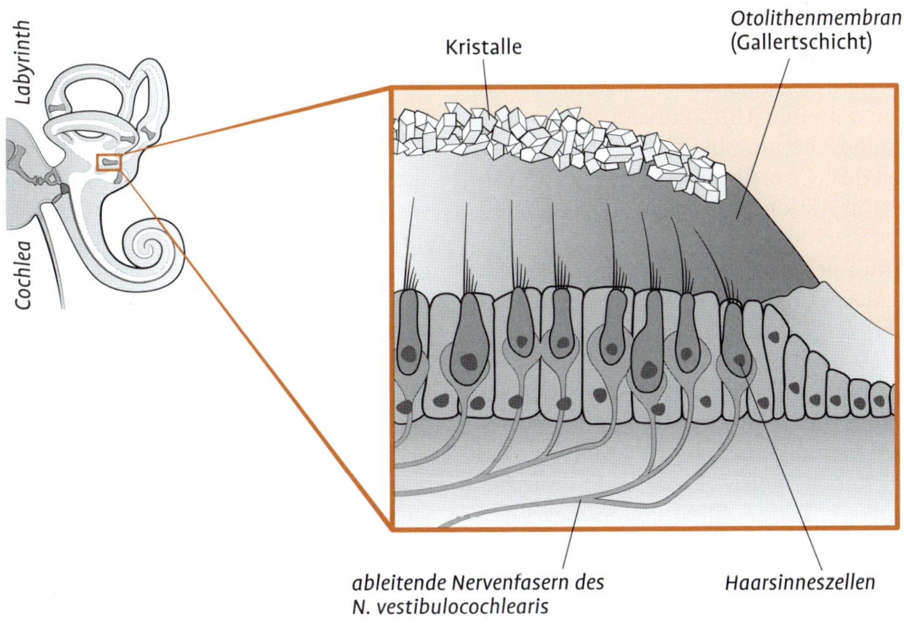

Abb. 19-11
Abscherung der Zilien im Makulaorgan bei Schrägstellung des Kopfes (nach Speckmann et al. 2008).

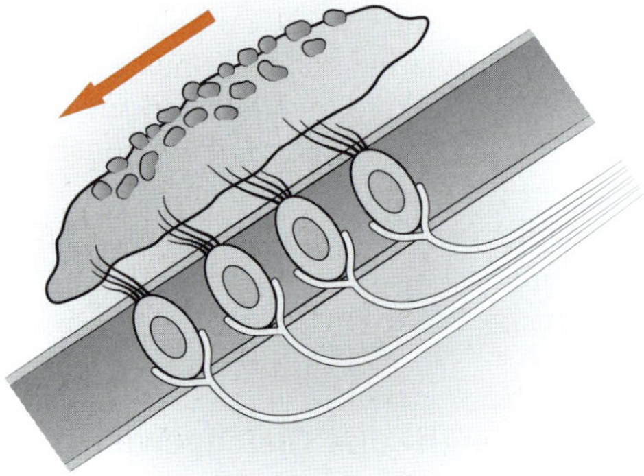

Abb. 19-12
Erfassung der Drehbeschleunigung im (horizontalen) Bogengang (nach Bartels und Bartels 2004). Wird der Kopf und damit auch der Bogengang gegen den Uhrzeigersinn bewegt, macht die Endolymphe im Bogengang aufgrund ihrer Trägheit die Bewegung nicht mit. Sie drückt dann im Uhrzeigersinn gegen die (durch die Kopfdrehung mitbewegte) Cupula. Die Cupula wird nach rechts gebogen. Die Verschiebung führt zu einer Erregung der Sinneszellen innerhalb der Cupula, die in Form von Aktionspotenzialen über den Nervus vestibularis weitergeleitet wird.

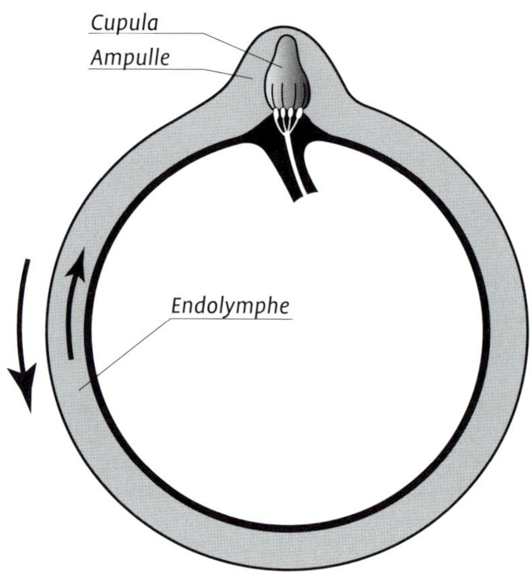

lus, gelegen. Diese enthalten das Makulaorgan. Dies ist eine Ansammlung von Stütz- und Sinneszellen. Auf diesen liegt eine Gallertschicht, die Otolithenmembran, der Kristalle mit hohem Gewicht aufgelagert sind (▶ Abb. 19-10). Die Zilien der Sinneszellen ragen in die Gallertschicht hinein.

Durch den Sacculus und Utrikulus im Vorhof wird vor allem die **Körperlage** im Raum erfasst. Wird der Kopf schräg gehalten, verschiebt sich die gallertige Masse auf den Sinneszellen der Makula, die Härchen der Sinneszellen werden also abgeknickt (▶ Abb. 19-11). Dies führt zu einer Umpolarisierung an den Sinneszellen, die am ableitenden N. vestibularis (Teil des N. vestibulocochlearis, VIII. Gehirnnerv) in Aktionspotenziale umgewandelt werden.

Vom Vorhof gehen drei **Bogengänge** (Ductus semicirculares) ab. Diese sind in drei zueinander senkrecht stehenden Ebenen angeordnet (▶ Abb. 19-6). Sie sind mit einer Flüssigkeit (Endolymphe) gefüllt. Das Sinnesepithel der Bogengänge befindet sich in einer Erweiterung, der Ampulle (▶ Abb. 19-12). Hier sind auf einer Knochenleiste Stütz- und Sinneszellen verankert. Lange Zilien der Sinneszellen ragen in einen flexiblen Gallertkegel, die Cupula, hinein. Durch die Cupula wird der Flüssigkeitsstrom der Endolymphe unterbrochen (▶ Abb. 19-12).

Durch die Bogengänge bzw. durch die in den Bogengang ragende Cupula werden **Drehbeschleunigungen** erkannt. ▶ Abbildung 19-12 verdeutlicht die Erfassung einer Drehbewegung im horizontalen Bogengang. Da drei Bogengänge vorhanden sind, können Bewegungen in allen drei Ebenen des Raumes erfasst werden.

Die Informationen des Gleichgewichtsorgans werden mehrfach verschaltet. Sie werden zum Kleinhirn und zum motorischen Kern der Augen- und Halsmuskulatur weitergeleitet. So beeinflusst der Gleichgewichtssinn die gesamte Körpermotorik auf reflektorischem Wege. Durch die Verschaltung mit der Augenmotorik werden die Augen immer in der Ebene des Kopfes ausgerichtet.

Insbesondere bei Entzündungen des Innenohrs wird die Information aus dem Gleichgewichtsorgan fehlerhaft verarbeitet. Folge sind neben Gleichgewichtsstörungen dann auch eine **Schiefhaltung** des **Kopfes.** In der Regel wird die geschädigte Seite nach unten gehalten, sofern eine einseitige Störung vorliegt. Da auch die Augenstellung durch das Gleichgewichtsorgan kontrolliert wird, sind oft auch fehlerhafte Augenbewegungen festzustellen.

19.5 Geschmackssinn

19.5.1 Geschmackssensoren

Die Aufnahme von Geschmacksempfindungen ist beim höheren Säugetier auf die Zunge beschränkt. Viele der Papillen in der Zunge besitzen **Geschmacksknospen.** Diese bestehen aus sekundären Sinneszellen mit Sinneshärchen, die zwiebelschalenförmig von Stützzellen umhüllt sind (▸ Abb. 19-13).
Die Härchen der Sinneszellen erreichen durch einen kleinen Porus die freie Oberfläche und kommen mit den gelösten Geschmacksstoffen in Berührung. In der Nähe der Geschmacksknospen findet man meist unter der Schleimhaut ausgedehnte Lager von serösen **Spüldrüsen,** deren Sekret die Oberfläche der Geschmacksknospen freispült, damit sie neuen Eindrücken zugänglich werden. Vereinzelte Geschmacksknospen befinden sich auch in der Gaumen- und der Rachenschleimhaut.

19.5.2 Geschmacksqualitäten

Generell können bei den meisten Tierarten die Geschmackssensoren der Zunge vier verschiedene **Geschmackseindrücke** (Geschmacksqualitäten) unterscheiden: süß, sauer, salzig und bitter. Teilweise wird noch eine fünfte Qualität beschrieben, deren ursprünglich japanische Bezeichnung „umami" (fleischig) lautet. Diese kann durch die Aminosäure **Glutamat** ausgelöst werden. Glutamat wird in der menschlichen Ernährung als Geschmacksverstärker eingesetzt.
Die Geschmacksempfindungen werden durch Potenzialänderungen an den Geschmackssensoren der Sinneszelle erzeugt, wobei die Mechanismen der Umpolarisierung unterschiedlich sind.

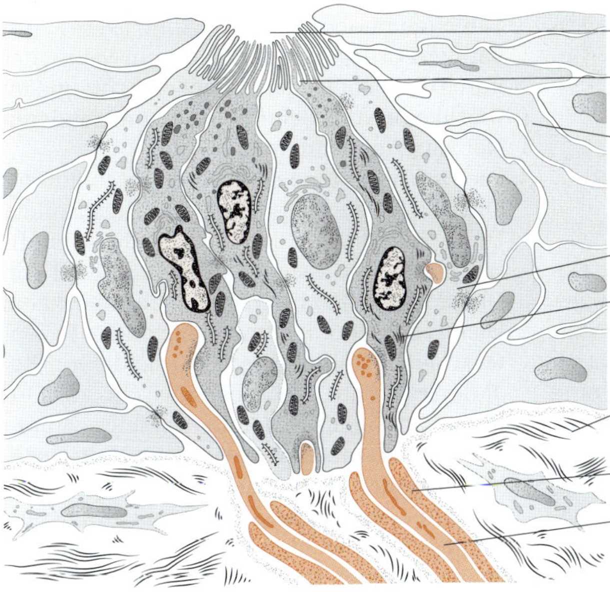

Abb. 19-13 Geschmacksknospe (nach Liebich 2010).

Bei der Geschmacksqualität **sauer** verändern H^+-Ionen die Durchlässigkeit der Membranen für Kalium und damit das Potenzial über der Membran. Ein **salziges** Geschmacksempfinden erfolgt bei Aufnahme von NaCl, aber auch von Ammonium-, Lithium- und Magnesiumsalzen. Die Potenzialänderung wird in diesem Fall direkt durch eine Diffusion der Kationen durch Kanäle in der Membran erzeugt. Ein **bitterer** Geschmack kann durch eine große Anzahl von Stoffen ausgelöst werden. Die Umpolarisierung wird durch spezifische Rezeptoren an den Geschmackszellen hervorgerufen, die Bitterstoffe binden können. Giftige Stoffe haben oft eine „Bitterstruktur". Damit kommt dem Bittergeschmack eine Warnfunktion zu. Das Geschmacksempfinden **süß** wird durch organische Substanzen mit Zucker- bzw. Alkoholstruktur hervorgerufen, die wie Bitterstoffe an spezifische Rezeptoren in den Geschmackszellen binden und dadurch eine Umpolarisierung auslösen.

Die aufgenommenen Geschmacksreize werden über den N. trigeminus (V. Gehirnnerv) bzw. über den N. glossopharyngeus (XI. Gehirnnerv) dem Gehirn zugeführt. Über den Thalamus werden die Impulse dem limbischen System und den sensorischen Bereichen im Großhirn zugeleitet. Im limbischen System werden die Reize subjektiv beurteilt (angenehm/unangenehm); im Großhirn erfolgt eine objektive Bewertung (Stärke der Empfindung, Geschmacksqualitäten).

19.5.3 Biologische Bedeutung des Geschmackssinns

Der Geschmackssinn bzw. die **subjektive Geschmacksempfindung** entscheidet bei Säugetieren wesentlich über die **Auswahl** der Nahrung. Hierbei spielen angeborene und auch erlernte **Vorlieben** bzw. **Abneigungen** eine entscheidende Rolle. So gilt für die meisten Tierarten, dass bitter schmeckende Substanzen eine ablehnende Reaktion hervorrufen, d. h., das Futter wird gemieden, süß schmeckende Substanzen werden dagegen bevorzugt. Auch die Vorliebe von Wiederkäuern für Kochsalz ist angeboren. Sie tritt insbesondere bei Kochsalzmangel auf und führt dazu, dass Kochsalz direkt von Lecksteinen aufgenommen wird.

Vorlieben und Abneigungen können auch erlernt werden. Sind Futtersubstrate mit Bitterstoffen kontaminiert, wird der bittere Geschmack mit dem gesamten Futter assoziiert; es wird in der Folge abgelehnt. Derartige erlernte Abneigungen findet man z. B. bei Schweinen und Rindern, deren Futter mit Pilztoxinen kontaminiert ist.

Bei Vögeln, besonders bei Körnerfressern, dominieren die Tastsensoren im Schnabel über die Geschmackszellen, d. h., bei diesen Tieren entscheiden vor allem optische und taktile Reize über die Nahrungsauswahl.

19.6 Geruchssinn

19.6.1 Geruchssensoren

Die Sinneszellen zur Aufnahme von Geruchsreizen befinden sich in der Riechschleimhaut des Nasengrundes. Die Riechzellen sind primäre Sinneszellen, d. h., sie sind spezialisierte Nervenzellen. Sie treten mit einem unverzweigten Dendriten, der mit einer kolbigen Erweiterung mit 10 bis 20 Zilien endet, an die Schleimhautoberfläche (▶ Abb. 19-14). Am basalen Pol der Zelle entspringt ein Neurit, der durch die Siebplatte des Siebbeins tritt und im Riechkolben des Gehirns Kontakt mit anderen Nervenzellen aufnimmt.

Die Duftstoffe binden an Rezeptoren auf der Oberfläche der Dendriten der Riechzellen. Diese Rezeptoren sind Zell- und Duftstoffspezifisch, so dass eine sehr große Zahl von Duftstoffen differenziert erkannt werden kann. Die Bindung der Duftmoleküle an die Rezeptoren einer Zelle löst eine Kaskade von Reaktionen in der Riechzelle aus, die zur Öffnung von Ionenkanälen in der Zellmembran führen und ein Aktionspotenzial auslösen. Während des Ablaufs dieser Reaktionskaskade findet eine starke Reizpotenzierung statt, so dass sehr wenige Duftmoleküle ausreichen, um einen Geruchsreiz zu bewirken.

Abb. 19-14
Aufbau der Riechschleimhaut (nach Glees 1968).

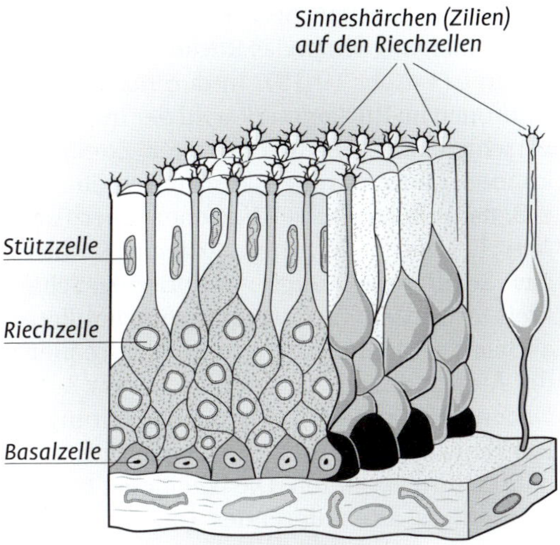

19.6.2 Bedeutung des Geruchssinns

Je nachdem, ob der Geruchssinn gut entwickelt ist, wie z. B. beim Hund, oder schwach, wie beim Menschen, spricht man von Makrosmatikern bzw. Mikrosmatikern. Bei den Makrosmatikern kann das Geruchsorgan das dominierende Sinnesorgan sein, dem das Sehen untergeordnet ist. So bedeckt z. B. beim Menschen das Riechepithel eine Fläche von 5 cm^2 mit 10 bis 20 Mio. Sinneszellen, beim Dackel dagegen 75 cm^2 mit 125 Mio. Sinneszellen.
Duftstoffe spielen eine bedeutende Rolle im Sozialverhalten der Tiere (Abgrenzung des Territoriums, Partnersuche und -wahl, Abschreckung usw.) sowie bei der Suche, Auswahl und Kontrolle der Nahrung.
Beim Geflügel ist der Geruchssinn (und auch der Geschmackssinn) nur wenig entwickelt.
Eine Geruchsempfindung besonderer Art vermittelt bei einigen Tierarten, insbesondere bei den Huf- und Klauentieren, das **Vomeronasalorgan** (Jacobson-Organ). Dieses liegt als paariges, schlauchförmiges Gebilde beiderseits der Nasenscheidewand am Boden der Nasenhöhle und mündet mit einem Gang in einer Papille im apikalen Bereich der Gaumenschleimhaut. Beim Pferd endet der Gang blind. Das Lumen des Vomeronasalorgans ist mit Schleimhaut ausgekleidet, die regional auch Riechzellen besitzt. Mithilfe dieses Organs werden spezifische Duftstoffe wahrgenommen, die als **Pheromone** eine besondere Rolle im Sexualverhalten spielen (▶ Kap. 20.11). Diese Gerüche können beim sogenannten **Flehmen** erkannt werden, einer Verhaltensäußerung bei Raub- und Huftieren, die insbesondere während der Fortpflanzungsperiode zu beobachten ist. Dabei wird die Oberlippe stark angehoben, die Nasenlöcher werden mehr oder weniger geschlossen und die Unterlippe wird gesenkt. Die Mundhöhle ist geschlossen. Dadurch wird die Geruchswahrnehmung über das Vomeronasalorgan im Gaumendach verstärkt.

19.7 Nozizeption und Schmerz

Der Schmerzsinn hat eine erhebliche **Schutzfunktion** für den Organismus. Bei seinem Ausfall erleidet der Körper ausgedehnte Verletzungen und Verstümmelungen, ohne dass Gegenreaktionen ausgelöst werden. Entzündungen laufen unbeachtet ab und erkrankte Glieder oder Organe werden nicht geschont.

19.7.1 Nozizeptoren

Schmerzreize werden durch Nozizeptoren in Haut, Eingeweiden, Gelenken und Muskulatur aufgenommen. Diese sind in der Regel freie Nervenendigungen, die durch hohe Intensitäten potenziell schädigender Reize (Dehnung, Temperatur, chemische Einflüsse) sowie bei Verletzungen und Entzündungen erregt werden (▶ Abb. 19-15). In der Haut befindliche Nozizeptoren vermitteln den sogenannten **Oberflächenschmerz,** der scharf und gut lokalisierbar ist. Die Präzision in der Lokalisierung hat ihren Grund darin, dass das rezeptive Feld, d. h. der Nozizeptorenbereich der Haut, der von dem nozizeptiven Nerven innerviert wird, relativ klein ist. Die tiefer liegenden Nozizeptoren in den Eingeweiden haben wesentlich

größere rezeptive Felder, so dass derartige **Tiefenschmerzen** schlechter lokalisierbar sind.
Im Unterschied zu anderen Sensoren sind Nozizeptoren meist polymodal. **Polymodalität** bedeutet, dass Nozizeptoren durch sehr zahlreiche unterschiedliche Reize (chemisch, thermisch, mechanisch, elektrisch usw.) stimuliert werden können, sofern diese intensiv genug sind.
Nozizeptoren können nicht adaptieren. Im Gegenteil, ihre Empfindlichkeit wird unter bestimmten Bedingungen sogar erhöht. So wirken verschiedene chemische Reize nicht nur schmerzauslösend, sondern zusätzlich auch sensibilisierend. Durch die **Sensibilisierung** wirken eigentlich unterschwellige Reize dann überschwellig, d. h., auch ein geringer Druck löst im sensibilisierten Gewebe einen Schmerzimpuls aus. Eine stark sensibilisierende Rolle spielen Leukotriene, Prostaglandin E_2 und andere Botenstoffe, die bei **Entzündungen** und **Verletzungen** freigesetzt werden.

19.7.2 Schmerzverarbeitung

Der schmerzauslösende Reiz wird von den Nozizeptoren über entsprechende Nervenfasern der Spinalganglien in das Rückenmark weitergeleitet (▶ Abb. 19-15). In den nozizeptiven Neuronen im Rückenmark wird der Impuls auf verschiedenen Wegen verarbeitet. Zum einen können **Motoneurone** aktiviert werden, die z. B. das reflektorische Wegziehen einer Extremität bei einer Verletzung induzieren **(Schmerz- bzw. Schutzreflex).** Außer motorischen Schaltkreisen werden auch **vegetative Schaltkreise** aktiviert (Erhöhung der Herzschlagfrequenz, der Atemzugfrequenz, des Blutdrucks).
Neben einer reflektorischen Verschaltung im Rückenmark wird der Schmerzimpuls auch dem Gehirn vermittelt. Die beteiligten Bahnen werden als **aszendierendes (aufsteigendes) System** bezeichnet. Über dieses System werden Informationen zum Kleinhirn, zum limbischen System und zum Großhirn weitergeleitet. Im limbischen System erfolgt eine subjektive Be-

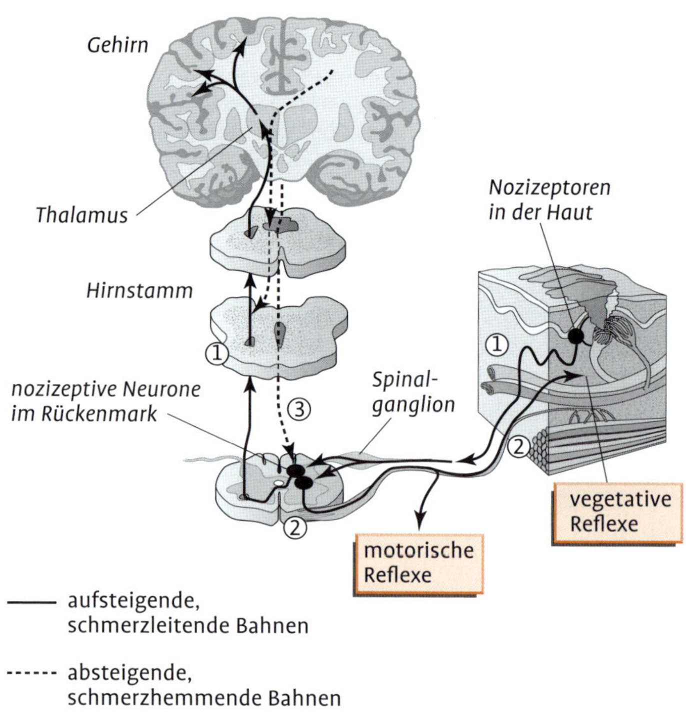

Abb. 19-15
Nozizeption und nachfolgende aufsteigende (aszendierende) Schmerzweiterleitung und absteigende (deszendierende) schmerzhemmende Bahnen.
①: Von den Nozizeptoren werden Informationen zum Gehirn geleitet.
②: Auf Ebene des Rückenmarks werden Schutzreflexe ausgelöst, die sowohl vegetative Funktionen (Steigerung der Durchblutung u. a.) als auch motorische Funktionen (Wegziehen der Gliedmaße u. a.) beeinflussen.
③: Die absteigenden Bahnen können die Schmerzempfindung sowohl auf Ebene des Rückenmarks als auch auf Ebene des Hirnstamms unterdrücken.

wertung des Schmerzreizes, wohingegen im Großhirn der Schmerzreiz bewusstgemacht wird. Ebenso wie eine lokale Sensibilisierung auf Ebene der Nozizeptoren stattfinden kann, kann es innerhalb des aszendierenden Systems zu einer zentralen Sensibilisierung kommen. Hierbei wird die Erregung der beteiligten Nervenzellen über einen längeren Zeitraum aufrechterhalten. Wenn bestimmte nervale Strukturen häufig und über längere Zeiträume so stimuliert werden, kann dieses zur Entstehung chronischer Schmerzen führen.

Die Weiterleitung von nozizeptiven Reizen im Rückenmark und im Gehirn kann aber auch zur Aktivierung des deszendierenden Systems führen. Das **deszendierende (absteigende) System** hat weite Ursprungsbereiche in der Formatio reticularis. Von hier ziehen Bahnen bis zu den Umschaltstellen im Rückenmark. Das deszendierende System unterdrückt den Schmerz. Bei Aktivierung des deszendierenden Systems wird die Schmerzweiterleitung im Rückenmark gehemmt (▶ Abb. 19-15). Wichtige **Transmitter** in diesem System sind **endogene Opioide** wie Enkephaline, Endorphine und Dynorphine. Physiologisch spielt dieses System eine Rolle bei Belastungsreaktionen (Flucht, Kampf, Geburt usw.), so dass es in diesen Situationen zu einer Minderung des Schmerzempfindens kommt und das Tier reaktionsfähig bleibt.

19.7.3 Schmerzbewertung

Während über die Erregung der Nozizeptoren und die Erregungsleitung bis in das Zwischenhirn bei Mensch und Tier relativ fundierte Kenntnisse vorliegen, fehlen gleichermaßen aussagekräftige Befunde über die Schmerzverarbeitung und subjektive Schmerzbewertung bei den einzelnen Tierarten. Das macht die Schmerzbeurteilung für den beobachtenden Menschen problematisch. Der Analogieschluss zum Schmerzempfinden beim Menschen ist zwar oft nicht zu umgehen, aber nicht immer korrekt. Indikatoren für auch subjektiv empfundenen Schmerz sind klinisch feststellbare **Schmerzsymptome.** Bei vielen Spezies gehören hierzu Lahmheit, Schonhaltung und abnorme Körperstellung. Bei chronischem Schmerz sind speziesübergreifend fast regelmäßig verminderte Futteraufnahme und Gewichtsverlust festzustellen. Neben den genannten allgemeinen Schmerzsymptomen muss aber auch beachtet werden, dass je nach Schmerzursache und Spezies spezifischere Symptome auftreten. So sind typische Symptome für eine Kolik beim Pferd Unruhe, Sehen und Schlagen nach dem Bauch und wiederholtes Wälzen. Katzen reagieren auf schmerzhafte Prozesse häufig mit Rückzug und Verstecken, aber z. T. auch mit einer gesteigerten Aggressivität. Lautäußerungen als Reaktion auf Schmerzen finden sich ebenfalls häufiger bei Fleischfressern.

19.7.4 Juckreiz

Die Entstehung von Juckreiz ist eng mit dem nozizeptiven System verknüpft. Sensoren für juckreizauslösende Substanzen sind freie Nervenendigungen, die zum Teil sowohl als Juckreizsensor als auch als Nozizeptor fungieren. Daneben gibt es auch freie Nervenendigungen, die ausschließlich juckreizauslösende Stimuli rezipieren. Im ZNS wird Juckreiz nur dann wahrgenommen, wenn ausschließlich Sensoren erregt werden, die Juckreiz rezipieren können. Sobald auch reine Nozizeptoren (ohne Rezeption von juckreizauslösenden Stimuli) erregt werden, kommt es zur Hemmung der Empfindung Juckreiz. Dieser Mechanismus erklärt auch, dass durch Kratzen eines juckenden Bereiches der Juckreiz unterdrückt wird.

20 Endokrines System

20.1 Grundprinzipien der hormonalen Informationsübermittlung

Neben dem Nervensystem ist das endokrine System das zweite große Kommunikationssystem im Körper. Der Begriff endokrines System fasst alle die endokrinen Drüsen zusammen, die Hormone sekretieren können. In ▶ Tabelle 20-1 sind verschiedene Hormone, deren Bildungsort und deren Wirkung aufgelistet.

Hormone sind als chemische Botenstoffe aufzufassen, die lebenswichtige Vorgänge im Organismus regeln und aufeinander abstimmen. Hormone werden in der Regel in die Blutbahn abgegeben und mit dem Blut zu den Zielzellen transportiert. Die Zielzellen haben spezielle **Rezeptoren,** die Hormone binden können. Auf diese Weise können Hormone gezielt verschiedene Organe ansprechen, ohne dass andere beeinflusst werden. Die Zielzellen besitzen nicht nur eine, sondern mehrere Arten von Rezeptoren, so dass je nach auftreffendem Hormongemisch unterschiedliche – auch gegenteilige – Wirkungen hervorgerufen werden können.

Wird das Hormon an seinen Rezeptor gebunden, werden in der Zelle entweder **sekundäre Botenstoffe** gebildet oder es wird über eine **Beeinflussung der Transkription** an der DNA die Neusynthese von Proteinen eingeleitet. Wie durch Bindung des Hormons an einen Rezeptor eine Wirkung in einer Zelle bzw. einem Gewebe erzielt werden kann, ist in ▶ Abbildung 1-32 dargestellt.

Ob sekundäre Botenstoffe gebildet werden oder die Transkription moduliert wird, hängt wesentlich von der chemischen Struktur des Hormons ab. Seitens der chemischen Struktur können wasserlösliche und lipidlösliche Hormone unterschieden werden. Viele **wasserlösliche Hormone** sind **Peptide** (z. B. Insulin, ADH) oder Moleküle mit Aminstruktur (Schilddrüsenhormone, Adrenalin, Noradrenalin). Diese Hormone können die Zellmembran nicht überwinden. Aus diesem Grunde sind in der Zellmembran **Rezeptoren** lokalisiert, die durch diese Hormone angeregt werden können, d. h., wasserlösliche Hormone wirken über Induktion der Bildung von sekundären Botenstoffen im Zellinneren. Ein wichtiger sekundärer Botenstoff ist das zyklische Adenosinmonophosphat (cAMP).

Lipidlösliche Hormone können die Zellmembran überwinden und wirken daher am **Zellkern** über die Initiierung der Transkription und Translation auf die Neusynthese von Proteinen ein (▶ Kap. 1.5.2 und 1.5.3). Lipophile Hormone haben oft **Steroidstruktur.** Zu den **Steroidhormonen** gehören z. B. die Hormone der Nebennierenrinde (▶ Kap. 20.7.2).

20.2 Hypothalamus-Hypophysen-System

Bei der Regulation der Hormonfreisetzung stellt das Hypothalamus-Hypophysen-System für viele Drüsen eine übergeordnete Struktur dar. Der **Hypothalamus** des Zwischenhirns ist eine Schaltzentrale sowohl für die hormonale als auch für die nervöse Koordination. Die **Hirnanhangsdrüse (Hypophyse)** (▶ Abb. 18-8, 20-1) ist der Gehirnbasis angeschlossen, mit der sie über den Hypophysenstiel verbunden ist. Sie ist linsen- bis bohnengroß. Man unterscheidet an ihr:

- die Neurohypophyse (= Hypophysenhinterlappen)
- die Adenohypophyse (= Hypophysenvorderlappen + Mittellappen)

Tab. 20-1
Bildungsort und beispielhafte Wirkung verschiedener Hormone

Hormondrüse	Hormone	Hauptsächliche Funktion / Kontrolle von:
Hypothalamus	Releasing und inhibiting Hormone	Hypophyse
	Synthese von Hormonen, die in der Neurohypophyse freigesetzt werden	siehe Neurohypophyse
Neurohypophyse	ADH (Vasopressin)	Osmoregulation, Wasserausscheidung, (Blutdruck)
	Oxytozin	Milchabgabe, Uterusmotilität
Adenohypophyse	ACTH	Nebennierenrinde
	Gonadotrope Hormone (FSH, LH)	Keimdrüsen
	Prolaktin	Wachstum der Milchdrüse, Milchsynthese
	STH/GH	Wachstum über IGF-1, Stoffwechsel
	TSH	Schilddrüse
	MSH	Stimulation der Melanozyten: Futteraufnahme, Pigmentierung
Epiphyse	Melatonin	Geschlechtsreife, Biorhythmus, Schlaf
Schilddrüse	Thyroxin (T_4) und Trijodthyronin (T_3)	Wachstum, Gehirnentwicklung, Regelung des Energieumsatzes, Thermoregulation
	Kalzitonin	Kalziumkonzentration im Plasma
Nebenschilddrüse	PTH	Kalziumkonzentration im Plasma
Pankreas	Insulin, Glukagon, Somatostatin	Metabolismus, Glukosekonzentration im Plasma
	Amylin	Futteraufnahme
Nebennierenrinde	Kortikosteroide	Erhöhung der Glukosekonzentration im Plasma, Hemmung der Proteinsynthese, Stoffwechsel, Stressantwort, Immunmodulation
	Androgene	Vermännlichung
	Aldosteron (Mineralokortikoid)	Natrium- und Kaliumhaushalt
Nebennierenmark	Adrenalin und Noradrenalin	Metabolismus, Kontrolle des Kreislaufs, Stressantwort
Ovarien	Östrogen, Progesteron	Reproduktionstrakt
	Inhibin	FSH-Sekretion
Hoden	Testosteron	Reproduktionstrakt, Wachstum und Entwicklung
	Inhibin	FSH-Sekretion
Plazenta, Endometrium	Östrogene	siehe Ovarien
	Progesteron	siehe Ovarien
	Prostaglandin F2α	Luteolyse
	Gonadotropine	Gelbkörperstabilität

Tab. 20-1 (Fortsetzung)
Bildungsort und beispielhafte Wirkung verschiedener Hormone

Hormondrüse	Hormone	Hauptsächliche Funktion / Kontrolle von:
	Relaxin	Erschlaffung der Beckenbänder, Öffnung des Muttermundes (Geburt)
Magen-Darm-Trakt	Gastrin, Sekretin, Cholezystokinin, Motilin	Gastrointestinaltrakt und Anhangsdrüsen
Niere	1,25-Dihydroxycholekalziferol	Kalziumkonzentration im Plasma
	Renin	Aktivierung von Angiotensinogen: Blutdruck, Aldosteronfreisetzung
	Erythropoetin	Produktion roter Blutkörperchen
Leber	Insulin like growth factor (IGF)	Wachstum
	Angiotensinogen	Vorläufer von Angiotensin, Vasokonstriktion
Herz	ANP	Natriumausscheidung in der Niere
Fettgewebe	Leptin	Regulation der Futteraufnahme
Verschiedene Zellarten	Mediatoren (Histamin, Prostaglandine)	Verschiedene

Die Hypophyse hat enge Beziehungen zum Hypothalamus. So gelangen einerseits die im Hypothalamus gebildeten **Neurohormone ADH** und **Oxytozin** über myelinlose Nervenfasern vom Hypothalamus in die **Neurohypophyse.** Andererseits wird durch Inhibiting bzw. **Releasing Hormone** des Hypothalamus die Hormonfreisetzung in der **Adenohypophyse** gesteuert. Diese Steuerungshormone gelangen über ein Pfortadersystem, das die Hypothalamuskapillaren mit den Kapillaren der Hypophyse verbindet, vom Hypothalamus zur Adenohypophyse. Ausgelöst durch die Steuerungshormone bildet die Hypophyse **glandotrope Hormone,** die die Aktivität nachgeordneter Drüsen regulieren.

Hypophysär wirkende Hormone aus dem Hypothalamus sind z. B. das corticotropin releasing hormone (CRH) zur Steuerung der ACTH-Freisetzung, das growth hormone releasing hormone (GH-RH) zur Steuerung der STH/GH-Freisetzung und das gonadotropin releasing hormone (▶ Abb. 15-11; 15-20).

Abb. 20-1
Medianschnitt durch das Gehirn eines Pferdes und durch dessen Hypophyse (nach Krölling und Grau 1960 und Liebich 2010). Als Besonderheit beim Pferd (Katze und Hund) umgreift in der Hypophyse der Mittellappen den Hinterlappen.

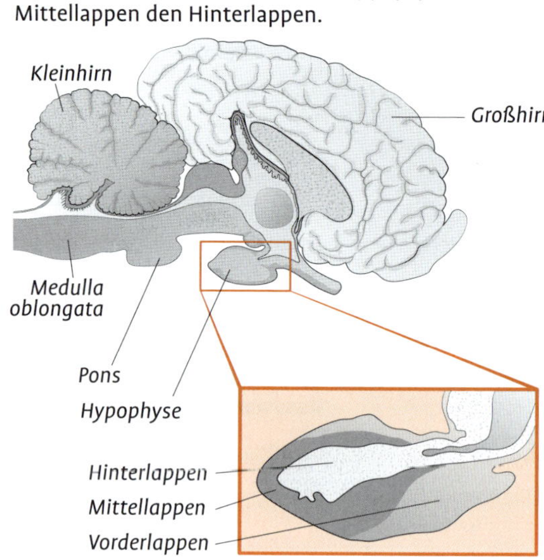

20.2.1 Hypophysenhinterlappen

Der Hypophysenhinterlappen **(= Neurohypophyse)** entstammt dem Zwischenhirn. Hier werden die vom Hypothalamus gebildeten Hormone **ADH** und **Oxytozin** in endständigen Axonauftreibungen gespeichert und bei Bedarf an die Blutbahn abgegeben.
Das **Antidiuretische Hormon (ADH)** sorgt für eine erhöhte Wasserresorption im Nephron und wirkt auf diese Weise einem Wasserverlust (Diurese) entgegen. Die Wirkungsweise von ADH ist in den ▶ Abbildungen 13-8 und 13-9 dargelegt.
Oxytozin greift vor allen Dingen an den glatten Muskelzellen von Euter und Gebärmutter an. Berührungen an der Milchdrüse (Saugen und Stoßen der Jungtiere) sowie das **Anrüsten** vor dem Melken bewirken reflektorisch eine Oxytozinausschüttung. Oxytozin führt zu einer Kontraktion der glatten Muskulatur in den Korbzellen der Milchdrüsen, was die Alveolarmilch in die Zisterne presst („Einschießen"). Beim **Geburtsvorgang** (▶ Kap. 15.2.6) ist Oxytozin für die Vorbereitung und Aufrechterhaltung der Austreibungsphase verantwortlich (Presswehen). Auch die ausreichende Kontraktion der Gebärmutter nach dem Geburtsvorgang wird wesentlich durch Oxytozin gefördert, womit die Rückbildung der Gebärmutter gewährleistet wird. Über den oben beschriebenen Reflex kann so durch den Saugakt des Neugeborenen die Rückbildung der Gebärmutter beschleunigt werden.
Vor dem Geburtstermin ist die Gebärmutter nicht empfindlich für Oxytozin, da der hohe Progesteronspiegel dessen Rezeptoren an der Gebärmutter blockiert.

20.2.2 Hypophysenvorderlappen

Der Hypophysenvorderlappen ist der **Hauptteil der Adenohypophyse.** In ihm werden die in ▶ Tabelle 20-1 aufgeführten glandotropen Hormone und das somatotrope Hormon gebildet.
Adrenokortikotropes Hormon (ACTH) = Kortikotropin veranlasst die Nebennierenrinde zur Bildung und Abgabe von **Mineralo- und Glukokortikoiden.** Seine Freisetzung wird durch das **corticotropin releasing hormone (CRH)** = Kortikoliberin des Hypothalamus beeinflusst. Eine vermehrte CRH-/ACTH-Abgabe erfolgt immer dann, wenn der Organismus besonderen Belastungen ausgesetzt ist, wobei es nicht auf die Art der Belastung ankommt. Es kann sich um Infektionen, Temperaturschwankungen und vieles andere handeln. Die Antwort des Körpers auf diese Belastungen (= Stressoren) ist immer gleich und wird unter dem Begriff **Stress** zusammengefasst. Nach Selye ist Stress die unspezifische Reaktion des Körpers auf jede Anforderung, die an ihn gestellt wird (Hans Selye; *1907 in Wien; †1982; Biochemiker).
Als **„Stressachse"** bezeichnet man die an der Ausbildung des als Stress bezeichneten Zustandes beteiligten Strukturen, also Hypothalamus (Freisetzung von CRH), Hypophysenvorderlappen (Freisetzung von ACTH) und Nebennierenrinde (Freisetzung von Glukokortikoiden).
Gonadotrope Hormone = Gonadotropine beeinflussen die Keimdrüsen. Wichtige gonadotrope Hormone sind das follikelstimulierende Hormon (FSH) = Follitropin und das luteinisierende Hormon (LH) = Lutropin. Das **follikelstimulierende Hormon** fördert beim weiblichen Tier zusammen mit dem LH die Reifung der Follikel (▶ Abb. 15-20). Beim männlichen Tier regt es zusammen mit Testosteron das Wachstum der Hoden und die Spermatogenese an (▶ Abb. 15-11). Unter dem Einfluss des **luteinisierenden Hormons** erlangen die Follikel in den Eierstöcken ihr Reifestadium und „springen" (▶ Abb. 15-20). Nach der Ovulation bilden sich, ebenfalls unter der LH-Wirkung, Gelbkörper (▶ Abb. 15-21). In den Hoden regt LH das Wachstum der Leydig-Zwischenzellen an und veranlasst sie zur Testosteronproduktion (▶ Abb. 15-11). FSH- und LH-Sekretion werden durch das **gonadotropin releasing hormone (GnRH)** des Hypothalamus angeregt.
Prolaktin (PRL) = laktotropes Hormon = Laktotropin (LTH) aktiviert das Milchdrüsengewebe, löst zusammen mit STH/GH die Laktation aus und regt die Milchsekretion an. Bei Säugetieren fördert es den Mutterinstinkt, bei

Vögeln den Brutinstinkt. Die PRL-Ausschüttung wird durch ein hypothalamisches prolactin releasing hormone (PRH, Prolaktoliberin) stimuliert, durch ein prolactin inhibiting hormone (PIH, Prolaktostatin) gehemmt.
Das **somatotrope Hormon (STH) = Wachstumshormon = growth hormone (GH)** hat kein spezielles Zielorgan, sondern es steuert im Zusammenspiel mit anderen Faktoren (unter anderem Ernährung, Erbgut, Schilddrüsenhormon) das Wachstum. Die Sekretion von STH/GH wird durch Releasing und Inhibiting Hormone des Hypothalamus gesteuert. Darüber hinaus wird die Sekretion auch durch Stoffwechselfaktoren wie der Höhe des Blutzuckerspiegels, dem Spiegel von freien Fettsäuren und von speziellen Aminosäuren moduliert. Zusammen mit dem in der **Leber** gebildeten insulinähnlichen **Wachstumsfaktor IGF1** bestimmt STH das Wachstum.
Durch STH/GH kann infolge eines verbesserten Fettabbaus die Energiebereitstellung verbessert werden, was bei Kühen eine Steigerung der Milchmenge nach sich zieht.

20.2.3 Hypophysenmittellappen

Der Hypophysenmittellappen **(Zwischenlappen)** gehört zur Adenohypophyse. Bisher ist nur ein Hormon des Hypophysenmittellappens bekannt, das **melanozytenstimulierende Hormon (MSH)**, ein kleines Peptidhormon. Melanozyten sind Zellen, die Pigmentkörnchen enthalten und beim Säugetier in tieferen Schichten der Oberhaut liegen. So werden bei Bestrahlung mit UV-Licht einerseits direkt die Melanozyten stimuliert, andererseits wird auch – induziert über die Lichtaufnahme im Auge – verstärkt MSH gebildet, worauf die Pigmentkörnchen aus den Melanozyten austreten und in die oberen Schichten der Epidermis eindringen. Dies dient unter anderem als Schutz gegen UV-Strahlung und bewirkt damit eine generelle Hautverdunklung beim Menschen. Auch bei Fischen, Amphibien und Reptilien bewirkt die Ausbreitung der Pigmentkörnchen eine Dunkelfärbung der Tiere.

20.2.4 Rückkopplung im Hypothalamus-Hypophysen-System

In der Regel ist das Hypothalamus-Hypophysen-System negativ rückgekoppelt, d. h., eine hohe Konzentration eines Hormons vermindert seine weitere Produktion und Freisetzung. Dies ist in ▶ Abbildung 15-11 für die Achse GnRH/LH + FSH/Testosteron + Inhibin dargestellt. Ähnliches gilt auch für andere im Folgenden beschriebene Hormonachsen. Auf diese Weise wird eine überschießende Hormonfreisetzung eingedämmt. Allerdings gibt es auch positive Rückkopplungsmechanismen wie beim Zusammenspiel zwischen GnRH und hohen Östrogenspiegeln im Laufe der späten Follikelreifungsphase (▶ Abb. 15-21).

20.3 Zirbeldrüse

Die Zirbeldrüse **(Epiphyse)** liegt kaudodorsal am Dach der 3. Gehirnkammer. Sie ist eine dorsale Ausstülpung des Zwischenhirns (▶ Abb. 18-8). Die Epiphyse bildet das Hormon **Melatonin.** Bei Amphibien bewirkt das epiphysäre Melatonin eine Aufhellung der Haut. Es ist also bei ihnen der Antagonist vom MSH des Hypophysenmittellappens.
Bei Säugetieren hat Melatonin einen hemmenden Einfluss auf die GnRH-Freisetzung aus der Hypophyse. So hemmt es vor der Pubertät die Reifung der Geschlechtsorgane. Bei adulten Tieren beeinflusst es die GnRH-gesteuerte Funktion der Geschlechtsorgane und nimmt so Einfluss auf Sexualzyklus und Sexualverhalten.
Da die Epiphyse in nervaler Verbindung mit dem Sehnerv und der Netzhaut des Auges steht, hat die Epiphyse eine zentrale Funktion bei der Regulation der tages- und jahreszeitlichen **Rhythmen** des Körpers, die durch den Zeitgeber Licht beeinflusst werden. Da Melatonin die GnRH-Freisetzung steuert, sind bei einigen Tieren Lichtdauer und Sexualzyklus gekoppelt (▶ Kap. 15.2.4). Durch Lichteinfall wird die Melatoninfreisetzung gedrosselt. Bei Equiden wird daher bei kurzer Tageslichtdauer im Herbst infolge erhöhter Melatoninkon-

zentration die Abgabe von Gonadotropinen vermindert. Dies hat wiederum zur Folge, dass der Östrus unterdrückt wird bzw. ausbleibt. Auch bei Hengsten ist eine Verminderung von Hormon- und Spermienproduktion in den Hoden zu vermerken. Bei anderen Spezies ist allerdings die Wirkungsweise des Lichteinflusses umgekehrt. So lösen z. B. beim Schaf kürzer werdende Lichtperioden im Herbst eine Induktion des Östrus aus. Auch beim Vogel ist die Reproduktionsaktivität stark tageslichtabhängig gesteuert.

20.4 Schilddrüse

20.4.1 Aufbau und Hormonsynthese

Die Schilddrüse (Glandula thyreoidea) liegt kaudal vom Kehlkopf der Luftröhre an. Bei Mensch, Rind und Schwein ist sie eine einheitliche Drüse, die rechts und links der Luftröhre je einen Lappen bildet. Beide Lappen sind über einen mehr oder weniger schmalen Teil (Isthmus), der ventral der Luftröhre liegt, verbunden (▶ Abb. 20-2). Bei Pferd, Schaf, Ziege und den Fleischfressern ist der Isthmus zurückgebildet.

Die Schilddrüse enthält Äste der Halsschlagader und ist stark durchblutet. Sie besitzt eine bindegewebige Kapsel, von der aus Bindegewebe als Interstitium in die Tiefe zieht. Das Parenchym ist in Form kleiner Bläschen angeordnet. Sie werden **Schilddrüsenfollikel** genannt, haben einen Mantel aus einem einschichtigen Epithel und sind von einem Kapillarnetz umsponnen.

Zur Synthese der Schilddrüsenhormone **Thyroxin (T_4)** und **Trijodthyronin (T_3)** ist Jod notwendig, da diese Hormone an drei bzw. vier Stellen mit Jod besetzt sind. Das im Blut zirkulierende Jodid wird vom Schilddrüsengewebe gebunden, in atomares Jod überführt und den Syntheseenzymen in den Epithelzellen zugeführt, so dass diese T_3 und T_4 bilden können. Die Hormone sind allerdings nicht frei im Schilddrüsengewebe vorhanden, sondern werden im weiteren Syntheseprozess an Protein gebunden. Das die Hormone enthaltende Protein wird **Thyreoglobulin** genannt. Dieses wird zur Speicherung ins Innere des Follikels abgegeben, so dass sich hier ein **Kolloid** bildet. Bei Bedarf wird Thyreoglobulin wieder von den Epithelzellen aufgenommen und so abgebaut, dass die Schilddrüsenhormone freigesetzt werden können.

Abb. 20-2
Schilddrüse des Rindes
(nach Ellenberger und Baum 1943).

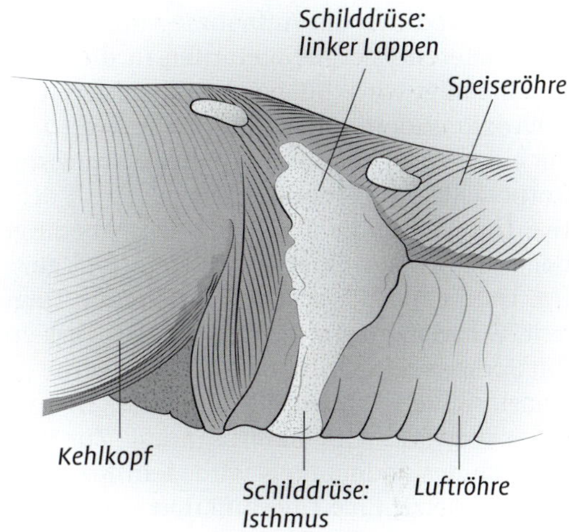

20.4.2 Freisetzung und Bedeutung der Schilddrüsenhormone

Wenn die Spiegel der Schilddrüsenhormone im Blut kritische Werte unterschreiten, wird dieses im Hypothalamus registriert. Daraufhin wird vom Hypothalamus das thyreotropin releasing hormone (TRH), ein Tripeptid, abgegeben. TRH gelangt über die portalen Gefäße zur Hypophyse und stimuliert dort die Sekretion des thyreoideastimulierenden Hormons (TSH). TSH regt in der Schilddrüse die Produktion und Freisetzung der Schilddrüsenhormone **Thyroxin (T_4)** und **Trijodthyronin (T_3)** aus der Speicherform Thyreoglobulin an.

Die Schilddrüsenhormone gewährleisten eine **ausgeglichene Energiebilanz**. Durch sie passt sich der Stoffwechsel der Gewebe langfristig einem erhöhten Bedarf an. Dies wird haupt-

sächlich durch eine Initiierung der Synthese der Proteine der Natrium/Kalium-ATPase erreicht (▶ Kap. 1.7.2). Die Transportproteine werden verstärkt in die Zellmembranen eingebaut, wodurch die Aufnahme von Glukose und anderen Energielieferanten in die Zelle beschleunigt wird. Bei wachsenden Tieren ist Thyroxin zudem dafür verantwortlich, dass auch das Wachstum und die Vermehrung der Körperzellen angeregt werden.
Die **Unterfunktion** der Schilddrüse bedingt beim Menschen während des Wachstums geistige Unterentwicklung, bei Erwachsenen Trägheit, Ödembildung und Fettsucht. Bei Ferkeln mit Jodmangel treten hohe Aufzuchtverluste, Haarlosigkeit, Wachstumsdepressionen und stark vergrößerte Schilddrüsen auf. Zur Prophylaxe des Jodmangels wird dem Kochsalz Jod zugesetzt. Eine **Überfunktion** der Schilddrüse ist durch das Bild des erhöhten Stoffwechsels gekennzeichnet (Abmagerung, Temperaturerhöhung, gesteigerter Appetit, Mensch: Hervortreten der Augen). Eine Überfunktion der Schilddrüse findet man häufiger bei älteren Katzen, die dann die oben genannten Symptome zeigen. Schilddrüsenvergrößerungen werden **Kropf** (Struma) genannt. Es gibt Überfunktions- und Unterfunktionskröpfe sowie Kröpfe mit physiologischer Funktion. Vergrößerung ist also nicht gleichbedeutend mit Überfunktion. Stoffe, die die Schilddrüsenfunktion verringern, heißen **Thyreostatika.** Diese hemmen den Einbau des Jods in die Hormone bzw. die Aufnahme von Jodid in die Schilddrüse. Thyreostatische Substanzen (Goitrin) finden sich in verschiedenen Kohlsorten.

20.5 Epithelkörperchen und C-Zellen der Schilddrüse

20.5.1 Lage und Aufbau

Die Epithelkörperchen (**Nebenschilddrüsen,** Glandulae parathyreoideae) sind kleine, etwa linsengroße Epithelansammlungen. Auf jeder Körperseite sind im Allgemeinen zwei Epithelkörperchen ausgebildet. Diese sind im Schilddrüsengewebe verborgen (inneres Epithelkörperchen) bzw. außen am Schilddrüsengewebe (äußeres Epithelkörperchen; Pferd, Fleischfresser) oder gesondert im Gebiet der Halsarterie (bei Wiederkäuer und Schwein) zu finden. Das Hormon der Epithelkörperchen ist das **Parathormon (PTH, Parathyrin).**
In der Schilddrüse sind zudem Zellen vorhanden, die in Gruppen zwischen den Follikeln liegen (parafollikuläre Zellen = **C-Zellen**). Diese Zellen bilden das Hormon **Kalzitonin.**

20.5.2 Regulation des Kalziumhaushaltes

Parathormon, Kalzitonin und auch Vitamin D_3 regulieren den Kalziumhaushalt, wobei Kalzitonin eine untergeordnete Rolle spielt. In ▶ Abbildung 20-3 ist das Zusammenspiel der Regulatoren dargestellt. Bei Absinken der Kalziumkonzentration im Plasma wird PTH aus der Nebenschilddrüse freigesetzt. **Parathormon** bewirkt eine Erhöhung des Blutkalziumspiegels durch folgende Mechanismen:

- erhöhte Resorption von Kalzium im Dünndarm
- verstärkte Mobilisation von Kalzium aus dem Knochen
- erhöhte Rückresorption von Kalzium in der Niere

Kalzitonin senkt den Kalziumspiegel durch Kalziumanbau im Knochensystem und Steigerung der Kalziumausscheidung in der Niere.
Die durch PTH induzierte erhöhte Kalziumrückresorption in der Niere ist mit einer erhöhten Phosphatausscheidung verbunden, so dass auf diese Weise Kalzium- und Phosphathaushalt eng gekoppelt sind.
Bei der hypokalzämischen **Gebärparese** des Rindes **(Milchfieber)** wird durch den starken „Verlust“ von Kalzium mit der Milch dem Körper sehr viel Kalzium entzogen, so dass die Gegenregulation durch PTH nicht mehr ausreicht. Die Folge ist ein zu starkes Absinken der Kalziumkonzentration im Blut **(Hypokalzämie)** mit nachfolgender Störung der Nerven- und Muskelfunktionen. Es kommt zum **Festliegen**

Abb. 20-3
Regulation des Kalziumspiegels durch Parathormon (PTH), 1,25 Dihydroxycholekalziferol (1,25-$(OH)_2$- D_3) und Kalzitonin (K). Die durchgezogenen schwarzen Pfeile stellen die Wege des Kalziums dar.

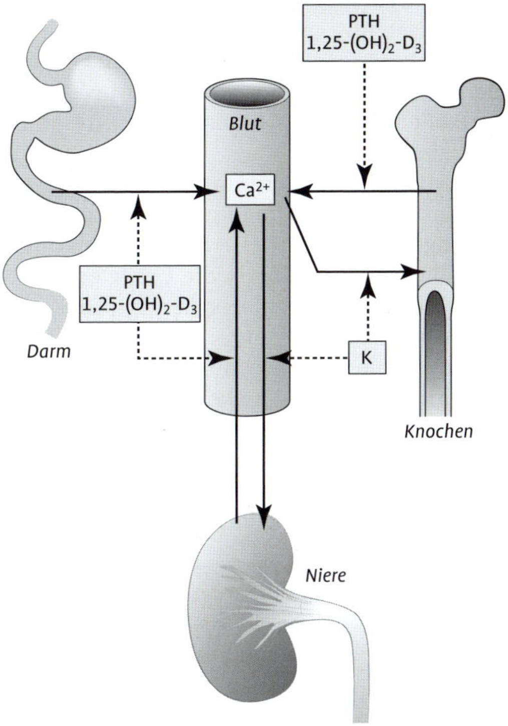

Abb. 20-4
Bildung von metabolisch aktivem Kalzitriol in Haut, Leber und Niere.

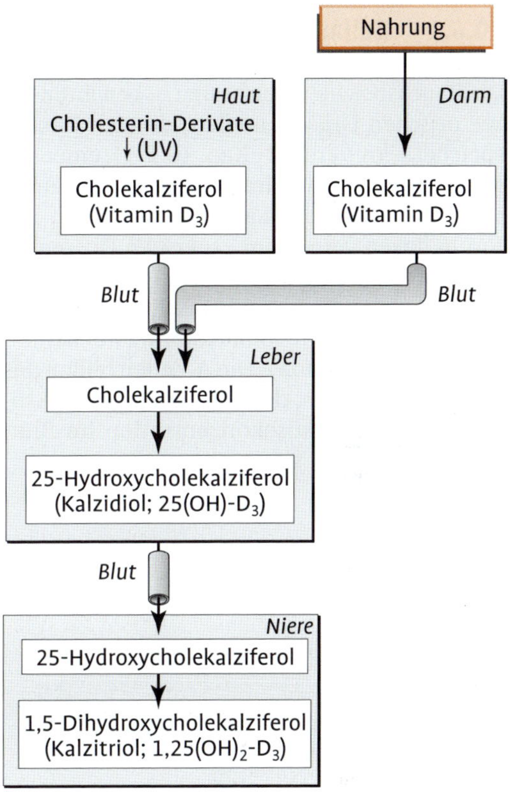

des Tieres. Beim Geflügel wird der Kalziumhaushalt prinzipiell vergleichbar reguliert wie beim Säuger. Die Kalziumfreisetzung aus dem medullären Knochen (▶ Kap. 3.7.1) erfolgt allerdings im Wesentlichen unter dem Einfluss von Östrogenen (▶ Kap. 20.8.2). Bei hochleistenden Legehennen kann dabei die Entmineralisierung des Knochens so stark sein, dass auch die Kompakta der Röhrenknochen (▶ Kap. 2.5.4) angegriffen wird und es vermehrt zu Knochenbrüchen bei den Tieren kommt.
Die resorptionsfördende Wirkung von Parathormon am Darm benötigt das gleichzeitige Einwirken von aktivem Vitamin D. **Aktives Vitamin D** kann dem Körper über verschiedene Wege zur Verfügung gestellt werden. Cholekalziferol (inaktives Vitamin D_3) ist fast ausschließlich in tierischen Geweben (vor allem Fischleberöle) aufzufinden. Es kann auch vom Körper selbst aus Cholesterin unter Einwirkung von UV-Licht synthetisiert werden. Das metabolisch aktive 1,25-Dihydroxycholekalziferol (Kalzitriol, 1,25-$(OH)_2$- D_3) entsteht aus Cholekalziferol in Leber und Niere unter der Einwirkung von PTH. ▶ Abbildung 20-4 fasst den Synthesevorgang von Kalzitriol zusammen.

20.6 Inselapparat der Bauchspeicheldrüse

20.6.1 Zellarten

Die Bauchspeicheldrüse besitzt neben ihren exkretorischen Drüsenanteilen, die den Bauchspeichel sekretieren (▶ Kap. 10.9.1), einen sogenannten Inselapparat mit innersekretorischer Funktion, die **Langerhans-Inseln.** Die Inseln liegen verteilt im exokrinen Drüsenparenchym des Pankreas. In ihnen sind mehrere Zelltypen, die A-, B- und D-Zellen, vereinigt. Die D-Zellen bilden Somatostatin (wachstumhemmendes Hormon). Die A-Zellen bilden das Hormon **Glukagon,** die B-Zellen Insulin. Insulin senkt die Glukosekonzentration im Blut, Glukagon steigert sie.

20.6.2 Regulation der Glukosekonzentration im Blut

Die physiologische Konzentration von Glukose im Blut liegt bei Pflanzenfressern in der Regel niedriger als bei Fleischfressern. Anreiz für die Freisetzung von **Insulin** ist ein Anstieg des Blutzuckerspiegels (▶ Abb. 20-5). Insulin fördert die Aufnahme von Glukose in Muskel- und Fettzellen, was die Glukosekonzentration im Blut sinken lässt.

In der **Leberzelle** wird unter der Einwirkung von Insulin Glukose in ihre Speicherform, das **Glykogen,** umgebaut. Hierdurch wird indirekt die Glukoseaufnahme in die Leber gefördert bzw. die Glukoseabgabe erniedrigt. Glykogen dient als Energiereserve in den Phasen, in denen keine Glukose aufgenommen wird. Auch im ruhenden **Muskelgewebe** wird Glukose in Glykogen umgebaut, das dann unter Belastung dem Muskelgewebe als Energielieferant für die Kontraktion zur Verfügung steht. Mangelnde Insulinproduktion bzw. Blo-

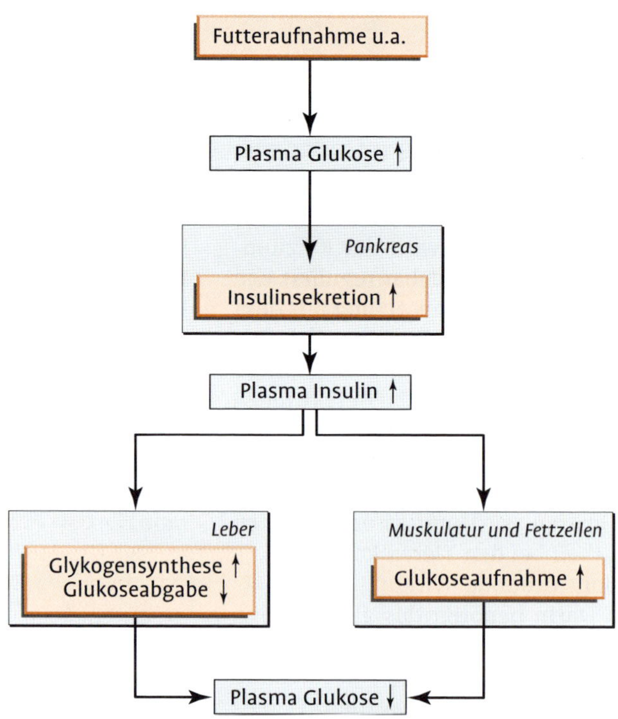

Abb. 20-5
Wirkung von Insulin auf die Glukosekonzentration im Blut.

ckade der Insulinrezeptoren in der Peripherie oder gesteigerte Aktivität der Antagonisten führen zur Zuckerkrankheit, **Diabetes mellitus,** die durch Erhöhung des Blutzuckerspiegels **(Hyperglykämie)** und Glukoseausscheidung mit dem Harn (Glukosurie) gekennzeichnet ist. Durch den erhöhten, osmotisch wirksamen Glukosegehalt im Urin scheiden die Tiere auch verstärkt Urin aus (▶ Kap. 13.1.2). Diabetes mellitus ist eine häufige hormonelle Erkrankung bei Hund und Katze. Einige Hunderassen wie Dackel, Pudel, Zwergschnauzer, Beagle und verschiedene Terrierrassen erkranken häufiger als andere.
Neben dem Glukosestoffwechsel werden auch andere Stoffwechselwege durch Insulin beeinflusst. So werden durch Insulineinwirkung Aminosäuren verstärkt in die Zellen transportiert und die Synthese von Eiweißen aus den Aminosäuren angeregt. Unter Insulin werden zudem die Fettsäuren aus dem Blut intensiver in die Fettzellen transportiert und dort in Triazylglyzerine eingebaut. Gleichzeitig wird die **Lipolyse,** d. h. der Abbau der Fette, gehemmt. Bei **Insulinmangel** steigt infolge einer gesteigerten Lipolyse der Anteil an Fettsäuren und Ketonkörpern im Blut an.
Glukagon als Gegenspieler des Insulins wird freigesetzt bei Abfall des Blutzuckerspiegels, bei Ansteigen der Aminosäurenkonzentration im Blut, bei Mangel an freien Fettsäuren im Blut und in Stresssituationen. Glukagon fördert den Abbau von Glykogen zu Glukose (Glykogenolyse) in der Leber.
Ist es notwendig, den Glukosespiegel durch Glykogenolyse äußerst rasch zu erhöhen (Kampf, Flucht), so wird dies über eine **Adrenalinausschüttung** aus dem Nebennierenmark gewährleistet (▶ Kap. 20.7.3). Stehen kaum mehr Glykogenvorräte bzw. Glukose zur Verfügung, so kann durch **Kortisol** aus der Nebennierenrinde die Glukoseneubildung aus Aminosäuren (Glukoneogenese) induziert werden (▶ Kap. 20.7.2).

20.7 Nebennieren

20.7.1 Lage und Aufbau

Die Nebennieren (Glandulae adrenales) liegen vor dem kranialen Nierenpol. Auf jeder Körperseite ist eine Nebenniere ausgebildet. Die Form der Nebennieren ist annähernd dreieckig. Ihre Farbe ist bei den Wiederkäuern und beim Pferd rotbraun, beim Schwein schokoladenbraun und beim Fleischfresser gelblich. Jede Nebenniere besteht aus **Mark** (NNM) und **Rinde** (NNR).
Im Feinbau kann man drei Zonen der **Nebennierenrinde** unterscheiden: die Knäuelzone, die Säulenzone und die Netzzone. Im **Nebennierenmark** befinden sich Haufen bzw. Stränge von endokrinen Zellen, die Adrenalin und Noradrenalin synthetisieren. Das Nebennierenmark wird vom Sympathikus innerviert.

20.7.2 Hormone der Nebennierenrinde

Die von der NNR gebildeten Hormone sind Steroide, die sich vom Cholesterin ableiten. Sie werden **Kortikosteroide** bzw. **Kortikoide** genannt und lassen sich nach ihren Hauptwirkungen in drei Gruppen einteilen:
- Mineralokortiko(stero)ide aus der Knäuelzone
- Glukokortiko(stero)ide aus der Säulenzone
- Geschlechtshormone aus der Netzzone

Die **Mineralokortikoide** beeinflussen vor allem den Mineralstoff- und Wasserhaushalt. Der wichtigste Vertreter der Mineralokortikoide ist **Aldosteron,** das in der Niere die Natriumrückresorption erhöht und die Kaliumausscheidung steigert (▶ Abb. 13-7).
Die wichtigsten **Glukokortikoide** sind **Kortisol** und **Kortikosteron.** Diese wirken sich positiv auf die Energiebereitstellung aus und sind damit teilweise Gegenspieler des Insulins. Die Wirkung der Glukokortikoide wird erreicht durch:
- Erhöhung des Blutzuckerspiegels
- Anregung der Neubildung von Glukose aus Aminosäuren in der Leber (Glukoneogenese)

Um für die **Glukoneogenese** die Aminosäuren bereitzustellen, wird unter Einwirkung der Glukokortikoide der Abbau von Eiweißen aus Körper- und Muskelzellen verstärkt. Neben der Wirkung auf den Energiehaushalt wirken Glukokortikoide **entzündungshemmend,** indem sie Leukozytenwanderung und Phagozytosefähigkeit unterdrücken. Daher werden Glukokortikoide bei der Therapie entzündlicher Erkrankungen verwendet. Da Glukokortikoide unter ACTH aus der Hypophyse verstärkt freigesetzt werden, können Bestimmungen des Kortisolspiegels dazu dienen, die Stressbelastung eines Tieres zu bewerten.
Wenn über längere Zeit die Kortisol-Spiegel im Blut krankhaft erhöht sind, kann dies zum sogenannten **Cushing-Syndrom** führen. Dies findet sich öfters bei Hunden und Pferden. Das Cushing-Syndrom wird unter anderem durch eine Entartung der Hypophyse ausgelöst, die dann verstärkt ACTH freisetzt, was wiederum die Nebennierenrinde aktiviert. Als Folge scheiden die Tiere verstärkt Urin aus (Glukosemobilisation und Hemmung der ADH-Freisetzung durch Kortisol), zudem zeigen die Tiere Muskelschwäche (Erhöhung des Proteinabbaus durch Kortisol) und Veränderungen in Haut und Haarkleid.
Die Geschlechtshormone der NNR sind vor allem **Androgene** (Testosteron und Androstendion) und werden nur in geringer Menge freigesetzt. Sie können aber bei NNR-Tumoren vermehrt gebildet werden. Dann verursachen sie eine verfrühte Geschlechtsreife der männlichen Tiere und Vermännlichung der weiblichen Individuen.

20.7.3 Hormone des Nebennierenmarks

Das NNM bildet zwei Hormone, das **Adrenalin** und das **Noradrenalin.** Beide haben eine ähnliche chemische Struktur und werden unter der Bezeichnung **Katecholamine** zusammengefasst. Das Mengenverhältnis von Adrenalin zu Noradrenalin ist bei den Tierarten unterschiedlich und auch vom Lebensalter abhängig. Bei Fleischfressern überwiegt das Noradrenalin, bei Pflanzenfressern das Adrenalin.
Beide Hormone haben starke Wirkung auf den **Kohlenhydratstoffwechsel** und das **Gefäßsystem.**
In der Ruhe werden von beiden Hormonen geringe Mengen sekretiert, die zur Regulation des Blutkreislaufs und im Stoffwechsel benötigt werden. Adrenalin erhöht z. B. den Glykogenabbau in der Leber und der Muskulatur zu Glukose. So werden den Geweben rasch Substrate für die anaerobe und auch aerobe Glykolyse zur Verfügung gestellt. Diese Stoffwechselwirkungen des Adrenalins sind in Zusammenhang mit seiner Bedeutung als Hormon der Notfallsituation zu sehen (Fight-or-Flight-Reaktion). Wenn größere Mengen Adrenalin in die Blutbahn gelangen, verengen sich die Blutgefäße der Haut und des Magen-Darm-Kanals, aber die Gefäße der Skelettmuskulatur und die des Herzens erweitern sich. Das Blut wird dadurch bevorzugt der Muskulatur zugeführt, so dass das Tier bereit für die Flucht bzw. den Kampf ist. Außerdem wird das zentrale Nervensystem erregt. Adrenalin und Noradrenalin werden nicht nur im NNM gebildet, sondern auch in den postganglionären Synapsen des Sympathikus (▶ Abb. 18-13).

20.8 Geschlechtshormone

20.8.1 Männliche Geschlechtshormone

Das wichtigste Geschlechtshormon der männlichen Tiere ist das **Testosteron** aus den Hoden (▶ Kap. 15.1.3). Androgene werden in geringen Mengen auch in der Nebennierenrinde synthetisiert. Auch die Eierstöcke sind zur Testosteron-Bildung befähigt.
Testosteron ist für die Ausbildung der primären und der sekundären männlichen Geschlechtsmerkmale sowie zusammen mit dem FSH aus dem Hypophysenvorderlappen für das Einsetzen und die Aufrechterhaltung der Spermatogenese verantwortlich (▶ Abb. 15-11). Wird die Testosteronproduktion vor der Geschlechtsreife durch Entfernung der Hoden (Kastration) unterbrochen, so werden die sekundären Geschlechtsmerkmale unvollstän-

dig oder überhaupt nicht entwickelt. Die akzessorischen Geschlechtsdrüsen entwickeln sich nur unter dem Einfluss der männlichen Geschlechtshormone zu ihrer vollen Größe. Bei Frühkastration bleiben sie klein.

20.8.2 Weibliche Geschlechtshormone

Östrogene werden in den Tertiärfollikeln der Eierstöcke, aber auch in der NNR, in den Hoden, in der Plazenta sowie im Fettgewebe gebildet (▶ Kap. 15.2.3). Die Östrogene des tierischen Organismus sind Steroide. Im Tertiärfollikel werden Östradiol, Östron und beim Menschen Östriol gebildet. Das wichtigste Östrogen ist das Östradiol. Östrogene Verbindungen sind auch in manchen Pflanzen wie Kleesorten, Sojabohnen und Rhabarberwurzeln enthalten (Phytoöstrogene).

Die Östrogene fördern die Entwicklung der sekundären weiblichen Geschlechtsorgane, besonders der Milchdrüse. Durch Östrogene werden zudem Funktion und Struktur der Gebärmutter beeinflusst und Verhaltensänderungen während der Brunst ausgelöst (▶ Kap. 15.2.3 und 15.2.4).

Das **Progesteron,** Gelbkörperhormon, wird unter dem Einfluss des LH besonders im Corpus luteum gebildet. Es lässt sich aber auch in der NNR und in der Plazenta nachweisen. Es löst die Sekretion der Uterusdrüsen aus und schafft somit in der Gebärmutter die letzten Voraussetzungen für die Ernährung des Embryos (Sekretionsphase). Die Uterusmuskulatur wird für die Oxytozinwirkung unempfindlich.

20.9 Gewebshormone

Auch in verschiedenen nicht-drüsigen Organen und Geweben werden durch spezialisierte Zellen Hormone synthetisiert und freigesetzt. Diese Hormone werden unter dem Begriff Gewebshormone zusammengefasst. Die Wirkungen und Freisetzungsmechanismen der Gewebshormone sind genauer in den Organkapiteln dargestellt. Hier erfolgt nur eine zusammenfassende Beschreibung.

Gewebshormone des **Magen-Darm-Traktes** sind unter anderem **Gastrin, Cholezystokinin** und **Sekretin. Gastrin** ist ein Gewebshormon aus der Schleimhaut des Magens. Es steigert hier die Sekretion von HCl. Eine **Sekretinsynthese** und -freisetzung erfolgt in der Schleimhaut des Duodenums. Es hemmt die Sekretion von Magensaft bzw. fördert die Sekretion der Bauchspeicheldrüse. **Cholezystokinin (CCK)** wird ebenfalls in der Schleimhaut des Duodenums gebildet und steigert die Enzymproduktion in der Bauchspeicheldrüse. Es wirkt darüber hinaus kontrahierend auf die Gallenblase und hemmt die Magenentleerung. CCK wird freigesetzt, wenn Nahrung in das Duodenum eintritt.

Aus der **Niere** stammen die Gewebshormone **Renin, Erythropoetin** und **Kalzitriol (1,25-Dihydroxycholekalziferol).**

In der **Leber** werden unter dem Einfluss des Wachstumshormons (STH/GH) **insulin like growth factors (IGF)** gebildet und in die Blutbahn abgegeben. Diese Wachstumsfaktoren sind es, die im Wesentlichen das Gewebe- und Organwachstum regulieren. Sie sind, wie das Insulin, Peptidhormone.

Die Vorkammerzellen des **Herzens** können das **atriale natriuretische Peptid (ANP)** in den Kreislauf abgeben. ANP steigert die Natriumausscheidung in der Niere.

Die Summe des **Fettgewebes** kann als ein Organ aufgefasst werden, das stoffwechselregulatorische und teilweise auch thermoregulatorische Funktionen hat. In den Stoffwechsel greift das Fettgewebe durch die Bildung von artspezifischem Fett aus Nahrungsfett und durch Fettspeicherung ein, aber auch auf hormoneller Basis durch Bildung und Abgabe von **Leptin,** einem Polypeptid. Dieses hemmt durch Verminderung der Synthese des Neuropeptids Y (NPY) im Hypothalamus (Fresszentrum) die Futteraufnahme. Dadurch wird mit zunehmender Fettgewebsmenge die Futteraufnahme vermindert (lipostatische Regulation der Nahrungsaufnahme).

Die **Plazenta** setzt Steroidhormone sowie Peptidhormone frei, wobei größere Unterschiede in der Sekretionsleistung zwischen den Tierarten bestehen.

20.10 Mediatorstoffe

Mediatorstoffe sind Substrate mit hormonähnlicher Wirkung, die unter physiologischen Bedingungen, aber vor allem bei verschiedenen Krankheitsprozessen freigesetzt werden. Wichtige Mediatoren sind Histamin und Prostaglandine.

Eine physiologische Rolle hat **Histamin** bei der Regulation der Magensaftsekretion (▶ Abb. 10-11). Histamin wird ansonsten besonders reichlich in den Mastzellen des Bindegewebes und den basophilen Granulozyten des Blutes gefunden. Es erhöht die Permeabilität von Kapillaren, löst Juckreiz (▶ Kap.19.7.4) und Ödembildung (▶ Kap.8.2.4) aus und wird besonders bei allergischen Antigen-Antikörper-Reaktionen freigesetzt. Mehrere der bei allergischen Reaktionen (▶ Kap. 6.2.2) auftretenden Symptome werden der Wirkung des Histamins zugeschrieben.

Prostaglandine wurden zuerst in der Spermaflüssigkeit des Menschen entdeckt. Sie erhielten daher ihren Namen (von Prostata). Mittlerweile ist bekannt, dass auch zahlreiche andere Gewebe zur Prostaglandinsynthese in der Lage sind. Prostaglandine sind Fettsäuren, die mit einem 5-C-Ring und 15 weiteren C-Atomen verbunden sind. Je nach Anlagerung von OH- oder anderen Gruppen an diese C-Atome erreichen sie eine unterschiedliche Wirkung und werden entsprechend ihrer Struktur in Prostaglandin A, E und F usw. eingeteilt. Wichtige Prostaglandine sind die der E- und der F-Reihen. Die Prostaglandine der F-Reihe spielen eine große Rolle bei der Auflösung des Gelbkörpers am Ende des Zyklus bzw. am Ende der Trächtigkeit (▶ Kap. 15.2.3). Prostaglandine der E-Gruppe sind an der Regulation verschiedener Körperfunktionen beteiligt, so z. B. der Modulation der Schleimproduktion im Magen (▶ Kap. 10.5.3) und der Auslösung von Fieber (▶ Kap. 12.4.3).

20.11 Pheromone

Pheromone stellen eine eigene Klasse von Überträgerstoffen dar. Als Pheromone werden chemische Botenstoffe bezeichnet, die Wirkungen bei anderen Artgenossen auslösen (z. B. geschlechtsspezifische Geruchsstoffe). Pheromone haben wichtige Funktionen im Sozialverhalten der Tiere. Sie dienen einerseits der Kommunikation zwischen den Gruppen (Reviermarkierung, Gruppengeruch) als auch der Kommunikation zwischen den einzelnen Individuen, insbesondere im Sexualverhalten, z. B. zum Erkennen des Zyklusstandes beim weiblichen Partner (Beriechen des Genitales und des Urins), der Verstärkung des Sexualverhaltens (z. B. der Sau durch den Ebergeruchsstoff), der Festigung der Mutter-Kind-Beziehung (Analkontrolle beim Jungtier durch die Mutter, an den Zitzen der Mutter durch das Jungtier) und nicht zuletzt zum Erkennen einzelner Individuen bzw. der Gruppenzugehörigkeit durch spezifische Duftnoten.

Pheromone werden mit Sekreten von Hautdrüsen abgegeben (z. B. Schweißdrüsen, Interdigitaldrüsen, Kinndrüsen, Drüsen im medialen Augenwinkel, Analbeutel, Perianaldrüsen) oder mit dem Speichel oder Urin freigesetzt. Sie haben unterschiedliche chemische Struktur (unter anderem Steroide, flüchtige Fettsäuren, längerkettige Fettsäuren, Eiweißzersetzungsprodukte).

21 Bezeichnungen, SI-Einheiten, Umrechnungen

21.1 Messgrößen und Maßeinheiten

■ Maßsysteme

In den meisten Ländern gelten die international verwendeten **SI-Einheiten** (SI = Système International d'Unités).

Basiseinheiten für das SI-System	
Länge	m (Meter)
Masse	kg (Kilogramm)
Zeit	s (Sekunde)
Stoffmenge	mol (Mol)
Stromstärke	A (Ampere)
Temperatur	K (Kelvin)
Lichtstärke	cd (Candela)

Faktoren für die SI-Einheiten				
T	=	Tera-	=	10^{12}
G	=	Giga-	=	10^{9}
M	=	Mega-	=	10^{6}
K	=	Kilo-	=	10^{3}
m	=	Milli-	=	10^{-3}
µ	=	Mikro-	=	10^{-6}
n	=	Nano-	=	10^{-9}
p	=	piko-	=	10^{-12}

■ Länge, Fläche, Volumen

SI-Einheit der Länge ist der Meter (m), besondere Einheit ist Ångström (Å) = 10^{-10} m = 0,1 nm.

Abgeleitete SI-Einheit für die Fläche ist der Quadratmeter ($m^2 = m \cdot m$), bzw. für das Volumen der Kubikmeter ($m^3 = m \cdot m \cdot m$).

Besondere Einheit für das Volumen ist der Liter (l):

1 l	=	10^{-3} m³	=	1 dm³,
1 ml	=	10^{-6} m³	=	1 cm³,
1 µl	=	10^{-9} m³	=	1 mm³.

■ Geschwindigkeit, Frequenz

Geschwindigkeit wird angegeben in $\frac{m}{s}$. Volumengeschwindigkeiten bzw. Flussraten werden mit der Einheit $\frac{l}{s}$ oder $\frac{m^3}{s}$ bezeichnet. Frequenz ist die Angabe, wie oft ein Ereignis pro Zeiteinheit stattfindet. SI-Einheit ist $\frac{1}{s}$, auch Hertz (Hz) genannt.

■ Kraft, Druck

Kraft = Masse · Beschleunigung

Einheit der Masse ist Kilogramm (kg), die der Beschleunigung $\frac{m}{s^2}$, so dass als Einheit der Kraft gilt:

$$kg \cdot \frac{m}{s^2} = \text{N (Newton)}.$$

Druck ist Kraft pro Fläche. Einheit der Kraft ist N, die der Fläche m². Dementsprechend ist die Einheit des Drucks:

$$\frac{N}{m^2} = \text{Pa (Pascal)}.$$

Andere Druckeinheiten werden in SI-Einheiten folgendermaßen umgerechnet:

1 cm H_2O (Zentimeter Wassersäule) ≈ 98 Pa,
1 mm Hg (Millimeter Quecksilbersäule) = 1 Torr = 133,3 Pa = 0,1333 kPa.

Arbeit, Energie, Wärmemenge

Arbeit = Kraft · Weg

Einheit der Kraft ist N, die des Weges m, es gilt also für die Einheit der Arbeit: N · m = J (Joule).

Energie und Wärmemenge haben die gleiche Einheit, nämlich Joule.

Andere Einheiten für Arbeit, Wärmemenge und Energie werden in die SI-Einheit Joule folgendermaßen umgerechnet:

1 kcal ≈ 4185 J = 4,185 kJ,

1 Ws (Wattsekunde) = 1 J.

Leistung ist Arbeit pro Zeit; Einheit der Arbeit ist J, die der Zeit s, deshalb gilt für die Einheit der Leistung: $\frac{J}{s}$ = W (Watt).

Masse, Stoffmenge, Konzentration, pH-Wert

Masse hat die Basiseinheit Kilogramm (kg). Die der Masse verwandte Messgröße ist die Stoffmenge, die in Mol (mol) angegeben wird. 1 mol entspricht dabei $6 \cdot 10^{23}$ Molekülen des Stoffes. Auf diese Weise können Molekülmassen miteinander verglichen werden.

Beispiel:

$6 \cdot 10^{23}$ Moleküle von Glukose wiegen 180 g, daher hat 1 mol Glukose die Masse von 180 g. $6 \cdot 10^{23}$ Moleküle von Natrium wiegen 23 g, d. h., 1 mol Natrium hat das Gewicht von 23 g. Natrium ist also etwa 8-mal leichter als Glukose.

Der Ausdruck Konzentration wird mehrfach verwendet:

Masse eines Stoffes pro Volumeneinheit (z. B. g/l) = Massenkonzentration,

Stoffmenge pro Volumeneinheit (mol/l) = Stoffmengenkonzentration = molare Konzentration,

Volumenanteil pro Gesamtvolumen (l/l) = Volumenverhältnis.

Einheit für die relative Molekülmasse ist Dalton (Da), wobei 1 Da = $1{,}66018 \cdot 10^{-24}$ g.

Der pH-Wert gibt die Konzentration der H^+- bzw. H_3O^+-Ionen in logarithmischer Skalierung an: pH = $-\log_{10}$ [H_3O^+-Ionen in mol/l]. z. B. 10^{-3} mol H_3O^+-Ionen pro Liter entsprechen einem pH-Wert von 3.

Elektrische Größen

Die Menge an Teilchen pro Zeit, die durch einen Leiter fließen, wird als Stromstärke bezeichnet. Deren Einheit ist das Ampere (A). Elektrischer Strom kann nur fließen, wenn eine elektrische Potenzialdifferenz, auch Spannung oder Potenzial genannt, besteht. Die Einheit der elektrischen Spannung ist Volt (V). Wie viel Strom bei gegebener Spannung fließt, hängt vom elektrischen Widerstand ab:

Spannung = Strom · Widerstand (Ohm-Gesetz).

Die Einheit des elektrischen Widerstandes ist Ohm (Ω).

Temperatur

SI-Einheit der Temperatur ist Kelvin (K). 0 K entspricht der tiefsten, physikalisch überhaupt möglichen Temperatur (absoluter Nullpunkt). Von der Kelvin-Skala abgeleitet ist die Celsius-Skala mit der Einheit Grad Celsius (°C).

Für den Zusammenhang der beiden Skalensysteme gilt:

(Temperatur in °C) = (Temperatur in K) – 273,15.

Osmolarität und kolloidosmotischer Druck

▶ Kapitel 1.7.1.

21.2 Lagebezeichnungen

Abb. 21-1
Lagebezeichnungen am Tierkörper (nach Koch und Berg 1992).
A: Medianebene
B: Wirbelsäulenparallele, Horizontalebene
C: Transversalebene

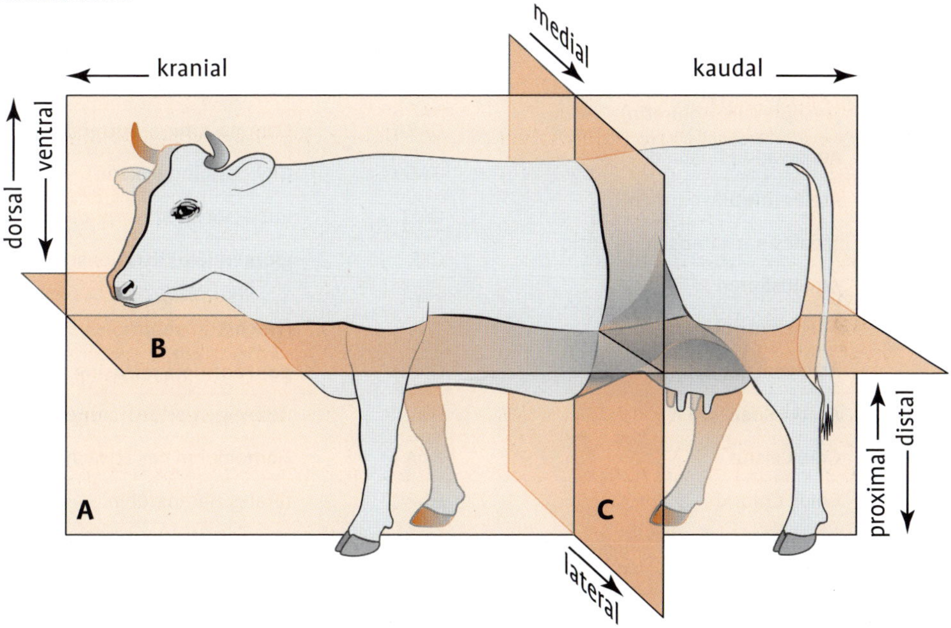

Abb. 21-2
Lagebezeichnungen an den Gliedmaßen.

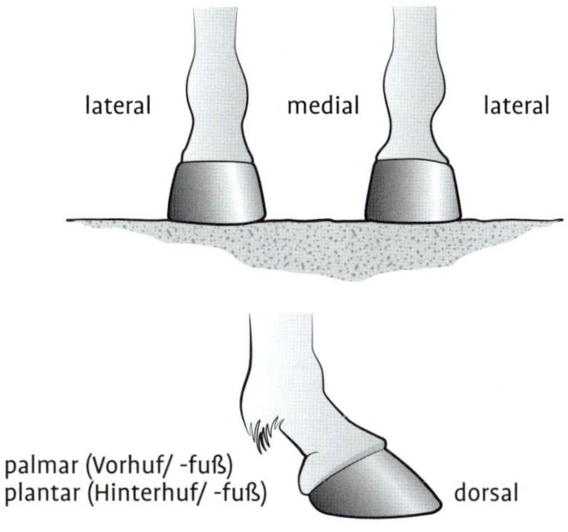

21.3 Häufig verwendete Buchstaben des griechischen Alphabets

α	A	Alpha
β	B	Beta
γ	Γ	Gamma
δ	Δ	Delta
ε	E	Epsilon
κ	K	Kappa
λ	Λ	Lambda
μ	M	My
π	Π	Pi
ω	Ω	Omega

21.4 Häufige Abkürzungen im Text und in den Abbildungen

A	Ansatz eines Muskels
A.	Arteria (Arterie)
Aa.	Arteriae (Mehrzahl von Arteria)
Ach	Azetylcholin
ACTH	adrenokortikotropes Hormon
ADH	antidiuretisches Hormon (Vasopressin, Adiuretin)
ADP	Adenosindiphosphat
AMV	Atemminutenvolumen
ANP	atriales natriuretisches Peptid
AS	Aminosäuren
ATP	Adenosintriphosphat
AV-	Atrioventrikular-
Azetyl-CoA	Azetyl-Koenzym A
°C	Grad Celsius
$Cl^{(-)}$	Chlor, Chlorid
Ca	Kalzium
CA	Carboanhydrase
cal	Kalorie
CCK	Cholezystokinin
CoA	Koenzym A
CRH	corticotropin releasing hormone
δ, Δ	Delta = Differenz zwischen zwei Werten eines Parameters
$1{,}25\text{-}(OH)_2\text{-}D_3$	Dihydroxycholekalziferol, Kalzitriol (= aktives Vitamin D)
Da	Dalton, Einheit für die relative Molekülmasse, wobei $1\,Da = 1{,}66018 \cdot 10^{-24}\,g$
DNA	Desoxyribonukleinsäure
eCG	equines Choriongonadotropin (früher PMSG)
EDRF	endothelium derived relaxing factor (= Stickstoffmonoxid)
EGF	epidermal growth factor
EKG	Elektrokardiogramm

ENS	enterisches Nervensystem
EZF	Extrazellulärflüssigkeit
EZV	Extrazellulärvolumen
FAD	Flavin-Adenin-Dinukleotid
$FADH_2$	reduziertes FAD
FSH	follikelstimulierendes Hormon
GABA	Gamma-Amino-Buttersäure
GAG	Glykosaminoglykane
GALT	gut associated lymphoid tissue
GFR	glomeruläre Filtrationsrate
GH	growth hormone (Wachstumshormon = STH)
GnRH	gonadotropin releasing hormone
Hb	desoxygeniertes Hämoglobin
HbA	Hämoglobin des Erwachsenen
HbF	fetales Hämoglobin
HbO_2	oxygeniertes Hämoglobin
hCG	humanes Choriongonadotropin
HHL	Hypophysenhinterlappen
HMV	Herzminutenvolumen
HVL	Hypophysenvorderlappen
Ig	Immunglobulin
IGF	insulin like growth factor
J	Joule
K	Kalium
KM	Körpermasse
KOD	kolloidosmotischer Druck
LDH	Laktatdehydrogenase
LH	luteinisierendes Hormon
M.	Musculus (Muskel)
MHC	major histocompatibility complex
Mm.	Musculi (Mehrzahl von Musculus)
mmHg	Millimeter Quecksilbersäule (1 mmHg = 0,133 kPa)

mRNA	messenger-Ribonukleinsäure
MSH	melanozytenstimulierendes Hormon
N.	Nervus (Nerv)
Na	Natrium
NAD^+	Nikotinamid-Adenin-Dinukleotid
$NADH/H^+$	reduziertes Nikotinamid-Adenin-Dinukleotid
Nn.	Nervi (Mehrzahl von Nervus)
NNM	Nebennierenmark
NNR	Nebennierenrinde
pCO_2	Partialdruck von Kohlendioxid
PG	Prostaglandin (unter anderem PGE_2, $PGF_{2\alpha}$)
P_i	anorganisches Phosphat
PMSG	pregnant mare's serum gonadotropin (= eCG)
pO_2	Partialdruck von Sauerstoff
PTH	Parathormon
rh-, Rh-	Rhesus-
RH	releasing hormone
RNA	Ribonukleinsäure
RQ	respiratorischer Quotient
rRNA	ribosomale Ribonukleinsäure
SCFA	short chain fatty acids (kurzkettige Fettsäuren)
STH	somatotropes Hormon
T_3	Trijodthyronin
T_4	Thyroxin
TRH	thyreotropin releasing hormone
tRNA	transfer-Ribonukleinsäure
TSH	thyreoidea stimulierendes Hormon
U	Ursprung eines Muskels
V.	Vena (Vene)
Vv.	Venae (Mehrzahl von Vena)
ZNS	zentrales Nervensystem

21.5 Erläuterungen anatomischer und physiologischer Begriffe

abdominal	zum Bauch (Abdomen) gehörig
aboral	vom Munde entfernt
abszedierend	einschmelzend, einen Abszess ausbildend
Adaptation	a) biologische Mechanismen, die das Überleben in einer bestimmten Umgebung erleichtern b) Abnahme in der Aktionspotenzialfrequenz in Nerven, trotz ständiger Reizung
aerob	Sauerstoff benötigend
afferent	zum Zentrum, zum Organ führend
Agglutination	Verklebung antigentragender Teilchen (z. B. Erythrozyten)
Agonist	a) Muskel, der für eine bestimmte Bewegung zuständig ist b) Molekül, das an einem Rezeptor eine Wirkung auslöst
Aktionspotenzial	elektrisches Signal, das von Nerven oder Muskelzellen weitergeleitet wird
aktiver Transport	energieverbrauchendes System, das Transporter nutzt, um Ionen oder Moleküle über eine Membran zu bewegen
Alkalose	Situation, in der der pH-Wert des Blutes oder von Organen über dem physiologischen Bereich liegt
Amplitude	Höhe einer Änderung
Ampulle	Erweiterung
Anabolismus	Aufbau von körpereigenen Stoffen unter Verbrauch von Energie
anaerob	keinen Sauerstoff benötigend
anal	den After betreffend, zum After gerichtet
Anastomose	Kurzschlussverbindung zwischen Gefäßen bzw. Hohlorganen
Anion	negativ geladenes Ion
anorganisch	zu Substanzen gehörig, die keinen Kohlenstoff enthalten
Antagonist	a) Muskel, der durch seine Aktion eine Bewegung eines anderen Muskels (Agonist) aufhebt und in die Gegenrichtung arbeitet b) Molekül, das die Wirkung einer Substanz (Agonist) aufhebt
anterior	vorderer
anti...	Wortteil: (da)gegen
Antigen	Substanz, die eine Immunantwort auslösen kann
apikal	spitzenwärts; bei Hohlorganen: zum Lumen hin; am Kopf identisch mit oral
apo...	Wortteil: ab-, weg-
Area	Fläche (begrenzter Bezirk)
arteriell	Arterien betreffend
ascendens, aszendierend	aufsteigend

Aspiration	Ansaugen
Ätiologie	Krankheitsursache
atonisch	spannungslos
Atrium	Vorkammer, auch Vorhof
Atrophie	Abbau oder Größenabnahme einer Struktur
Autolyse	Selbstzerstörung (von Zellen)
autonom	selbstständig
aviär	von Vögeln stammend, auf Vögel bezogen
Azidose	Situation, in der der pH-Wert des Blutes oder von Organen unter den physiologischen Spiegel sinkt
bakteriell	durch Bakterien bedingt
Base	Molekül, das sich mit Protonen kombinieren kann
Bovide	Rinderartige
Bulbus	Anschwellung
Carrier	Transporter
Cervix	Hals
Chymus	Mischung teilweise verdauten Futters mit Verdauungssäften im Magen und Darm
chondro-dystroph	im Knorpelwachstum, in der Knorpelernährung gestört
Cortex	Rinde
dexter	rechts
Di...	Wortteil: Zwei- oder Doppel-
Diastole	Phase des Herzzyklus, in der der Herzmuskel erschlafft und die Kammern sich mit Blut füllen
diastolisch	in der Erschlaffungs- und Füllungsphase des Herzens
Diffusion	Wanderung eines Teilchens ohne Energieverbrauch
Digestion	mechanischer und/oder chemischer Prozess der Zerkleinerung von höher molekularen Substanzen zu kleineren Molekülen
Diurese	erhöhte Urinausscheidung
Dissoziation	Abspaltung von ...
distal	rumpfabgewandt
dorsal	zum Rücken hin, an der Gliedmaßenspitze auch handrückenwärts bzw. fußrückenwärts
Ductus	Gang
dys...	Wortteil: Störung eines Zustandes oder einer Funktion
efferent	vom Zentrum, vom Organ wegführend
Emulsion	Suspension kleiner Fetttröpfchen
endogen	im Körper selbst entstehend
endokrin	Drüsen mit innerer Sekretion betreffend

enteral	den Darm betreffend
enterisch, entero...	zum Darm gehörig
epidemisch	seuchenartig auftretend
Equide	Pferdeartige
erythr(o)...	Wortteil: rot-, rötlich
essenziell	unentbehrlich
exogen	von außen
extra...	Wortteil: außerhalb von ...
extravasal	außerhalb des Gefäßsystems
extrazellulär	außerhalb der Zellen
Exkretion	Entfernen einer Substanz aus dem Körper
Exspiration	Bewegung von Luft bzw. Gas aus der Lunge
extrinsisch	= exogen
Fäzes	Kot
Felide	Katzenartige
Follikel	Bläschen, Knötchen
Foramen	Öffnung, Loch
Fraktur	Bruch
Frequenz	Anzahl des Auftretens eines Ereignisses pro Zeiteinheit
frontal	in der Stirnebene
gastrointestinal	den Magen-Darm-Trakt betreffend
glandotrop	auf eine Drüse einwirkend
Glandula	Drüse
Hämolyse	Austritt von Hämoglobin aus Erythrozyten
hepatisch	die Leber betreffend
Herbivore	Pflanzenfresser
Homöostase	relativ stabiler Zustand, aufgrund der Einstellung durch regulative Systeme
hormonal	das innersekretorische System betreffend
humoral	auf dem Flüssigkeits-(Blut-)Weg
Hydrolyse	Lösung einer chemischen Bindung durch die Elemente des Wassers (H^+ und OH^-)
hydrophil	wasserliebend bzw. in Wasser löslich
hydrophob	wasserabweisend bzw. unlöslich in Wasser
hyper...	Wortteil: das normale Maß übersteigend
hypo...	Wortteil: das normale Maß unterschreitend
inguinal	zur Leistengegend gehörig

Inspiration	Bewegung von Außenluft in die Lunge
Insuffizienz	Schwäche, unzureichende Leistung
intestinal	den Darm betreffend
intra...	Wortteil: innerhalb von ...
intravasal	innerhalb des Gefäßsystems
intrazellulär	innerhalb der Zellen
intrinsisch	= endogen
in vitro	im überlebenden Gewebe außerhalb des Organismus
in vivo	im lebenden Organismus
kapillär	die Kapillaren betreffend
kardial	das Herz betreffend
kardiovaskulär	das Herz-Kreislauf-System betreffend
Karnivore	Fleischfresser
Katabolismus	zellulärer Abbau organischer Moleküle
Kation	Ion mit positiver Ladung
kaudal	schwanzwärts
Koagulation	Zusammenballen des Blutes
kontraktil	zur aktiven Verkürzung oder Spannungszunahme befähigt
Kontraktion	Zusammenziehung
kontralateral	auf der Gegenseite
kortikal	die Rinde betreffend
Kotransport	gleichzeitiger Transport mehrerer Moleküle über eine Zellmembran unter Ausnutzung des Konzentrationsgradienten für eines der transportierten Moleküle (Form des sekundär aktiven Transportes)
kranial	kopfwärts
kutan	die Haut betreffend
lateral	seitwärts, von der Medianebene entfernt
leuk(o)...	Wortteil: weiß, glänzend
Ligamentum	Band
Lipogenese	Aufbau der Fette
Lipolyse	Abbau der Fette
Lobus	Lappen
Lumen	Hohlraum in Organen
luminal	zum Lumen gehörig
Lymphonodus	Lymphknoten
medial	zur Mitte hin

median	in der Mitte des Körpers gelegen
Medianebene/ -linie	durch die Mitte des Körpers verlaufende Ebene
Medulla	Mark
metabolisch	durch den Stoffwechsel bedingt
Metabolismus	chemische Reaktionen, die im lebenden Organismus auftreten (Stoffwechsel)
Metabolit	Substanz, die aus dem Metabolismus entsteht
motorisch	die Bewegung betreffend
myo...	Wortteil: zum Muskel gehörig
nerval	durch das Nervensystem vermittelt (bedingt)
Nucleus	Kern
okzipital	hinterhauptwärts
oligo...	Wortteil: einige, wenige
Omnivore	Allesfresser
oral, rostral	mundwärts, den Mund betreffend
palmar	hohlhandwärts
para...	Wortteil: (da)neben
parazellulär	zwischen benachbarten Zellen eines Zellverbandes
pathogen	krankheitserregend
peri...	Wortteil: um ... herum
Peritoneum	Bauchfell
Phagozytose	Aufnahme extrazellulärer Partikel durch Zellen und Mikroorganismen
plantar	fußsohlenwärts
Plexus	Geflecht
polar	zu einem Molekül, einer Region gehörig, die ionisiert ist bzw. geladene Gruppen trägt. Durch die Ladung wird das Molekül wasserlöslich
poly...	Wortteil: viel(e)
Processus	Fortsatz
Produkt	Molekül, das in einer Enzym-katalysierten chemischen Reaktion entsteht
profundus	tief
Proliferation	Zellvermehrung
proximal	rumpfwärts (besonders an Gliedmaßen)
Puffer	schwache Säure oder Base, die in undissoziierter (HPuffer) oder dissoziierter Form (H^+ + Puffer-) Form existieren kann
Pufferung	reversible Bindung von Protonen durch Anionen (wenn die Protonenkonzentration der Lösung sich ändert) mit der Folge der Stabilisierung des pH-Wertes der Lösung

pulmonal	die Lunge betreffend
reflektorisch	auf dem Reflexwege
rektal	vom Enddarm bzw. Rektum her
renal	die Niere betreffend
Resorption	Bewegung von Substraten über eine Epithelschicht in Richtung Blut
respiratorisch	die Atmung betreffend
retro...	Wortteil: dahinter, zurück-, rückwärtsliegend
retroperitoneal	hinter dem Bauchfell gelegen
sagittal	von vorn nach hinten
Säure	Molekül, das Protonen freisetzen kann
sensorisch, sensibel	die Sinne betreffend
Septum	Scheidewand
sinister	links
Sinus	Vertiefung, Höhle, geschlossener Kanal
somatisch	den Körper betreffend, körperlich
spinal	das Rückenmark betreffend
Stase	Stillstand einer Strömung
Stratum	(= Decke), flache Zelllage
Sulcus	Furche
superficialis	oberflächlich
supra...	Wortteil: oberhalb von ...
Symphyse	meist knorpelige Verbindung zweier Knochen
Symptom	Krankheitszeichen
Systole	Kontraktionsphase des Herzens, während der das Blut aus den Kammern strömt
systolisch	die Anspannungs- und Austreibungsphase des Herzens betreffend
temporal	schläfenwärts
...thermie/ Thermo..	Wortbestandteil: Wärme-
thorakal	zum Brustkorb (Thorax) gehörig
Tonus	Spannungszustand
Transporter	integrales Membranprotein, das die Passage von Molekülen durch eine Membran vermittelt
transversus	querverlaufend
Toxin /toxisch	Giftstoff/giftig
...trophie	Wortteil mit der Bedeutung von Ernähren, Wachsen
Truncus	Stamm

tubulär,-ös	röhren- bzw. schlauchförmig
unpolar	Bezeichnung eines Moleküls, das wenige ionisierte Gruppen bzw. Ladungen trägt
Vakuole	Bläschen, Hohlraum; im Zytoplasma meist von Membran umschlossen
Vasokonstriktion	Verringerung des Durchmessers eines Blutgefäßes infolge Kontraktion der glatten Muskulatur des Gefäßes
vasal	zum Gefäßsystem gehörig
Vasodilatation	Anstieg im Durchmesser eines Blutgefäßes infolge Erschlaffung der glatten Muskulatur des Gefäßes
vegetativ	das autonome Nervensystem betreffend
ventral	bauchwärts, vorn
Ventrikel	Kammer
viskös/ Viskosität	zähflüssig, Zähflüssigkeit
zerebral	das Gehirn betreffend
Zitratzyklus	(= Krebszyklus, Trikarbonsäurezyklus), zentraler Stoffwechselweg beim Abbau von Kohlenhydraten und Fetten
zyto..., ...zyt	Wortteil: zell(e)- bzw. zur Zelle gehörig

Quellenverzeichnis

Bargmann, W.: Histologie und mikroskopische Anatomie des Menschen. 7. Aufl., Thieme, Stuttgart, 1977.

Bartels, R. und Bartels, H.: Physiologie. 7. Aufl., Urban und Fischer bei Elsevier, 2004.

Baumgartner, W. und Gruber, A.: Spezielle Pathologie für die Tiermedizin. 2. Aufl., Thieme, Stuttgart, 2020.

Baumgartner, W und Wittek, T.: Klinische Propädeutik der Haus- und Heimtiere. 9. Aufl., Enke, Stuttgart, 2017.

Berne, R. M., Levy, M. N., Koeppen, B. M. und Stanton, B. A.: Physiology. 4. Aufl., Mosby, St. Louis, 1998.

Breves, G., Diener, M. und Gäbel, G.: Physiologie der Haustiere. 6. Aufl., Thieme, Stuttgart, 2022.

Bucher, O. und Wartenberg, H.: Cytologie, Histologie und mikroskopische Anatomie des Menschen. 12. Aufl., Huber, Bern, 1997.

Budras, K.-D. und Röck, S.: Atlas der Anatomie des Pferdes. 6. Aufl., Schlütersche, Hannover, 2009.

Budras, K.-D. und Wünsche, A.: Atlas der Anatomie des Rindes. Schlütersche, Hannover, 2002.

Coenen, M. und Vervuert, I.: Pferdefütterung. 6. Aufl., Thieme, Stuttgart, 2019.

Cunningham, J. G.: Textbook of Veterinary Physiology. 2. Aufl., Saunders, Philadelphia, 1997.

Döcke, F.: Veterinärmedizinische Endokrinologie. Enke, Stuttgart, 1994.

Elias, A. H.: De structura glomeruli renalis. Anat. Anz. 104, 26–36, 1957.

Ellenberger, W. und Baum, H.: Handbuch der vergleichenden Anatomie der Haustiere. Springer, Berlin, 1943.

Engelhardt, W. v. und Breves, G.: Physiologie der Haustiere. 2. Aufl., Enke, Stuttgart, 2005.

Engelhardt, W. v., Breves, G., Diener, M. und Gäbel, G.: Physiologie der Haustiere. 5. Aufl., Enke, Stuttgart, 2015.

Faller, A. und Schünke, M.: Der Körper des Menschen. 17. Aufl., Thieme, Stuttgart, 2016.

Fay, R. R.: Hearing in Vertebrates: a Psychophysics Databook. Hill-Fay Associates, Winnetka, 1988.

Furness, J. B. und Costa, M.: The Enteric Nervous System. Churchill-Livingstone, Edinburgh, 1987.

Gesellschaft für Ernährungsphysiologie (GfE).: Empfehlungen zur Energie- und Nährstoffversorgung von Legehennen und Masthühnern (Broiler)., DLG-Verlag, Frankfurt/Main, 1999.

Glees, P.: Das menschliche Gehirn. Hippokrates, Stuttgart, 1968.

Heffner, H. E.: Hearing in large and small dogs: Absolute thresholds and size of the tympanic membrane. Behav. Neurosci. 97, 310–318, 1983.

Heldmeier, G. und Neuweiler, G.: Vergleichende Tierphysiologie. Springer, Berlin, 2004.

Hodgson, D. R. und Rose, R. J.: The Athletic Horse. Saunders, Philadelphia, 1994.

Hummel, G.: Anatomie und Physiologie der Vögel. 1. Aufl., Ulmer, Stuttgart, 2000.

Jaggy, A.: Atlas und Lehrbuch der Kleintierneurologie. Schlütersche, Hannover, 2005.

Junqueira, L. C. und Carneiro, J.: Histologie: Lehrbuch der Cytologie, Histologie und mikroskopischen Anatomie des Menschen; unter Berücksichtigung der Histophysiologie. 2. Aufl., Springer, Berlin, 1986.

Kamphues, J., Coenen, M., Eder, K., Iben, C. Kienzle, E., Liesegang, A., Zebeli, Q. und Zentek, J.: Supplemente zu Vorlesungen und Übungen in der Tierernährung. 12. Aufl., Schaper, Alfeld, Hannover, 2014.

Klose-Violette, D.: Beitrag zur Mikromorphologie der Epiphysenfugen bei verschiedenen Haus- und Labortieren. Vet. Med. Diss. Berlin, F. U., 1983.

Koch, T. und Berg, R.: Lehrbuch der Veterinär-Anatomie. Bd. I: Bewegungsapparat (1992). Bd. II: Eingeweidelehre (1990). Bd. III: Die großen Versorgungs- und Steuerungssysteme (1993). Fischer, Jena, Stuttgart.

Kolb, E.: Lehrbuch der Physiologie der Haustiere. Fischer, Jena, Stuttgart; 1967, 2. Aufl.; 1974, 3. Aufl.; 1980, 4. Aufl.; 1989, 5. Aufl.

König, H. E. und Liebich, H.-G.: Anatomie und Propädeutik des Geflügels. 1. Aufl., Schattauer, Stuttgart, 2001.

König, H. E. und Liebich, H.-G.: Anatomie der Haussäugetiere. 4. Aufl., Schattauer, Stuttgart, 2012.

Krölling, O. und Grau, H.: Lehrbuch der Histologie und vergleichenden mikroskopischen Anatomie der Haustiere. Parey, Berlin-Hamburg, 1960.

Krstć, R. V.: Die Gewebe des Menschen und der Säugetiere: ein Atlas zum Studium für Mediziner und Biologen. 2. Aufl., Springer, Berlin, 1988.

Liebich, H.-G.: Funktionelle Histologie der Haussäugetiere und Vögel. 5. Aufl., Schattauer, Stuttgart, 2010.

Loeffler, K.: Blutgefäße der Schilddrüse des Hundes. Vet. Med. Diss, Hannover, 1955.

Loeffler, K.: Zur Topographie der Nasenhöhle und der Nasennebenhöhlen bei den kleinen Wiederkäuern. Berliner Münchener tierärztl. Wschr. 71, 457–465, 1958.

Moritz, A., Kraft, W. und Dürr, U. M.: Klinische Labordiagnostik in der Tiermedizin. Schattauer, Stuttgart, 2013.

Michel, G.: Vergleichende Embryologie der Haustiere: ein Lehrbuch auf funktioneller Grundlage. Fischer, Jena, Stuttgart, 1995.

Mielke, H.: Physiologie der Laktation. In: Wendt, K. H., Bostedt, H., Mielke, H., Fuchs, H. W. (Hrsg.): Euter- und Gesäugekrankheiten. Fischer, Jena, Stuttgart, 1994.

Mutschler, E., Schaible, H. G. und Vaupel, P.: Thews-Mutschler-Vaupel; Anatomie, Physiologie, Pathophysiologie des Menschen. 6. Aufl., Wissenschaftliche Verlagsgesellschaft, Stuttgart, 2007.

Nickel, R., Schummer, A. und Seiferle, E.: Lehrbuch der Anatomie der Haustiere. Band I: Bewegungsapparat (6. Aufl. 1992). Band II: Eingeweide (8. Aufl. 1999). Band III: Kreislaufsystem, Haut und Hautorgane (3. Aufl., 1996). Band IV: Nervensystem, Sinnesorgane, Endokrine Drüsen (3. Aufl., 1992). Band V: Anatomie der Vögel (3. Aufl. 2004). Parey, Berlin, Hamburg.

Nickel, R. und Wilkens, H.: Zur Topographie des Rindermagens. Berliner Münchener tierärztl. Wschr. 68, 264–270, 1955.

Nickel, R. und Wilkens, H.: Zur Topographie der Nasenhöhle und der Nasennebenhöhlen beim Pferd. Dtsch. tierärztl. Wschr. 65, 173–180, 1958.

Nusshag, W.: Lehrbuch der Anatomie und Physiologie der Haustiere. 8. Aufl., Hirzel, Leipzig, 1968.

Ouhayiun, J. und Lebas, F.: Composition chimique de la viande de lapin. Cuniculture 73, 33–35, 1987.

Petry, G. und Amon, H.: Licht- und elektronenmikroskopische Studien über Struktur und Dynamik des Übergangsepithels. Zellforsch. 69, 587–612, 1966.

Riegel, R. J. und Hakola, S. E.: Bild-Text-Atlas zur Anatomie des Pferds, Band 2 – Fortpflanzung und Innere Medizin. Schlütersche, Hannover, 2002.

Salomon, F. V., Geyer, H. und Gille, U.: Anatomie für die Tiermedizin. 4. Aufl., Thieme, Stuttgart, 2020,

Scheunert, A. und Trautmann, A.: Lehrbuch der Veterinär-Physiologie. 6. Aufl. 1976; 7. Aufl. 1987, Parey, Berlin, Hamburg.

Schmidt-Nielsen, K.: Animal Physiology. 5. Aufl., Cambridge University Press, Cambridge, 1997.

Schmidt, R. F. und Lang, F.: Physiologie des Menschen mit Pathophysiologie. 30. Aufl., Springer, Berlin, 2007.

Schnorr, B. und Kressin, M.: Embryologie der Haustiere. 4. Aufl., Enke, Stuttgart, 2001.

Slijper, E. J.: Comparative biologic-anatomical investigations on the vertebral column and spinal musculature of mammals. Verh. Kon. Ned. Akad. v. Wetensch., Afd. Nat.-Kde 2. Sect. D42, 1–128. N. V. Noord-Hollandsche Uitgevers Maatschappij, Amsterdam, 1946.

Silbernagl, S. und Despopoulos, A.: Taschenatlas Physiologie. 7. Aufl., Thieme, Stuttgart, 2007.

Singh, B.: Lernkarten Veterinäranatomie. Urban & Fischer, München, 2011.

Speckmann, E.-J., Hescheler, J. und Köhling, R.: Physiologie. 5. Aufl., Urban & Fischer, München, Jena, 2008.

Stockinger, L.: Struktur der Skelettmuskulatur unter besonderer Berücksichtigung der Elektronenmikroskopie. Wien. tierärztl. Mschr. 79, 418–420, 1967.

Swenson, M. J. und Reece, W. O.: Duke's Physiology of Domestic Animals. 11. Aufl., Cornell University Press, Ithaca, N. Y., 1993.

Vander, A. J., Sherman, J. H. und Luciano, D. S.: Human Physiology. 6. Aufl., McGraw-Hill, New York, 1994.

Vollmerhaus, B.: Zur vergleichenden Nomenklatur des lympho-epithelialen Rachenringes der Haussäugetiere und des Menschen. Zbl. Vet. Med. 6, 82–89, 1959.

Warfield, D.: The study of hearing in animals. In: Gay, W. (Hrsg.): Methods of Animal Experimentation IV. Academic Press, London, 1973.

Welsch, U.: Lehrbuch Histologie. 2. Aufl., Urban & Fischer, München, Jena, 2006.

Wennemuth, G.: Taschenatlas Histologie. Urban & Fischer, München, 2012.

Wieland, M., Schebsdat, C. und Rentsch, J.: Bewegungsapparat Pferd – Praxisbezogene Anatomie und Biomechanik. 1. Aufl., Sonntag, Stuttgart 2015.

Widmaier, E. P., Raff, H. und Strang, K. T.: Vander´s Human Physiology. 12. Aufl., McGraw-Hill, New York, 2011.

Wilkens, H.: Zur Topographie der Nasenhöhle und der Nasennebenhöhlen beim Rind. Dtsch. tierärztl. Wschr. 65, 580–585, 1958.

Wilkens, H.: Zur makroskopischen und mikroskopischen Morphologie der Rinderklaue mit einem Vergleich der Architektur von Klauen- und Hufröhrchen. Zbl. Vet. Med. A 11, 163–234, 1964.

Zeeb, K.: Verhaltensstörungen bei Pferden. Handlexikon der tierärztlichen Praxis. Medical Book Comp., Bjaeverskov, 1989.

Zentek, J.: Ernährung des Hundes. 9. Aufl., Thieme, Stuttgart, 2022.

Zietzschmann, O. und Krölling, O.: Lehrbuch der Entwicklungsgeschichte der Haustiere. 2. Aufl., Parey, Berlin, Hamburg, 1955.

Zuschneid, K.: Die Riechleistung des Hundes. Vet. Med. Diss. Berlin, F. U., 1973.

Stichwortverzeichnis

A

ABO-System, Blutgruppen 133
Abblatten 120
Abomasum *siehe* Labmagen
Abort 309
Abwehr
- spezifische 141
- unspezifische 139

ACE 171
Acetabulum 85
Achillessehne 123
Acromion 83
ACTH 377
Adaptation, Hautsensoren 356
Adenin 31, 34
Adenohypophyse 377
Adenosindiphosphat 34
Adenosintriphosphat *siehe* ATP
Aderhaut 358
ADH (antidiuretisches Hormon) 269, 377
Adipozyten 37, 61
ADP (Adenosindiphosphat) 34
Adrenalin
- Glukosespiegel 383
- Nebennierenmark 384
- Rezeptoren 354

Adrenokortikotropes Hormon 377
Adventitia 50
After 245
Agglutinogene 133
Akkommodation, Auge 361
Akrosom 285
Akrosomreaktion 303
Aktin
- glatte Muskulatur 76
- Herzmuskel 152
- Sarkomer 70
- Zellbestandteil 19

Aktionspotenzial
- Darm 225
- Entstehung 45
- Herz 152
- Nerv 338
- Sensor 356
- Skelettmuskel 72
- Synapse 340
- Weiterleitung 338

Aktiver Transport 43
Akute-Phase-Reaktion 140
Albumin 129
Aldosteron
- Dickdarm 244
- Nebenniere 383
- Niere, Kalium 267
- Niere, Natrium 267

Allantois 304
Allergie 144
Alkalose 279
Alphabet, griechisches 389
Altersbestimmung
- Pferd, Wiederkäuer, Schwein 104
- Schlachtgeflügel 126

Alveolarepithel 182
Alveole
- Drüse 55
- Euter 317
- Lunge 179
- Zahn 102

Amboss, Gehörknöchelchen 363
Aminosäuren
- Abbau 39
- essenzielle 29
- genetischer Kode 32
- Leber 232
- Milch 323
- Proteinbestandteil 29
- Verdauung 236
- Vormägen 215

Ammoniak (NH_3)
- Desaminierung, Entgiftung 40
- Dickdarm 244
- Leber 232
- Pansen 216
- ruminohepatischer Kreislauf 216

Ammonshorn 344
Amnionblase 304
Ampulle
- Bogengang 368
- Eileiter 292
- Mastdarm 244
- Samenleiter 286

Amylase
- Dünndarmverdauung 235
- Geflügel 247
- Kohlenhydratverdauung 212
- Pankreas 228
- Speichel 199

Analbeutel 245
Anämie
- Eisenmangel 132
- hämolytische 133

Anaphase, Zellteilung 21
Androgene 384
Angiotensin 171, 267
Angiotensin-converting-enzyme 171
Anionen 24
ANP (atriales natriuretisches Peptid) 267, 385
Antidiuretisches Hormon *siehe* ADH
Antigene, Definition 142
Antikörper
- Blutgruppen 133
- Definition 142
- Kolostrum 325
- Lymphozyten 135
- Milz 148

Antiperistaltik 224, 245
Anuli fibrosi 151
Anus 245
Aorta (Körperschlagader)
- abdominalis 160
- Blutkreislauf 151
- großer Kreislauf 160
- thoracica 160
- Windkesselfunktion 163

Aponeurose 50, 61, 110
Apoptose 23
Arachnoidea 342

Arbeit
- Definition 388
- Skelettmuskulatur 74
Arbeitshypertrophie, Muskel 73
Arginin-Vasotozin 272
Armgeflecht 348
Arteria
- carotis communis 160
- hepatica 228
- lienalis 148
Arterien
- Aufbau 163
- Definition 159
- Funktion 164
Arterienpumpe 168
Asthma 180
Aszendierendes System 372
Atemgase 129, 185
Atemminutenvolumen 183
Atemwege
- Aufbau 175
- Funktion 179
Atem(zug)frequenz/-volumen 183
Atmung
- Ausatmung 115, 184
- Einatmung 115,138
- Geflügel 190
- Muskulatur 115
- pH-Regulation 188, 278
- Temperaturregulation 255
- Vorgänge 175
Atmungsapparat 175
Atmungskette 36, 38
ATP (Adenosintriphosphat)
- Atmungskette 38
- Aufbau 34
- Glykolyse 35
- Herz 158
- Skelettmuskulatur 72, 74
Atriales natriuretisches Peptid *siehe* ANP
Atrioventrikularklappen 151
Atrioventrikularknoten 153
Atrium, Herz 151
Atrophie 73
Auge
- Aufbau 357
- Brechkraft 361
- Cornea 358
- dioptrischer Apparat 360
- Funktion 360
Ausatmung 115, 184
Autoregulation, Blutdruck
- lokal 172
- Niere 264
AV-Block 155
AV-Klappen 151
AV-Knoten 153
Axon 336
Azetat
- Dickdarm 244
- Leber 232
- Milchfett 322
- Vormägen 212
Azetylcholin
- enterisches Nervensystem 225
- Ganglion 353
- glatte Muskulatur 77
- Magensaftsekretion 206
- Rezeptor 47
- Skelettmuskulatur 72
- Synapse 341
- vegetatives Nervensystem 354
Azetylcholinesterase 73, 341
Azetyl-CoA 36
Azidose 279

B

Backendrüsen 195
Backenzähne 103
Bakterien
- Abwehr 139
- Aufbau 15
- Dickdarm 244
- Milch 323
- Vormagen 211
Bänder
- Aufbau 61
- Gelenke 81
- Stimm- 177
- Wirbelsäule 90
Bandscheiben
- Aufbau 90
- -vorfall 90
Bandstreifen 223, 242
Basalmembran 51, 165, 261
Basalzellschicht 54
Base 275
Basilarmembran 365
Basophile Granulozyten 135
Bauchaorta 160
Bauchfell (Peritoneum)
- Aufbau 50
- Beckenhöhle 194
- Darm 223
Bauchmuskeln 115
Bauchpresse 116
Bauchspeicheldrüse (Pankreas)
- Aufbau 227
- Fettverdauung 237
- Inselapparat 382
- Kohlenhydratverdauung 212
- Proteinverdauung 236
Becherzellen
- Dickdarm 242
- Drüsenschleimhaut 51
- Dünndarm 221
- Nasenhöhle 176
Becken 85
Beckenflexur, Kolon 243
Beckengliedmaße
- Geflügel 101
- Säugetiere 85
Beckengürtel
- Geflügel 101
- Muskulatur 121
- Säugetiere 85
Beckenmaße 87
Beckensymphyse 123
Befruchtung
- Definition 303
- Eileiter 292
- Meiose 21
- Unfähigkeit 290
Belegzellen, Magen 202
Besamung, künstliche 289
Beta-Glukosidase 212
Beta-Hydroxybutyrat
- Ketose 39
- Milchdrüse 322
- Pansenepithel 213
Beta-Oxidation 37
Beuger, Definition 110
Bewegungsapparat 110
Bewegungsorganellen 19
Bikarbonat *siehe* Hydrogenkarbonat
Bilanzierung, Energieumsatz 252
Bilirubin 231
Bindegewebe
- Bestandteile 57
- Formen 60

Bindehaut 357
Blase, Harn 271
Blastozyste 48, 303
Blättermagen (Omasum, Psalter)
– Aufbau 210
– Motorik 219
Blinddarm, Aufbau 242
Blinder Fleck, Auge 360
Blutdruck 170
– Filtration, Kapillaren 165
– Niere 264
– Regulierung 169
Blutgerinnung 136
Blutgruppen 133
Blut-Hirn-Schranke 341
Blutkörperchen
– rote *siehe* Erythrozyten
– weiße *siehe* Leukozyten
Blutkreislauf 159
Blutplasma (-serum), Zusammensetzung 129
Blutplättchen (Thrombozyten) 131, 135
Blutransfusion 134
Blutstillung
– Ablauf 135
– Störungen 137
Blutzellen 131
Blutzuckerspiegel 382
Blut, Zusammensetzung und Funktion 129
B-Lymphozyten *siehe* Lymphozyten
Bogengänge 368
Botenstoffe 46
Botulismus 74
Bowman-Kapsel 261
Braunes Fettgewebe 257
Brechkraft, Auge 361
Brennwert, Nahrungssubstrate 249
Brenztraubensäure 36
Bronchialbaum 178
Bronchien 179
Brücke, Gehirn 345
Brunst 301
– Brunstsymptome 302
– Brunstsynchronisation 302
Brustaorta 160
Brustbein 92
Brustdrüse 317
Brustfell, Aufbau 50
Brusthöhle 180
Brustkorb 180
Brustwirbel 91
Bruttoenergie 249
Bulbus oculi 358
Bulbus olfactorius 344
Bursa cloacalis 149, 248
Bürstensaum
– Enterozyten 223
– Enzyme 234
– Epithelaufbau 53
Bürzeldrüse 328
Butyrat
– Milch 322
– Vormägen 212
B-Zellen, Pankreas 382

C

Ca^{++} *siehe* Kalzium
Caecum 242
Carrier *siehe* Transportproteine
CCK (Cholezystokinin) 205, 228, 385
Cellulase 212
Cerebellum *siehe* Kleinhirn
Chemorezeptoren
– Atmung 188
– Magen 205
Chemotaxis 134, 140
Chlorid (-ion, Cl^-)
– Erythrozyten 187
– Magen 204
– Plasmabestandteil 129
Cholekalziferol 68, 381
Cholesterin
– Aufbau 29
– Gallensäuren 231
– Hormone 383
Cholezystokinin *siehe* CCK
Chondroklasten 67
Chondron 63
Chondrozyten 63
Chorioidea 358
Chorion 305
Chromatin 19, 20
Chromosomen 19
Chylomikronen 238
Cl^- *siehe* Chlorid
CO_2 (Kohlendioxid)
– Abatmung 185
– Chemorezeptoren 189
– Hämoglobin 186
– pH-Wert 270
– RQ 252
– Ruktus 218
– Zitratzyklus 36
Cochlea 364
CO (Kohlenmonoxid), Hämoglobin 188
Colon *siehe* Dickdarm
Cor *siehe* Herz
Cornea, Auge 358
Corpus luteum 298
Cortex, Gehirn 343
Corticotropin releasing hormone 377
Corti-Organ, Ohr 365
Cranium 94
CRH 377
Crossing over 22
Cupula 368
Cushing-Syndrom 384
Cutis 51
Cytosin 31

D

Dämpfigkeit 180
Darmbein 85
Darmeigendrüsen 221
Darmwand, Aufbau 221
Deckunfähigkeit 290
Dendrit 336
Dendritische Zellen 142
Dentes 101
Depolarisation 338
Dermis 51
Desaminierung 40
Descensus testis 283
Desmosomen 17, 51
Desoxyribonukleinsäure *siehe* DNA
Deszendierendes System 373
Diabetes
– insipidus 270
– mellitus 38, 266, 383
Diaphragma 113
Diaphyse 64
Diarrhoe *siehe* Durchfall
Diastole 155
Dichromaten 362
Dickdarm (Colon)
– Aufbau und Funktion 242
– Geflügel 248
– Säugetiere 242
Dickdarmverdauer 200
Diencephalon 344

Diffusion
- Atemgase 185
- Kapillaren 165
- Mechanismus 40
Dioptrischer Apparat, Auge 360
Disaccharide
- Struktur 26
- Verdauung 235
Dissoziationskonstante 275
DNA (Desoxyribonukleinsäure)
- Aufbau 30
- genetischer Kode 31
- Replikation 20
Dornfortsatz, Wirbel 90
Dotter 316
Dreh- und Gleichgewichtssinn 367
Drosselvene 160
Druck
- atmosphärischer 185
- Blut- 170
- Definition 387
- Filtrations- 264
- kolloidosmotischer 233
- osmotischer 42
- Partial- 184
- Wasserdampf 256
Drüse(n)
- Anhangs- 227
- Bauchspeichel- 227, 382
- endokrine 374
- Epithel 54
- exokrine 55
- Geschlechts- 286
- Harnröhrenzwiebel- 286
- Haut- 328
- Hirnanhangs- 344
- Keim- 281
- Magen- 201
- Milch- 317
- Nebenschild- 380
- Samenblasen- 286
- Schild- 379
- Schleimhaut- 50
- Speichel- 198
- Vorsteher- 286
- Zirbel- 344
Ductuli efferentes, Nebenhoden 286
Ductus
- arteriosus 161
- deferens 286
- thoracicus 169
- venosus 161
Duftstoffe 370
Duldungsreflex 302
Dünndarm
- Aufbau und Funktion 226
- Geflügel 247
Duodenum 226
Dura mater 342
Durchfall (Diarrhoe) 238, 239

E

Ebergeruch 285
eCG 307
Eckzähne 95, 103
EDRF 172
Effektiver Filtrationsdruck
- Kapillaren 165
- Niere 264
EGF 329
Eichel, Penis 287
Eierstock (Ovar)/Eileiter
- Geflügel 313, 315
- Säugetiere 291
Eigenreflex 350
Eihautbildung 304
Eihautwassersucht 309
Eiklar 315
Eileiterenge 315
Einatmung 115, 183
Eisen (-ion, $Fe^{++(+)}$)
- Anämie 132
- Ferritin 132, 242
- Hämoglobin 132
- Milch 325
- Resorption 242
- Stoffwechsel 132
Eisprung 297
Eiweiße *siehe* Proteine
Eiweiß, Eibestandteil 316
Eizelle
- Befruchtung 303
- Bildung 295
- Chromosomen 19
- Meiose 21
Ejakulat 289
- Geflügel 313
EKG 154
Eklampsie 74, 340
Ektoderm 48
Elastische Fasern 59
Elastisches Bindegewebe 61
Elektrokardiogramm 154
Elektrolyte 24
Ellbogengelenk 84
Elle 83
Embryoblast 48
Embryoentwicklung 48
Embryotransfer 304
Embryotrophe 306
Emphysem 180
Emulgierung 230, 236
Encephalon 343
Endokard 150
Endokrines System 374
Endolymphe 364
Endometrium 293
Endomysium 111
Endoneurium 346
Endoplasmatisches Retikulum 17
Endothel 50, 162, 165
Endothelium derived relaxing factor 172
Endozytose 44
Energie
- Definition 388
- -gewinnung 18, 36
- -haushalt 249
- Herz 157
- Milch 323
- Skelettmuskulatur 74
- -übertragung 34
- verdauliche 249
Enterisches Nervensystem (ENS)
- Darmwand 224
- Erregung glatter Muskulatur 77
Enterohepatischer Kreislauf, Gallensäuren 231
Enterokinase 227
Enterozyten 223
Entoderm 48
Entzündung 139
Enzyme, Funktion 34
Eosinophile Granulozyten 135
Epidermal growth factor 329
Epidermis 51
Epididymis 286
Epiduralraum 342
Epiglottis 177
Epikard 50, 150

Epimysium 111
Epineurium 346
Epiphyse, Definition 65
Epithel, Aufbau 51
Epithelkörperchen 380
Equines Choriongonadotropin 307
Erhaltungsumsatz 251
Ermüdung, Muskel 74
Erregung
– glatter Muskel 76
– Herz 152
– Nerv 337
– Skelettmuskel 72
Erregungsleitung
– Herz 152
– Nerv 336
Erythropoese 132
Erythropoetin 132, 385
Erythrozyten 131, 148, 186
Escherichia coli, Durchfall 239
Eukaryotische Zellen 15
Eustachi-Röhre 177
Euter, Aufbau und Funktion 317
Evaporation 255
Exozytose 44
Exspiration 115, 184
Extrauteringravidität 309

F

Facies 94
FAD(H_2) 34
Fasern, Bindegewebe 59
Faszien 50, 61, 111
Federn, Aufbau und Arten 334
Femur 87
Fenster, Innenohr 365
Ferritin 132, 242
Fersenbein 88
Fersensehnenstrang 123
Festliegen 74, 380
Fett(e) (Lipid(e))
– Abbau 37
– Aufbau 27
– Energiegehalt 249
– -gewebe 61
– -gewebe, braunes 257
– Körperzusammensetzung 25
– Milch 322
– Pansen 217
– -verdauung 236
– -zellen 61
Fettsäuren
– kurzkettige 212, 244
– Milch 322
– Struktur 27
– Verdauung 236
Fetus
– Entwicklung 304
– Kreislauf 160
– Lage 311
Fibrillen
– Herz 152
– Kollagen- 59
– Muskulatur 68
– Zelle 19
Fibrin 137
Fibrinogen 137
Fibrinolyse 137
Fibroblasten 57
Fibrozyten 57
Fibula 87
Fieber 141, 259
Filamente, Zellbestandteile 19
Filamentgleiten, Skelettmuskulatur 72
Filtration
– Kapillaren 165
– Niere 263
Flavin-Adenin-Dinukleotid (FAD) 34
Fläche, Definition 387
Fleisch-Fett-Verhältnis 63
Flotzmaul 175
Flügel 101
Flügelbein 97
Flüssigkeit
– extrazellulär 42
– intrazellulär 15
Follikel
– Eierstock 296
– Geflügel 314
– Lymph- 147
Follikelatresie 298
Follikelhormone 297
Follikelreifung/-sprung 296
Follikel stimulierendes Hormon *siehe* FSH
Foramen ovale 161
Formatio reticularis 344
Fraktur 68
Fremdreflex 350
Frequenz, Definition 387
Fruktose 26
FSH (Follikel stimulierendes Hormon) 289, 299, 377
Fundusdrüsen, Magen 202
Fußrollenschleimbeutel 121
Fußung 84

G

GABA 341
Gabelbein, Geflügel 101
GAG 59
Galaktose 26
Galle
– Ausschüttung 231
– Funktion 236
– Synthese 230
Gallenblase 231
Gallenfarbstoffe 231
Gallenkapillaren 230
Gallensäuren
– enterohepatischer Kreislauf 231
– Funktion 237
– Synthese 230
Gamma-Amino-Buttersäure 341
Ganglien
– Hals 351
– Rückenmark 346
– vegetative 353
Gap junctions 17, 152, 224
Gasaustausch, Lunge 182
Gaster *siehe* Magen
Gastrin 206, 385
Gaumen 195
Gaumenbein 97
Gebärmutter, Aufbau und Funktion 292
Gebärmutterzyklus 302
Gebärparese 74, 380
Geburt 310
Gedächtniszellen, Abwehr 143
Gefäße, Aufbau und Funktion 159
Gefäßwiderstand 169
Gegenstromprinzip, Niere 268
Gegenstrom-Wärmeaustausch 258

Gehirn
– Aufbau und Funktion 343
– Brücke 345
– Cortex 343
– Hemisphären 343
Gehirnnerven 347
Gehirn-Rückenmarks-Flüssigkeit 342
Gehirn- und Rückenmarks-hüllen 342
Gehör 362
Geißeln 19
Gekröse 180
Gelbe Bauchhaut 111
Gelbkörper 298
Gelbsucht 233
Gelenk
– Aufbau 80
– Beckengliedmaße 89
– -bänder 81
– -gallen 81
– Vordergliedmaße 84
– Wirbel 91
Genetischer Kode 32
Gerinnung, Blut 136
Geruchssinn 370
Geschlechtsbestimmung, Geflügel 313
Geschlechtsdifferenzierung 289
Geschlechtsdrüsen, akzessorische 286
Geschlechtshormone 385
Geschlechtsorgane 281
– Geflügel 312
Geschlechtsreife 301
Geschlechtszellen 19
Geschmacksempfindung 370
Geschmackspapillen 195
Geschmacksqualitäten 369
Geschmackssinn 369
Geschwindigkeit, Definition 387
Gesichtsfeld 362
Gesichtsmuskeln 112
Gesichtsschädel 94
Gewebe, Definition 48
Gewebshäute 50
Gewebshormone 385
Gewebsmakrophagen 141
GFR 263
GH 378
Glandotrope Hormone 376
Glandula (ae) (Drüse(n))
– adrenales 383
– bulbourethralis 286
– parathyroidea 380
– parotis 198
– pinealis 344
– thyroidea 379
– vesicularis 286
Glans (Eichel) 287
Glanzstreifen 152
Glaskörper, Auge 360
Glatte Muskulatur
– Struktur, Funktion 76
– Vorkommen 76
Gleichbein 84
Gleichgewichtssinn 367
Gleichwarme Tiere 253
Gliazellen 336
Glied, Aufbau und Funktion 287
Gliedmaßensäule 87
Glissonsches Dreieck 229
Globuline 143, 324
Glomeruläre Filtrationsrate 263
Glomerulus, Niere 262
Glomus caroticum 188
Glukagon 382
Glukokortikoide 377, 383
– fetale 309
Glukoneogenese 214, 231
Glukose
– Abbau 35
– Blutkonzentration 382
– Kotransport 44
– Rückgewinnung in Niere 266
– Struktur 26
– Verdauung im Dünndarm 234
– Verdauung in Vormägen 212
Glutamat
– Geschmacksverstärker 369
– Leber 232
Glykogen
– Speicherung 382
– Struktur 26
Glykolyse
– aerob/anaerob 35
– Skelettmuskulatur 75
Glykosaminoglykane 59
GnRH (Gonadotropin releasing hormone)
– männliche Geschlechts-organe 289
– Melatonin 378
– weibliche Geschlechtsorgane 299
Golgi-Apparat 18
Golgi-Sehnen-Organe 350
Gonadotrope Hormone 377
Gonadotropin releasing hormone *siehe* GnRH
Granulosazellen 296
Granulozyten 135
– basophile 135
– eosinophile 135
– neutrophile 59, 135
Gräteneck 83
Grenzstrang, Sympathikus 351
Grimmdarm, Aufbau und Funktion 242
Großer Kreislauf 160
Großhirn 343
Growth hormone 378
Grundumsatz 250
Guanin 31

H

H^+ (Proton)
– Anfall im Organismus 276
– Ausscheidung in Niere 266
– Geschmack 370
– pH-Wert 275
– Puffersysteme 277
– Regulation über die Atmung 278
H_2 *siehe* Wasserstoff
Haare 328
Haemotrophe 306
Hafte 78
Hagelschnüre 316
Halbplazenta 306
Halsganglien 351
Halsmuskeln 112
Halswirbel 91
Hämatokritwert (HK) 131
Hämoglobin (Hb)
– Abbau 231
– Gastransport 186
– Hämoglobinat-System (Pufferung) 277
– Sauerstofftransport 132

Hämolyse 132
Hämostase 136
Hammer, Gehörknöchelchen 363
Harnabsatz 272
Harnbildung 263
Harnblase 271
Harnleiter 270, 271
Harnröhre 272
Harnröhrenzwiebeldrüse 286
Harnsäure 232, 248, 273
Harnstoff
– Leber 40, 232
– Vormägen 216
Haube (Vormägen) 209
Hauben-Pansen-Zyklen 217
Hauptbronchien 178
Haupt-Histokompatibilitätskomplex 142
Hauptlymphgang 169
Hauptzellen
– Magen 202
– Niere 267
Haut, Aufbau 327
Hautdrüsen 328
Hautmuskeln 111
Hautsinne 356
Havers-Kanäle 64
hCG 307
HCO_3^- *siehe* Hydrogenkarbonat
Hecheln 190, 255
Hemisphären, Gehirn 343
Henderson-Hasselbalch-Gleichung 275
Henle-Schleife 262
Hepar *siehe* Leber
Heparin 59
Herbivore 200
Hering-Breuer-Reflex 188
Herz (Cor) 150
– Arrhythmien 154
– Atrium 151
– AV-Block 155
– AV-Klappen 151
– AV-Knoten 153
– His-Bündel 153
– Lage und Aufbau 150
– Scheidewand 151
– Schlagfrequenz, -volumen 157
– Septum 151
– Sinusknoten 152
– Vorkammer 151
Herzbeutel 50
Herzinsuffizienz 157
Herzklappen 151, 155
Herzkranzgefäße 151
Herzminutenvolumen 157
Herzohr 151
Hexosen 26
Hinterfußwurzelgelenk 89
Hinterfußwurzelknochen 88
Hirnanhangsdrüse *siehe* Hypophyse
Hirnrinde 343
Hirnschädel 94
Hirnstamm 219, 343
His-Bündel, Herz 153
Histamin 59
– basophile Granulozyten 135
– Bildung 39
– Magensaftsekretion 206
– Mediatorstoff 386
Histiotrophe 306
Hoden 283
– Geflügel 312
Hodenabstieg 283
Hodensack 283
Hohlorgane, Definition 48
Hohlvene 160
Homöostase 336
Hormone
– Definition und Einteilung 374
– Rezeptoren 45
Hormonelles System 374
Hornfortsatz 94
Hornhaut, Auge 358
Horn, Kopf 334
Hornscheide, Schnabel 108
Hornschicht 54, 333
Hornwachstum 334
Huflederhaut 331
Huf, Pferd 330
Hüftbein 85
Hüftdarm 227
Hüftgelenk 85
Hüftmuskeln 122
Hühnerei, Aufbau 316
Hüllproteine 33
Humanes Choriongonadotropin (hCG) 307
Humerus 83
Hungergrube 242
Hungerstoffwechsel 39
Hydrogenkarbonat (HCO_3^-)
– Hämoglobin 186
– Neubildung 278
– Niere 270
– Plasma 131
– Puffer 277
Hydroxyl(=OH) -Gruppen 25
Hymen 295
Hyperglykämie 383
Hyperthermie 258
– maligne 75
Hyperosmolarität 42
Hypokalzämie 380
Hypomagnesämie, Weidetetanie 217
Hypoosmolarität 42
Hypophyse (Hirnanhangsdrüse)
– ADH 269
– Aufbau 374
– Geschlechtsorgane 289
Hypothalamus
– Eierstock 298
– Hodenfunktion 289
– -Hypophysen-System 374
– Osmoregulation 270
– Struktur 344
– Temperaturregulation 256
Hypothermie 258

I

IGF (Insulin like growth factor) 232, 378
Ikterus 233
Ileum 227
Immunglobuline 143, 324
Immunität 139
Impfung 143
Impotentia coeundi, generandi 290
Indirekte Kalorimetrie 252
Infektion
– Abwehr 139
– viral 23, 33
Inhibin 285
Innenohr 364
Insektizide 75
Inselapparat, Bauchspeicheldrüse 382
Inspiration 115, 183
Insulin 227, 378

Insulin like growth factor *siehe* IGF
Insulinmangel 383
Interferone 140
Interphase, Zellteilung 20
Interzellularsubstanz 48, 59, 64
In-vitro-Fertilisation (IVF) 304
Ionen, im Körper 24
Iris, Auge *siehe* Regenbogenhaut 359
Isoosmolarität 42
Istwert, Regelkreis Temperatur 256

J

Jejunum 226
Jochbein 96
Jodzahl, der Fette 28
Juckreiz 373

K

K^+ *siehe* Kalium
Kalbindin 240
Kalium (-ion, K^+)
- Aldosteron 383
- Kalium/Protonen-Pumpe 204
- Kanal 44
- Milch 322
- Ruhemembranpotenzial 338
- Transport 43

Kalkschale 316
Kalorimetrie, indirekte 252
Kalzitonin 68, 380
Kalzitriol 68, 241, 381
Kalzium (-ion, Ca^{++})
- Bestand im Körper 24
- Blutgerinnung 137
- Gebärparese 74
- glatte Muskulatur 77
- Herz 153
- Knochen 64
- Milch 322
- Regulation 380
- Resorption 240
- Skelettmuskulatur 72

Kammlappen 330
Kanäle, Ionen
- Aldosteron, Niere 267
- Aufbau 16
- Kalium 44
- Kalzium 72
- Natrium 45
- Nerv 338

Kanäle, Zitzen 317
Kapillaren
- Aufbau und Funktion 165
- Blut-Hirn-Schranke 341
- Glomerulus, Niere 261
- Lymphe 168
- Milz 148

Kardia 196, 201
Kardiadrüsen 201
Karnivore 200
Karotissinus 188
Karpalgelenk 84
Karpalknochen 83
Karyoplasma 19
Katecholamine 384
Kationen, Definition 24
Kaumuskeln 112
Kehldeckel 177
Kehlkopf 177
Kehlkopfnerven 178
Kehlkopfpfeifen 178, 347
Kehllappen 330
Keilbein 94
Keimblase 48, 303
Keimblätter 48
Keimdrüsen 281
Keimscheibe, Ei 316
Kernmembran 19
Kerntemperatur, Körper 253
Ketogenese 213
Ketonkörper 39
Ketose 39
Kieferhöhle 96
Kiefermuskulatur, Geflügel 124
Killerzellen 141, 143
Kinozilien 19, 53
Kirchhoff-Regeln 170
Kitzler 295
Klaue, Rind 332
Kleinhirn (Cerebellum)
- Aufbau und Funktion 345
- Motorik 349
- ZNS 341

Klitoris 295
Kloake 248, 274
Kniegelenk 89
Kniekehlgelenk 89
Kniescheibe 89, 123
Kniescheibengelenk 89
Knochen, medullärer 64, 99
Knochenaufbau
- Bestandteile 64
- Geflügel 99

Knochenbruch 68
Knochengewebe 64
Knochenmark 65
Knochenrinde 65
Knochenzellen 64
Knorpelgewebe 63
Knorpelzellen 63
Koenzym 34
Kohlendioxid *siehe* CO_2
Kohlenhydrate
- Abbauwege 35
- Leberglykogen 231
- Struktur 25
- Verdauung im Dickdarm 244
- Verdauung im Dünndarm 234
- Verdauung in Vormägen 212

Kohlenmonoxid, Hämoglobin 188
Koilin 247
Kollagene Fasern 59, 64
Kolloidosmotischer Druck 166, 233
Kolon *siehe* Dickdarm
Kolostralmilch 324
Kompakta 65
Komplementsystem 140
Konduktion, Wärme 254
Kontraktion, Skelettmuskel 72
Konvektion, Wärme 254
Konzentrationsgradient 40
Konzentratselektierer 209
Korium *siehe* Lederhaut
Körperfettgehalt 63
Körperkerntemperatur
- Definition 253
- Trächtigkeit 308

Körperschlagader *siehe* Aorta
Kortikalis 65
Kortiko(stero)ide 377, 383
- Glukokortikoide 377, 383
- Mineralokortikoide 383

Kortikotropin, -liberin 377
Kortisol 383
Kotabsatz 245
Kotransporter 44, 238, 266
Kraft, Definition 387

Kraftentwicklung, Muskulatur 73
Kreatinphosphat 74
Krebszyklus *siehe* Zitratzyklus
Kreislauf
– enterohepatischer 231
– fetaler 160
– Geflügel 162
– großer 160
– kleiner 160
– Pfortader- 160
– Regulation 170
– ruminohepatischer 216
Kreislaufschock 173
Kreislaufsystem 159
Kreuzbein 85, 92
Kreuzdarmbeingelenk 89
Kreuzgeflecht 348
Kreuzverschlag 122
Kreuzwirbel 92
Kropf
– Erkrankung 380
– Geflügel 246
Kryptorchismus 283
Kuhmilch 321
Kumarin 138
Kupffer-Sternzellen 230
Kurzkettige Fettsäuren
– Dickdarm 244
– Milch 322
– Vormägen 212
Kutane Schleimhaut 50

L

Labmagen (Abomasum) 207, 211, 219
Labmagenverlagerung 219
Labyrinth, Ohr 364
Laktat 36, 214
Laktation 318
Laktose (Milchzucker)
– Abbau im Darm 235
– Gehalt in Milch 321
– Struktur 26
– Synthese im Euter 214
Laktoseintoleranz 239
Lamina basilaris 365
Länge, Definition 387
Längenkontrolle, Muskel 349
Langerhans-Inseln 382
Langerhans-Zellen 142
Larynx, Aufbau 177
Läufigkeit 302
Leber (Hepar)
– Angiotensinogen 171
– Blutgerinnung 138
– Eisendepot 132
– Funktionen 230
– Glukoneogenese 214
– Glykogen 382
– Harnstoffsynthese 40
– Hormonsynthese 378
– Insuffizienz 233
– Lage und Aufbau 228
– Pfortaderkreislauf 160
– ruminohepatischer Kreislauf 216
Lederhaut (Korium) 51, 327
Leerdarm 226
Leistenbruch 117
Leistenkanal 116
Leistenring 116
Leistung, Definition 388
Leistungsumsatz 251
Lenden(-Kreuz)-Geflecht 348
Lendenwirbel 92
Leptin 63, 385
Leukozyten 131, 134, 142
Leydig-Zwischenzellen 284
LH (luteinisierendes Hormon)
– Hypophyse 377
– männliche Geschlechtsorgane 289
– weibliche Geschlechtsorgane 299
Lichtaufnehmender Apparat 360
Lichtwellen 360
Lien 147
Limbisches System 344, 351
Linea alba *siehe* weiße Linie
Lingua 195
Linse, Auge 359
Lipase
– Bauchspeicheldrüse 237
– Magen 204
Lipide *siehe* Fette
Lipogenese 62, 232
Lipolyse 383
Liquor cerebrospinalis 342
Lochialfluss 311
Lockeres Bindegewebe 60
Lokalanästhesie 339
Luftkammer, Ei 316
Luftkapillaren, Geflügel 193
Luftröhre 178
Luftsack
– Pferd 177
– Geflügel 190
Luft, Zusammensetzung 185
Lunge
– Aufbau 180
– Fetus 161
Lungenödem 186
Lungenpfeifen 193
Luteinisierendes Hormon, Lutropin *siehe* LH
Luteolyse 298
Lymphatische Organe 144
– Geflügel 149
Lymphdrainage 166
Lymphe 168
Lymphfollikel 147, 223
Lymphgefäßsystem 168
Lymphherzen, Geflügel 149
Lymphknoten 145
Lymphozyten 145
– Abwehr 141
– Bindegewebe 58
– B- 142, 143
– im Blut 135
– T- 143
Lysosomen 18

M

Magen (Gaster)
– einhöhliger 201
– Geflügel 247
– mehrhöhliger 206
Magen-Darm-Trakt 200, 385
Mageneingang 196
Magengeschwür 206
Magenrinne 210
Magenrinnenreflex 219
Magensaftsekretion 206
Magensteinchen (Grit) 247
Magnesium (-ion, Mg^{++})
– Resorption 217
– Weidetetanie 75
Magnum 315
Major histocompatibility complex 142
Makrophagen 57
Maltose 26, 235
Mamma *siehe* Milchdrüse
Mammarkomplex 317
Mandeln 147, 196

Mandibula 97
Marmorierung, Fleisch 62
Masse, Definition 387
Mast 62
Mastdarm 244
Mastitis 324
Mastzellen 59
Mauser 334
Mausergewebe 23
Maxilla 96
Mechanosensoren, Haut 356
Mediastinum 180
Mediatorstoffe 386
Medulla oblongata *siehe* verlängertes Mark
Medulla spinalis 346
Meiose 21
Melanozyten 56, 378
Melanozyten stimulierendes Hormon 378
Melatonin 378
Membranpotenzial 45
Membranproteine 46, 47
Membran, Zelle 16
Mengenelemente 24
Meningen 342
Merle-Faktor 367
Mesencephalon 343, 344
Mesenchymgewebe 60
Mesoderm 48
Messenger-RNA 32
Metabolische Körpermasse 250
Metaphase, Zellteilung 21
Meter, Definition 387
Methan 213, 250
Methämoglobin 188
Mg^{++} *siehe* Magnesium
MHC 142
Mikrobielles Protein 244
Mikrobielle Verdauung 200
Mikrovilli 53
Milch 321
Milchbrustgang 169
Milchdrüse (Mamma) 317, 322
Milchfieber 74, 380
Milchsäure 36
Milchzucker *siehe* Laktose
Milz, Lage und Aufbau 147
Mineralokortikoide 383
Mineralstoffe 24, 64
Mitochondrien
– Atmungskette 38
– Skelettmuskulatur 71
– Struktur 18
Mitose 21
Mittelfell 180
Mittelhirn 343, 344
Mittelohr 363
Mizellen 237
Monoazylglyzerine 237
Monogastrier 200
Mononukleäres Phagozytensystem 141
Monosaccharide, Definition 26
Monöstrische Tiere 301
Monozyten 135
Morbus Hirschsprung 226
Morula 48
Motivationsareale 349
Motorik
– Darm 223
– Dickdarm 245
– Magen 205
– spinale 349
– Vormägen 217
Motorische Endplatte 72
Motorischer Kortex 344
Motorisches Nervensystem *siehe* Nervensystem
MPS 141
mRNA 32
MSH 378
Mukosa 50
Mundhöhle 195
Musculus/Musculi
– biceps brachii 120
– biceps femoris 122
– brachialis 120
– brachiocephalicus 118
– cremaster 283
– dilatator pupillae 359
– fibularis tertius 124
– flexor digitorum profundus 121
– flexor digitorum superficialis 121
– glutaeus 122
– gracilis 123
– iliopsoas 122
– infraspinatus 119, 120
– intercostales externi 113
– intercostales interni 113
– latissimus dorsi 118
– longissimus 112
– longissimus capitis et atlantis 112
– masseter 112
– obliquus ext. abdominis 116
– obliquus int. abdominis 116
– omo- und sternohyoideus 113
– pectoralis profundus 119
– pectoralis superficialis 118
– psoas minor 122
– pterygoideus 112
– quadriceps femoris 123
– rectus abdominis 117
– rhomboideus 118
– sartorius 123
– semimembranosus 123
– semitendinosus 123
– serratus ventralis 119
– sphincter pupillae 359
– subscapularis 120
– supraspinatus 119
– temporalis 112
– transversus abdominis 117
– trapezius 118
– triceps brachii 120
Muskelfasern
– Geflügel 124
– rote, weiße 76
Muskelgewebe, Arten 68
Muskelhaut
– Darm 223
– Gebärmutter 293
– Harnblase 272
– Magen 202
– Speiseröhre 196
Muskeln, Innervierung 348
Muskelpumpe 168
Muskelspindel 73, 350
Muskelzelle, Aufbau 70
Muskelzittern 257
Muskulatur, Skelett 110
Mutterkuchen 305
Muttermund 293
Myelinscheide 336
Myoepithel 56
Myofibrillen
– Herz 152
– Muskelgewebe 69
– Skelettmuskel 70
– Zellbestandteile 19

Myoglobin 71
Myokard 151
Myometrium 293
Myosin
– glatte Muskulatur 76
– Herzmuskel 152
– Skelettmuskel 70

N

Na^+ *siehe* Natrium
Nachgeburt 306
NAD^+, $NADH/H^+$ 34
Nahrungsaufnahme 196
Nase 175
Nasenbein 96
Nasengang 96
Nasenhöhle 94, 175
Nasenmuschel 96
Nasennebenhöhlen 97
Natrium (-ion, Na^+)
– Aktionspotenzial 45, 338
– Bestand im Körper 24
– -kanal 45
– Plasmabestandteil 129
– Resorption Dünndarm 238
– Resorption Dickdarm 244
– Resorption Vormägen 217
– Rückgewinnung/Regulation Niere 266
– Transportproteine 42
Natrium/Glukose-Kotransporter 266
Natrium/Kalium-ATPase 43, 238
Natrium/Protonen-Austauscher 266
Nebenhoden 286
– Geflügel 312
Nebenniere 267, 383
Nebenschilddrüse 380
Nebenzellen, Magen 202
Nekrose 23
Nephron
– Aufbau 261
– Geflügel, Typen 273
Nervenendigung, freie 356
Nervenfaser
– Axon, Dendrit 336
– motorisch, efferent 346
– Myelinscheide 336
– sensibel, afferent 336
Nerven, Gehirn und Rückenmark 346
Nervensystem
– Einteilung nach Funktion 348
– enterisches (ENS) 225, 354
– Informationsvermittlung 336
– motorisches 348, 349
– sensorisches 351
– vegetatives 351
– zentrales 341
Nervenzelle (Neuron)
– Aufbau 336
– enterisches Nervensystem 224
– Potenzial 338
Nervus
– abducens 347
– accessorius 347
– axillaris 348
– facialis 112, 347, 363
– femoralis 348
– genitofemoralis 348
– glossopharyngeus 347
– glutaeus 348
– hypoglossus 347
– ischiadicus 348
– medianus 348
– oculomotorius 347
– olfactorius 344, 347
– opticus 347, 362
– peroneus 348
– radialis 348
– recurrens 178
– spinalis 347, 348
– suprascapularis 348
– thoracicus 348
– tibialis 348
– trigeminus 112, 347
– trochlearis 347
– ulnaris 348
– vagus 347, 352
– vestibulocochlearis 347
Nettoenergie 250
Netzhaut 359
Neurit 336
Neurofilamente 19
Neurohypophyse 377
Neuron *siehe* Nervenzelle
Neurotransmitter 46, 337
Neutrophile Granulozyten *siehe* Granulozyten
NH_3 *siehe* Ammoniak
Nicht-Hydrogenkarbonat-Puffer 277
Niere (Ren)
– Lage, Aufbau, Funktion 260
– pH-Regulation 278
Nierenbecken 270
Nierenkörperchen 261
Nikotinamid-Adenin-Dinukleotid 34
NO 225
Noradrenalin
– Nebennierenmark 384
– Rezeptoren 354
– Überträgerstoff 341
Nozizeptor/-zeption 371
Nucleus 19
Nukleinsäure, Struktur 30
Nukleotid 30
Nüstern 175

O

O_2 (Sauerstoff)
– Atmung 185
– Atmungskette 38
– Energieumsatz 252
– Hämoglobin 132, 186
– Vorkommen 24
Oberarmbein 83
Oberflächenepithel 51
Oberflächenschmerz 371
Oberflächenspannung, Alveolen 184
Oberhaut 51, 327
Oberkieferbein 96
Oberschenkelbein 87
Ödem 167
Ohm-Gesetz
– Formel 169, 388
– Kreislauf 169
Ohr, Aufbau 362
Ohrspeicheldrüse 198
Oligopeptide, Definition 30
Ölsäure 28
Omasum *siehe* Blättermagen
Oogenese 295
Oozyten 295
Opioide, endogene 373
Opsonierung 140
Orbita 357
Organe, Definition 15, 48
Organophosphate 75

Os
– femoris 87
– sacrum 92
Osmolarität
– Definition 42
– Regulation 270
Osmose 40
Osmotischer Druck 42
Ösophagus 196
Ossein 64
Osteoblasten 64, 66, 68
Osteogenese 66
Osteoid 64, 66
Osteoklasten 64
Osteomalazie 68
Osteon 64
Osteozyten 66
Östrogene
– Bildung 297
– Struktur 29
– Wirkung 298, 385
Östrus 301
Ovar *siehe* Eierstock
Ovulation 297
Oxidative Phosphorylierung 38
Oxytozin
– Hypophyse 377
– Milchdrüse 320
– Wehen 309

P

Paarzeher 85
Pankreas *siehe* Bauchspeicheldrüse
Pansen, Aufbau und Funktion 207
Pansenazidose 214
Pansenepithel 213
Pansentrinken 219
Pansenzotten 208
Papillarmuskeln 152
Parabronchien 193
Parasympathikus
– Anteile 352
– Blutdruck 170
– Darm 224, 226
– Herz 154
– Magensaft 206
– Speicheldrüsen 199
– Überträgerstoff 353
– Wirkung 353
Parathormon 380
Pars proventricularis 201
Patella 123
Patellarsehne 123
Patellarsehnenreflex 350
Paukenhöhle, Ohr 96, 363
Paukentreppe, Ohr 365
Pelvis (Beckenknochen) 85
Pelvis renalis 270
Penis 287
– Geflügel 313
Pentosen 26
Pepsin 204, 236
Pepsinogen 204
Peptidasen 236
Peptide, Definition 30
Peptidhormone 385
Perikard 150
Perimetrium 293
Perimysium 111
Perineum 295
Perineurium 346
Periost 65
Peristaltik 197
Peritoneum *siehe* Bauchfell
Permeabilität, Zellmembran 42
Peroxisomen 18
Perspiratio insensibilis 256
Peyer-Platten 147
Pflanzenfresser 200
Pfortader 160
Pfortadersystem, Geflügel 162
PGE(F) *siehe* Prostaglandin(e)
Phagozytensystem, mononukleäres 141
Phagozytose 140
Pharynx 176
Pheromone
– Vomeronasalorgan 371
– Wirkung 386
Phospholipide
– Struktur 29
– Zellmembran 40
Phosphorsäureester 75
pH-Wert
– Blut 131
– Definition 388
– Magen 204
– Pufferung 275
– Regulation 270
– Vormägen 214
Pia mater 342
Pigmentepithel
– Auge 360
– Gewebe 51
– Melanozyten 56
Pigment, Hautfärbung 329
Pigmentzellen 59, 359
Pinozytose 166
pK_S-Wert 275
Plasma, Blut- 129
Plasmaproteine 129, 232
Plasmazellen 58
Plasmin 137
Plasminogen 137
Plattenepithel, Aufbau 51
Plazenta 305
Plazentation 304, 305
Plazentom 306
Pleura 50, 180
Plexus
– brachialis 348
– choroidei 342
– lumbalis 348
– myentericus 224
– sacralis 348
– submucosus 224
PMSG 307
Polygastrier 200
Polymere 25
Polymodalität 372
Polyöstrische Tiere 301
Polypeptid, Definition 30
Polysaccharid, Definition 26
Pons, Gehirn 345
Poschen 223, 242
Potenzial
– Aktions- 336, 338
– Definition 388
– Herz 152
– Membran- 45
– Sensor- 355
– Skelettmuskel 72
Praeputium 288
Pregnant mare's serum gonadotropin 307
Pressorezeptoren, Blutdruck 170
Primärfiltrat 263
Primärharn 263
Progesteron
– Gelbkörperhormon 385
– Produktion 298

– Trächtigkeitsbestimmung 308
– Wirkung 300
Prokaryotische Zellen 15
Prolaktin 377
Proliferation, Zellteilung 23
Prophase, Zellteilung 20
Propionat
– Dickdarm 244
– Vormägen 212
Propriozeption 357
Prosencephalon 343
Prostaglandin(e)
– Mediatorstoffe 386
– PGE_2 (Entzündung) 372
– PGE_2 (Fieber) 259
– PGE_2 (Magen) 206
– $PGF_{2\alpha}$ 298, 300, 309
Prostata 286
Proteine
– Abbau 39
– Aufbau 29
– Endoplasmatisches Retikulum 18
– Körperzusammensetzung 25
– Kanal- 42
– Leber 232
– Milch 321
– mikrobielle 244
– Plasma- 129
– Primärstruktur 30
– Quartärstruktur 30
– Sekundärstruktur 30
– Synthese 32
– Tertiärstruktur 30
– Transport- 42
– Verdauung im Dünndarm 236
– Verdauung im Magen 204
– Verdauung in Vormägen 215
– Zellmembran 16
Prothrombin 137
Proton *siehe* H^+
Protozoen, Vormägen 211
Psalter *siehe* Blättermagen
PTH 380
Pubertät 301
Puerperium 293
Puffersystem 277
Pulmo *siehe* Lunge
Pulpa, Zahn 101
Puls 165
Pupille 359
Pupillenreflex 361
Purkinje-Fasern 153
Pylorusdrüsen 202
Pyrogene 259
Pyruvat, Glukoseabbau 36

Q

Querbrücke, Muskel 71
Quergestreifte Muskulatur 69
Quotient, respiratorischer 252

R

Rabenschnabelbein
– Geflügel 100
Rachen 176
Rachitis 68
Radiation 254
Radius 83
Ranvier-Schnürring 336
Rattengift 138
Rautenhirn 343, 345
Reduktionsteilung 21
Reflex
– -bogen 350
– Duldungs- 302
– Eigen-, Fremd- 350
– gastrokolischer 226
– Hering-Breuer- 188
– Kotabsatz 245
– Magenrinnen- 219
– Milcheinschießen 320
– Patellarsehnen- 350
– peristaltischer 225
– Pupillen- 361
– Schluck- 197
– Schmerz- 372
– spinaler 349
– vegetativer 354
Regelkreis
– Atmung 188
– Blutdruck 170
– Glukose 382
– Kalzium 380
– Temperatur 256
Regenbogenhaut (Iris) 358, 359
Regeneration, Gewebe 20
Reifeteilung 21, 284, 314
Reizstärke 340
Rejektion, Wiederkauen 218
Rektum 244
Rektusscheide 117
Relaxin 307
Releasing Hormone 376
Ren *siehe* Niere
Renin 171
Replikation, DNA 20
Repolarisation 338
Resistenz 144
Resorption, Definition 200
Respiration 175
Respiratorischer Quotient 252
Rete mirabile 258
Retikuläre Fasern 59
Retikuläres Bindegewebe 61
Retikulum, Vormägen 207
Retina 359
Rezeptor
– adrenerger 354
– Antigen- 143
– Azetylcholin 72
– Botenstoffe 45
– CO_2 und O_2 188
– Geschmack- 370
– Hormon- 374
– Licht- 361
– MHC- 142
– Osmo- 270
– Transmitter 340
– Volumen- 270
Rezeptor-Hormon-Komplex 47
Rhesussystem (Blutgruppen) 133
Rhinencephalon 344
Rhombencephalon 343, 345
Ribonukleinsäure *siehe* RNA
Ribosom 18
Richtungshören 367
Riechhirn 344
Riechkolben 344
Rippe 92
RNA (Ribonukleinsäure)
– mRNA 32
– Nukleinsäuren 30
– Ribosomen 18
– tRNA 33
Rohrzucker, Struktur 26
Rollbein 88
Rübenzucker, Struktur 26
Rückenfettdicke 63
Rückenmark
– Aufbau 346
– ZNS 341
Rückenmarkshüllen 342

Rückenmarksnerven 347
Rückenmuskeln 112
Ruhemembranpotenzial
– Entstehung 45
– Nerv 338
Ruktus 218
Rumen, Aufbau und Funktion 207
Rumination 218
Ruminohepatischer Kreislauf 216
Rumpffaszie 111
Rumpfträger 119
Rüsselbein 97
Rüsselscheibe 175

S

Saccharose
– Abbau 235
– Struktur 26
Salzsäure, Magen 204
Samenblasendrüse 286
Samenkanälchen 284
Samenleiter 286
Samenstrang 286
Sammelrohr, Niere 261
Sarkolemm 70
Sarkomer 70
Sarkoplasma 71
Sarkoplasmatisches Retikulum 71
Satellitenzellen 71
Sauerstoff *siehe* O_2
Säure-Basen-Haushalt
– Regulationssysteme 276
– Störungen 279
Säure 275
Säuregrad 275
Scala, Innenohr 365
SCFA *siehe* kurzkettige Fettsäuren
Schalendrüse 315
Schalenhaut 315
Schalentemperatur 253
Schallerkennung 366
Schallwellen, Definition 365
Scham 295
Schambein 85
Scheide (Vagina) 295
– Geflügel 316
Scheidenbesamer 289
Scheidenvorhof 295
Scheidenzyklus 302
Scheinträchtigkeit 309
Scheitelbein 94
Schienbein 87
Schilddrüse, Aufbau und Hormone 379
Schläfenbein 96
Schlagfrequenz, -volumen, Herz 157
Schleimbeutel 110
Schleimhaut, Aufbau 50
Schleimhautimmunsystem 147
Schluckreflex 197
Schlundkopf 196
Schlüsselbein 82
Schlussleisten 16
Schmerz
– Sensibilisierung 372
– Tiefenschmerz 372
Schmerzbewertung 373
Schmerzsinn
– Nozizeption 371
– Verarbeitung 372
Schmerzsymptome 373
Schnabel 108, 246
Schnecke, Gehör 364
Schneidezähne 95, 103
Schock, Kreislauf 173
Schrittmacher
– Darm 224
– glatte Muskulatur 76
– Herz 152
Schulterblatt 82
Schulterblattgräte 83
Schultergelenk 84
Schultergürtel 82
– Geflügel 100
Schultergürtelmuskulatur 117
– Geflügel 125
Schwann-Scheide 336
Schwanzwirbel 92
Schweißabgabe 255
Schweißdrüsen 328
Schwellkörper 287
Scrotum 283
Segelklappe 156
Sehne 61
Sehnenscheide 110
Sehnerv 362
Sehvorgang 361
Sekretbeschaffenheit 55
Sekretion, Definition 51
Sekretionsweise 55
Sekundärfollikel 296
Sensibilisierung, Schmerz 372
Sensor, Definition 336
Sensorisches Nervensystem 351
Septum, Herz 151
Serosa 50
Serotonin 136, 144
Sertoli-Zellen 284
Sesambein 83
Sexualzyklus 301
Sharpey-Fasern 61
Siebbein 96
SI-Einheiten 387
Sinnesepithel 57
Sinnesorgane 355
Sinushaare 329
Sinusknoten 152
Sitzbein 85
Skelettmuskelsystem 110
Skelettmuskelzelle 70
Sklera 358
Slow waves 76
Sollwert, Regelkreis 256
Somatotropes Hormon 378
Sonographie 308
Spalt, synaptischer 340
Spannung, elektrische, Definition 388
Spannungskontrolle, Muskel 349
Speiche 83
Speicheldrüsen 198
Speiseröhre 196
Sperma 289
Spermatogenese, Spermien, Spermatiden 284
Spinalganglion 346
Spinalnerven 346
Spinnwebhaut 342
Splen 147
Spongiosa 65
Sporn 101
Sprunggelenk 89
Spurenelemente 25
Stäbchen, Auge 360
Stachelzellschicht 54
Stammhirn 219, 343
Stammzellen 19
Stärke

– Struktur 26
– Verdauung, Dünddarm 235
– Verdauung, Vormägen 212
Steatorrhoe (Fettstuhl) 240
Steigbügel, Gehörknöchelchen 363
Sterilitätsursachen 290
Steroide 27
Steroidhormone 47, 374
STH 378
Stickstoffmonoxid 225
Stimmbänder 177
Stirnbein 94
Stirnhöhlen 94
Stoffmenge, Definition 388
Stoffwechselwege 34
Straffes Bindegewebe 61
Strahlung, Wärmeabgabe 254
Stratum basale, spinosum, corneum (Epithel) 54
Stratum granulosum (Follikel) 296
Stressachse 377
Strichkanal, Euter 317
Stromstärke, Definition 388
Strömungsgeschwindigkeit 170
Strömungsgesetze 169
Struma, Erkrankung 380
Stützgewebe, Aufbau 57
Subarachnoidalraum 342
Subduralraum 342
Subkutis 356
Surfaktant 182, 184
Sympathikus
– Anteile, Wirkungen 351
– Blutdruck 170
– Darm 226
– Herz 154
– Speicheldrüsen 199
– Überträgerstoff 354
Symphyse, Definition 97
Synapse 337
Synaptischer Spalt 340
Synovialis 80
Synsacrum, Geflügel 100
Systole 155

T

Taenien 223
Tastsinn 356
Taubheit 367
Telencephalon 343
Telophase, Zellteilung 21
Temperatur, Definition 388
Temperaturregulation 256
Temperatursensoren 356
Tertiärfollikel 296
Testes *siehe* Hoden
Testosteron
– Aufbau 29
– Bildung in Hoden 285
– Geschlechtshormon 384
– Spermatogenese 289
Tetanus (Wundstarrkrampf) 74
Thalamus 344
Theca folliculi, Thekazellen 296
Thermogenese, zitterfreie 257
Thorax 180
Thrombin 137
Thrombozyten *siehe* Blutplättchen
Thrombozytopenie 137
Thymin 31
Thymus 144
Thyreoglobulin 379
Thyroxin 379
Tibia 87
Tiefenschmerz 372
Tight junctions 16
T-Lymphozyten 143
Tonofilamente 19
Tonsillen 147, 196
Totraum, Atmung 190
Trachea 178
Trächtigkeit 307
Tränenapparat 358
Tränenbein 96
Tränkehämoglobinurie 133
Transaminierung 39
Transferrin 132
Transfer-RNA (tRNA) 33
Transkription 32
Translation 33
Transmitter (Überträgerstoffe)
– ENS 225
– glatter Muskel 77
– Neuro- 46, 337
– Synapse 340
– vegetatives Nervensystem 354
Transportproteine (Carrier)
– Eisen 242
– kurzkettige Fettsäuren 213
– Monosaccharide 235
– Natrium 238, 266
– (sekundär) aktiv 43
– Zellmembran 42
Triazylglyzerine
– Abbau 37
– Struktur 27
– Verdauung 236
Trijodthyronin 379
Trikarbonsäurezyklus 38
Triplett, genetischer Kode 32
tRNA 33
Trockenstehen, -stellen 319, 323
Trommelfell 363
Tropomyosin 70
Troponin 70
Trypsin 227
Tuba uterina 291

U

Überträgerstoffe *siehe* Transmitter
Ulna 83
Ultraschalluntersuchung 308
Umsatzgrößen 250
Unpaarzeher 85
Unterhaut 327
Unterkiefer 97
Unterschenkelknochen 87
Unterschenkelmuskulatur 123
Unterzungendrüsen 198
Urazil 31
Urease 216
Ureter 271
Urethra 272
Urinbildung 263
Uterus 292
Uterusbesamer 289
Uterusinvolution 311

V

Vagina *siehe* Scheide
Valva bicuspidalis, tricuspidalis 151
Vas afferens, efferens 262
Vasoaktives intestinales Peptid 77
Vasokonstriktion 170
Vasopressin 269

Vegetatives Nervensystem, Anteile und Funktion 351
Vena
– azygos 160
– cava 151, 160
– jugularis 160
– linealis 148
– porta 160, 228
Venen, Aufbau, Funktion 167
Ventilation 175
Ventrikel
– Gehirn 342
– Herz 151
Verdauung
– mikrobielle 200
Verdauungsapparat 194
Verdunstung 255
Verlängertes Mark (Medulla oblongata)
– Blutdruckregulation 170
– Hauben-Pansen-Motorik 219
– Hirnstamm 345
Vertebrae 89
Vesica urinaria 271
Vesikel
– Golgi-Apparat 18
– Synapse 337
Vestibulum
– Ohr 364
– vaginae 295
VIP 77
Vitamine
– Bildung im Darm 244
– Koenzyme 34
– Milch 323
– Plasma 131
Vitamin A 361
Vitamin D 68, 380
Vitamin K 138
Volumenregulation 270
Vomeronasalorgan 371
Von-Willebrand-Faktor 136
Vorderfußwurzelgelenk 84
Vorderfußwurzelknochen 83
Vorderhirn 343
Vordermittelfußknochen 83
Vorderzehenknochen 83
Vorhaut 288
Vorhofstreppe, Ohr 365
Vorkammer, Herz 151
Vormagenabteilung (Magen) 201
Vormagenverdauer 200
Vormägen, Aufbau, Funktion 206
Vorsteherdrüse 286
Vulva 295

W

Wachshaut 108
Wachstumshormon 378
Wadenbein 87
Wärmehaushalt 253
Wärmeproduktion 253
Wärmetransport 253
Wasseraufnahme 268
Wasserdampfdruck 256
Wasserkanäle, ADH 269
Wasserstoff (H_2)
– Atmungskette 38
– Vorkommen im Körper 23
– Vormägen 213
Wechselwarme Tiere 253
Wehen 310
Weidetetanie 75, 217
Weiße Linie (Linea alba)
– Bauchdecke 116
– Huf 332
Widerstand, elektrischer, Definition 388
Widerstand, Gefäße 169
Wiederkauen 218
Windkesselfunktion, Aorta 163
Wirbel 89
Wirbelsäule 89
– Geflügel 100
Wundernetz 258
Wundstarrkrampf (Tetanus) 74

Z

Zaekum 242
Zähne 101
Zahnbein 101
Zahnschmelz 101
Zahnzement 101
Zäkotrophie 245
Zapfen 360
Zehenbeuger 121
Zelle, Aufbau 15
Zellkern 19
Zellmembran 16
Zellorganellen 17
Zellskelett 19
Zellteilung 19
– Anaphase 21
– Interphase 20
– Metaphase 21
– Proliferation 23
– Prophase 20
– Telophase 21
Zelltod 23
Zellulose
– Aufbau 26
– Dickdarm 244
– Vormägen 211
Zellverbindungen 16
Zellzyklus 20
Zentrales Nervensystem 341
Zentriolen 19
Zervix, Gebärmutter 292, 293
Ziliarkörper 358
Zilie 19
Zirbeldrüse 378
Zitratzyklus (Krebszyklus, Trikarbonsäurezyklus) 36, 38, 213
Zitze 317
Zitzenkanäle 317
ZNS 341
Zotten
– Darmschleimhaut 221
– Pansen- 208
Zuchtreife 301
Zucker, Definition 25
Zunge 195
Zungenbein 97, 196
Zungenbeinmuskeln 113
Zwerchfell 113
Zwischenhirn 344
Zwischenkieferbein 97
Zwischenscheitelbein 94
Zwischenzellen, Niere 267
Zwölffingerdarm, Aufbau 226
Zyklus
– Harnstoff- 39
– Hauben-Pansen- 217
– Sexual- 301
– Zell- 20
– Zitrat- 36, 38
Zytokine 140
Zytoplasma 15
Zytosol 15
Zytoskelett 19